재료역학

이성오 · 조승현 · 김하식 · 노찬승 공저

普 文 堂

재료역학

2009년 3월 10일 1판 1쇄 발행
2010년 3월 10일 1판 2쇄 발행
2012년 3월 5일 1판 3쇄 인쇄
2012년 3월 10일 1판 3쇄 발행

지 은 이 | 이성오, 조승현, 김하식, 노찬승
발 행 인 | 김병계
발 행 처 | 도서출판 보문당
등   록 | 1990년 6월 15일(제1-1066호)
주   소 | 서울시 마포구 신수동 448-6 우)121-110
전   화 | 704-7025/704-0635
팩   스 | 704-2324
홈페이지 | www.bomoondang.co.kr
전자우편 | bmdpub@naver.com

값 20,000원

ISBN 978-89-8413-161-3

머 리 말

기계공학을 전공하고자 하는 공학도이면 누구나 필수적으로 접하는 과목이 바로 재료역학이다. 저자가 다년간 대학에서 재료역학을 강의하면서 느낀 바는, 고체 부분에서 가장 기본적이고도 필수적인 재료역학은 그 필요성을 실감하고 처음엔 의욕적으로 시작하게 되나, 조금만 깊이 들어가면 어려움을 호소하는 공학도들이 의외로 많다는 점이다. 따라서 기초공학을 공부하려는 공학도들에게 기존의 재료역학 교재들이 다음과 같은 문제점이 있음을 지적할 수 있었다.

1) 어려운 한자가 지나치게 많다.
2) 분량이 너무 방대하여 독파하는 데 많은 시간이 요구된다.
3) 어려운 수식의 전개가 기초공학을 시작하려는 공학도들에게 부담을 준다.
4) 수록된 연습문제들이 현재 시행되고 있는 기사문제와 거리가 있다.
5) 문제의 수가 부족하여 이론서적과 문제집을 이중으로 구비해야 하는 애로가 있다.

그러므로 본서는 이상과 같이 문제점들을 개선하고 보다 쉽게 재료역학을 공부할 수 있도록 다음과 같은 점에 주안점을 두고 집필하였다.

1) 어려운 한자사용을 지양하고, 꼭 이해에 필요하거나 중요한 전문용어는 고딕체로 표시한 후 부록편에 한자로 표시함으로써 참고하도록 하였다.
2) 분량은 반드시 필요한, 평이한 부분만을 취사선택하여 최소량으로 하였으며, 대학에서의 제한된 시간 내에 독파할 수 있도록 배려하였다.
3) 어려운 수식 전개는 누구나 쉽게 이해할 수 있도록 가능한 한 자세히 설명하고 이론전개가 무리없이 되도록 노력하였다.
4) 이론전개 후 곧 이를 확인할 수 있는 예제를 상세한 설명과 함께 체계적으로 실었으며, 충분한 연습문제와 응용문제를 정선하여 이것만으로도 각종 시험에 대비하는 데 부족함이 없도록 하였다.

본서는 대체로 정해진 학점 내에 이수할 수 있도록 계획하였으나, 대학의 사정에 따라서는 내용의 일부를 생략함으로써 그것에 맞게 조정할 수 있을 것으로 생각된다.

내용에 있어서 오류가 없도록 최선의 노력을 기울였으나 부족한 점이 많은 저자로서 미비점이 많으리라 생각되며, 이는 앞으로 독자제현의 지적과 성원에 힘입어 수정·보완해 갈 것을 약속드린다. 그리고 본서 집필에 참고한 여러 문헌 및 선배들의 가르침에 심심한 사의를 표한다.

2010. 2월
저 자

차　　례

1장 재료역학의 개요 ········ **1**

1-01 재료역학(strength of materials) ········ 1
1-02 하중 ········ 3

2장 응력과 변형률 ········ **6**

2-01 응력 ········ 6
1. 수직응력 ········ 6
2. 전단응력 ········ 8

2-02 변형률 ········ 9
1. 세로변형률 ········ 10
2. 가로변형률 ········ 11
3. 전단변형률 ········ 11
4. 체적변형률 ········ 13

2-03 훅의 법칙과 탄성계수 ········ 14
1. 세로탄성계수 ········ 15
2. 가로탄성계수 ········ 15
3. 체적탄성계수 ········ 16

2-04 푸아송의 비 ········ 17

2-05 탄성계수 사이의 관계 ········ 19
1. E, K, ν의 관계식 ········ 19
2. E, G, ν의 관계식 ········ 21

2-06 인장시험 ········ 24

2-07 허용응력과 안전계수 ········ 27

2-08 응력집중 ········ 30

연습문제 ········ 34

응용문제 ········ 39

3장 인장과 압축 ····· 41

3-01 자중을 고려한 봉의 응력과 변형률 ····· 41
1. 균일단면봉 ····· 41
2. 균일강도의 봉 ····· 43

3-02 열응력과 잔류응력 ····· 47
1. 열응력 ····· 47
2. 합성재료로 구성된 구조물 ····· 50
3. 잔류응력 ····· 53

3-03 얇은 벽의 내압용기가 받는 응력 ····· 54

3-04 얇은 원환 ····· 59

3-05 부정정 구조물 ····· 61

3-06 탄성변형에너지 ····· 67
1. 수직력에 의한 탄성에너지 ····· 67
2. 전단력에 의한 탄성에너지 ····· 68

3-07 충격에 의한 응력과 신장 ····· 69

연습문제 ····· 74

응용문제 ····· 78

4장 조합응력 ····· 82

4-01 경사단면 위의 응력 ····· 82

4-02 2축응력 ····· 86

4-03 평면응력 ····· 90

4-04 주면의 경사각과 주응력 ····· 92

4-05 모어의 응력원 ····· 96
1. 단순응력 ····· 96
2. 2축응력 ····· 100
3. 평면응력 ····· 105

연습문제 ····· 113

응용문제 ····· 117

5장 평면도형의 성질 ······ 119

5-01 단면 1차모멘트 ······ 119
5-02 단면 2차모멘트와 회전반지름 ······ 122
5-03 단면계수 ······ 123
5-04 평행축 정리 ······ 126
5-05 극관성모멘트 ······ 128
5-06 관성상승모멘트와 주축 ······ 129
5-07 주축의 결정 ······ 133
연습문제 ······ 140
응용문제 ······ 146

6장 비틀림 ······ 149

6-01 원형단면축의 비틀림 ······ 149
6-02 전동축 ······ 154
6-03 비틀림에 의한 탄성변형에너지 ······ 157
6-04 스프링 ······ 159
연습문제 ······ 164
응용문제 ······ 168

7장 보(beam) ······ 171

7-01 보의 종류와 하중 ······ 171
1. 보의 지점의 종류 ······ 172
2. 평형조건 ······ 172
3. 보의 종류 ······ 174
4. 하중의 종류 ······ 175
7-02 보의 전단력과 굽힘모멘트 ······ 176
7-03 보의 전단력과 굽힘모멘트의 관계 ······ 178
7-04 전단력선도와 굽힘모멘트선도 ······ 181

1. 단순보에 대한 선도 …… 181
2. 외팔보에 대한 선도 …… 196
3. 내다지보에 대한 선도 …… 204
연습문제 …… 208
응용문제 …… 214

8장 보 속의 응력 …… 219

8-01 보 속의 굽힘응력 …… 219
8-02 보단면의 여러 가지 형상 …… 224
8-03 보 속의 전단응력 …… 228
1. 구형단면 …… 231
2. I형 단면 …… 232
2. 원형단면 …… 234
8-04 보 속의 주응력 …… 237
8-05 굽힘과 비틀림으로 인한 조합응력 …… 240
연습문제 …… 245
응용문제 …… 250

9장 보의 처짐 …… 256

9-01 탄성곡선의 미분방정식 …… 256
9-02 외팔보의 처짐각 및 처짐 …… 259
1. 집중하중이 작용하는 경우 …… 259
2. 균일분포하중이 작용하는 경우 …… 260
3. 우력이 작용하는 경우 …… 261
9-03 단순보의 처짐각 및 처짐 …… 262
1. 집중하중이 작용하는 경우 …… 262
2. 균일분포하중이 작용하는 경우 …… 266
3. 우력이 작용하는 경우 …… 267
9-04 면적모멘트법 …… 270
1. 집중하중을 받는 외팔보 …… 272
2. 균일분포하중을 받는 외팔보 …… 274

3. 집중하중을 받는 단순보 ··· 275
4. 균일분포하중을 받는 단순보 ··· 278
5. 우력을 받는 단순보 ··· 279

9-05 중첩법 ··· 281
1. 여러 개의 집중하중을 받는 외팔보 ··· 281
2. 균일분포하중과 집중하중을 동시에 받는 외팔보 ··· 283

연습문제 ··· 284

응용문제 ··· 294

10장 부정정보 ··· 297

10-01 부정정보와 과잉구속 ··· 297

10-02 양단고정보 ··· 298
1. 집중하중을 받는 경우 ··· 298
2. 균일분포하중을 받는 경우 ··· 306

10-03 일단고정 타단지지보 ··· 309
1. 집중하중을 받는 경우 ··· 309
2. 균일분포하중을 받는 경우 ··· 312

10-04 연속보 ··· 319

10-05 3모멘트의 정리 ··· 321

10-06 카스틸리아노의 정리 ··· 324

연습문제 ··· 333

응용문제 ··· 339

11장 특수단면의 보 ··· 342

11-01 균일강도의 보 ··· 342

11-02 균일강도의 외팔보 ··· 343
1. 집중하중이 작용하는 경우 ··· 343
2. 균일분포하중이 작용할 경우 ··· 347
3. 원형단면의 경우 ··· 348

11-03 균일강도의 단순보 ··· 349

11-04 균일강도보의 처짐 ··· 351
11-05 겹판스프링 ··· 353
연습문제 ··· 357
응용문제 ··· 360

12장 기둥 ··· 361

12-01 장주 ··· 361
12-02 오일러의 공식 ··· 363
1. 일단고정 타단 자유기둥 ··· 363
2. 양단 회전기둥 ··· 367
3. 일단고정 타단 회전기둥 ··· 367
4. 양단 고정기둥 ··· 368
12-03 오일러 공식의 적용 범위 ··· 369
12-04 장주에 대한 실험식 ··· 373
1. 고든-랭킨식 ··· 373
2. 존슨식 ··· 374
3. 테트마이어식 ··· 375
12-05 편심하중을 받는 장주 ··· 377
12-06 편심하중을 받는 단주 ··· 380
연습문제 ··· 385
응용문제 ··· 388
영어연습문제 ··· 391

부록 ··· 408

Ⅰ. 그리스 문자 ··· 408
Ⅱ. 재료역학에 이용되는 수학공식 ··· 409
Ⅲ. 평면의 면적과 중심의 위치 ··· 414
Ⅳ. 각종 평면도형의 성질 ··· 415
Ⅴ. 보의 공식집 ··· 418
Ⅵ. 형강의 규격(KS) ··· 428
1. 한국표준 등변 L-단면의 치수표 ··· 428

2. 한국표준 부등변 L-단면의 치수 ······ 429
3. 한국표준 I-단면의 치수표 ······ 430
4. 한국표준 U-단면의 치수표 ······ 431

Ⅶ. 형강의 규격(SI단위) ······ 432
1. 압연단면의 성질(SI국제단위) ······ 432
2. 압연단면의 성질(SI국제단위) ······ 434
3. 압연단면의 성질(SI 국제단위) ······ 435
4. 압연단면의 성질(SI국제단위) ······ 436
5. 압연단면의 성질(SI 국제단위) ······ 437

Ⅷ. 단위환산표 ······ 438
1. 길이 ······ 438
2. 면적 ······ 438
3. 체적, 단면계수 ······ 439
4. 단면2차모멘트 ······ 439
5. 중량 ······ 439
6. 힘의 모멘트, 에너지, 일 ······ 440
7. 분포하중의 세기 ······ 440
8. 동력 ······ 440

Ⅸ. 단위제도 ······ 441
1. 단위(unit) : ······ 441
2. 차원(dimension) : ······ 441
3. 단위계 ······ 441
4. SI단위계 ······ 442

연습 및 응용문제의 해답 ······ 444

찾아보기 ······ 454

1 Chapter

재료역학의 개요

1-01 재료역학(strength of materials)

재료역학이라 함은 재료에 힘이 작용될 때 발생되는 변화에 대해서 연구하는 학문이다. 여기서 재료라 함은 어떤 구조물을 형성하고 있는 축, 봉, 보 및 기둥과 같은 부품, 즉 **부재**(member)들을 의미하며, 구조물이란 기계, 건축물, 교량, 자동차, 선박 및 항공기 등을 의미한다.

따라서 재료역학이란 어떤 물체에 외부에서 힘이 가해짐으로써 연구가 시작되는 학문이며, 이러한 외부에서 가해지는 힘의 종류에는 하중, 동력, 관성력, 원심력 및 온도변화 등이 있다. 어떤 물체이든 이러한 외력의 영향을 받게 되면 어떤 형태이든 변화가 발생하게 된다. 물체가 갖고 있는 고유의 힘보다 외력이 크게 되면 물체가 늘어나거나 줄어들거나 운동상태가 되기도 하며 경우에 따라서는 파손이 발생할 수도 있다. 그러나 재료역학에서는 파손이 되지 않으면서 최대의 기능을 발휘할 수 있는 재료만을 연구함을 원칙으로 하고 있다. 따라서 재료역학에서의 연구대상이 되는 재료는 외력에 대해서 재료가 견딜 수 있는 저항의 정도를 나타내는 **강도**(strength) 및 과대한 변형과 처짐에 대한 저항의 정도를 나타내는 **강성도**(stiffness)가 외력에 견딜 만한 것이어야 한다.

재료역학에 이용되는 재료, 즉 부재들이 일정 한도 이상의 강도와 강성도를 갖게 함으로서 안정성을 보장할 수 있다. 그러나 안정성을 지나치게 고려한 나머지 아주 견고한 재료만을 선택한다면 불필요한 여분의 재료가 첨가될 수 있어 재료의 무게가 중요성을 갖는 항공기, 선박 및 차량 등에서는 대단히 비경제적일 뿐 아니라 비효율적이 된다. 따라서 최적상태의 재료를 선택하고자 하는 것이 재료역학 연구의 목표이긴 하나, 실제 문제를 해석하다 보면 이러한 문제들이 그리 간단하지 않으며, 대단히 복잡하고 경우에 따라서는 거의 불가능할 경우도 발생할 수 있다.

그러므로 재료의 기본적인 변화를 다루는 재료역학에서는 재료의 성질과 하중의 영향 등에 대해서 다음과 같은 몇 가지 가정을 함으로써 실제 문제를 이상적이고 단순화시켜 해석하게 된다.

1) 재료역학에 작용하는 모든 힘은 정역학적 평형상태를 유지한다. 따라서 재료는 외력을 받으면 이에 상응하는 **내력**(internal force)이 발생되며, 내력은 **외력**(external force)이 작용하지 않는 한 존재하지 않는다.
2) 재료역학에 이용되는 모든 재료는 **연속**(continuous)의 고체이며, **등질**(homogeneous), **등방성**(isotropic)이다. 그러나 목재나 콘크리트와 같은 재료에서는 이 가정이 정확하지 않을 수도 있다.
3) 재료에 외력이 작용하게 되면 변형이 발생하게 되는데, 이 변형이 어느 한계 내에서는 작용 외력의 크기에 비례하며, 외력을 제거하게 되면 변형은 소멸하게 되며 원래의 형상으로 회복하게 된다.

이와 같은 성질을 **탄성**(elasticity)이라 한다. 한편 외력이 탄성한계를 넘어서 작용하게 되면 외력의 제거에도 불구하고 원형상태로의 회복이 되지 않으며 변형이 남게 되는데 이러한 성질을 **소성**(plasticity)이라고 한다.

위와 같은 가정에 의해서 이상적이고도 단순화된 문제의 해석은 실제문제의 해석과는 그 결과에 있어서 다소 차이가 있을 수도 있으나, 실제 문제를 설계함에 있어서는 이 재료역학적 해석에서 구한 수치를 기준으로 하여 작업환경, 용도 및 안전성 등을 충분히 고려하여 설계치수를 결정하게 된다.

결론적으로 재료역학의 연구목표는 각종 구조부재에 대한 외력의 영향을 **응력**(stress), **변형률**(strain), **변형**(deformation)의 세 가지 관점에서 그 해석 방법과 응용 등을 연구한 후, 이를 실험을 통해서 확인하여 실제문제에 적용할 수 있도록 해줌으로써, 최대의 경제성과 효율성을 지닌 최적의 재료선택 및 설계 치수를 제공하려는 것이다.

1-02 하중

구조물에 작용하는 여러 종류의 외력을 공학에서는 일반적으로 **하중**(load)이라 한다. 하중의 종류에는 분류방법에 따라 여러 가지가 있으나, 넓은 범위에서 분류하면 집중하중과 분포하중으로 나눌 수 있다.

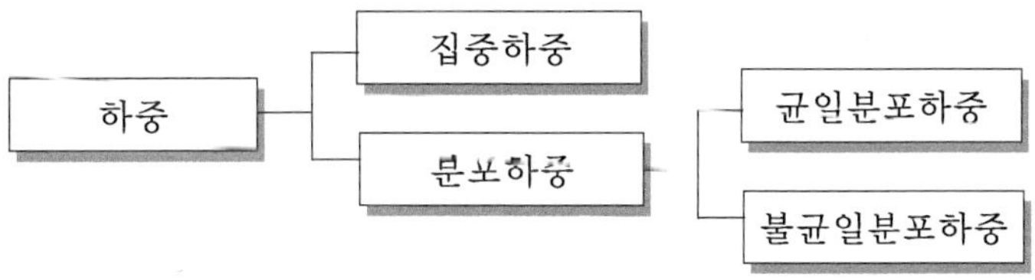

집중하중(concentrated load)은 한 점이라 볼 수 있는 아주 좁은 범위에 집중적으로 작용하는 하중이며, **분포하중**(distributed load)은 비교적 넓은 범위에 분포하여 작용하는 하중으로서 분포의 간격이 균일하면 **균일분포하중**(uniformly distributed load) 또는 **등분포하중**(uniform load)이라 하며, 분포의 간격이 균일하지 않으면 **불균일분포하중**(non-uniformly distributed load) 또는 **부등분포하중**(non-uniform load)이라 한다.

한편 하중의 작용을 시간적 개념에서 보느냐, 공간적 개념에서 보느냐에 따라 분류된 것이 일반적인데, 재료역학에서는 공간적 개념에 따라 분류된 것이 대체로 많이 사용되고 있다.

1) 시간적 개념에 의한 분류

정하중(static load)은 하중의 크기나 방향이 시간의 흐름에 따라 변화되지 않는, 즉 정지상태에서 작용하는 하중으로서 사하중과 점가하중으로 나눌 수 있다. **사하중**(dead load)은 물체 위에 추를 올려놓았을 때에 가해지는 **중력**(gravity)의 작용처럼 정지상태이며, 전혀 움직이지 않아 크기와 방향이 변하지 않는 하중이다(예, **자중**).

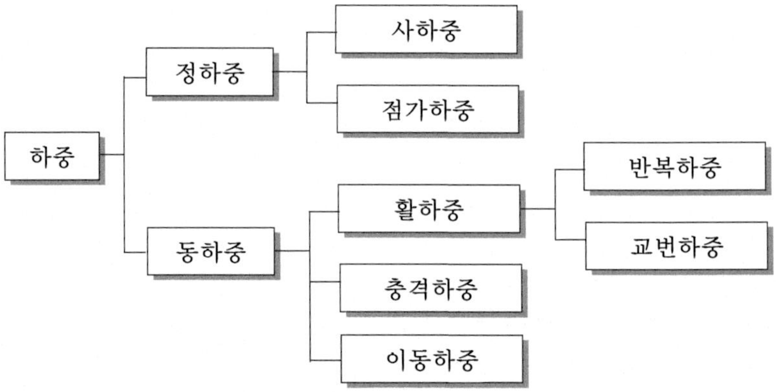

점가하중(gradually increased load)은 얼핏 보아서는 정지상태로 보이나 상당한 시간이 흐른 후에 관찰해보면 작용하중의 위치가 변해 있는 것처럼, 매우 조용하게 일정한 크기까지 동일방향으로 점차적으로 증가하는 하중이다(예, 재료시험-인장시험, 압축시험, 휨시험, 비틀림시험 등).

동하중(dynamic load)은 시간의 변화에 따라 계속 변화되는 하중으로서 충격 없이 움직이면서 작용하는 하중을 **활하중**(active load)이라 하며 이것을 다시 분류하면 엘리베이터와 같이 하중의 크기와 방향이 일정하게 되풀이되는 **반복하중**(repeated load)과 복동 증기기관의 피스톤처럼 하중의 크기와 방향이 변하면서 인장과 압축작용이 상호 연속적으로 되풀이되는 **교번하중**(alternated load)이 있다.

충격하중(impulsive load)은 정지해 있는 물체에 다른 물체가 갑자기 낙하되었을 때, 움직이고 있는 두 물체가 충돌하였을, 또는 해머의 작용처럼 극히 짧은 시간 내에 순간적으로 가해지는 하중이다.

이동하중(travelling load)은 체인, 롤러 또는 벨트와 같은 것을 이용하여 계속 이동하면서 작용하는 하중이다.

2) 공간적 개념에 의한 분류

축하중(axial load)은 집중하중의 경우에는 하중의 작용선이 재료의 축선에 일치하고, 분포하중의 경우에는 그 합력의 작용선이 축선에 일치되게 작용하는 하중으로서 **수직하중**(normal load)이라고도 하며, 이것을 다시 분류하면 재료를 인장시키는 힘으로 작용하면 **인장하중**(tensile load), 압축시키는 힘으로 작용하면 **압축하중**(compressive load)으로 분류된다.

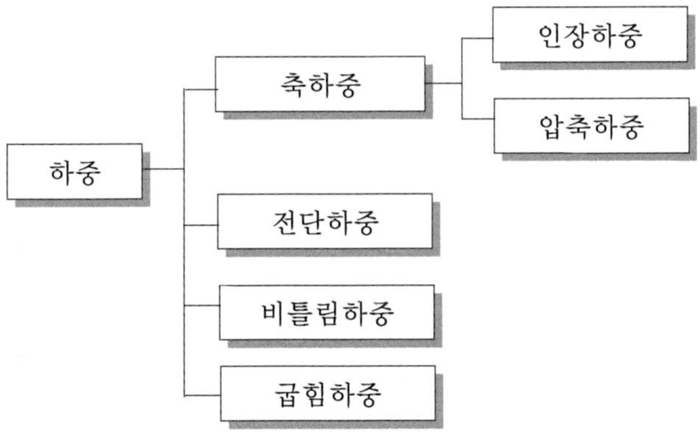

전단하중(shearing load)은 물체에 서로 평행이고 반대방향의 힘이 작용하여 어떤 면을 경계로 한쪽 부분과 다른 쪽 부분이 서로 미끄러지듯 움직이는 하중으로서, 이 하중이 접선방향으로 작용한다하여 **접선하중**(tangential load)이라고도 한다.

비틀림하중(torsional load)은 축의 중심선을 기준으로 서로 떨어져 작용하며, 재료를 비틀리게 하는 **우력**(couple of force)으로 자용하면서 축 주위에 **비틀림모멘트**(torsional moment) 현상을 일으킨다.

굽힘하중(bending load)은 축의 중심선에 수직으로 작용하여 재료가 굽혀지도록 작용하는 하중이다.

2

Chapter

응력과 변형률

2-01 응력

어떤 물체에 외력, 즉 하중이 작용하게 되면 이에 상응해서 저항하는 힘인 내력이 물체 내부에서 발생하여 힘의 평형상태를 이룬다. 이 내력을 단위면적에 대하여 표시한 힘의 크기를 **응력**(stress)이라고 한다. 이 응력의 종류를 작용하는 하중의 종류에 따라서 분류해 보면 다음과 같다.

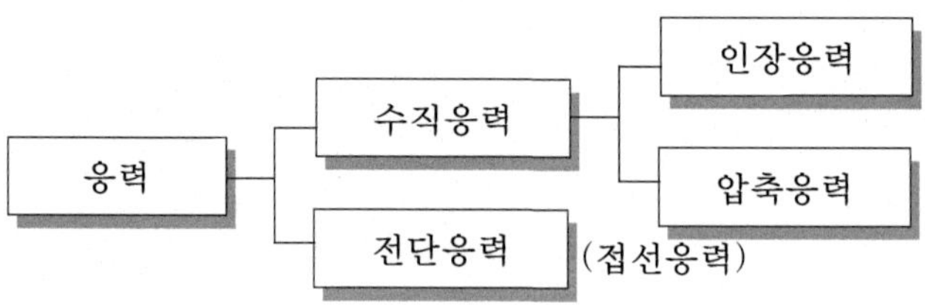

1. 수직응력

그림 2.1과 같이 인장 및 압축하중이 작용하는 물체에서 임의의 가상단면 mn에 대하여 직각방향으로 작용하는 응력을 **수직응력**(normal stress) 또는 **법선응력**이라고 한다. 이에는 작용하는 하중의 종류에 따

라 인장응력(σ_t)과 압축응력(σ_c)이 있으며, 축에 대하여 직각방향의 임의 단면적을 A라 하면 응력을 나타내는 식은 다음과 같이 표시된다. 단위는 일반적으로 N/m^2, Pa 등으로 나타낸다.

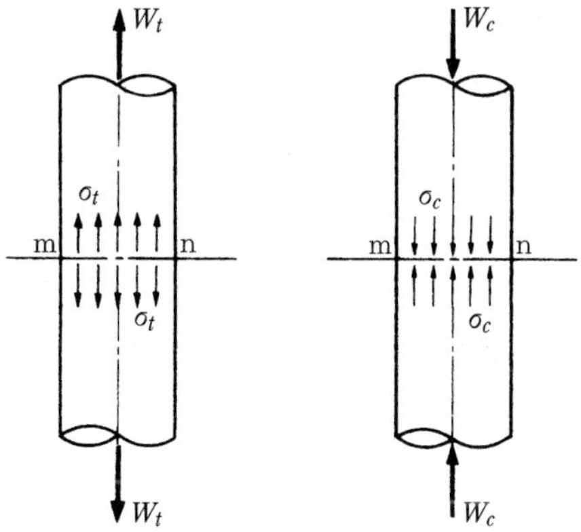

그림 2.1

$$\sigma_t = \frac{W_t}{A} \qquad \sigma_c = \frac{W_c}{A} \tag{2.1}$$

예제 2.1 30(kN)의 인장하중이 작용하는 둥근 봉이 있다. 이 때 발생하는 응력을 100(MPa)까지로 하려면 봉의 지름을 얼마로 하면 되겠는가?

‖ **풀이** ‖ 식 (2.1)에서

$$A = \frac{W}{\sigma}, \ \frac{\pi}{4}d^2 = \frac{W}{\sigma} \quad \therefore d = \sqrt{\frac{4W}{\sigma\pi}} = \sqrt{\frac{4\times3\times10^4}{10^8\times\pi}} = 0.0195(\text{m})$$

예제 2.2 안지름 30(mm), 바깥지름 40(mm)인 중공 원형단면에 12(kN)의 인장하중이 작용할 때 발생되는 응력을 구하라.

‖ **풀이** ‖ $A = \frac{\pi}{4}(d_0{}^2 - d_i{}^2) = \frac{\pi}{4}(0.04^2 - 0.03^2) = 5.498\times10^{-4}(\text{m}^2)$

$$\therefore \sigma = \frac{W}{A} = \frac{12{,}000}{5.498\times10^{-4}} = 21.83(\text{MPa})$$

예제 2.3 단면이 6×9(cm)인 짧은 기둥이 있다. 여기에 발생하는 응력을 90(MPa)까지로 하려면 압축하중을 얼마까지 작용시킬 수 있는가?

‖ **풀이** ‖ 식 (2.1)에서

$$W = A\sigma = 0.06\times0.09\times9\times10^7 = 486{,}000(\text{N}) = 486(\text{kN})$$

2. 전단응력

그림 2.2와 같이 물체를 전단하려고 하는 방향으로 평행되게 작용하는 외력, 즉 전단하중으로 인하여 물체 단면에 평행되게 응력이 발생할 때 이를 **전단응력**(shearing stress ; τ) 또는 **접선응력**(tangential stress)이라고 한다.

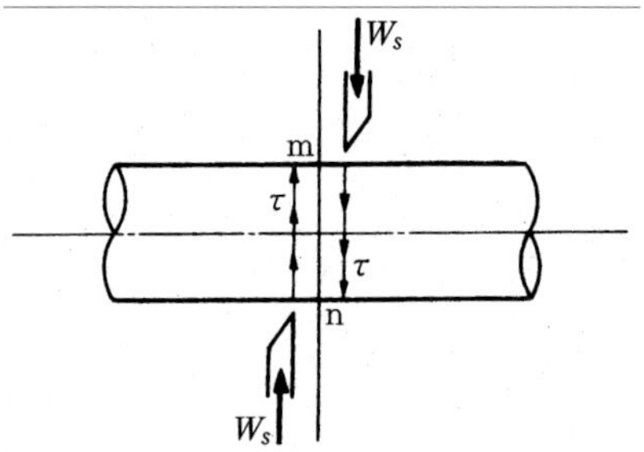

그림 2.2

그림에서 전단하중 W_s가 작용하는 경우 임의단면 mn의 단면적을 A라고 하면 전단응력을 나타내는 식은 다음과 같이 표시할 수 있다.

$$\tau = \frac{W_s}{A} \tag{2.2}$$

외력의 작용이 복잡한 어떤 물체 내부를 관찰하여 보면 응력의 분포 상태 역시 복잡할 것이다. 그러나 아무리 복잡한 경우라 하더라도 이들을 분석해 보면 궁극적으로는 위에 언급한 두 가지의 응력, 즉 인장과 압축의 수직응력과 전단응력으로 나누어지게 되며 이들을 각각 **단순응력**(simple stress)이라고 한다. 한편 두 개 이상의 단순응력이 동시에 작용할 경우의 응력을 **조합응력**(combined stress)이라고 한다.

이들을 좀더 세분해서 다른 각도에서 응력의 종류를 고찰해 보면, 굽힘하중의 작용을 받는 물체의 횡단면에 발생되는 응력은 **굽힘응력**(bending stress)이며, 이 경우에는 인장 및 압축의 수직응력이 동시에 발생하게 된다. 또 비틀림하중의 작용을 받는 물체의 횡단면에 발생되는 응력은 **비틀림응력**(torsional stress)으로서, 이 비틀림응력은 일종의 전단응력이지만 단면에 균일하게 분포하지는 않는다.

어떤 경우는 특별한 외력의 작용을 받지 않았음에도 물체 내부에 응력이 존재하는 경우가 있는데, 이것은 물체의 제작이나 조립 또는 사용과정 중에서 재료의 불균일성 등이 원인이 되어 발생한 것이다. 이와 같은 응력을 **원응력**(initial stress) 또는 **초응력**(primary stress)이라고 한다. 도 처음에 무응력 상태였던 물체에 하중을 작용시켰다가 이를 다시 제거했을 경우 물체 내에 완전히 제거되지 않은 어떤 응력이 남을 경우가 있는데 이를 **잔류응력**(residual stress)이라고 한다. 이 잔류응력 때문에 영구변형이 발생하며, 이는 영구변형 후에 물체가 스스로 보유하게 되는 응력이므로 본질적으로 원응력과 같다고 볼 수 있다.

예제 2.4 그림 2.3과 같은 리벳이음에서 리벳지름 $d=3$(cm)이며 두 판을 인장하는 힘으로 $W=15$(kN)이 작용한다면, 리벳의 단면에 발생되는 전단응력은 얼마가 되겠는가?

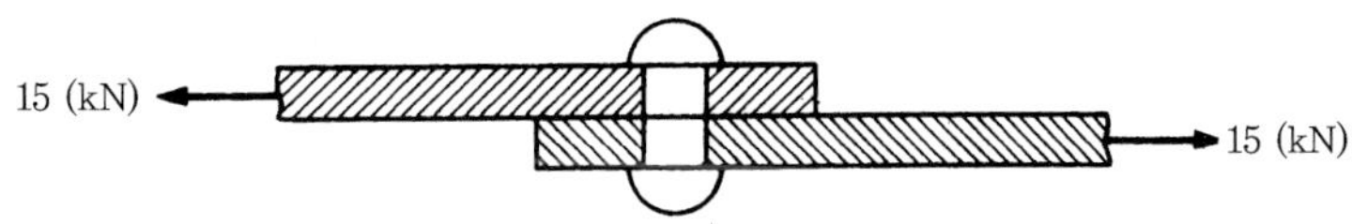

그림 2.3

‖ **풀이** ‖ 식 (2.2)에서 $\tau=\dfrac{W}{A}=\dfrac{15,000}{\dfrac{\pi}{4}\times 0.03^2}=21.2(\text{MPa})$

2-02 변형률

어떤 물체이든 외력의 작용을 받게 되면 그 내부에서는 응력이 발생함과 동시에, **강체**가 아닌 이상 그 물체를 구성하는 각 분자와 분자 상호간의 운동으로 인하여 물체의 상태가 변하게 되어 형태와 크기가 달라지게 된다.

물체에 발생하는 변형량은 물체의 크기에 따라 차이가 있으므로 응력값이 같다고 하더라도 크기가 큰 물체는 변화량 역시 크게 된다. 따라서 크기가 서로 다른 물체에서 변형의 정도를 절대값으로 비교해 본들 그 정도를 판단하는 데 별 의미가 없다. 그러므로 변형의 정도를 비교하기 위해서는 외력의 작용으로 인하여 발생된 변형량과 원래 치수와의 비, 즉 단위길이에 대한 변형량을 구함으로써 물체의 크기에 상관하지 않고 그 물체의 변형의 정도를 알 수 있다. 이것을 **변형률**(strain)이라고 한다.

변형률은 길이와 길이의 비교이므로 단위는 없다. 또 앞에서 외력의 종류에 따라서 응력이 분류되듯이 같은 방법으로 변형률의 종류를 분류해 보면 다음과 같다.

1. 세로변형률

그림 2.4의 (a)에서와 같이 어떤 물체에 인장하중 또는 압축하중의 외력이 작용하는 경우에 재질이 균일하다면 외력에 의한 신장이나 수축 역시 균일할 것이다. 외력을 받기 전의 길이 l, 지름 d인 봉이 외력을 받은 후의 길이 l', 지름 d'로 변형된 후에 평형되었다고 하면 세로방향의 신장량 또는 수축량 δ는 $(l'-l)$이다. 이 때 세로길이의 변형량인 δ와 원래의 길이 l의 비, 즉 단위길이에 대한 변형량을 **세로변형률**(longitudinal strain ; ε)이라 하고, 인장하중이 작용할 때를 **인장변형률**(tensile strain ; ε_t), 압축하중이 작용할 때를 **압축변형률**(compressive strain ; ε_c)이라고 한다. 또는 **신장도**(unit elongation), **수축도**(unit contraction)라고도 한다.

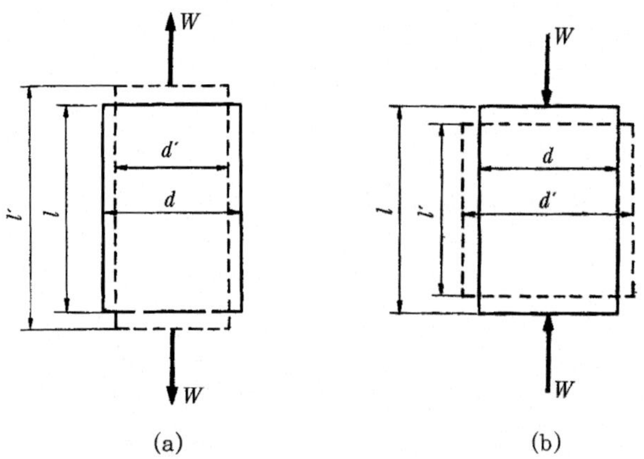

그림 2.4

이들을 식으로 표시하면 다음과 같다.

$$\varepsilon = \pm \frac{l'-l}{l} = \pm \frac{\delta}{l} \tag{2.3}$$

여기서, (+) 기호는 신장 또는 인장, (−) 기호는 수축 또는 압축을 나타낸다.

2. 가로변형률

외력을 받아 세로방향으로 신장이 발생하면 이와 수직방향인 가로방향에는 수축이 발생하며, 반대로 세로방향에 수축이 발생하면 가로방향에는 신장이 발생하게 된다. 그림 2.4(b)의 경우 가로방향의 변형률 λ는 $(d'-d)$이다. 이 때 변형량 λ와 원래 지름 d와의 비를 **가로변형률**(laternal strain ; ε')이라고 한다.

이것을 식으로 표시하면 다음과 같다.

$$\varepsilon' = \mp \frac{d'-d}{d} = \mp \frac{\lambda}{d} \tag{2.4}$$

예제 2.5 길이가 30.27(cm) 인 둥근 강봉을 압축하였다. 수축률이 0.009이라면 수축된 길이는 얼마인가?

‖ **풀이** ‖ 식 (2.3)에서

$$\varepsilon = \frac{l-l'}{l}, \quad l\varepsilon = l-l'$$

$$\therefore l' = l - l\varepsilon = l(1-\varepsilon) = 30.27(1-0.009) = 30(\text{cm})$$

예제 2.6 단면이 4(cm)×3(cm)이며 길이 8(m)인 각철봉에 90(kN)의 인장하중을 작용시켰다. 이 때 발생되는 변형량이 0.286(cm)라고 하면, 응력 및 변형률은 얼마가 되겠는가?

‖ **풀이** ‖

$$\sigma = \frac{W}{A} = \frac{9\times10^4}{12\times10^{-4}} = 0.75\times10^8 = 75(\text{MPa})(\text{Pa})$$

$$\varepsilon = \frac{\delta}{l} = \frac{0.286}{800} = 3.57\times10^{-4}$$

3. 전단변형률

그림 2.5(a)와 같은 리벳이음(rivet joint)이 인장하중 W의 작용을 받아 리벳이 전단된 경우에 미끄러지는 부분인 그림 (a)의 AB 부분을 확대하면 그림 (b)와 같이 된다. AB 및 CD면에는 하중 W에 내응되는 전단응력 τ가 작용하여 식각사변형 ABCD는 평행사변형 ABC′D′로 변형된 후 평형상태가 되었다고 가정한다. 따라서 C 및 D점이 C′ 및 D′ 점으로 변형되어 결국 λ만큼 미끄러진 셈이 된다. 전단변형량 λ의 원

래 길이 l에 대한 비, 즉 단위길이에 대한 미끄러진 양을 **전단변형률** (shearing strain ; ε_s)이라 하고 식으로 나타내면 다음과 같다.

$$\varepsilon_s = \frac{\lambda}{l} = \tan\gamma \fallingdotseq \gamma(\text{rad}) \qquad (2.5)$$

γ는 극히 작은 미소각이므로 CC′는 AC를 반지름으로 하는 원호로 생각하면 $\tan\gamma$는 근사적으로 γ(rad)로 표시할 수 있으므로, 전단변형률은 전단응력면에 세운 수선이 변형에 의하여 경사되는 각으로 표시할 수도 있다.

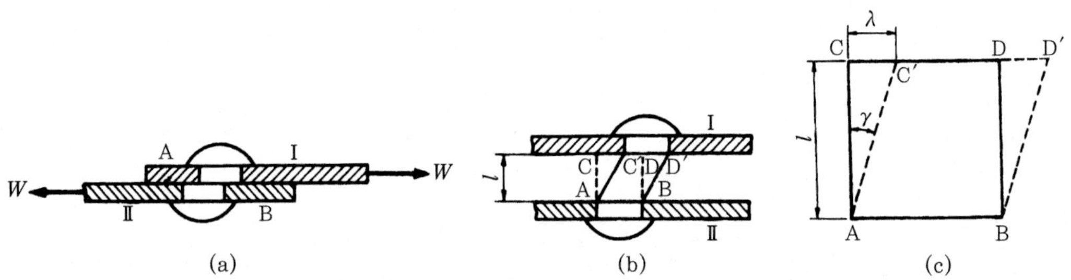

그림 2.5

예제 2.7 전단변형률이 $\gamma = 2.5 \times 10^{-3}$인 그림 2.6과 같은 정방형의 나무토막에서 대각선의 길이가 $\overline{\text{AD}} = 6$(cm)일 때 전단에 의한 변형량 $\overline{\text{CC'}}$는 얼마인가?

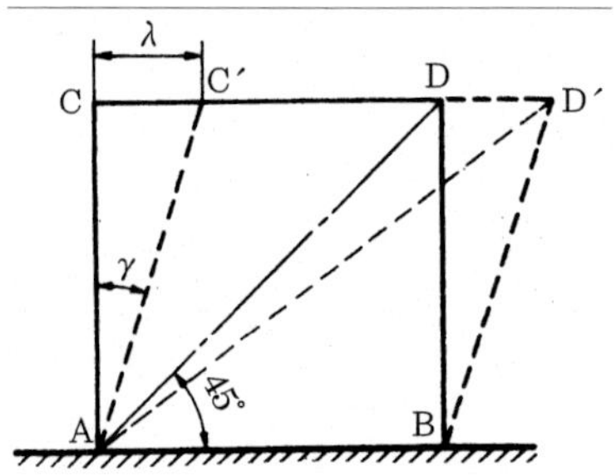

그림 2.6

‖ **풀이** ‖ $\cos 45° = \dfrac{\overline{\text{AC}}}{\overline{\text{AD}}}$

$\therefore \overline{AC} = \overline{AD} \cos 45°$

$$= 6 \times \frac{1}{\sqrt{2}} = \frac{6\sqrt{2}}{2} = 4.2426(\text{cm})$$

$$\gamma = \tan\gamma = \frac{\overline{CC'}}{\overline{AC}}$$

$$\overline{CC'} = \gamma \cdot \overline{AC} = 2.5 \times 10^{-3} \times 4.2426 = 0.01\,(\text{cm})$$

---

4. 체적변형률

어떤 물체가 압력을 받는 물 속이나 진공탱크 속에 있을 때는 그 물체의 전체 면에 직각으로 균일한 인장 또는 압축하중이 작용하게 되고, 그 물체의 체적은 팽창 또는 수축을 일으켜 변화하게 된다. 이 때 체적의 변화량 ΔV의 원체적 V에 대한 비를 **체적변형률**(volumetric strain, bulk strain ; ε_v)이라고 한다.

그림 2.7과 같이 각 변이 a, b, c인 체적 V의 6면체가 각 면에서 각각 수직하중 W_x, W_y, W_z가 작용하여 x, y, z축의 각 방향에 각각 ε_x, ε_y, ε_z의 변형률을 일으키고 그 결과 체적이 ΔV만큼 변화하였다고 하면

$$V = abc$$

$$\Delta V = V' - V = a(1+\varepsilon_x) \cdot b(1+\varepsilon_y) \cdot c(1+\varepsilon_z) - abc$$

$$= abc\{(\varepsilon_x + \varepsilon_y + \varepsilon_z) + \varepsilon_x\varepsilon_y + \varepsilon_y\varepsilon_z + \varepsilon_z\varepsilon_x + \varepsilon_x\varepsilon_y\varepsilon_z\}$$

일반적으로 변형률 ε은 극히 작은 값이어서 이들을 곱한 것은 더욱 작은 값이 되므로 2차항 이상을 무시해도 결과에 큰 영향이 없다. 따라서 위의 식을 다시 쓰면

$$\Delta V = abc(\varepsilon_x + \varepsilon_y + \varepsilon_z)$$

가 되며, 체적변형률 ε_v는 다음과 같다.

$$\varepsilon_v = \frac{\Delta V}{V} = \varepsilon_x + \varepsilon_y + \varepsilon_z \qquad (2.6)$$

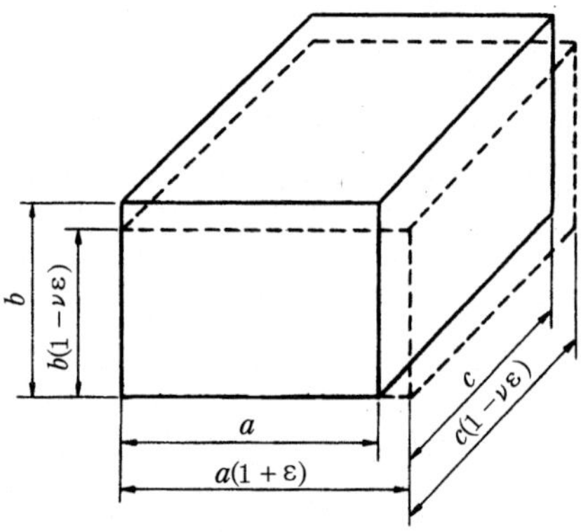

그림 2.7

즉, 체적변형률은 각 방향의 세로변형률을 합한 것과 같다. 만약 재료가 등방성이라면 $\varepsilon_x = \varepsilon_y = \varepsilon_z$가 되어 $\varepsilon_v = 3\varepsilon$이 된다.

2-03 훅의 법칙과 탄성계수

1678년 영국의 물리학자 Robert Hooke은 어떤 스프링에 하중을 작용시켜 인장시험을 한 결과, 탄성한계 내에서는 신장량 δ가 인장력 W와 봉의 길이 l에 정비례하고 봉의 단면적 A에는 반비례한다는 사실을 알았다. 이를 관계식으로 나타내 보면 다음과 같다.

$$\delta \propto \frac{Wl}{A},\quad \frac{\delta}{l} \propto \frac{W}{A} \qquad \therefore\ \varepsilon \propto \sigma$$

이 **비례식**은 계산식에서 불편하므로 **항등식**으로 나타내기 위해서 **비례상수**를 E라고 가정한 후 다시 쓰면 다음과 같이 된다.

$$\sigma = E\varepsilon \tag{2.7}$$

식 (2.7)을 **훅의 법칙**(Hooke's law) 또는 **정비례법칙**이라고 하는데, 재료역학에서는 모든 문제가 이 법칙이 성립될 수 있다는 가정 하에서 전개된다.

또 식 (2.7)의 비례상수 E를 **탄성계수**(modulus of elasticity)라 하고, 그 단위는 변형률 ε이 무차원이므로 응력단위와 같게 된다.

한편 위의 식을 비례상수에 대해 전개하여 보면, 탄성계수 E는

$\varepsilon=1$에 해당하는 인장변형을 일으킬 수 있는 응력, 즉 봉의 원래 길이를 2배로 늘어나게 할 수 있는 인장응력의 크기와 같음을 알 수 있다.

1. 세로탄성계수

탄성한계 내에서 응력과 변형률이 비례관계에 있음을 훅의 법칙에서 나타내고 있으나, 이를 수치적으로 측정하여 비례상수의 성격이 명확히 확립된 것은 영국의 물리학자 Thomas Young에 의해서이다. 이를 계기로 재료역학은 비약적으로 발전하게 되었으며, 이 비례상수를 **영계수**(Young's modulus) 또는 **세로탄성계수**(modulus of longitudinal elasticity ; E)라고 한다.

이를 식으로 나타내면 다음과 같다.

$$E=\frac{\sigma}{\varepsilon} \tag{2.8}$$

일반적으로 동일 재료에 대한 인장 및 압축일 때의 E의 값은 거의 같다.

예제 2.8 지름 6(cm), 길이 300(cm)인 연강봉에 70(kN)의 인장하중이 작용하면 변형량은 얼마이겠는가? 단, E=200(GPa)이다.

‖ **풀이** ‖ 식 (2.7)에서 $\sigma=E\varepsilon,\ \frac{W}{A}=E\cdot\frac{\delta}{l}$

$$\therefore \delta=\frac{Wl}{AE}=\frac{7\times10^4\times3}{\frac{\pi}{4}\times0.06^2\times2\times10^{11}}=3.71\times10^{-4}\text{(m)}$$

---

2. 가로탄성계수

외력으로서 전단력이 작용하게 될 때 역시 탄성한계 내에서는 훅의 법칙이 성립되므로, 이 때 발생되는 전단응력 τ는 전단변형률 γ에 비례하게 된다.

$$\tau = G\gamma \quad \therefore \; G = \frac{\tau}{\gamma} \tag{2.9}$$

이 식의 상수 G를 **가로탄성계수**(modulus of transverse elasticity) 또는 **전단탄성계수**(modulus of shearing elasticity) 및 **강성계수**(modulus of rigidity)라고도 한다.

예제 2.9 지름 6(cm)인 원형단면의 봉에 전단하중이 작용하고 있다. 전단변형률을 0.0003으로 제한하려면 전단하중은 얼마를 작용시킬 수 있겠는가? 단, G=82(GPa)이다.

‖ **풀이** ‖ 식 (2.9)에서 $\tau = G\gamma$, $\frac{W}{A} = G\gamma$

$$\therefore \; W = G\gamma A = 82 \times 10^9 \times 0.0003 \times \frac{\pi \times 0.06^2}{4} = 69{,}554.86\,(\text{N}) = 69.55\,(\text{kN})$$

---

3. 체적탄성계수

그림 2.8 및 식 (2.6)에서와 같은 체적의 변화가 발생할 때 수직응력 σ와 체적변화율 ε_v 사이에는 다음과 같은 식이 성립된다.

$$\sigma = K\varepsilon_v \qquad \therefore \; K = \frac{\sigma}{\varepsilon_v} \tag{2.10}$$

여기서 K를 **체적탄성계수**(modulus of volumetric elasticity, bulk elasticity)라고 한다.

표 2.1 재료의 기계적 성질

재료	비중	파괴응력(kg/cm^2)			탄성계수(kg/cm^2)		탄성한계 (kg/cm^2)
		인장	압축	전단	E	G	
주철	7.5	1,800	7,500	2,000	1×10^6	3.8×10^5	–
연강	7.85	4,000	4,000	3,500	2.1×10^6	8.1×10^5	2,000
경강	7.84	4,500	4,500	4,000	2.2×10^6	8.5×10^5	2,500
주강	7.9	5,300	5,400	–	2.15×10^6	8.5×10^5	2,000
스프링강	7.85	10,000	10,000	–	2.2×10^6	8.7×10^5	5,000
스프링강(담금질)	7.85	17,000	17,000	–	2.2×10^6	8.8×10^5	7,500
니켈강	7.8	9,200	6,200	–	2.1×10^6	8.5×10^5	3,400
구리	8.7	2,200	3,200	–	1×10^6	4.2×10^5	–
포금	8.6	2,400	2,400	–	8.5×10^5	4×10^4	–
황동	8.5	1,300	780	1,400	8.5×10^5	4×10^4	–
알루미늄청동	7.6	4,500	–	2,800	1.2×10^6	–	–
인청동	8.6	3,500	–	2,800	1×10^6	3.7×10^4	–
낙엽송	0.39	950	350	60	7×10^4	–	–
육송	0.53	1,000	450	78	8.8×10^4	–	–
전나무	0.47	900	420	70	9×10^4	–	–
박달나무	1.0	1,200	600	120	7×10^4	5,800	–
화강암	2.6	46	1,700	–	1.4×10^5	–	–
콘크리트	2.3	18	200	28	1.4×10^5	–	–

2-04 푸아송의 비

탄성체에 인장 또는 압축의 외력이 작용하게 되면 축방향으로 신장되거나 수축하게 되는 동시에, 이에 수직인 가로방향에서는 이와 반대로 수축하거나 신장하게 된다.

이 때 발생되는 가로변형률 ε'와 세로변형률 ε과의 비를 **푸아송의 비**(Poisson's ratio ; ν)라고 하며, 이 값은 탄성한계 내의 동일 재료에서는 일정하다.

$$\nu=\frac{1}{m}=\frac{\varepsilon'}{\varepsilon}=\frac{\lambda/d}{\delta/l}=\frac{\lambda\cdot l}{\delta\cdot d} \tag{2.11}$$

위의 식에서 m은 **푸아송의 수**(Poisson's number)라고 한다. 금속들의 실험한 결과를 보면 푸아송의 비의 값은 대개 0.25~0.35의 범위 내에 있음을 알 수 있다.

또 어떤 재료에 대한 푸아송의 비를 알게 되면 인장 또는 압축을 받은 물체의 면적 및 체적의 변화도 해석할 수 있다. 즉, 그림 2.8과 같이 인장하중이 작용하는 직육면체에서 하중방향의 변형률을 ε이라 하면 길이는 $a+\delta=a+a\varepsilon=a(1+\varepsilon)$로 늘어나게 되고, 폭은 $b-\lambda=b-b\varepsilon'=b(1-\varepsilon')=b(1-\nu\varepsilon)$로 줄어들게 된다. 두께 역시 $c(1-\nu\varepsilon)$로 줄어든다.

표 2.2 푸아송의 비와 수

재 료	m	ν	재 료	m	ν
유 리	4.1	0.244	구 리	2.0	0.333
주 철	3.7	0.270	셀룰로이드	2.5	0.400
연 철	3.6	0.278	납	2.32	0.430
연 강	3.3	0.303	고 무	2.00	0.500
황 동	3.0	0.333			

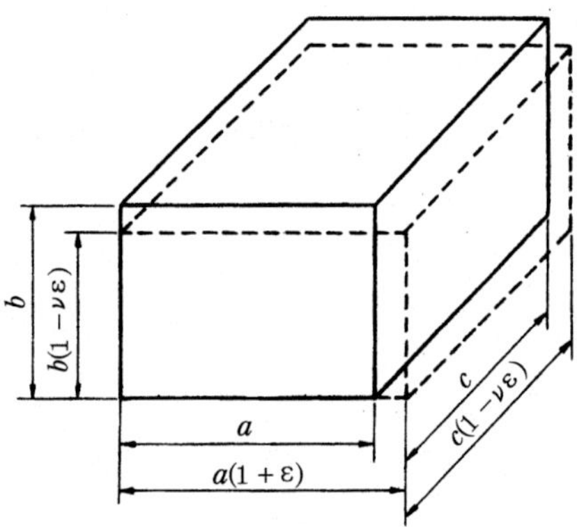

그림 2.8

따라서 체적의 변화는 이들을 모두 곱해 주면 $a(1+\varepsilon)\cdot b(1-\nu\varepsilon)\cdot c(1-\nu\varepsilon)$이 되고, 이를 하중이 작용하기 전의 체적과 비교하면 그 비가 $(1+\varepsilon)(1-\nu\varepsilon)^2$이 되며, 여기서 고차의 미소항들을 무시하면 $(1+\varepsilon-2\nu\varepsilon)$로 되어 체적이 $(1-2\nu)\varepsilon$의 비로 증가함을 알 수 있다. 이것은 체적의 변화량을 원체적과 비교한 것이 되므로 **단위체적 변화율**(unit volume change)로 볼 수 있다. 즉,

$$\frac{\Delta V}{V}=(1-2\nu)\varepsilon \tag{2.12}$$

여기서 $\Delta V > 0$이어야 하므로 $(1-2\nu)\varepsilon > 0$이 되며, 따라서 $\nu < \dfrac{1}{2}$이 성립되어야 한다. 또 이것을 식 (2.11)과 함께 생각하면 푸아송의 수 m은 항상 2보다 크다는 것도 알 수 있다.

한편 참고로 면적의 변화비는 $(1-\nu\varepsilon)^2$에서 고차항을 무시하고 정리하면 $(1-2\nu\varepsilon)$이 되며, 인장하중이 작용하는 경우의 면적은 $2\nu\varepsilon$의 비로 감소함을 알 수 있다. 또 압축하중이 작용하는 경우를 생각하면, 인장하중이 작용하는 경우와는 반대 현상이 발생하게 되어 면적은 $2\nu\varepsilon$의 비로 증가하며, 체적은 $(1-2\nu)\varepsilon$의 비로 감소하게 된다.

예제 2.10 지름이 3(cm)이고, 길이가 30(cm)인 연강봉에 인장하중이 작용하여 지름은 0.006(mm) 줄었고, 길이는 0.18(mm) 늘어났다. 이 재료의 푸아송의 수 m을 구하라.

‖ **풀이** ‖ 식 (2.11)에서 $\nu = \dfrac{1}{m} = \dfrac{\varepsilon'}{\varepsilon}$

$$\therefore m = \frac{\varepsilon}{\varepsilon'} = \frac{\delta/l}{\lambda/d} = \frac{\delta d}{\lambda l} = \frac{0.18\times 30}{0.006\times 300} = 3$$

예제 2.11 지름이 20(mm)인 원형 연강봉에 인장하중 W=50(kN)이 작용한다면 단위길이에 대한 체적의 변화량을 구하라. 단, E=206(GPa), $\nu=0.3$이다.

‖ **풀이** ‖ 체적의 변화량은 $\Delta V = V(1-2\nu)\varepsilon = Al(1-2\nu)\varepsilon$에서 단위길이에 대한 것은

$$\frac{\Delta V}{l} = A(1-2\nu)\varepsilon = A(1-2\nu)\frac{\sigma}{E} = \frac{W}{E}(1-2\nu)$$

$$= \frac{50{,}000}{206\times 10^9}(1-2\times 0.3) = 9.708\times 10^{-8}(\mathrm{m^3/m})\ \text{증가}$$

2-05 탄성계수 사이의 관계

1. E, K, ν의 관계식

그림 2.9와 같은 육면체에서 각 면에 W_x, W_y, W_z인 하중이 작용하게 되면 이에 대응되는 힘인 응력, 즉 σ_x, σ_y, σ_z가 각 면에서 발생하게 된다.

한편 X축 방향의 변형률 ε_x는 σ_x의 영향뿐 아니라 푸아송의 효과 때문에 X축에 수직을 이루는 Y축 및 Z축의 영향도 받게 된다. 즉, X축 방향으로 인장응력이 작용하여 신장을 일으키게 될 때 이에 수직을 이루는 Y축 및 Z축 방향에서는 압축응력이 작용하게 되어 수축을 일으키게 된다. 재료가 훅의 법칙에 따른다면 σ_x로 인한 X축 방향의 세로변형률은 $\varepsilon_x = \dfrac{\sigma_x}{E}$이고, σ_y 및 σ_z에 의하여 발생되는 X축 방향의 가로변형률은 푸아송의 비를 이용하면 $\varepsilon' = -\nu\varepsilon = -\dfrac{\nu\sigma_y}{E}$ 및 $-\dfrac{\nu\sigma_z}{E}$로 표시할 수 있다.

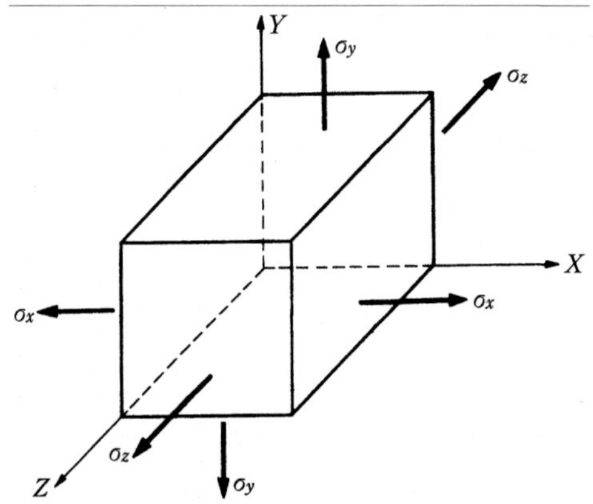

그림 2.9

따라서 각 면의 변형률은 다음과 같이 표현된다.

$$
\begin{aligned}
\varepsilon_x &= \frac{\sigma_x}{E} - \frac{\nu}{E}(\sigma_y + \sigma_z) \\
\varepsilon_y &= \frac{\sigma_y}{E} - \frac{\nu}{E}(\sigma_x + \sigma_z) \\
\varepsilon_z &= \frac{\sigma_z}{E} - \frac{\nu}{E}(\sigma_x + \sigma_y)
\end{aligned} \tag{a}
$$

이 관계식들은 단일축 방향에 대해서만 고려하였던 식 (2.7)과 같은 훅의 법칙을 3축 방향의 응력과 변형률로 표시한 것이므로 **훅의 법칙의 일반형**(general form of Hooke's law)이라고 한다. 한편 앞에서 언급한 육면체에 대한 변형률을 고려하여 식 (2.6)에 식 (a)를 대입하면 다음과 같다.

$$\varepsilon_v = \varepsilon_x + \varepsilon_y + \varepsilon_z$$

$$= \frac{\sigma_x}{E} - \frac{\nu}{E}(\sigma_y + \sigma_z) + \frac{\sigma_y}{E} - \frac{\nu}{E}(\sigma_x + \sigma_z) + \frac{\sigma_z}{E} - \frac{\nu}{E}(\sigma_x + \sigma_y)$$

$$= \frac{l}{E}(\sigma_x + \sigma_y + \sigma_z) - \frac{2\nu}{E}(\sigma_x + \sigma_y + \sigma_z) \tag{b}$$

$$= \frac{1-2\nu}{E}(\sigma_x + \sigma_y + \sigma_z)$$

균일한 유체압력이 작용하는 경우와 같이 특별한 경우에는 다음과 같이 생각할 수 있다.

$$\sigma_x = \sigma_y = \sigma_z = \sigma, \quad \varepsilon_x = \varepsilon_y = \varepsilon_z = \varepsilon$$

따라서 식 (b)는 다음과 같이 표현된다.

$$\varepsilon_v = 3\varepsilon = \frac{3(1-2\nu)}{E}\sigma \tag{c}$$

식 (c)를 식 (2.10)에 대입하여 정리하면,

$$K = \frac{E}{3(1-2\nu)} = \frac{mE}{3(m-2)} \tag{2.13}$$

가 되며, ν와 E만 알면 K를 구할 수 있는 E, K, ν의 관계식이 된다.

2. E, G, ν의 관계식

그림 2.10과 같이 x축 방향으로 인장응력 σ_x, y축 방향으로 같은 크기의 압축응력 σ_y가 작용하고 z축 방향의 응력은 무시되는 정입방체 요소에서 축과 45°를 이루는 면 ab, bc, cd, da로 이루어지는 정마름모꼴의 요소를 고찰해 보기로 한다.

여기서 면 ad, bc, cd, da에는 수직응력은 작용하지 않고 전단응력만이 작용하는, 즉 **순수전단**(pure shear)의 상태이므로 길이의 변화는 일으키지 않는다고 가정하면 τ의 절대값은 σ의 절대값과 같게 된다. 즉, $\tau = \sigma_x = -\sigma_y$이다. 그러나 대각선 $\overline{ac}$, $\overline{bd}$는 σ_y와 σ_x의 영향으로 수축과 신장의 변화를 일으켜 $\overline{a_1c_1}$, $\overline{b_1d_1}$으로 변하게 된다.

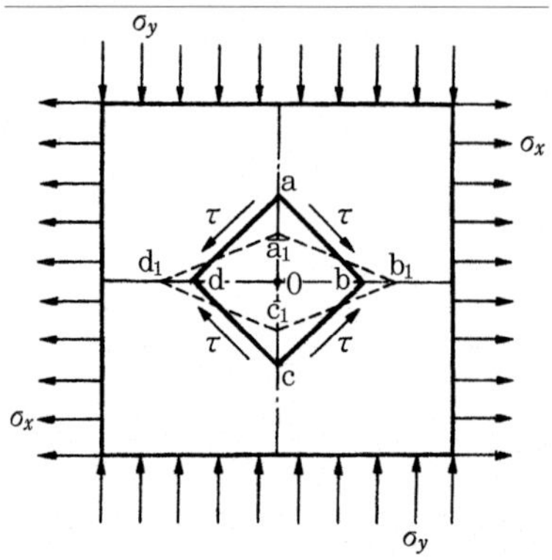

그림 2.10

따라서 b점 및 d점의 각도는 $\frac{\pi}{2}-\gamma$로 감소하며, 점 a 및 점 c의 각도는 $\frac{\pi}{2}+\gamma$로 증가되게 된다. 이 대 미소각 γ는 abcd의 마름모꼴이 $a_1b_1c_1d_1$으로 찌그러질 때 발생한 각도이다. 삼각형 oab에서 $\overline{ob}$의 신장과 $\overline{oa}$의 수축을 ε_x와 ε_y로 표시하면

$$\overline{ob_1}=\overline{ob}(1+\varepsilon_x),\ \overline{oa_1}=\overline{oa}(1+\varepsilon_y)$$

$$\tan(<ob_1a_1)=\tan\left(\frac{\pi}{4}-\frac{\gamma}{2}\right)=\frac{\overline{oa_1}}{\overline{ob_1}}=1+\frac{\varepsilon_y}{1}+\varepsilon_x \qquad (a)$$

$$\sigma_x=-\sigma_y=\tau\text{이므로},\ \varepsilon_x=-\varepsilon_y=\frac{\sigma}{E}+\frac{\nu\sigma}{E}=\frac{\tau(1+\nu)}{E}$$

$$\tan\left(\frac{\pi}{4}-\frac{\gamma}{2}\right)=\frac{\tan\frac{\pi}{4}-\tan\frac{\gamma}{2}}{1+\tan\frac{\pi}{4}tan\frac{\gamma}{2}}\fallingdotseq\frac{1-\frac{\gamma}{2}}{1+\frac{\gamma}{2}} \qquad (b)$$

식 (a)와 (b)에서

$$\frac{1-\frac{\gamma}{2}}{1+\frac{\gamma}{2}}=\frac{1+\varepsilon_y}{1+\varepsilon_x}=\frac{1-\frac{\tau(1+\nu)}{E}}{1+\frac{\tau(1+\nu)}{E}}\quad\therefore\gamma=\frac{2\tau(1+\nu)}{E} \qquad (c)$$

식 (c)를 식 (2.9)에 대입하면 다음과 같은 관계식을 구할 수 있다.

$$G=\frac{\tau}{\gamma}=\frac{E}{2(1+\nu)}=\frac{mE}{2(m+1)} \tag{2.14}$$

이 식은 E, G, ν의 관계식이며 E와 ν 또는 m을 알면 G를 구할 수 있다. 식 (2.13) 및 식 (2.14)에 의하여 탄성계수의 관계식을 구하면 다음과 같다.

$$E=2G(1+\nu)=3K(1-2\nu)=\frac{9KG}{G+3K}$$

$$G=\frac{E}{2(1+\nu)}=\frac{3KE}{9K-E}=\frac{3K(1-2\nu)}{2(1+\nu)}$$

$$K=\frac{GE}{9G-3E}=\frac{E}{3(1-2\nu)}=\frac{2G(1+\nu)}{3(1-2\nu)} \tag{2.15}$$

$$\nu=\frac{E-2G}{2G}=\frac{3K-E}{6K}=\frac{3K-2G}{6K+2G}$$

이상과 같은 탄성계수 중에서 E 및 G는 실험에 의해서도 구할 수 있으나, K는 실험으로 구하기 쉽지 않으므로 일반적으로 E 및 G의 측정값을 이용해서 식 (2.15)에 의하여 결정하게 된다.

예제 2.12 평면의 응력 상태에서 σ_x가 140(MPa), σ_y가 -60(MPa)일 때 x방향과 y방향의 변형률 ε_x, ε_y를 구하라. 단, E=200(GPa), $\nu=0.3$이다.

‖ 풀이 ‖

$$\varepsilon_x=\frac{\sigma_x}{E}-\frac{\nu}{E}(\sigma_y+\sigma_z)=\frac{1}{E}\{\sigma_x-\nu(\sigma_y+\sigma_z)\}$$

$$=\frac{1}{2\times10^{11}}\{140\times10^6-0.3(-60\times10^6)\}=7.9\times10^{-4}$$

$$\varepsilon_y=\frac{\sigma_y}{E}-\frac{\nu}{E}(\sigma_x+\sigma_z)=\frac{1}{E}\{\sigma_y-\nu(\sigma_x+\sigma_z)\}$$

$$=\frac{1}{2\times10^{11}}\{-60\times10^6-0.3(140\times10^6)\}=-5.1\times10^{-4}$$

예제 2.13 지름 8(cm), 길이 1.2(m)인 연강봉에 300(kN)의 인장하중을 작용시켜 0.7(mm)가 신장되었다. 지름은 얼마나 수축되었는가? 또 이 때 탄성계수 E=200(GPa)이라 하면 전단탄성계수 G는 얼마가 되겠는가? 단, 푸아송의 비는 $\nu=0.3$이다.

‖ **풀이** ‖ 식 (2.11)에서 $\nu=\dfrac{1}{m}=\dfrac{\varepsilon'}{\varepsilon}=\dfrac{\lambda/d}{\delta/l}=\dfrac{\lambda l}{\delta d}$

$$\therefore \lambda=\frac{\delta d\nu}{l}=\frac{0.0007\times 0.08\times 0.3}{1.2}=1.4\times 10^{-5}(\text{m})$$

식 (2.15)에서 $G=\dfrac{E}{2(1+\nu)}=\dfrac{2\times 10^{11}}{2(1+0.3)}=76.9(\text{GPa})$

예제 2.14 연강의 탄성계수 E=200(GPa), G=80(GPa)일 때 푸아송의 비 ν와 체적탄성계수 K를 구하라.

‖ **풀이** ‖ 식 (2.15)에서

$$\nu=\frac{E-2G}{2G}=\frac{E}{2G}-1=\frac{2\times 10^{11}}{2\times 8\times 10^{10}}-1=0.25$$

$$K=\frac{GE}{9G-3E}=\frac{8\times 10^{10}\times 2\times 10^{11}}{9\times 8\times 10^{10}-3\times 2\times 10^{11}}=133.33(\text{GPa})$$

2-06 인장시험

공업용 재료로 사용되는 강, 주철, 알루미늄합금 등과 같은 금속재료와 목재, 콘크리트 등과 같은 비금속재료의 강도와 변형률 및 경도 등의 기계적 성질을 측정하는 것을 재료시험이라고 한다.

이 재료시험의 종류에는 인장시험 · 압축시험 · 전단시험 · 경도시험 · 굽힘시험 · 비틀림시험 · 충격시험 · 피로시험 · 크리프시험(creep test) 등이 있으나, 재료의 특성을 가장 대표할 수 있는 것은 **인장시험**(tensile test)이라 할 수 있다. 또 앞에서 언급한 재료의 응력과 변형률의 관계를 좀 더 자세히 알아보기 위해서 표준규격에 맞추어 제작한 **시편**(test piece)을 재료시험기에 장치하고 인장하중을 서서히 가하면 이에 대응하여 변형 역시 증가하게 된다. 하중과 변형의 관계를 직교좌표축에 선도로 나타낸 것을 **인장시험선도**(tensile test diagram) 또는 **하중변형선도**(load-elongation diagram)라 하며, 하중 대신 응력으로 바꾸어서 표시한 선도를 **응력변형률선도**(stress-strain diagram)라고 한다.

그림 2.11에 나타낸 것은 **구조용강**(structual steel, $c=0.05\sim0.6\%$)의 응력-변형률선도의 대표적인 모양이다. 실선은 하중과 원단면적과의 비를 나타낸 **공칭응력**(nominal stress)이고, 점선은 하중과 시험 후의 축소된 단면적과의 비를 나타낸 **실제응력**(actual stress)이다.

O점에서 P점까지는 직선이므로 응력과 변형률이 정비례한다. P점을 지나서 E점까지는 직선에서 약간 어긋나서 곡선형으로 되지만 잔류변형을 남기지 않고 변형이 생기더라도 하중을 제거하면 원래의 상태로 되돌아가는, 즉 탄성을 유지한다고 가정한다. 이때 P점을 **비례한계점**(proportional limit point), E점을 **탄성한계점**(elastic limit point)이라고 한다. 여기서 비례한계점이나 탄성한계점을 결정한다는 것은 사실상 용이한 일이 아니며, 재료에 따라서는 항복점까지 그 위치가 접근되어 있어 일반적으로 이 세 점 중에서 비교적 측정이 용이한 항복점으로 탄성한계점을 대신하여 사용하고 있다.

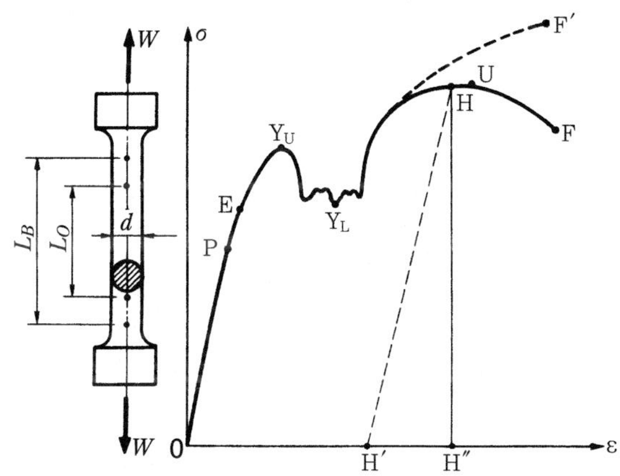

그림 2.11

E점에서 더 이상 응력이 증가하면 나중에 하중을 제거하더라도 원래의 형태로 완전히 회복되지 못하고 변형이 남게 된다. 이 남게 되는 변형을 **영구변형**(permanent set)이라고 한다. 또 이 과정에서는 변형률이 응력보다 훨씬 빠른 속도로 증가되어 Y_U점에 도달하게 되면 결정 상호간에 미끄럼현상이 발생하고, 특별한 응력의 증가 없이도 급격한 신장이 발생하면서 Y_L까지 이르게 된다. 이 때의 신장은 비례한계점까지에서 생긴 신장보다 10~15배 정도 더 큰 신장이 발생하게 된다. 이와

같은 불안전한 현상을 **항복**(yield)이라 하며, Y_U 및 Y_L을 각각 **상항복점**(upper yield point) 및 **하항복점**(lower yield point)이라고 한다.

이후 응력을 더욱 증가시키면 **변형경화**(strain hardening)현상이란 부가적인 저항을 보이면서 응력의 증가율에 비하여 변형의 증가율이 급격히 증가하면서 U점에서 **최대응력**(maximum stress) 또는 **극한응력**(ultimate stress)에 도달하게 되며, 시편의 어떤 부분에서 **국부수축**으로 인하여 **네킹**(necking)이란 현상이 발생한다. 이후에는 하중의 감소에도 불구하고 변형은 여전히 계속되다가 F점에 이르러서 시편의 원래 표면에 대하여 약 45° 의 각을 이루는 원추형 표면을 따라 결국 **파단**(fracture)이 일어난다.

한편 봉이 길이방향에서 신장되는 동안에 이와 수직되는 가로방향에서는 수축이 일어나며, 이 결과로 봉의 단면적은 감소하게 된다. 그러나 국부수축이 일어나게 되는 U점 부근에서는 원단면의 감소로 인하여 공칭응력은 감소하게 되며, 실제응력은 파단이 일어날 때까지 점선으로 나타낸 것과 같이 점차 증가하게 된다.

탄성한계를 지나 점 H에서 하중을 서서히 제거하면 대략 OP에 평행되게 HH′에 따라 응력-변형률이 강하된다. 하중이 완전히 제거되었을 때의 전체변형 OH″의 일부인 H′H″가 소실되고 OH′가 남게 된다. 이 H′H″를 **탄성변형**이라 하고, OH′를 **잔류변형** 또는 **소성변형**이라고 한다.

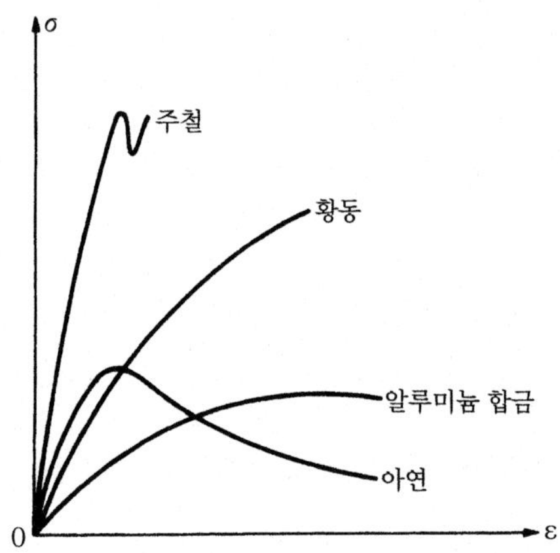

그림 2.12

연강과 같은 유연한 재료에는 뚜렷한 항복점이 있으나 경강, 주철, 동 및 알루미늄 등은 그림 2.12와 같이 항복점을 찾기가 힘들고 처음부터 곡선으로 나타나므로 일반적으로 0.2%의 영구변형이 발생되는 응력, 즉 가로좌표축의 $\varepsilon = 0.2\%$ 인 점에서 선도의 초기 직선 부분에 평행되게 직선을 그어 줌으로써 항복점을 정하고 있다. 이와 같은 방법으로 항복점을 구하는 방법을 **오프셋 방법**(offset method)이라고 한다.

인장시험은 재료의 강도를 시험하는 동시에 변형의 성질을 파악하는 것이 주목적이므로, 파단 후의 시편을 맞대어서 판단될 때의 표점거리 L_B 및 단면적 A_B를 측정하고 시험 전의 표점거리 L_O 및 단면적 A_O로부터 **연신율**(reduction percentage of area)을 식으로 표시하면 다음과 같다.

$$\text{신장률} = \frac{L_B - L_O}{L_O} \times 100(\%)$$

$$\text{단면수축률} = \frac{A_O - A_B}{A_O} \times 100(\%) \qquad (2.16)$$

위의 신장률 및 단면수축률로 재료의 연성의 기준을 측정하게 되며, 이 기준의 정도에 따라서 단면수축률과 연실율이 큰 재료를 **연성재료**(ductile material), 작은 재료를 **취성재료**(brittle material)로 구분하게 된다. 연실율이 큰 재료는 파단까지의 변형에너지의 흡수가 커서 충격하중에 대하여 안전하다. 보통 구조용강의 경우는 연신율이 30%, 단면수축률은 약 60%이다.

예제 2.15 지름 20(mm), 표점거리 50(cm)의 연강시편을 인장시험한 결과 표점거리가 67(cm)로 늘어났다. 이 때 재료의 신장률은 일마인가?

‖ **풀이** ‖ 식 (2.16)에서

$$\varepsilon = \frac{L_B - L_O}{L_O} = \frac{67-50}{50} \times 100\% = 34(\%)$$

2-07 허용응력과 안전계수

구조물을 설계함에 있어서는 사용 조건 하에서 그 구조물이 주어진 기능을 충분히 수행할 수 있다는 확실한 보장이 필요하다. 기계의 운전이나 구조물의 작용이 실제적으로 안전한 범위 내에서 작용하고 있는 응력을 **사용응력**(working stress ; σ_w)이라 하고, 재료를 사용하는 데 안전상 허용할 수 있는 최대응력으로 탄성한계 이내의 충분히 작은 값을 **허용응력**(allowable stress ; σ_a)이라고 한다.

기계나 구조물에 작용하는 최대응력을 언제나 탄성한계 이하의 충분히 작은 값을 택하는 이유는 그래야만 하중을 가한 다음 제거할 때 **영구변형**이 생기지 않을 뿐 아니라 예상치 않은 과도한 하중의 작용이나 응력계산의 부정확이라든지 재료의 불균질 등에서 생길 수 있는 부족함을 보충하고, 각 부분의 충분한 안전과 더불어 경제적인 치수 결정을 할 수 있게 된다. 그러므로 안전을 위해서 취성재료의 경우는 극한응력(σ_u), 연성재료의 경우는 항복응력(σ_y)을 기준으로 잡아서 이들과 허용응력과의 비를 **안전계수**(factor of safety ; S)라 하며, 이를 식으로 표시하면 다음과 같다.

$$S=\frac{\sigma_y}{\sigma_a} \text{ 또는 } S=\frac{\sigma_u}{\sigma_a} \tag{2.17}$$

기계부품, 항공기, 교량 등에서 일어나는 하중과 같이 그 하중이 동적이거나 오랫동안 반복적으로 작용하는 경우에는 **피로파괴**가 일어날 가능성이 있기 때문에 정하중 상태의 구조물보다 더 큰 안전계수가 필요하게 된다.

적당한 안전계수를 결정한다는 것은 대단히 복잡한 문제이다. 왜냐하면 안전계수나 허용응력을 결정하는 데는 재질이나 하중의 종류, 부재의 형상 및 사용장소, 온도, 마멸, 부식 등을 종합적으로 고려해야 하기 때문이다.

일반적으로 사용응력은 허용응력보다, 허용응력은 탄성한계보다 작은 값을 택한다. 참고로 여러 가지 재료의 안전계수와 철강재료의 허용응력의 예를 보이면 표 2.3, 표 2.4와 같다.

표 2.3 안전계수

재료	정하중	동하중		충격하중
		반복하중	교번하중	
주철, 취약한 금속	4	6	10	15
연강, 단강	3	5	8	12
주강	3	5	8	15
동, 연금속	5	6	9	15
목재	7	10	15	20
석재	20	30	–	–

표 2.4 철강재료의 허용응력(kg/cm²)

응 력	하 중	연 강	반경강	주 강	주 철
인 장	a	900~1,500	1,200~1,800	600~1,200	300
	b	600~1,000	800~1,200	400~800	200
	c	300~500	400~600	200~400	100
압 축	a	900~1,500	1,200~1,800	900~1,500	900
	b	600~1,000	800~1,200	600~1,000	600
전 단	a	720~1,200	960~1,440	480~960	300
	b	480~800	640~960	320~640	200
	c	240~400	320~480	160~320	100
굽 힘	a	900~1,500	1,200~1,8000	750~1,200	–
	b	600~1,000	800~1,200	500~800	–
	c	300~500	400~600	250~400	–
비 틀 림	a	600~1,200	900~1,440	480~960	–
	b	600~800	600~960	320~640	–
	c	300~400	300~480	160~320	–

〈비교〉 a : 정하중, b : 반복하중, c : 교번하중

예제 2.16 30(kN)의 인장하중을 받는 연강봉이 있다. 인장응력의 발생을 400(MPa)으로 제한하고 싶다면 안전하게 유지될 수 있는 봉의 지름은 얼마로 하면 되겠는가? 단, 안전율은 $S=5$이다.

‖ **풀이** ‖ 식 (2.17)에서

$$\sigma_a = \frac{\sigma_u}{S} = \frac{4\times 10^8}{5} = 80(\text{MPa})$$

한편, $\sigma_u = \dfrac{W}{A} = \dfrac{4W}{\pi d^2}$ 에서

$$d = \sqrt{\frac{4W}{\pi\sigma_a}} = \sqrt{\frac{4\times 30{,}000}{\pi\times 8\times 10^7}} = 0.0218(\text{m})$$

2-08 응력집중

단면이 균일한 봉이나 판에 인장하중이 작용하면 응력은 단면에 균일하게 분포한다. 그러나 턱, 구멍, 홈 등과 같이 단면의 모양이 급변하는 **노치**(notch)가 단면에 있게 되면 이 부분에서는 마치 유체가 넓은 곳에서 좁은 곳으로 흐를 때 생기는 현상과 같이, 외력으로 인하여 발생될 응력분포상태가 대단히 불균일하게 되고 부분적으로 응력이 매우 커진다. 이와 같이 노치가 있는 단면에서 부분적으로 큰 응력이 집중되어 일어나는 현상을 **응력집중**(stress concentration)이라고 한다(그림 2.13 참조).

기계 운전시에 부품에 일어나는 파단의 대부분은 노치 부분이 있는 부재가 외력을 받을 경우 다른 단면의 평균응력보다 큰 응력이 발생하여 응력분포가 불균일해지고, 특히 반복하중이나 교번하중 등의 동하중의 작용을 받게 될 부재의 경우는 보다 큰 응력이 발생하게 되어 **균열**(crack)이 생기며 결국 파괴가 일어나게 된다. 따라서 응력집중 현상이 발생할 가능성이 있는 부재를 설계할 때에는 특별히 주의해야 한다.

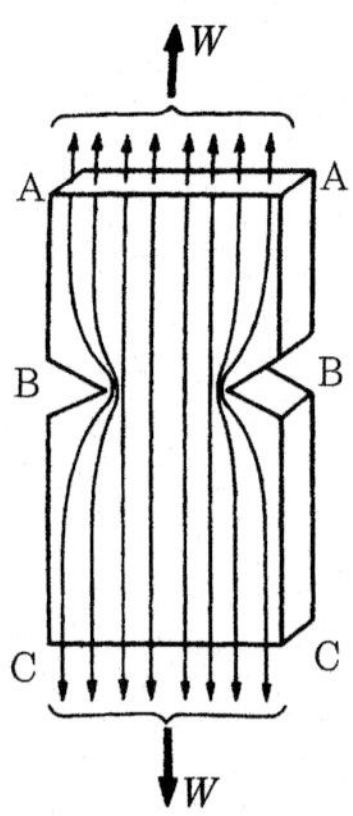

그림 2.13

예를 들어, 그림 2.14와 같이 폭 b, 두께가 t이며 중앙에 원형구멍을 갖는 구형판에 인장하중이 작용할 때 발생하게 될 응력집중 현상을 고찰해 보기로 한다.

이런 경우 단면의 변화가 급격한 구멍의 위치에서 멀리 떨어진 단면에서 발생되는 응력분포는 균일단면에서와 같이 일정하고, 이를 식으로 나타내면 다음과 같다.

$$\sigma = \frac{W}{bt}$$

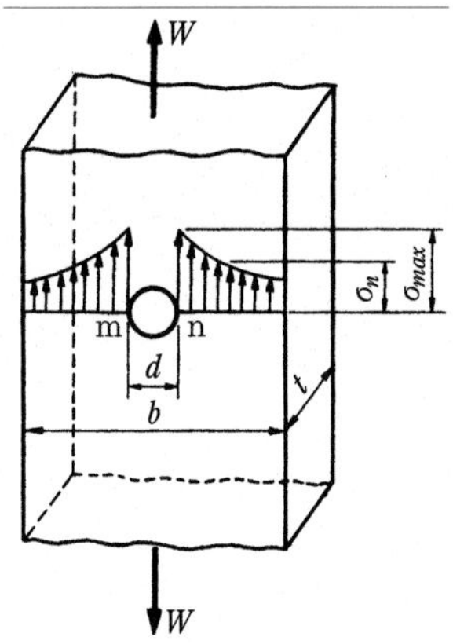

그림 2.14

그러나 원형구멍의 가장자리, 즉 m 및 n의 점에서는 단면이 급격히 변하는 곳이므로 응력집중 현상이 일어나 큰 응력이 발생하게 되며, 이 곳에서 거리가 멀어짐에 따라 응력이 점차 감소되다가 구멍에서 가장 먼 가장자리에서 최소가 된다. 이 때 m 및 n점 부분에서 발생되는 **국부응력**(local stress)을 **최대응력**(maximum stress)으로 정하고, 구멍 부분을 제외한 나머지 전체 면적에 작용하는 응력을 **공칭응력**(nominal stress ; σ_n) 또는 **평균응력**(average stress ; σ_{av})이라 하며, 이를 식으로 표현하면 다음과 같다.

$$\sigma_n = \sigma_{av} = \frac{W}{A_{\min}} = \frac{W}{(b-d)t} \tag{2.18}$$

그리고 최대응력과 평균응력과의 비를 **응력집중계수**(factor of concentration ; α_k) 또는 노치의 형상에 의해서 결정되므로 **형상계수**(form factor)라고도 하며 식으로 표현하면 다음과 같다.

$$\alpha_k = \frac{\sigma_{\max}}{\sigma_n} \tag{2.19}$$

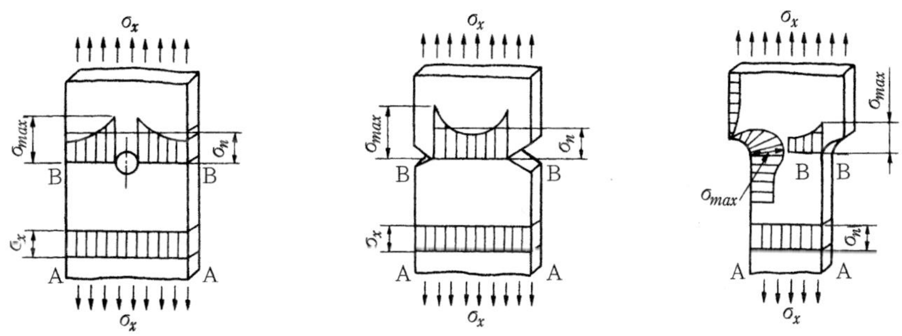

(a)원공 (b)V노치 (c)단부

그림 2.15

탄성한계 내에서의 α_k의 값은 노치의 형상과 하중의 종류에 따라 결정되며 부재의 크기나 재질에는 무관하고, 같은 모양의 노치에 대한 형상계수는 대체적으로 인장의 경우가 크고 굽힘, 그리고 비틀림의 순서로 작게 된다.

한편 연성재료에 정적 하중이 작용하는 경우에 응력집중이 항복점에 이르면 그 부분이 국부적으로 항복을 일으켜 응력집중은 오히려 완화되어 응력분포는 균일에 가까워진다. 그러나 **반복하중**과 같은 동적 하중의 경우는 국부적으로 생긴 큰 응력이 반복 작용하게 되므로 재료에 피로가 생겨 **피로파괴**(fatigue destruction)를 일으키게 된다. 따라서 **연성재료**에 정적 하중이 작용할 경우에는 그다지 위험하지 않으나, 동적 하중에 대해서는 응력집중 현상에 대해서 충분히 주의해야 된다. 그러나 **취성재료**의 경우는 정적 하중에 대해서도 국부응력이 어떤 값에 이르면 바로 파괴로 이어지기 때문에 응력집중은 대단히 위험하다.

이러한 노치에 의한 응력집중 현상을 피하기 위해서는 제품 제작시에 단면을 가능한한 완만하게 하여 단면의 급격한 변화가 생기지 않도록 해야 한다.

일반적으로 노치의 형상이 복잡한 경우에는 **스트레인 게이지**(strain gauge)나 **광탄성시험**(photoelasticity test) 등의 실험적 방법에 의하여 응력집중계수를 구하게 된다. 이 실험에 의해서 얻은 수치를 이용하여 그림 2.16과 같은 선도를 완성한 후 이를 이용해서 부재의 치수 변화에 따른 응력집중계수 또는 공칭응력, 노치 부분에서 발생되는 최대 응력 등을 구할 수 있다.

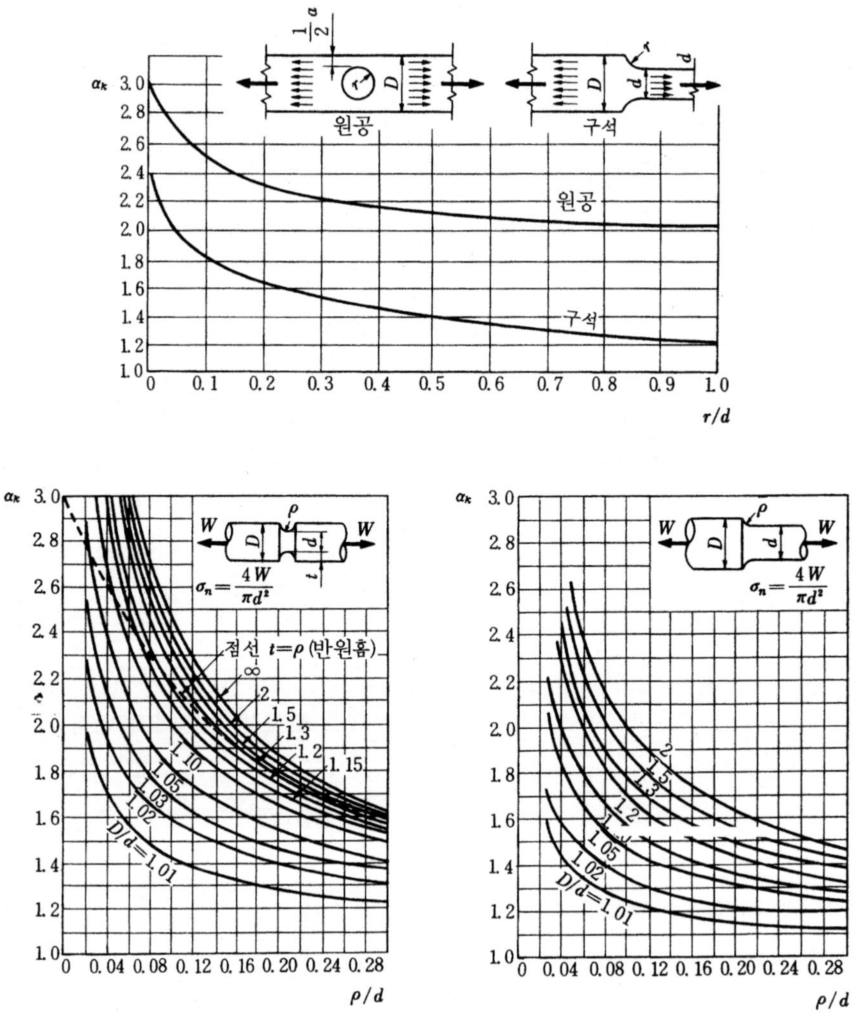

(a) (b)

그림 2.16

그림 2.15는 구멍, V홈, 턱이 있는 판에 인장하중이 작용할 경우, 이 노치 부분에서 단면의 급격한 변화로 인하여 응력집중 현상이 발생되고 있음을 보여 주고 있다.

그림 2.16은 실험에서 얻은 선도를 이용해서 응력집중계수를 구하기 위한 예이다. 이 때 형상계수 α_k는 D/d가 증가할수록, 또 ρ/d가 감소할수록 증가되고 있음을 알 수 있다.

예제 2.17 노치(notch)가 있는 봉이 인장하중을 받을 때 노치 부분의 최대응력이 90(MPa)이었고, 노치 부분의 공칭응력이 30(MPa)이라 하면 응력집중계수는 얼마인가?

‖ **풀이** ‖ 식 (2.19)에서 $\alpha_k = \dfrac{\sigma_{\max}}{\sigma_n} = \dfrac{90\times10^6}{30\times10^6} = 3$

예제 2.18 강판의 폭 16(cm), 두께 2(cm)인 판의 중앙에 지름 4(cm)인 구멍이 뚫려져 있다. 축방향에 24(kN)의 인장하중이 작용한다면 응력집중계수는 얼마인가? 단, 최대응력은 26(MPa)이라고 한다(그림 2.17).

‖ **풀이** ‖ 식 (2.18)에서

$$\sigma_n = \frac{W}{(b-d)t} = \frac{24{,}000}{(0.16-0.04)\times0.02} = 10(\text{MPa})$$

$$\alpha_k = \frac{\sigma_{\max}}{\sigma_n} = \frac{26\times10^6}{10\times10^6} = 2.6$$

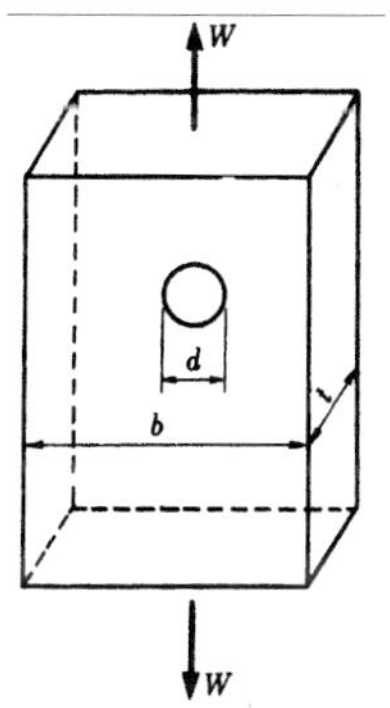

그림 2.17

예제 2.19 그림 2.16(b)와 같은 상태에서 $D=9$(cm), $d=6$(cm)의 단붙임 원형 봉이 3.6(mm) 둥금새로 되어 있다. 18(kN)의 인장하중을 받았을 때 응력집중에 의한 최대응력은 몇 (MPa)인가?

‖ **풀이** ‖ $\sigma_n = \dfrac{W}{A} = \dfrac{4W}{\pi d^2} = \dfrac{4\times18{,}000}{\pi\times0.06^2} = 6.366(\text{MPa})$

$D/d = \dfrac{9}{6} = 1.5$, $\rho/d = \dfrac{3.6}{60} = 0.06$

그림 2.16(b)의 선도에서, $\alpha_k = 2.25$

$\therefore \sigma_{\max} = \sigma_n\alpha_k = 6.366\times10^6\times2.25 = 14.32(\text{MPa})$

연 습 문 제

1. 연강의 인장강도가 500(MPa)이라고 할 때, 지름이 12(mm)인 연강봉은 몇 N의 인장하중에 견딜 수 있는가?

(a) 56.66(kN) (b) 47.23(kN)
(c) 35.14(kN) (d) 27.64(kN)

2. 길이 3(m)의 강봉이 있다. 그 중 1(m)는 지름 2(cm)인 강봉이고, 나머지는 한 변이 3(cm)인 정4각형 봉이다. 하중 $W=35$(kN)을 작용시키면 신장량은 얼마이겠는가? 단, 탄성계수 $E=200$(GPa)이다.

(a) 0.037(cm) (b) 0.053(cm)
(c) 0.078(cm) (d) 0.094(cm)

3. 길이 l의 환봉을 압축하였더니 25(cm)가 되었다. 이 때 변형률을 0.006이라 한다면 원래의 길이 l은 얼마인가?

(a) 25.06(cm) (b) 25.15(cm)
(c) 25.21(cm) (d) 25.25(cm)

4. 30(kN)의 인장하중을 받는 둥근 봉이 있다. 이 때 단면에 발생하는 응력을 100(MPa)까지로 하려면 봉의 지름은 얼마로 하면 되겠는가?

(a) 1.88(cm) (b) 1.95(cm)
(c) 2.46(cm) (d) 3.02(cm)

5. 지름 20(mm)의 재료가 22(kN)의 전단하중을 받아 0.0008(rad)의 전단변형률이 생겼다. 이 재료의 가로탄성계수 G의 값은 몇(GPa)인가?

(a) 58.8(GPa) (b) 67.7(GPa)
(c) 76.7(GPa) (d) 87.5(GPa)

6. 그림 2.18과 같은 구조물에서 강선 AC에 발생되는 힘은 얼마인가?

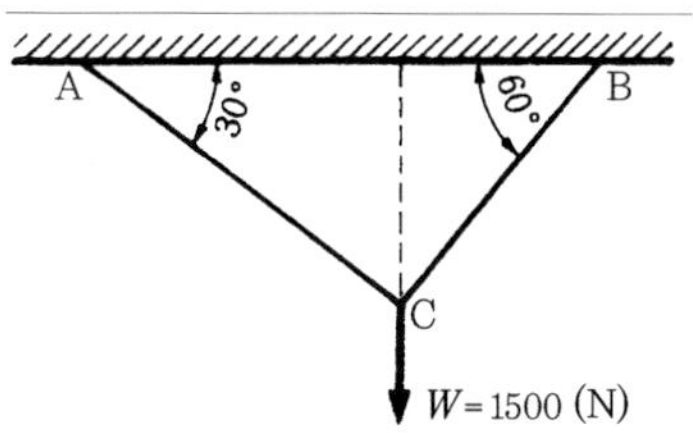

그림 2.18

(a) 300(N)
(b) 430(N)
(c) 670(N)
(d) 750(N)

7. 그림 2.19와 같이 중앙에 지름 $d=100$(mm)의 구멍이 뚫린 폭 220(mm)의 판에 인장하중 $W=36$(kN)이 작용할 때, 안전율을 13이상으로 하려면 판의 두께는 얼마 이상으로 해야 하는가? 단, 재료의 인장강도는 390(MPa)이다.

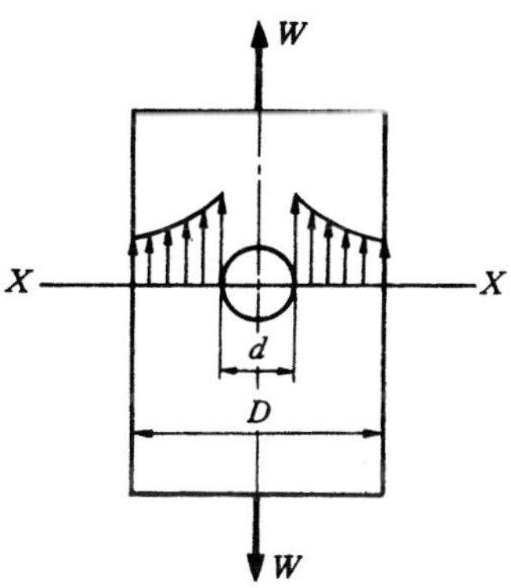

그림 2.19

(a) 5(mm) (b) 10(mm)
(c) 15(mm) (d) 20(mm)

8. 정4각형 단면의 봉에 30(kN)의 인장하중이 작용하면 50(MPa)의 응력이 생기게 하려면 봉의 한 변의 길이를 얼마로 하면 되겠는가?

(a) 1.78(cm) (b) 2.45(cm)
(c) 3.15(cm) (d) 4.25(cm)

9. 그림 2.20과 같은 볼트에 축하중 W가 작용할 때, 볼트 머리부에 발생하는 전단응력 τ를 볼트에 발생하는 인장응력의 0.8배까지 허용한다면 머리의 높이 h는 볼트 지름의 몇 배이면 되겠는가?

(a) $\dfrac{d}{4}$　　(b) $\dfrac{3d}{8}$

(c) $\dfrac{5d}{12}$　　(d) $\dfrac{5d}{16}$

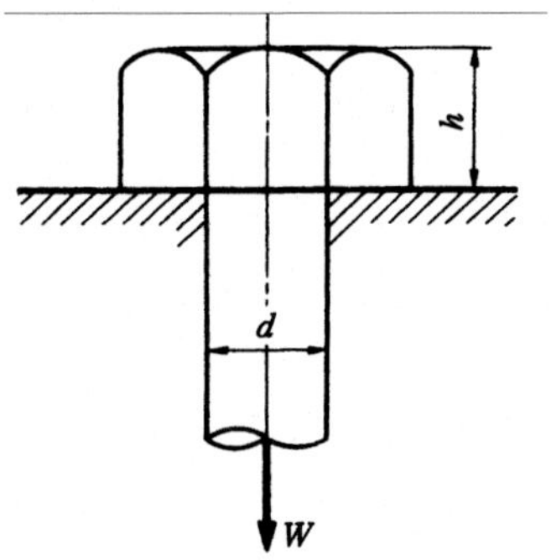

그림 2.20

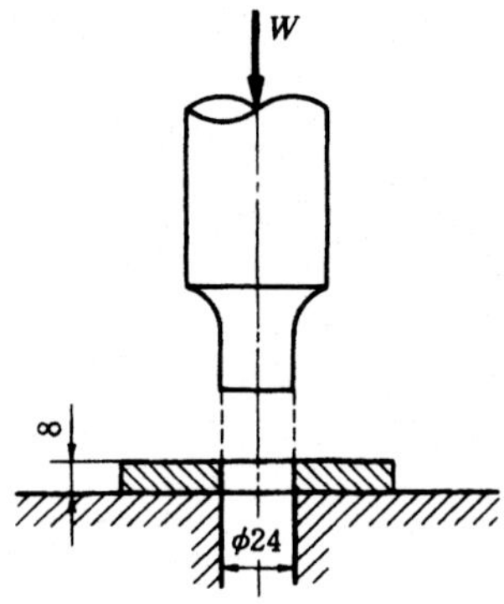

그림 2.21

10. 그림 2.21과 같은 두께 8(mm)인 연강판에 지름이 24(mm) 되게 구멍을 뚫고자 한다. 판의 전단파괴응력을 260(MPa)이라고 할 때, 하중을 얼마나 가하면 되겠는가?

(a) 74.3(kN)　　(b) 123.6(kN)

(c) 156.8(kN)　　(d) 205.4(kN)

11. 그림 2.22와 같은 핀이음(pin joint)에서 핀의 지름 $d=3$(cm), 핀의 허용응력을 $\tau_a=60$(MPa)이라고 하면, 이 이음에 가할 수 있는 인장하중 W는 얼마인가?

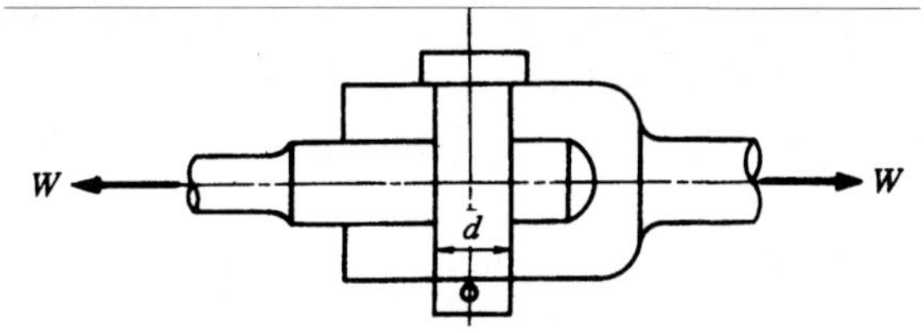

그림 2.22

(a) 84.84(kN)　　(b) 62.71(kN)

(c) 42.56(kN)　　(d) 31.42(kN)

12. 지름 d인 둥근봉에 축방향으로 인장하중이 작용하여 인장응력 σ가 발생하였다. 이때 지름의 감소량을 나타내는 식은 어느 것인가? 단, E는 세로탄성계수, m은 푸아송의 수이다.

(a) $\frac{m\sigma}{dE}$　(b) $\frac{md}{\sigma E}$　(c) $\frac{E\sigma}{md}$　(d) $\frac{d\sigma}{mE}$

13. 단면적이 10(cm^2)인 둥근봉이 36(kN)의 압축하중을 받을 때, 단면적의 변화량은 얼마인가? 단, 푸아송의 비는 0.3이며, 세로탄성계수는 200(GPa)이다.

(a) 1.08×10^{-6}(m^2) 증가　(b) 2.32×10^{-6}(m^2) 증가
(c) 1.08×10^{-6}(m^2) 감소　(d) 2.32×10^{-6}(m^2) 감소

14. 단면적이 15(cm^2), 길이 30(cm)인 둥근봉이 인장하중을 받을 때, 체적의 변화량은 얼마인가? 단, 푸아송의 비는 0.3이고, 길이의 변화율은 0.003이었다.

(a) 0.36(cm^3) 증가　(b) 0.54(cm^3) 증가
(c) 0.36(cm^3) 감소　(d) 0.54(cm^3) 감소

15. 단면적이 6(cm^2)인 봉이 그림 2.23과 같이 축하중을 받고 있다. W=60(kN), p=24(kN), l=30(cm)일 때 BC 부분의 변화율은 얼마인가? 단, 탄성계수 E=200(GPa)이다.

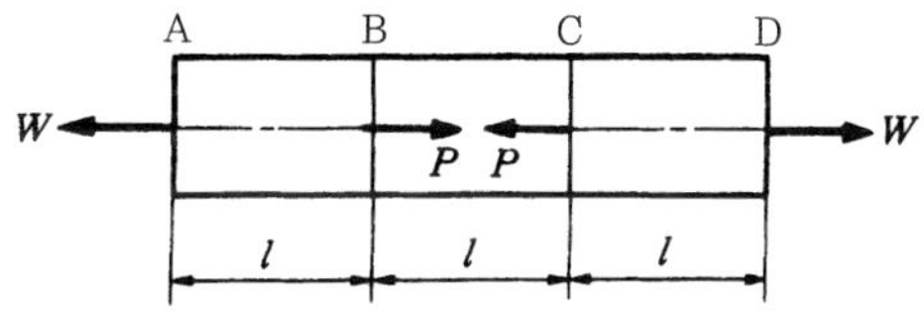

그림 2.23

(a) 0.002　(b) 0.0002
(c) 0.003　(d) 0.0003

16. 최대하중 100(kN)을 감아올리는 크레인이 파괴하중 200(kN)인 로프 9개를 사용하였다면 안전계수를 얼마로 할 것인가?

(a) 12　(b) 16　(c) 18　(d) 20

17. 극한강도가 360(MPa)인 연강봉에 2(kN)의 인장하중을 안전하게 작용시키기 위한 봉의 지름은 얼마이면 되겠는가? 단, 안전율은 4이다.

(a) 0.53(cm) (b) 0.62(cm)
(c) 0.75(cm) (d) 0.84(cm)

18. 벨트전동에서 두께 9(mm)의 가죽벨트에 걸리는 인장하중이 최대 2(kN)일 때, 벨트의 폭은 얼마이면 되겠는가? 단, 가죽벨트의 인장강도는 26(MPa), 안전율은 10이다.

(a) 7.04(cm) (b) 8.55(cm)
(c) 9.43(cm) (d) 10.25(cm)

19. 연강의 시험결과에서 $E=200$(GPa)이며, 푸아송비가 0.303이라면 가로탄성계수는 몇 (GPa)인가?

(a) 88.5(GPa) (b) 85.6(GPa)
(c) 83.4(GPa) (d) 76.7(GPa)

20. 그림 2.24와 같은 두께 10(mm)이고 지름이 7(cm)인 단면이 균일한 강판에 지름 21(mm)의 구멍이 뚫려 있다. 하중 25(kN)의 인장하중이 작용할 때 응력집중으로 인한 최대응력은 얼마인가?

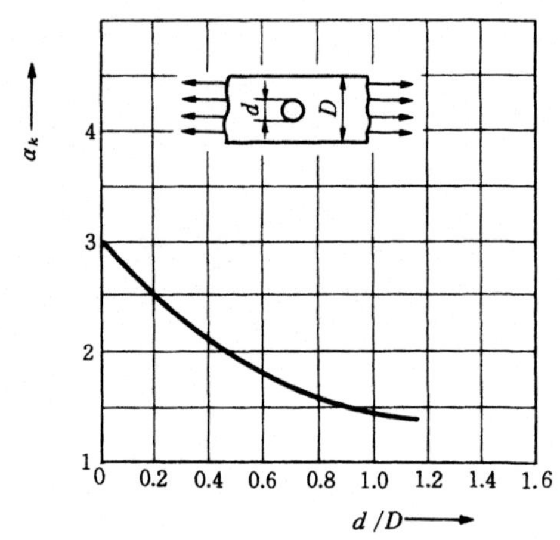

그림 2.24

(a) 98(MPa) (b) 127(MPa)
(c) 166(MPa) (d) 172(MPa)

응 용 문 제

1. 길이가 60(cm), 단면적이 6(cm^2)인 연강봉에 80(kN)의 하중을 작용시켰더니 봉의 길이가 0.0386(cm) 늘어났다. 이 때의 세로탄성계수를 구하라.

2. 지름이 6(cm), 길이가 1.2(m)인 황동봉에 80(kN)의 인장하중이 작용할 때 발생되는 축방향의 신장량 및 지름의 수축량을 구하라.

단, $E=63.7$(GPa), $m=3$이다.

3. 벽두께가 2(cm)인 중공 원통에 축압축하중 600(kN)이 작용할 때, 원통의 사용응력이 30(MPa)이라고 한다면 원통의 바깥지름은 얼마인가?

4. 그림 2.25와 같은 볼트에 축하중 60(kN)을 작용시키려면 볼트의 지름(d)과 머리의 높이(h)를 얼마로 하면 되겠는가? 단, 볼트에 발생되는 응력한계를 인장응력은 90(MPa), 전단응력은 60(MPa)까지로 한다.

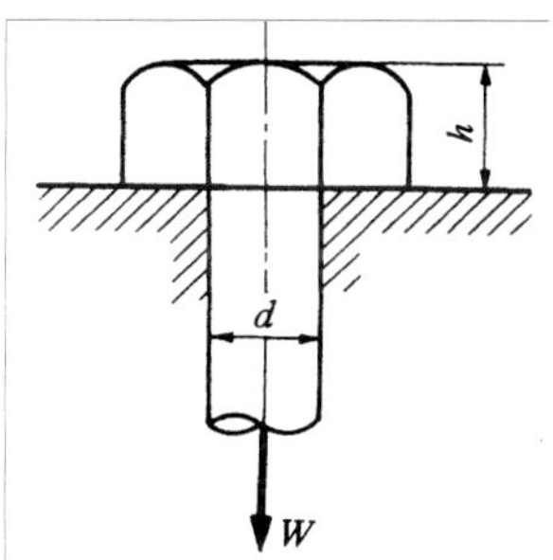

그림 2.25

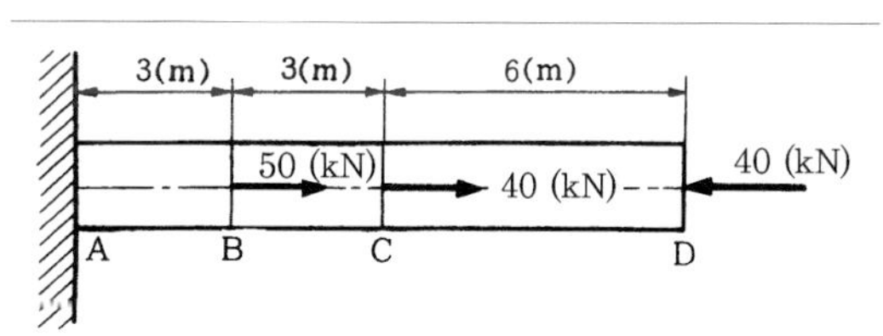

그림 2.26

5. 단면적 10(cm^2)인 균일 단면봉이 그림 2.26과 같은 축하중을 받고 있다. 이 강재의 탄성계수는 206(GPa)이다. 이 봉의 길이방향의 변형량은 얼마인가?

6. 푸아송비가 0.4, 세로탄성계수 200(GPa)인 재료로 만들어진 지름 5(cm)인 봉이 70(kN)의 인장하중을 받으면 봉의 지름은 얼마로 되겠는가?

7. 지름이 20(mm)의 연강봉에 40(kN)의 인장하중이 작용할 때, 봉의 수축된 길이와 단위길이에 대한 체적의 변화량을 구하라. 단, 세로탄성계수는 206(GPa)이고, 푸아송의 비는 0.3이다.

8. 지름 3(mm)의 와이어 50개를 감아서 만든 로프가 있다. 이 로프에 작용시킬 수 있는 안전하중은 얼마로 하면 되겠는가? 단, 와이어의 인장강도는 450(MPa)이고, 안전율은 15라고 한다.

9. 그림 2.27과 같은 단(fillet) 달린 원형봉에서 $D=33$(mm), $d=22$(mm), $\rho=3.3$(mm)라 한다. 12(kN)의 인장하중을 작용시키면 발생될 수 있는 최대집중응력은 얼마이겠는가?

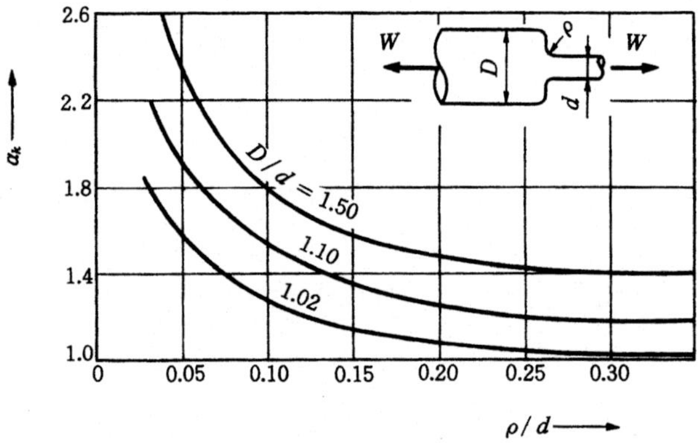

그림 2.27

10. 그림 2.28과 같은 트러스(truss)에서 AC부재에 발생하는 힘은 얼마인가?

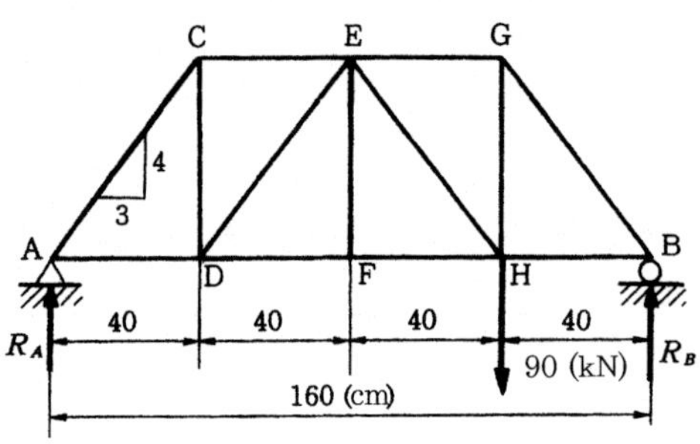

그림 2.28

3 Chapter 인장과 압축

3-01 자중을 고려한 봉의 응력과 변형률

1. 균일단면봉

그림 3.1과 같이 단면적이 A이고 단면이 균일한 봉이 천장에 매달려 있으며, 여기에 인장 또는 압축하중이 작용하는 경우를 고찰해 보기로 한다.

대개의 경우 재료의 자중은 외력에 비하여 매우 적으므로 무시하는 것이 일반적이다. 따라서 응력은 $\sigma = \dfrac{W}{A}$로 계산하게 된다. 그러나 예외인 경우로서 봉이 특별히 길다든지 또는 비중이 큰 금속을 사용했기 때문에 자중을 무시할 경우, 설계상 문제가 발생하게 된다면 자중을 고려하지 않을 수 없게 된다.

따라서 이런 경우에 봉의 임의 단면에 대한 응력계산은 봉의 단위체적에 대한 중량, 즉 **비중량**(specific weight) γ, 외력을 W, 봉의 하단으로부터 임의 거리 x에 있는 단면 mn이 아랫부분이 중량을 $W_x = \gamma A x$라 하면 다음과 같이 표현할 수 있다.

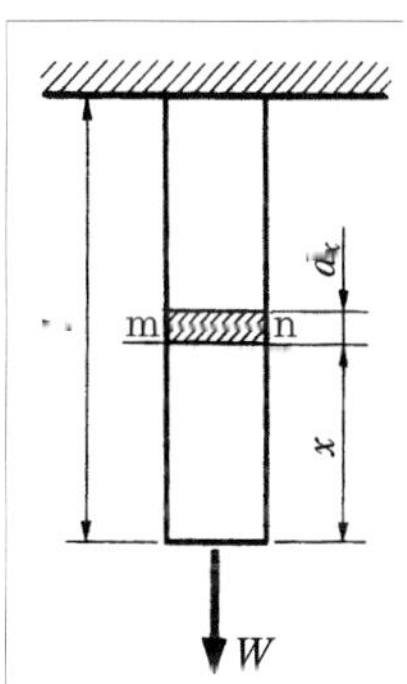

그림 3.1

$$\sigma_x = \frac{W}{A} + \frac{W_x}{A} = \frac{W}{A} + \gamma x \tag{3.1}$$

최대응력은 $x = l$인 상단에서 발생하므로

$$\sigma_{\max} = \frac{W}{A} + \gamma l$$

이 식에서 우변의 γl은 봉의 자중으로 인하여 발생된 응력을 나타낸다. 또 설계시에 사용할 안전단면적을 구해 보려면 $\sigma_{\max}$ 대신 허용응력 σ_a(또는 사용응력 σ_w)를 대입하여 다시 표시하면 다음과 같다.

$$\sigma_a = \frac{W}{A} + \gamma l \qquad \therefore\ A = \frac{W}{\sigma_a - \gamma l} \tag{3.2}$$

이 식에서 $\sigma_a = \gamma l$, 즉 자중만에 의한 응력이 사용응력에 이르게 되면 윗 식의 단면적 A는 무한대가 되어 마침내 단면이 일정한 봉은 사용할 수가 없게 된다. 이런 경우에는 봉의 단면적을 상단에서 하단으로 갈수록 줄어들게 설계할 필요성이 생긴다.

이번에는 축하중과 더불어 봉의 자중을 고려한 경우에 봉에 발생하는 전 신장량을 알아보기 위해서 우선 미소길이 dx의 빗금친 요소에 발생되는 미소 신장량을 생각해 보기로 한다. 이때의 미소 신장량을 $d\delta$라고 하면 변형률은 $d\delta/dx$이다. **정비례법칙**(Hooke's law)에 의하면

$$\varepsilon_x = \frac{d\delta}{dx} = \frac{\sigma_x}{E} \qquad \therefore\ d\delta = \frac{\sigma_x}{E}dx = \frac{W + A\gamma x}{AE}dx$$

가 되며, 이 식으로부터 전체 신장량을 구하면 다음과 같다.

$$\delta = \int_0^l \frac{W + A\gamma x}{AE}dx = \frac{1}{AE}\left[Wx + \frac{1}{2}A\gamma x^2\right]_0^l$$

$$= \frac{l}{AE}\left(W + \frac{1}{2}A\gamma l\right) \tag{3.3}$$

식 (3.3)을 자중을 무시한 하중만에 의한 신장량 $\delta = \dfrac{Wl}{AE}$과 비교하

면, 봉의 자중 때문에 발생되는 신장량은 자중의 $\frac{1}{2}$과 같은 하중이 봉에 작용할 때 발생되는 신장량과 같음을 알 수 있다.

예제 3.1 길이 10(m)인 균일단면의 강봉을 천장에 매달고 $W=30$(kN)의 인장하중을 작용시켜 응력을 120(MPa)까지 허용할 수 있도록 하려면 단면적 A의 크기를 얼마로 하면 안정하겠는가? 단, 비중량은 $\gamma=7.8\times10^{-3}$(kgf/cm^3)이다.

‖ **풀이** ‖ $\sigma=\frac{W}{A}+\gamma l$에서

$$A=\frac{W}{\sigma_a-\gamma l}=\frac{3\times10^4}{12\times10^7-7.8\times9{,}800\times10}=2.5\times10^{-4}(\mathrm{m}^2)=2.5(\mathrm{cm}^2)$$

2. 균일강도의 봉

봉에 인장력 또는 압축력이 작용하고 자중을 무시하시 못할 경우에 있어서 각 단면에 발생하는 수직응력의 크기를 균일하게 하려면 각 단면의 모양을 그림 3.2와 같이 각 단면에 따라 그 형상을 변형시켜 주어야 한다.

$x=0$인 자유단의 단면적을 A_0, 자유단으로부터 x만큼 떨어진 곳의 단면적을 A_x, $x=l$인 상단의 단면적을 A_l이라 할 때 **균일강도**의 봉이 되려면 $\sigma_0=\sigma_x=\sigma_l=\sigma$가 되어야 한다. 이 식의 성립을 알아보기 위해서 그림 3.2(c)와 같은 미소 요소에서의 힘의 평형관계를 고찰해 보기로 한다.

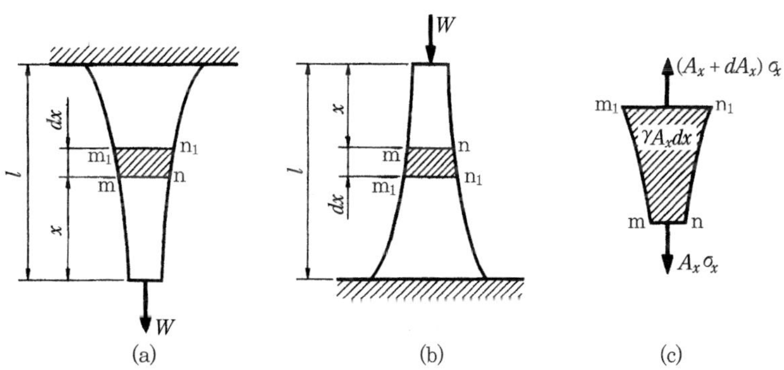

그림 3.2

즉, mn단면에서의 단면적을 A_x라 하고, m_1n_1단면에서의 단면적을 A_x+dA_x라 할 때 mn단면에서 아래쪽으로 작용하는 힘은 $A_x\sigma$, m_1n_1단면에서 위쪽으로 작용하는 힘은 $(A_x+dA_x)\sigma$가 되며, 이 재료의 단위체적에 대한 중량을 γ라고 할 때 미소 요소의 자중은 $\gamma A_x d_x$가 된다.

평형조건에 의해서 임의의 어떤 단면에서나 힘은 평형상태가 되어야 하므로 m_1n_1 단면을 기준으로 하여 힘의 평형을 생각하면 다음과 같다.

$$(A_x+dA_x)\sigma = A_x\sigma + \gamma A_x dx$$

$$\therefore\ dA_x\sigma = \gamma A_x dx$$

양변을 $A_x\sigma$로 나누어 준 후 적분을 하면,

$$\int \frac{dA_x}{A_x} = \int \frac{\gamma dx}{\sigma}$$

$$\log A_x = \frac{\gamma}{\sigma}\int dx = \frac{\gamma}{\sigma}x + C$$

$x=0$인 자유단에서의 단면적은 $A_0\left(=\frac{W}{\sigma}\right)$이므로, 이를 위 식에 대입하여 적분상수를 구하면 $C=\log A_0$가 된다. 따라서

$$\log A_x = \frac{\gamma}{\sigma}x + \log A_0$$

$$\log A_x - \log A_0 = \frac{\gamma}{\sigma}x$$

$$\log\frac{A_x}{A_0} = \frac{\gamma}{\sigma}x$$

$$\frac{A_x}{A_0} = e^{\frac{\gamma}{\sigma}x}$$

$$\therefore\ A_x = A_0 e^{\frac{\gamma}{\sigma}x} \tag{3.4}$$

식 (3.4)는 단면이 일정한 봉을 만들기 위해서는 단면적 A를 봉의 하

단으로부터 거리의 지수함수가 되도록 그림 3.2와 같은 곡선형으로 만들어야 한다는 것을 의미한다. 이러한 봉을 **균일단면봉**(bar of uniform strength)이라고 한다.

또 안전 단면적을 구하려면 σ 대신 허용응력 σ_a를 대입하면 된다. 식 (3.4)와 같은 자연대수를 상용대수로 표시하면 $\log_{10}e = 0.4343$이므로 다음과 같이 된다.

$$\log_{10}A_x = \log_{10}A_0 + 0.4343^{\frac{\gamma}{\sigma}x}$$

$$\therefore \log_{10}\left(\frac{A_x}{A_0}\right) = 0.4343^{\frac{\gamma}{\sigma}x} \qquad (3.5)$$

또 $x = l$인 고정단에서 단면적이 최대가 되므로 식 (3.4)로부터 최대 단면적은 다음과 같다.

$$A_{max} = A_0 e^{\frac{\gamma}{\sigma}l}$$

한편 전 신장량 δ는 σ가 일정하므로 다음과 같이 된다.

$$\delta = \frac{\sigma}{E}l$$

그림 3.2와 같은 균일강도봉은 제작이 용이하지 않기 때문에 재료의 경제성이 특히 강조되는 경우를 제외하면 그림 3.3과 같이 단면을 계단적으로 변화시켜 제작하는 것이 일반적이다.

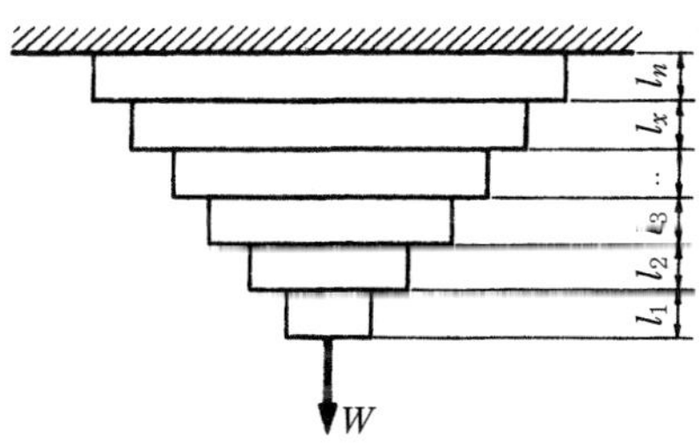

그림 3.3

그림 3.3에서 계단의 길이를 각각 l_1, l_2, l_3, ……, l_n이라 하고 단면적을 A_1, A_2, A_3, ……, A_n 또 각 계단의 응력을 σ라 하면 봉 l_1에 작용하는 힘의 평형에서

$$\sigma A_1 = W + \gamma A_1 l_1 \qquad \therefore\ A_1 = \frac{W}{\sigma - \gamma l_1}$$

봉 l_2에 작용하는 힘의 평형에서

$$\sigma A_2 = \sigma A_1 + \gamma A_2 l_2$$

$$\therefore\ A_2 = \frac{A_1 \sigma}{\sigma - \gamma l_2} = \frac{W\sigma}{(\sigma - \gamma l_1)(\sigma - \gamma l_2)}$$

같은 방법으로 x번째의 봉 l_x에 대하여

$$A_x = \frac{W\sigma^{x-1}}{(\sigma - \gamma l_1)(\sigma - \gamma l_2)\cdots\cdots(\sigma - \gamma l_x)} \tag{3.6}$$

만일 $l_1 = l_2 = l_3 \cdots\cdots l_x = \cdots\cdots l_n = l$이라 하면,

$$A_x = \frac{W}{\sigma}\left(\frac{\sigma}{\sigma - \gamma l}\right)^x$$

이 식의 우변에서 $x = \dfrac{1}{l}$이며, $l \to 0$인 경우라면

$$A_x = A_0 e^{\frac{\gamma}{\sigma}x}$$

가 되어 식 (3.4)와 일치함을 알 수 있다.

예제 3.2 높이 30(m)인 콘크리트 교각의 상단에 3(MN)의 압축력이 작용할 때, 교각에는 균일 강도의 응력 1(MPa)이 되도록 상단 면적과 소요의 콘크리트 중량, 그리고 체적을 구하라. 단, 콘크리트의 비중량은 30(kN)/m^{3}이다.

‖ **풀이** ‖ $A_0 = \dfrac{W}{\sigma_a} = \dfrac{3\times 10^6}{1\times 10^6} = 3(\text{m}^2)$

식 (3.5)에서, $\log_{10}\left(\dfrac{A_x}{A_0}\right) = 0.4343^{\frac{\gamma}{\sigma_a}x}$

$x = 30(\text{m})$에서, $\log_{10}\left(\dfrac{A_x}{A_0}\right) = 0.4343^{\frac{0.003}{10}\times 3{,}000} = 0.39087$

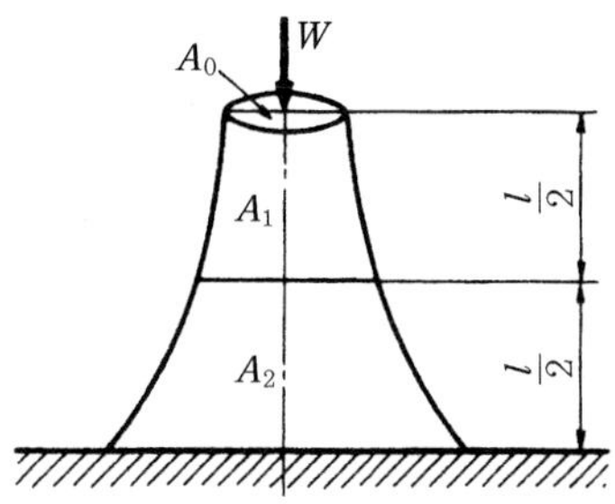

그림 3.4

$$\frac{A_x}{A_0}=2.46$$

따라서 하단의 면적은, $A_x=2.46A_0=2.46\times3=7.38(\mathrm{m}^2)$

힘의 평형에서

$\sigma_a A = W_1 + W_2$(단, W_1 : 콘크리트 중량, W_2 : 압축력)

$\therefore\ W_1=\sigma_a A - W_2 = 1\times10^6\times7.38-3\times10^6=4.38(\mathrm{MN})$

콘크리트의 체적은

$$V=\frac{W}{\gamma}=\frac{4.38\times10^6}{3\times10^4}=146(\mathrm{m}^3)$$

3-02 열응력과 잔류응력

1. 열응력

모든 물체들은 온도가 상승하여 가열되면 팽창하게 되고, 온도가 내려가 냉각되면 수축하게 된다. 이 때 물체가 어떤 구속도 받지 않는다면 온도의 변화에 따라서 자유롭게 팽창도 하고 수축도 할 것이다. 그러나 물체에 어떤 구속을 해서 자유로운 변화를 저지하게 되면 온도의 변화로 인하여 발생된 힘은 물체 내부에 저항력을 발생시키게 된다. 이 저항력을 단위면적에 대하여 표시한 것을 **열응력**(thermal stress ; σ)이라고 한다.

그림 3.5(a)와 같이 봉의 양쪽 끝을 고정하고 가열하게 되면 봉은 늘어나려 할 것이고, 양쪽 끝에서는 고정되어 있어 이를 저지하려는 압축력이 작용하게 되므로 재료 내부에서는 압축응력이 발생하게 된다. 이와 반대로 온도가 내려가게 되면 봉은 줄어들려 할 것이고, 고정단에서는 이를 저지하게 되므로 재료 내부에서는 인장응력이 발생하게 된다.

그림 3.5(b)는 봉의 한쪽 끝은 고정하고 다른 쪽은 자유롭게 한 후 온도를 상승시키게 되면 봉은 자유단쪽으로 늘어나게 된다. 이 때 봉의 가열하기 전의 길이를 l, 가열한 후의 늘어난 길이를 l', 온도는 t_1℃에서 t_2℃로 상승되었다면 이 때 발생된 신장량 λ는 다음과 같이 표현된다.

$$\lambda=l'-l=\alpha(t_2-t_1)l=\alpha\Delta tl$$

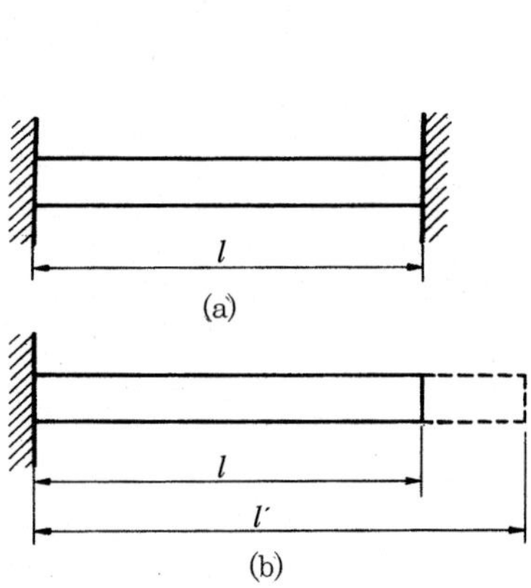

그림 3.5

여기서 α는 물체의 길이가 온도 1°의 상승에 따라 신장된 길이와 그 본래 길이와의 비를 나타내는 **선팽창계수**(coefficient of linear expansion)이다.

$$\varepsilon = \frac{\lambda}{l} = \frac{\alpha \Delta t l}{l} = \alpha \Delta t \tag{3.7}$$

또 열응력은 훅의 법칙에 의하여

$$\sigma = E\varepsilon = E\alpha \Delta t \tag{3.8}$$

로 표시되며, 온도의 변화로 인하여 발생되는 변형률이나 응력이 모두 봉의 길이나 단면적에는 무관함을 알 수 있다. 또 열응력은 위험한 경우가 많으므로 반드시 재료의 사용응력(σ_w) 이내가 되도록 온도의 변화를 제한하여야 한다.

한편 온도의 변화로 인해서 재료 내부에 변화가 오고 또 고정단에서는 이에 대응되는 어떤 힘이 작용해야 평형상태를 유지하게 되는데, 이때의 고정단에 발생되는 힘은 다음과 같이 구할 수 있다.

$$W = \sigma A = E\alpha \Delta t A$$

또 물체에 온도의 변화로 인한 가열 및 냉각작용을 계속 반복하게 되면 재료에 피로현상이 나타나게 되어 파괴를 일으킬 수 있다.

일반적으로 열응력의 영향을 많이 받는 증기기관, 보일러, 엔진 등의 부품에서는 온도의 변화에 따른 변형을 되도록 구속하지 않도록 설계해야 한다. 예를 들어, 증기배관에서는 루프(loop)의 모양으로 하든가 **신축이음**(expansion joint)을 사용하는 것이 좋다.

표 3.1은 각종 재료의 선팽창계수를 나타낸다.

표 3.1 선팽창계수

재 료	선팽창계수	재 료	선팽창계수
도자기	0.0000036	동	0.0000160
백금	0.0000086	황동	0.0000189
한란계유리	0.0000090	은	0.0000194
주철	0.0000100	주석	0.0000209
안티몬	0.0000113	알루미늄	0.0000222
연철	0.0000117	아연	0.0000253
연강	0.0000122	납	0.0000283
니켈	0.0000125	에보나이트	0.0000770
순금	0.0000142		

예제 3.3 길이 10(m)의 레일을 기온 12(℃)에서 0.5(cm)의 틈새를 두고 설치하였다. 기온이 36(℃)로 상승되었다면 틈새는 얼마나 되겠는가? 단, $\alpha = 1.2 \times 10^{-5}$(m/℃·m)이다.

‖ **풀이** ‖ 온도 상승에 의한 신장량(λ')을 구해서 원래의 틈새(λ_0)에서 빼주면 된다.

$$\lambda' = \alpha l \Delta t = 1.2 \times 10^{-5} \times 1,000 \times 24 = 0.288(\text{cm})$$

$$\therefore \lambda = \lambda_0 - \lambda' = 0.5 - 0.288 = 0.212(\text{cm})$$

예제 3.4 어느 철교의 시공을 영하 6(℃)의 겨울철에 완성했다고 한다. 34(℃)의 여름철이 되면 이 철교에 발생되는 응력은 얼마나 되겠는가? 단, E=215.6(GPa), $\alpha = 1.2 \times 10^{-5}$(m/℃·m)이다.

‖ **풀이** ‖ 온도가 상승되었으므로 철교는 인장되려 할 것이나 양단이 고정되어 있으므로 압축응력이 발생하게 된다.

$$\sigma = E\alpha\Delta t = 215.6 \times 10^9 \times 1.2 \times 10^{-5} \times 40 = 103.49(\text{MPa})$$

예제 3.5 서로 다른 봉이 용접되어 양단은 고정되어 있다. 왼쪽 봉은 청동이며, 반싱계수 E_b = 88.2(GPa), 선팽창계수 $\alpha_b = 20 \times 10^{-6}$(m/℃·m), 오른쪽 봉은 알루미늄이며, E_a =68.6(GPa), $\alpha_a = 25 \times 10^{-6}$(m/℃·m)이며, 단면적은 각각 $A_b = 600(\text{mm}^2)$, $A_a = 800(\text{mm}^2)$이다. 느슨하게 고정되어 있는 상태에서 25(℃) 상승할 때 각각 봉에 견디는 응력을 구하라.

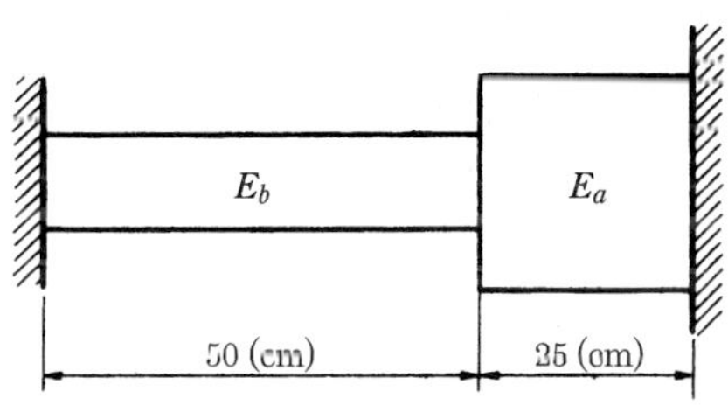

그림 3.6

‖ 풀이 ‖ 우선 양단의 고정벽이 없다면 온도 상승에 의한 신장량은

$$\lambda = \alpha_a l_a \Delta t + \alpha_b l_b \Delta t$$

$$= 25 \times 10^{-6} \times 25 \times 0.25 + 20 \times 10^{-6} \times 0.5 \times 25 = 4.06 \times 10^{-4}(\mathrm{m})$$

그러나 양단은 고정되어 있어 위의 신장량은 저지당하므로 λ만큼 압축한다.

$$\lambda = W\left(\frac{l_a}{A_a E_a} + \frac{l_b}{A_b E_b}\right)$$

$$4.06 \times 10^{-4} = W\left(\frac{0.25}{8 \times 10^{-4} \times 68.6 \times 10^9} + \frac{0.5}{6 \times 10^{-4} \times 88.2 \times 10^9}\right)$$

$$\therefore\ W = 28,992.3(\mathrm{N}) = 28.99(\mathrm{kN})$$

$$\therefore\ \sigma_a = \frac{W}{A_a} = \frac{28,992.3}{8 \times 10^{-4}} = 36.27(\mathrm{MPa})$$

$$\sigma_b = \frac{W}{A_b} = \frac{28,992.3}{6 \times 10^{-4}} = 48.36(\mathrm{MPa})$$

2. 합성재료로 구성된 구조물

그림 3.7과 같이 재질이 서로 다른 재료의 조합으로 이루어진 봉에서 온도의 변화로 인해서 발생되는 변형량, 변형률, 응력들을 고찰해 보기로 한다.

각 봉의 길이를 l_1과 l_2, 단면적을 A_1과 A_2, 탄성계수를 E_1과 E_2라 한다.

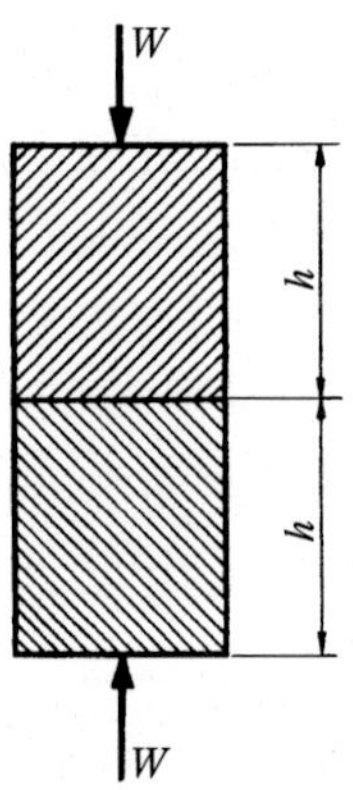

그림 3.7

이 조합된 봉에 압축하중 W가 작용하면 각 봉은 수축되고 수축량 δ_1과 δ_2는 다음과 같다.

$$\delta_1 = \frac{Wl_1}{A_1E_1} \qquad \delta_2 = \frac{Wl_2}{A_2E_2}$$

따라서 전체 수축량 δ는

$$\delta = \delta_1 + \delta_2 = \frac{Wl_1}{A_1E_1} + \frac{Wl_2}{A_2E_2} = W\left(\frac{l_1}{A_1E_1} + \frac{l_2}{A_2E_2}\right)$$

이며, 각 봉에 일어나는 응력 σ_1과 σ_2는 다음과 같다.

$$\sigma_1 = \frac{W}{A_1}, \qquad \sigma_2 = \frac{W}{A_2}$$

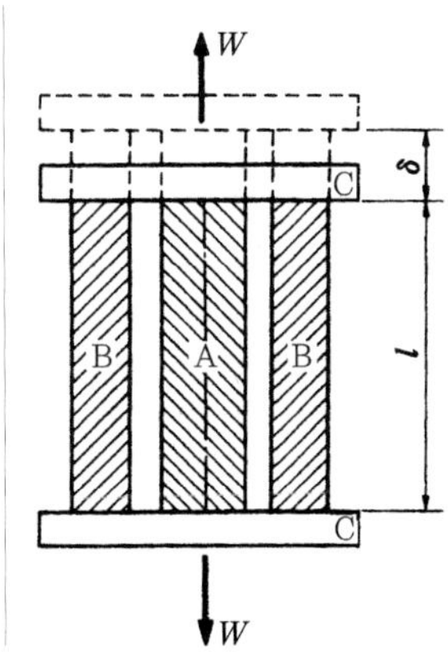

그림 3.8

이번에는 그림 3.8과 같이 원통 B에 봉 A가 동심에 배치되어 있으며, 양단은 **강체**(rigid body) C로 견고하게 결합된 구조물에 인장하중 W가 작용하는 경우를 생각해 보기로 한다.

봉과 원통의 단면적을 A_1과 A_2, 탄성계수를 E_1과 E_2, 인장응력을 σ_1과 σ_2라 하고 힘의 평형상태를 고려해 보면, 외부의 인장력과 이로 인한 각 재료의 내부에서 반발하려는 힘은 같아야 하므로 다음과 같이 표현된다.

$$W = \sigma_1 A_1 + \sigma_2 A_2 \tag{a}$$

또 봉과 원통의 신장량 δ_1과 δ_2, 그리고 봉과 원통의 길이를 l이라 하면 훅의 법칙에 의하여

$$\delta_1 = \frac{\sigma_1 l}{E_1} \qquad \delta_2 = \frac{\sigma_2 l}{E_2} \tag{b}$$

로 표시할 수 있으나, 양끝이 강체로 견고하게 결합되어 있어 봉이나 원통의 신장은 따로 변할 수 없기 때문에 실제로는 신장량은 서로 같아야 한다. 즉,

$$\delta_1 = \delta_2 \qquad \therefore \ \frac{\sigma_1}{E_1} = \frac{\sigma_2}{E_2} \tag{c}$$

식 (a)와 (c)에서 σ_1과 σ_2를 구하면

$$\sigma_1 = \frac{E_1 W}{A_1 E_1 + A_2 E_2}$$

$$\sigma_2 = \frac{E_2 W}{A_1 E_1 + A_2 E_2} \tag{3.9}$$

가 되며, 식 (3.9)를 식 (b)에 대입하여 신장량을 구하면 다음과 같다.

$$\delta = \frac{\sigma_1 l}{E_1} = \frac{\sigma_2 l}{E_2} = \frac{Wl}{A_1 E_1 + A_2 E_2} \tag{3.10}$$

예제 3.6 그림 3.9와 같은 지름 15(mm)의 강체의 봉을 두께 2.5(mm)의 동관이 틈새 없이 둘러싸고 있는 재료에서 축방향으로 16(kN)의 압축하중이 작용한다면 동관 및 강봉에 발생되는 응력은 각각 얼마인가? 단, E_c=105(GPa), E_s=210(GPa)이다.

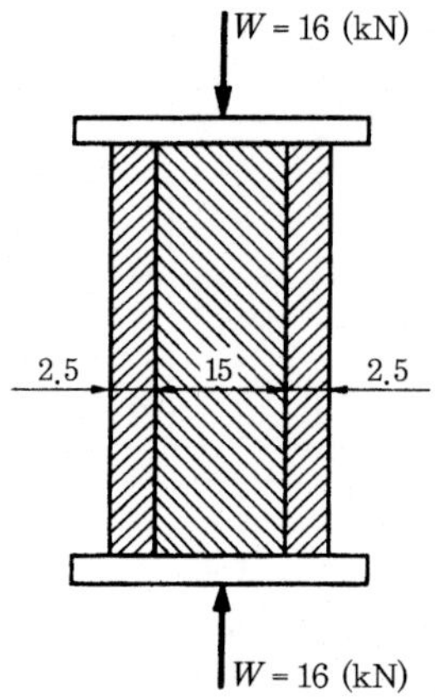

그림 3.9

‖ **풀이** ‖ 양단이 고정되어 있어 두 재료의 변율은 같다고 볼 수 있고, 훅의 법칙에서

$\varepsilon = \dfrac{\sigma_c}{E_c} = \dfrac{\sigma_s}{E_s}$가 된다.

따라서 $\dfrac{\sigma_c}{\sigma_s} = \dfrac{E_c}{E_s} = \dfrac{105 \times 10^9}{210 \times 10^9} = \dfrac{1}{2}$ $\quad \therefore \sigma_s = 2\sigma_c$

또 $\sigma = \dfrac{W}{A}$에서 $W = A\sigma$가 되어, $W = A_c\sigma_c + A_s\sigma_s$임을 알 수 있다.

$$16{,}000 = \frac{\pi}{4}(0.02^2 - 0.015^2)\sigma_c + \frac{\pi}{4} \times 0.015^2 \times 2\sigma_c = \frac{\pi}{4}\sigma_c(1.75 + 4.5)10^{-4}$$

$$\therefore \ \sigma_c = \frac{64 \times 10^7}{6.25\pi} = 32.6(\text{MPa})$$

$$\sigma_s = 2\sigma_c = 65.2(\text{MPa})$$

예제 3.7 온도 10(℃)에서 그림 3.10과 같은 지름 20(mm)의 연강제 볼트를 안지름 22(mm), 바깥지름 30(mm)의 동관에 넣고, 온도를 70(℃)로 상승시켰을 경우 볼트 및 동관에 발생되는 열응력은 각각 얼마인가?
단, 구리 및 연강의 선팽창계수는 $\alpha_c = 17 \times 10^{-6}$(cm/℃ cm), $\alpha_s = 11 \times 10^{-6}$(m/℃ m)이며, 탄성계수는 E_c=88.2(GPa), E_s=206(GPa)이다.

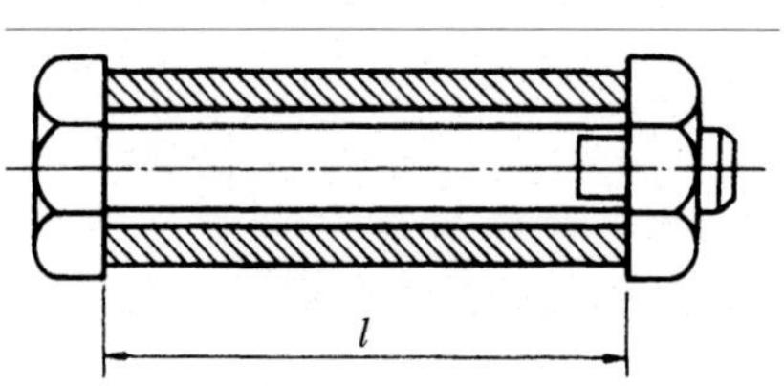

그림 3.10

‖ **풀이** ‖ 동이 연강보다 선팽창계수가 크므로 볼트는 인장되고 동관은 압축된다. 따라서
볼트의 늘어남=열팽창에 의한 늘어남+인장력의 의한 늘어남

$$=\alpha_s(t_2-t_1)l+\frac{Wl}{A_sE_s}$$

동관의 늘어남=열팽창에 의한 늘어남－압축력에 의한 줄어듬

$$=\alpha_c(t_2-t_1)l-\frac{Wl}{A_cE_c}$$

볼트와 동관의 늘어남은 서로 같아야 하므로

$$\alpha_s(t_2-t_1)l+\frac{Wl}{A_sE_s}=\alpha_c(t_2-t_1)l-\frac{Wl}{A_cE_c}$$

$$\therefore\ W=\frac{A_sE_s(\alpha_c-\alpha_s)(t_2-t_1)}{1+\dfrac{A_sE_s}{A_cE_c}}$$

$$=\frac{3.14\times10^{-4}\times206\times10^9(17\times10^{-6}-11\times10^{-6})(70-10)}{1+\dfrac{3.14\times10^{-4}\times206\times10^9}{3.27\times10^{-4}\times88.2\times10^9}}=$$

7,181.02(N)

단, $A_s=\frac{\pi}{4}d^2=\frac{\pi\times0.02^2}{4}=3.14\times10^{-4}(\mathrm{m}^2)$

$$A_c=\frac{\pi}{4}(d_2{}^2-d_1{}^2)=\frac{\pi(0.03^2-0.022^2)}{4}=3.27\times10^{-4}(\mathrm{m}^2)$$

∴연강볼트에 생기는 열응력 : $\sigma_s=\frac{W}{A_s}=\frac{7,181.02}{3.14\times10^{-4}}=22.86(\mathrm{MPa})$

동관에 생기는 열응력 : $\sigma_c=\frac{W}{A_c}=\frac{7,181.02}{3.27\times10^{-4}}=21.96(\mathrm{MPa})$

3. 잔류응력

물체에 외력이 작용하지 않고 온도의 변화가 없어도 물체 내부에 응력이 발생해서 남아 있는 경우가 있는데, 이를 **잔류응력**(residual stress)이라고 한다. 또 이 잔류응력을 경우에 따라서는 **초기응력**(initial stress)이라고도 한다.

그림 3.11(a)와 같이 길이가 다른 A, B의 부재가 결합되어 그림 (b)와 같이 되었다고 하면, 이것은 앞에서 설명한 열응력의 경우와 같이 되어 부재 A에는 압축, B에는 인장의 잔류응력이 발생하게 된다. 이러한 구조물에 인장응력이 더 가해지면 부재 B에는 잔류해 있던 인장응력과 더불어 큰 인장응력이 발생하게 되어 위험한 경우가 발생할 수 있으므로 주의해야 한다.

문제는 이러한 잔류응력들이 외형상으로는 전혀 알 수 없으므로 그

위험성이 더 크다는 것이다.

한편 사용하는 하중이 미리 확인되어 있을 때는 그 하중으로 인해서 발생하는 응력과 반대방향의 응력을 초기응력으로 미리 주게 되면, 외력에 의한 응력과 초기응력이 서로 상쇄되어 실제로 작용하는 응력은 작아진다. 따라서 재료의 강도보다도 훨씬 큰 하중의 작용을 받더라도 안전할 수 있는 장점이 있다.

이것을 이용한 예로서 **PS 콘크리트**(pre-stressed concrete)가 있다. 이것은 여러 강선을 충분히 인장시킨 상태에서 콘크리트를 한 후 인장력을 제거한다. 그러면 콘크리트에는 압축의 초기응력이 잔류하게 되어 외력으로서 인장응력이 작용하더라도 초기응력인 압축응력과 서로 상쇄되어 작용한 외력의 인장응력은 많이 감소하게 된다. 이 PS 콘크리트는 큰 인장력을 받는 구조물에는 사용할 수 있어 차량의 통행, 즉 반복하중의 영향으로 항상 인장되려는 성질을 지닌 철도 침목이나 교량 등에 널리 이용되고 있다.

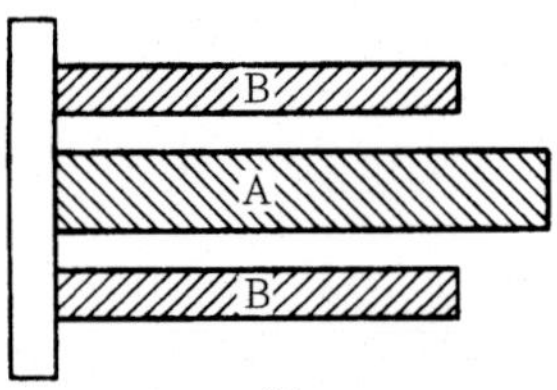

(a)

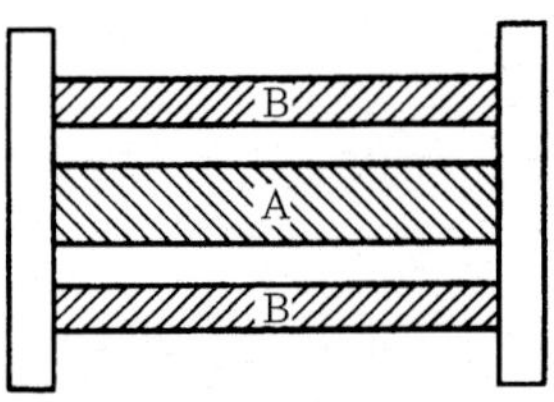

(b)

그림 3.11

3-03 얇은 벽의 내압용기가 받는 응력

그림 3.12(a)와 같은 내압을 받는 얇은 벽의 밀폐된 용기에서 발생되는 응력을 고찰해 보자. 용기 내부에서 압력 q가 작용하게 되면 벽을 이루고 있는 판재에서는 이 압력에 저항하는 응력이 발생하게 된다.

그림 (a)에서 두 평행원과 두 자오선 사이의 임의요소 A를 그림 (b)와 같이 잘라내어 이 요소에 대한 응력관계를 살펴보면, 자오선방향과 이에 수직되는 원주방향에 두 인장응력이 동시에 작용함을 알 수 있다.

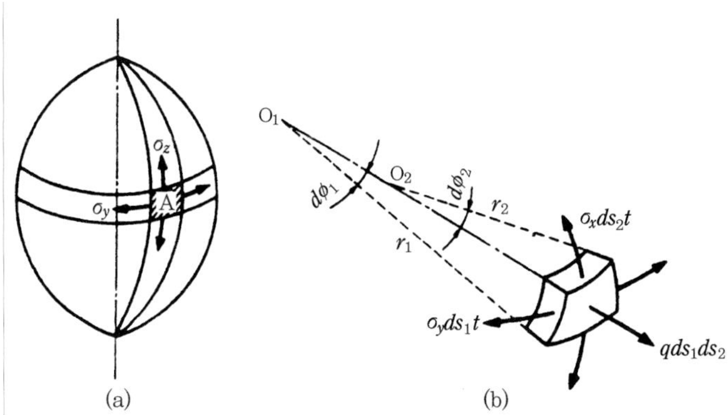

그림 3.12

이 때 만일 용기의 벽 두께가 곡률반지름에 비하여 대단히 작으면 그 벽에 작용하는 응력들은 그 두께 전체에 균일하게 분포된다고 볼 수 있다. 이와 같은 응력들을 **멤브레인응력**(membrane stress) 또는 **막응력**이라고 한다.

여기서 요소 A에 대하여 좀 더 자세히 고찰하여 보면 자오선방향의 인장응력을 σ_x, 이에 수직한 원주방향의 인장응력을 σ_y, 벽 두께를 t, 자오선의 곡률반지름을 r_1, 원주방향의 곡률반지름을 r_2, 곡률반지름 사이의 미소 중심각을 $d\phi_1$ 및 $d\phi_2$라 하면 자오선 방향의 호의 길이는 $ds_1 = r_1 d\phi_1$, 원주방향의 호의 길이는 $ds_2 = r_2 d\phi_2$가 된다. 이 때 요소 A의 가장자리에 작용하는 응력의 합력들은 그림 (b)에서처럼 $\sigma_x ds_2 t$ 및 $\sigma_y ds_1 t$로 나타난다.

이번에는 자오선방향의 두 힘에서 그 요소의 법선방향으로 작용하는 분력들을 (W_1 및 W_2) 그림 (c)와 같이 표시하여, 이 힘의 합을 구해주면 다음과 같은 구심력(W)을 구할 수 있다. 즉,

$$W = W_1 + W_2 = \sigma_x ds_2 t \cdot \sin\frac{d\phi_1}{2} + \sigma_x ds_2 t \cdot \sin\frac{d\phi_1}{2}$$

$$= 2 \cdot \sigma_x ds_2 t \cdot \sin\frac{d\phi_1}{2}$$

$$\fallingdotseq \sigma_x ds_2 t d\phi_1 = \sigma_x ds_2 t \frac{ds_1}{r_1} = \frac{\sigma_x ds_2 t ds_1}{r_1}$$

같은 방법으로 원주방향의 두 힘의 법선성분인 구심력은 다음과 같이 구할 수 있다.

$$2 \cdot \sigma_y ds_1 t \cdot \sin\frac{d\phi_2}{2} \fallingdotseq \sigma_y ds_1 t d\phi_2 = \sigma_y ds_1 t \frac{ds_2}{r_2} = \frac{\sigma_y ds_1 ds_2 t}{r_2}$$

이들 구심력을 모두 합하여 주게 되면 요소 내부에서 작용하는 압력으로 인하여 발생되는 원심력과 평형상태를 유지해야 하므로

$$\frac{\sigma_x ds_1 ds_2 t}{r_1} + \frac{\sigma_y ds_1 ds_2 t}{r_2} = q ds_1 ds_2$$

$$\therefore\ \frac{\sigma_x}{r_1} + \frac{\sigma_y}{r_2} = \frac{q}{t} \qquad (3.11)$$

식 (3.11)을 **멤브레인식**(membrane theory) 또는 **막이론**이라고 하며, 여러 가지 모양의 얇은 벽의 내압용기 문제에 적용할 수 있다.

예를 들면, 그림 3.13과 같은 모양의 보일러, 가스탱크, 물탱크 등과 같이 내부에서 압력이 발생되며, 두께 t가 원통의 지름 d에 비하여 얇은($t < 0.1d$) 경우에 위의 막이론을 이용하면 원통의 벽에 발생되는 응력들을 간단히 구할 수가 있다. 즉, 그림 3.13에서 축방향의 곡률반지름은 $r_1 = \infty$, 원주방향의 곡률반지름은 $r_2 = r$가 되므로 이것을 식 (3.11)에 대입하면 다음과 같이 된다.

$$\sigma_y = \frac{qr}{t} = \frac{qd}{2t} \qquad (3.12)$$

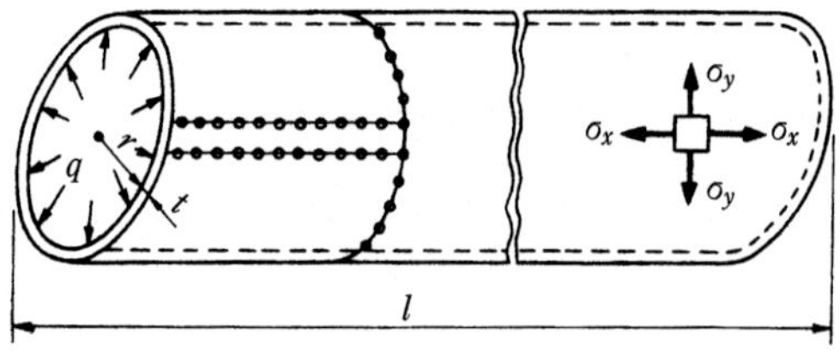

그림 3.13

한편 이해를 좀 더 용이하게 하기 위하여 다른 각도에서 이 문제를 해석해 보기로 한다. 압력용기는 대부분 강판으로 이루어지는데, 이 강판이 내압에 견디지 못할 경우에는 파괴가 발생하게 된다. 이 때 원통이 상하방향(가로방향)과 좌우방향(세로방향)으로 파괴될 두 가지 경우를 생각해 보기로 하자.

우선 그림 3.13을 상하방향으로 절단한 그림 3.14와 같은 경우에 대해서 고찰하면 원통을 상하방향으로 파괴하려는 압력에 대한 강판의 저항력, 즉 가로방향응력 또는 **원주응력**(circumferential stress, hoop stress ; σ_y)은 단위면적에 대한 내압을 q, 원통의 안지름을 d, 두께를 t라 하면 원통 내부에서 원주방향으로 작용하는 전체 압력은 $q \cdot d \cdot l$, 또 내력에 대한 두께 부분에서의 전체 저항력은 $\sigma_y \cdot 2tl$이 되며, 이 두 힘은 평형상태이어야 한다.

$$qdl = \sigma_y \cdot 2tl \qquad \therefore \sigma_y = \frac{qd}{2t}$$

이 식은 식 (3.12)에 일치된다.

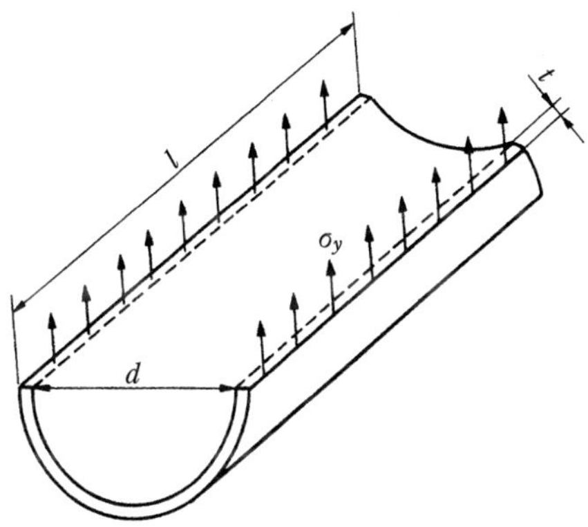

그림 3.14

다음은 원통을 좌우방향으로 파괴시키려는 압력에 대한 강판의 저항력, 즉 **세로방향응력** 또는 **축방향응력**(longitudinal stress ; σ_x)은 그림 3.13에서 원통 내부에서 발생되는 축방향의 전체 압력은 $q \cdot \frac{\pi}{4}d^2$이 되며, 이 힘에 저항하는 두께 부분의 전체 저항력은 $\sigma_x \cdot \pi d \cdot t$이다. 역시 이 두 힘은 평형상태이어야 하므로

$$q \cdot \frac{\pi}{4}d^2 = \sigma_x \pi dt \qquad \therefore \sigma_x = \frac{qd}{4t} \tag{3.13}$$

식 (3.12)와 식 (3.13)에서 원주방향응력이 축방향응력의 2배가 됨을 알 수 있다. 이 응력의 크기를 정확하게 표현한다면 원통벽의 내측에서 가장 크고 외측으로 갈수록 감소한다고 생각할 수 있으나, 원통의 지름에 비하여 두께가 매우 얇을 때는 내・외측의 응력분포가 균일하다고 보는 것이 일반적이다. 이와 같은 원통을 얇은 원통(thin walled cylinder)이라고 한다.

재료의 파괴에 대한 강도는 약한 쪽에 대해서 우선 생각해야 하며, 외력에 대하여 충분한 강도를 갖도록 해야 한다. 따라서 압력을 받는 얇은 원통의 문제에서는 설계 시에 원주방향 응력이 축방향 응력의 2배임에 유의하여 원통관을 리벳이음 또는 용접이음으로 제작할 경우 그림 3.13에서와 같이 축방향 이음(longitudinal joint)을 원주방향 이음(girth joint)의 2배의 강도가 되도록 설계해 주어야 한다.

예제 3.8 두께 14(mm)의 강판에서 2.8(MPa)의 내압을 받는 원통을 만들려고 한다. 항복응력을 80(MPa), 안전율을 10으로 할 때 반지름은 얼마로 하면 되겠는가?

‖ 풀이 ‖ 식 (2.17)에서 $\sigma_a = \dfrac{\sigma_y}{S} = \dfrac{80 \times 10^6}{10} = 8\,(\mathrm{MPa})$

식 (3.12)에서 $\sigma_y = \sigma_a = \dfrac{qd}{2t} = \dfrac{qr}{t}$

$\therefore r = \dfrac{\sigma_a t}{q} = \dfrac{8 \times 10^6 \times 0.014}{2.8 \times 10^6} = 0.04\,(\mathrm{m})$

예제 3.9 안지름이 1(m)인 원통 보일러의 내압이 1.5(MPa)이다. 허용응력이 70(MPa)이라 하고, 이음효율을 75%로 하면 보일러의 강판 두께는 얼마이면 되겠는가?

‖ 풀이 ‖ 식 (3.12)에서 $\sigma_a \cdot \eta = \dfrac{qd}{2t}$

$\therefore t = \dfrac{qd}{2\sigma_a \eta} = \dfrac{1.5 \times 10^6 \times 1}{2 \times 70 \times 10^6 \times 0.75} = 0.0143\,(\mathrm{m})$

3-04 얇은 원환

앞의 그림 3.12(a) 및 그림 3.13과 같은 얇은 원통을 회전시켰다고 생각하면 그림 3.15(a)에서와 같이 내압 대신에 **원심력**(centrifugal force) q가 발생하는 단면을 생각해 볼 수 있다. 이러한 원심력을 이용하여 원환이 회전체로 작용하는 예로서 풀리(pulley)나 플라이휠(flywheel)과 같은 것이 있다. 이 때 회전하는 원환 속에 원심력으로 인해서 발생되는 인장응력, 즉 **원심응력**(centrifugal stress) 또는 **원환응력**(hoop stress)에 대해서 생각해 보기로 한다.

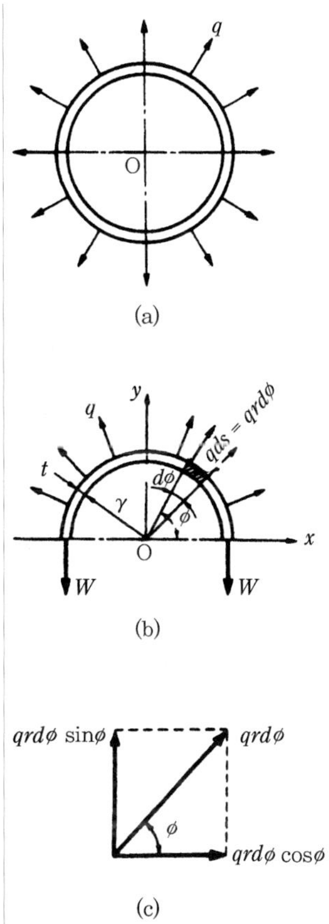

그림 3.15

단면적이 균일하고 반지름에 비하여 두께가 매우 작은 원환의 둘레에 균일하게 분포된 하중이 반지름방향으로 작용하게 되면, 이로 인해서 원환 속에서 발생하는 응력과 변형률은 각 단면에 균일하게 분포한다고 볼 수 있다.

원환에 작용하는 분포하중은 내압이나 외압, 또는 원심력일 수도 있다. 그러나 이 모든 경우에 대하여 힘은 항상 평형상태로 유지해야만 한다. 원주방향의 인장력을 W, 단위길이에 작용하는 원심력을 q, 반지름을 r라 하면 임의단면으로 잘라낸 원환의 미소요소 ds에 작용하는 원심력은 $qrd\phi$가 된다.

그림 3.15(b)에서 반원 속에 작용하는 모든 힘들의 수직성분은 평형상태가 되어야 하므로

$$2W = \int_0^{\pi} qrd\phi \sin\phi = qr\int_0^{\pi} \sin\phi \, d\phi = 2qr$$

$$\therefore \; W = qr \tag{3.14}$$

또 원환이 두께를 t라 하면 원심력 q는 원주 위의 모든 단면적 A $(= t \times 1)$에 균일하게 작용하므로 원환응력은 다음과 같다.

$$\sigma = \frac{W}{A} = \frac{qr}{t} = \frac{qd}{2t}$$

이 식은 식 (3.12)에 일치된다. 또 이때의 변형률은 다음과 같이 표현할 수 있다.

$$\varepsilon = \frac{\sigma}{E} = \frac{qr}{tE} = \frac{qr}{AE} \tag{3.15}$$

한편 원환의 둘레 l과 지름 d의 비는 π가 되므로 원환에서 원주의 변형률 ε_c와 지름의 변형률 ε_d는 동일하다. 즉 $\varepsilon_c = \varepsilon_d$이며, 이것은 **수축끼워맞춤**(shrinkage fit)의 문제를 해석하는 데 중요하다.

이번에는 질량이 m인 원환의 요소가 반지름 r인 원주의 궤도 위를 일정한 **각속도**(angular velocity) ω(rad/sec)로 회전운동을 하고 있는 경우를 생각하자. 이 때 요소는 원환의 중심을 향하는 **가속도**(acceleration) $a = v\omega = r\omega^2$을 갖게 된다. 요소의 길이가 ds이고 원환의 단위길이에 대한 중량을 w라고 하면, 이 요소에 대한 반지름방향의 단위길이에 작용하는 원심력 q는 다음과 같다.

$$q = ma = \frac{w}{g}v\omega = \frac{w}{g}v \cdot \frac{v}{r} = \frac{w}{g} \cdot \frac{v^2}{r} \tag{3.16}$$

식 (3.16)을 식 (3.14)에 대입하여 정리하면,

$$W = \frac{w}{g}v^2$$

이 된다. 따라서 원환 속의 인장응력 σ는

$$\sigma = \frac{W}{A} = \frac{wv^2}{Ag} = \frac{\gamma V \cdot v^2}{Ag} = \frac{\gamma}{g}v^2 \tag{3.17}$$

단, $V = Al$에서 l은 단위길이

이 되며, 원환응력은 재료의 **밀도**(density ; $\rho = \frac{m}{V} = \frac{w}{gV} = \frac{\gamma}{g}$) 및 **원주속도**($v = r\omega$)의 제곱에 비례한다는 것을 알 수 있다.

따라서 어떤 물체가 반지름이 큰 원환 속에서 고속으로 회전하는 경우는 속도의 제곱에 비례하여 응력이 증가되기 때문에 예상외의 큰 응력이 발생하게 되어 위험한 상태가 될 수도 있으므로, 안전을 위해서는 회전속도를 적절히 조정해 주어야 한다.

한편 원환의 회전수를 N이라 하면,

$$v = \frac{2\pi rN}{60} = \frac{\pi DN}{60} \tag{3.18}$$

이 되어 원환응력을 다음과 같이 표현할 수도 있다.

$$\sigma = \frac{\gamma}{g}v^2 = \frac{\gamma}{g}\left(\frac{2\pi rN}{60}\right)^2 = \frac{\pi^2\gamma}{900}r^2N^2 \qquad (3.19)$$

한편 **단위체적**에 대한 **질량**으로 표시되는 **질량입자**의 **농도**를 밀도라고 한다면, 단위체적에 대한 무게(중량)로 표시되는 것을 **비중량**(specific weight ; $\gamma = \frac{w}{V}$)이라 한다.

그리고 어떤 물질의 밀도(ρ)와 같은 상태(압력, 온도)의 물의 밀도(ρ_w)와의 비를 **비중**(specific gravity ; $S = \frac{\rho}{\rho_w} = \frac{\gamma}{\gamma_w}$)이라 한다. 일반적으로 상온에서의 물의 비중량은 $\gamma_w = 1{,}000(\mathrm{kg_f/m^3})$이므로 어떤 물체의 비중량은 $\gamma = \gamma_w \cdot S = 1{,}000 \cdot S(\mathrm{kg_f/m^3})$로 표시할 수 있다.

예제 3.10 평균반지름 r, 반지름방향의 두께가 t인 얇은 원환의 중심축 O의 주위를 각속도 ω(rad/sec)로 회전하며 이 재료의 비중 $S=7.8$, 중력가속도 $g=980(\mathrm{cm/sec^2})$, 사용응력 $\sigma_w=50(\mathrm{MPa})$일 때 원주속도 v를 구하라. 또 원환의 평균 반지름 $r=24(\mathrm{cm})$일 때 허용 매분 회전수 N을 구하라.

‖ **풀이** ‖ 식 (3.17)에서, $\sigma = \frac{\gamma}{g}v^2$

$$\therefore v = \sqrt{\frac{g\sigma}{\gamma}} = \sqrt{\frac{9.8\times5\times10^7}{7.8\times9{,}800}} = 80.06(\mathrm{m/sec})$$

식 (3.18)에서, $v = \frac{2\pi rN}{60}$

$$\therefore N = \frac{60v}{2\pi r} = \frac{60\times80.06}{2\pi\times0.24} = 3{,}185.48(\mathrm{rpm})$$

3-05 부정정 구조물

구조가 복잡한 구조물에서는 봉들에 작용하는 축방향이 힘들은 정역학의 평형방정식만으로는 간단히 해석하기가 곤란한 경우가 많다.

재료역학에서는 주로 평면을 다루게 되므로 평면에 대한 정역학의 평형조건인 X축 방향으로 작용하는 힘의 합이 0이라고 하는 $\sum X=0$, 또 Y축 방향으로 작용하는 힘의 합이 0이라고 하는$\sum Y=0$ 및 평면에 작용하는 모멘트의 합이 0이라고 하는 $\sum M=0$만으로는 해석이 불가능할 정도로 미지의 외력이 작용할 경우, 즉 **과잉구속**되어 있는 구조물을 **부정정구조물**(statically indeterminate structure)이라고 한다.

이러한 부정정계의 문제를 해결하기 위해서는 **정역학의 평형방정식**에다 과잉구속의 수만큼 방정식을 추가해서 연립방정식으로 해결해야 된다. 부족한 방정식을 얻기 위해서는 구조물의 변형 때문에 생긴 형상의 기하학적 조건을 고려하든지, 재료의 탄성계수와 같은 기계적 성질 등을 고려하여 방정식을 유도한다.

건축물의 트러스(truss) 등에서 많이 발생되고 있는 부정정계의 특성은 각양각색이어서 그 해석도 여러 방법이 이용되고 있다. 복잡한 구조물의 경우에는 에너지의 개념을 이용하기도 하고, **행렬**(matrix)의 개념을 이용하여 **유한요소법**(finite element method)으로 해석하기도 한다.

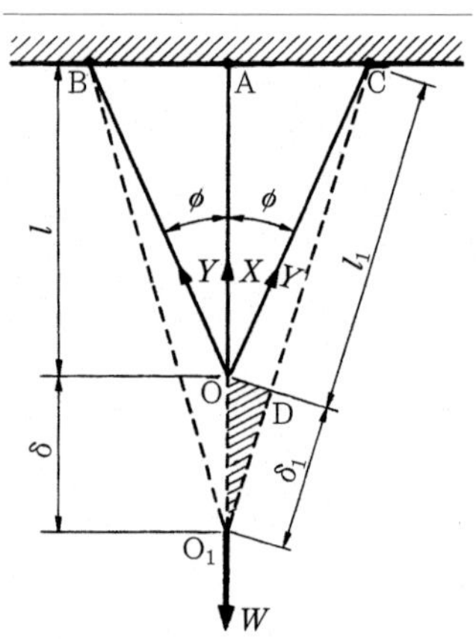

그림 3.16

부정정계의 한 예로서 그림 3.16과 같은 평면 트러스(truss)를 고찰해 보기로 하자. 이 구조물은 동일 평면 내에 있는 OB, OA, OC의 봉을 힌지(hinge)로 된 절점 O에서 결합하여 하중 W를 수직방향으로 인장 작용시킨 경우이다.

수직봉 OA의 단면적과 탄성계수를 각각 A_1, E_1, 경사봉 OB와 OC의 단면적과 탄성계수를 각각 A_2, E_2라 하자. 수직봉 OA의 길이가 l이면 경사봉 OB와 OC의 길이 l_1은 $\dfrac{l}{\cos\phi}$이 된다.

수직봉이 받는 인장력을 X, 경사봉이 받는 인장력을 Y라 하면 경사봉이 서로 대칭인 그림 3.16과 같은 구조물에서는 점 O를 기준하여 단 한 개의 방정식, 즉 수직방향으로 작용하는 힘의 평형관계에서 다음 식이 얻어진다.

$$X+2Y\cos\phi=W \qquad \text{(a)}$$

그러나 이 식은 2개의 미지수가 있으므로 다른 또 하나의 방정식이 필요하게 된다. 따라서 구조물의 변형을 고려해 보면 인장하중 W로 인하여 수직봉 OA가 δ, 경사봉 OB, OC가 δ_1만큼 신장되었으며 절점 O가 O_1으로 변위되었다고 하자. 또 신장들이 극히 작다고 하면 O_1을 중심으로 하는 원호 OD를 수선으로 생각할 수 있고 $\angle OO_1D$ 및 $\angle AOC$를 동일각 ϕ로 생각해도 무관하다. 따라서 신장량 δ_1은 다음과 같이 표현된다.

$$\delta_1 = \delta \cos\phi \tag{b}$$

훅의 법칙에 의하면, 신장량 δ 및 δ_1은 신장력 X 및 Y와 다음과 같은 관계를 가진다.

$$\delta = \frac{Xl}{A_1E_1} \qquad \delta_1 = \frac{Yl_1}{A_2E_2} = \frac{Yl}{A_2E_2\cos\phi} \tag{c}$$

식 (c)를 식 (b)에 대입하면

$$\frac{Yl}{A_2E_2\cos\phi} = \frac{Xl}{A_1E_1}\cos\phi$$

$$\therefore\ Y = X\cos^2\phi\frac{A_2E_2}{A_1E_1} \tag{d}$$

인 관계를 얻는다. 식 (a)와 식 (b)를 연립하여 풀면,

$$X = \frac{W}{1 + 2\cos^2\phi\dfrac{A_2E_2}{A_1E_1}},\quad Y = \frac{W\cos^2\phi}{\dfrac{A_1E_1}{A_2E_2} + 2\cos^2\phi} \tag{3.20}$$

를 구할 수 있으며, 여기서 힘 X와 Y는 경사각 ϕ에 관계될 뿐만 아니라 봉의 단면적과 재료의 기계적 성질에도 관계됨을 알 수 있다.

특별한 경우로서 봉들의 단면적과 탄성계수가 동일한 경우, 즉 $A_1 = A_2$, $E_1 = E_2$라고 하면 식 (3.20)은 다음과 같이 된다.

$$X = \frac{W}{1 + 2\cos^3\phi},\quad Y = \frac{W\cos^2\phi}{1 + 2\cos^3\phi} \tag{3.21}$$

한편 점 O에서의 수직변위 δ와 경사변위 δ_1은 다음과 같이 표현된다.

$$\delta = \frac{Xl}{AE} = \frac{Wl}{AE}\left(\frac{1}{1+2\cos^3\phi}\right)$$

$$\delta_1 = \frac{Yl_1}{AE} = \frac{Wl}{AE}\left(\frac{\cos\phi}{1+2\cos^3\phi}\right) \tag{3.22}$$

식 (3.31)에서 ϕ가 0에 무한히 접근된다면 $\cos\phi$는 1에 무한히 접근되어 수직봉이 받는 힘은 $X = \frac{W}{3}$가 된다. 또 ϕ가 90° 에 무한히 접근된다면 경사봉들은 거의 힘을 받지 않게 된다. 즉, 이것은 경사봉들이 평행선에 가까워지면서 매우 길어지게 되어 전체하중을 대부분 수직봉이 받게 된다는 것을 의미한다.

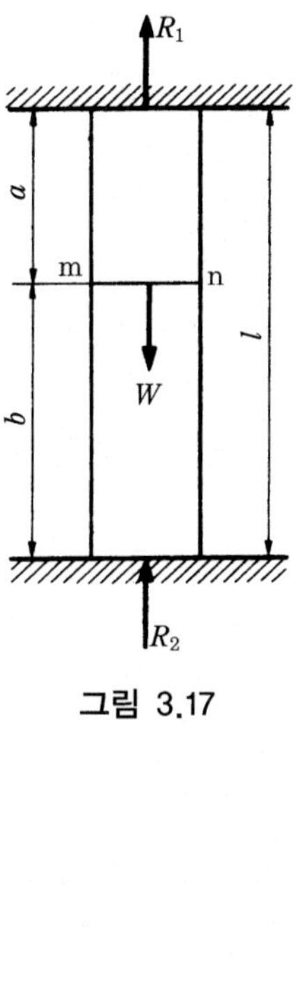

그림 3.17

부정정계의 또 다른 예로서 그림 3.17과 같이 양단을 고정한 균일단면봉의 임의단면 mn에서 축하중 W가 작용할 경우를 고찰해 보기로 하자.

하중 W로 인하여 양 고정단에서 발생될 반력을 각각 R_1 및 R_2라 하고, 힘의 평형조건을 이용해서 방정식을 세우면 다음과 같다.

$$W = R_1 + R_2 \tag{e}$$

R_1과 R_2의 2개의 미지수를 구하려면 방정식이 한 개 더 필요하게 되며, 이를 위해서 봉의 변형을 고려해 본다.

하중 W는 반력 R_1과 더불어 봉의 윗부분을 신장시키며, R_2와 더불어 봉의 아랫부분을 수축시킨다. 그러나 봉의 양단은 고정되어 있어 길이 l은 변화가 없으므로 윗부분의 늘어난 길이와 아랫부분의 줄어든 길이는 같아야 한다. 따라서

$$\delta = \frac{R_1 a}{AE} = \frac{R_2 b}{AE} \qquad \therefore \ \frac{R_1}{R_2} = \frac{b}{a} \tag{f}$$

식 (e)와 (f)를 연립시켜 풀면 반력의 크기는 다음과 같다.

$$R_1 = \frac{b}{a+b}W = \frac{b}{l}W$$

$$R_2 = \frac{a}{a+b}W = \frac{a}{l}W \tag{3.23}$$

예제 3.11 그림 3.18과 같은 구조물에서 하중 W가 작용할 때 장력 T_1과 T_2를 구하라.

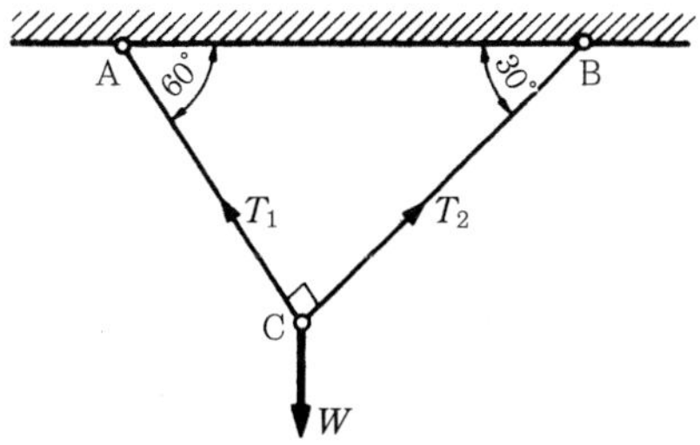

그림 3.18

‖ **풀이** ‖ C점에서 힘의 평형을 생각하면,

수평방향 : $\Sigma X=0$, $T_1\cos 60° - T_2\cos 30° = 0$

$$T_1 \times \frac{1}{2} - T_2 \times \frac{\sqrt{3}}{2} = 0 \qquad \therefore\ T_1 = \sqrt{3}\,T_2 \qquad \text{(a)}$$

수직방향 : $\Sigma Y=0$, $T_1\cos 30° + T_2\cos 60° - W = 0$

$$T_1 \frac{\sqrt{3}}{2} + T_2 \times \frac{1}{2} - W = 0 \qquad \therefore\ \sqrt{3}\,T_1 + T_2 = 2W \qquad \text{(b)}$$

식 (a)와 (b)에서 $T_1 = \dfrac{\sqrt{3}}{2}W$, $T_2 = \dfrac{1}{2}W$

예제 3.12 그림 3.19와 같이 균일단면봉이 축하중을 받고 평형되어 있다. $Q=2P$가 되려면 W는 얼마이면 되겠는가?

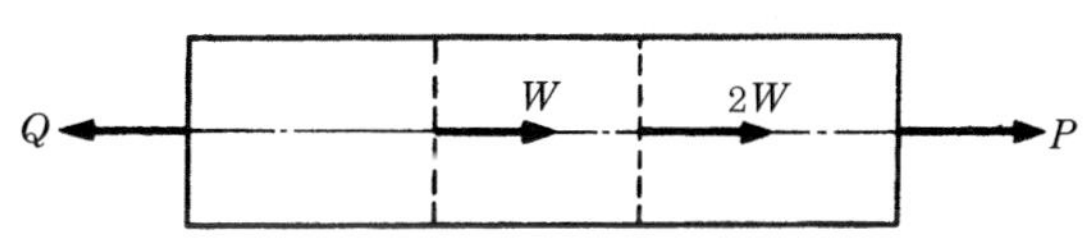

그림 3.19

‖ **풀이** ‖ 수평방향의 힘의 평형조건에서

$\Sigma X=0$, $Q - W - 2W - P = 0 \qquad \therefore\ Q = 3W + P$

$Q=2P$이어야 하므로, $2P = 3W + P \qquad \therefore\ W = \dfrac{P}{3}$

예제 3.13 그림 3.20과 같이 양단이 고정된 균일단면봉의 임의단면 mn, pq에 축하중 W_1, W_2가 작용할 때의 양단의 반력의 값을 구하라. 단, $W_1=20(\mathrm{kN})$, $W_2=40(\mathrm{kN})$, $a=10(\mathrm{cm})$, $b=20(\mathrm{cm})$, $c=30(\mathrm{cm})$이다.

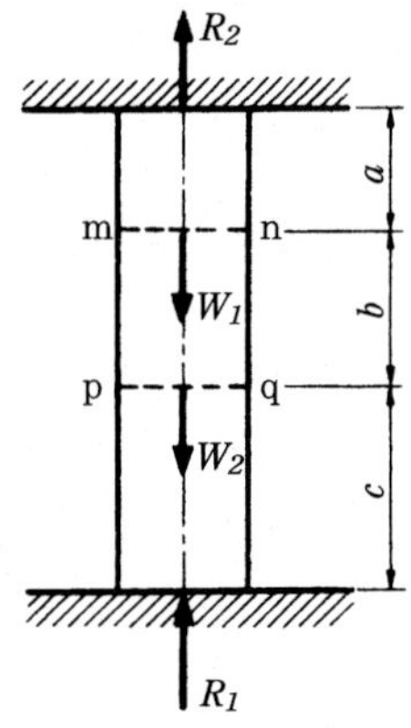

그림 3.20

‖ **풀이** ‖ 축하중 W_1 및 W_2가 작용할 때의 반력을 각각 구하여 합해 주면 된다.

1) W_1의 하중만이 작용할 때의 반력을 R_1', R_2'라 하면

$$R_1' = \frac{a}{l}W_1 = \frac{0.1}{0.6}\times 20{,}000 = 3{,}333.33(\mathrm{N})$$

$$R_2' = \frac{b+c}{l}W_1 = \frac{0.5}{0.6}\times 20{,}000 = 16{,}666.7(\mathrm{N})$$

2) W_2의 하중만이 작용할 때의 반력을 R_1'', R_2''라 하면

$$R_1'' = \frac{a+b}{l}W_2 = \frac{0.3}{0.6}\times 40{,}000 = 20(\mathrm{kN})$$

$$R_2'' = \frac{c}{l}W_2 = \frac{0.3}{0.6}\times 40{,}000 = 20(\mathrm{kN})$$

3) W_1 및 W_2의 하중이 동시에 작용할 때의 반력 R_1, R_2는

$$R_1 = R_1' + R_1'' = 3{,}333.33 + 20{,}000 = 23{,}333.33(\mathrm{N})$$

$$R_2 = R_2' + R_2'' = 16{,}666.7 + 20{,}000 = 36{,}666.7(\mathrm{N})$$

예제 3.14 그림 3.21과 같은 균일단면봉의 양단에서 $W=15(\mathrm{kN})$의 인장력이, 중앙에서 $P=8(\mathrm{kN})$의 압축력이 작용할 때 단면적 $A=6(\mathrm{cm}^2)$, $l=60(\mathrm{cm})$, $E=200(\mathrm{GPa})$이라 하면 이 봉에 일어나는 변형량은 얼마인가?

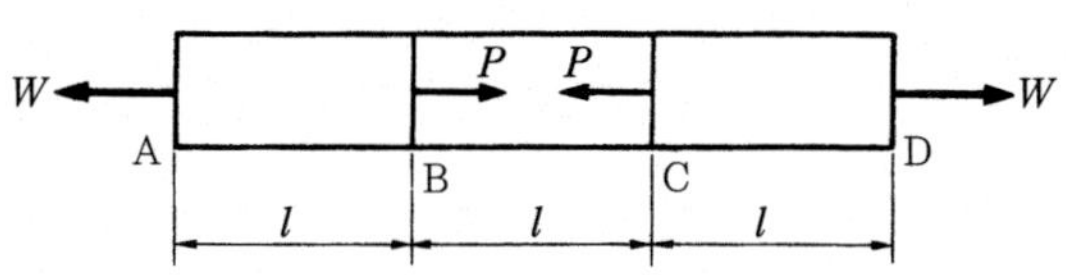

그림 3.21

‖ **풀이** ‖ $W > P$이므로 봉 전체로는 신장된다. 구간 AB 및 CD에서의 신장량을 δ_1, 구간 BC에서의 신장량을 δ_2라 하면 봉의 전 구간의 신장량 δ는

$$\delta = 2\delta_1 + \delta_2 = \frac{2Wl}{AE} + \frac{(W-P)l}{AE} = \frac{(3W-P)l}{AE}$$

$$= \frac{(3\times 15{,}000 - 8{,}000)\times 0.6}{6\times 10^{-4}\times 200\times 10^9} = 1.85\times 10^{-4}(\mathrm{m})$$

3-06 탄성변형에너지

어떤 재료에 인장이나 압축의 외력이 작용하게 되면 이 재료는 신장 또는 수축의 변형을 일으키게 된다. 이 때 외력은 재료에 대해서 일을 한 것이 되고, 이 일은 외력으로 인하여 재료 내부에서 발생되는 응력인 정적 에너지로서 그 일부 또는 전부가 변형의 **위치에너지**(potential energy)로 바뀌어 재료의 내부에 저장된다. 이러한 에너지를 **변형에너지**(strain energy) 또는 **탄성변형에너지**(elastic strain energy)라고 한다.

재료에 가했던 외력을 서서히 제거하게 되면 재료는 저장하였던 위치에너지를 방출하면서 원형으로 돌아가게 될 것이다. 이 때 변형에너지는 방출과 동시에 외부에 대해 다시 일을 하게 되는데, 이것은 마치 외력의 증감에 따라 에너지를 저장 또는 방출할 수 있는 스프링과도 같은 것이다. 변형이 탄성한계 내에서 일어나게 되면 외력의 크기에 비례하게 되나, 탄성한계를 초과해서 변형을 일으키게 되면 이때의 변형에너지는 대부분이 소성변형을 일으키는 데 소비하게 되고 열의 상태로 사라져 버리며, 나머지 일부분만이 위치에너지로 재료 내에 남게 된다.

탄성변형에너지의 종류를 다음과 같은 두 가지로 나누어 고찰해 보기로 한다.

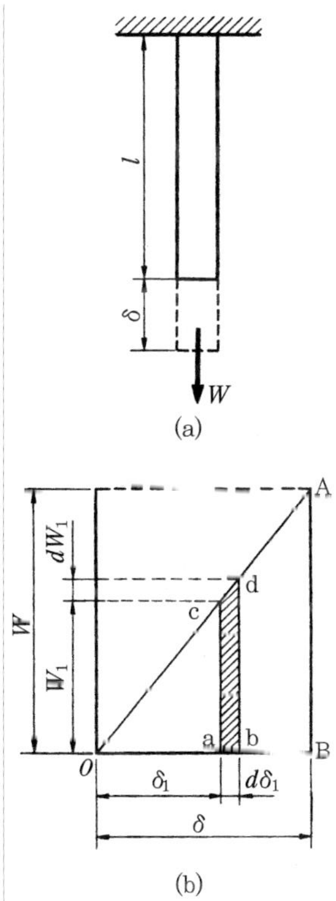

그림 3.22

1. 수직력에 의한 탄성에너지

그림 3.22 (a)와 같은 균일단면봉에 탄성한계 내에서 하중 W를 작용시키면 봉은 δ만큼 늘어나서 재료에 대한 인장시험선도가 그림 (b)와 같은 직선이 된다.

그림 (b)에서 하중의 최대값을 W, 이에 대응되는 변위를 δ, 하중 W_1에 대응되는 변위를 δ_1이라 하자. 또 하중이 dW_1만큼 증가하면 변위도 $d\delta_1$만큼 증가할 것이고 이 동안에 한 일은

$$(W_1 + dW_1)d\delta_1 = W_1 d\delta_1 + dW_1 d\delta_1 \fallingdotseq W_1 d\delta_1$$

이 될 것이고, 그 크기는 빗금 부분인 abcd의 면적으로 표시된다. 따라서 하중이 O로부터 W까지 증가하는 동안에 봉에 대해 하중이 한 일의 양은 삼각형 OAB의 면적과 같게 된다.

이 일의 양, 즉 탄성에너지(U)를 식으로 표시하면 다음과 같다.

$$U=\frac{W\delta}{2} \tag{3.24}$$

훅의 법칙 $\left(\delta=\frac{Wl}{AE}\right)$을 이용하여 이 식을 다시 쓰면 다음과 같다.

$$U=\frac{W^2l}{2AE}=\frac{1}{2}\left(\frac{W}{A}\right)^2\frac{Al}{E}=\frac{\sigma^2}{2E}\cdot Al=\frac{\sigma^2}{2E}V \tag{3.25}$$

실제에 있어서는 단위체적에 대한 탄성에너지(u)값이 유용하게 쓰일 경우가 많다. 즉, $u=\frac{U}{V}$는 동하중이 작용할 때의 재질에 대한 저항의 대소를 판별하는 데 대단히 중요하다.

탄성한계 내에서 단위체적에 저장할 수 있는 탄성에너지의 최대량은 식 (3.25)에서 σ대신 그 재료의 탄성점에서의 응력값(σ_e)을 대입함으로써 얻을 수 있으며, 이 탄성에너지의 최대값 $\left(u=\frac{\sigma_e^2}{2E}\right)$을 **탄성에너지 계수** 또는 **탄력계수**(modulus of resilience)라고 한다. 탄력계수는 탄성한계가 클수록, 탄성계수가 작은 재료일수록 크게 된다. 고무나 스프링은 탄성변화를 크게 일으키므로 외부로부터 에너지를 많이 흡수하게 되어 충격하중을 받을 경우에 큰 완충의 역할을 하게 된다.

2. 전단력에 의한 탄성에너지

전단력에 의한 탄성에너지도 같은 방법으로 구할 수 있으며, 그림 3.23과 같이 전단하중을 W_s, 전단변형률 또는 전단각을 γ, 전단하중의 작용 범위를 l이라 하고 탄성한계 내에서 변형이 일어났다고 하면, 전단하중에 의한 탄성에너지는 다음과 같이 표현할 수 있다.

$$U=\frac{W_s\lambda}{2}=\frac{1}{2}\cdot\tau A\cdot\frac{\tau l}{G}=\frac{\tau^2}{2G}Al=\frac{\tau^2}{2G}V \tag{3.26}$$

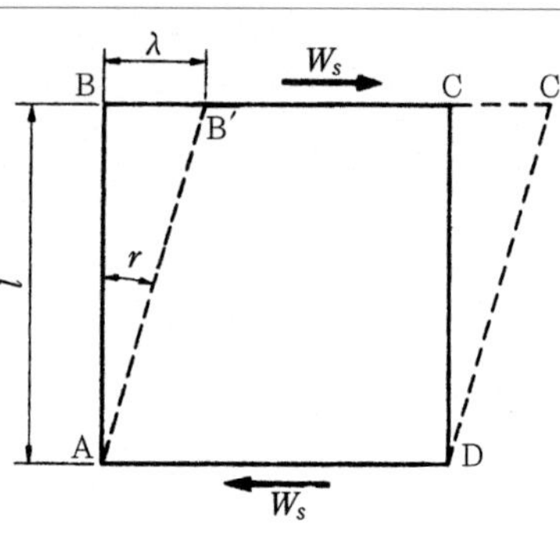

그림 3.23

따라서 전단하중이 작용할 때의 탄성에너지의 탄력계수는 $U=\dfrac{\tau^2}{2G}$ 이다.

예제 3.15 세로탄성계수가 E=200(GPa)인 강봉이 인장하중을 받았을 때 변형률이 0.0006이 발생하였다. 이 봉의 단위체적 속에 저장된 탄성에너지는 얼마인가?

‖ **풀이** ‖

$$u=\frac{\sigma^2}{2E}=\frac{(E\varepsilon)^2}{2E}=\frac{E\varepsilon^2}{2}$$

$$=\frac{2\times10^{11}\times(6\times10^{-4})^2}{2}=36(\text{kN/m}^3)$$

예제 3.16 단면적이 6(cm^2), 길이가 60(cm)인 연강봉이 인장하중을 받고 0.6(mm)만큼 신장되었다. 이 봉에 저장된 탄성에너지는 얼마인가? 단, E=200(GPa)이다.

‖ **풀이** ‖

$$U=\frac{\sigma^2}{2E}Al=\frac{(E\varepsilon)^2}{2E}Al=\frac{E\varepsilon^2}{2}Al$$

$$=\frac{2\times10^{11}\left(\dfrac{6\times10^{-4}}{0.6}\right)^2}{2}\times6\times10^{-4}\times0.6=36(\text{Nm})$$

3-07 충격에 의한 응력과 신장

어떤 물체에 충격적인 하중이 작용하게 되면 진동이 발생함과 동시에 순간적으로 큰 응력이 발생하게 된다. 이 때 발생하는 응력은 하중의 크기, 경도, 충돌속도 등의 조건에 따라 다르며 그 계산법도 달라진다.

여기서는 그 충돌속도도 느리고 충돌 도중에 반발현상도 적으며 거의 정적 하중으로 작용하는 것으로 가정한다. 이러한 경우는 **에너지보존의 법칙**(principle of conservation of energy)을 이용하여 충격응력이나 변위를 계산할 수 있다.

그림 3.24와 같이 상단을 고정하고 하단에 플랜지(flange)를 갖는 길이 l, 단면적 A인 수직봉에서 중량이 W인 추를 높이 h에서 낙하시켜

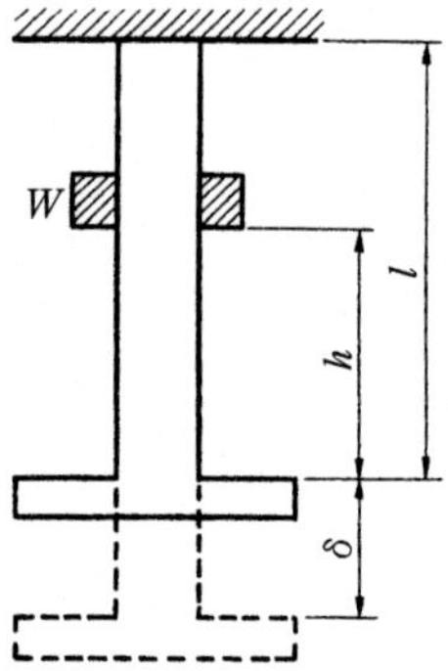

그림 3.24

플랜지위에 충돌하여 봉에 충격을 주었다고 하자. 이 때 낙하된 추가 봉에 준 충격으로 인하여 순간적으로 최대 신장을 일으키고 봉에는 진동이 일어난다. 이 진동이 재료 내부의 마찰로 인해서 차차 소멸되면서 정하중에 대한 신장(δ_0)만큼 늘어나고 봉은 정지한다고 하자. 이 때 추가 봉에 한 일의 양은 $W(h+\delta)$가 되고, 이것이 모두 탄성에너지로서 봉에 저장된다고 가정하여 식으로 나타내면 다음과 같이 된다.

$$W(h+\delta)=\frac{\sigma^2}{2E}Al$$

또 이 때 발생되는 최대 충격응력을 표현하기 위해서 $\delta=\dfrac{\sigma l}{E}$을 윗식에 대입한 후 σ에 대해서 정리하면

$$W\left(h+\frac{\sigma l}{E}\right)=\frac{\sigma^2}{2E}Al$$

$$Al\sigma^2-2Wl\sigma-2EWh=0$$

$$\therefore\ \sigma=\frac{Wl\pm\sqrt{W^2l^2+2EWhAl}}{Al}=\frac{W}{A}\left(1\pm\sqrt{1+\frac{2AEh}{Wl}}\right)$$

가 되며, 여기서 $\sqrt{1+\dfrac{2AEh}{Wl}}>1$이고 (−)부호는 공학적으로는 불합리하므로 무시한 후 다시 정리하면 다음과 같다.

$$\sigma=\frac{W}{A}\left(1+\sqrt{1+\frac{2AEh}{Wl}}\right)=\sigma_0\left(1+\sqrt{1+\frac{2h}{\delta_0}}\right) \tag{3.27}$$

또 봉에 발생되는 최대 신장량은

$$\delta=\frac{\sigma}{E}l=\frac{Wl}{AE}\left(1+\sqrt{1+\frac{2AEh}{Wl}}\right)$$

$$=\delta_0\left(1+\sqrt{1+\frac{2h}{\delta_0}}\right) \tag{3.28}$$

가 된다. 여기서 $\sigma_0\left(=\dfrac{W}{A}\right)$ 및 $\delta_0\left(=\dfrac{Wl}{AE}=\dfrac{\sigma_0 l}{E}\right)$은 정하중이 작용할

때의 응력 및 신장량을 의미한다. 식 (3.27) 및 식 (3.28)은 충격하중이 작용할 때의 응력 및 신장량은 정하중이 작용할 때보다 항상 큰 값임을 나타내고 있다.

한편 충격하중이 작용할 때의 신장을 추의 낙하속도의 함수로 표시하기 위해서 추가 플랜지에 충돌하는 순간의 속도 $v=\sqrt{2gh}$ 를 식 (3.28)에 대입하면,

$$\delta = \delta_0 + \sqrt{{\delta_0}^2 + 2h\delta_0} = \delta_0 + \sqrt{{\delta_0}^2 + \frac{\delta_0 v^2}{g}} \tag{3.29}$$

과 같이 되며, 높이 h가 δ_0에 비하여 대단히 큰 경우에는 다음과 같이 근사식으로 나타낼 수 있다.

$$\delta \fallingdotseq \sqrt{\frac{\delta_0 v^2}{g}}$$

따라서 충격응력은

$$\sigma = \frac{E}{l}\delta = \frac{E}{l}\sqrt{\frac{\delta_0 v^2}{g}} = \sqrt{\frac{2E}{Al}\frac{Wv^2}{2g}} \tag{3.30}$$

이 된다. 즉, 충격응력은 **운동에너지**(kinematic energy)인 $\dfrac{Wv^2}{2g}$과 탄성계수인 E에 비례하고 봉의 체적인 Al에는 반비례함을 알 수 있다.

따라서 식 (3.30)에서 단면적을 증가시킴으로써 응력을 감소시킬 수 있고, 탄성계수의 감소 또는 봉의 길이를 증가시킴으로써도 응력을 감소시킬 수 있다는 것을 알 수 있다. 식 (3.30)에 σ대신 사용응력 σ_w를 대입해 줌으로써 충격하중이 작용할 때의 안전한 봉의 치수를 결정할 수 있다.

$$Al = \frac{2E}{{\sigma_w}^2}\frac{Wv^2}{2g} = \frac{2EWh}{{\sigma_w}^2} \tag{3.31}$$

식 (3.31)에서 사용응력을 일정하게 하면 낙하물체의 운동에너지

$\left(=\dfrac{Wv^2}{2g}\right)$에 비례하여 체적($Al$)을 결정해야 한다는 것을 알 수 있다.

한편 $h=0$으로 취급될 경우가 있다. 즉, 추를 플랜지에 극히 근접시켜 급속하중으로 작용시키든지 또는 초속도 없이 갑자기 작용시킬 경우 $v=\sqrt{2gh}$ 에서 $h=0$이 된다. 이런 경우에는 인장을 받기 시작하는 순간에는 운동에너지는 없고, 최초의 봉의 신장과 응력은 0이며 갑자기 가해진 하중의 작용으로 낙하하기 시작한다. 이 운동이 진행되는 동안에 봉의 저항력은 점차로 증가하여 추의 수직변위가 δ_0일 때 W와 같게 된다. 그러나 이 순간에 그 추는 δ_0만큼 낙하하는 동안에 얻은 운동에너지를 갖고 있으므로 정지하지 않고 계속 낙하하여 봉의 저항력으로 인하여 그 속도가 0이 될 때까지 운동을 계속하게 된다.

따라서 식 (3.27) 및 식 (3.28)에 $h=0(v=\sqrt{2gh}=0)$을 대입하면 하중을 급격히 작용시키는 경우의 응력 및 신장은 정적으로 가해질 때의 응력 및 신장의 2배가 된다.

$$\sigma=2\sigma_0$$

$$\delta=2\delta_0 \tag{3.32}$$

식 (3.32)에 의하면 동역학적 조건 때문에 정하중으로 인한 응력 및 신장의 2배가 발생함을 알 수가 있다. 즉, $h=0$ 또는 $v=0$이라는 것은 하중이 낙하된다는 개념보다는 하중이 충격적으로 가해졌다는 것이 강조될 때 식 (3.32)가 적용된다.

예제 3.17 그림 3.25와 같은 강선의 한 끝에 매달려 있는 700(N)의 물체가 자유로이 낙하하던 중 A점에서 강선의 운동을 갑자기 정지시킬 때 최대충격응력을 구하라. 단, 높이 60(cm), 강선의 지름 3(cm), 강선의 탄성계수 206(GPa)이다.

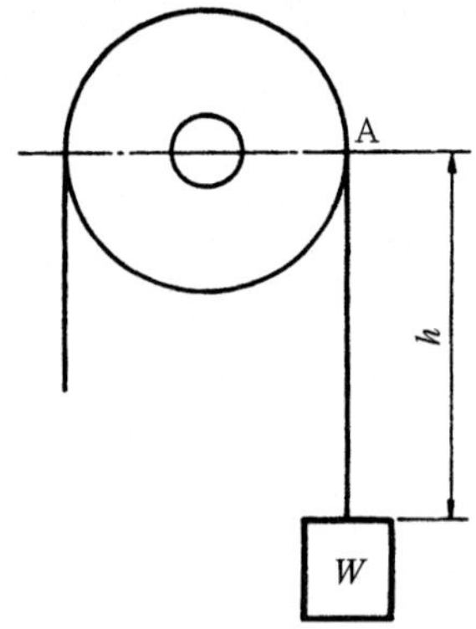

그림 3.25

‖ **풀이** ‖ 물체가 낙하하면서 한 일이 모두 탄성에너지로 강선에 저장되었다고 가정하고 $h=l$이라 생각한 후, $U=Wh$와 $U=\frac{\sigma^2}{2E}Al$을 연립시켜 σ에 대해서 다시 정리한다.

즉, $Wh=\frac{\sigma^2}{2E}Ah$에서

$$\sigma=\sqrt{\frac{2EW}{A}}=\sqrt{\frac{2\times 206\times 10^9\times 700}{\frac{\pi}{4}\times 0.03^2}}$$

$$=638.75(\text{MPa})$$

연 습 문 제

1. 탄성한계가 160(MPa), 탄성계수가 200(GPa)인 연강재에 압축하중을 작용시켜 25(Nm)의 탄성에너지를 저장시키려 한다. 필요한 체적을 구하라.

(a) 276.4(cm^3) (b) 295.7(cm^3)
(c) 373.5(cm^3) (d) 390.6(cm^3)

2. 스프링강(spring steel)의 탄성한계가 760(MPa), 비중이 7.8일 때 단위중량에 대한 탄성에너지는 몇 (Nm/kgf)인가? 단, $E=215$(GPa)이다.

(a) 15.26 (b) 17.57
(c) 18.26 (d) 18.67

3. 세로탄성계수 $E=200$(GPa)인 강봉이 인장하중을 받을 때 변형률이 0.0006이었다. 이 봉의 단위체적 속에 저장되는 탄성에너지는 몇 (Nm/m^3)인가?

(a) 25 (b) 36
(c) 45 (d) 67

4. 단면적이 10(cm^2)인 봉을 30(℃)에서 수직으로 매단 후 온도를 0(℃)로 냉각시킬 필요성이 생겼다면 이 때 봉의 원래 길이를 유지하기 위해서는 봉 끝에다 몇 (kg)의 추를 달아 주면 되겠는가? 단, 재료의 탄성계수는 200(GPa)이며, 선팽창계수는 11×10^{-6}(m/℃ m)이다.

(a) 5(kN) (b) 53(kN)
(c) 7(kN) (d) 66(kN)

5. 알루미늄으로 만든 정사각형의 추 안에 a, b의 강선을 십자로 이은 곳에 20(℃)에서 100(℃)까지 가열하였을 때 a 및 b의 강선에 발생하는 응력을 구하라. 단, 20(℃)에서는 응력은 없고 알루미늄 및 강선의 선팽창계수는 $\alpha_A = 2.4\times10^{-5}$(m/℃ m), $\alpha_s = 1.2\times10^{-5}$(m/℃ m)이다. 또 강선의 탄성계수는 $E=210$(GPa)이다.

(a) 201.6(MPa) (b) 325.2(MPa)
(c) 376.4(MPa) (d) 425.6(MPa)

6. 자중을 고려하는 길이 12(m)의 연강봉 하단에 30(kN)의 하중을 작용시키려면 이 봉의 지름은 얼마로 하면 되겠는가? 단, $E=200$(GPa), $\sigma_a=90$MP, $\gamma=7.8$이라 한다.

(a) 15.8(mm) (b) 20.7(mm)
(c) 27.2(mm) (d) 34.5(mm)

7. 양단이 고정된 단면적 24(cm^2), 길이 1(m)의 봉이 있다. 온도를 90(℃)만큼 상승시켰을 때 고정단을 누르는 힘은 얼마나 되겠는가? 단, $E=200$(GPa)이며, 이 봉의 재료는 온도를 100(℃) 상승시키는 데 1.2(mm)만큼 늘어난다고 한다.

(a) 328.4(kN) (b) 32.84(kN)
(c) 518.4(kN) (d) 51.84(kN)

8. 그림 3.26과 같은 균일단면봉에서 자중만에 의해서 절단된다면 그 때의 길이는 얼마이겠는가? 단, 이 재료의 파괴응력은 360(MPa)이고, 비중은 $\gamma=7.35$이다.

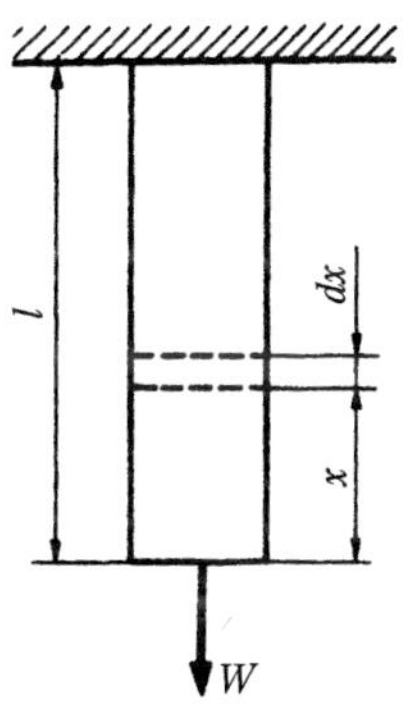

그림 3.26

(a) 3(Km) (b) 4(Km)
(c) 5(Km) (d) 6(Km)

9. 안지름이 1.2(m)이고 두께가 15(mm)인 보일러를 연강판을 이용해서 제작하려고 한다. 이 때 허용응력을 72(MPa), 이음효율을 80(%)라고 하면 사용할 수 있는 내압은 얼마까지로 할 수 있겠는가?

(a) 9.8(MPa) (b) 1.44(MPa)
(c) 16.5(MPa) (d) 1.87(MPa)

10. 단면적이 10(cm^2), 길이가 100(cm)인 강봉이 인장하중을 받고 1(mm) 신장되었다. 이 봉에 저장된 탄성에너지는 얼마인가? 단, 재료의 탄성계수는 200(GPa)이다.

(a) 75(Nm) (b) 100(Nm)
(c) 125(Nm) (d) 165(Nm)

11. 5(ton)의 정하중으로 0.5(cm)만큼 늘어나는 봉이 있다. 지금 그림 3.27과 같이 50(kN)의 추를 20(mm)의 높이에서 낙하시켰을 때 이 봉은 얼마만큼 늘어나겠는가?

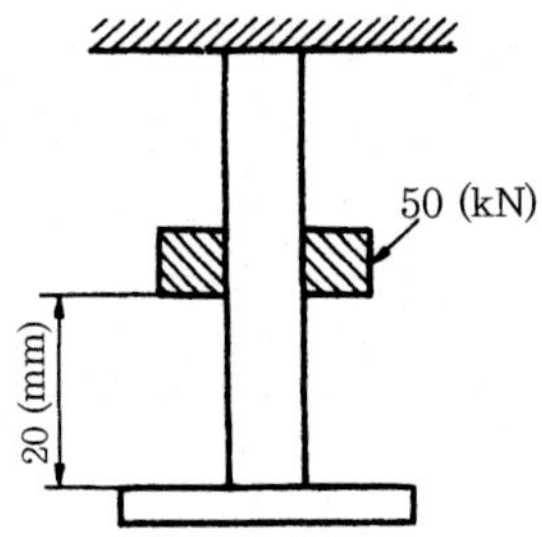

그림 3.27

(a) 40(mm) (b) 36(mm)
(c) 20(mm) (d) 16(mm)

12. 고무의 탄성한계가 8.4(MPa), 세로탄성계수는 0.12(MPa)일 때, 이 고무의 최대 탄성에너지는 얼마이겠는가?

(a) 294(MNm/m^3) (b) 29.4(MNm/m^3)
(c) 320(MNm/m^3) (d) 32.0(MNm/m^3)

13. 지름이 2(m)인 보일러의 두께는 20(mm)이고, 증기압력은 1.6(MPa)이다. 강판의 극한강도 450(MPa), 이음효율 85(%)일 때 이 강판의 안전계수는 얼마인가?

(a) 5 (b) 6
(c) 7 (d) 8

14. 600(rpm)으로 회전하는 주철제 풀리(pulley)의 허용응력을 8(MPa)이라 하면 이 풀리의 지름은 얼마가 되겠는가? 단, 비중량은 7.2(g_f/cm^3)이라한다.

(a) 95(cm) (b) 106(cm)
(c) 118(cm) (d) 138(cm)

15. 인장강도가 170(MPa)인 주철제 플라이휠(flywheel)이 원심력으로 인하여 파괴된다면 그 때의 속도는 얼마이겠는가? 단, 비중량은 7.2(g_f/cm^3)이다.

(a) 126(m/s) (b) 135(m/s)
(c) 153(m/s) (d) 164(m/s)

16. 두께 10(mm)인 가죽벨트가 $N=2,000$(rpm)으로 회전하는 $d=600$(mm)의 풀리에 잠겨 있다. 이 때 가죽의 비중량을 $\gamma=1.0$(g_f/cm^3)이라 하면 원심력으로 인하여 그 벨트 속에 발생하는 인장응력은 얼마인가?

(a) 1.64(MPa) (b) 2.78(MPa)
(c) 3.85(MPa) (d) 3.94(MPa)

17. 길이 3(m), 단면적 4(cm^2)인 균일단면의 강봉의 상단을 고정하고 $W=600$(N)의 추를 낙하시켜 강봉 속에 $\sigma_{max}=320$(MPa)의 최대응력을 발생시키려면 추의 높이 h는 얼마로 하면 되겠는가? 단, $E=200$(GPa)이다.

(a) 20.6(cm) (b) 25.7(cm)
(c) 32.5(cm) (d) 51.2(cm)

18. 길이 $l=4$(m), 단면적 $A=10$(cm^2)의 연강봉에 70(kN)의 인장하중을 갑자기 가할 때 봉에 생기는 최대응력 및 신장을 구하라. 단, $E=200$(GPa)이다.

(a) $\sigma=140$(MPa), $\lambda=0.28$(cm) (b) $\sigma=160$(MPa), $\lambda=0.34$(cm)
(c) $\sigma=180$(MPa), $\lambda=0.36$(cm) (d) $\sigma=200$(MPa), $\lambda=0.42$(cm)

19. 물의 충격에 의한 압력상승은 정수압의 30(%),용접효율 80(%), 허용응력이 70(MPa)인 지름 1.5(m)의 용접관에 낙차를 350(m)까지 허용한다면 용접관의 두께를 얼마로 하면 되겠는가?

(a) 3(cm) (b) 4(cm)
(c) 5(cm) (d) 6(cm)

20. 강선(wire rope)을 천장에 고정하였을 때 고정단의 응력을 $\sigma=90$(MPa)이 되도록 하려면 이 때 강선의 신장은 얼마나 되겠는가? 단, 강선의 비중량은 7.8(g_f/cm^3), $E=200$(GPa)이다.

(a) 37(cm) (b) 49(cm)
(c) 53(cm) (d) 67(cm)

응 용 문 제

1. 10(kN)의정하중으로 0.35(cm) 늘어나는 봉이 있다. 지금 250(N)의 하중을 12(cm)의 높이에서 낙하시켰을 때의 최대신장량을 구하라.

2. 단면적이 10(cm^2), 길이가 90(cm)인 봉에 $W=6$(kN)의 인장하중을 충격적으로 작용시켰을 때 최대신장량이 0.06(cm)이었다. 최대충격응력은 얼마인가? 단, $E=$ 200(GPa)이다.

3. 길이 60(cm)인 볼트(bolt)에 40(mm)의 높이에서 무게 120(N)의 추를 낙하시켜 볼트가 영구변형을 일으키지 않게 하려면 볼트의 단면적을 얼마로 하면 되겠는가? 단, 재료의 극한강도는 200(MPa), 탄성계수 $E=200$(GPa)이다.

4. 벽돌을 쌓아서 담을 만들 때 담의 최하단의 벽돌이 안전계수 20이 되도록 쌓아올리려고 한다. 벽돌의 비중량은 14(kN/m^3), 파괴압축응력을 $\sigma_b=10$(MPa)으로 할 때 담의 높이는 얼마까지로 할 수 있는가?

5. 반지름 $r=5$(m), 높이 $h=10$(m)인 강철판으로 만든 원통형 탱크가 있다. 이 안에 비중량 $\gamma=1{,}000$(kg$_f$/m^3)인 물을 가득 채우려고 한다. 재료의 허용응력을 $\sigma_a=$ 120(MPa)으로 할 때 필요한 탱크의 벽두께 t를 구하라.

6. 두께 $t=4$(mm)인 강철판으로 압력 $q=600$(KPa)에 견딜 구형 내압용기를 제작하려 한다. 이 재료의 항복응력이 $\sigma_y=750$(MPa)이라면 안전계수를 $S=4$라 할 때 이 용기의 최대지름을 얼마로 하면 되겠는가?

7. 평균지름 $d=80$(cm), 벽두께 $t=4$(mm)의 강관이 $q=1.2$(MPa)의 내압을 받고 있다. 이 관벽 속에 발생하는 원환응력의 크기와 지름의 증가량을 구하라. 단, $E=$ 200(GPa), $v=0.3$이다.

8. 온도 20(℃)에서 양단을 고정하려고 하는 원형단면봉에 발생하는 허용응력을 90(MPa)까지 유지할 수 있는 온도변화의 허용 범위를 구하라. 단, $E=200$(GPa), $\alpha=11.0\times10^{-6}$(m/℃ m)이다.

9. 15(℃)에서 길이 3(m), 지름이 12(cm)인 연강봉이 있다. 온도의 변화에 따라 1.5(mm) 만큼 늘어나는 것을 허용할 수 있도록 벽을 고정하였다. 온도를 75(℃)로 상승시켰을 경우 열응력과 이 때 벽을 미는 힘을 구하라. 단, $E=200$(GPa), $\alpha=11.2\times10^{-6}$(m/℃ m)이다.

10. 강의 나사봉을 기온 30(℃)에서 26(MPa)의 인장응력을 발생시켜 놓고 고정하여 기온이 10(℃)로 하강되었을 때의 응력을 구하라. 단, $E=200$(GPa), $\alpha=11.3\times10^{-6}$(m/℃ m)이다.

11. 기온 15(℃)에서 길이가 $l=10$(m)인 레일을 서로 인접된 레일과의 사이를 0.35(cm)의 틈새를 주고 설치하였다. 기온이 38(℃)로 상승하였을 때의 틈새는 얼마나 되겠는가? 또 최초에 여유틈새를 주지 않고 설치했다면 발생될 열응력은 얼마이겠는가? 단, $E=200$(GPa), $\alpha=1.12\times10^{-5}$(m/℃ m)이다.

12. 길이 $l=6$(m)이고, 단면적 $A=6(\text{mm}^2)$인 나일론 줄의 끝에 무게 $W=6$(N)의 추가 매어져 있으며, 줄의 다른 쪽 끝은 고정점 B에 매어졌다. 추가 B의 위치에서 자유낙하하여 줄의 전 길이에 걸쳐 떨어졌다. 줄의 무게를 무시하고 줄에 작용하는 최대응력을 구하라. 단, 줄의 탄성계수는 $E=2.8$(GPa), 항복점은 $\sigma_y=76$(MPa)이다.

13. 길이 l, 밑면의 지름 d인 원추형 봉이 그림 3.28과 같이 수직으로 매달려 있다. 재료의 비중량을 γ라 할 때 자중에 의한 신장량은 얼마인가?

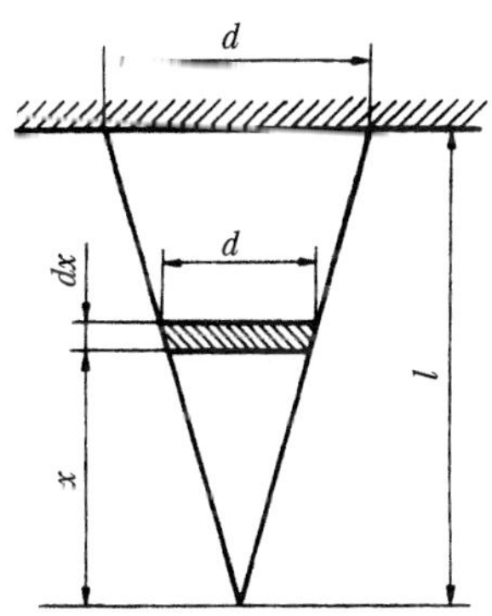

그림 3.28

14. 지름 40(mm)의 철근 4개를 넣어 만든 유효단면적 3,000(cm^2)인 철근콘크리트의 짧은 기둥이 있다. 콘크리트의 사용응력이 7(MPa)이라고 하면 얼마의 하중에 견딜 수 있는가? 단, 철근 및 콘크리트의 세로탄성계수는 각각 $E_s=206$(GPa) 및 $E_c=137.2$(GPa)이다.

15. 그림 3.29와 같은 양끝 A, B에서는 구리선, 그리고 중앙인 C에서는 강선을 이용해서 강체의 봉을 수평으로 매달고 있는 부정정구조물에서 구리선과 강선의 단면적은 모두 $A=10$ (cm^2)이고, $l=3$(m), $W=6$(kN)이다. 모든 줄이 탄성을 유지한다고 가정하고 봉 AB가 수평을 유지하려면 강선에 작용하는 힘은 얼마인가? 단, 강선과 구리선의 탄성계수는 각각 $E_s=206$(GPa), $E_c=100$(GPa)이다.

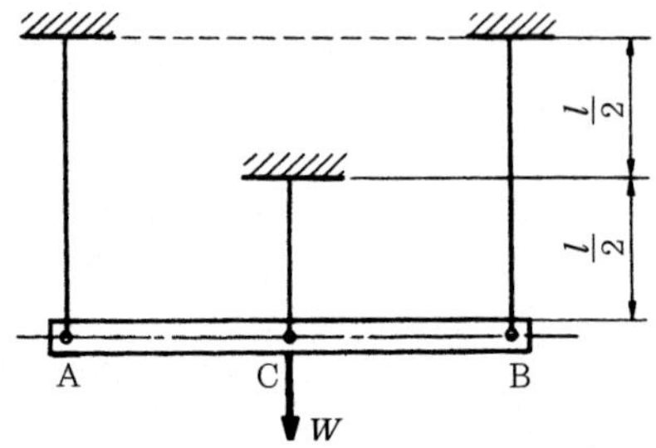

그림 3.29

16. 길이 $l=4$(m)인 원형단면봉이 하단의 지름은 $d_1=2$ (cm)이고, 상단의 지름은 $d_2=3$(cm)로 균일하게 변화되고 있을 때 그림 3.30과 같이 그 하단에 인장하중 $W=50$(kN)이 작용한다면 전 신장량은 얼마인가? 단, $E=210$(GPa)이다.

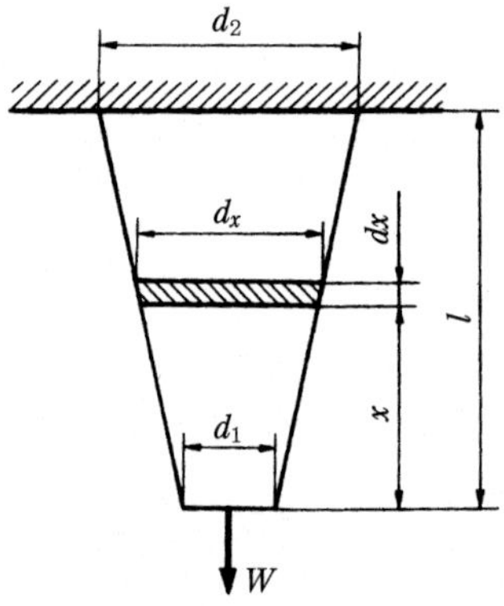

그림 3.30

17. 그림 3.31과 같이 길이가 동일한 2개의 균일강도봉의 상단에 $W=30$(kN)의 압축하중이 작용하고 있다. 이 봉은 비중 $\gamma=7.85$인 강재로 되어 있으며 높이는 2(m)이다. 이 봉의 압축응력이 4(MPa)이 되도록 하려면 체적은 얼마도 하면 되겠는가? 또 동일 조건으로 설계된 균일단면봉의 체적과 비교하라.

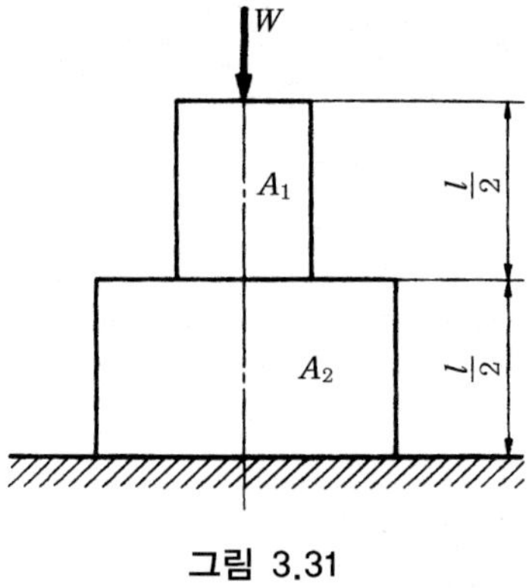

그림 3.31

18. 길이 3(m)인 균일단면의 알루미늄 합금봉이 상단이 고정되어 수직하게 매달린 상태에서 봉의 자유단으로부터 50(cm) 되는 지점에 무게 500(N)의 추를 자유낙하시키려 한다. 이 충격하중에 견딜 수 있는 봉의 단면적을 구하라. 단, 탄성계수 $E=$ 71(GPa), 항복강도 $\sigma_y=234$(MPa), 안전계수 $S=2$라고 한다.

19. 무게 $W=10$(kN)의 화물이 그림 3.32와 같이 도르래에 의하여 $v=0.5$(m/s)의 등속도로 하역되고 있다. 지름 $d=20$(mm)인 로프가 $l=10$(m)만큼 내려갔을 때 로프의 하강이 갑자기 정지되었다면 로프에 작용하는 응력은 얼마인가? 단, 로프의 탄성계수 $E=200$(GPa), 항복강도 $\sigma_y=300$(MPa)이다.

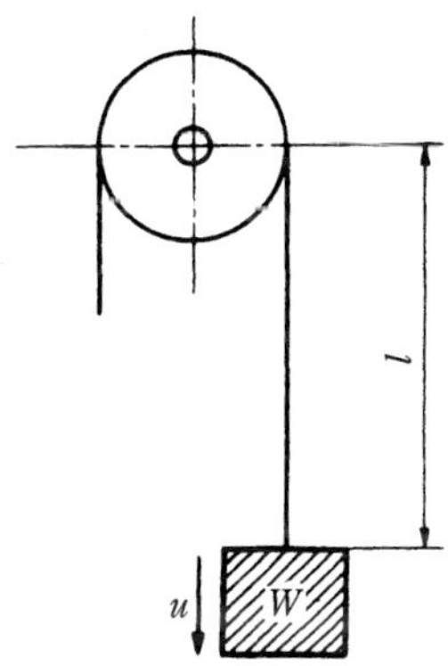

그림 3.32

20. 지름 $d=20$(mm), 길이 $l=300$(mm)의 강철봉이 안지름 $d_i=21$(mm), 바깥지름 $d_0=25$(mm)인 같은 길이의 황동관 속에 끼워져 있는 상태에서 $W=50$(kN)의 축압축하중을 받고 있다. 두 재료가 모두 탄성한계의 범위에 있다고 하고 황동관에 작용하는 힘을 구하라. 단, 강철과 황동의 탄성계수는 각각 $E_s=210$(GPa), $E_b=$ 85(GPa)이다.

4

Chapter

조합응력

4-01 경사단면 위의 응력

그림 4.1(a)와 같은 균일한 단면을 갖는 봉에 축방향으로 인장하중 또는 압축하중이 작용할 경우, 수직단면 aa에서 발생되는 응력 역시 균일한 수직응력 $\sigma_x = \dfrac{W}{A}$가 발생하게 된다. 봉의 중심 O를 지나 x축과 경사단면의 법선과 이루는 각 ϕ가 되는 bb 단면으로 봉을 절단한 경우 이 경사단면 bb에서 발생되는 응력의 상태를 고찰해 보기로 한다.

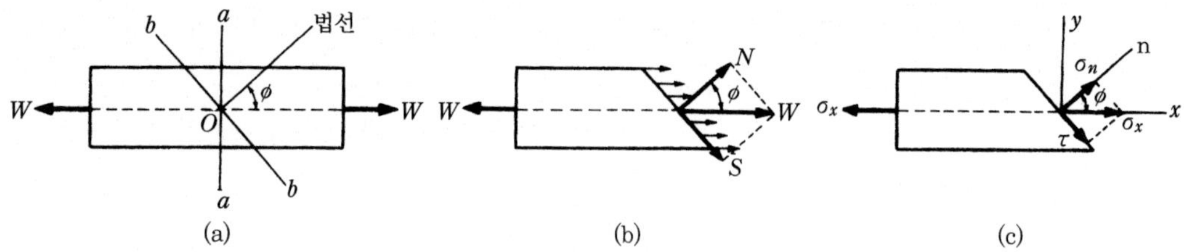

그림 4.1

그림 (a)에서 경사단면 bb를 그림 (b)와 같이 분리하여 경사단면에 균일하게 작용하고 있는 축방향의 힘의 합을 W라 하고, 이것을 경사단면의 법선방향과 접선방향의 성분으로 분해하면 법선력 N과 전단력 S는 다음과 같이 표시된다.

$$\cos\phi = \frac{N}{W} \qquad \therefore N = W\cos\phi$$

$$\sin\phi = \frac{S}{W} \qquad \therefore S = W\sin\phi$$

한편 단면 aa와 bb의 단면적을 각각 A_x와 A_n으로 표시하면 이들의 관계는 다음과 같다.

$$\cos\phi = \frac{A_x}{A_n} \qquad \therefore A_n = \frac{A_x}{\cos\phi}$$

따라서 경사단면에서의 **법선응력**(normal stress ; σ_n)은

$$\sigma_n = \frac{N}{A_n} = \frac{W\cos\phi}{\frac{A_x}{\cos\phi}} - \frac{W}{A_x}\cos^2\phi - \sigma_x\cos^2\phi \tag{4.1}$$

가 되며, 여기서 $\sigma_x = \frac{W}{A_x}$는 봉의 축에 수직인 수직단면 aa 위에 발생하는 x축 방향의 응력이다. 또 경사단면에서의 **전단응력**(shearing stress ; τ)은

$$\tau = \frac{S}{A_n} = \frac{W\sin\phi}{\frac{A_x}{\cos\phi}} = \frac{W}{A_x}\sin\phi\cos\phi = \frac{\sigma_x}{2}\sin 2\phi \tag{4.2}$$

위에서 살펴본 바와 같이 수직단면 aa에서는 수직응력 σ_x만이 작용하지만, 경사단면 bb에서는 법선응력 σ_n과 전단응력 τ가 동시에 작용함을 알 수 있다.

이와 같이 2개 이상의 단순응력이 동시에 작용할 경우의 응력을 **조합응력**(combined stress)이라고 한다. 식 (4.1) 및 식 (4.2)에서 각의 변화에 따른 응력의 변화를 고찰하여 보면 법선응력 σ_n은 ϕ의 증가에 따라 감소하게 되며, $\phi = 0°$에서 최대값 σ_x, $\phi = 45°$에서 $\frac{\sigma_x}{2}$이며 $\phi = 90°$에서는 0이 된다.

한편 전단응력 τ는 ϕ의 증가와 더불어 증가되어 $\phi=0°$에서 0, $\phi=45°$에서는 최대값인 $\frac{\sigma_x}{2}$가 되었다가 다시 감소하기 시작하여 $\phi=90°$에서는 다시 0이 된다. 따라서 $\phi=45°$인 경사면에서는 전단응력이 최대값이 됨과 동시에 법선응력 최대값의 $\frac{1}{2}$이 되며, 법선응력과 전단응력의 값이 같게 된다.

이를 식으로 표현하면 다음과 같다.

$$(\sigma_n)_{\max}=\sigma_x$$

$$\tau_{\max}=\frac{\sigma_x}{2} \tag{4.3}$$

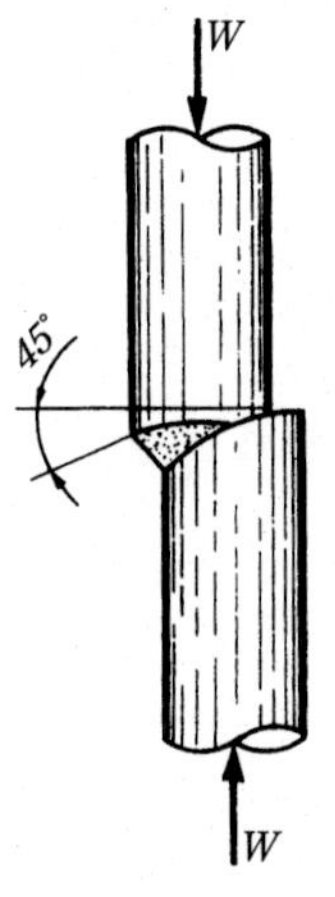

그림 4.2

식 (4.3)에 의하면 최대전단응력은 최대법선응력의 $\frac{1}{2}$에 불과하지만 인장이나 압축보다는 전단에 특히 약한 주철, 시멘트 등과 같은 재료의 경우는 전단응력에 의해서 파괴되는 경우도 있으며, 이 때 파괴단면은 그림 4.2와 같이 최대전단응력이 발생되는 $\phi=45°$인 경사면을 따라 상대적인 미끄럼 현상을 일으키면서 파괴가 진행된다.

이번에는 그림 4.3과 같이 경사단면 bb에 직교하는 새로운 경사단면 cc에 대한 응력을 고찰해 보기로 한다.

식 (4.1) 및 식 (4.2)에 ϕe대신 $90°+\phi$를 대입하여 정리하면 다음과 같다.

$$\sigma_n{}'=\sigma_x\cos^2(90+\phi)=\sigma_x\sin^2\phi \tag{4.4}$$

$$\tau'=\frac{\sigma_x}{2}\sin 2(90+\phi)=\frac{\sigma_x}{2}\sin(180+2\phi)$$

$$=-\frac{\sigma_x}{2}\sin 2\phi \tag{4.5}$$

한편 식 (4.1)과 식 (4.4)를 서로 합하여 주면

$$\sigma_n+\sigma_n{}'=\sigma_x(\cos^2\phi+\sin^2\phi)=\sigma_x \tag{4.6}$$

가 되고, 이는 축인장을 받는 봉의 두 직교단면 위에 작용하는 σ_n과 $\sigma_n{}'$의 합은 항상 일정하며, 수직단면 aa 위에서 작용하는 수직응력 σ_x와 같다는 것을 알 수 있다.

또 식 (4.2)와 식 (4.5)를 서로 합하여 주면

$$\tau+\tau'=0,\ \ \tau=-\tau' \tag{4.7}$$

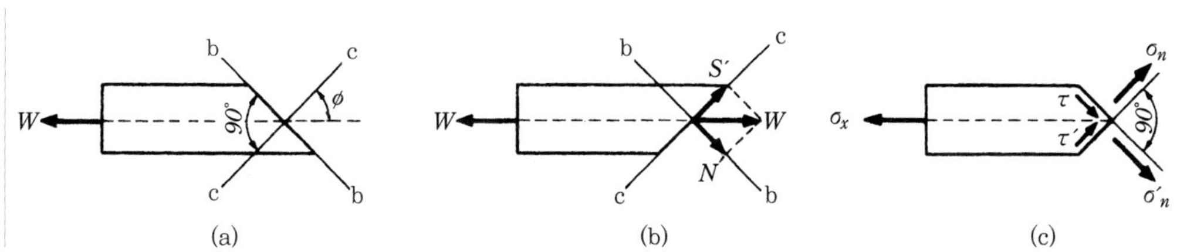

그림 4.3

식 (4.7)에서와 같이 서로 직교하는 두 평면 위에서 작용하며 크기는 같고 방향이 반대인 이러한 전단응력을 **공액전단응력**(complementary shearing stress)이라고 한다.

한편 조합응력에서의 부호의 약속은 수직응력의 경우는 인장을 (+)로 하고 압축을 (−)로 하며, 전단응력의 경우는 시계방향을 (+)로 하고, 반시계방향을 (−)로 하기로 한다.

예제 4.1 단면적이 5(cm^2)인 균일단면봉이 축압축하중 W=30(kN)을 받고 있다. 봉의 축선과 30°를 이루는 경사단면 위의 수직응력은 얼마인가?

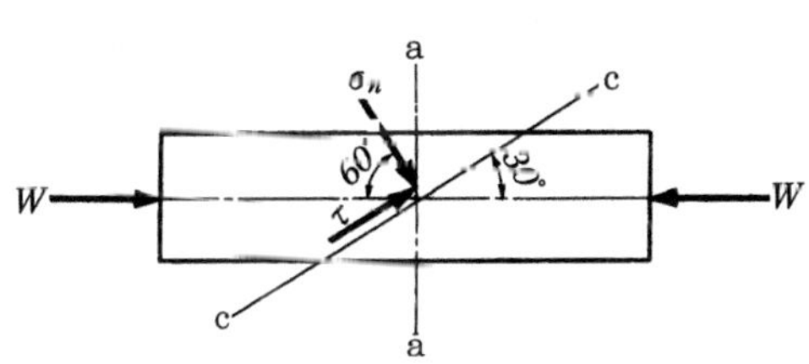

그림 4.4

‖ **풀이** ‖ 봉의 횡단면에 작용하는 압축응력 σ_x는

$$\sigma_x=\frac{W}{A}=\frac{-30{,}000}{5\times10^{-4}}=-6\,(\text{kPa})$$

식 (4.1)에서

$$\sigma_n = \sigma_x \cos^2\phi = \sigma_x \cos^2(60^\circ) = \sigma_x \left(\frac{1}{2^2}\right) = \frac{\sigma_x}{4}$$

$$= \frac{-6{,}000}{4} = -1.5(\text{kPa})$$

예제 4.2 그림 4.5와 같은 봉에서 전단응력 τ가 수직응력 σ_n의 $\sqrt{3}$ 배가 되는 경사단면의 경사각은 얼마인가?

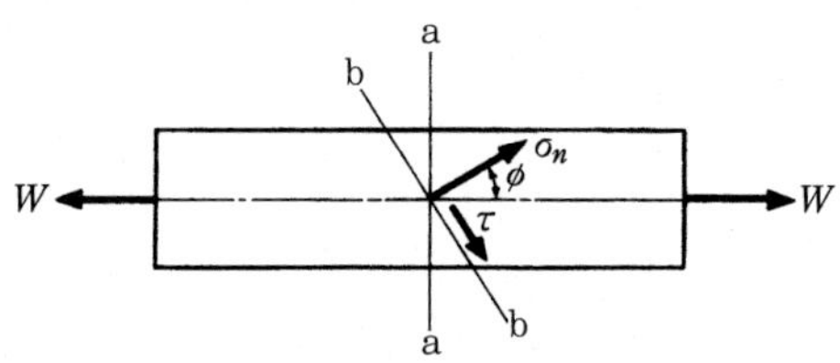

그림 4.5

‖ **풀이** ‖ $\sigma_x = \dfrac{W}{A}, \sigma_n = \sigma_x \cos^2\phi,\ \tau = \sigma_x \sin\phi \cos\phi$ 및 $\tau = \sqrt{3}\sigma_n$에서

$$\sigma_x \sin\phi \cos\phi = \sqrt{3}\sigma_x \cos^2\phi$$

$$\frac{\sin\phi}{\cos\phi} = \tan\phi = \sqrt{3} \qquad \therefore \phi = \tan^{-1}\sqrt{3} = 60(^\circ)$$

4-02 2축응력

여기서는 한 요소에 작용하는 수직응력들이 x축 및 y축 방향으로 동시에 작용하는 좀 더 일반적인 응력상태에 대하여 알아보기로 한다.

내압을 받는 용기 또는 회전체 및 보(beam) 등의 임의요소에 작용하는 응력들을 고찰하여 보면, 직각방향으로 인장력과 압축력이 동시에 작용하게 된다. 물론 수직응력 이외에 전단응력들도 발생되나 편의상 다음 절에서 자세히 살펴보기로 하고, 이 절에서는 2축방향의 수직응력의 합성에 대해서만 살펴보기로 한다.

그림 4.6(a)와 같은 재료의 한 요소에 x, y축 방향으로 수직응력 σ_x 및 σ_y가 동시에 작용하는 경우를 앞 절에서 고찰한 1차원응력 또는 단순응력 상태와 구별하기 위하여 **2축응력**(biaxial stress)이라고 한다. 이 때 σ_z는 무시하고 $\sigma_x > \sigma_y$라고 가정한다.

법선방향 n축이 x축과 ϕ를 이루는 경사면 ac에서의 응력을 고찰하기 위하여 그림 4.6(b)와 같은 3각형 abc를 분리한 후, 이 3각형 요소에서의 힘의 평형관계를 고려해 보기로 한다.

면 ab, bc 및 ca에서의 면적을 각각 A_x, A_y, A_n이라 하면, 면 ab, bc 및 ca의 전체면 위에 작용하는 힘은 $\sigma_x A_x$, $\sigma_y A_y$ 및 $\sigma_n A_n$이 된다.

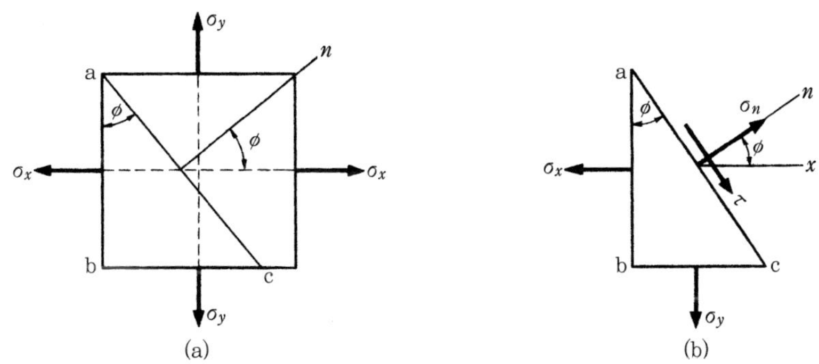

그림 4.6

이들 힘들을 법선방향과 전단방향의 성분으로 분해한 후 힘의 평형관계를 적용하면 다음과 같다. 즉, 법선성분(n축 방향)의 힘들의 평형조건에서

$$\sigma_n A_n - \sigma_x A_x \cos\phi - \sigma_y A_y \sin\phi = 0$$

$$\sigma_n A_n = \sigma_x A_x \cos\phi + \sigma_y A_y \sin\phi$$

$$= \sigma_x (A_n \cos\phi)\cos\phi + \sigma_y (A_n \sin\phi)\sin\phi$$

$$= \sigma_x A_n \cos^2\phi + \sigma_y A_n \sin^2\phi$$

$$\therefore\ \sigma_n = \sigma_x \cos^2\phi + \sigma_y \sin^2\phi = \frac{\sigma_x + \sigma_y}{2} + \frac{\sigma_x - \sigma_y}{2}\cos 2\phi \tag{4.8}$$

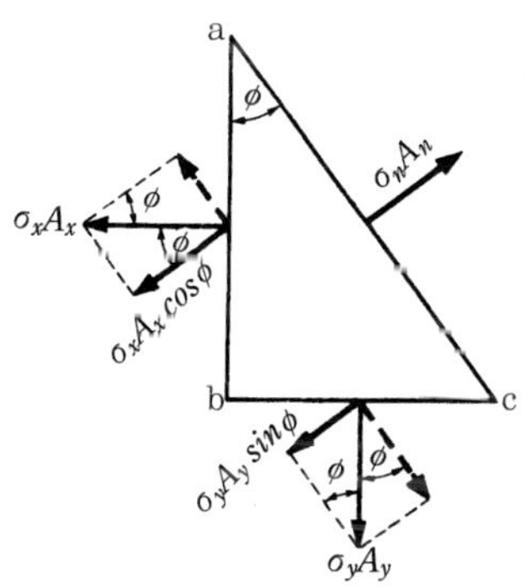

그림 4.7

가 되며, 같은 방법으로 전단성분(ac 방향)의 힘들의 평형조건에서

$$\tau A_n - \sigma_x A_x \sin\phi + \sigma_y A_y \cos\phi = 0$$

$$\tau A_n = \sigma_x A_x \sin\phi - \sigma_y A_y \cos\phi$$

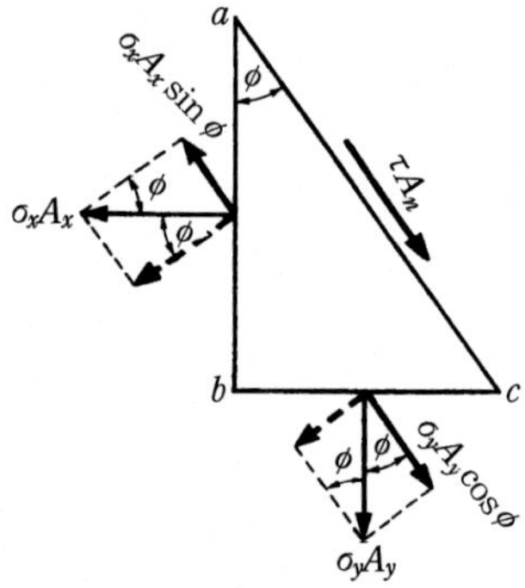

그림 4.8

$$= \sigma_x (A_n \cos\phi) \sin\phi - \sigma_y (A_n \sin\phi) \cos\phi$$

$$= \sigma_x A_n \sin\phi \cos\phi - \sigma_y A_n \sin\phi \cos\phi$$

$$\therefore \tau = (\sigma_x - \sigma_y) \sin\phi \cos\phi = \frac{\sigma_x - \sigma_y}{2} \sin 2\phi \tag{4.9}$$

한편 식 (4.8)에서 $\sigma_x > \sigma_y$라 가정했으므로 $\phi = 0°$일 때 $(\sigma_n)_{\max} = \sigma_x$이며, $\phi = 90°$일 때는 $(\sigma_n)_{\min} = \sigma_y$가 됨을 알 수 있다. 또 식 (4.9)에서는 $\phi = 0°$일 때 $\tau_{\min} = 0$이며, $\phi = 45°$일 때 $\tau_{\max} = \dfrac{\sigma_x - \sigma_y}{2}$가 된다.

식 (4.8) 및 식 (4.9)에 ϕ 대신 $90° + \phi$를 대입하면 σ_n과 τ가 작용하는 경사면에 대해서 직교하는 평면 위에 작용하는 σ_n'와 τ'에 대한 식을 구할 수 있다.

$$\sigma_n' = \frac{\sigma_x + \sigma_y}{2} - \frac{\sigma_x - \sigma_y}{2} \cos 2\phi \tag{4.10}$$

$$\tau' = -\frac{\sigma_x - \sigma_y}{2} \sin 2\phi \tag{4.11}$$

또 식 (4.8)과 식 (4.10)을 합하여 주면 다음과 같이 된다.

$$\sigma_n + \sigma_n' = \sigma_x + \sigma_y \tag{4.12}$$

식 (4.12)에서 임의의 두 직교평면 위에 작용하는 수직응력의 합은 경사각 ϕ에 관계없이 일정하다는 것을 알 수 있다.

한편 식 (4.9)와 식 (4.11)을 합하여 주면 다음과 같이 된다.

$$\tau = -\tau' \tag{4.13}$$

즉, 두 직교평면 위에는 크기가 같고 방향이 반대인 **공액전단응력**이 작용함을 알 수 있다.

예제 4.3 그림 4.9와 같이 80(MPa)의 인장응력과 60(MPa)의 압축응력이 서로 직각으로 작용할 때, 인장응력이 작용하는 면과 30°의 각도를 이루는 경사단면 위에 생기는 수직응력은 얼마인가?

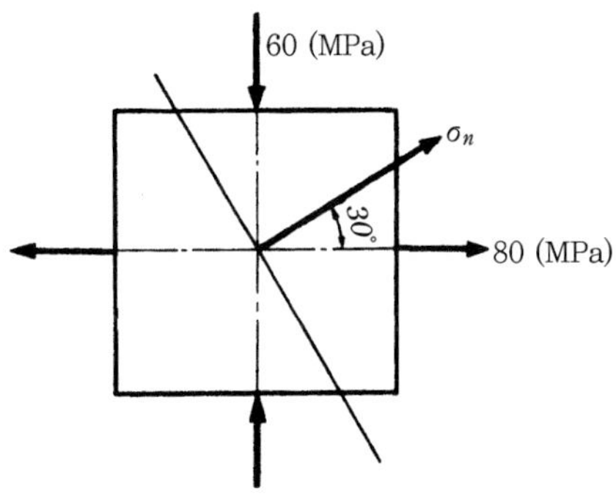

그림 4.9

‖ **풀이** ‖ 식 (4.8)에 $\sigma_x = 80$(MPa), $\sigma_y = -60$(MPa), $\phi = 30°$를 대입하면

$$\sigma_n = \frac{\sigma_x + \sigma_y}{2} + \frac{\sigma_x - \sigma_y}{2}\cos 2\phi$$

$$= \frac{(80\times10^6)-(60\times10^6)}{2} + \frac{(80\times10^6)+(60\times10^6)}{2}\cos 60°$$

$$= 10\times10^6 + 70\times10^6 \times \frac{1}{2} = 45(\text{MPa})$$

예제 4.4 어느 재료에 서로 직각인 두 인장응력 60(MPa) 및 40(MPa)이 작용할 때, 그 재료 내에 생기는 최대전단응력은 얼마인가?

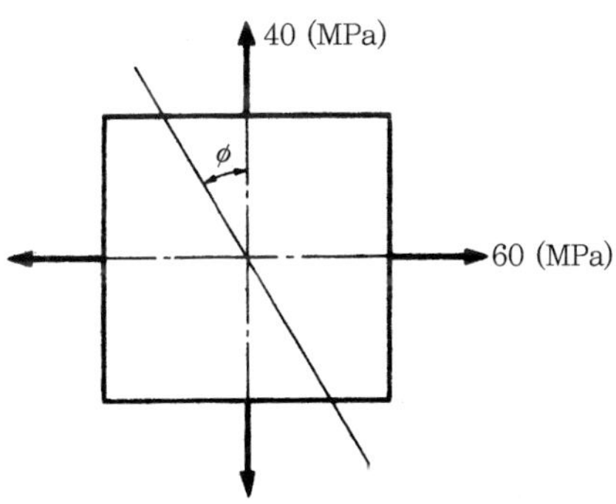

그림 4.10

‖ **풀이** ‖ 식 (4.9)에서 최대값은 $\sin 2\phi = 1$일 때, 즉 $\phi = 45°$일 때이다. $\sigma_x = 60$(MPa), $\sigma_y = 40$(MPa)이므로

$$\tau_{max} = \frac{\sigma_x - \sigma_y}{2} = \frac{60\times10^6 - 40\times10^6}{2} = 10(\text{MPa})$$

4-03 평면응력

단순응력이나 2축응력 상태도 사실은 **평면응력**(plane stress)이라고 불리는 좀 더 일반적인 응력상태의 특별한 경우였으나, 복잡성을 피하고 평면응력에 대한 이해를 돕기 위해서 분리하여 고찰하였던 것이다. 여기서는 실제 문제에 해당되는 두 직각방향의 응력과 전단응력의 합성에 대해서 살펴보기로 한다.

예를 들어, 보에 하중이 수직방향으로 작용하게 되면 굽힘모멘트가 발생하게 되고, 이로 인하여 보 속의 한 요소에는 수직응력 σ_x, σ_y와 전단응력 τ_{xy}, τ_{yx}가 동시에 작용하게 된다. 전단응력의 첨자 중 첫 번째 것은 전단응력이 작용하는 평면을 표시하고, 두 번째 것은 전단응력이 작용하는 방향을 표시한다. 즉, τ_{xy}에서 x는 x축에 수직한 평면 내임을 나타내고, y는 y축 방향으로 작용함을 나타내고 있다.

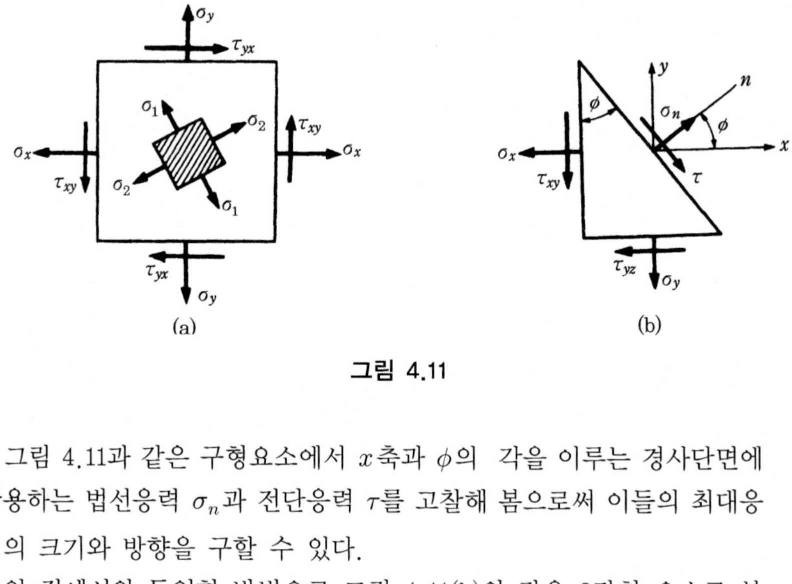

그림 4.11

그림 4.11과 같은 구형요소에서 x축과 ϕ의 각을 이루는 경사단면에 작용하는 법선응력 σ_n과 전단응력 τ를 고찰해 봄으로써 이들의 최대응력의 크기와 방향을 구할 수 있다.

앞 절에서와 동일한 방법으로 그림 4.11(b)와 같은 3각형 요소로 분리하여 법선방향과 전단방향의 힘들이 평형상태에 있어야 한다는 조건을 이용하자.

즉, 법선성분의 힘들의 평형조건에서

$$\sigma_n A_n - \sigma_x A_x \cos\phi - \sigma_y A_y \sin\phi + \tau_{xy} A_x \sin\phi - \tau_{yx} A_y \cos\phi = 0$$

$$\sigma_n A_n - \sigma_x (A_n \cos\phi)\cos\phi - \sigma_y (A_n \sin\phi)\sin\phi$$

$$+ \tau_{xy} (A_n \cos\phi)\sin\phi - \tau_{yx} (A_n \sin\phi)\cos\phi = 0$$

여기서, $\tau_{xy} = -\tau_{yx}$는 공액전단응력이다.

$$\therefore \sigma_n = \sigma_x \cos^2\phi + \sigma_y \sin^2\phi - 2\tau_{xy} \sin\phi\cos\phi$$

$$= \sigma_x\left(\frac{\cos2\phi + 1}{2}\right) + \sigma_y\left(\frac{1-\cos2\phi}{2}\right) - 2\tau_{xy}\left(\frac{\sin2\phi}{2}\right)$$

$$= \frac{\sigma_x + \sigma_y}{2} + \frac{\sigma_x - \sigma_y}{2}\cos2\phi - \tau_{xy}\sin2\phi \qquad (4.14)$$

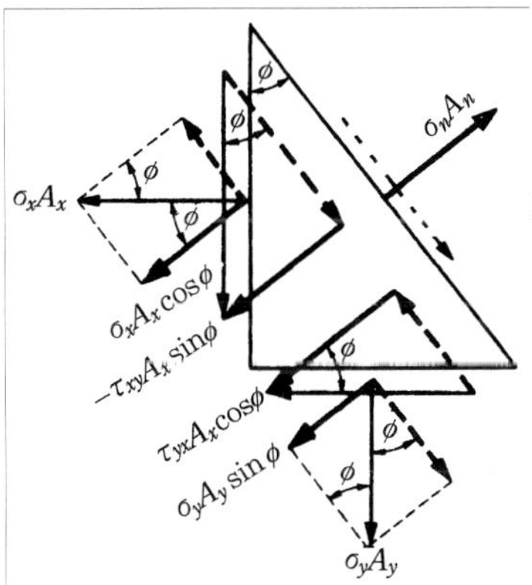

그림 4.12

가 되며, 같은 방법으로 전단 성분의 힘들의 평형조건에서

$$\tau A_n - \sigma_x A_x \sin\phi + \sigma_y A_y \cos\phi - \tau_{xy} A_x \cos\phi - \tau_{yx} A_y \sin\phi = 0$$

$$\tau A_n - \sigma_x (A_n \sin\phi)\cos\phi + \sigma_y (A_y \sin\phi)\cos\phi$$

$$- \tau_{xy} (A_n \cos\phi)\cos\phi - \tau_{yx} (A_n \sin\phi)\sin\phi = 0$$

$$\therefore \tau = \sigma_x \sin\phi\cos\phi - \sigma_y \sin\phi\cos\phi + \tau_{xy}\cos^2\phi - \tau_{xy}\sin^2\phi$$

$$= (\sigma_x - \sigma_y)\sin\phi\cos\phi + \tau_{xy}(\cos^2\phi - \sin^2\phi)$$

$$= \frac{\sigma_x - \sigma_y}{2}\sin2\phi + \tau_{xy}\cos2\phi \qquad (4.15)$$

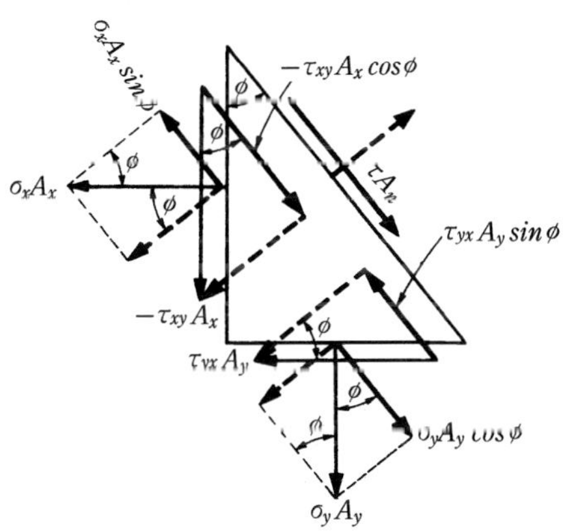

그림 4.13

가 되며, 식 (4.14) 및 식 (4.15)에서 $\tau_{xy} = -\tau_{yx} = 0$이면 두 축에 대한 응력의 식인 (4.8) 및 식 (4.9)에 일치함을 알 수 있다.

한편 x축으로부터 각 $\phi + 90°$만큼 회전한 평면 위에 작용하는 응력 σ_n' 및 τ'는 식 (4.14) 및 식 (4.15)에 ϕ대신 $(\phi + 90°)$를 대입함으로써 다음과 같이 구해진다.

$$\sigma_n' = \frac{\sigma_x + \sigma_y}{2} - \frac{\sigma_x - \sigma_y}{2}\cos2\phi + \tau_{xy}\sin2\phi \qquad (4.16)$$

$$\tau' = -\frac{\sigma_x - \sigma_y}{2}\sin 2\phi - \tau_{xy}\cos 2\phi \qquad (4.17)$$

4-04 주면의 경사각과 주응력

임의점, 임의단면에 작용하는 응력을 고찰해 보면 일반적으로 수직응력과 전단응력으로 이루어져 있고, 그 점을 지나는 무수한 면에 대한 응력의 크기는 각각 다른 값을 갖게 되며, 그 중에는 수직응력만이 작용하고 전단응력은 전혀 작용하지 않는 면이 반드시 있는데, 이와 같은 면을 **주면**(principal plane)이라 하고, 주면에 작용하는 응력을 **주응력**(principal stress)이라고 한다.

법선응력의 최대값을 취하는 주면의 경사각을 결정하기 위하여 식 (4.14)를 미분하여 0으로 놓으면,

$$\frac{d\sigma_n}{d\phi} = 0$$

$$-(\sigma_x - \sigma_y)\sin 2\phi - 2\tau_{xy}\cos 2\phi = 0$$

$$\therefore\ \tan 2\phi = -\frac{2\tau_{xy}}{\sigma_x - \sigma_y} \qquad (4.18)$$

가 된다. 또 주면에서는 전단응력이 0이므로 식 (4.15)를 0으로 놓고 정리해도 역시 같은 결과를 얻을 수 있다.

식 (4.18)은 ϕ가 $0°$ 에서 $360°$ 까지의 어떤 값에 대하여도 $\tan 2\phi$는 존재하므로 σ_x, σ_y, τ_{xy}의 값에 대하여도 주면은 존재한다. 2ϕ의 값은 2개이며, 그들 사이에는 $180°$ 의 각도차가 있으므로 결국 $90°$ 의 차를 갖는 2개의 ϕ값을 얻게 된다. 그 하나는 $0°$ 에서 $90°$ 사이에서 발생되는 최대주응력이 되고, 다른 하나는 $90°$ 에서 $180°$ 사이에서 발생되는 최소주응력으로서 이들은 직교평면 위에서 발생하게 된다. 결국 $90°$ 의 차를 갖는 다음과 같은 2개의 ϕ값을 얻게 된다.

$$\phi = -\frac{1}{2}\tan^{-1}\frac{2\tau_{xy}}{\sigma_x - \sigma_y}$$

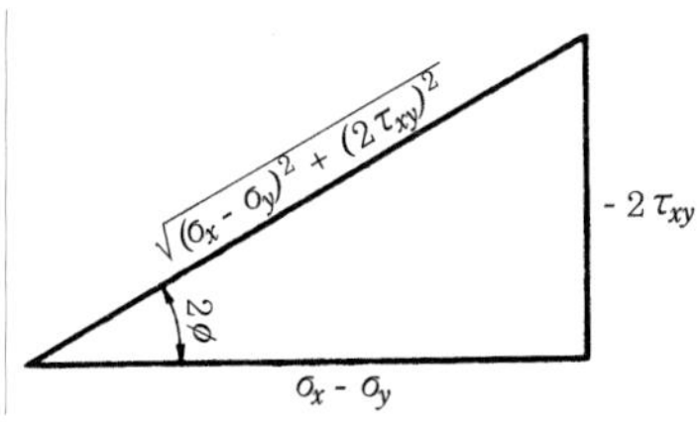

그림 4.14

$$\phi' = -\frac{1}{2}\tan^{-1}\frac{2\tau_{xy}}{\sigma_x - \sigma_y} + \frac{\pi}{2} \tag{4.19}$$

식 (4.19)를 식 (4.14)에 대입하면 2개의 주응력이 구해지며 하나는 최대주응력, 다른 하나는 최소주응력이 된다. 이 주응력의 값을 구하기 위하여 우선 식 (4.14)의 $\sin 2\phi$ 및 $\cos 2\phi$, $\tan 2\phi$를 이용해서 표시하면 다음과 같다.

$$\sin 2\phi = \frac{2\tau_{xy}}{\sqrt{(\sigma_x-\sigma_y)^2+(2\tau_{xy})^2}} = -\frac{\tau_{xy}}{\sqrt{\left(\frac{\sigma_x-\sigma_y}{2}\right)^2+\tau_{xy}^2}}$$

$$\cos 2\phi = \frac{\sigma_x-\sigma_y}{\sqrt{(\sigma_x-\sigma_y)^2+(2\tau_{xy})^2}} = \frac{\sigma_x-\sigma_y}{2\cdot\sqrt{\left(\frac{\sigma_x-\sigma_y}{2}\right)^2+\tau_{xy}^2}}$$

$$(4.20)$$

$$\sin 2\phi' = \frac{2\tau_{xy}}{\sqrt{(\sigma_x-\sigma_y)^2+(2\tau_{xy})^2}} = \frac{2\tau_{xy}}{\sqrt{\left(\frac{\sigma_x-\sigma_y}{2}\right)^2+\tau_{xy}^2}}$$

$$\cos 2\phi' = -\frac{2\sigma_x-\sigma_y}{\sqrt{(\sigma_x-\sigma_y)^2+(2\tau_{xy})^2}} = -\frac{\sigma_x-\sigma_y}{2\cdot\sqrt{\left(\frac{\sigma_x-\sigma_y}{2}\right)^2+\tau_{xy}^2}}$$

식 (4.20)을 식 (4.14)에 대입하여 정리하면 다음과 같다.

$$\sigma_1 = (\sigma_n)_{max} = \frac{\sigma_x+\sigma_y}{2} + \sqrt{\left(\frac{\sigma_x-\sigma_y}{2}\right)^2+\tau_{xy}^2}$$

$$\sigma_2 = (\sigma_n)_{min} = \frac{\sigma_x+\sigma_y}{2} - \sqrt{\left(\frac{\sigma_x-\sigma_y}{2}\right)^2+\tau_{xy}^2} \tag{4.21}$$

식 (4.21)에서 두 주응력의 합은, 즉 $\sigma_1+\sigma_2=\sigma_x+\sigma_y$가 됨을 알 수 있다.

이번에는 최대전단응력이 작용하는 평면의 경사각을 구하기 위하여 식 (4.15)를 미분하여 0으로 놓으면 다음과 같이 된다.

$$\frac{d\tau}{d\phi}=0$$

$$(\sigma_x-\sigma_y)\cos 2\phi-2\tau_{xy}\sin 2\phi=0$$

$$\therefore\ \tan 2\phi=\frac{\sigma_x-\sigma_y}{2\tau_{xy}} \tag{4.22}$$

식 (4.20)에서와 같은 방법으로 식 (4.22)를 이용해서 $\sin 2\phi$, $\cos 2\phi$를 구한 후 식 (4.15)에 대입하여 정리하면 다음과 같다.

$$\tau_{\max}=\pm\sqrt{\left(\frac{\sigma_x-\sigma_y}{2}\right)^2+\tau_{xy}^2} \tag{4.23}$$

식 (4.23)에서 (+)부호는 인장, (−)부호는 압축을 의미한다.
또 식 (4.23)을 식 (4.21)에 대입하면,

$$\sigma_1=\frac{\sigma_x-\sigma_y}{2}+\tau_{\max}$$

$$\sigma_2=\frac{\sigma_x-\sigma_y}{2}-\tau_{\max}$$

이 되어, 결국 최대전단응력은 다음과 같이 표현할 수 있다.

$$\tau_{\max}=\pm\frac{1}{2}(\sigma_1-\sigma_2)$$

한편 식 (4.18)과 식 (4.22)는 역수관계에 있으므로 편의상 식 (4.22)의 ϕ를 ϕ_1으로 표시한 후 정리하면 다음과 같이 된다.

$$\tan 2\phi\cdot\tan 2\phi_1=-1$$

$$\therefore\ \phi=\phi_1\pm\frac{\pi}{4} \tag{4.24}$$

즉, 최대전단응력이 작용하는 평면은 주면과 45° 만큼 경사지게 되어 두 주면 사이를 2등분하는 두 직교평면임을 알 수 있다.

예제 4.5 그림 4.15와 같은 평면응력 상태에서 $\sigma_x=60$(MPa), $\sigma_y=40$(MPa), $\tau_{xy}=\tau_{yx}=10$(MPa)일 때 주응력의 값과 방향을 구하라.

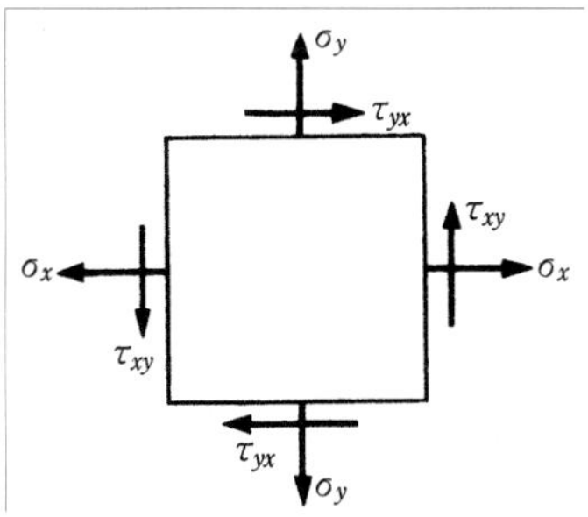

그림 4.15

‖ **풀이** ‖ 식 (4.21)에서

$$\sigma_1=\frac{\sigma_x+\sigma_y}{2}+\sqrt{\left(\frac{\sigma_x-\sigma_y}{2}\right)^2+\tau_{xy}^2}$$

$$=\frac{60\times10^6+40\times10^6}{2}+\sqrt{\left(\frac{60\times10^6-40\times10^6}{2}\right)^2+(10\times10^6)^2}$$

$$=50\times10^6+14.14\times10^6=64.14(\text{MPa})$$

$$\sigma_2=\frac{\sigma_x+\sigma_y}{2}-\sqrt{\left(\frac{\sigma_x-\sigma_y}{2}\right)^2+\tau_{xy}^2}$$

$$=50\times10^6-14.14\times10^6=35.86(\text{MPa})$$

식 (4.18)에서

$$\tan2\phi=-\frac{2\tau_{xy}}{\sigma_x-\sigma_y}=-\frac{2\times10}{60-40}=-1$$

$$\phi=\frac{1}{2}\tan^{-1}(-1)=-\frac{\pi}{8}=-22.5^\circ \quad \text{또는} \quad \phi=-22.5^\circ+\frac{\pi}{2}=67.5^\circ$$

예제 4.6 그림 4.16과 같은 평면응력 상태에 있는 재료에서 주면 위에 작용하는 전단응력 τ를 구하라.

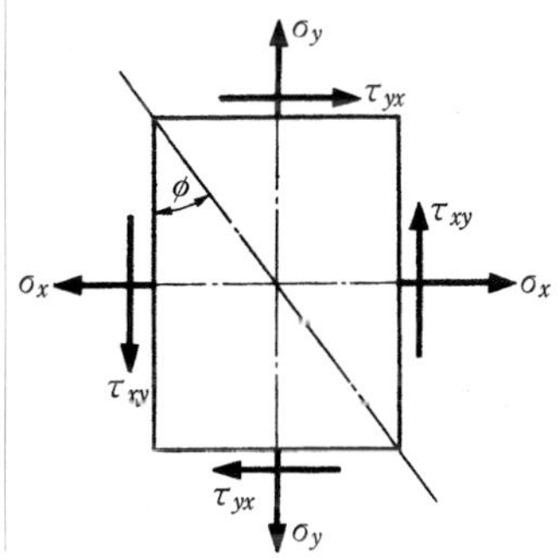

그림 4.16

‖ **풀이** ‖ 식 (4.15) 및 식 (4.18)에서 서로 연립시켜 풀면,

$$\tau=\frac{\sigma_x-\sigma_y}{2}\sin2\phi+\tau_{xy}\cos2\phi=\cos2\phi\left(\frac{\sigma_x-\sigma_y}{2}\frac{\sin2\phi}{\cos2\phi}+\tau_{xy}\right)$$

$$=\cos2\phi\left(\frac{\sigma_x-\sigma_y}{2}\tan2\phi+\tau_{xy}\right)=\cos2\phi\left(\frac{\sigma_x-\sigma_y}{2}\frac{-2\tau_{xy}}{\sigma_x-\sigma_y}+\tau_{xy}\right)$$

$$=\cos2\phi(-\tau_{xy}+\tau_{xy})=\cos2\phi\times0=0$$

즉, 주면 위에서는 전단응력이 작용하지 않는다.

4-05 모어의 응력원

임의요소에 작용하는 응력들을 구함에 있어 해석적으로 구하는 것이 대단히 복잡하고 불편하다는 것이 앞에서 고찰되었다. 이를 어떻게 좀 더 용이하고도 간편하게 표현할 수 없을까 연구하던 중 1882년에 독일의 도학자 Otto Mohr에 의해서 이러한 응력들을 도해적인 방법을 이용함으로써 대단히 간편하게 해결하는 방법이 되었다.

즉, 수평축에 법선 성분의 응력, 수직축에 전단 성분의 응력을 표시하여 직교좌표계를 만든 후 앞 절에서 구한 법선응력과 전단응력의 식을 변화시켜 원의 방정식을 구한 다음, 이 방정식에서 원의 중심과 반지름을 구하여 직교좌표계 위에 원을 그려 주게 되면 원주상의 각 점의 좌표는 경사단면 위에서의 각의 변화에 따른 법선응력과 전단응력을 표시하게 되며, 이 원에 대한 기하학적인 고찰을 함으로써 조합응력을 도해적으로 간단히 구할 수 있게 된다. 이러한 원을 **모어의 응력원**(Mohr's circle of stress)이라고 한다.

이를 위해서 우선 간단하고 기본적인 원의 방정식에 대해서 알아보기로 한다. 일반적으로 원점에 대한 원의 방정식을 $x^2+y^2=r^2$의 형태로 표현하게 되며, 이 때 원의 중심좌표는 (0, 0)이고 반지름은 $R=r$임을 알 수 있다. 또 같은 방법으로 임의점에 대한 원의 방정식은 $(x-a)^2+(y-b)^2=r^2$과 같이 표현할 수 있으며, 이 때 원의 중심좌표는 $(a,\ b)$이며 반지름은 역시 $R=r$임을 알 수 있다. 이것을 이용하면 경사단면상에서의 응력들을 원의 방정식 형태로 표현할 수 있게 된다.

1. 단순응력

그림 4.1의 (a)에서와 같이 단순인장 또는 단순압축의 하중을 받는 요소에 대한 모어원을 생각해 보기로 한다. 우선 식 (4.1)을 변화시켜 식 (4.2)와 같이 등호의 왼쪽에 정수 부분이, 오른쪽에는 삼각함수 부분이 오도록 정리한다.

$$\sigma_n=\sigma_x\cos^2\phi=\sigma_x\left(\frac{1+\cos 2\phi}{2}\right)=\frac{\sigma_x}{2}+\frac{\sigma_x}{2}\cos 2\phi$$

$$\therefore\ \sigma_n - \frac{\sigma_x}{2} = \frac{\sigma_x}{2}\cos 2\phi \qquad (4.1)'$$

다음은 식 (4.1)′ 및 식 (4.2)의 양변을 제곱하여 서로 더해 주면 다음과 같은 응력에 대한 원의 방정식이 구해진다. 즉,

$$\left(\sigma_n - \frac{\sigma_x}{2}\right)^2 = \left(\frac{\sigma_x \cos 2\phi}{2}\right)^2$$

$$+)\quad \tau^2 = \left(\frac{\sigma_x \sin 2\phi}{2}\right)^2$$

$$\left(\sigma_n - \frac{\sigma_x}{2}\right)^2 + \tau^2 = \left(\frac{\sigma_x \cos 2\phi}{2}\right)^2 + \left(\frac{\sigma_x \sin 2\phi}{2}\right)^2$$

$$= \left(\frac{\sigma_x}{2}\right)^2 (\sin^2 2\phi + \cos^2 2\phi)$$

$$\therefore\ \left(\sigma_n - \frac{\sigma_x}{2}\right)^2 + \tau^2 = \left(\frac{\sigma_x}{2}\right)^2 \qquad (4.25)$$

식 (4.25)에서 원의 중심인 C점에 대한 좌표가 $\left(\frac{\sigma_x}{2}, 0\right)$이며 반지름 r는 $\frac{\sigma_x}{2}$, 즉 지름이 σ_x임을 알 수 있다. 이를 이용해서 직교좌표계에 지름이 σ_x인원을 그려 주게 되면 임의 경사각 ϕ를 이루는 경사단면 위에 작용하는 응력 성분들이 원주상에 한 점의 좌표로 표시된다. 이 때 원의 방정식이 2배각에 대하여 정리되었으므로 경사단면 위의 경사각 ϕ를 모어원에 표시할 때에는 반드시 2배의 각인 2ϕ로 표시한다는 것에 유의해야 한다.

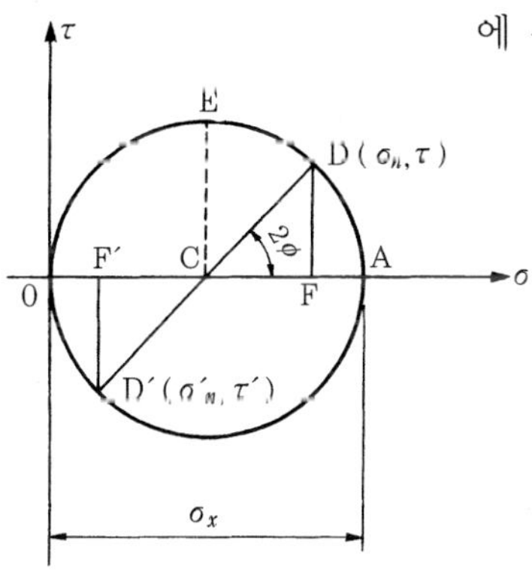

그림 4.17

그림 4.17과 같이 중심 C를 기준해서 지름이 σ_x인 원을 좌표계 위에 그린 후 σ축과 원이 만나는 점을 점 A 및 점 O로 표시하면 점 O는 좌표계의 원점이 되며, 점 A는 법선응력의 최대값 σ_x를 표시해 준다. 또 점 A로부터 반시계방향으로 2ϕ가 되는 원주상의 교점을 D라 하면, 점 D는 임의의 경사각 ϕ를 갖는 경사단면 위에서의 법선응력 σ_n과 전단응력 τ를 표시해 주는 좌표의 점이 된다.

점 D에서 수선을 그어 σ축과 만나는 점을 F라 하고, 기하학적인 해석에 의해서 점 D의 좌표를 구하면 다음과 같다.

$$\sigma_n = \overline{\mathrm{OF}} = \overline{\mathrm{OC}} + \overline{\mathrm{CF}} = \overline{\mathrm{OC}} + \overline{\mathrm{CD}}\, cos2\phi = \frac{\sigma_x}{2} + \frac{\sigma_x}{2}\cos 2\phi$$

$$= \frac{\sigma_x}{2}(1+\cos 2\phi) = \frac{\sigma_x}{2} \cdot 2\cos^2\phi = \sigma_x \cos^2\phi$$

$$\tau = \overline{\mathrm{DF}} = \overline{\mathrm{CD}}\sin 2\phi = \frac{\sigma_{\mathrm{x}}}{2}\sin 2\phi$$

이 식들은 식 (4.1) 및 식 (4.2)에 일치됨을 알 수 있다.

한편 점 D가 π만큼 회전한 원주상의 점 D′는 경사각이 ϕ인 평면의 경사단면이 $\frac{\pi}{2}$만큼 회전된 경우에 해당하므로, 점 D′의 좌표의 응력들은 점 D의 좌표의 응력들에 대한 공액응력이 되며 다음과 같이 표현된다.

$$\sigma_n{}' = \overline{\mathrm{OF'}} = \overline{\mathrm{OC}} - \overline{\mathrm{CF'}} = \overline{\mathrm{OC}} - \overline{\mathrm{CD'}}\cos 2\phi = \frac{\sigma_x}{2} - \frac{\sigma_x}{2}\cos 2\phi$$

$$= \frac{\sigma_x}{2}(1-\cos 2\phi) = \frac{\sigma_x}{2} \cdot 2\sin^2\phi = \sigma_x \sin^2\phi$$

$$\tau' = -\overline{\mathrm{D'F'}} = -\overline{\mathrm{CD'}}\sin 2\phi = -\frac{\sigma_x}{2}\sin 2\phi$$

이 식들은 식 (4.4) 및 식 (4.5)에 일치됨을 알 수 있다.

한편 각의 변화에 따른 응력의 변화를 모어원에서 고찰하면, 점 A에서는 $2\phi = 0$이므로 $\phi = 0$이 되고 $(\sigma_n)_{\max} = \sigma_x$, $\tau = 0$이며, 점 E에서는 $2\phi = \frac{\pi}{2}$이므로 $\phi = \frac{\pi}{4}$가 되며 $\sigma_n = \frac{\sigma_x}{2}$, $\tau_{\max} = R = \frac{\sigma_x}{2}$이며, 점 O에서는 $2\phi = \pi$이므로 $\phi = \frac{\pi}{2}$가 되며, $\sigma_n = 0$, $\tau = 0$임을 알 수 있다.

따라서 경사단면 위에서의 각의 변화 및 응력들의 변화를 고찰함에는 모어원을 이용한 기하학적인 방법이 해석적인 방법보다 대단히 간편함을 알 수 있다.

예제 4.7 $\sigma_x = 100(\text{MPa})$, $\phi = 60°$인 경사단면에서의 법선응력과 전단응력을 해석적인 방법과 도해적인 방법으로 비교하고 응력들의 방향을 표시하라.

‖ **풀이** ‖ 1) 해석적 방법

식 (4.1)에서, $\sigma_n = \sigma_x \cos^2\phi = \sigma_x \cos^2 60° = 10^8\left(\frac{1}{2}\right)^2 = 25(\text{MPa})$

식 (4.2)에서, $\tau = \frac{\sigma_x}{2}\sin 2\phi = \frac{\sigma_x}{2}\sin 120° = \frac{10^8}{2}\left(\frac{\sqrt{3}}{2}\right) = 43.3(\text{MPa})$

식 (4.4)에서, $\sigma_n{}' = \sigma_x \sin^2\phi = \sigma_x \sin^2 60° = 10^8\left(\frac{\sqrt{3}}{2}\right)^2 = 75(\text{MPa})$

식 (4.5)에서, $\tau' = -\frac{\sigma_x}{2}\sin 2\phi = -\frac{\sigma_x}{2}\sin 120° = -\frac{10^8}{2}\left(\frac{\sqrt{3}}{2}\right) = -43.3(\text{MPa})$

2) 도해적 방법 [그림 4.18(a)] : 단순응력의 모어원에서는 지름이 σ_x이며 중심각이 $2\phi = 120°$로 표시된다.

$$\sigma_n = \overline{\text{OF}} = \overline{\text{OC}} - \overline{\text{CF}} = \overline{\text{OC}} - \overline{\text{CD}}\cos 60° = \frac{\sigma_x}{2} - \frac{\sigma_x}{2}\cos 60°$$

$$= \frac{10^8}{2} - \frac{10^8}{2}\left(\frac{1}{2}\right) = 50 \times 10^6 - 25 \times 10^6 = 25(\text{MPa})$$

$$\tau = \overline{\text{DF}} = \overline{\text{CD}}\sin 60° = \frac{\sigma_x}{2}\sin 60° = \frac{10^8}{2}\left(\frac{\sqrt{3}}{2}\right) = 43.3(\text{MPa})$$

$$\sigma_n{}' = \overline{\text{OF}'} = \overline{\text{OC}} + \overline{\text{CF}'} = \overline{\text{OC}} + \overline{\text{CD}'}\cos 60° = \frac{\sigma_x}{2} - \frac{\sigma_x}{2}\cos 60°$$

$$= \frac{10^8}{2} + \frac{10^8}{2}\left(\frac{1}{2}\right) = 75(\text{MPa})$$

$$\tau' = -\overline{\text{D}'\text{F}'} = -\overline{\text{CD}'}\sin 60° = -\frac{\sigma_x}{2}\sin 60° = -\frac{10^8}{2}\left(\frac{\sqrt{3}}{2}\right) = -43.3(\text{MPa})$$

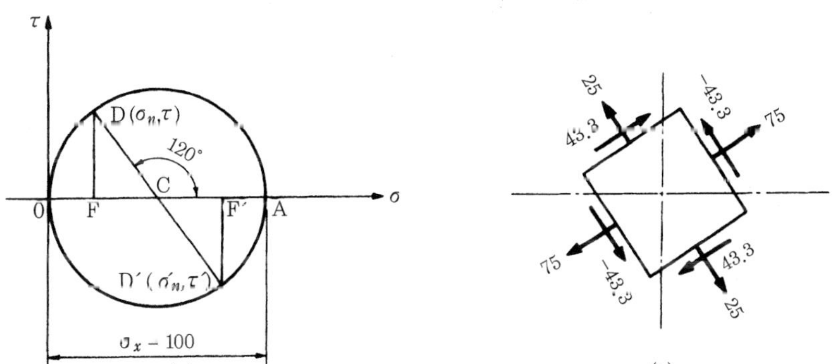

(a) (b)

그림 4.18

3) 응력들의 방향 : 그림 4.18(b)에 나타낸 바와 같다.

2. 2축응력

그림 4.6(a)에서와 같이 2축방향으로 수직응력이 동시에 작용하는 경우에 임의의 경사각 ϕ를 나타내는 경사단면에서의 응력들을 고찰해 보기로 한다.

우선 모어원을 구하기 위해서 단순응력에서와 같은 방법으로 식 (4.8) 및 식 (4.9)를 등호의 좌측에 정수 부분, 우측에 삼각함수 부분이 오도록 정리하고 양변을 제곱한 후 정리하여 응력에 대한 원의 방정식을 구하면 다음과 같다.

$$\left(\sigma_n - \frac{\sigma_x + \sigma_y}{2}\right)^2 = \left(\frac{\sigma_x - \sigma_y}{2}\cos 2\phi\right)^2$$

$$+)\quad \tau^2 = \left(\frac{\sigma_x - \sigma_y}{2}\sin 2\phi\right)^2$$

$$\left(\sigma_n - \frac{\sigma_x + \sigma_y}{2}\right)^2 + \tau^2 = \left(\frac{\sigma_x - \sigma_y}{2}\cos 2\phi\right)^2 + \left(\frac{\sigma_x - \sigma_y}{2}\sin 2\phi\right)^2$$

$$= \left(\frac{\sigma_x - \sigma_y}{2}\right)^2 (\sin^2 2\phi + \cos^2 2\phi)$$

$$\therefore \left(\sigma_n - \frac{\sigma_x + \sigma_y}{2}\right)^2 + \tau^2 = \left(\frac{\sigma_x - \sigma_y}{2}\right)^2 \tag{4.26}$$

따라서 원의 중심인 C점의 좌표는 $\left(\frac{\sigma_x + \sigma_y}{2},\ 0\right)$이며, 반지름 R는 $\frac{\sigma_x - \sigma_y}{2}$이다. 즉, C를 중심으로 하여 지름이 $(\sigma_x - \sigma_y)$인 원을 좌표계 위에 그려 주면 그림 4.19와 같이 되며, 이 원주상의 임의의 점들은 경사각 ϕ의 변화에 다른 경사단면 위에서의 법선응력 σ_n과 전단응력 τ의 변화를 나타내게 된다.

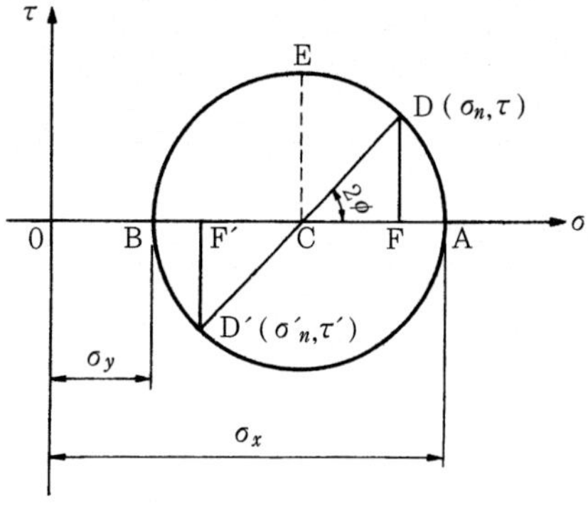

그림 4.19

즉, 경사단면에서의 경사각 ϕ가 0에서 $\frac{\pi}{2}$까지 변한다면 그림 4.19의 모어원에서는 경사각 2ϕ인 점 D는 원주를 따라 점 A에서 점 B까지 움직이게 된다. 따라서 이 원의 상반부는 $\phi = 0$에서 $\phi = \frac{\pi}{2}$ 사이에 있는 요소들의 모든 방향에 대한 법선응력 σ_n과 전단응력 τ의 변화를 나타내게 된다. 예를 들어, 점 A에서는 $2\phi = 0$이므로 $\phi = 0$이 되며 점 D는 점 A에 일치되어 $\sigma_n = \sigma_x$, $\tau = 0$이 된다.

또 점 E에서는 $2\phi = \dfrac{\pi}{2}$이므로 $\phi = \dfrac{\pi}{4}$가 되며, 점 D는 점 E에 일치하게 되어 최대전단응력 $\tau_{\max}$을 나타냄과 동시에 모어원의 반지름을 또한 나타내어 주게 된다. 즉,

$$\overline{CE} = R = \tau_{\max} = \frac{\sigma_x - \sigma_y}{2}$$

한편 점 B에서는 $2\phi = \pi$이므로 $\phi = \dfrac{\pi}{2}$가 되며, 점 D는 점 B에 일치되어 $\sigma_n = \sigma_y$, $\tau = 0$이 된다. 그림 4.19의 모어원에서 점 D의 좌표를 구하면 다음과 같다.

$$\sigma_n = \overline{OF} = \overline{OC} + \overline{CF} = \frac{\overline{OA} + \overline{OB}}{2} + \frac{\overline{OA} - \overline{OB}}{2}\cos 2\phi$$

$$= \frac{\sigma_x + \sigma_y}{2} + \frac{\sigma_x - \sigma_y}{2}\cos 2\phi$$

$$\tau = \overline{DF} = \overline{CD}\sin 2\phi = \frac{\sigma_x - \sigma_y}{2}\sin 2\phi$$

이 식들은 식 (4.8) 및 식 (4.9)에 일치하게 된다.

한편 점 D′는 점 D가 π만큼 회전된 경우로서 점 D′좌표의 응력들은 점 D좌표의 응력들에 대한 공액응력이 되며 점 D′의 좌표는 다음과 같다.

$$\sigma_n{}' = OF' = \overline{OC} - \overline{CF'} = \frac{\overline{OA} + \overline{OB}}{2} - \frac{\overline{OA} - \overline{OB}}{2}\cos 2\phi$$

$$= \frac{\sigma_x + \sigma_y}{2} - \frac{\sigma_x - \sigma_y}{2}\cos 2\phi$$

$$\tau' = -\overline{D'F'} = -\overline{CD'}\sin 2\phi = -\frac{\sigma_x - \sigma_y}{2}\sin 2\phi$$

이 식들은 식 (4.10) 및 식 (4.11)에 일치된다.

한편 σ_x 및 σ_y의 어느 하나 또는 양쪽이 압축응력일 경우도 같은 방법으로 구할 수 있으나, 다만 인장응력은 (+), 압축응력은 (−)로 표시한다는 부호 약속에 다라 모어원의 일부 또는 전부가 좌표축 원점의 왼쪽에 오게 된다는 것이 다를 뿐이다. 또 위의 식들이나 모어원들은 $\sigma_x > \sigma_y$라는 가정에서 발생된 것이므로 $\sigma_y > \sigma_x$인 경우라면 식이나 모어원에서 σ_x와 σ_y의 위치가 바뀌어져야 함은 당연하다는 데 유의해야 한다.

예제 4.8 σ_x =140(MPa), σ_y =−70(MPa)인 2축응력의 요소에서 경사각이 $\phi = 30°$일 때 이 요소에 작용하는 응력 σ_n, σ_n', τ, τ'를 모어원을 이용해서 구하라.

‖ **풀이** ‖ 식 (4.26)에서 모어원의 중심은 $C = \dfrac{\sigma_x + \sigma_y}{2} = \dfrac{140 \times 10^6 - 70 \times 10^6}{2} = 35$ (MPa)이며,

반지름은 $R = \dfrac{\sigma_x - \sigma_y}{2} = \dfrac{140 \times 10^6 + 70 \times 10^6}{2} = 105$(MPa)임을 알 수 있다.

$$\sigma_n = \overline{OF} = \overline{OC} + \overline{CF} = \overline{OC} + \overline{CD}\cos 60°$$
$$= 35 + 105 \times \frac{1}{2} = 87.5\text{(MPa)}$$

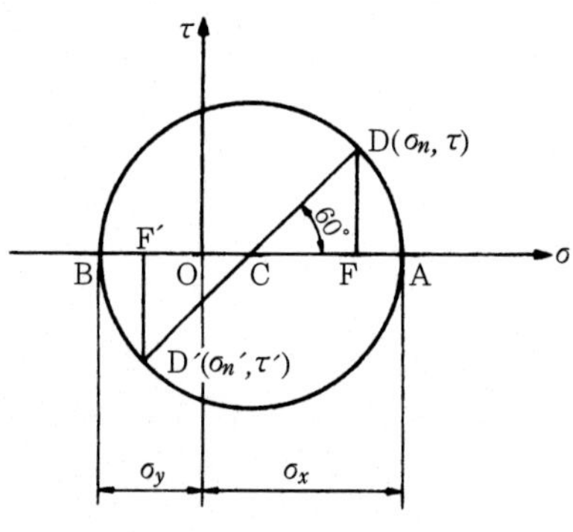

그림 4.20

$$\tau = \overline{DF} = \overline{CD}\sin 60° = 105 \times \frac{\sqrt{3}}{2} = 90.93\text{(MPa)}$$

$$\sigma_n' = -\overline{OF'} = -(\overline{CF'} - \overline{OC}) = -(\overline{CD'}\cos 60° - \overline{CO})$$
$$= -(105 \times \frac{1}{2} - 35) = -17.5\text{(MPa)}$$

$$\tau' = -\overline{D'F'} = -\overline{CD'}\sin 60° = -105 \times \frac{\sqrt{3}}{2} = -90.93\text{(MPa)}$$

예제 4.9 그림 4.21과 같은 2축응력이 σ_x =60(MPa), σ_y =−40(MPa)일 때 법선응력이 0으로 되는 평면에서 법선의 경사각 ϕ와 이 평면에 작용하는 전단 응력 τ를 구하라.

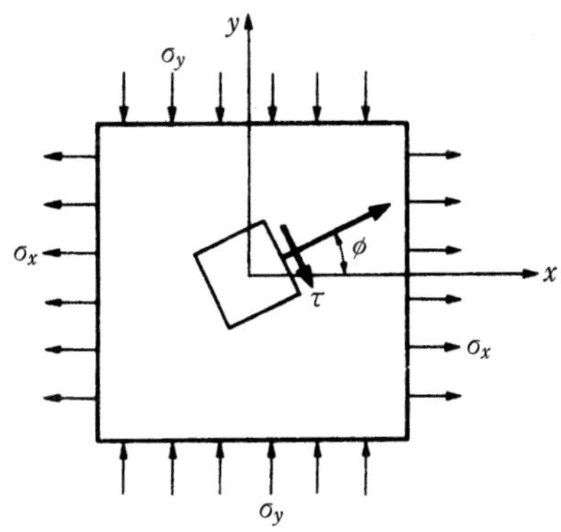

그림 4.21

‖ **풀이** ‖ 식 (4.26)에서

$$R=\frac{\sigma_x-\sigma_y}{2}=\frac{60+40}{2}=50(\text{MPa}),\quad C=\frac{\sigma_x+\sigma_y}{2}=\frac{60-40}{2}=10(\text{MPa})$$

이 된다. 따라서 반지름이 500, 원점은 중심에서 왼쪽으로 100인 지점에 있는 모어원을 그리면 그림 4.22와 같다.

$$\sigma_n=\overline{\text{OF}}=\overline{\text{OC}}+\overline{\text{CF}}=\overline{\text{OC}}+\overline{\text{CD}}\cos 2\phi=10+50\cos 2\phi=0$$

$$\cos 2\phi=-\frac{1}{5}\quad \therefore\ \phi=50.768(°)$$

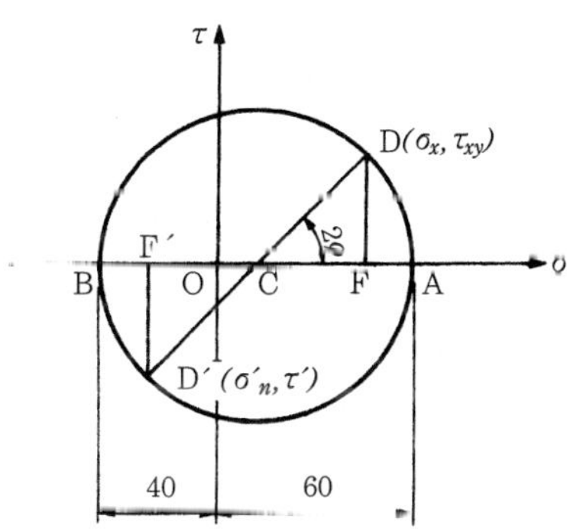

그림 4.22

$$\tau=\overline{\text{DF}}=\overline{\text{CD}}\sin 2\phi=50\sin 101.537=50\times 0.9798=48.9(\text{MPa})$$

예제 4.10 예제 4.9와 같은 2축응력 상태에서 σ_x가 인장이고 σ_y가 압축인 경우에 대한 모어원을 그려라. 단, $|\sigma_y|=3|\sigma_x|$로 한다.

‖ **풀이** ‖ 인장응력은 (+), 압축응력은 (−)로 표시하면 식 (4.26)에서

$$R=\frac{\sigma_x-\sigma_y}{2}=\frac{\sigma_x+3\sigma_x}{2}=2\sigma_x,\quad C=\frac{\sigma_x+\sigma_y}{2}=\frac{\sigma_x-3\sigma_x}{2}=-\sigma_x$$

가 되어 반지름은 $2\sigma_x$, 원점은 중심에서 오른쪽 σ_x되는 지점에 있는 모어원을 그려 주면 그림 4.23과 같다.

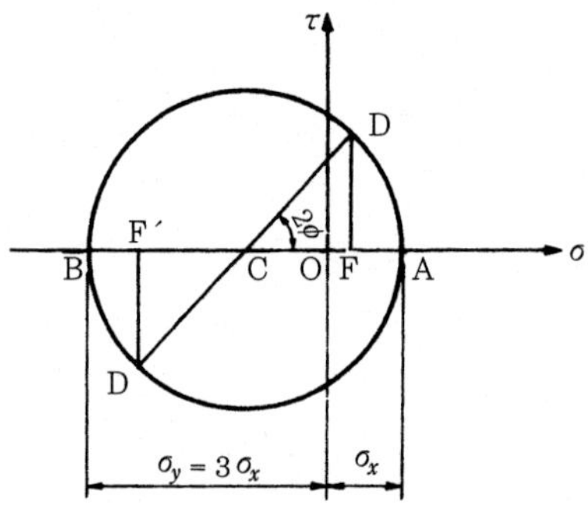

그림 4.23

예제 4.11 2축응력 상태에서 $\sigma_x=\sigma_y$일 때 최대전단응력의 값과 모어원을 구하라.

‖ **풀이** ‖ 식 (4.26)에서

$$R=\frac{\sigma_x-\sigma_y}{2}=0,\quad C=\frac{\sigma_x+\sigma_y}{2}=\frac{\sigma_x+\sigma_x}{2}=\sigma_x$$

또 2축응력 상태에서 τ_{max}은 모어원의 반지름과 같다. 즉, $\tau_{max}=r=0$

따라서 전단력값이 0이며 반지름이 0인 모어원은 σ축상에 존재하며 그 중심 위치는 σ_x이므로 모어원이 점으로 표시된다.

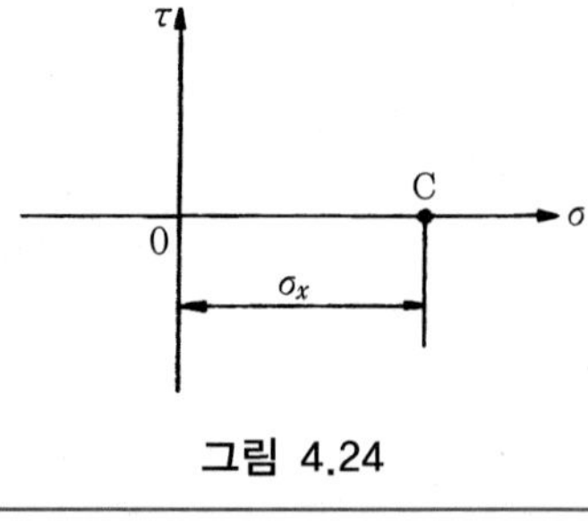

그림 4.24

3. 평면응력

그림 4.11(a)에서와 같이 두 직각방향으로 수직응력 σ_x와 σ_y가 또 전단응력 τ_{xy} 및 τ_{yx}가 동시에 작용하는 요소에서 응력상태를 고찰하기 위해서 응력원을 이용해 보기로 한다.

우선 모어원을 구하기 위해서 앞 절에서와 같은 방법으로 식 (4.14) 및 식 (4.15)를 적절히 변화시켜 양변을 제곱한 후 서로 합해 주면, 다음과 같은 평면응력에 관한 원의 방정식을 구할 수 있다. 즉,

$$\left(\sigma_n - \frac{\sigma_x + \sigma_y}{2}\right)^2 = \left(\frac{\sigma_x - \sigma_y}{2}\cos 2\phi - \tau_{xy}\sin 2\phi\right)^2$$

$$+)\quad \tau^2 = \left(\frac{\sigma_x - \sigma_y}{2}\sin 2\phi + \tau_{xy}\cos 2\phi\right)^2$$

$$\begin{aligned}\left(\sigma_n - \frac{\sigma_x + \sigma_y}{2}\right)^2 + \tau^2 &= \left(\frac{\sigma_x - \sigma_y}{2}\cos 2\phi - \tau_{xy}\sin 2\phi\right)^2 \\ &\quad + \left(\frac{\sigma_x - \sigma_y}{2}\sin 2\phi + \tau_{xy}\cos 2\phi\right)^2 \\ &= \left(\frac{\sigma_x - \sigma_y}{2}\right)^2 (\sin^2 2\phi + \cos^2 2\phi) \\ &\quad + \tau_{xy}^2 (\sin^2 2\phi + \cos^2 2\phi)\end{aligned}$$

$$\therefore \left(\sigma_n - \frac{\sigma_x + \sigma_y}{2}\right)^2 + \tau^2 = \left(\frac{\sigma_x - \sigma_y}{2}\right)^2 + \tau_{xy}^2 \tag{4.27}$$

따라서 원의 중심인 C점의 좌표는 $\left(\frac{\sigma_x + \sigma_y}{2},\ 0\right)$이며 반지름은 $R = \sqrt{\left(\frac{\sigma_x - \sigma_y}{2}\right)^2 + \tau_{xy}^2}$, 즉 지름은 $2R = 2\sqrt{\left(\frac{\sigma_x - \sigma_y}{2}\right)^2 + \tau_{xy}^2} = \sigma_1 - \sigma_2$가 되어 평면응력을 나타내는 모어원의 지름은 최대주응력 σ_1과 최소주응력 σ_2의 차가 된다는 것을 알 수 있으며, 이를 이용하여 부호 규약에 유의하면서 모어원을 그리면 그림 4.25와 같이 된다. 즉, $(\sigma_1 - \sigma_2)$를 지름으로 한 원을 좌표계 위에 그린 후 그림 4.11(a)에서 τ_{xy}가 반시계방향으로 작용하고 있으므로 그림 4.25에서와 같이 σ축 아래쪽에 점 D의 좌표가 $(\sigma_x,\ \tau_{xy})$로 정해진다.

이 때 편의상 점 D와 σ축과 이루는 각을 $2\phi_p$라고 하자. 또 점 D와

각이 2ϕ의 차를 갖는 원주상의 점을 G라고 하면 이 점의 좌표는 (σ_n, τ)를 나타내게 된다.

또 점 D와 G에 대응되는 모어원의 상반부에 표시되는 점을 D 및 G′라고 하면 이 점들의 좌표는 (σ_y, τ_{yx}) 및 ($\sigma_n{}'$, τ')로 표시할 수 있다. 이렇게 하여 완성된 모어원에서 점 A는 σ축의 가장 우측에 있고 또 σ 축상에 있으며 전단력은 $\tau=0$이 되므로 최대주응력 σ_1을 나타내게 되며, 점 B는 최소주응력 σ_2를 나타내게 된다.

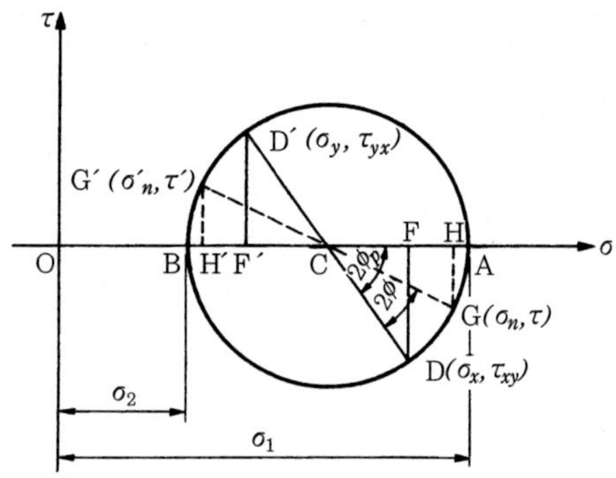

그림 4.25

$$\sigma_1 = \overline{OA} = \overline{OC} + \overline{CA} = \overline{OC} + R$$
$$= \frac{\sigma_x + \sigma_y}{2} + \sqrt{\left(\frac{\sigma_x - \sigma_y}{2}\right)^2 + \tau_{xy}^2}$$

$$\sigma_2 = \overline{OB} = \overline{OC} - \overline{CB} = \overline{OC} - R$$
$$= \frac{\sigma_x + \sigma_y}{2} - \sqrt{\left(\frac{\sigma_x - \sigma_y}{2}\right)^2 + \tau_{xy}^2}$$

이 식은 식 (4.19)에 일치된다.

한편 △CDF에서 $\overline{CD}^2 = \overline{CF}^2 + \overline{DF}^2$인 삼각형의 피타고라스의 정리를 이용하면 최대 전단응력이며 동시에 반지름인 $\overline{CD}$는 다음과 같이 나타낼 수 있다.

$$\overline{CD} = \sqrt{\overline{CF}^2 + \overline{DF}^2} = \sqrt{\left(\frac{\sigma_x - \sigma_y}{2}\right)^2 + \tau_{xy}^2}$$

$$\therefore \ \tau_{\max} = R = \sqrt{\left(\frac{\sigma_x - \sigma_y}{2}\right)^2 + \tau_{xy}^2}$$

이 식은 식 (4.23)에 일치된다.

또 주면의 경사각은 다음과 같이 나타낼 수 있다.

$$\tan 2\phi_p = \frac{-\overline{\mathrm{DF}}}{\overline{\mathrm{CF}}} = \frac{-\tau_{xy}}{\dfrac{\sigma_x - \sigma_y}{2}} = -\frac{2\tau_{xy}}{\sigma_x - \sigma_y}$$

이 식은 식 (4.18)에 일치된다.

이번에는 임의의 경사각 ϕ를 갖는 경사단면 위의 법선응력 σ_n을 그림 4.25의 모어원에서 고찰해 보기로 한다.

$$\sigma_n = \overline{\mathrm{OH}} = \overline{\mathrm{OC}} + \overline{\mathrm{CH}} = \overline{\mathrm{OC}} + \overline{\mathrm{CG}}\cos(2\phi_p - 2\phi)$$

$$= \frac{\sigma_x + \sigma_y}{2} + \sqrt{\left(\frac{\sigma_x - \sigma_y}{2}\right)^2 + \tau_{xy}^2}\,(\cos 2\phi_p \cos 2\phi + \sin 2\phi_p \sin 2\phi)$$

$$\tan 2\phi_p = \frac{-\tau_{xy}}{\dfrac{\sigma_x - \sigma_y}{2}} \text{ 에서}$$

$$\sin 2\phi_p = \frac{-\tau_{xy}}{\sqrt{\left(\dfrac{\sigma_x - \sigma_y}{2}\right)^2 + \tau_{xy}^2}}$$

$$\cos 2\phi_p = \frac{\dfrac{\sigma_x - \sigma_y}{2}}{\sqrt{\left(\dfrac{\sigma_x - \sigma_y}{2}\right)^2 + \tau_{xy}^2}}$$

를 구해서 윗식에 대입하여 정리하면,

$$\sigma_n = \frac{\sigma_x + \sigma_y}{2} + \frac{\sigma_x - \sigma_y}{2}\cos 2\phi - \tau_{xy}\sin 2\phi$$

가 되며, 이 식은 식 (4.14)에 일치된다.

같은 방법으로 경사단면 위의 전단응력 τ는

$$\tau = -\overline{GH} = -\overline{CG}\sin(2\phi_p - 2\phi)$$

$$= -\overline{CG}(\sin 2\phi_p \cos 2\phi - \cos 2\phi_p \sin 2\phi)$$

$\overline{CG}$는 반지름이며 $\sin 2\phi_p$ 및 $\cos 2\phi_p$는 위에서 구한 것을 대입하여 정리하면,

$$\tau = \frac{\sigma_x - \sigma_y}{2}\sin 2\phi + \tau_{xy}\cos 2\phi$$

가 되며, 이 식은 식 (4.15)에 일치된다.

한편 그림 4.25가 대단히 복잡한 형태가 되었으나, 이는 주응력 및 주면의 경사각과 더불어 식 (4.14) 및 식 (4.15)를 동시에 구하려고 했기 때문이다. 그러나 평면응력 상태에서 주로 구하고자 하는 것은 주응력과 주면의 경사각이므로 그것만을 구하려 한다면 대단히 간단하게 표시할 수 있다. 즉, 그림 4.25에서 점선으로 표시된 부분을 제거하면 그림이 훨씬 간단하게 되며, 실선 부분만을 이용하면 간단하게 주응력과 주면의 경사각을 구할 수 있다.

참고 모어의 응력원을 이용하면 평면변형률도 간단하게 구할 수 있다. 즉, 평면응력을 나타내는 관계식에서 σ_x, σ_y, τ_{xy}, σ_n 및 τ 대신에 이들 각각에 대한 변형률 ε_x, ε_y, $\frac{\gamma_{xy}}{2}$, ε_n 및 $\frac{\gamma}{2}$를 대입해 줌으로써 평면변형률의 관계식을 얻을 수 있다. 이 관계식의 유도과정을 생략하고 결론만을 평면응력의 관계식과 연관시켜 표시하면 다음과 같다.

수직변형률 ε_n : 식 (4.14)에서

$$\sigma_n = \frac{\sigma_x + \sigma_y}{2} + \frac{\sigma_x - \sigma_y}{2}\cos 2\phi - \tau_{xy}\sin 2\phi$$

$$\varepsilon_n = \frac{\varepsilon_x + \varepsilon_y}{2} + \frac{\varepsilon_x - \varepsilon_y}{2}\cos 2\phi - \frac{\gamma_{xy}}{2}\sin 2\phi \tag{4.28}$$

전단변형률 $\frac{\gamma}{2}$: 식 (4.15)

$$\tau = \frac{\sigma_x - \sigma_y}{2}\sin 2\phi + \tau_{xy}\cos 2\phi$$

$$\frac{\gamma}{2} = \frac{\varepsilon_x - \varepsilon_y}{2}\sin 2\phi + \frac{\gamma_{xy}}{2}\cos 2\phi \tag{4.29}$$

주변형률 ε_1 및 ε_2 : 식 (4.21)

$$\sigma_1 = \frac{\sigma_x + \sigma_y}{2} + \sqrt{\left(\frac{\sigma_x - \sigma_y}{2}\right)^2 + \tau_{xy}^2}$$

$$\sigma_2 = \frac{\sigma_x + \sigma_y}{2} - \sqrt{\left(\frac{\sigma_x - \sigma_y}{2}\right)^2 + \tau_{xy}^2}$$

$$\varepsilon_1 = \frac{\sigma_x + \sigma_y}{2} + \sqrt{\left(\frac{\varepsilon_x - \varepsilon_y}{2}\right)^2 + \left(\frac{\gamma_{xy}}{2}\right)^2}$$

$$\varepsilon_2 = \frac{\sigma_x + \sigma_y}{2} - \sqrt{\left(\frac{\varepsilon_x - \varepsilon_y}{2}\right)^2 + \left(\frac{\gamma_{xy}}{2}\right)^2} \tag{4.30}$$

주변형률의 방향 ϕ : 식 (4.18)

$$\tan 2\phi = -\frac{2\tau_{xy}}{\sigma_x - \sigma_y}$$

$$\tan 2\phi = -\frac{\gamma_{xy}}{\varepsilon_x - \varepsilon_y} \tag{4.31}$$

위에서 전단변형률 γ라는 것은 x축 방향의 변형률 $\varepsilon_x = \frac{\gamma}{2}$와 y축 방향의 변형률 $\varepsilon_y = \frac{\gamma}{2}$를 합한 것을 의미하므로 τ대신에 $\frac{\gamma}{2}$를 대입한다.

예제 4.12 $\sigma_x = 160(\text{MPa})$, $\sigma_y = 30(\text{MPa})$, $\tau_{xy} = -50(\text{MPa})$인 구형단면의 한 요소에서 주응력의 크기와 방향, 그리고 최대전단응력을 모어원을 이용해서 구하라.

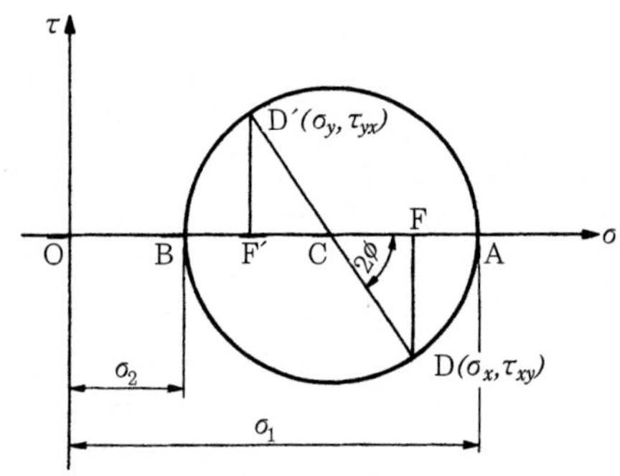

그림 4.26

‖ 풀이 ‖ 식 (4.27)에서 모어원의 반지름과 중심을 구하여 모어원을 그린다.

$$R = \sqrt{\left(\frac{\sigma_x - \sigma_y}{2}\right)^2 + \tau_{xy}^2} = \sqrt{\left(\frac{160-30}{2}\right)^2 + 50^2} = 82(\text{MPa})$$

$$\text{C} = \frac{\sigma_x + \sigma_y}{2} = \frac{160+30}{2} = 95(\text{MPa})$$

완성된 모어원에서 다음을 구한다.

$$\sigma_1 = \overline{\text{OA}} = \overline{\text{OC}} + \overline{\text{CA}} = \overline{\text{OC}} + R = \frac{\sigma_x + \sigma_y}{2} + \sqrt{\left(\frac{\sigma_x - \sigma_y}{2}\right)^{+} \tau_{xy}^2}$$

$$= \frac{160+30}{2} + \sqrt{\left(\frac{160-30}{2}\right)^2 + 50^2} = 95 + 82 = 177(\text{MPa})$$

$$\sigma_2 = \overline{\text{OB}} = \overline{\text{OC}} - \overline{\text{BC}} = \overline{\text{OC}} - R = \frac{\sigma_x + \sigma_y}{2} - \sqrt{\left(\frac{\sigma_x - \sigma_y}{2}\right)^{+} \tau_{xy}^2}$$

$$= \frac{160+30}{2} - \sqrt{\left(\frac{160-30}{2}\right)^2 + 50^2} = 95 - 82 = 13(\text{MPa})$$

$$\tan 2\phi = \frac{-\overline{\text{DF}}}{\overline{\text{CF}}} = \frac{-\tau_{xy}}{\frac{\sigma_x - \sigma_y}{2}} = -\frac{2\tau_{xy}}{\sigma_x - \sigma_y} = -\frac{2(50)}{160-30} = -\frac{10}{13}$$

$$\therefore \phi = \frac{1}{2}\tan^{-1}\left(-\frac{10}{13}\right) = -18.8^\circ$$

$$\tau_{max} = R = \sqrt{\left(\frac{\sigma_x - \sigma_y}{2}\right)^2 + \tau_{xy}^2} = \frac{\sigma_1 - \sigma_2}{2} = \frac{177-13}{2} = 82(\text{MPa})$$

예제 4.13 평면응력 상태에서 $\sigma_x = 32$(MPa), $\sigma_y = -10$(MPa), $\tau_{xy} = 20$(MPa)인 경우 주응력의 크기와 방향을 모어원을 이용해서 구하라.

‖ **풀이** ‖ 주어진 조건 중 τ_{xy}가 (+)인 사실에서 모어원의 상반부에 D점이 정해진다는 것을 알 수 있다. 우선 반지름과 중심을 구하여 모어원을 완성한다.

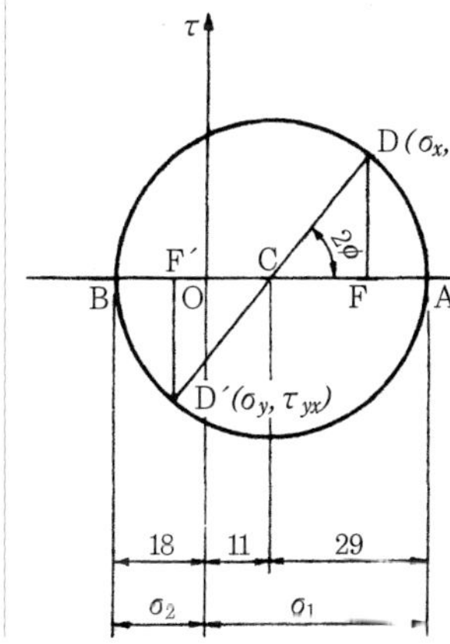

그림 4.27

$$R = \sqrt{\left(\frac{\sigma_x - \sigma_y}{2}\right)^2 + \tau_{xy}^2} = \sqrt{\left(\frac{32+10}{2}\right)^2 + 20^2} = 29\,(\text{MPa})$$

$$C = \frac{\sigma_x + \sigma_y}{2} = \frac{32-10}{2} = 11\,(\text{MPa})$$

완성된 모어원에서 다음을 구한다.

$$\sigma_1 = \overline{OA} = \overline{OC} + \overline{CA} = \overline{OC} + R = 11 + 29 = 40\,(\text{MPa})$$

$$\sigma_2 = -\overline{OB} = -(\overline{BC} - \overline{OC}) = -(R \quad \overline{OC}) = -(29-11) = -18\,(\text{MPa})$$

$$\tan 2\phi = \frac{\overline{DF}}{\overline{CF}} = \frac{\overline{DF}}{\frac{\overline{FF'}}{2}} = \frac{\tau_{xy}}{\frac{\sigma_x + \sigma_y}{2}} = \frac{2\tau_{xy}}{\sigma_x + \sigma_y} = \frac{2(20)}{32+10} = 0.9524$$

$$\therefore \phi = \frac{1}{2}\tan^{-1}(0.9524) = 21.8°$$

예제 4.14 평면변형 상태에 있는 어떤 요소에서 $\varepsilon_x = 500 \times 10^{-6}$, $\varepsilon_y = 140 \times 10^{-6}$, $\gamma_{xy} = 360 \times 10^{-6}$일 때 주변형률의 크기와 방향을 모어원을 이용하여 구하라.

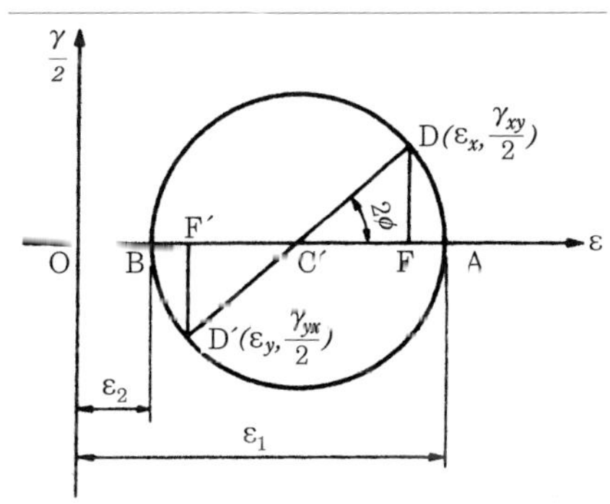

그림 4.28

‖ **풀이** ‖ 평면응력 상태에서와 꼭같은 방법으로 모어원의 반지름과 중심을 구하여 모어원을 완성한다.

$$R=\sqrt{\left(\frac{\varepsilon_x-\varepsilon_y}{2}\right)^2+\left(\frac{\gamma_{xy}}{2}\right)^2}=\frac{10^{-6}}{2}\sqrt{(500-140)^2+360^2}\fallingdotseq 255\times 10^{-6}$$

$$\mathrm{C}=\frac{\varepsilon_x+\varepsilon_y}{2}=\frac{(500+140)10^{-6}}{2}=320\times 10^{-6}$$

완성된 모어원을 이용하여 다음을 구한다.

$$\varepsilon_1=\overline{\mathrm{OA}}=\overline{\mathrm{OC}}+\overline{\mathrm{CA}}=\frac{\varepsilon_x+\varepsilon_y}{2}+R=\frac{(500+140)10^{-6}}{2}+255\times 10^{-6}$$

$$=(320+255)10^{-6}=575\times 10^{-6}$$

$$\varepsilon_2=\overline{\mathrm{OB}}=\overline{\mathrm{OC}}-\overline{\mathrm{BC}}=\frac{\varepsilon_x+\varepsilon_y}{2}-R=(320-255)19^{-6}=65\times 10^{-6}$$

$$\tan 2\phi=-\frac{\gamma_{xy}}{\varepsilon_x-\varepsilon_y}=-\frac{360\times 10^{-6}}{(500-140)10^{-6}}=-1$$

$$\therefore\ \phi=\frac{1}{2}\tan^{-1}(-1)=-22.5°$$

연 습 문 제

1. 단면적이 5(cm^2)인 균일단면봉이 축압축하중 $W=20$(kN)을 받고 있다. 그림 4.29와 같이 봉의축선과 30°를 이루는 경사단면 위의 수직응력은 얼마인가?

(a) 10(MPa) (b) 20(MPa)
(c) 30(MPa) (d) 40(MPa)

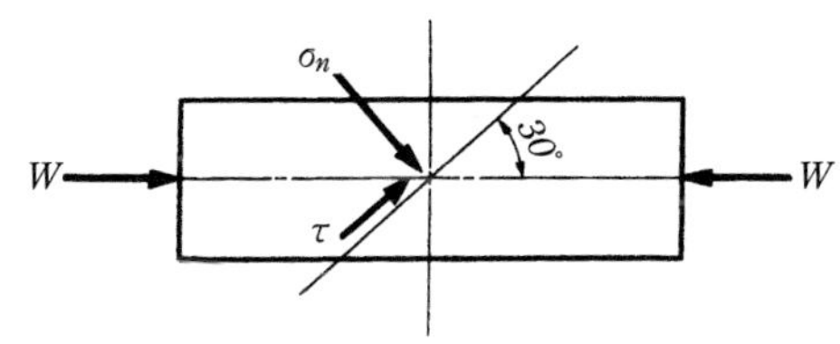

그림 4.29

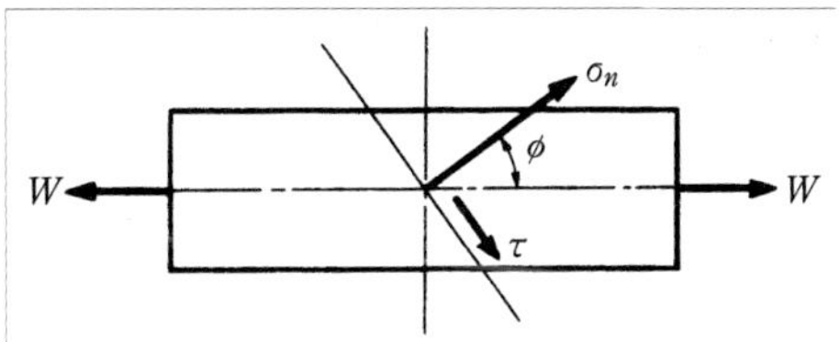

그림 4.30

2. 그림 4.30과 같이 인장하중 W를 받고 있는 봉에서 전단응력 τ가 수직응력 σ_n의 $\frac{1}{3}$이 되는 경사단면의 경사각 ϕ는 얼마인가?

(a) $\tan^{-1}\frac{4}{3}$ (b) $\tan^{-1}\frac{1}{3}$
(c) $\tan^{-1}\frac{2}{3}$ (d) $\tan^{-1}\frac{1}{2}$

3. 그림 4.31과 같이 100(MPa)의 인장응력과 80(MPa)의 압축응력이 서로 직각으로 작용할 때, 압축응력이 작용하는 면과 30°의 각도를 이루는 경사단면 위에 생기는 법선응력은 얼마인가?

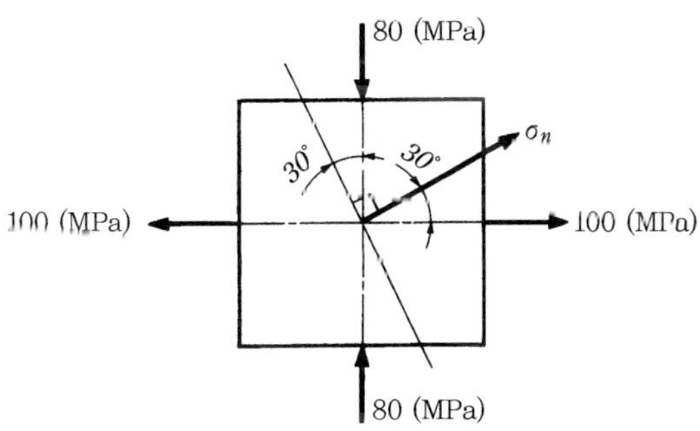

그림 4.31

(a) 40(MPa)
(b) 45(MPa)
(c) 50(MPa)
(d) 55(MPa)

4. 어느 재료에 서로 직각인 두 인장응력 60(MPa) 및 40(MPa)이 작용할 때, 그 재료 내에 생기는 최대전단응력은 얼마인가?

(a) 10(MPa) (b) 14(MPa)
(c) 18(MPa) (d) 23(MPa)

5. 그림 4.32와 같은 평면응력 상태에 있는 재료 내의 주면 위에 작용하는 전단응력 τ를 나타내는 식은 다음 중 어느 것인가?

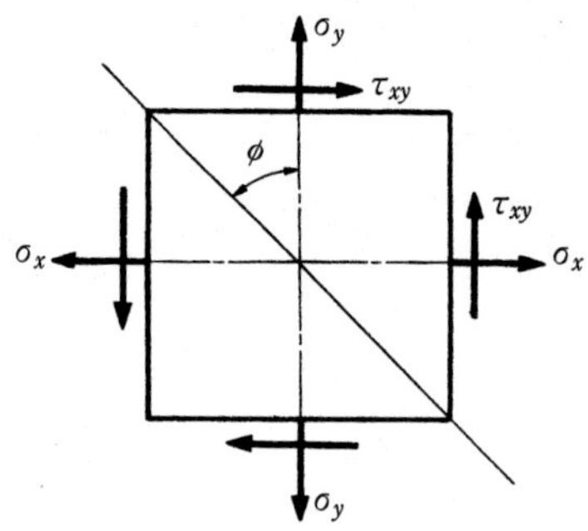

그림 4.32

(a) $\tau=\frac{1}{2}\tau_{xy}$ (b) $\tau=0$

(c) $\tau=\frac{1}{2}(\sigma_x-\sigma_y)$ (d) $\tau=\frac{1}{2}(\sigma_x+\sigma_y)+\tau_{xy}$

6. 평면응력의 해석에서 최대전단응력에 대한 다음 설명 중 잘못된 것은?

(a) 주면과 $\frac{\pi}{4}$의 위상차를 갖는 면에 작용한다.
(b) 공액전단응력은 크기는 같고 부호만 반대이다.
(c) 최대전단응력이 작용하는 면에서는 법선응력이 0이다.
(d) 크기는 두 주응력의 차에 반이다.

7. 축인장응력 σ_x를 받는 봉의 임의단면 mn에 작용하는 응력을 측정한 결과 법선응력 $\sigma_n=86$(MPa), 전단응력 $\tau=30$(MPa)이었다. 경사단면 mn의 경사각 ϕ는 얼마인가?

(a) 90° (b) 45°
(c) 60° (d) 19.2°

8. 한 방향만의 축압축을 받는 부재에서 수직응력과 전단응력의 크기가 같아지는 경사면의 경사각 ϕ는 얼마인가?

(a) 30° (b) 45°
(c) 60° (d) 90°

9. $\sigma_x = 120$(MPa), $\sigma_y = -40$(MPa)의 2축응력 상태에 있는 요소에서 최대전단응력을 받는 단면에서의 수직응력은 얼마인가?

(a) 40(MPa) (b) 52(MPa)
(c) 60(MPa) (d) 78(MPa)

10. 어느 재료에 60(MPa)의 인장응력만이 작용하는 면에 전단응력이 50(MPa)이 작용하고 있을 때, 재료 내에 생기는 최대주응력의 크기는 얼마인가?

(a) 70(MPa) (b) 80(MPa)
(c) 90(MPa) (d) 100(MPa)

11. $\sigma_x = 50$(MPa), $\sigma_y = 30$(MPa), $\tau_{xy} = \tau_{yx} = 10$(MPa)인 평면응력 상태에서 주면의 경사각은 얼마인가?

(a) 12.5° (b) 17.5°
(c) 22.5° (d) 32.5°

12. 평면응력 상태에서 모어원에 대한 설명 중 바른 것은?

(a) 최소수직응력은 모어원의 반지름과 같다.
(b) 모어원의 반지름은 최대 및 최소주응력의 차와 같다.
(c) 최대수직응력은 $\phi = 0°$ 에서 발생하며 그 크기는 σ_x와 같다.
(d) 최대전단응력의 크기는 모어원의 반지름과 같다.

13. 그림 4.33과 같이 $\sigma_x = -\sigma_y$인 2축응력 상태에 있는 요소 A에 작용하는 응력을 바르게 나타낸 것은 다음 중 어느 것인가?

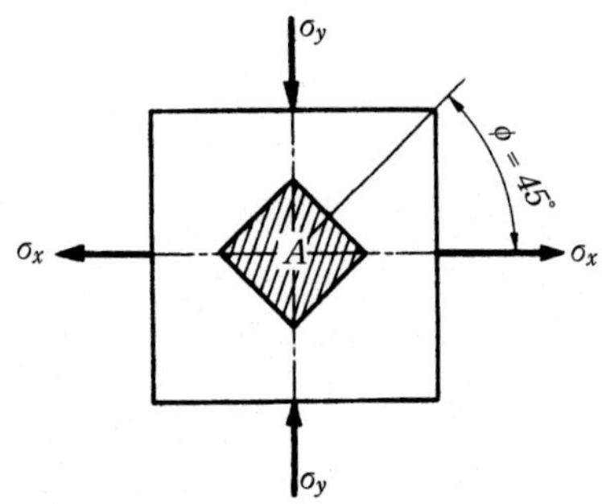

그림 4.33

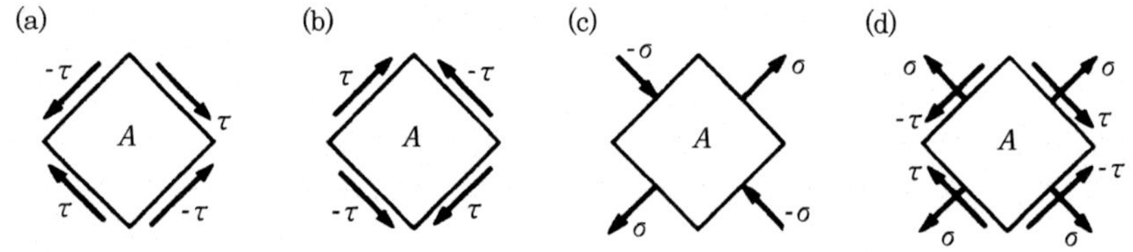

14. $\sigma_x = 40$(MPa), $\sigma_y = -20$(MPa)인 2축응력 상태의 모어원을 그릴 때, 좌표축의 중심의 좌표는 다음 중 어느 것인가?

(a) (0, 10)　　(b) (10, 0)
(c) (0, 30)　　(d) (30, 0)

15. 순수전달 상태의 요소에서 단면 mn은 주면을 표시하고 있다. 바른 것은 그림 4.35 중 어느 것인가?

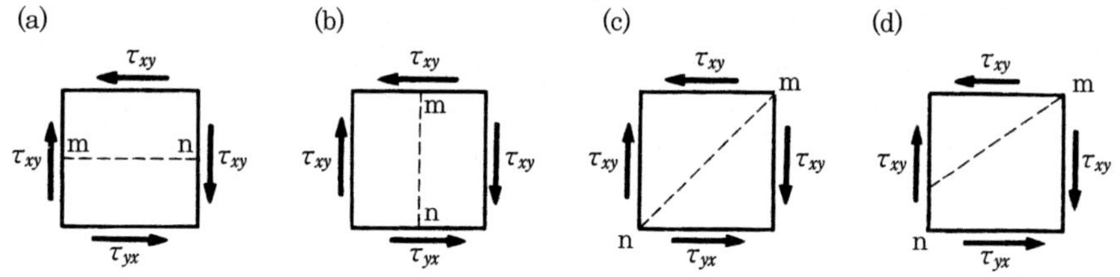

응 용 문 제

1. 3(cm)×3(cm)의 단면을 갖는 2개의 목재를 그림 4.34와 같이 mn에서 아교풀로 접착하여 인장력 W를 받게 한다. 아교풀의 허용전단응력과 허용수직응력은 각각 $\tau_a = 5$(MPa), $\sigma_a = 8$(MPa)이라고 하면 안전하중 W를 얼마로 하면 되겠는가?

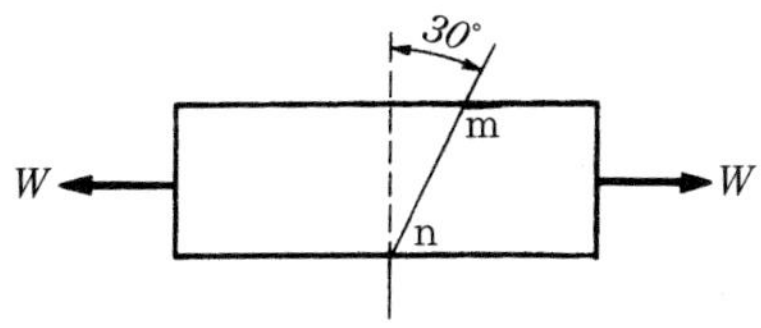

그림 4.34

2. $\sigma_x = 120$(MPa), $\sigma_y = 50$(MPa), $\tau_{xy} = -25$(MPa)을 받고 있는 요소에서 전단응력이 0인 단면의 위치와 이 단면에서의 최대수직응력을 구하라.

3. $\sigma_x = 70$(MPa), $\sigma_y = -35$(MPa)인 2축응력 상태에서 $\sigma_n = 0$인 단면의 경사각 ϕ와 이 단면의 전단응력을 모어원을 이용해서 구하라.

4. 2축응력 상태에 있는 요소에서 $\sigma_x = -75$(MPa), $\sigma_y = 60$(MPa)이다. $\phi = 30°$인 단면에서의 수직 및 전단응력을 모어원을 이용하여 구하라.

5. 그림 4.35와 같이 강판의 두께가 $t = 14$(mm)인 재료로 만든 지름 1.4(m)의 원통형 보일러에 내압이 12(MPa)이 작용하고 있을 때, 이 원통의 모선에 대하여 $\phi = 60°$를 이루는 나선에 수직한 단면에 작용하는 법선응력과 전단응력을 모어의 응력원을 이용하여 구하라.

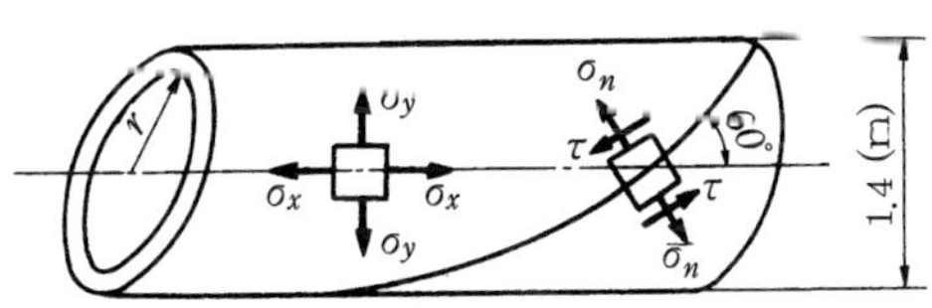

그림 4.35

6. 그림 4.3.6에서와 같은 응력이 주어졌을 때, 주응력의 크기와 방향을 모어원을 이용하여 구하라.

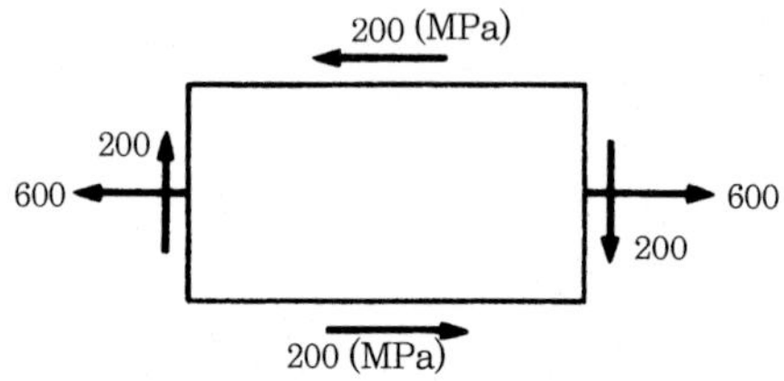

그림 4.36

7. $\sigma_x=-60$(MPa), $\sigma_y=-90$(MPa), $\tau_{xy}=-75$(MPa)을 받고 있는 평면요소가 있다. 수직응력의 설계상의 최대값과 그 면의 경사각은 얼마인가?

8. 그림 4.37과 같이 나비 80(mm), 두께(mm)인 가죽벨트를 80(mm)의 길이 사이를 경사지게 깎아서 아교붙임을 하였다. 이 벨트에 인장응력 W가 작용할 때 접착부에 생기는 전단응력 τ는 수직응력 σ_n의 몇 배가 되는가?

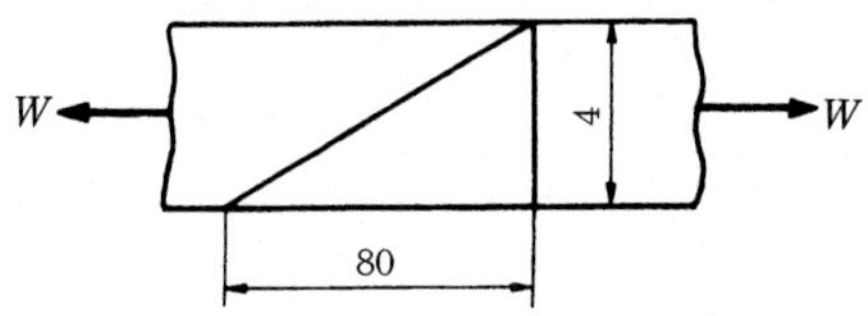

그림 4.37

9. 지름이 2(cm)인 강제봉 X축에 $W=36$(kN)의 인장응력을 작용시키면 Y축 방향에는 압축응력 $\sigma_y=-20$(MPa)이 발생된다. 이 때 봉의 축선과 60° 만큼 경사진 면에서의 법선응력 σ_n과 전단응력 τ를, 또 이 두 응력의 합성응력 P를 구하라.

10. 길이 $l=60$(cm), 지름 $d=12$(mm)인 강봉의 양단을 $t=27$(℃)에서 그림 4.38과 같이 부동지점 A, B에 연결하였다. 온도가 $t=-37$(℃)로 떨어졌을 때 경사단면 mn에 발생하는 법선응력 σ_n과 전단응력 τ를 구하라. 단, $E=200$(GPa), $\alpha=1.12\times10^{-5}$ (m/℃ m)이다.

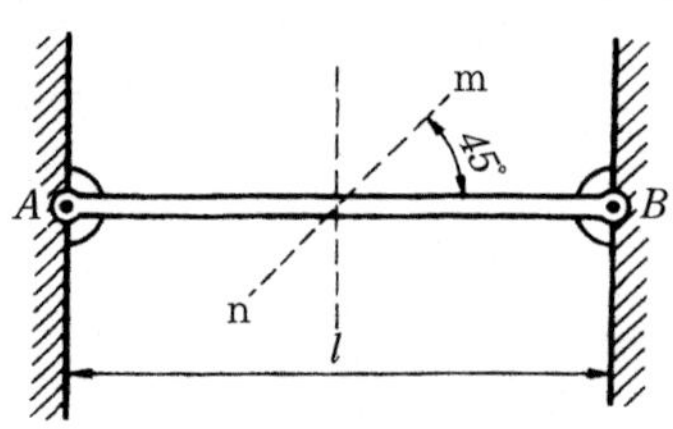

그림 4.38

5
Chapter

평면도형의 성질

5-01 단면 1차모멘트

그림 5.1과 같이 면적이 A인 평면도형을 무한히 작은 미소면적 dA로 나누어 그 중의 한 요소의 도심으로부터 직각좌표계의 X축, Y축에 이르는 거리를 각각 y, x라 할 때 X축 또는 Y축에 대한 도형의 **단면 1차모멘트**(**기하모멘트**, **면적모멘트**, first moment of area, geometrical moment of area ; G) G_X 또는 G_Y는 다음 식과 같이 표현된다.

$$\left.\begin{aligned} G_X &= \int_A y\,dA \\ G_Y &= \int_A x\,dA \end{aligned}\right\} \tag{5.1}$$

평면도형의 **도심**(centroid)의 좌표를 $(\bar{x},\ \bar{y})$라 하면 그림 5.1로부터 식 (5.1)은 다음과 같이 표현된다.

$$G_X = \int_A y\,dA = \bar{y}\cdot A,\quad G_Y = \int_A x\,dA = \bar{x}\cdot A$$

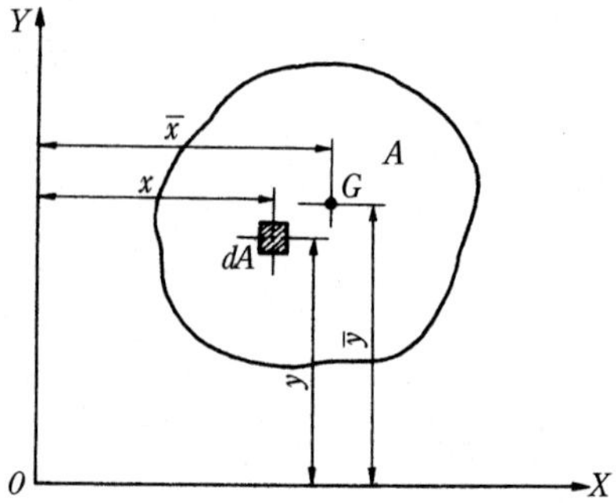

그림 5.1

$$\therefore \bar{x} = \frac{\int_A x\,dA}{A} = \frac{\int_A x\,dA}{\int_A dA} = \frac{G_Y}{A}$$

$$\bar{y} = \frac{\int_A y\,dA}{A} = \frac{\int_A y\,dA}{\int_A dA} = \frac{G_X}{A} \quad (5.2)$$

단면 1차모멘트의 **단위**(unit)는 **차원**(dimension)이 L^3이므로 m^3, cm^3, mm^3 등으로 나타낼 수 있다.

만일 X, Y축의 한 축 또는 양축이 도심 G를 통과한다면, 한 축 또는 양쪽에 대한 단면 1차모멘트는 식 (5.2)로부터 $G_X = 0$ 또는 $G_Y = 0$이 된다는 것을 알 수 있다. 반대로 $G_X = 0$ 또는 $G_Y = 0$인 도형의 X축 또는 Y축은 반드시 도형의 도심을 지난다.

또 평면도형이 대칭축을 갖게 되면 그 대칭축은 반드시 도형의 도심을 지나고 대칭축에 대한 단면 1차모멘트는 0이 된다.

복잡한 형태의 평면도형은 일반적으로 도심 및 대칭축을 이미 알고 있는 기본도형인 3각형, 4각형 및 원으로 나누어서 해석한 후 이 각각의 결과를 합하여 줌으로써 간단히 구할 수 있다.

예제 5.1 그림 5.2와 같은 앵글(angle)의 도심을 구하라.

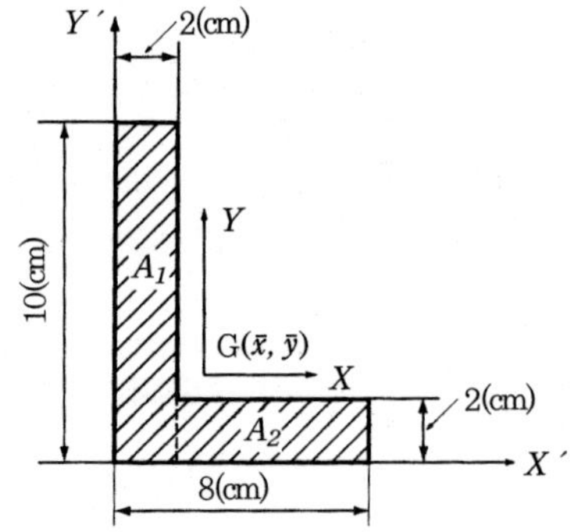

그림 5.2

‖ **풀이** ‖ 앵글 형태를 두 개의 4각형으로 나눈 후 각각의 면적을 A_1, A_2라 한다.

식 (5.2)에서

$$\bar{x}=\frac{G_Y'}{A}=\frac{A_1\overline{x_1}+A_2\overline{x_2}}{A_1+A_2}=\frac{20\times1+12\times5}{10\times2+2\times6}=\frac{80}{32}=2.5(\text{cm})$$

$$\bar{y}=\frac{G_X'}{A}=\frac{A_1\overline{y_1}+A_2\overline{y_2}}{A_1+A_2}=\frac{20\times5+12\times1}{2\times10+6\times2}=\frac{112}{32}=3.5(\text{cm})$$

예제 5.2 그림 5.3과 같은 사다리꼴에서 도심까지의 거리 $\bar{y}$를 구하라.

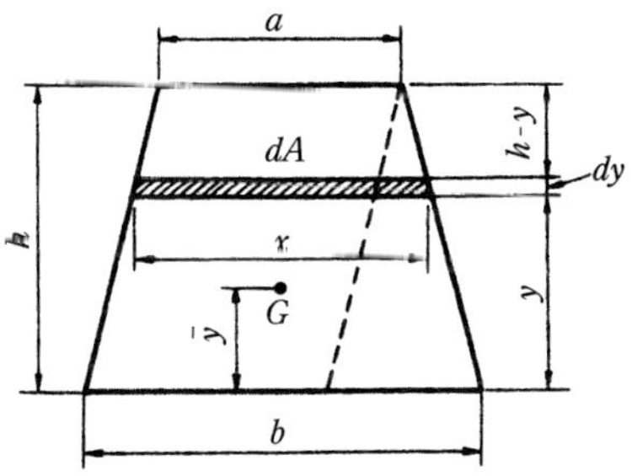

그림 5.3

‖ **풀이** ‖ $(x-a):(b-a)=(h-y):h$

$$\therefore\ x=b+\frac{a-b}{h}y$$

식 (5.1)에서

$$G_X=\int_0^h y\,dA=\int_0^h y\cdot x\,dy=\int_0^h y\left(b+\frac{a-b}{h}y\right)dy$$

$$=\left[\frac{b}{2}y^2+\frac{a-b}{3h}y^3\right]_0^h=\frac{h^2(2a+b)}{6}$$

$$\therefore\ \bar{y}=\frac{G_X}{A}=\frac{h^2(2a+b)}{6}\ \frac{2}{h(a+b)}=\frac{h(2a+b)}{3(a+b)}$$

예제 5.3 그림 5.4와 같은 반원의 도심을 구하라.

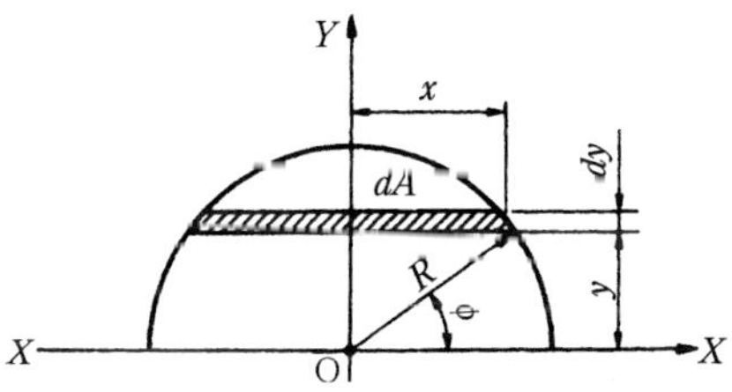

그림 5.4

‖ **풀이** ‖ 그림 5.4에서 $y=0$이면 $\phi=0$, $y=R$이면 $\phi=\frac{\pi}{2}$이며,

$x=R\cos\phi$, $y=R\sin\phi$, $dy=R\cos\phi\,d\phi$

$dA=2xdy=2\cdot R\cos\phi\cdot R\cos\phi\,d\phi=2R^2\cos^2\phi\,d\phi$

또 3각함수의 3배각 공식에서 $\sin3\phi=3\sin\phi-4\sin^3\phi$를 참고로 하여 식 (5.2)를 이용해서 도심을 구한다.

$$C_X=\int_A y\,dA=\int_0^R R\sin\phi\cdot2R^2\cos^2\phi\,d\phi=2R^3\int_0^{\frac{\pi}{2}}\sin\phi\cos^2\phi\,d\phi$$

$$=2R^3\int_0^{\frac{\pi}{2}}\sin\phi(1-\sin^2\phi)d\phi$$

$$= 2R^3\int_0^{\frac{\pi}{2}}(\sin\phi - \sin^3\phi)d\phi = 2R^3\left(\int_0^{\frac{\pi}{2}}\sin\phi\,d\phi - \int_0^{\frac{\pi}{2}}\sin^3\phi\,d\phi\right)$$

$$= 2R^3\left[\int_0^{\frac{\pi}{2}}(\sin\phi\,d\phi) - \int_0^{\frac{\pi}{2}}\left(\frac{3}{4}\sin\phi - \frac{1}{4}\sin3\phi\,d\phi\right)\right]$$

$$= 2R^3\left[(-\cos\phi)_0^{\frac{\pi}{2}} - \frac{3}{4}(-\cos\phi)_0^{\frac{\pi}{2}} + \frac{1}{4}\left(\frac{-\cos3\phi}{3}\right)_0^{\frac{\pi}{2}}\right]$$

$$= 2R^3 - \frac{6R^3}{4} + \frac{2R^3}{12} = \frac{2R^3}{3}$$

$$\therefore\ \bar{y} = \frac{G_X}{A} = \frac{2R^3}{3}\cdot\frac{2}{\pi R^2} = \frac{4R}{3\pi}$$

5-02 단면 2차모멘트와 회전반지름

그림 5.5와 같이 면적이 A인 도형을 무한히 작은 면적으로 나누어 그 중의 임의 한 미소면적 dA의 도심으로부터 X, Y축에 이르는 거리를 각각 y, x라 할 때 미소면적 dA와 축까지의 거리 x 또는 y의 제곱을 서로 곱해서 도형 전체에 대하여 합해준 것을 그 도형의 그 축에 대한 **단면 2차모멘트**(second moment of area ; I) 또는 **관성모멘트**(moment of inertia)라고 한다. 이를 식으로 표현하면 다음과 같다.

$$\left.\begin{aligned} I_X &= \int_A y^2 dA \\ I_Y &= \int_A x^2 dA \end{aligned}\right\} \tag{5.3}$$

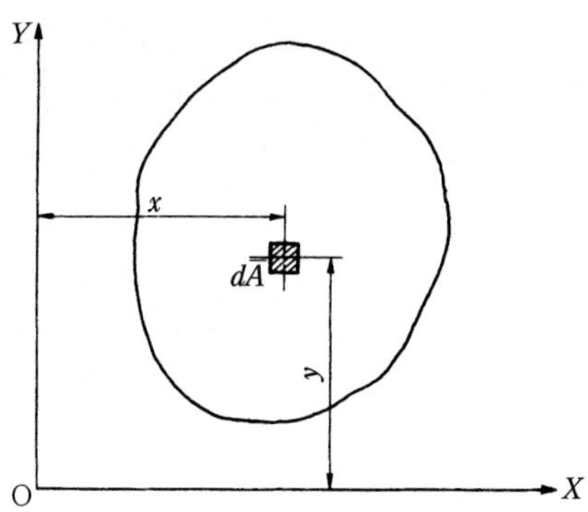

그림 5.5

관성모멘트의 단위는 차원이 L^4이므로 m^4, cm^4, mm^4 등으로 표시된다. 도형이 복잡한 경우에는 간단한 기본도형으로 나누어서 각각의 관성모멘트를 구한 후 이 결과들을 합하여 줌으로써 전체 도형의 관성모멘트를 구할 수 있다.

한편 도형의 전체 면적이 어떠한 일정한 점에 집중하였다고 생각하고, 주어진 축에 대한 이 점의 관성모멘트의 크기가 주어진 축에 대한 분포된 면적의 관성모멘트와 같은 크기가 되는 경우, 이 점을 도형의 **단면2차중심**(center of gyration of area)이라고 한다. 또 단면 2차중심으로부터 주어진 축까지의 거리를 **단면2차반지름**(radius of gyration of area ; k), **회전반지름** 또는 **관성반지름** k라고 한다. 즉, 관성모멘트를 단면의 면적으로 나눈 값의 제곱근을 그 단면에 대한 회전반지름이라고 한다. 단위는 차원이 L이므로 m, cm, mm 등으로 표시된다.

$$k = \sqrt{\frac{I}{A}} \tag{5.4}$$

$$\left(k_X = \sqrt{\frac{I_X}{A}},\ k_Y = \sqrt{\frac{I_Y}{A}}\right)$$

위의 식에서 k_X, k_Y는 각각 X, Y축에 대한 회전반지름을 의미한다.

5-03 단면계수

그림 5.6에서 도심을 지나는 X축으로부터 도형의 상단 또는 하단에 이르는 거리를 각각 e_1, e_2라고 하자.

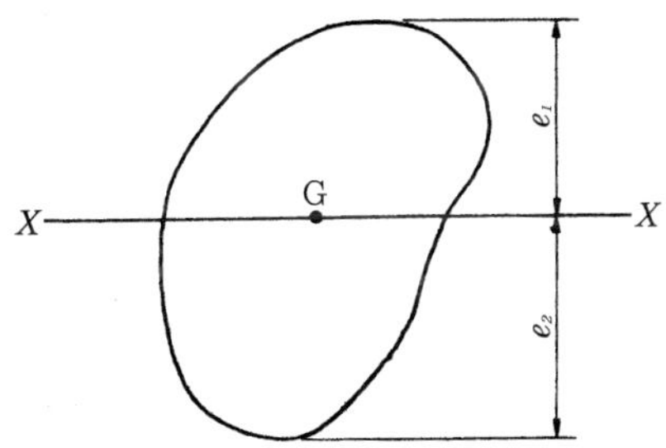

그림 5.6

이 때 도심을 지나는 축에 대한 관성모멘트 I_X를 거리 e_1 또는 e_2로 나누어 준 것을 이 축에 대한 **단면계수**(modulus of section ; Z)라고 하며, 단위는 차원이 L^3이므로 m^3, cm^3, mm^3 등으로 표시된다.

$$Z_1 = \frac{I_X}{e_1} \qquad Z_2 = \frac{I_X}{e_2} \tag{5.5}$$

만일 도형이 대칭축으로 되었다면 그 축에 대한 단면계수는 하나만 이 존재하나, 대칭이 아닐 경우에는 2개의 단면계수가 존재하게 된다.

예제 5.4 그림 5.7과 같은 4각형 단면에서 X 및 X'축에 대한 단면 2차모멘트를 구하고, 또 4각형 단면의 회전반지름 및 단면계수도 구하라.

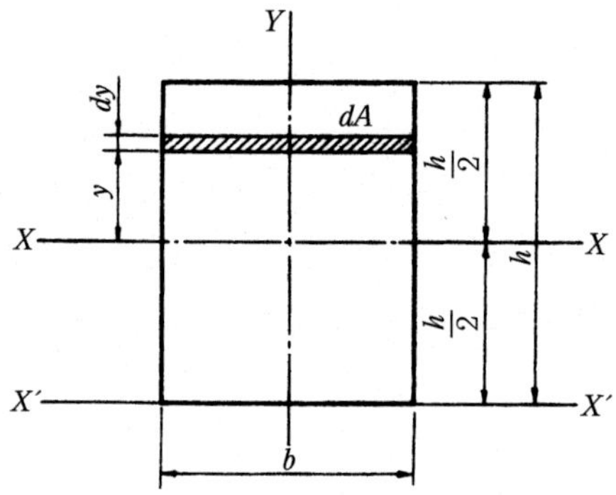

그림 5.7

‖ **풀이** ‖ 1) 식 (5.3)에서 밑변을 지나는 X'축에 대한 관성모멘트는

$$I_X = \int_A y^2 dA = \int_0^h y^2 b dy = b\left[\frac{y^3}{3}\right]_0^h = \frac{bh^3}{3}$$

2) 도심을 지나는 X축에 대한 관성모멘트는

$$I_X = \int_A y^2 dA = \int_{-\frac{h}{2}}^{\frac{h}{2}} y^2 b dy = b\left[\frac{y^3}{3}\right]_{-\frac{h}{2}}^{\frac{h}{2}} = \frac{bh^3}{12}$$

또는 $I_X = 2\int_0^{\frac{h}{2}} y^2 b dy = \frac{bh^3}{12}$

3) 단면계수는 식 (5.5)에서

$$Z_X = \frac{I_X}{e_1} = \frac{bh^3}{12} \times \frac{2}{h} = \frac{bh^2}{6}$$

4) 회전반지름은 식 (5.4)에서

$$k_X = \sqrt{\frac{I_X}{A}} = \sqrt{\frac{bh^3}{12 \cdot bh}} = \sqrt{\frac{h^2}{12}} = \frac{h}{2\sqrt{3}}$$

같은 방법으로 Y축에 대해서도 구할 수 있다.

예제 5.5 3각형 단면에서 도심을 지나는 축, 밑변을 지나는 축 및 꼭지점을 지나는 축에 대한 관성모멘트를 각각 구하고, 또 3각형 단면의 단면계수를 구하라.

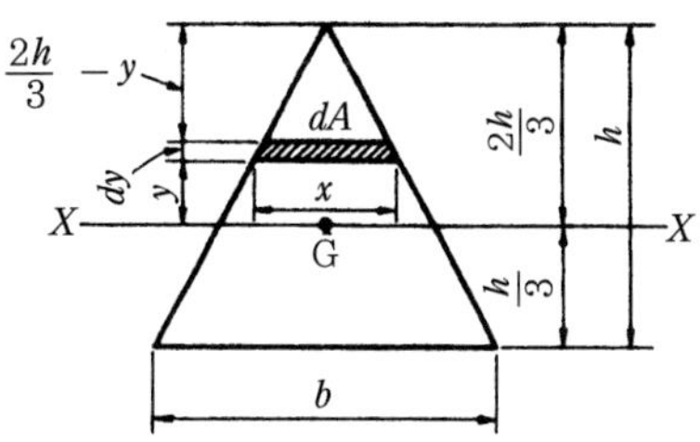

그림 5.8

‖ **풀이** ‖ 1) $x : b=\left(\frac{2h}{3}-y\right): h$

$$\therefore x=\frac{b}{h}\left(\frac{2h}{3}-y\right)$$

$$\therefore dA=xdy=\frac{b}{h}\left(\frac{2h}{3}-y\right)dy$$

$$I_X=\int_A y^2dA=\int_{-\frac{h}{3}}^{\frac{2h}{3}} y^2\cdot\frac{b}{h}\left(\frac{2h}{3}-y\right)dy$$

$$=\frac{b}{h}\int_{-\frac{h}{3}}^{\frac{2h}{3}}\left(\frac{2h}{3}y^2-y^3\right)dy=\frac{bh^3}{36}$$

2) $x: b=(h-y): h$

$$x=\frac{b}{h}(h-y)\quad\therefore dA=xdy=\frac{b}{h}(h-y)dy$$

$$I_{X'}=\int_A y^2dA=\int_0^h y^2\cdot\frac{b}{h}(h-y)dy$$

$$=\frac{b}{h}\int_0^h(hy^2-y^3)dy=\frac{bh^3}{12}$$

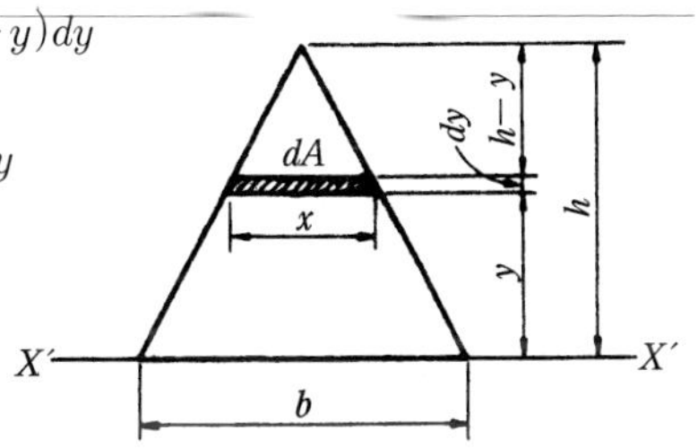

그림 5.9

3) $x : b=y: h$

$$x=\frac{b}{h}y\quad\therefore dA=xdy=\frac{b}{h}ydy$$

$$I_{X''}=\int_A y^2dA=\int_0^h y^2\cdot\frac{b}{h}ydy$$

$$=\frac{b}{h}\int_0^h y^3dy=\frac{bh^3}{4}$$

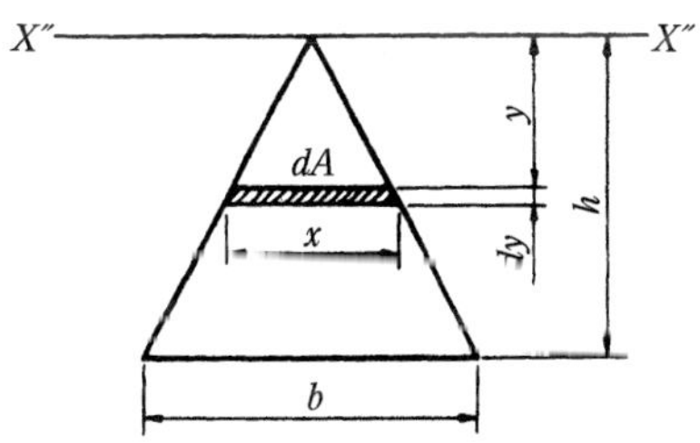

그림 5.10

4) 단면계수는 식 (5.5)에서 도심을 지나는 축에 대한 관성모멘트를 도심으로부터 상단 또는 하단까지의 거리로 나눈 것이므로,

$$Z_1=\frac{I_X}{e_1}=\frac{\frac{bh^3}{36}}{\frac{2h}{3}}=\frac{bh^2}{24}\qquad Z_2=\frac{I_X}{e_1}=\frac{\frac{bh^3}{36}}{\frac{h}{3}}=\frac{bh^2}{12}$$

5-04 평행축 정리

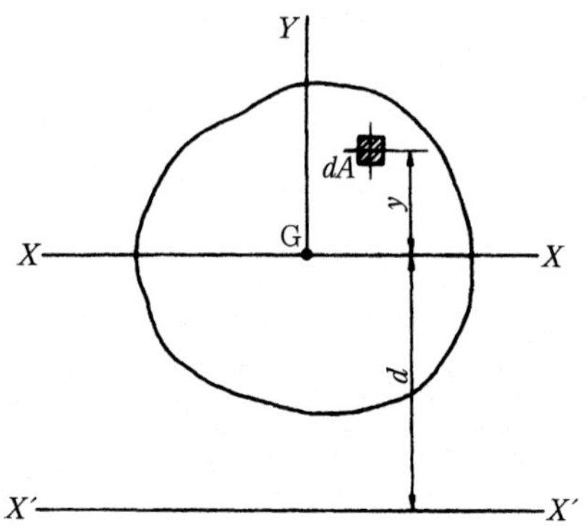

그림 5.11

그림 5.11과 같은 평면도형에서 도심을 지나는 축 X에 대한 관성모멘트를 I_X, 도형의 면적을 A라 하면, 축 X로부터 거리 d만큼 떨어진 동일 평면 내의 평행축 X'에 대한 관성모멘트 $I_{X'}$는 I_X와 면적 A에 평행축간 거리 d의 제곱을 곱한 것의 합과 같다. 이것을 **평행축정리**(parallel axis theorem)라고 한다.

$$I_{X'} = I_X + Ad^2 \tag{5.6}$$

이 정리는 다음과 같이 증명할 수 있다.

$$\begin{aligned} I_{X'} &= \int_A (y+d)^2 dA = \int_A y^2 dA + 2d\int_A y\,dA + d^2\int_A dA \\ &= I_X + d^2 A \end{aligned}$$

도심을 지나는 축에 대한 단면 1차모멘트값은 0이 되므로, 위의 식에서 두 번째 항은 0이 되어 무시하고 정리하면 식 (5.6)에 일치하게 된다.

한편 식 (5.4)를 식 (5.6)에 대입하면 다음과 같이 된다.

$$k'^2 = k^2 + d^2 \tag{5.7}$$

여기서 k'는 평행축 X'에 대한 회전반지름이고, k는 도심을 지나는 축에 대한 회전반지름이다. 한편 식 (5.6)에서 $I_{X'}$의 값은 $d=0$일 때 최소가 되고, d의 증가에 따라서 증가된다는 것을 알 수 있다. 따라서 최소의 관성모멘트는 도심을 지나는 축에 대한 관성모멘트가 된다.

예제 5.6 그림 5.12와 같은 원형단면의 단면계수를 구하라.

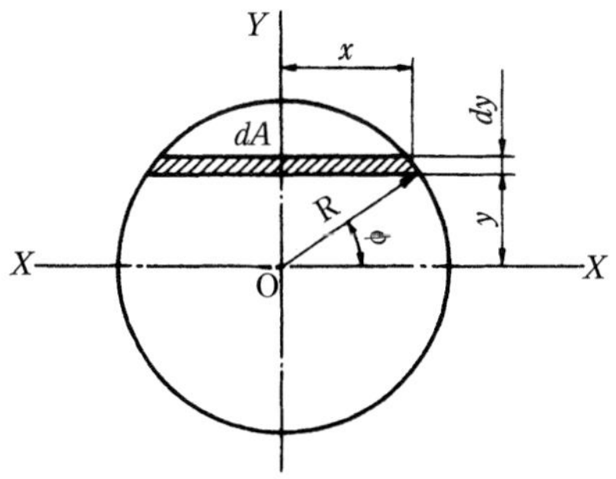

그림 5.12

‖ **풀이** ‖ 그림 5.12에서 $x = R\cos\phi$, $y = R\sin\phi$, $dy = R\cos\phi d\phi$

$dA = 2x\,dy = 2 \cdot R\cos\phi \cdot R\cos\phi\,d\phi = 2R^2\cos^2\phi\,d\phi$를 알 수 있으며,

3각함수의 2배각 공식 $\sin 2\phi = 2\sin\phi\cos\phi$ 및

$\cos 2\phi = \cos^2\phi - \sin^2\phi = 2\cos^2\phi - 1 = 1 - 2\sin^2\phi$를 참고하여

$$I_X = \int_A y^2 dA = \int_{-R}^{R} R^2\sin^2\phi \cdot 2R^2\cos^2\phi\,d\phi = 4R^4\int_0^R \sin^2\phi\cos^2\phi\,d\phi$$

$$= 4R^4\int_0^{\frac{\pi}{2}} \frac{\sin^2 2\phi}{4}\,d\phi = R^4\int_0^{\frac{\pi}{2}} \sin^2 2\phi\,d\phi$$

$$= R^4\int_0^{\frac{\pi}{2}} \left(\frac{1-\cos 4\phi}{2}\right) d\phi = \frac{R^4}{2}\left[\phi - \frac{\sin 4\phi}{4}\right]_0^{\frac{\pi}{2}} = \frac{\pi R^4}{4} = \frac{\pi d^4}{64}$$

$$\therefore Z = \frac{I_X}{e} = \frac{\pi R^4/4}{R} = \frac{\pi R^3}{4} = \frac{\pi d^3}{32}$$

예제 5.7 그림 5.13과 같은 한 변이 a인 정육각형 단면에서 도심을 지나는 X축에 대한 단면계수를 구하라.

‖ **풀이** ‖ X축에 대해서 대칭관계에 있으므로 X축 위의 직4각형의 밑변에 관한 관성모멘트와 3각형의 도심을 지나는 축에 대한 관성모멘트를 평행축정리를 이용해서 X축에 관한 관성모멘트를 구해 준 것을 2배 해주면 된다.

또 다각형의 내각의 합은 $\pi(n-2)$의 공식에 의해서 6각형의 한 내각이 120° 임을 알 수 있어 3각형의 밑변의 각이 30° 임을 알 수 있다.

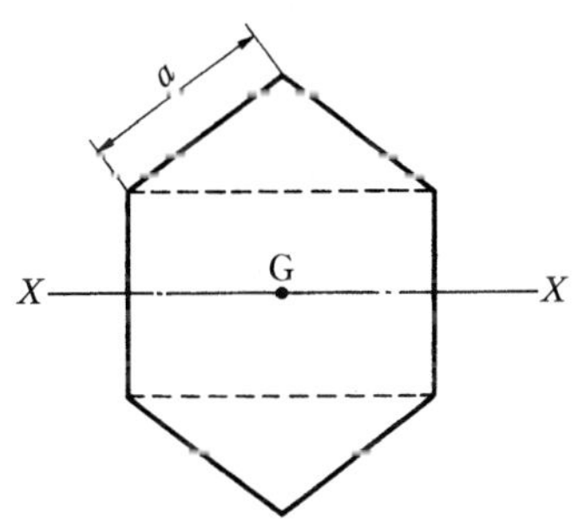

그림 5.13

$$I_X = 2\left[\frac{bh^3}{3} + \left(\frac{bh^3}{36} + \frac{bh}{2} \cdot d^2\right)\right] \text{에서}$$

$$I_X = 2\left[\frac{\sqrt{3}\,a\left(\frac{a}{2}\right)^3}{3} + \frac{\sqrt{3}\,a\left(\frac{a}{2}\right)^3}{36} + \frac{\sqrt{3}\,a \cdot \frac{a}{2}}{2}\left(\frac{a}{2} + \frac{a}{2} \cdot \frac{1}{3}\right)^2\right]$$

$$= 2\left[\frac{\sqrt{3}\,a^4}{24} + \frac{\sqrt{3}\,a^4}{288} + \frac{\sqrt{3}\,a^4}{9}\right] = \frac{45\sqrt{3}}{144}a^4 = \frac{5\sqrt{3}}{16}a^4$$

$$\therefore\ Z = \frac{I_X}{e} = \frac{5\sqrt{3}\,a^4/16}{a} = \frac{5\sqrt{3}}{16}a^3$$

5-05 극관성모멘트

그림 5.14와 같은 평면도형에서 X, Y축의 교점, 즉 직교좌표계의 원점 O를 극으로 할 때 이 극 O점에 대한 관성모멘트를 **극관성모멘트**(polar moment of inertia of area ; I_p)라고 한다.

임의의 미소면적을 dA, dA에서 극 O점까지의 거리를 r라 하면, 극관성모멘트는 다음과 같이 표현된다.

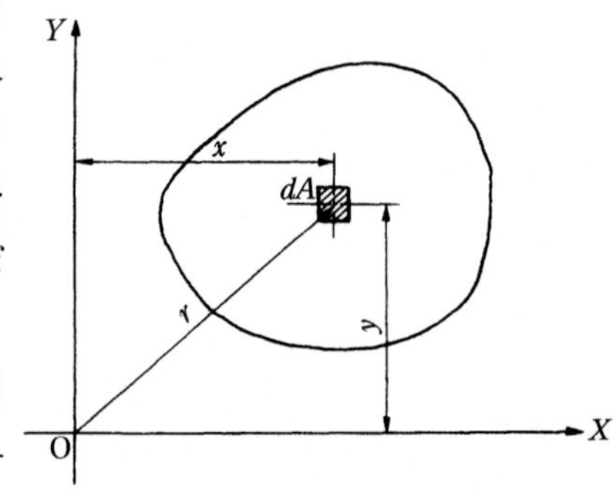

그림 5.14

$$I_p = \int_A r^2 dA = \int_A x^2 dA + \int_A y^2 dA = I_Y + I_X$$

$$\therefore\ I_p = I_X + I_Y \tag{5.8}$$

따라서 극관성모멘트는 극점을 지나는 두 직교축, X 및 Y축에 대한 두 관성모멘트를 합한 것과 같다. 한편 원, 정방형 등은 도심을 통과하는 직교축에 대하여 대칭이고 $I_X = I_Y$가 되므로 극관성모멘트는 $I_p = 2I_X = 2I_Y$가 되어 관성모멘트의 2배가 된다.

예제 5.8 그림 5.15와 같은 원형단면에서 중심 O점에 대한 극관성모멘트 및 극단면계수와 O점을 지나는 X, Y축에 대한 관성모멘트 및 단면계수를 각각 구하라.

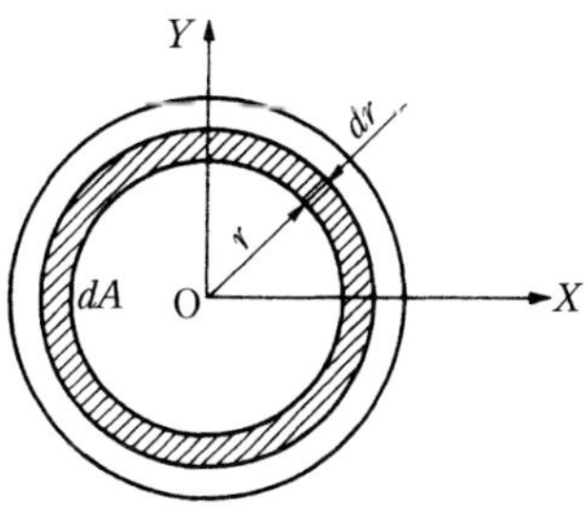

그림 5.15

‖ **풀이** ‖ $dA = 2\pi r \cdot dr$

$$I_p = \int_A r^2 dA = \int_0^r r^2 \cdot 2\pi r dr = 2\pi \int_0^r r^3 dr = \frac{\pi r^4}{2} = \frac{\pi d^4}{32}$$

$$Z_p = \frac{I_p}{e} = \frac{\pi r^4/2}{r} = \frac{\pi r^3}{2} = \frac{\pi d^3}{16}$$

$$I_X = I_Y = \frac{I_p}{2} = \frac{\pi r^4/2}{2} = \frac{\pi r^4}{4} = \frac{\pi d^4}{64}$$

$$Z_X = \frac{I_X}{e} = \frac{\pi r^4/4}{r} = \frac{\pi r^3}{4} = \frac{\pi d^3}{32}$$

((별해)) 원을 O점을 꼭지점으로 하는 미소 3각형의 집합으로 생각하면, 이 미소 3각형의 관성모멘트의 합은 O점을 극으로 하는 원의 극관성모멘트 I_p가 된다. 앞의 예제 5.5에서

$I_{X''} = \dfrac{bh^3}{4}$ 을 참고로 하면

$$I_p = \frac{b_1 r^3}{4} + \frac{b_2 r^3}{4} + \frac{b_3 r^3}{4} + \cdots\cdots = \frac{r^3}{4}(b_1 + b_2 + b_3 + \cdots\cdots)$$

$$= \frac{r^3}{3}(2\pi r) = \frac{\pi r^4}{2} = \frac{\pi d^4}{32}$$

5-06 관성상승모멘트와 주축

그림 5.16과 같은 평면도형에서 미소면적 dA에 X, Y축으로부터 dA의 도심까지의 거리 y 및 x의 곱을 서로 곱해서 전체 도형에 대하여 합해 준 것을 그 도형의 **단면상승모멘트**(product of inertia of area) 또는 **관성상승모멘트**(product of inertia ; I_{XY})라고 하며, 식으로 표현하면 다음과 같다.

$$I_{XY} = \int_A xy\,dA \qquad (5.9)$$

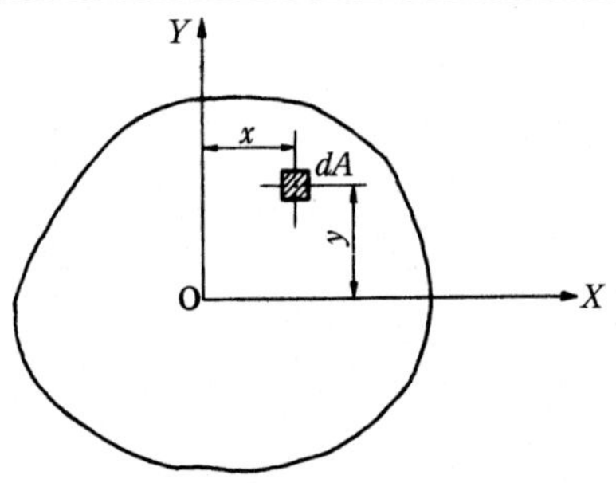

그림 5.16

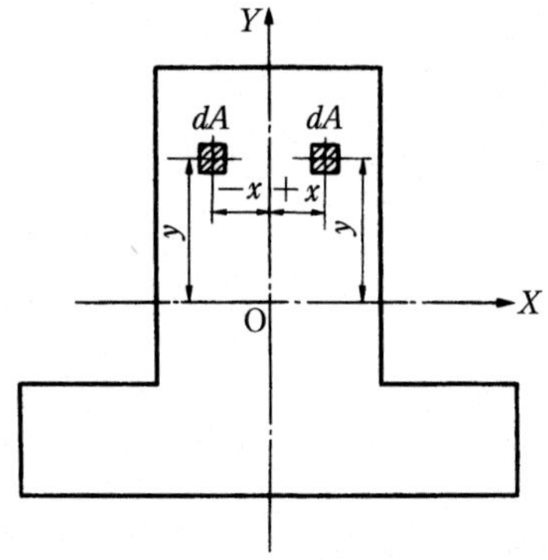

그림 5.17

만일 그림 5.17과 같이 도형의 두 축 중에 어느 한 축이라도 대칭축이 있으면 그 축에 대한 관성상승모멘트는 0이 된다. 즉,

$$I_{XY}=\int_A xy\,dA=\int_0^{+x}(+x)y\,dA+\int_{-x}^{0}(-x)y\,dA$$

$$=+\int_0^{+x}xy\,dA-\int_{-x}^{0}xy\,dA=0$$

이와 같이 도형의 도심을 지나고 $I_{XY}=0$이 되는 직교축을 그 단면의 **주축**(principal axis)이라고 한다. 그러므로 도형의 대칭축에 대한 관성상승모멘트는 반드시 0이 되고 그 축은 주축이 된다. 또 도심을 지나고 대칭축에 직각인 축도 주축이 된다.

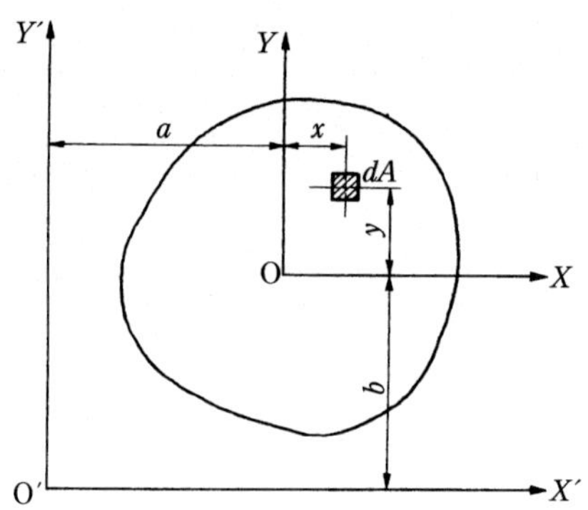

그림 5.18

한편 그림 5.18과 같은 도형에서 도심을 지나는 X, Y축에 평행한 X', Y'축에 대한 관성상승모멘트를 구하려고 할 때는 식 (5.6)인 평행축정리를 이용하면 대단히 편리하다.

즉, $x' = x + a$, $y' = y + b$이므로

$$I_{X'Y'} = \int_A x'y'dA = \int_A (x+a)(y+b)\,dA$$

$$= \int_A xy\,dA + b\int_A x\,dA + a\int_A y\,dA + ab\int_A dA$$

두 번째와 세 번째 항은 도심을 지나는 축에 대한 단면 1차모멘트이므로 0이 된다.

$$\therefore\ I_{X'Y'} = I_{XY} + abA \qquad (5.10)$$

예제 5.9 그림 5.19와 같은 4각형의 평면도형에서 두 축 X', Y'에 대한 관성상승모멘트 $I_{X'Y'}$를 구하라.

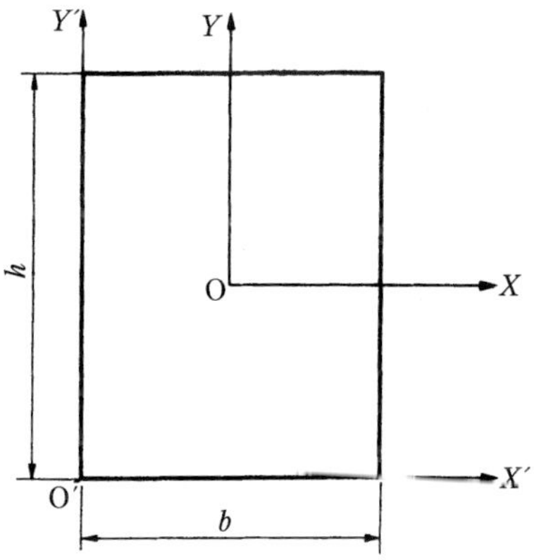

그림 5.19

‖ 풀이 ‖ 식 (5.10)에서 X, Y축은 대칭축이므로, $I_{XY} = 0$

$I_{X'Y'} = I_{XY} + abA = abA$

$$=\left(\frac{b}{2}\right)\left(\frac{h}{2}\right)(bh)=\frac{b^2h^2}{4}=\frac{A^2}{4}$$

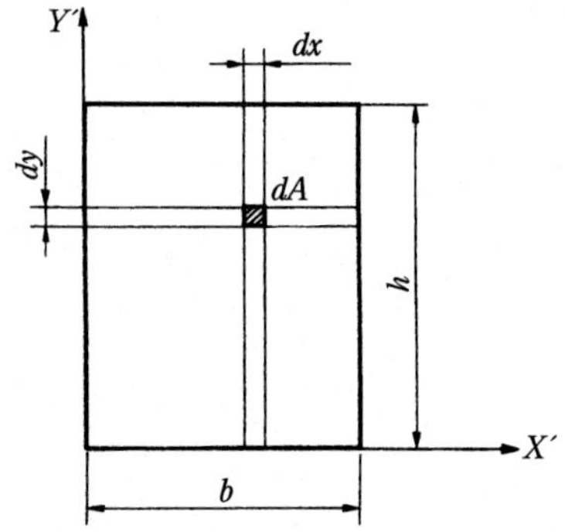

그림 5.20

또는 식 (5.9)를 이용하여 구할 수도 있다.

$$I_{XY}=\int_A xy\,dA=\int_0^b\int_0^h xy\,dx\,dy$$

$$=\int_0^b x\,dx\int_0^h y\,dy=\left[\frac{x}{2}\right]_0^b\left[\frac{y^2}{2}\right]_0^h$$

$$=\left(\frac{b^2}{2}\right)\left(\frac{h^2}{2}\right)=\frac{b^2h^2}{4}=\frac{A^2}{4}$$

예제 5.10 그림 5.21과 같은 L형 단면의 X, Y축에 대한 관성상승모멘트 I_{XY}를 구하라.

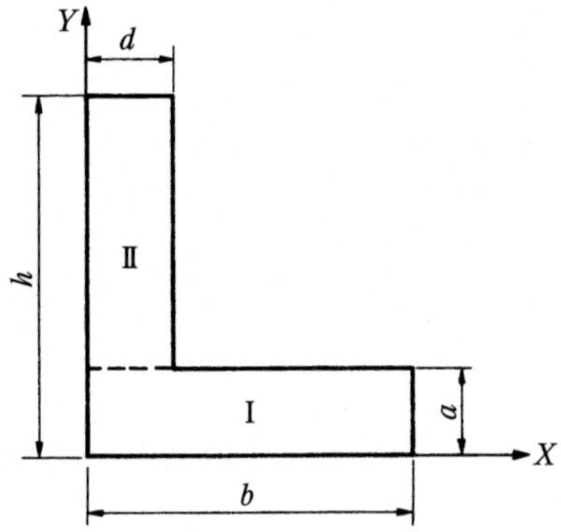

그림 5.21

‖ **풀이** ‖ 식 (5.9)를 이용하여 두 도형으로 나누어서 각각을 구한 후 합하여 준다.

$$I_{XY_I}=\int_0^b\int_0^a xy\,dx\,dy=\int_0^b x\,dx\int_0^a y\,dy=\left[\frac{x^2}{2}\right]_0^b\left[\frac{y^2}{2}\right]_0^a=\frac{a^2b^2}{4}$$

$$I_{XY_{II}}=\int_0^d\int_0^h xy\,dx\,dy=\int_0^d x\,dx\int_0^h y\,dy=\left[\frac{x^2}{2}\right]_0^d\left[\frac{y^2}{2}\right]_0^h=\frac{d^2h^2}{4}-\frac{d^2a^2}{4}$$

$$\therefore\ I_{XY}=I_{XY_I}+I_{XY_{II}}=\frac{a^2b^2}{4}+\frac{d^2h^2}{4}-\frac{a^2d^2}{4}=\frac{1}{4}(a^2b^2+d^2h^2-a^2d^2)$$

따라서 $a\times b$와 $d\times h$의 4각형의 상승모멘트의 합에서 중복된 $a\times d$의 4각형의 상승모멘트를 뺀 것과 같다.

5-07 주축의 결정

그림 5.22에서 축 X, Y를 O점을 중심으로 하여 반시계방향으로 ϕ 만큼 회전시켰을 때 발생된 새로운 축 X', Y'에 대한 관성모멘트와 관성상승모멘트에 대하여 살펴보기로 한다.

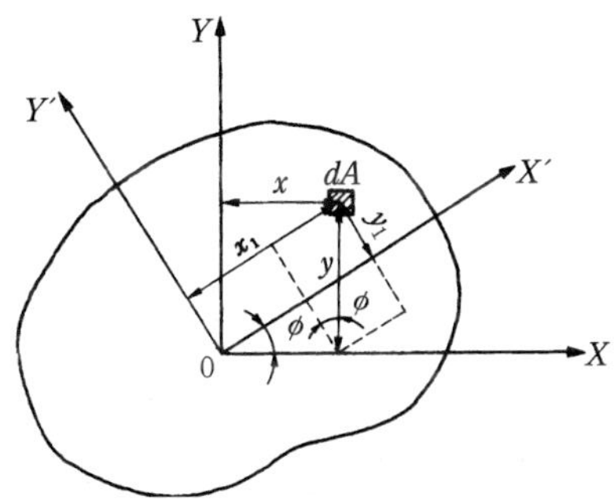

그림 5.22

우선 미소면적 dA의 새로운 좌표(x_1, y_1)는 다음과 같이 표시된다.

$$x_1=x\cos\phi+y\sin\phi \qquad y_1=y\cos\phi-x\sin\phi$$

따라서 새로운 축에 대한 관성모멘트는

$$I_{X'}=\int_A y_1^2\,dA=\int_A(y\cos\phi-x\sin\phi)^2\,dA$$

$$= \int_A y^2 \cos^2\phi\, dA + \int_A x^2 \sin^2\phi\, dA - \int_A 2xy \sin\phi \cos\phi\, dA$$

$$= I_X \cos^2\phi + I_Y \sin^2 - 2I_{XY} \sin\phi \cos\phi$$

삼각함수의 2배각 공식을 이용하여 다시 표현하면 식 (4.14)에 유사한 식이 된다.

$$I_{X'} = \frac{I_X + I_Y}{2} + \frac{I_X - I_Y}{2} \cos 2\phi - I_{XY} \sin 2\phi \qquad (5.11)$$

같은 방법으로

$$I_{Y'} = I_X \sin^2\phi + I_Y \cos^2\phi + I_{XY} \sin 2\phi$$

$$= \frac{I_X + I_Y}{2} - \frac{I_X - I_Y}{2} \cos 2\phi + I_{XY} \sin 2\phi \qquad (5.12)$$

식 (5.11) 및 식 (5.12)의 합과 차를 구해 보면 다음과 같다.

$$I_{X'} + I_{Y'} = I_X + I_Y = I_p \qquad (5.13)$$

$$I_{X'} + I_{Y'} = (I_X - I_Y) \cos 2\phi - 2I_{XY} \sin 2\phi \qquad (5.14)$$

식 (5.13)은 축이 회전한 후의 새로운 축 X', Y'에 대한 관성모멘트의 합은 회전되기 전의 원래의 축 X, Y에 대한 관성모멘트의 합과 같으며, 원점 O에 대한 극관성모멘트와 같다는 것을 나타내 준다.

이번에는 관성상승모멘트에 대해서 알아보면,

$$I_{X'Y'} = \int_A x_1 y_1\, dA$$

$$= \int_A (x \cos\phi + y \sin\phi)(y \cos\phi - x \sin\phi)\, dA$$

$$= \int_A y^2 \sin\phi \cos\phi\, dA - \int_A x^2 \sin\phi \cos\phi\, dA$$

$$+ \int_A xy (\cos^2\phi - \sin^2\phi)\, dA$$

$$= I_X \sin\phi \cos\phi - I_Y \sin\phi \cos\phi + I_{XY} (\cos^2\phi - \sin^2\phi)$$

$$\therefore\ I_{X'Y'} = \frac{I_X - I_Y}{2}\sin 2\phi + I_{XY}\cos 2\phi \qquad (5.15)$$

가 되며, 이 식은 식 (4.15)와 유사하다.

식 (5.15)에서 관성상승모멘트는 회전각 ϕ의 변화에 따라 변화함을 알 수 있다. 즉, $\phi = 0°$이면 $I_{X'Y'} = I_{XY}$이며, $\phi = 90°$이면 $I_{X'Y'} = -I_{XY}$가 된다.

따라서 관성상승모멘트는 90° 회전하는 동안에 부호가 (+)에서 (−)로 변화되었다는 것은 관성상승모멘트가 연속함수인 이상 0° 에서 90° 사이의 어디에서 반드시 그 값이 0이 되는 위치가 존재하게 된다. 이 위치에 있는 축이 주축이며, 만일 도심을 좌표의 원점으로 잡는다면 이 주축은 **도심주축**(centroidal principal axis)이 된다. 한편 주축에 대한 관성상승모멘트는 0이므로, 주축의 방향을 구하려면 식 (5.15)가 0이 되는 각을 구하면 된다. 즉,

$$\frac{(I_X - I_Y)}{2}\sin 2\phi + I_{XY}\cos 2\phi = 0$$

$$\therefore\ \tan 2\phi = -\frac{2I_{XY}}{I_X - I_Y} = \frac{2I_{XY}}{I_Y - I_X} \qquad (5.16)$$

식 (5.16)은 식 (5.11) 또는 식 (5.12)를 ϕ에 관하여 미분하여 0으로 놓아도 같은 결과를 얻을 수 있다. 즉,

$$\frac{dI_{X'}}{d\phi} = (I_X - I_Y)\sin 2\phi - 2I_{XY}\cos 2\phi = 0$$

$$\therefore\ \tan 2\phi = -\frac{2I_{XY}}{I_X - I_Y} = \frac{2I_{XY}}{I_Y - I_X}$$

이 값은 식을 미분하여 0으로 한 $\frac{dI_{X'}}{d\phi} = 0$에서 얻은 값이므로 극값이 되며, 이 값을 원식인 식 (5.11) 및 식 (5.12)에 대입하면 관성모멘트의 최대값 및 최소값이 된다는 것을 알 수 있다.

4-4절에서와 같은 방법으로 $\tan 2\phi$를 이용해서 $\sin 2\phi$ 및 $\cos 2\phi$를

구해서 식 (5.11) 및 식 (5.12)에 각각 대입하여 정리하면, 다음과 같은 **주관성모멘트** 또는 **주단면 2차모멘트**를 구할 수 있다.

$$I_{max} = I_1 = \frac{I_X + I_Y}{2} + \frac{I_X - I_Y}{2}\cos 2\phi - I_{XY}\sin 2\phi$$

$$= \frac{I_X + I_Y}{2} + \sqrt{\left(\frac{I_X - I_Y}{2}\right)^2 + I_{XY}{}^2}$$

$$I_{min} = I_2 = \frac{I_X + I_Y}{2} - \frac{I_X - I_Y}{2}\cos 2\phi + I_{XY}\sin 2\phi \qquad (5.17)$$

$$= \frac{I_X + I_Y}{2} - \sqrt{\left(\frac{I_X - I_Y}{2}\right)^2 + I_{XY}{}^2}$$

식 (5.16) 및 식 (5.17)은 식 (4.18) 및 식 (4.21)의 σ_x, σ_y, τ_{xy} 대신에 각각 I_X, I_Y, I_{XY}를 대입한 결과와 일치함을 알 수 있다. 따라서 이들의 관계를 그림 4.25의 모어원을 이용해서 기억하면 대단히 편리하다는 것도 알 수 있다.

즉, 식 (5.17)을 다음과 같이 간단히 표현할 수도 있다.

$$I_{1,\,2} = \frac{I_X + I_Y}{2} \pm R \qquad (5.18)$$

이상의 주축에 관한 설명을 요약해 보면 다음과 같다.

① 주축은 식 (5.16)으로 정해지는 한 쌍의 직교축이 된다.
② 주축에 대한 관성상승모멘트의 값은 0이 된다.
③ 주축에 대한 관성모멘트는 하나는 최대이고 다른 하나는 최소이다.
④ 대칭축은 언제나 주축이 된다.

예제 5.11 그림 5.23과 같은 L형 단면에서 X 및 Y축에 대한 상승모멘트와 $\phi=45°$만큼 회전된 X' 및 Y'축에 대한 상승모멘트를 구하라.

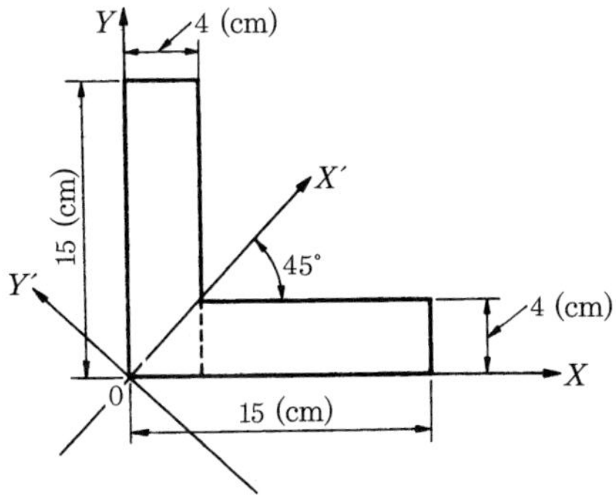

그림 5.23

‖ **풀이** ‖ $I_X=\dfrac{4\times15^3}{3}+\dfrac{11\times4^3}{3}=4{,}735(\text{cm}^4)$

$$I_Y=\frac{11\times4^3}{3}+\frac{4\times15^3}{3}=4{,}735(\text{cm}^4)$$

$$I_{XY}=\int_A xy\,dA=\int_A\int_A xy\,dx\,dy$$

$$=\int_0^4 x\,dx\int_0^{15} y\,dy+\int_4^{15} x\,dx\int_0^4 y\,dy=1{,}736(\text{cm}^4)$$

식 (5.11) 및 식 (5.12)에 위에서 구한 것과 $\phi=45°$를 대입하여 정리하면,

$$I_{X'}=\frac{I_X+I_Y}{2}+\frac{I_X-I_Y}{2}\cos2\phi-I_{XY}\sin2\phi$$

$$=\frac{4{,}735+4{,}735}{2}+\frac{4{,}735-4{,}735}{2}\cos90°-1{,}736\sin90°$$

$$=4{,}735-1{,}736=2{,}999(\text{cm}^4)$$

$$I_{Y'}=\frac{I_X+I_Y}{2}-\frac{I_X-I_Y}{2}\cos2\phi-I_{XY}\sin2\phi$$

$$=4{,}735+1{,}736=6{,}471(\text{cm}^4)$$

식 (5.15)에서

$$I_{X'Y'}=\frac{I_X-I_Y}{2}\sin2\phi+I_{XY}\cos2\phi=0$$

즉, $I_{X'Y'}=0$은 X' 및 Y'축이 대칭축이며 주축임을 말해 준다.

예제 5.12 그림 5.24와 같은 L형의 단면에서 주관성모멘트의 크기와 방향을 구하라.

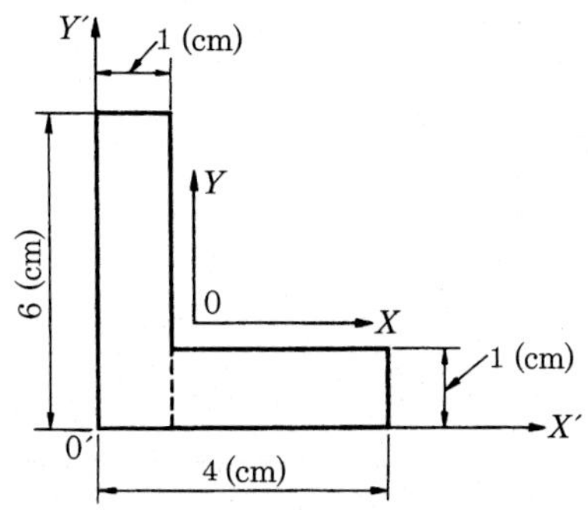

그림 5.24

‖ **풀이** ‖ 1) 식 (5.2)에 의하여 도심을 구하면,

$$\bar{x}=\frac{G_Y}{A}=\frac{A_1\overline{x_1}+A_2\overline{x_2}}{A_1+A_2}=\frac{6\times0.5+3\times2.5}{1\times6+3\times1}=1.17(\text{cm})$$

$$\bar{y}=\frac{G_X}{A}=\frac{A_1\overline{y_1}+A_2\overline{y_2}}{A_1+A_2}=\frac{6\times3+3\times0.5}{1\times6+3\times1}=2.17(\text{cm})$$

2) 사각형 단면의 밑변에 대한 관성모멘트는 $I=\frac{bh^3}{3}$이므로,

$$I_{X'}=\frac{1\times6^3}{3}+\frac{3\times1^3}{3}=73(\text{cm}^4),\quad I_{Y'}=\frac{5\times1^3}{3}+\frac{1\times4^3}{3}=23(\text{cm}^4)$$

3) 예제 5.10에서 $I_{X'Y'}=\frac{1}{4}(a^2b^2+d^2h^2-a^2d^2)$을 참조하면,

$$I_{X'Y'}=\frac{1}{4}(1^2\times4^2+1^2\times6^2-1^2\times1^2)=12.75(\text{cm}^4)$$

4) 평행축정리를 이용해서 X, Y축에 대해서 구하면,

$$I_X=I_{X'}-A\bar{y}^2=73-(9)(2.17)^2=30.6(\text{cm}^4)$$

$$I_Y=I_{Y'}-A\bar{x}^2=23-(9)(1.17)^2=10.7(\text{cm}^4)$$

$$I_{XY}=I_{X'Y'}-A\bar{x}\cdot\bar{y}=12.75-(9)(1.17)(2.17)=-10.1(\text{cm}^4)$$

5) 식 (5.18)에 의하면

$$R=\sqrt{\left(\frac{I_X-I_Y}{2}\right)^2+{I_{XY}}^2}=\sqrt{\left(\frac{30.6-10.7}{2}\right)^2+(-10.1)^2}=14.2(\text{cm})$$

$$I_1 = \frac{I_X + I_Y}{2} + R = \frac{30.6 + 10.7}{2} + 14.2 = 34.85(\text{cm}^4)$$

$$I_2 = \frac{I_X + I_Y}{2} - R = 20.65 - 14.2 = 6.45(\text{cm}^4)$$

6) 식 (5.16)에서

$$\tan 2\phi = -\frac{2I_{XY}}{I_X - I_Y} = -\frac{2(-10.1)}{30.6 - 10.7} = 1.02$$

$$\therefore \ \phi = \frac{1}{2}\tan^{-1}1.02 = 22.8°$$

연 습 문 제

1. 다음 설명 중 잘못된 것은 어느 것인가?

(a) 관성모멘트의 단위는 (cm^4)이다.

(b) 3각형의 도심은 밑변에서 $\frac{1}{3}$ 높이의 위치에 있다.

(c) 단면계수는 도심축에 대한 관성모멘트를 도심축으로부터 상·하단까지의 거리로 나눈 값이다.

(d) 관성반지름은 도심축에 대한 관성모멘트를 단면적으로 나눈 값이다.

2. 단면의 주축에 대한 다음 설명 중 잘못된 것은 어느 것인가?

(a) 주축은 항상 대칭축을 가진다.

(b) 주축에 대한 관성상승모멘트의 값은 항상 0이다.

(c) 주축에 대한 관성모멘트는 하나는 최대이고 다른 하나는 최소이다.

(d) 대칭축은 언제나 주축이 된다.

3. 그림 5.25와 단면에서 관성모멘트가 가장 큰 것은 어느 것인가?

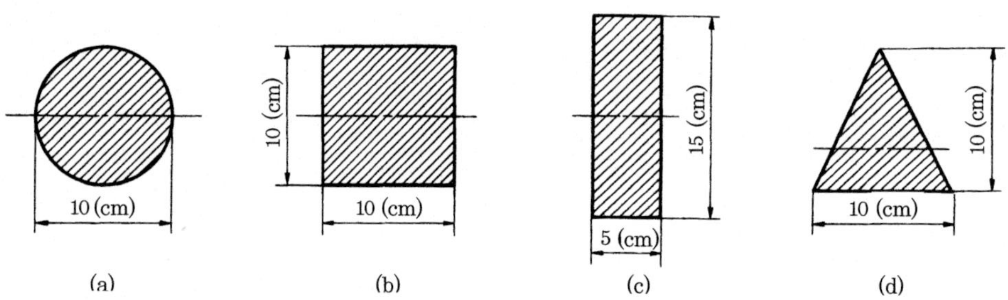

그림 5.25

4. 그림 5.26과 같은 단면에서 단면계수가 가장 큰 것은 어느 것인가?

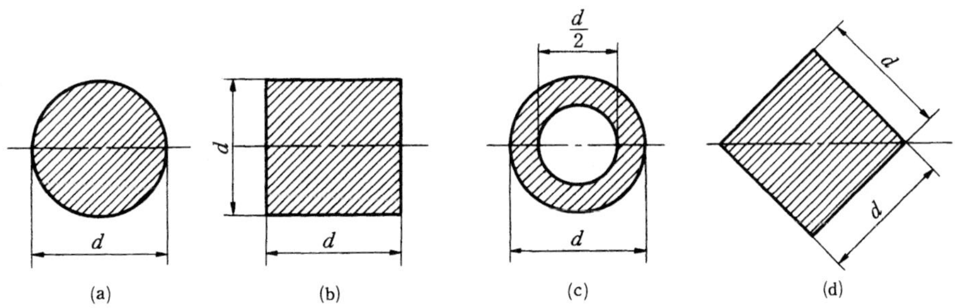

그림 5.26

5. 그림 5.27과 같은 단면에서 단면계수를 구하라.

(a) 28.5(cm^3)　　(b) 36.5(cm^3)
(c) 638.5(cm^3)　　(d) 78.5(cm^3)

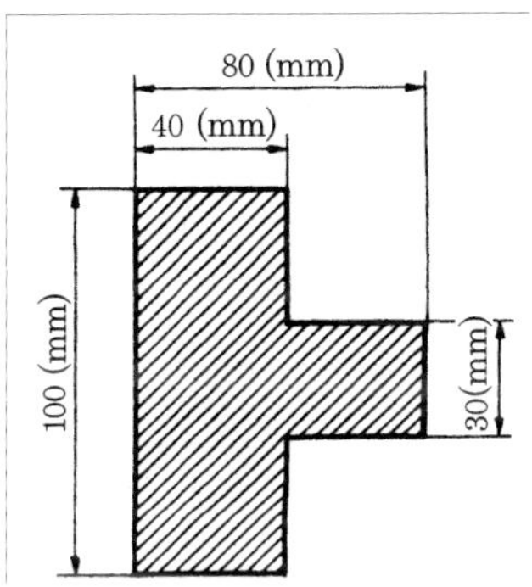

그림 5.27

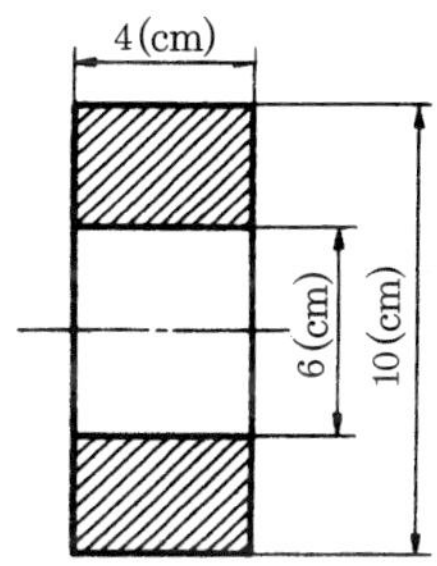

그림 5.28

6. 그림 5.28과 같은 단면의 단면계수를 구하라.

(a) 52.3(cm^3)　　(b) 48.5(cm^3)
(c) 37.4(cm^3)　　(d) 26.5(cm^3)

7. 그림 5.29와 같은 구형단면에서 도심을 지니는 축과 평행한 X', Y'축에 대한 관성모멘트를 각각 I_X', I_Y'라 할 때 $(I_X' \quad I_Y')$의 값은 얼마인가?

(a) 2,465(cm^4)　　(b) 2,660(cm^4)
(c) 2,960(cm^4)　　(d) 3,265(cm^4)

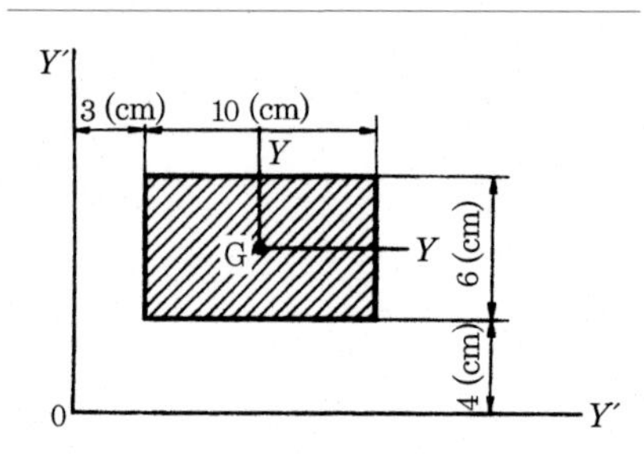

그림 5.29

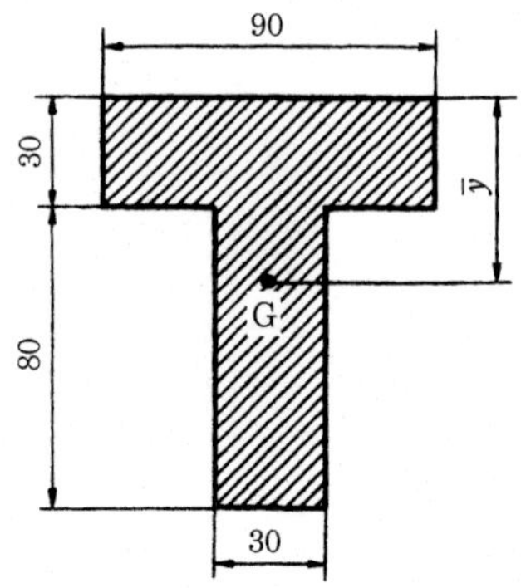

그림 5.30

8. 그림 5.30과 같은 T형 단면의 도심 $\bar{y}$는 얼마인가? 단, 단위는 (mm)이다.

(a) 28.46 (b) 35.64

(c) 40.88 (d) 52.45

9. 그림 5.31과 같은 한 변이 a인 정방형 단면에서 도심을 지나는 X축에 평행한 X'축에 대한 관성모멘트를 구하라.

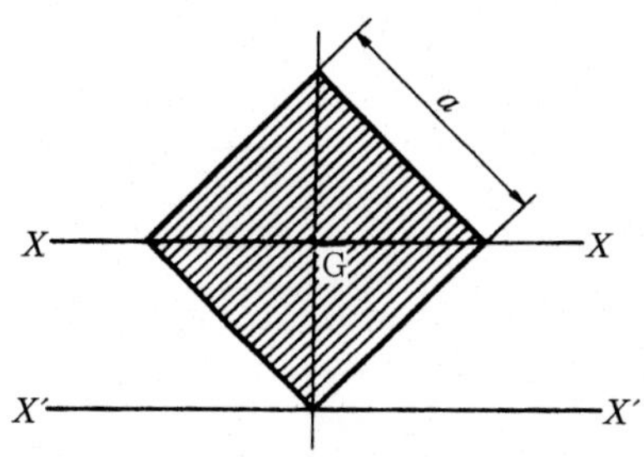

그림 5.31

(a) $\frac{a^4}{12}$ (b) $\frac{3a^4}{12}$ (c) $\frac{5a^4}{12}$ (d) $\frac{7a^4}{12}$

10. 그림 5.32와 같은 반지름이 6(cm), 바깥지름 12(cm)인 중공단면에서 단면의 접선인 X'축에 대한 관성모멘트는 얼마인가?

(a) 5,026(cm^4) (b) 4,008(cm^4)

(c) 3,789(cm^4) (d) 2,675(cm^4)

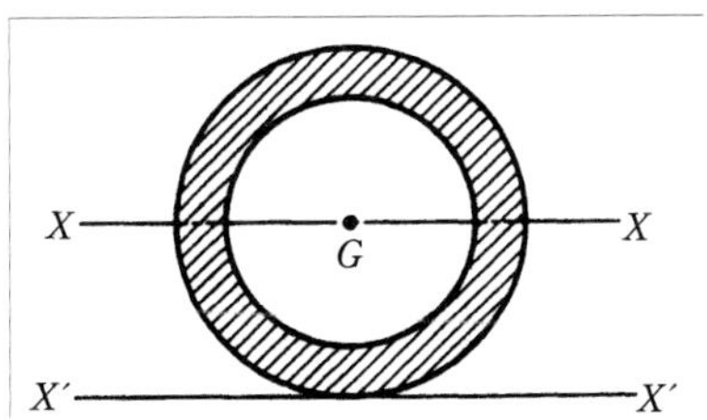

그림 5.32

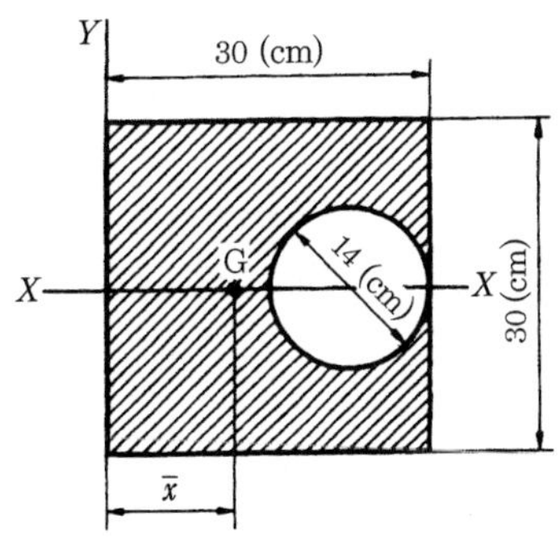

그림 5.33

11. 그림 5.33과 같은 한 변의길이가 30(cm)인정방형에서 지름이 14(cm)인 원의 면적을 뺀 빗금 부분의 도심의 위치 $\bar{x}$는 얼마인가?

(a) 12.36(cm)　　(b) 13.35(cm)

(c) 13.78(cm)　　(d) 14.02(cm)

12. 그림 5.34와 같은 도형에서 꼭지점 O를 지나는 주축의 방향을 표시하는 tan2ϕ의 값을 바르게 표현한 식은 어느 것인가?

(a) $\dfrac{3bh}{b^2-h^2}$　　(b) $\dfrac{bh}{b^2-h^2}$

(c) $\dfrac{3bh}{2(b^2-h^2)}$　　(d) $\dfrac{bh}{2(b^2-h^2)}$

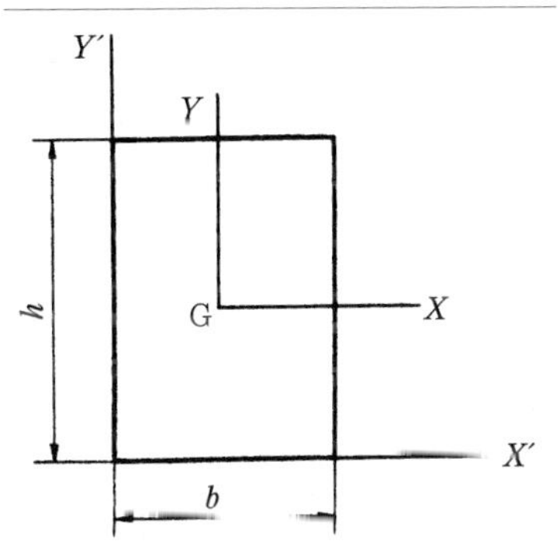

그림 5.34

13. 그림 5.35와 같은 도형의 도심을 지나는 축에 대한 관성모멘트 I_{XG}를 주어진 표를 이용해서 구하라.

A(cm^2)	$\overline{y}$(cm)	G_X(cm^3)	I_X(cm^4)
$A_1=628$	$\overline{y_1}=8.5$	$G_{X1}=5,338$	$I_{X1}=62,832$
$A_2=72$	$\overline{y_2}=3$	$G_{X2}=216$	$I_{X2}=864$

(a) 6,298(cm^4) (b) 8,375(cm^4)
(c) 12,607(cm^4) (d) 14,908(cm^4)

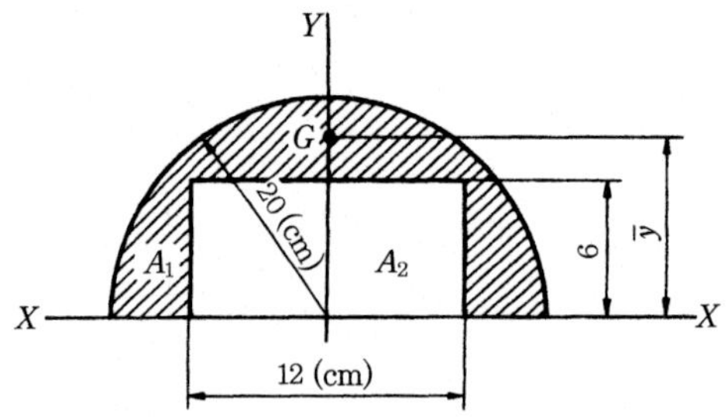

그림 5.35

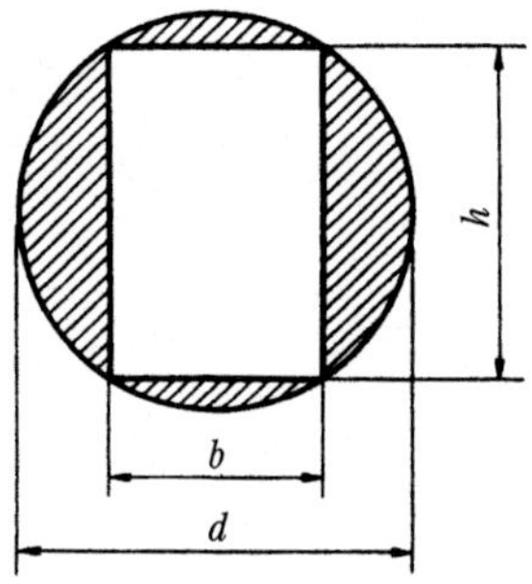

그림 5.36

14. 그림 5.36과 같은 지름이 d인 원형단면에서 최대단면계수를 갖는 4각형 단면을 얻으려면 폭 b와 높이 h의 비를 얼마로 하면 되겠는가?

(a) 1 : 1 (b) 1 : $\sqrt{2}$
(c) 1 : $\sqrt{3}$ (d) 1 : 2

15. 그림 5.37과 같은 도형의 빗금친 부분에 대한 단면계수를 구하라.

A(cm^2)	$\overline{y}$(cm)	G_X(cm^3)	I_X(cm^4)
$A_1=160$	$\overline{y_1}=8$	$G_{X1}=1,280$	$I_{X1}=13,653$
$A_2=8$	$\overline{y_2}=11$	$G_{X2}=88$	$I_{X2}=979$

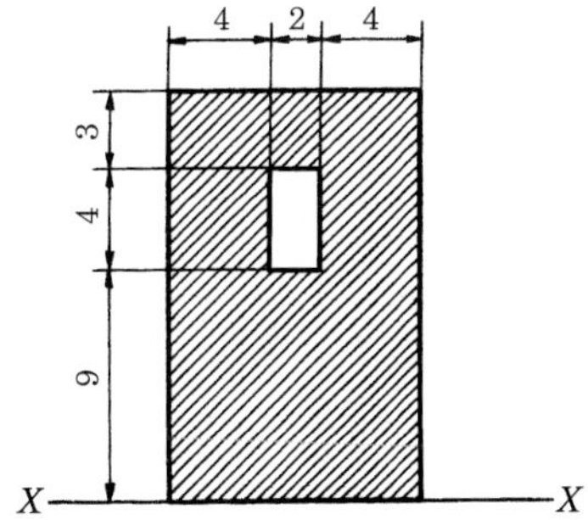

그림 5.37

(a) $Z_1 = 418(\text{cm}^3)$, $Z_2 = 439(\text{cm}^3)$　　(b) $Z_1 = 325(\text{cm}^3)$, $Z_2 = 345(\text{cm}^3)$

(c) $Z_1 = 264(\text{cm}^3)$, $Z_2 = 296(\text{cm}^3)$　　(d) $Z_1 = 135(\text{cm}^3)$, $Z_2 = 167(\text{cm}^3)$

응 용 문 제

1. 그림 5.38과 같은 원형단면의 빗금 부분에 대한 관성모멘트 I_X 및 I_Y를 구하라. 단, 단위는 (cm)이다.

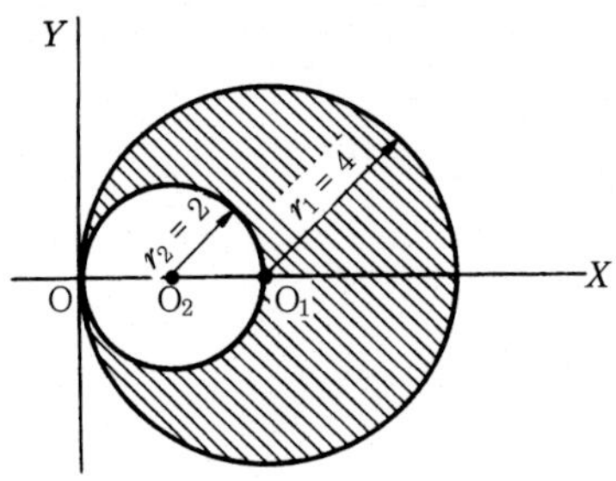

그림 5.38

2. 한 변이 90(cm)인 정방형도형에 그림 5.39와 같이 지름이 $d=30$(cm)인 구멍이 있고, 그 구멍의 중심은 대각선 $\overline{AC}$의 1/4되는 지점에 있다고 한다. 도심의 위치 $\bar{y}$를 구하라.

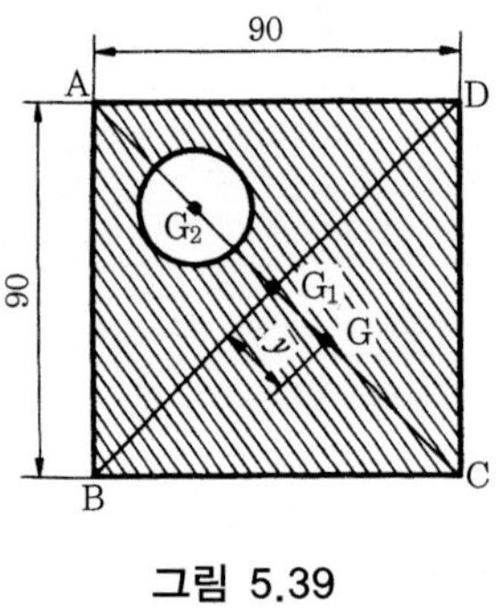

그림 5.39

3. 그림 5.40과 같은 I형 단면의 단면계수를 구하라.

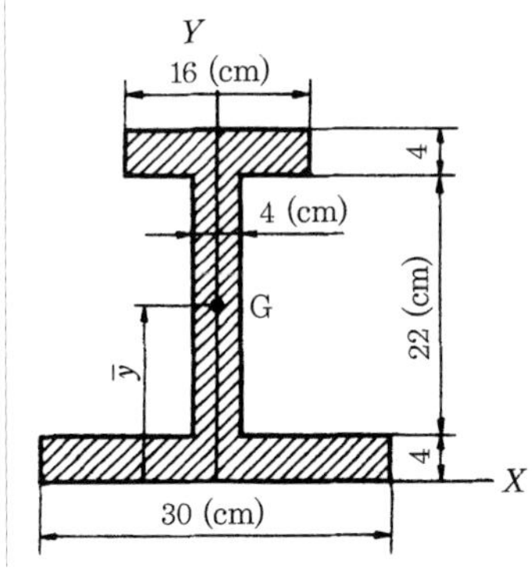

그림 5.40

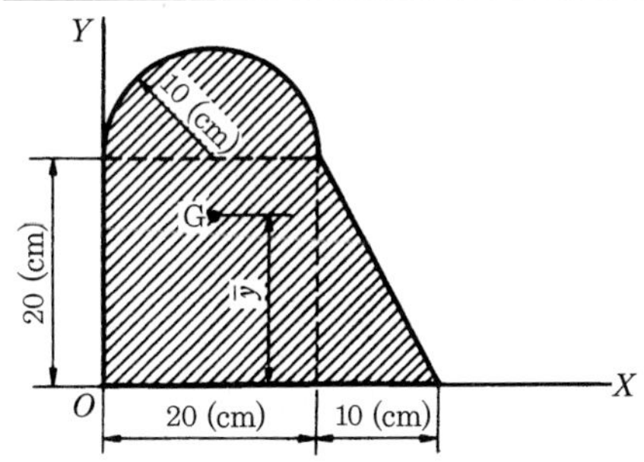

그림 5.41

4. 그림 5.41과 같은 도형의 도심의 위치 $\bar{y}$를 구하라.

5. 그림 5.42와 같은 도형에서 도심의 좌표 ($\bar{x}$, $\bar{y}$)를 구하라.

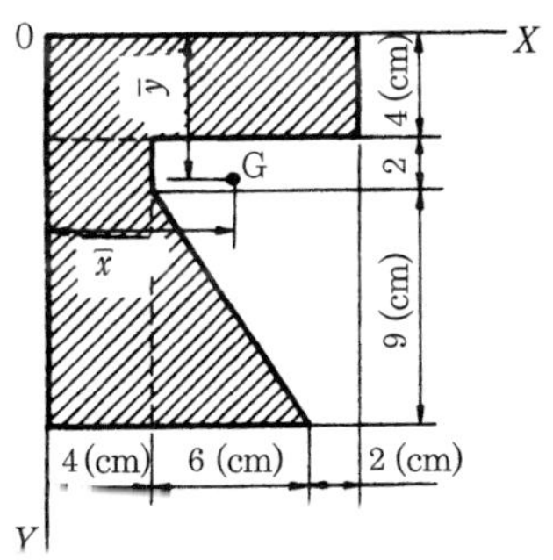

그림 5.42

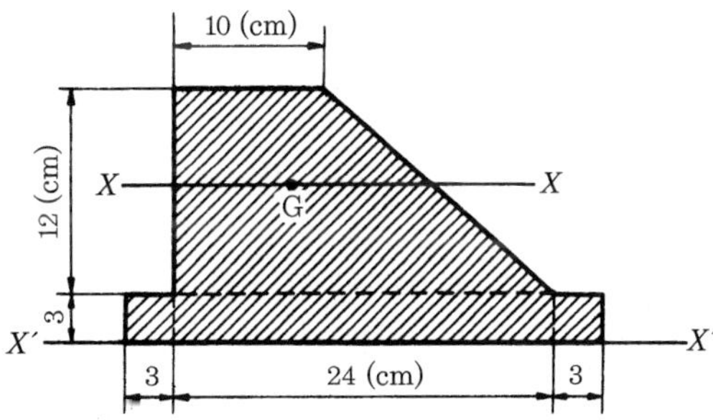

그림 5.43

6. 그림 5.43과 같은 도형의 단면 2차모멘트를 구하라.

7. 그림 5.44와 같은 빗금친 도형의 단면계수를 구하라.

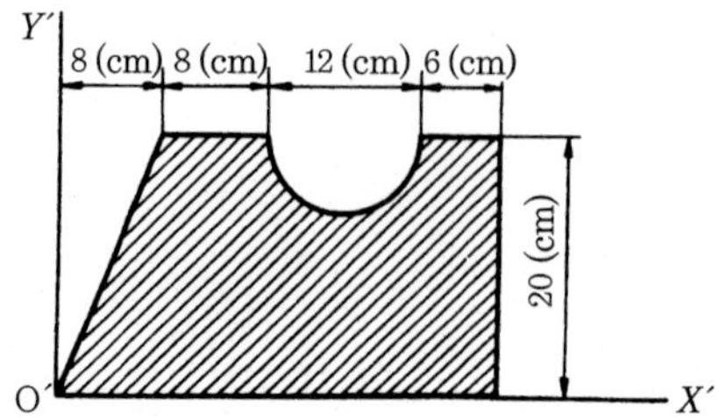

그림 5.44

8. 그림 5.45와 같은 한 변의 길이가 a인 마름모꼴의 중앙에 한 변이 μa인 정4각형의 구멍을 만들었을 때 직교축 X, Y에 대한 단면 2차모멘트를 I_X, I_Y라 하면 이들의 비 $\dfrac{I_X}{I_Y}=\dfrac{1}{5}$이 되도록 μ의 값을 구하라.

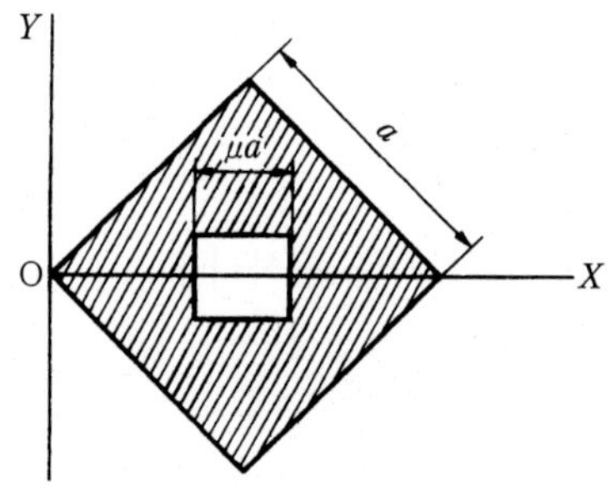

그림 5.45

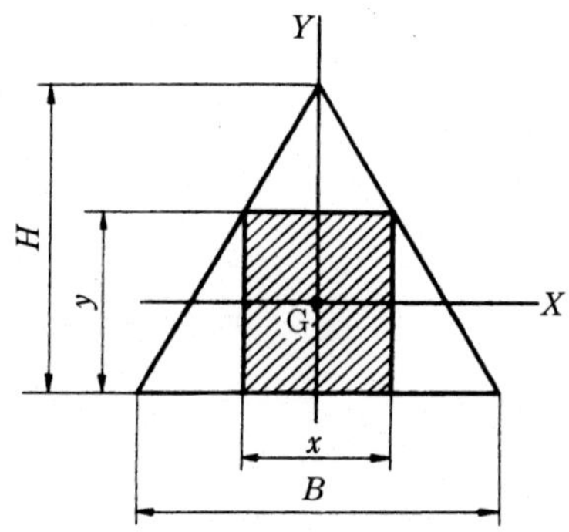

그림 5.46

9. 그림 5.46과 같은 3각형 단면 $(B>H)$으로부터 절취할 수 있는 최대의 단면계수를 가지는 직4각형 단면을 구하라.

10. 그림 5.47과 같은 도형에서 빗금친 부분의 단면계수는 얼마인가? 단, $r=12$ (cm), $R=18$(cm)이다.

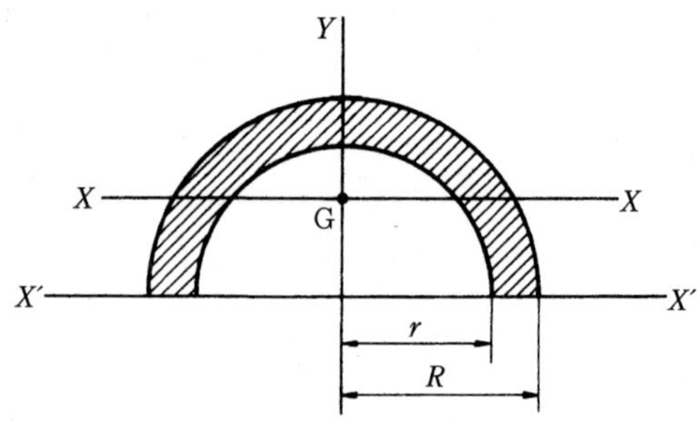

그림 5.47

6 Chapter 비틀림

6-01 원형단면축의 비틀림

축은 원형단면의 경우에 강도가 가장 클 뿐 아니라 경제성도 높아 대부분의 기계에서는 원형단면축을 이용한다.

그림 6.1과 같은 반지름 r, 길이 l인 원형단면축의 한 끝을 고정하고 다른 끝에 **우력**(couple of force) T를 작용시키면 고정단에는 그 반작용으로 크기가 같고 방향이 반대인 우력이 발생되어 이 축에는 비틀림 현상이 나타나게 되며, 축의 내부에서는 외력 T에 상응되는 **비틀림응력**(torsional stress)이 발생하게 된다.

이 때 외력으로 작용한 우력은 축을 회전시키려는 작용을 하게 되며, 이러한 우력 T를 **비틀림모멘트**(twisting moment, torsional moment) 또는 **토크**(torque)라고 한다.

여기서 비틀림각이 작은 동안은 변형 후에도 단면은 여전히 원형을 유지하고, 단면의 지름 및 단면들 사이의 거리도 거의 변화되지 않는다는 가정하에서 축을 해석하기로 한다.

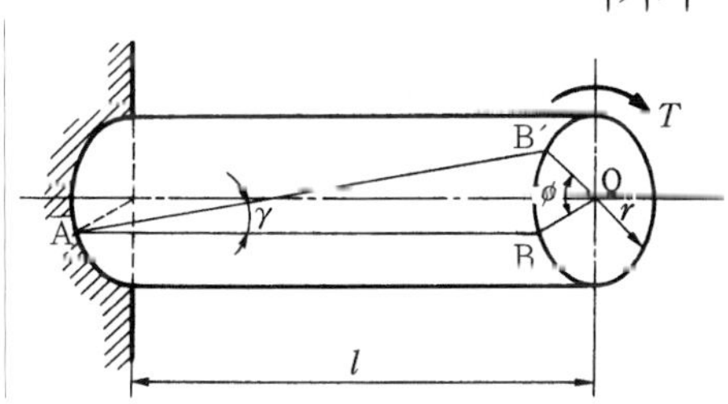

그림 6.1

그림 6.1에서 반지름 $\overline{OB}$가 변형 후 각 ϕ만큼 회전되어 $\overline{OB'}$로 되고, 축의 표면에서 축 중심선에 평행으로 그은 모선 $\overline{AB}$는 축이 비틀려지면서 $\overline{AB'}$로 이동하게 되어 이들 사이의 전단각을 γ라고 할 때,

$$\tan\gamma = \frac{\overline{BB'}}{\overline{AB}} = \frac{\phi r}{l}$$

의 관계를 얻을 수 있으며, γ는 대단히 작은 각이므로 $\tan\gamma \fallingdotseq \gamma$로 표시할 수 있다. 따라서 윗식을 다시 표현하면 다음과 같다.

$$\gamma = \frac{\phi r}{l} \tag{6.1}$$

이 γ는 비틀림모멘트에 의해서 길이 l의 원형축 둘레에 발생되는 **전단변형률**(shearing strain)이 된다.

또 식 (6.1)을 이용한 전단응력은 다음과 같이 표현된다.

$$\tau = G\gamma = \frac{G\phi r}{l} \tag{6.2}$$

식 (6.2)로부터 비틀림작용을 받을 때 원형단면 내에 발생되는 전단응력은 축의 중심으로부터의 거리 r에 정비례하게 되며, $r = R$인 표면에서 그 최대값이 발생함을 알 수 있다. 공액전단응력의 개념을 이용해서 전단응력의 분포를 표시하면 그림 6.2와 같다.

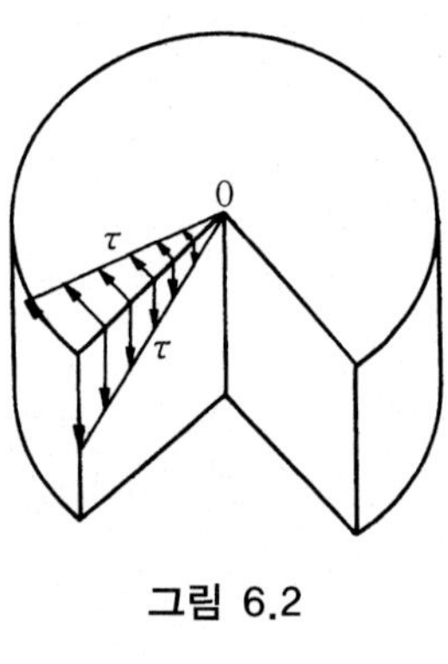

그림 6.2

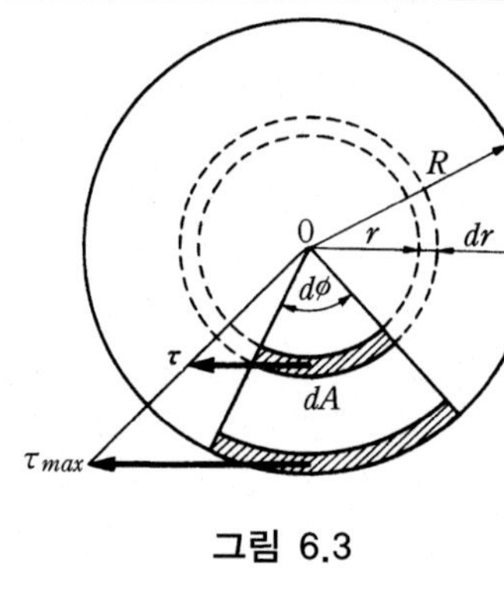

그림 6.3

이번에는 그림 6.1의 임의단면을 절단하여 그림 6.3과 같이 표시한 후, 이 단면에 작용하는 전단력이 중심축에 대해서 작용하는 모멘트의 총합은 힘의 평형조건에 의하여 외부에서 가한 토크 T와 평형상태가 되어야 함을 고찰하기로 한다.

그림 6.3에서 미소 단면적 dA에 작용하는 전단력은 τdA로 표현할 수 있으므로, 이 미소 단면적 dA에 작용하는 토크는 $dT = \tau dA \cdot r$로

표현할 수 있다.

따라서 단면 전체에 작용하는 총토크 T는 식 (6.2)를 고려하여 다음과 같이 정리할 수 있다.

$$T = \int_A dT = \int_A \tau\, dAr = \int_A \frac{G\phi r}{l} dAr \tag{6.3}$$

$$= \frac{G\phi}{l}\int_A r^2 dA = \frac{G\phi I_p}{l}$$

여기서 $\int_A r^2 dA$는 단면의 중심 O에 대한 극관성모멘트 I_p를 나타낸다.

식 (6.3)에서 비틀림각 ϕ에 대해서 정리하면 다음과 같다.

$$\phi = \frac{Tl}{GI_p} \tag{6.4}$$

식 (6.4)로부터 비틀림각 ϕ는 토크 T와 축의 길이 l에 비례하며, 단위길이에 대한 비틀림각을 줄 때의 비틀림모멘트를 표시하는 **비틀림강도**(torsional rigidity)라고 하는 GI_p에 반비례한다. 여기서 비틀림강도는 G의 값이 클수록, 또 축의 지름을 크게 할수록 증가된다는 것을 알 수 있다.

단면이 원형단면이라면 $I_p = \frac{\pi d^4}{32}$이므로, 식 (6.4)는

$$\phi = \frac{32\,Tl}{\pi de^4 G}(\text{rad}) = \frac{584\text{Tl}}{\text{Gd}^4}(^\circ)$$

과 같이 표현되며, 식 (6.4)를 식 (6.2)에 대입하면

$$\tau = \frac{Gr}{l}\phi = \frac{Gr}{l}\cdot\frac{Tl}{GI_p} = \frac{T}{I_p/r} = \frac{T}{Z_p}$$

$$\therefore\ T = \tau Z_p \tag{6.5}$$

식 (6.5)에서의 T는 외력인 토크에 저항해서 발생된 것이므로 **비틀림저항모멘트**(torsional resisting moment)라고 한다.

또 최대전단응력은 $r = R$인 표면에서 발생되므로, 식 (6.5)에서 다음과 같이 표현된다.

$$\tau_{\max} = \frac{T}{Z_p} = \frac{16T}{\pi d^3} \tag{6.6}$$

그림 6.2에서 알 수 있는 바와 같이 축의 표면에서는 최대응력이 발생되므로 표면에 가까운 재료는 재료의 사용응력 한도까지 충분히 이용되지만, 축의 중심부에 있는 재료는 적은 응력의 작용으로 인해서 재료의 이용도 역시 훨씬 감소된다. 따라서 재료의 경제성면에서 고찰할 때 이는 재료의 낭비라 할 수 있다. 이런 경우 **중공축**(hollow shaft)으로 한다면 훨씬 경제적이 될 수 있다.

그러나 재료의 가공이 용이하지 않는다든지 다른 어떤 이유로 인해서 재료의 절약에서 얻을 수 있는 소득보다 가공비가 훨씬 많이 든다든지 하는 등의 이유로 오히려 경제성이 나빠질 경우라면 당연히 **중실축**(solid shaft)으로 가공해야 하므로, 중공축과 중실축 중 어느 것으로 할 것인가는 그 때의 상황에 따라 신중히 결정할 문제이다. 그러나 중량의 감소가 절대적으로 중요한 항공기, 선박 등의 축을 제작할 경우에는 반드시 중공축을 선택함이 유리하다.

예를 들어, 안지름이 $\dfrac{d}{2}$인 중공축인 경우를 지름이 d인 중실축과 비교 검토해 보면 다음과 같다.

식 (6.4)로부터

$$\phi_1 = \frac{Tl}{GI_p} = \frac{32Tl}{\pi d^4 G}$$

$$\phi_2 = \frac{32Tl}{\pi\left(d^4 - \dfrac{d^4}{16}\right)G} = \frac{16}{15}\frac{32Tl}{\pi d^4 G}$$

$$\therefore \ \frac{\phi_2}{\phi_1} = \frac{16}{15} = 1.0667$$

식 (6.6)으로부터

$$\tau_{\max 1} = \frac{T}{Z_p} = \frac{16T}{\pi d^3}$$

$$\tau_{max2} = \frac{16T}{\pi\left(d^3 - \frac{d^3}{8}\right)} = \frac{8}{7}\frac{16T}{\pi d^3}$$

$$\therefore \frac{\tau_{max2}}{\tau_{max1}} = \frac{8}{7} = 1.143$$

한편 체적을 비교해 보면

$$V_1 = A_1 l = \frac{\pi d^2 l}{4}$$

$$V_2 = A_2 l = \frac{\pi\left(d^2 - \frac{d^2}{4}\right)l}{4} = \frac{3}{4}\frac{\pi d^2 l}{4} \qquad \therefore \frac{V_2}{V_1} = \frac{3}{4} = 0.75$$

즉, 중공축이 중실축에 비하여 비틀림각은 6%, 최대전단응력은 14% 정도가 증가되지만 체적, 즉 중량은 25%나 감소됨을 알 수 있다.

예제 6.1 지름 5(cm), 길이 1.2(m)인 연강의 한 끝을 고정하고 다른 끝에 800(N)의 비틀림모멘트가 작용할 때, 이 봉에 생기는 최대전단응력을 구하라.

‖ **풀이** ‖ 식 (6.6)에서

$$\tau_{max} = \frac{T}{Z_p} = \frac{16T}{\pi d^3} = \frac{16 \times 800}{\pi \times 0.05^3} = 32.6(\text{MPa})$$

예제 6.2 그림 6.4와 같이 지름이 10(mm)인 강선의 상단을 고정하고 하단에 지름이 180(mm)인 추를 달아 접선방향으로 50(N)의 힘을 작용시키면 강선이 9° 만큼 비틀렸다고 하자. 이 때 강선의 길이가 3(m)라면 이 강선의 가로탄성계수와 최대전단응력은 얼마인가?

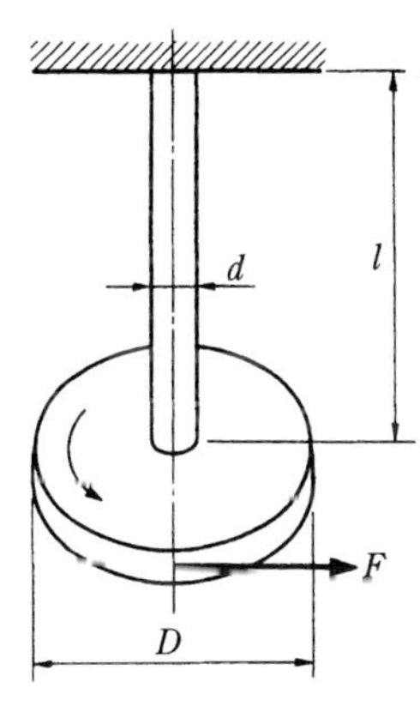

그림 6.4

‖ **풀이** ‖ $T = FR = 50 \times 0.09 = 4.5(\text{Nm})$

식 (6.4)에서,

$$G=\frac{Tl}{I_p\phi}=\frac{4.5\times3}{\frac{\pi\times0.014^4}{32}\times\frac{9\pi}{180}}=21.77(\text{GPa})$$

식 (6.6)에서, $\tau_{\max}=\frac{16T}{\pi d^3}=\frac{16\times4.5}{\pi\times0.01^3}=22.92(\text{MPa})$

예제 6.3 그림 6.5와 같은 지름이 d, 길이가 l인 봉의 양단을 고정하고 단면 mn의 임의위치에서 비틀림모멘트 T를 작용시킬 때, 봉의 좌단과 우단에 작용하는 비틀림모멘트 T_a 및 T_b를 구하라.

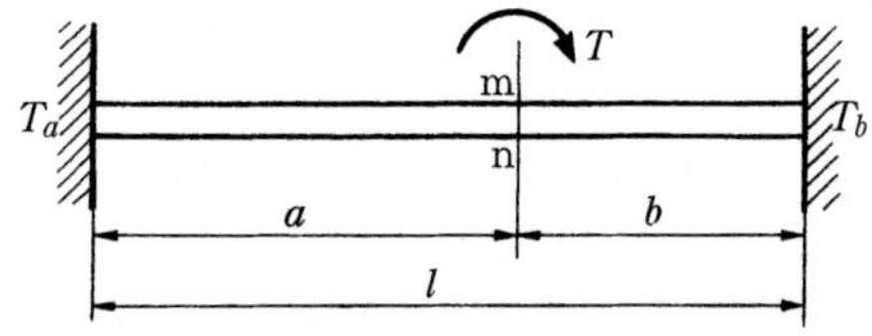

그림 6.5

‖ **풀이** ‖ T에 의해서 양단에 발생되는 모멘트는 평형조건에 의해서

$$T=T_a+T_b \qquad \text{(a)}$$

또 외력의 작용점인 mn에서의 좌우 비틀림각은 같으므로

$$\phi=\frac{T_a a}{GI_p}=\frac{T_b b}{GI_p}\ \therefore\ \frac{T_a}{T_b}=\frac{b}{a} \qquad \text{(b)}$$

즉, 봉의 좌우단의 비틀림모멘트는 봉의 길이에 반비례함을 알 수 있다.

식 (a)와 식 (b)를 연립해서 풀면,

$$T_a=\frac{b}{a+b}T=\frac{b}{l}T,\ T_b=\frac{a}{a+b}T=\frac{a}{l}T$$

6-02 전동축

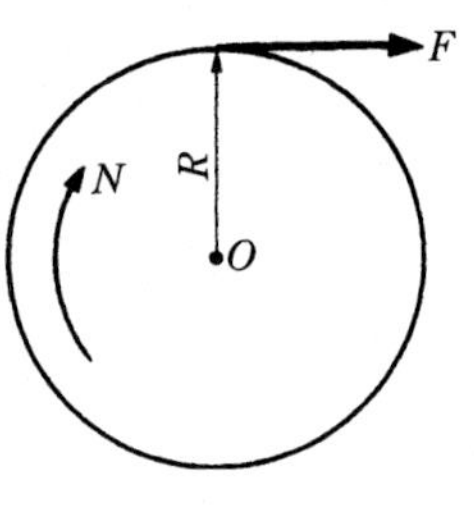

그림 6.6

원동기와 같은 동력장치에서 동력을 전달하게 될 때 주로 축이 이용되는데, 이러한 축을 **전동축**(transmission shaft)이라고 한다. 축은 외부에서 가해지는 토크에 의하여 회전되며, 동력을 전달하게 된다.

그림 6.6에서와 같이 평균토크 $T(\text{kg}_f\cdot\text{cm})$를 전달하는 전동축에서 각속도를 $\omega(\text{rad/sec})$, 회전수를 $N(\text{rpm})$, 회전력을 $F(\text{kg}_f)$, 원주속도

를 v(m/sec)라고 할 때, 1마력은 매초 75(kg$_f$ · m)의 일이 작용하는 경우와 같으므로 축이 전달하는 동력 H는 다음과 같이 나타낼 수 있다.

$$H=\frac{Fv}{75}=\frac{F\cdot r\omega}{75\times 100}=\frac{T\omega}{75\times 100}=\frac{2\pi NT}{75\times 100\times 60}=\frac{2\pi NT}{450{,}000}$$

$$\therefore\ T=\frac{450{,}000H}{2\pi N}\fallingdotseq 71{,}620\frac{H}{N}(\mathrm{kg_f\cdot cm}) \tag{6.7}$$

식 (6.5) 및 식 (6.7)에서 외력인 토크와 축 내부에서 이 힘에 저항하는 토크와는 평형상태가 되어야 하므로 $T_R=T$이어야 한다.

$$\tau\frac{\pi d^3}{16}=71{,}620\frac{H}{N}$$

$$\therefore\ d=\sqrt[3]{\frac{16\times 71{,}620H}{\pi\tau N}}\fallingdotseq 71.5\sqrt[3]{\frac{H}{\tau N}}\ (\mathrm{cm}) \tag{6.8}$$

식 (6.7)를 절대단위(SI단위)로 표시하면 다음과 같다.

$$T=71{,}620\frac{H}{N}(\mathrm{kg_f\ cm})=71{,}620\times 9.8\times 10^{-2}\frac{H}{N}(\mathrm{Nm})$$

$$=7{,}018.76\frac{H}{N}(\mathrm{Nm})\fallingdotseq 7{,}019\frac{H}{N}(\mathrm{Nm}) \tag{6.9}$$

그리고 $T_R=T$에서 축지름은 다음과 같다.

$$\tau\frac{\pi d^3}{16}=T$$

$$\therefore\ d=\sqrt[3]{\frac{16T}{\pi\tau}}=\sqrt[3]{\frac{16\times 7{,}019H}{\pi\tau N}}\fallingdotseq 32.9\sqrt[3]{\frac{H}{\tau N}}\ (\mathrm{m}) \tag{6.10}$$

한편 동력으로서 전력이 사용될 경우에는 1kW=102kg$_f$ m/sec를 이용하면 식 (6.7) 및 식 (6.8)을 다음과 같이 표현할 수 있다.

$$H=\frac{Fv}{102}=\frac{2\pi NT}{102\times 100\times 60}\text{에서}$$

$$T = 97,400\frac{H}{N}(\text{kg}_\text{f}\ \text{cm}) \tag{6.11}$$

그리고 $T_R = T$를 이용하면 축지름은 다음과 같다.

$$d = \sqrt[3]{\frac{16T}{\pi\tau}} = \sqrt[3]{\frac{16 \times 97,400H}{\pi\tau N}} \fallingdotseq 79.2\sqrt[3]{\frac{H}{\tau N}}\ (\text{cm}) \tag{6.12}$$

식 (6.11) 및 식 (6.12)를 절대단위(SI단위)로 표현하면 다음과 같다.

$$T = 97,400\frac{H}{N}(\text{kg}_\text{f}\ \text{cm}) = 97,400 \times 9.8 \times 10^{-2}\frac{H}{N}(\text{Nm})$$

$$= 9,545\frac{H}{N}(\text{Nm}) \tag{6.13}$$

그리고 $T_R = T$에서

$$d = \sqrt[3]{\frac{16T}{\pi\tau}} = \sqrt[3]{\frac{16 \times 9,545H}{\pi\tau N}} \fallingdotseq 36.5\sqrt[3]{\frac{H}{\tau N}}\ (\text{m}) \tag{6.14}$$

예제 6.4 원형단면의 전동축에서 매분 회전수가 1,400이고, 동력으로 120마력을 전달할 때 토크 T와 축의 지름 d를 구하라. 단, 허용전단응력은 60(MPa)이다.

‖ 풀이 ‖ 식 (6.7)에서, $T = 7,019\frac{H}{N} = 7,019 \times \frac{120}{1,400} = 601.62(\text{Nm})$

식 (6.8)에서, $d = 32.9\sqrt[3]{\frac{H}{\tau N}} = 32.9\sqrt[3]{\frac{120}{6 \times 10^7 \times 1,400}} = 0.037(\text{m})$

또는 $d = \sqrt[3]{\frac{16T}{\pi\tau}} = \sqrt[3]{\frac{16 \times 601.62}{\pi \times 6 \times 10^7}} = 3.7(\text{cm})$

예제 6.5 지름이 d_1인 전동축의 동력을 지름이 d_2인 축에 $\frac{1}{8}$로 감속시켜서 전달하려면 d_2는 d_1의 몇 배가 되어야 하는가? 단, 양축의 허용전단응력은 동일하다.

‖ **풀이** ‖ 지름이 d_1인 축에 작용하는 토크 $T_1 = 7{,}019\frac{H}{N} = \frac{\pi d_1^3}{16}\tau_a$

지름이 d_2인 축에 작용하는 토크 $T_2 = 7{,}019\frac{H}{N/8} = \frac{\pi d_2^3}{16}\tau_a$

따라서 위의 두 식의 비를 구하면

$$\frac{T_1}{T_2} = \frac{7{,}019\frac{H}{N}}{7{,}019\frac{8H}{N}} = \frac{\frac{\pi}{16}\tau_a d_1^3}{\frac{\pi}{16}\tau_a d_2^3}$$

$$\left(\frac{d_1}{d_2}\right)^3 = \frac{1}{8} = \left(\frac{1}{2}\right)^3 \quad \therefore d_2 = 2d_1$$

6-03 비틀림에 의한 탄성변형에너지

원형단면축이 외력인 토크의 작용을 받게 되면 단면에는 비틀림현상이 생기며, 이때 발생된 에너지는 탄성한계 이내에서는 모두 축의 내부에 저장된다. 이러한 에너지를 **탄성에너지**(elastic energy) 또는 **탄성변형에너지**(elastic strain energy)라고 한다.

그림 6.7과 같이 지름이 d, 길이가 l인 원형단면축에서 전단응력은 축중심으로 부터의 거리와 비례관계에 있으므로, 축중심에서 거리 r이며 두께 dr인 임의 요소에서의 전단응력 τ는

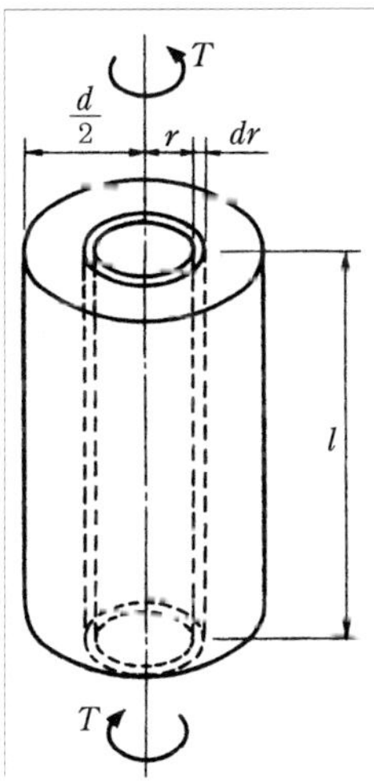

그림 6.7

$$\tau : \tau_{\max} = r : \frac{d}{2} \qquad \therefore \tau = \tau_{\max}\frac{2r}{d} \tag{a}$$

의 관계식을 얻을 수 있으나, 식 (a)를 식 $u = \frac{\tau^2}{2G}$에 대입하면 임의요소의 단위체적에 대한 탄성에너지를 구할 수 있다.

$$u = \frac{\tau^2}{2G} = \frac{1}{2G}\left(\tau_{\max}\frac{2r}{d}\right)^2 = \frac{2\tau_{\max}^2 r^2}{Gd^2} \tag{b}$$

이 되므로, 위의 식을 적분해 주면 원형단면축 전체에 저장되는 탄성에너지를 구할 수가 있다.

$$U=\int_0^{\frac{d}{2}} \mathrm{dU}=\int_0^{\frac{d}{2}} \frac{2\tau_{\max}^2 r^2}{Gd^2} 2\pi r d r l=\frac{4\pi\tau_{\max}^2 l}{Gd^2}\int_0^{\frac{d}{2}} r^3 dr$$

$$=\frac{4\pi\tau_{\max}^2 l}{Gd^2}\left[\frac{r^4}{4}\right]_0^{\frac{d}{2}}=\frac{1}{2}\frac{\tau_{\max}^2}{2G}\frac{\pi d^2}{4}l=\frac{1}{2}\frac{\tau_{\max}^2}{2G}V \qquad (6.10)$$

식 (6.10)은 최대전단응력을 알고 있을 경우에 중실축 속에 저장되는 탄성에너지를 구하는 식이 되며, 이 식으로부터 비틀림으로 인한 탄성에너지는 인장 및 압축에 의한 탄성에너지의 $\frac{1}{2}$과 같다는 것을 알 수 있다.

식 (6.10)에 $\tau_{\max}=\frac{T}{Z_p}=\frac{Td}{2I_p}$와 $I_p=\frac{\pi d^4}{32}$을 대입한 후 정리하면,

$$U=\frac{1}{2}\frac{\tau_{\max}^2}{2G}\frac{\pi d^2 l}{4}=\frac{1}{4G}\left(\frac{Td}{2I_p}\right)^2\frac{\pi d^2 l}{4}$$

$$=\frac{1}{2G}\frac{T^2}{I_p^2}\frac{\pi d^4 l}{32}=\frac{T^2 l}{2GI_p} \qquad (6.11)$$

식 (6.11)은 탄성에너지를 비틀림모멘트 T에 대하여 표현한 것이다.

한편 비틀림에 의한 탄성에너지를 그림 6.8과 같은 비틀림시험선도를 이용해서 구할 수도 있다.

즉, 비틀림모멘트 T가 작용하여 원형단면에 비틀림각이 ϕ만큼 발생되었다면 이들의 관계를 탄성한계 이내에서 선도상에 표시하면 그림에서와 같은 3각형의 면적(OAB)이 축에 저장되는 전 에너지를 표시하게 되므로, 탄성에너지는 식 (6.4)를 참고하여 표현하면

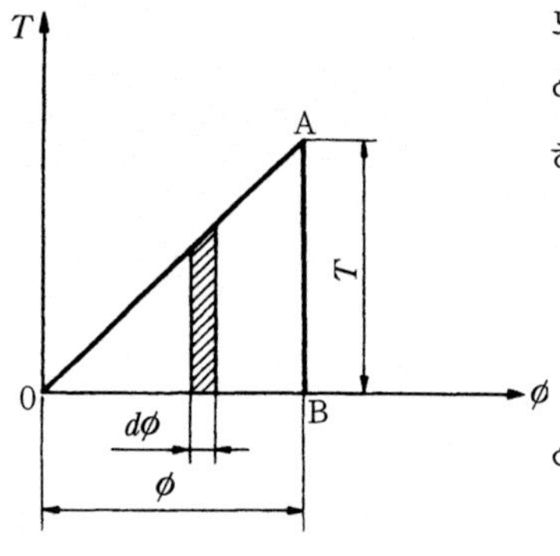

그림 6.8

$$U=\frac{T\phi}{2}=\frac{T}{2}\frac{Tl}{GI_p}=\frac{T^2 l}{2GI_p}$$

이 되며, 이 식은 식 (6.11)에 일치된다.

또 $T=\tau Z_p=\tau\frac{\pi d^3}{16}$ 및 $I_p=\frac{\pi d^4}{32}$을 윗식에 대입하여 정리하면,

$$U = \frac{\left(\tau \frac{\pi d^3}{16}\right)^2 l}{2G\left(\frac{\pi d^4}{32}\right)} = \frac{\tau^2}{2G}\frac{\pi d^2 l}{8} = \frac{1}{2}\frac{\tau^2}{2G}\frac{\pi d^2 l}{4} = \frac{1}{2}\frac{\tau^2}{2G}V$$

가 되어 식 (6.10)에 일치하게 된다.

예제 6.6 지름의 비가 d_1: $d_2 = 1$: 3인 2개의 중실축이 있다. 동일한 토크를 작용시킬 경우 각각의 축에 저장되는 탄성에너지의 비는 얼마인가?

‖ **풀이** ‖ 식 (6.11)에서

$$U_1 = \frac{T^2 l}{2GI_{p1}}, \quad U_2 = \frac{T^2 l}{2GI_{p2}}$$

$$\frac{U_1}{U_2} = \frac{I_{P2}}{I_{p1}} = \frac{\pi d_2^4/32}{\pi d_1^4/32} = \left(\frac{d_2}{d_1}\right)^4 = \left(\frac{3d_1}{d_1}\right)^4 = 81$$

$\therefore U_1$: $U_2 = 81$: 1

6-04 스프링

비틀림의 이론을 실제로 응용한 예로서 스프링(spring)을 들 수 있는데, 스프링이 외력에 대하여 정비례하면서 변형을 일으킨다는 것은 훅의 법칙에서 고찰되었던 바와 같고, 충격하중과 같은 외력을 받게 되면 스프링에서는 이를 완화시켜 흡수하는 역할을 함으로써 기계의 진동을 예방 내지는 방지하게 되어 기계의 안전에 대단히 중요한 역할을 수행한다.

이 스프링의 종류에는 코일 스프링(coil spring), 스파이럴 스프링(spiral spring), 비틀림 스프링(torsion spring) 등의 여러 종류가 있으나, 여기서는 코일 스프링에 대해서만 언급하기로 한다.

지름 d의 철사를 반지름 R의 원통에 빈틈없이 감게 되면 그림 6.9와 같은 원통코일 스프링을 얻을 수 있는데, 축방향으로 인장하중이 작용하는 경우를 생각하면 하중 W가 스프링에 작용함으로써 한 일은 모두 스프링 내에 저장된다고 하고, 스프링에서 발생되는 응력과 처짐에

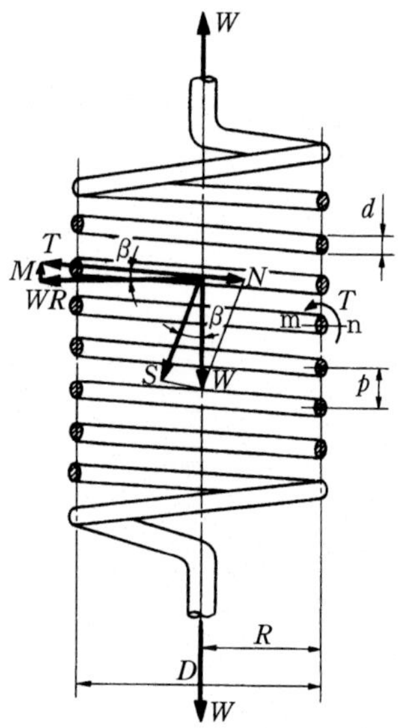

그림 6.9

대해서 살펴보기로 한다.

코일의 평균지름 $D=2R$, 스프링 소선의 지름 d, 피치각을 β라고 할 때 축하중 W를 피치각 β에 의해서 스프링이 감겨져 있는 방향의 법선력 N과 이와 수직한 전단력 S로 분해하면 이 두 힘은

$$N = W\sin\beta$$

$$S = W\cos\beta$$

로 표현되며, 이 두 힘에 의해서 발생되는 굽힘모멘트 M과 비틀림모멘트 T는

$$M = NR = WR\sin\beta$$

$$T = SR = WR\cos\beta$$

로 표현되어, 결국 코일 스프링이 축인장하중 W를 받게 되면 스프링의 소선에는 위와 같은 4개의 힘이 발생된다는 것을 알 수 있다.

그러나 실제로는 코일들이 매우 접근되어 있어 β는 매우 작은 각(보통 $\beta < 10°$)이 되므로 $\sin\beta \fallingdotseq 0$으로 생각해도 큰 무리는 없다. 따라서 굽힘모멘트 M과 법선력 N의 영향은 무시할 수 있으며, 또 **스프링 지수**(spring index) $C=\dfrac{D}{d}$가 4이상일 때는 비틀림모멘트 T에 비해서 전단력 S의 영향은 대단히 적게 된다. 결국 스프링에 영향을 주는 힘은 거의 비틀림모멘트만이라 보고 계산해도 큰 무리가 없다고 볼 수 있다.

이 비틀림모멘트 $T = WR\cos\beta \fallingdotseq WR$에 의해서 스프링 소선의 임의단면에 발생되는 전단응력을 τ_1이라고 하면, 식 (6.5)에서

$$\tau_1 = \frac{T}{Z_p} = \frac{16WR}{\pi d^3} = \frac{8WD}{\pi d^3} \qquad (6.12)$$

가 되며, 전단력 $S = W\cos\beta \fallingdotseq W$를 무시할 수 없는 경우라면 이 S에 의해서 임의단면에 발생되는 전단응력 τ_2는

$$\tau_2 = \frac{W}{A} = \frac{4W}{\pi d^2} \qquad (6.13)$$

가 된다. 그림 6.9는 인장하중이 작용하는 경우이므로 τ_1과 τ_2는 코일의 안쪽에서 방향이 일치되어 응력이 상승되며, 바깥쪽에서는 τ_1과 τ_2의 방향이 서로 반대로 작용하므로 응력은 서로 상쇄되어 감소하게 된다(압축하중이 작용할 경우에는 이와 반대).

따라서 최대전단응력은 코일의 안쪽에서 발생하게 되며, 그 크기는

$$\tau_{max} = \tau_1 + \tau_2 = \frac{16WR}{\pi d^3} + \frac{4W}{\pi d^2} \tag{6.14}$$

$$= \frac{16WR}{\pi d^3}\left(1 + \frac{d}{4R}\right)$$

가 되며, 괄호 속의 두 번째 항은 전단력의 영향을 표시하고 d/R의 비가 클수록 최대전단응력은 증가함을 알 수 있다. 철도차량과 같은 곳에 쓰이는 투박한 스프링에서는 이 영향이 대단히 중요성을 갖게 된다.

즉, 스프링을 설계할 때는 최대전단응력이 항상 코일의 안쪽에서 발생되므로 파손될 때는 안쪽에서 균열이 발생한다는 사실에 유의하여 바깥쪽보다 불리한 조건임을 감안해서 설계에 임해야 한다.

한편 실제 스프링의 설계 시에 정밀한 해석이 요구되는 경우에는 $\beta \fallingdotseq 0$이라는 가정 하에서 유도된 근사식인 식 (6.14)만으로는 부족하므로 다음과 같은 수정식을 이용하게 된다.

$$\tau_{max} = \frac{16WR}{\pi d^3}\left(\frac{4C-1}{4C-4} + \frac{0.615}{C}\right) \tag{6.15}$$

식 (6.15)의 괄호 속의 값은 코일의 표면을 측정하여 구한 실험값으로서 **수정계수**(correction factor)라고 한다. 이 수정계수는 스프링지수인 C값의 감소에 따라 증가하게 된다. 즉, $C=10$일 때는 1.14이고, $C=4$일 때는 약 1.40이 된다.

이번에는 스프링의 **처짐**(deflection)에 대해서 살펴보기로 한다. 스프링의 처짐을 계산할 때는 일반적으로 전단력의 영향은 무시하고 비틀림만을 고려하는 것이 보통이다. 스프링의 축방향으로 인장하중 W가 작용해서 원형난면인 소선에 비틀림각 ϕ가 발생되었다면

$$\phi = \frac{Tl}{GI_p} = \frac{32Tl}{\pi d^4 G}$$

여기서 l은 스프링 소재의 길이며, 코일의 감김수를 n이라 하면 $l=2\pi Rn$이 되고 $T=WR$를 고려하여 윗식을 다시 표현하면,

$$\phi=\frac{32WR\cdot 2\pi Rn}{\pi d^4G}=\frac{64WR^2n}{d^4G} \tag{6.16}$$

또 외력인 축하중 W가 스프링에 작용하여 축방향으로 δ만큼 처짐이 발생했다면 그림 6.8에서 우력 T 및 비틀림각 ϕ대신에 각각 하중 W와 처짐 δ로 바꾸어 주면 축하중 W가 스프링에 한 일 U_1은

$$U_1=\frac{1}{2}W\delta \tag{6.17}$$

가 되며, 스프링의 탄성변형에너지를 U_2라 하면

$$U_2=\frac{1}{2}T\phi=\frac{1}{2}\cdot WR\cdot\frac{64WR^2n}{d^4G}=\frac{32W^2R^3n}{d^4G} \tag{6.18}$$

힘의 평형조건에 의하여 외력이 스프링에 한 일은 스프링 내에 저장되는 탄성변형에너지와 같아야 되므로 $U_1=U_2$가 된다.

$$\frac{W\delta}{2}=\frac{32W^2R^3n}{d^4G}$$

$$\therefore\ \delta=\frac{64WR^3n}{d^4G}=\frac{8WD^3n}{d^4G} \tag{6.19}$$

한편 스프링에서 단위처짐에 대한 하중을 나타내는 W/δ의 비를 **스프링상수**(spring constant ; k)라고 하며, 식 (6.19)를 고려해서 표현하면 다음과 같다.

$$k=\frac{W}{\delta}=\frac{d^4G}{64R^3n} \tag{6.20}$$

스프링상수가 서로 같으면 그 스프링의 강성도(stiffness)는 서로 같다고 한다.

이 스프링상수를 변화시키려면 재질(G), 소선의 지름(d), 스프링 원통의 반지름(R), 코일의 감김수(n)를 변화시켜 줌으로써 가능하다는 것을 알 수 있다.

예제 6.7 코일 스프링에서 $W=300$(N), $R=6$(cm), $d=10$(mm), $F=85$(GPa), 코일의 감김수 $n=20$인 경우 최대전단응력과 처짐을 구하라.

‖ **풀이** ‖ 식 (6.15)를 이용하기 위해서 우선 스프링지수 C를 구하면,

$$C=\frac{D}{d}=\frac{12}{1}=12$$

$$\tau_{\max}=\frac{16WR}{\pi d^3}\left(\frac{4C-1}{4C-4}+\frac{0.615}{C}\right)$$

$$=\frac{16\times300\times0.06}{\pi\times0.01^3}\left(\frac{48-1}{48-4}\frac{+0.615}{12}\right)=91.673\times10^6\times1.12=102.62(\text{MPa})$$

식 (6.19)에서

$$\delta=\frac{64nWR^3}{d^4G}=\frac{64\times20\times300\times0.06^3}{0.01^4\times85\times10^9}=0.0976(\text{m})$$

예제 6.8 스프링 소선의 지름이 6(mm), 코일 스프링의 지름이 6(cm)인 나선형 스프링에서 허용전단응력을 800(MPa)이라 하면 이 스프링의 안전하중은 얼마이면 되겠는가? 또 스프링상수가 10(kN/m)이 되려면 감김수를 얼마로 하면 되겠는가? 단, $G=85$(GPa)이다.

‖ **풀이** ‖ 식 (6.12)의 $\tau=\frac{16WR}{\pi d^3}=\frac{8WD}{\pi d^3}$에서

$$W=\frac{\pi d^3\tau}{8D}=\frac{\pi\times0.006^3\times8\times10^8}{8\times0.06}=1{,}130.97(\text{N})$$

식 (6.20)의 $k=\frac{W}{\delta}=\frac{d^4G}{64R^3n}=\frac{d^4G}{8D^3n}$에서

$$n=\frac{d^4G}{8D^3k}=\frac{(6\times10^{-3})^4\times85\times10^9}{8\times(6\times10^{-2})^3\times10^4}=6.375$$

연 습 문 제

1. 다음은 원형단면축이 비틀림모멘트를 받을 때 생기는 전단응력에 대한 설명이다. 잘못된 것은 어느 것인가?

(a) 극단면계수에 정비례한다.
(b) 비틀림모멘트에 정비례한다.
(c) 축지름의 3제곱에 반비례한다.
(d) 극관성모멘트에 반비례한다.

2. 지름이 10(cm)인 둥근축이 1,500(rpm)으로 회전하고 있을 때, 이 축에 견딜 수 있는 비틀림모멘트는 얼마인가? 단, 허용전단응력은 20(MPa)으로 한다.

(a) 2,562(Nm) (b) 3,243(Nm)
(c) 3,927(Nm) (d) 4,325(Nm)

3. 지름 6(cm)인 연강축이 1,500(rpm)으로 회전하고 있다. 허용전단응력을 50(MPa)으로 할 때, 이 축은 몇 마력을 전달할 수 있는가?

(a) 265(PS) (b) 329(PS)
(c) 388(PS) (d) 453(PS)

4. 원형통 코일 스프링의 평균지름이 40(cm), 소선지름이 1.5(cm)에 300(N)의 축하중을 작용시켰더니 신장량이 12(cm)이었다. 이 때 스프링에 저장된 탄성에너지는 얼마인가?

(a) 14(Nm) (b) 18(Nm)
(c) 23(Nm) (d) 27(Nm)

5. 길이 3(m)에 대해서 $\frac{1}{40}$(rad)의 비틀림각이 발생되는 지름 16(cm)의 전동축에서 매분 150회전을 하게 될 때, 이 축의 가로탄성계수가 80(GPa)이라고 하면 마력은 얼마나 되겠느냐?

(a) 267(PS) (b) 325(PS)
(c) 623(PS) (d) 917(PS)

6. 지름이 60(mm), 길이 500(mm), 가로탄성계수 76(GPa)의 재료를 비틀었을 때 2(°) 만큼 비틀림각이 발생했다면 이 때 축에 생긴 최대전단응력은 얼마이겠는가?

(a) 109.5(MPa) (b) 159.6(MPa)
(c) 240.7(MPa) (d) 350.3(MPa)

7. 그림 6.10과 같이 양단이 고정된 단붙임축의 단붙임부에 비틀림모멘트 T가 작용할 때, 지름 d_1인 축과 지름 d_2인 축에 작용하는 비틀림모멘트의 비 T_1/T_2의 값은 얼마인가? 단, $d_1 = 10$(cm), $d_2 = 5$(cm), $l_1 = 60$(cm), $l_2 = 15$(cm)이다.

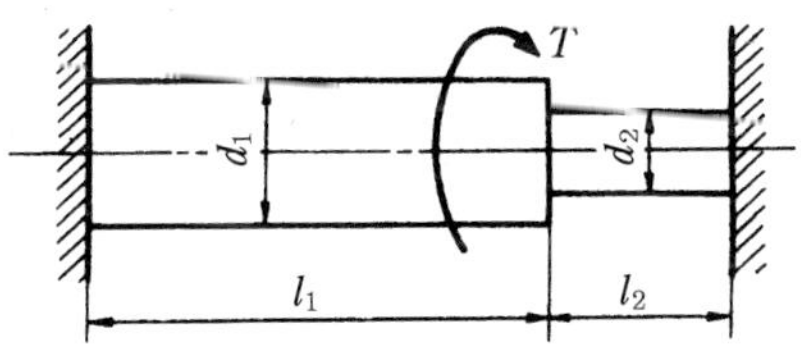

그림 6.10

(a) 4 (b) 6 (c) 8 (d) 10

8. 바깥지름 100(mm), 안지름 60(mm)의 중공축과 동일 재료로서 비틀림강도를 같게 하기 위한 원형중심축의 지름을 구하라.

(a) 9.5(cm) (b) 8.9(cm)
(c) 8.4(cm) (d) 8.1(cm)

9. 소선 지름 9(mm)인 철사로 평균지름 100(mm)의 밀착 코일스프링을 만들어 하중 30(N)에 대하여 6(cm)의 처짐이 생기게 하려면 철사의 길이는 어느 정도이면 되겠는가? 단, $G=85$(GPa)이다.

(a) 965(cm) (b) 865(cm)
(c) 769(cm) (d) 645(cm)

10. 지름 8(cm)인 연강축이 1700(rpm)으로 회전하고 있다. 허용전단응력을 60(MPa)이라 할 때 이 축은 몇 마력을 전달할 수 있는가?

(a) 864(PS) (b) 1,236(PS)
(c) 1,461(PS) (d) 1,625(PS)

11. 원형단면의 축에서 허용전단응력이 $\tau_a = 20.4$(MPa), 축재료의 전단탄성계수가 $G = 83.6$(GPa)일 때 회전수 $N = 300$(rpm), 전달동력이 $H = 30$(kW)가 되려면 축의 지름은 얼마이면 되겠는가?

(a) 3.26(cm) (b) 4.27(cm)
(c) 5.34(cm) (d) 6.19(cm)

12. 그림 6.11과 같은 풀리(pulley)가 120(rpm)으로 회전할 때 마력은 얼마로 하면 되겠는가?

(a) 3.5(PS) (b) 4.3(PS)
(c) 5.3(PS) (d) 6.5(PS)

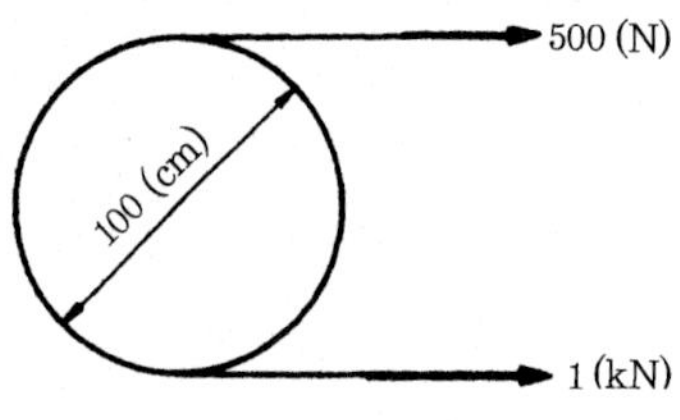

그림 6.11

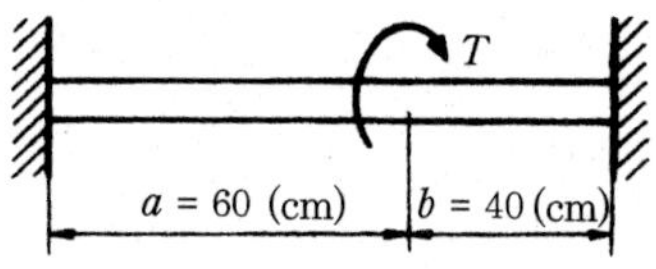

그림 6.12

13. 그림 6.12와 같은 지름이 8(cm)인 양단 고정봉에 $T = 100$(Nm)를 작용시킬 때 하중점에서의 비틀림각을 구하라. 단, $G = 80$(GPa)이다.

(a) 0.004(°) (b) 0.003(°)
(c) 0.002(°) (d) 0.001(°)

14. 지름 $D = 40$(cm)의 그라인더휠(grinder wheel)이 원주속도 $v = 30$(m/s)로 회전하고 있다. 이 그라인더의 동력이 5(kW)일 때 휠의 축지름을 구하라. 단, 재료의 허용

전단응력은 43(MPa)이다.

(a) 1.28(cm)　　(b) 1.43(cm)
(c) 1.58(cm)　　(d) 2.58(cm)

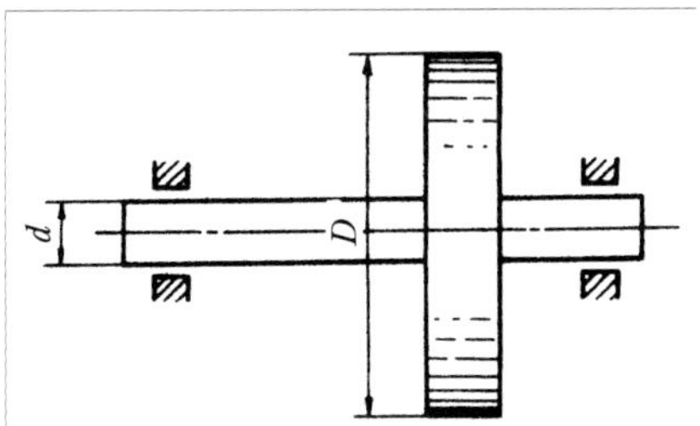

그림 6.13

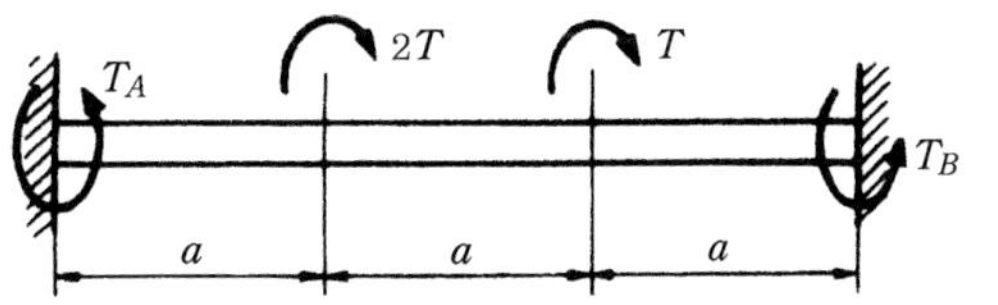

그림 6.14

15. 지름 d, 길이가 l인 봉을 양단을 고정하고 그림 6.14와 같이 토크를 작용시킬 때 봉의 좌측단의 토크 T_A는 얼마이겠는가?

(a) $\frac{5}{3}T$　　(b) $\frac{4}{3}T$
(c) $\frac{2}{3}T$　　(d) $\frac{1}{3}T$

응 용 문 제

1. 지름 d인 원형단면축을 바깥지름이 d, 안지름이 $\frac{d}{2}$인 중공축으로 하면 받을 수 있는 비틀림모멘트는 몇 % 감소하는가?

2. 매분 500(rpm)으로 회전할 때 15(kW)를 전달하고 있는 길이 $l = 3.5$(m), 바깥지름 $d_2 = 8$(cm), 안지름 $d_1 = 6$(cm)인 중공축의 비틀림각을 구하라.

단, $G = 80$(GPa)이다.

3. 회전수 160(rpm)에서 240(PS)을 전달하고 있는 강철제 중공축의 안지름 및 바깥지름을 구하라. 단, 안지름과 바깥지름의 비는 $\frac{2}{3}$, 비틀림각은 1(m)에 대하여 $\frac{1}{4}$(°) 이내로 하며, $G = 83$(GPa)이라고 한다.

4. 그림 6.15와 같이 양단이 고정된 강제의 축에 $T = 600$(Nm)의 토크가 작용한다. 축에 발생되는 최대전단응력과 토크의 작용점에서의 비틀림각을 각각 구하라. 단, $G = 81.6$(GPa)이다.

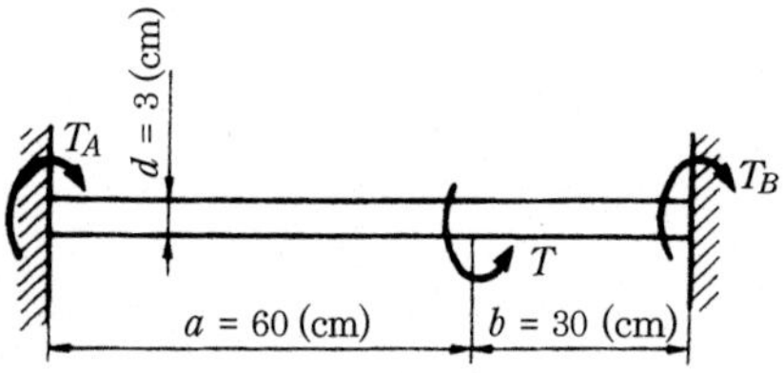

그림 6.15

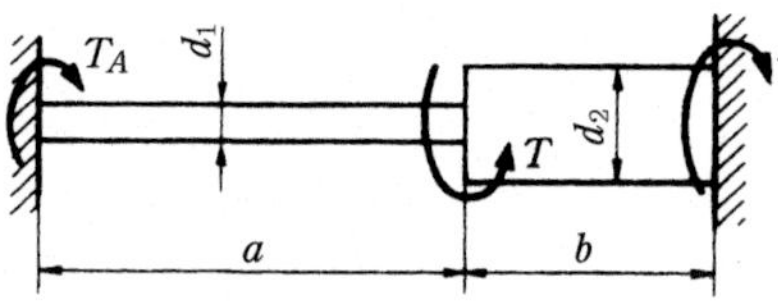

그림 6.16

5. 그림 6.16과 같은 2단축에서 $a = 60$(cm), $b = 30$(cm), $d_1 = 3$(cm), $d_2 = 6$(cm)이다. 축의 전비틀림각이 $\phi = 0.3°$를 초과하지 않고 가할 수 있는 토크 T를 구하라. 단, $G = 81.5$(GPa)이다.

6. 풀리의 중량 $W=200$(N)이고 회전반지름 $k=30$(cm)를 그림 6.17과 같이 길이 l이고 지름 $d=6$(cm)의 원형단면축의 중앙에 설치하려고 할 때, 이 축은 베어링 A와 B로 지지되어 회전수 $N=1,500$(rpm)으로 회전할 예정이다. 만약 이 축이 회전 중에 베어링 A, B가 고착되어 급정지하게 될 때 이 축의 최대전단응력이 $\tau_{\max}=$ 100(MPa)을 넘지 않도록 하려면 축이 파괴되지 않을 최소의 축길이는 얼마이면 되겠는가? 단, 축의 재료는 $G=83$(GPa)이다.

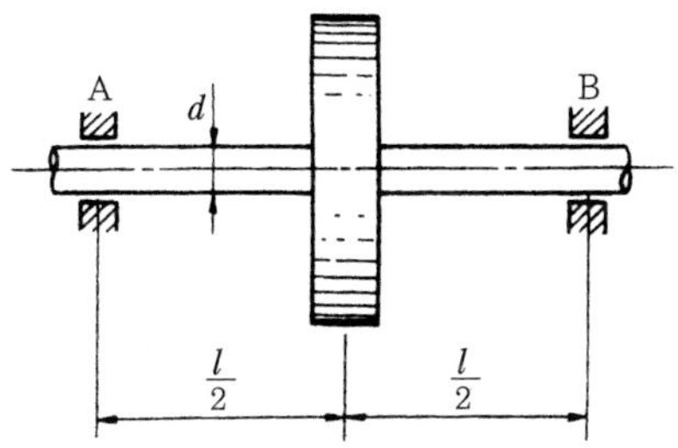

그림 6.17

7. 그림 6.18과 같은 전동축에서 $N=150$(rpm)으로 900(PS)의 동력을 갖는 풀리차 A로부터 벨트풀리 B, C, D로 차례차례 300(PS)씩 전달시킨다고 한다. 이 전달축에는 동력전달에 의한 회전력만 작용하는 것으로 가정하고, 축재의 $\tau_a=30$(MPa), $G=$ 82(GPa)으로 하고, 축의 지름 d_1, d_2, d_3 및 각 벨트풀리 사이에 생기는 비틀림각 ϕ_1, ϕ_2, ϕ_3를 구하라. 단, 각 벨트 사이의 길이는 $l=2$(m)로 한다.

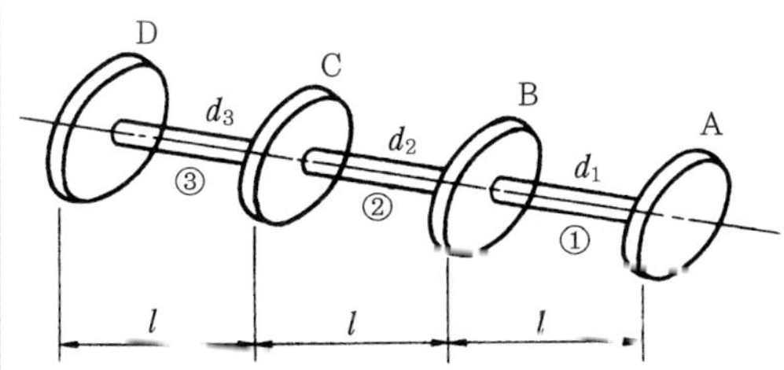

그림 6.18

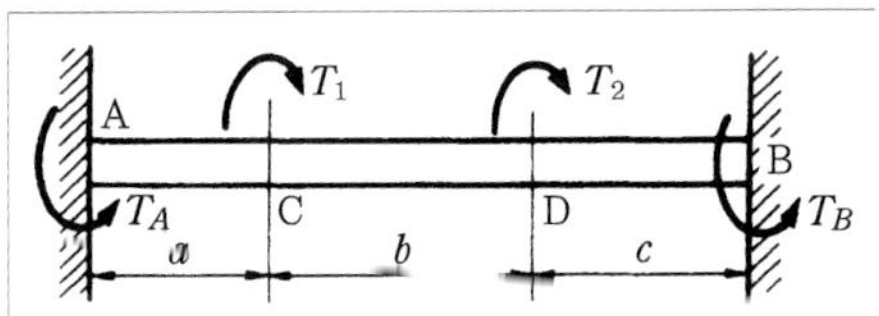

그림 6.19

8. 그림 6.19와 같이 양단이 고정된 균일단면축에서 C 및 D단면에 T_1, T_2인 비틀림모멘트가 작용하고 있다. 이 축의 세 부분 a, b, c에 발생하는 회전력 T_A, T_B, T_C는 각각 얼마이겠는가? 단, $a=30$(cm), $b=50$(cm), $c=40$(cm), $T_1=120$(Nm), $T_2=$ 240(Nm)이라고 한다.

9. 지름 10(cm)인 안전벨브가 증기압 2(MPa)이 될 때 열리도록 스프링을 만들려고 한다. 코일의 지름이 20(cm)이며, 처짐량이 10(cm)가 될 때부터 안전벨브의 작동이 시작되도록 하려면 소선의 지름 d 및 감김수 n을 얼마로 하면 되겠는가? 단, 허용전단응력은 160(MPa)이고, 전단탄성계수는 80(GPa)이다.

10. 그림 6.20과 같이 길이가 같은 3개의 스프링 위에 지지된 무게 $W_1 = 300$(N)의 판 위에 하중 $W_2 = 500$(N)을 작용시키려 한다. 이 스프링의 스프링상수는 각각 $k_1 = 30$(kN/m), $k_2 = 20$(kN/m), $k_3 = 15$(kN/m)일 때, 판 AB가 수평을 유지하기 위해서는 하중 W의 작용점을 판의 중앙에서 얼마 되는 곳에 정하면 되겠는가?

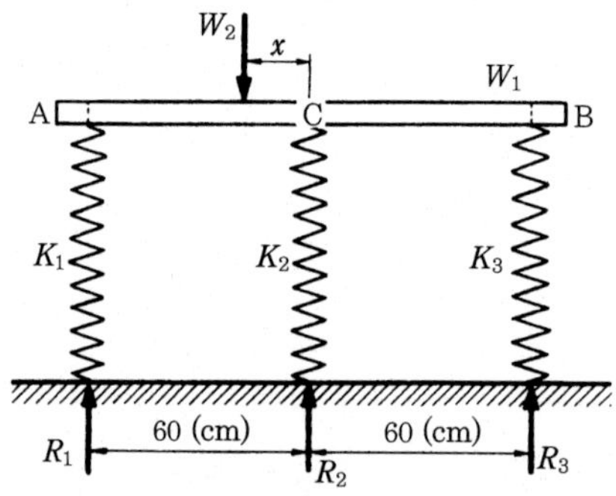

그림 6.20

Chapter 7 보(beam)

7-01 보의 종류와 하중

단면치수에 비하여 길이가 긴 구조용 부재가 적당한 방법으로 지지되어 있고, 축선에 수직방향으로 하중이 작용하면 굽힘현상이 발생할 때 이것을 **보**(beam)라고 한다. 따라서 보는 인장이나 비틀림을 받는 봉재와 비교할 때 그 부재에 작용하는 하중의 방향이 근본적으로 다르다. 즉, 보에 작용하는 하중이 축선에 수직인데 비하여 인장을 받는 봉재에서는 하중이 축방향에 따라 작용하며, 비틀림을 받는 봉재에서는 축방향에 비틀려 회전하는 힘, 즉 **토크**(torque)를 받게 된다. 보의 모든 단면의 도심을 연결하는 선을 중심선 또는 축이라 하며, 이 중심선이 직선인 보를 **직선보**, 중심선이 곡선인 보를 **곡선보**라고 한다.

이 장에서는 보에 작용하는 하중과 반력이 그 보의 중심선을 포함하는 한 평면 안에 있는 가장 단순한 형태의 직선보만을 다루기로 하며, 일반적으로 보라고 하면 이 직선보를 말한다. 이러한 보에서는 정역학의 평형조건만을 이용하여 미지수인 **반력**(reaction force) 등을 구할 수 있는 **정정보**(statically determinate beam)와 평형조건만으로는 미지수를 해결할 수 없는 **부정정보**(statically indeterminate beam)가 있다. 여기서는 정정보에 대해서만 다루기로 한다.

1. 보의 지점의 종류

보를 지지하는 점으로서 이 점에서 반력이 발생되는 **지점**(support)에는 다음과 같은 세 가지가 있다.

(1) 가동 힌지 지점(hinged movable support)

그림 7.1(a)와 같이 롤러(roller)로 지지되어 있어 보의 회전과 평행이동은 자유로우나 수직이동이 불가능한 지점으로서 수직방향에 한 개의 미지수가 발생한다.

(2) 부동 힌지 지점(hinged immovable support)

그림 7.1(b)와 같이 핀(pin)으로 지지되어 있어 회전은 자유로우나 수평 및 수직이동이 불가능하여 수직 및 수평방향에 2개의 미지수가 발생된다.

(3) 고정지점(fixed support)

그림 7.1(c)에서와 같이 완전 고정되어 있어 보의 회전, 수평 및 수직이동이 모두 불가능하여 모멘트반력과 수평 및 수직반력 등 3개의 미지수가 발생된다.

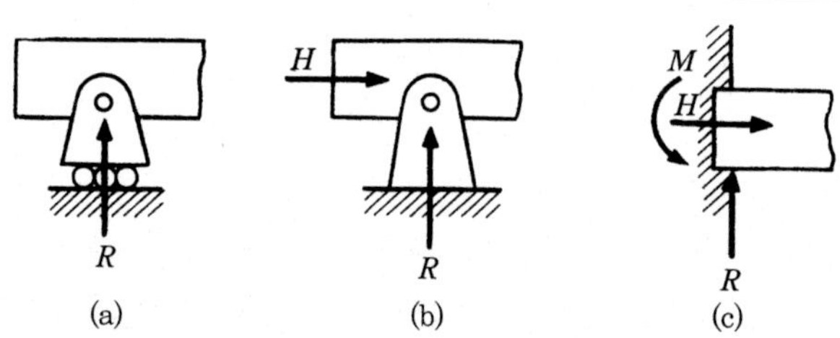

그림 7.1 지점의 종류

2. 평형조건

정지하고 있는 물체가 외력을 받았을 경우 평형상태를 유지하려면 외력으로 인하여 발생된 미지의 반력과 작용외력이 같아야 된다. 이 경우 미지의 반력을 결정하려면 다음과 같은 6개의 **평형조건식**(또는 **평형방정식** ; equilibrium equation)이 성립되어야 한다. 즉 x, y, z축 방향의 힘의 성분을 X, Y, Z라 하고 x, y, z축 주위를 회전하는 모멘트 성분을 M_x, M_y, M_z라 하면

$$\Sigma X=0,\ \Sigma Y=0,\ \Sigma Z=0$$

$$\Sigma M_x=0,\ \Sigma M_y=0,\ \Sigma M_z=0 \tag{7.1}$$

인 입체방정식이 성립된다.

만일, 외력이 전부 한 개의 평면 내에 있다면 $\Sigma Z=0$와 $\Sigma M_x=0$, $\Sigma M_y=0$는 생각할 필요가 없으므로

$$\Sigma X=0,\ \Sigma Y=0,\ \Sigma M_z=0 \tag{7.2}$$

인 평면의 평형방정식으로 표시된다. 재료역학에서는 2차원평면만을 다루므로 재료역학에서 평형방정식이라고 하면 일반적으로 이 평면의 평형방정식을 말한다.

한편, 보에 작용하는 외력은 거의 수직하중이며, 수평하중은 특수한 경우를 제외하면 거의 없으므로 평면의 평형방정식 중에서도 $\Sigma X=0$은 생략되는 경우가 대부분이다.

표 7.1

차 원 / 힘의 종류	일차원	이차원	삼차원
		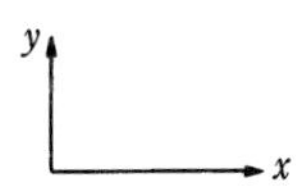	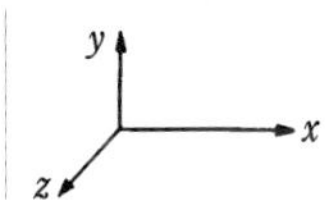
$\Sigma F=0$	$\Sigma F_x=0$	$\Sigma F_x=0$ $\Sigma F_y=0$	$\Sigma F_x=0$ $\Sigma F_y=0$ $\Sigma F_z=0$
$\Sigma M=0$		$\Sigma M_z=0$	$\Sigma M_x=0$ $\Sigma M_y=0$ $\Sigma M_z=0$

또 $\Sigma M_z=0$ 역시 보에서는 z축에 대한 평면만을 다루므로 혼동할 염려가 없어 첨자 z를 생략한 채 $\Sigma M=0$으로 사용된다. 이 관계를 정리하면 표 7.1과 같다.

3. 보의 종류

보는 지지 방법에 따라 분류하면 그림 7.2와 같은 6가지 기본형으로 나눌 수 있다.

(1) 양단 단순지지보(beam with simply supported ends)

지점 A는 핀으로 지지된 부동 힌지 지점이며, 지점 B는 롤러로 지지된 가동 힌지지점으로서 미지반력은 R_A, R_B의 2개이며 정정보이다. 간단히 **단순보**(simple beam)라고도 한다[그림 (a)].

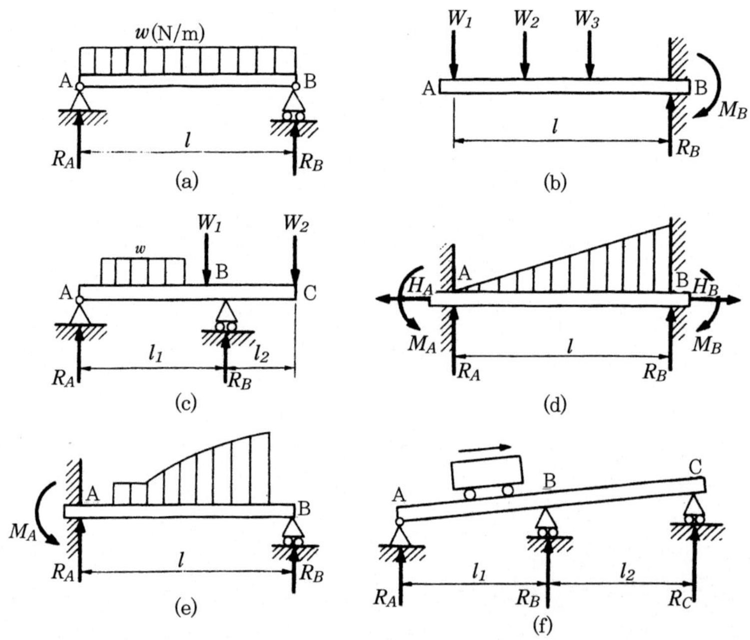

그림 7.2 보와 하중 및 지점의 종류

(2) 외팔보(cantilever beam)

지점 B는 고정지점이며 지점 A는 자유로이 되어 있고 미지의 반력은 R_B와 M_B의 2개이며 정정보이다[그림 (b)].

(3) 내다지보(overhanging beam)

지점 A는 부동 힌지 지점이고, 지점 B는 가동 힌지 지점으로 되어 있으며, 보의 한 부분이 지점 밖으로 돌출되어 있어 **돌출보**라고도 한다. 미지의 반력은 R_A와 R_B의 2개이며 정정보이다[그림 (c)].

(4) **양단고정보(fixed beam)**

양단이 고정지점이며, 미지의 반력은 R_A, R_B, M_A, M_B, H_A, H_B의 6개인 부정정보이다. 간단히 **고정보**라고도 한다[그림 (d)].

(5) **일단고정 타단지지보(one end fixed other end supported beam)**

지점 A는 고정지점이고, 지점 B는 가동 힌지 지점이며, 미지의 반력은 수평반력이 무시되었으므로 R_A, R_B, M_A의 3개인 부정정보이다. 간단히 **고정지지보**라고도 한다[그림 (e)].

(6) **연속보(continuous beam)**

한 개의 부동 힌지 지점과 2개 이상의 가동 힌지 지점이 연속으로 지지되어 있을 때의 보이며, 미지의 반력은 수평반력을 무시하면 지점의 수와 같다. 따라서 평형방정식의 수보다는 항상 한 개가 더 많기 때문에 부정정보이다[그림 (f)].

4. 하중의 종류

보에 작용하는 하중의 종류를 분류하면 다음과 같은 6가지의 기본형으로 나누어진다.

(1) **균일분포하중(uniformly distributed load)**

보의 단위길이에 작용하는 하중의 분포상태가 균일한 하중이며, 등분포하중이라고도 한다[그림 (a)].

(2) **집중하중(concentrated load)**

보의 어느 일정한 지점에 집중하여 작용하는 하중이다[그림 (b)].

(3) **점변분포하중(uniformly varying load)**

보의 축에 다른 거리와 함께 하중의 세기가 직선적 변화율을 갖는 하중이며, 모양이 삼각형이 되므로 3각분포하중이라고도 한다[그림 (d)].

(4) **불균일분포하중(varying load)**

보의 작용하는 하중의 변화율이 균일하지 않을 때의 하중으로서 부등분포하중이라고도 한다[그림 (e)].

(5) 이동하중(moving load)

차량이 교량 위를 통과할 때와 같이 하중이 이동하면서 작용하는 하중이다[그림 (f)]. 집중하중이나 이동하중은 단위가 (N)이고 분포하중은 (N/m)이다. 또 보의 자중은 균일분포하중이다.

(6) 반력의 하중(supporting load)

각 지점에 발생되는 수직반력, 수평반력 및 모멘트가 있다.

7-02 보의 전단력과 굽힘모멘트

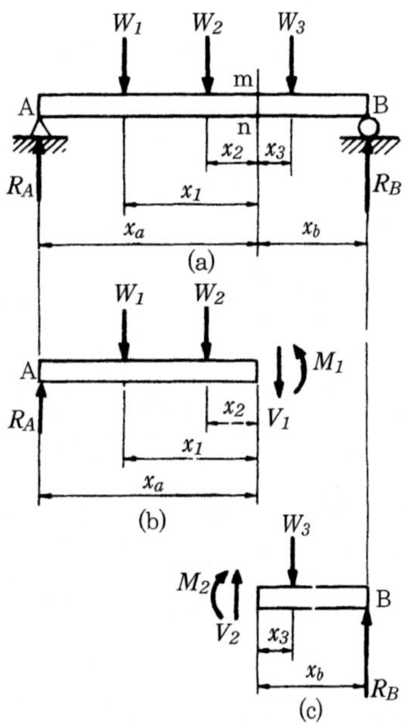

그림 7.3

그림 7.3(a)에 표시된 바와 같이 단순보에 3개의 집중하중이 작용할 때 지점 A 및 B에서는 반력 R_A 및 R_B가 발생되며, 이들의 힘들은 서로 평형을 가진다. 즉, 보가 평형이 되기 위해서는 1) 이에 작용하는 모든 힘의 합은 0이 되어야 하고, 2) 임의단면에 대한 힘의 모멘트의 합 역시 0이 되어야 한다. 한편 그림 (a)의 임의단면인 mn단면을 절단하여 **자유물체도**(free body diagram)로 표시하면 그림 (b) 및 (c)와 같다.

이 자유물체도의 왼쪽 부분과 오른쪽 부분이 서로 평형을 유지하기 위해서는 mn의 단면을 따라 어떤 힘(전단력)의 작용이 필요하고, 동시에 모멘트의 작용이 일어나지 않으면 안 된다.

하중(W)과 반력(R)에 대응되는 임의단면에 발생하는 **전단력**(V)과 **모멘트**(M)는 평형조건으로부터 다음과 같이 된다.

$$\Sigma Y = 0, \quad R_A - W_1 - W_2 - W_3 + R_B = 0 \qquad \text{(a)}$$

$$\Sigma M = 0, \quad R_A x_a - W_1 x_1 - W_2 x_2 + W_3 x_3 - R_B x_b = 0 \qquad \text{(b)}$$

그림 7.3(b)에서 V_1, M_1은

$$R_A - W_1 - W_2 - V_1 = 0, \quad \therefore V_1 = R_A - W_1 - W_2 \qquad \text{(c)}$$

$$R_A x_a - W_1 x_1 - W_2 x_2 - M_1 = 0,$$
$$\therefore\ M_1 = R_A x_a - W_1 x_1 - W_2 x_2 \qquad \text{(d)}$$

그림 7.4(c)에서 V_2와 M_2는

$$V_2 - W_3 + R_B = 0 \qquad \therefore\ V_2 = W_3 - R_B \qquad \text{(e)}$$

$$M_2 + W_3 x_3 - R_B x_b = 0 \qquad \therefore\ M_2 = - W_3 x_3 + R_B x_b \qquad \text{(f)}$$

식 (c)와 (e)에서 $V_1 = V_2$(g)

식 (d)와 (f)에서 $M_1 = M_2$(h)

여기서 V_1과 V_2 또는 M_1과 M_2는 각각 그 크기가 같고 방향이 반대임을 알 수 있다. V_1 및 V_2를 보의 단면에 작용하는 **전단력**(shearing force), M_1 및 M_2를 **굽힘모멘트**(bending moment)라고 한다.

그리므로 전단력과 굽힘모멘트를 구할 때는 임의단면의 왼쪽 또는 오른쪽에 대하여 편리한 쪽을 택하여 계산하면 된다. 이를 정리하면 보에 하중이 작용할 때 임의단면의 좌우에 작용하는 전단력(V)과 굽힘모멘트(M)의 대수합은 크기는 같고 방향이 반대이다. 그러나 작용방향에 따라 부호를 착각하기 쉬우므로 부호규약을 정하는 것이 편리하다. 부호규약은 일정한 것이 아니고 저서에 따라 서로 다를 경우도 있다.

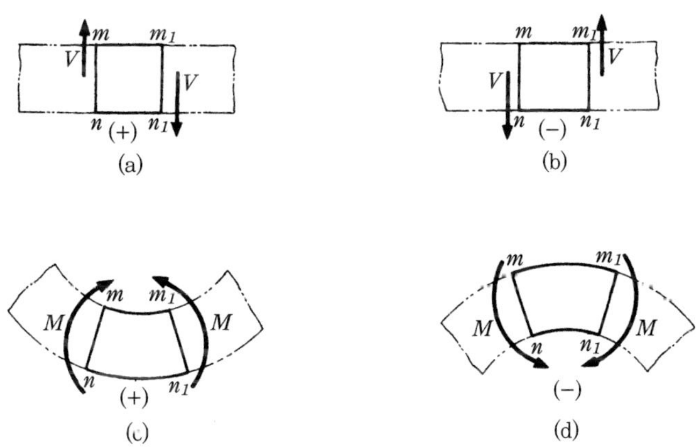

그림 7.4 전단력 및 굽힘모멘트의 부호

그림 7.4는 전단력과 굽힘모멘트의 부호규약이다.

여기서 전단력은 시계회전 방향으로 요소를 회전시키려는 방향을 (+)로 하고, 그 반대방향을 (−)로 한다. 굽힘모멘트의 경우는 단면의 왼쪽에 있는 외력의 합성모멘트가 시계방향으로 회전하려는 모멘트를 (+)로 하고 그 반대인 경우를 (−)로 한다. 즉, (+)굽힘모멘트는 그림에서와 같이 아래쪽으로 볼록하게 되는 경우이며, (−)굽힘모멘트는 위쪽으로 볼록하게 되고자 작용하는 것이 된다.

그러나 학자에 따라서는 반시계방향을 (+)로 규정하는 경우도 있어 혼동이 예상되나, 부호약속을 어떻게 하든 분명한 것은 "동일 평면 내에서 동일 방향은 동일 부호를 취한다."라고 하는 사실만 정확히 지킨다면 계산의 결과인 절대값은 변화가 없다. 재료역학에서의 (+), (−) 부호란 방향을 의미하고 있으며 실제적으로 설계에 기여할 수치는 바로 이 절대값이 된다.

7-03 보의 전단력과 굽힘모멘트의 관계

보의 임의단면에서의 하중, 전단력, 굽힘모멘트는 서로 독립되어 있는 것이 아니고, 이들 간에는 긴밀한 관계를 갖고 있는 것이다. 따라서 이들의 관계를 아는 것은 보의 문제를 해결하는 데, 특히 전단력선도와 굽힘모멘트선도를 그리는 데 매우 중요하다.

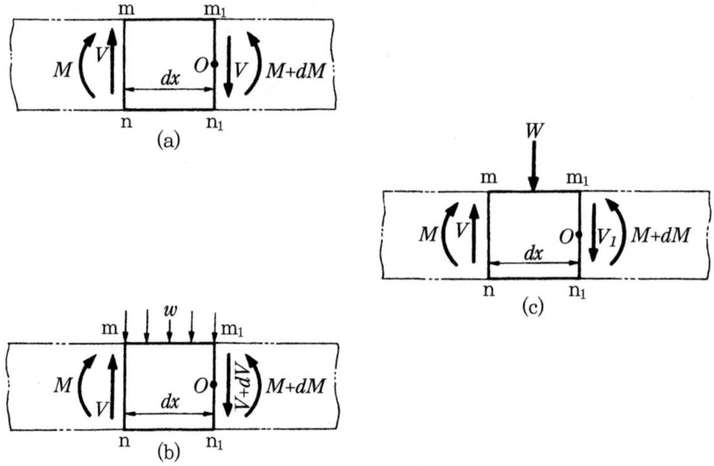

그림 7.5 보의 전단력과 굽힘모멘트

이 관계를 얻기 위한 수단으로 보에서 잘라낸 임의의 한 요소로서 그림 7.5(a)와 같이 미소거리 dx만큼 떨어진 두 인접단면 mn과 m_1n_1을 생각하자. 그 요소의 왼쪽 표면에는 (+)의 전단력 V와 굽힘모멘트 M이 작용하고 있다고 가정한다.

일반적으로 V와 M은 보의 축에 따라 측정되는 거리 x의 함수이므로, 이 요소의 오른쪽 표면에서는 전단력과 굽힘모멘트가 왼쪽에서의 값들과 약간 다른 값이 될 것이다. V와 M의 증가량을 각각 dV와 dM으로 표시하면, 오른쪽 표면에서의 대응되는 전단력과 굽힘모멘트는 $V+dV$와 $M+dM$이다.

우선 두 단면 사이에 외력이 작용하지 않는 그림 7.5(a)의 경우를 생각하자.

외력의 작용이 없으므로 좌우 표면의 전단력의 변화는 없을 것이다.

한편 이 요소는 평형상태에 있어야 하므로 그 힘들이 m_1n_1단면의 임의적인 O점에 대한 모멘트를 생각하면 그 대수합은 0이 되어야 한다. 즉,

$$M-(M+dM)+Vdx=0 \qquad \therefore \frac{dM}{dx}=V \tag{7.3}$$

가 되고, 보의 집중하중의 작용점들 사이에 있는 부분의 임의단면에서는 굽힘모멘트의 x에 대한 변화율이 그 단면에서의 전단력과 같음을 알 수 있다.

다음은 그림 7.5(b)와 같이 단면 mn과 m_1n_1 사이에 균일분포하중(w)이 작용할 경우 요소의 임의점 O점에 대한 모든 힘의 모멘트의 대수합은 0이 되어야 하므로,

$$M-(M+dM)+Vdx-w\,dx\left(\frac{dx}{2}\right)=0$$

을 얻게 되고, 이 식에서 미소량의 제곱은 더욱 미소하므로 무시할 수 있다. 따라서

$$-dM+Vdx=0 \qquad \therefore \frac{dM}{dx}=V$$

가 되어 식 (7.3)에 일치되며, 전단력과 굽힘모멘트의 관계는 외력의 유무에 관계없이 항상 성립함을 알 수 있다.

수직력들의 대수합을 0으로 놓으면,

$$V-(V+dV)-w\,dx=0 \qquad \therefore \frac{dV}{dx}=-w \tag{7.4}$$

가 되므로, 두 단면 사이에 균일분포하중 w가 작용할 때는 전단력도 보의 위치에 따라 변화함으로써 x에 대한 변화율은 단위길이에 대한 하중에 (−)부호를 붙인 값과 같다는 것을 알 수 있다.

이번에는 두 단면 사이에 집중하중 W가 작용하는 그림 7.5(c)의 경우를 생각하자. 요소의 mn단면의 전단력을 V로 나타내고 m_1n_1단면의 전단력을 V_1이라 가정한 후 요소에 작용하는 수직력의 대수합을 0으로 놓으면,

$$V-W-V_1=0 \qquad \therefore V_1=V-W \tag{7.5}$$

식 (7.5)에서 보의 미소길이 dx사이에서 전단력의 갑잡스런 변화가 일어나는데, 하중작용점의 왼쪽으로부터 오른쪽으로 지나갈 때에는 아래쪽으로 작용하는 하중의 크기와 같은 양만큼 전단력이 감소하게 된다.

일반적으로 굽힘모멘트의 최대값은 전단력 $V=0$인 점, 즉 (+)에서 (−)로 바뀌는 점에서 일어나고, 임의단면의 굽힘모멘트는 그 단면까지의 전단력선도의 면적으로 표시될 수 있다는 것을 알 수 있다. 이 전단력의 부호가 바뀌는 점은 작용하중점 아래이며, 이곳에서 전단력선도는 불연속이 되며, 이와 더불어 굽힘모멘트선도의 기울기도 이 점을 불연속적으로 변화된다.

한편 보의 임의단면의 전단력이 (+)라고 한다면 그 위치에서의 굽힘모멘트선도의 기울기 또한 (+)로 되어야 하며, 식 (7.4)의 관계에서 분포하중 w가 작용하는 경우 전단력은 x의 (+)방향에 따라 $-w$와 같은 기울기로 감소함도 알 수 있다.

7-04 전단력선도와 굽힘모멘트선도

수직하중을 받는 보의 단면에 작용하는 전단력 V와 굽힘모멘트 M은 단면의 위치를 나타내는 거리 x에 따라 변화된다. 어떤 단면에서의 응력의 크기를 안다는 것은 보를 설계할 때에 대단히 중요하고도 편리하다.

이러한 자료를 제공하는 편리한 방법으로 응력들의 크기가 그 단면에서의 V와 M의 값에 따라 결정되므로, 이들의 값이 거리 x에 따라 어떻게 변화되는가를 나타내 주는 선도를 그리는 것이다. 이렇게 함으로써 이들의 크기를 일일이 계산하지 않고 그 크기와 변화 상태를 바로 알 수 있게 된다.

이 선도를 그리기 위하여 단면의 위치를 나타내는 거리 x를 가로좌표에 잡고, 이에 대응되는 전단력 V_x와 굽힘모멘트 M_x의 값을 세로좌표에 잡아 그린 것을 각각 **전단력선도**(shearing force diagram ; SFD) 및 **굽힘모멘트선도**(bending moment diagram ; BMD)라고 한다.

이 선도를 그리는 요령은 우선 ① 보의 미지수인 반력을 구하고, ② 하중의 종류에 따라 적당한 구간으로 나누어 구간 내에서 임의단면을 잡아 임의단면에 대한 자유물체도를 그려 임의단면에서의 전단력과 굽힘모멘트를 구한다. ③ 다음으로 보에 주어진 **경계조건**(boundary condition ; B.C.)을 이용하여 선도를 그리는 데 필요한 지점의 값, 즉 최대, 최소라든지 전단력이나 굽힘모멘트가 0이 되는 지점의 값을 계산하여 선도상에 점으로 표시한다. ④ 끝으로 1차 함수는 직선, 2차 함수는 포물선과 같은 방법으로 표시된 점들을 연결하면 선도가 완성된다.

1. 단순보에 대한 선도

(1) 1개의 집중하중이 작용하는 경우

그림 7.6에서와 같이 임의 위치에 1개의 집중하중이 작용하는 단순보에서 우선 평형방정식을 이용하여 각 지점의 반력 R_A, R_B를 구하면 다음과 같다.

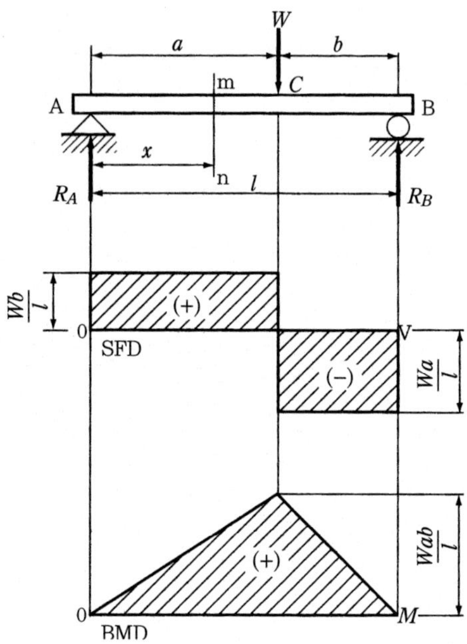

그림 7.6

$$\Sigma Y = 0, \ R_A + R_B - W = 0 \tag{a}$$

$$\Sigma M_B = 0, \ R_A l - Wb = 0 \tag{b}$$

식 (a)와 (b)에서

$$\therefore R_A = \frac{Wb}{l} \qquad R_B = W - R_A = \frac{Wa}{l} \tag{7.6}$$

다음은 임의단면에 대한 전단력과 굽힘모멘트를 구하기 위하여 구간을 나누는데, AC 구간에서 임의단면을 잡을 경우와 CB 구간에서 임의단면을 잡을 경우가 각각 상황이 다르므로 두 구간으로 나누어 생각한다.

① $0 \leqq x \leqq a$

$$V_x = R_A = \frac{Wb}{l} \tag{7.7}$$

$$M_X = R_A x = \frac{Wb}{l} x \tag{7.8}$$

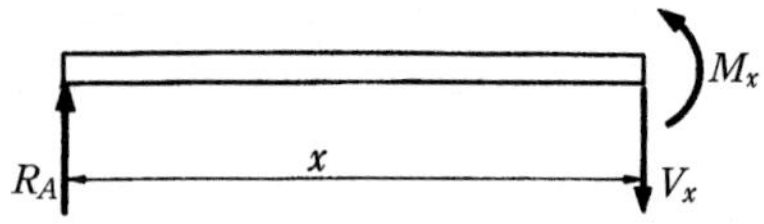

그림 7.7

$$\text{B.C.}\quad \begin{cases} x=0\ :\ M=0 \\ x=a\ :\ M=\dfrac{Wab}{l} \end{cases}$$

② $a \leqq x \leqq l$

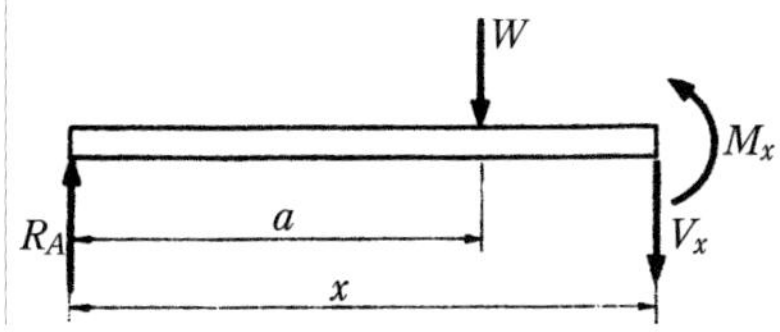

그림 7.8

$$V_x = R_A - W = \frac{Wb}{l} - W = -\frac{Wa}{l} \qquad (7.9)$$

$$M_x = R_A x - W(x-a) = \frac{Wb}{l}x - W(x-a) \qquad (7.10)$$

$$\text{B.C.}\quad \begin{cases} x=a\ :\ M=\dfrac{Wab}{l} \\ x=l\ :\ M=0 \end{cases}$$

③ 또는 임의단면을 B지점으로부터 정해도 된다.

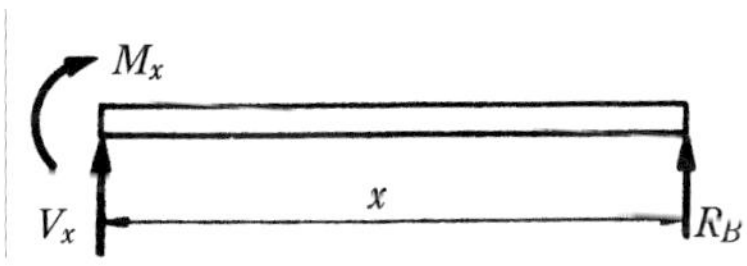

그림 7.9

$$V_x = -R_B$$

$$M_x = R_B x$$

$$\text{B.C.}\quad \begin{cases} x-0\ :\ M=0 \\ x=b\ :\ M=\dfrac{Wab}{l} \end{cases}$$

이번에는 앞의 자유물체도에서 관찰한 것과 그림 7.6의 선도에 대하여 검토 및 그 성질에 대해서 다시 한 번 살펴보기로 한다.

전단력선도의 좌측단의 크기는 바로 보의 반력의 크기임을 알 수 있다. 이는 보의 좌측단에 반력이나 집중하중이 작용하면 전단력선도는 그 반력이나 집중하중의 크기에서부터 시작됨을 알 수 있다.

한편 $0 \leqq x \leqq a$의 구간에서는 임의단면에 대한 전단력에 관한 식이 $V_x = R_A = \dfrac{wb}{l}$인 상수임을 알 수 있고, 식 (7.4)로부터 $\dfrac{dV_x}{dx} = 0$임을 알 수 있다. 즉, 기울기가 0이므로 전단력선도는 수평선을 유지함을 알 수 있다. 또 $a \leqq x \leqq l$의 구간에서 임의단면을 취하여 얻은 전단력에 관한 식은 $V_x = R_A - W = -\dfrac{wa}{l} = -R_B$임을 알 수 있고, 이는 반력 R_A와 집중하중과의 차이이며 Y축 방향으로 작용하는 힘의 평형으로부터 이 값이 바로 반력 R_B값 또 집중하중과 반력의 차이에 따라 선도는 집중하중의 작용점 아래에서 급격하게 변화된다는 것도 알 수 있다. 이 구간에서도 $\dfrac{dV_x}{dx} = 0$이므로 선도는 수평선으로 유지되며,

우측단에서의 크기는 바로 반력 R_B임을 알 수 있다.

한편 굽힘모멘트선도에서는 좌측단에서의 그 크기가 0으로 시작된다. 이는 모멘트의 크기의 결정은 하중에 거리를 곱하여 표시하게 되는데, 보의 좌측단에는 반력 R_A라는 하중은 작용하지만 모멘트의 작용거리가 0이 되므로 당연히 그 크기는 0이 된다.

다음 $0 \leqq x \leqq a$의 구간에서 임의단면을 취하여 그 임의단면에 대한 모멘트식을 구하면 $M_x = R_A x = \frac{wb}{l}x$가 되고, 식 (7.3)에서 $\frac{dM_x}{dx} = \frac{wb}{l} = R_A$인 상수로 나타나게 되어 모멘트선도의 기울기는 직선이 됨을 알 수 있다. 그런데 그 상수값이 (+)값이므로 선도의 기울기 역시 (+)의 값을 갖는 직선이 된다. 또 이것은 위의 전단력선도와 비교할 때 전단력선도의 면적이 (+)값이라는 것을 알 수 있다. 즉, 모멘트선도의 기울기의 방향은 전단력선도의 면적값이 부호에 따라 결정할 수 있음을 알 수 있다.

또 $a \leqq x \leqq l$의 구간에서의 모멘트식은 $M_x - R_B x = 0$에서 $M_x = R_B x$가 된다. 한편 식 (7.3)으로부터 $\frac{dM_x}{ax} = R_B$가 되며, 이 구간에서의 전단력선도의 면적이 (−)값을 취하므로 모멘트선도는 (−)의 기울기를 취하는 직선이 된다.

또 집중하중의 작용점 아래에서는 기울기가 (+)에서 (−)로 바뀌는 점, 즉 수학적으로 **변곡점**(inflection point)에 해당되며 $\frac{dM}{dx} = 0$인 지점이 되어 이 점에서 모멘트의 극값, 즉 최대값 혹은 최소값이 발생하게 된다.

위의 선도에서는 하중의 작용점인 C점에서 최대 굽힘모멘트값, 즉 $M_{\max} = \frac{wab}{l}$가 발생된다. 이와 같이 최대모멘트값이 발생되는 단면은 위험을 가장 많이 받는 단면이므로 **위험단면**(dangerous section)이라고 한다. 만일, 하중이 $x = \frac{l}{2}$인 보의 중앙에 작용하였다고 하면 보의 중앙단면의 굽힘모멘트 $M_{\max} = \frac{Wl}{4}$이 되며 위험단면은 보의 중앙이 된다.

한편 $0 \leqq x \leqq a$의 구간에서 전단력선도의 면적은 $\frac{Wb}{l} \cdot a$, 즉

$\frac{Wab}{l}$ 인데 이 값은 이 구간에서의 굽힘모멘트의 증가량을 나타내게 되며, 같은 방법으로 $b \leqq x \leqq l$의 구간에서는 전단력선도의 면적이 $-\frac{Wab}{l}$가 되고, 이것은 이 구간에서의 굽힘모멘트가 이 값만큼 감소한다는 것을 의미한다.

(2) 2개 이상의 집중하중이 작용하는 경우

그림 7.10과 같이 여러 개의 집중하중이 작용할 때는 하중의 작용점들 사이의 보의 각 구간에 대하여 V와 M의 방정식을 구해야 한다.

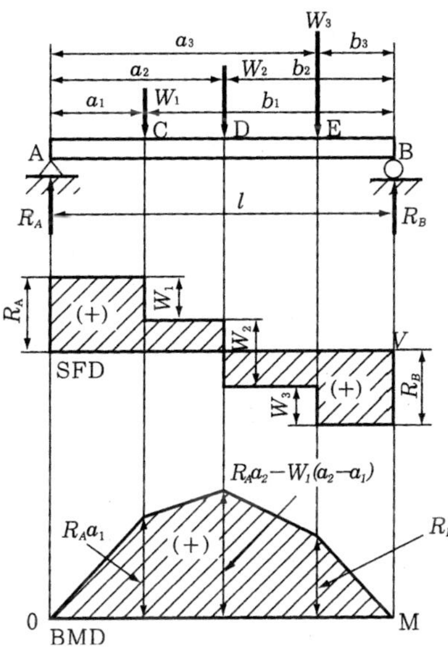

그림 7.10 3개 집중하중의 단순보

우선 반력을 구하면 다음과 같다.

$$\Sigma Y = 0,\ R_A - W_1 - W_2 - W_3 + R_B = 0 \quad \text{(a)}$$

$$\Sigma M_B = 0,\ R_A l - W_1 b_1 - W_2 b_2 - W_3 b_3 = 0 \quad \text{(b)}$$

$$\Sigma M_A = 0,\ -R_B l + W_1 a_1 + W_2 a_2 + W_3 a_3 = 0 \quad \text{(c)}$$

식 (a), (b), (c)를 연립하여 풀면 다음과 같다.

$$\therefore\ R_A = \frac{W_1 b_1 + W_2 b_2 + W_3 b_3}{l}$$

$$R_B = \frac{W_1 a_1 + W_2 a_2 + W_3 a_3}{l} \tag{7.11}$$

각 구간의 임의단면에 대한 V와 M을 구하면 다음과 같다.

① $0 \leqq x \leqq a_1$

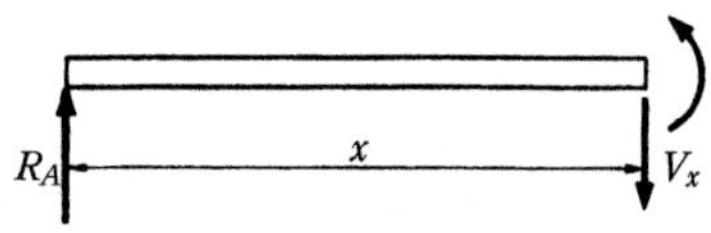

그림 7.11

$$V_x = R_A \tag{d}$$

$$M_x = R_A x \tag{e}$$

B.C. $\begin{cases} x = 0 \ : M = 0 \\ x = a \ : M = R_A a_1 \end{cases}$

② $a_1 \leqq x \leqq a_2$

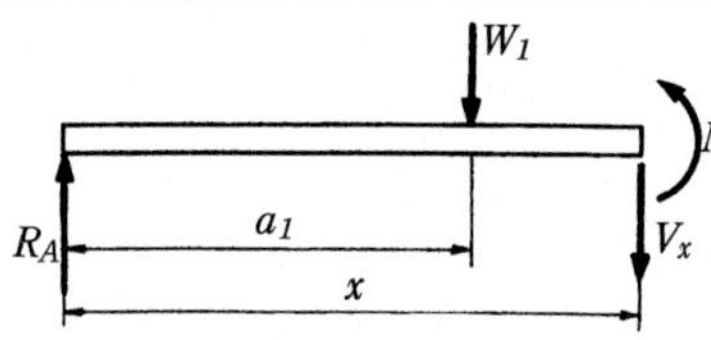

그림 7.12

$$V_x = R_A - W_1 \tag{f}$$

$$M_x = R_A x - W_1 (x - a_1) \tag{g}$$

B.C. $\begin{cases} x = a_1 \ : M = R_A a_1 \\ x = a_2 \ : M = R_A a_2 - W_1 (a_2 - a_1) \end{cases}$

③ $a_2 \leqq x \leqq a_3$

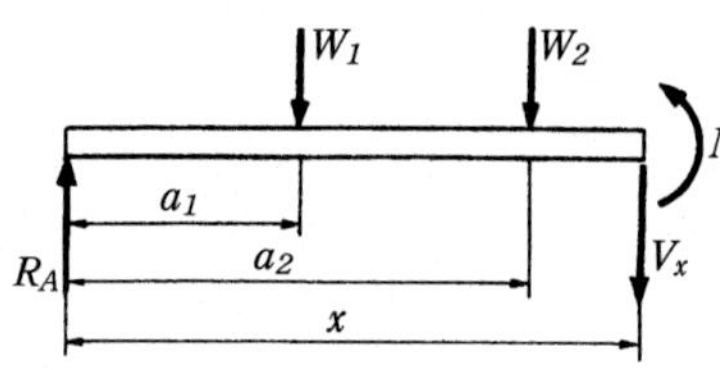

그림 7.13

$$V_x = R_A - W_1 - W_2 \tag{h}$$

$$M_x = R_A x - W_1 (x - a_1) - W_2 (x - a_2) \tag{g}$$

B.C. $\begin{cases} x = A_2 \ : M = R_A a_1 - W_1 (a_2 - a_1) \\ x = a_3 : M = R_A a_3 - W_1 (a_3 - a_1) - W_3 (a_3 - a_2) \end{cases}$

④ $a_3 \leqq x \leqq l$

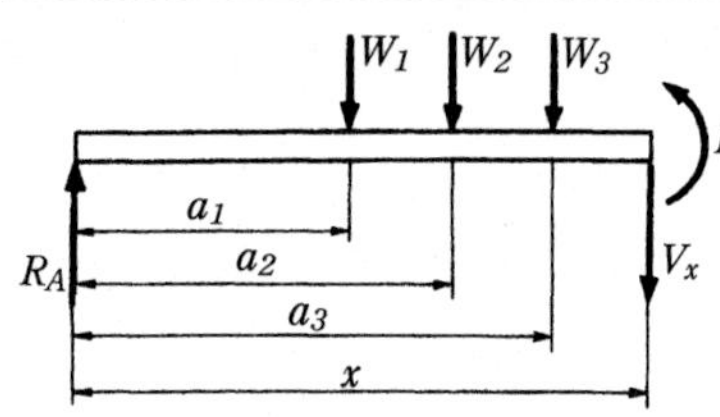

그림 7.14

$$V_x = R_A - W_1 - W_2 - W_3 = - R_B \tag{j}$$

$$M_x = R_A x - W_1 (x - a_1) - W_2 (x - a_2) - W_3 (x - a_3) \tag{k}$$

B.C. $\begin{cases} x = A_3 : M = R_A a_3 - W_1 (a_3 - a_1) - W_2 (a_3 - a_2) \\ x = l : M = R_A l - W_1 (l - a_1) - W_3 (l - a_2) \\ \qquad - W_3 (l - a_3) \end{cases}$

④와 같은 경우는 임의단면을 B지점으로부터 잡으면 편리하다. 즉,

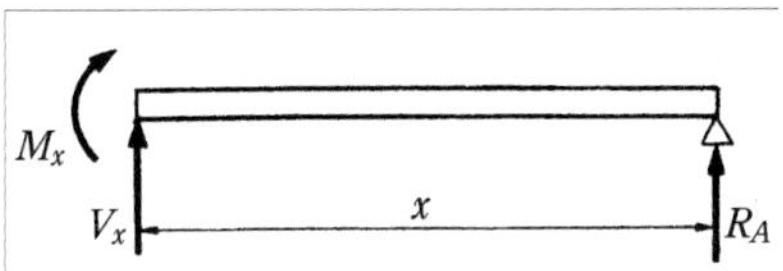

그림 7.15

$0 \leq x \leq b_3$

$$V_X = - R_B \quad \text{(l)}$$

$$M_x = R_B x \quad \text{(m)}$$

$$\text{B.C.} \quad \begin{cases} x = 0 : M = 0 \\ x = b_3 : M = R_B b_3 \end{cases}$$

W_2의 작용점에서 전단력이 (+)에서 (−)로 부호가 바뀌어지는 단면이므로 최대 굽힘모멘트가 발생하는 단면이다. 만일, 전단력이 (−)에서 (+)로 부호가 바뀌어진다면 그 단면은 최소 굽힘모멘트가 발생한다. 경우에 따라서는 한 보에서 최대, 최소값이 동시에 나타날 경우도 있다.

보에 몇 개의 하중이 동시에 작용할 때, 전단력선도와 굽힘모멘트선도는 각 하중이 각각 단독으로 작용한 상태에서 얻어지는 선도들을 **중첩**(superposition or summation)함으로써 얻을 수 있다. 예를 들면, 그림 7.10(b)의 전단력선도는 실제로 각기 단일 집중하중을 받는 경우의 세 개의 선도를 중첩한 것이다. 그림 7.10(c)의 굽힘모멘트선도에도 같은 개념이 사용될 수 있다. 경우에 따라서는 이 중첩법을 이용함이 훨씬 간편할 경우도 있다.

예제 7.1 그림 7.16과 같은 길이 l인 단순보에 집중하중 W가 작용할 때 이 보의전단력선도와 굽힘모멘트선도를 구하라. 단, $l = 1(\text{m})$, $a = 60(\text{cm})$, $b = 40(\text{cm})$, $W = 2(\text{kN})$이다.

‖ **풀이** ‖ $\Sigma Y = 0$: $- W + R_A + R_B = 0$

$$\Sigma M_B = 0 : R_A l - Wb = 0$$

$$\therefore R_A = \frac{Wb}{l} = \frac{2{,}000 \times 0.4}{1} = 800(\text{N})$$

$$R_B = W - R_A = 2{,}000 - 800 = 1{,}200(\text{N})$$

임의단면에 대한 전단력과 굽힘모멘트는

1) $0 \leq x \leq 0.6$

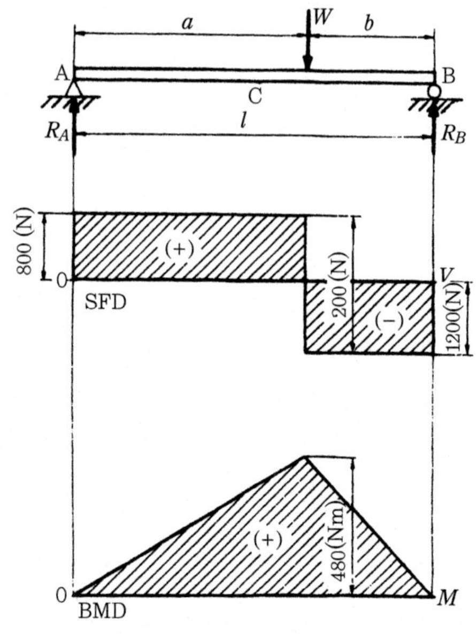

그림 7.16

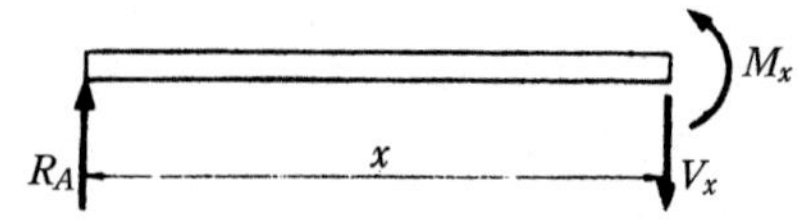

그림 7.17

$$V_x = R_A = 800\,(\mathrm{N})$$
$$M_x = R_A x = 800x$$
$$\text{B.C.}\quad \begin{cases} x = 0 : M = 0 \\ x = 0.6 : M = 480\,(\mathrm{Nm}) \end{cases}$$

2) $0.6 \leqq x \leqq 1$

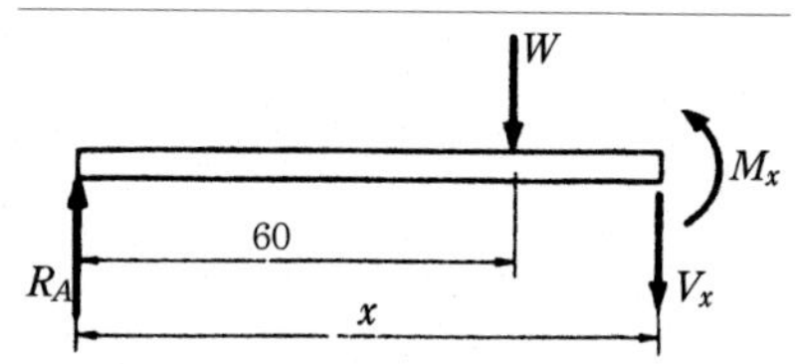

그림 7.18

$$V_x = R_A - W = -R_B = -1{,}200\,(\mathrm{N})$$
$$M_x = R_A x - W(x-0.6) = 800x - 2{,}000(x-0.6)$$
$$\text{B.C.}\quad \begin{cases} x = 0.6 : M = 480\,(\mathrm{Nm}) \\ x = 1 : M = 0 \end{cases}$$

예제 7.2 그림 7.19와 같은 단순보에 2개의 집중하중이 작용할 때 전단력선도와 굽힘모멘트선도를 구하라. 단, $l = 100$(cm), $a_1 = 20$(cm), $a_2 = 30$(cm), $W_1 = 2$(kN), $W_2 = 4$(kN)이다.

‖ **풀이** ‖ $\Sigma Y = 0,\ R_A + R_B = W_1 + W_2$

$$\Sigma M_B = 0,\ R_A l - W_1(l - a_1) - W_2 a_2 = 0$$
$$\therefore R_A = \frac{W_1(l-a_1) + W_2 a_2}{l} = \frac{2{,}000 \times 0.8 + 4{,}000 \times 0.3}{1} = 2{,}800\,(\mathrm{N})$$
$$R_B = W_1 + W_2 - R_A = 2{,}000 + 4{,}000 - 2{,}800 = 3{,}200\,(\mathrm{N})$$

임의단면에 대한 전단력과 굽힘모멘트는

1) $0 \leqq x \leqq 20$

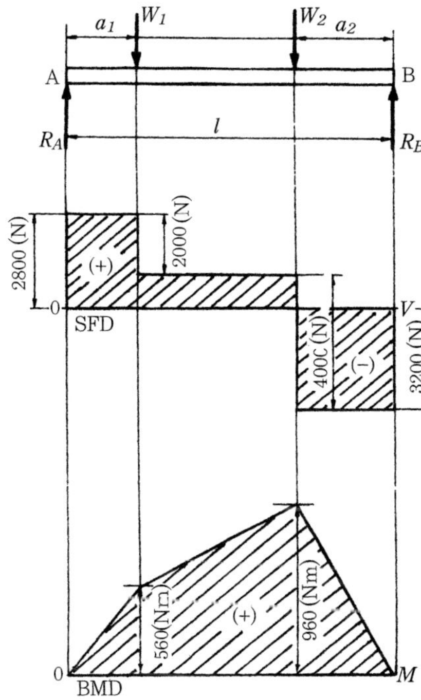

그림 7.19

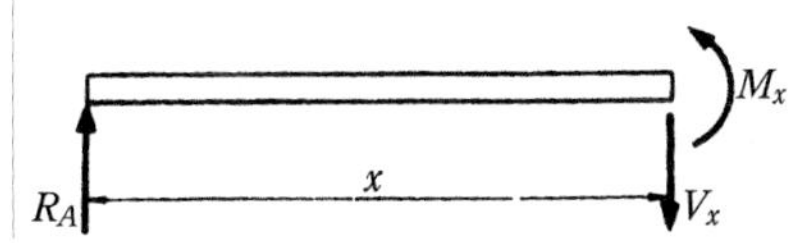

그림 7.20

$$V_x = R_A = 2{,}800\,(\text{N})$$

$$M_x = R_A x = 2{,}800x$$

$$\text{B.C.} \begin{cases} x = 0, \ M = 0 \\ x = 0.2, \ M = 560\,(\text{Nm}) \end{cases}$$

2) $20 \leqq x \leqq 70$

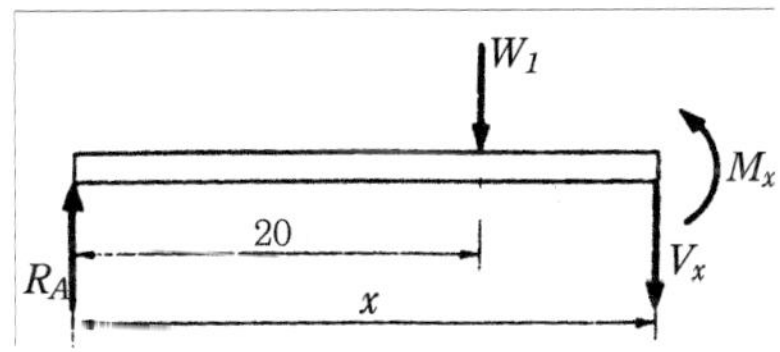

그림 7.21

$$V_x = R_A - W_1 = 2{,}800 - 2{,}000 = 800\,(\text{N})$$

$$M_x = R_A x - W_1(x - 0.2) = 2{,}800x - 2{,}000(x - 0.2)$$

$$\text{B.C.} \begin{cases} x = 0.2 : M = 560\,(\text{Nm}) \\ x = 0.7 : M = 960\,(\text{Nm}) \end{cases}$$

3) $70 \leqq x \leqq 100$

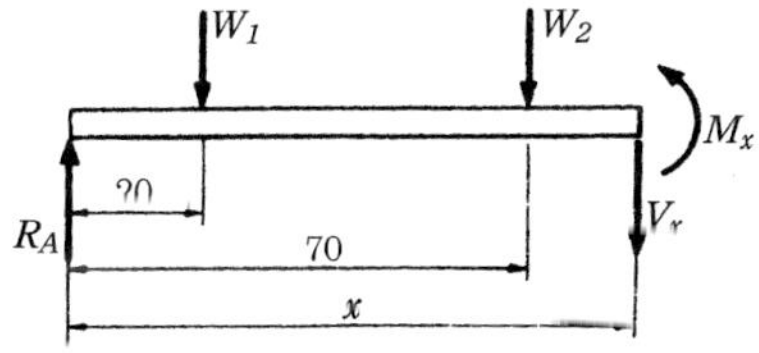

그림 7.22

$$V_x = R_A - W_1 - W_2 = - R_B = -3{,}200\,(\text{N})$$

$$M_x = R_A x\, W_1(x - 0.2) - 400(x - 0.7)$$

$$= 2{,}800x - 2{,}000(x - 0.2) - 4{,}000(x - 0.7)$$

$$\text{B.C.} \begin{cases} x = 0.7 : M = 960\,(\text{Nm}) \\ x = 1 : M = 0 \end{cases}$$

(3) 균일분포하중이 작용하는 경우

그림 7.23과 같은 단순보에 단위길이에 대하여 w인 균일분포하중이 작용한다. 양 지점의 반력은 평형방정식을 이용하면 다음과 같다.

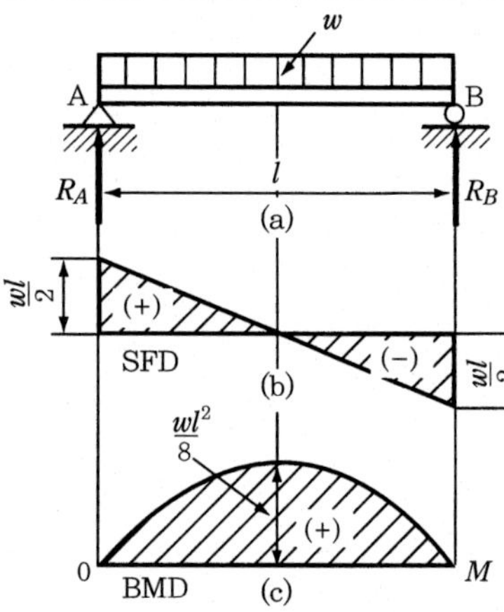

그림 7.23

$$\Sigma Y = 0,\ R_A + R_B - wl = 0 \tag{a}$$

$$\Sigma M_B = 0,\ R_A l - wl \cdot \frac{l}{2} = 0 \tag{b}$$

식 (a)와 (b)에서

$$R_A = R_B = \frac{wl}{2} \tag{7.12}$$

지점 A로부터 x거리에 있는 임의단면의 전단력과 굽힘모멘트는

$$V_x = R_A - wx = \frac{wl}{2} - wx \tag{7.13}$$

$$\text{B.C.}\quad \begin{cases} x = 0\ :\ V = \dfrac{wl}{2} \\ x = \dfrac{l}{2}\ :\ V = 0 \\ x = l\ :\ V = -\dfrac{wl}{2} \end{cases}$$

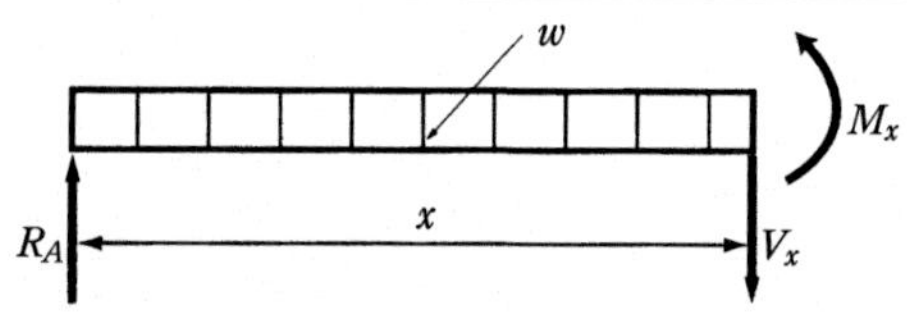

그림 7.24

$$M_x = R_A x - \frac{w}{2}x^2 = \frac{wl}{2}x - \frac{w}{2}x^2 \tag{7.14}$$

$$\text{B.C.}\quad \begin{cases} x = 0\ :\ M = 0 \\ x = \dfrac{l}{2}\ :\ M = \dfrac{wl^2}{8} \\ x = l\ :\ M = 0 \end{cases}$$

앞에서와 마찬가지로 전단력선도는 반력 R_A의 크기로부터 시작되며, 식 (7.13)에서의 기울기는 $-w$임을 알 수 있어 전단력선도는 (−) 기울기의 직선임을 알 수 있다. 또 그림 7.23의 선도에서 전단력선도가 (+)에서 (−)로 바뀌는 지점, 즉 $V_x=0$인 지점은 $\frac{wl}{2}-wx=0$에서 $x=\frac{l}{2}$임을 알 수 있다. 또 식 (7.3)에서 $\frac{dM}{dx}=V$이므로 $V_x=0$인 $x=\frac{l}{2}$에서 바로 최대 굽힘모멘트가 발생된다는 것도 알 수 있다.

한편 굽힘모멘트선도는 좌·우측단에서 고정단이 아닌 자유단이므로 $M=0$이 되며, 식 (7.14)로부터 위로 볼록한 2차포물선이 되리라는 것을 알 수 있다.

또 $0 \leqq x \leqq \frac{l}{2}$ 구간에서는 전단력선도의 면적이 (+)값을 취하므로 모멘트선도는 증가하는 포물선이 되며 $x=\frac{l}{2}$에서 정점, 즉 최대값을 나타낸 후, $\frac{l}{2} \leqq x \leqq l$에서는 전단력선도의 면적이 (−)값을 취하므로 모멘트선도는 감소하는 포물선이 된다. 즉,

$$M_{\max}=\frac{wl^2}{8} \tag{7.15}$$

예제 7.3 그림 7.25와 같은 단순보에서 길이 $l=120$(cm), 균일분포하중 $w=3$(kN/m)을 받고 있을 때의 전단력선도와 굽힘모멘트선도를 구하라.

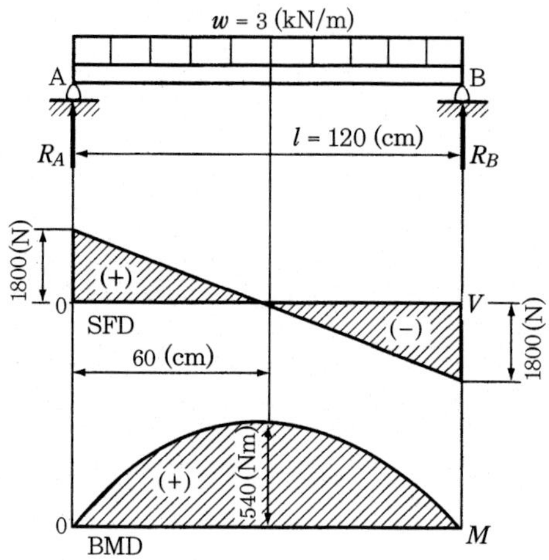

그림 7.25

‖ **풀이** ‖ $\Sigma Y=0,\ R_A+R_B-wl=0$

$$\Sigma M_B=0,\ R_A l-\frac{wl^2}{2}=0 \qquad \therefore\ R_A=R_B=\frac{wl}{2}=\frac{3{,}000\times 1.2}{2}=1{,}800\,(\text{N})$$

임의단면에 대한 전단력과 굽힘모멘트

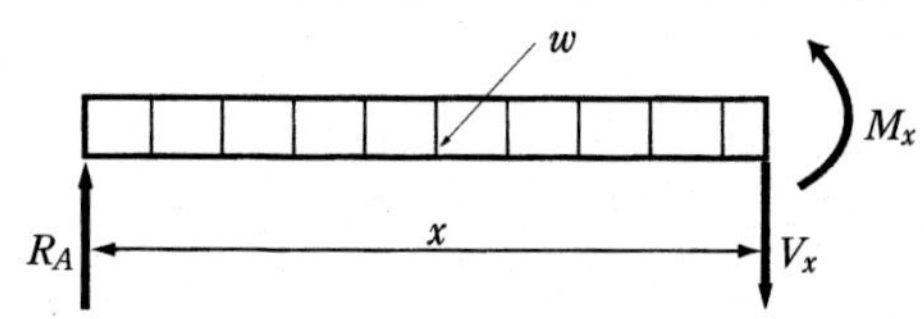

그림 7.26

$$V_x=R_A-wx=1{,}800-3{,}000x$$

$$\text{B.C.}\ \begin{cases} x=0\ :\ V=1{,}800\,(\text{N}) \\ x=0.6\ :\ V=0 \\ x=1.2\ :\ V=-1{,}800\,(\text{N}) \end{cases}$$

$$\begin{pmatrix} V_x=0 \\ 1{,}800-3{,}000x=0 \\ \therefore x=0.6(\text{m}) \end{pmatrix}$$

$$M_x=R_Ax-\frac{w}{2}x^2=1{,}800x-\frac{3{,}000}{2}x^2$$

$$\text{B.C.}\ \begin{cases} x=0\ :\ M=0 \\ x=0.6\ :\ M=540\,(\text{Nm}) \\ x=1.2\ :\ M=0 \end{cases}$$

예제 7.4 그림 7.27과 같은 단순보에 집중하중과 균일분포하중이 동시에 작용할 때 전단력선도와 굽힘모멘트선도를 구하라. 단, $a=60(\text{cm})$, $b=40(\text{cm})$, $W=1(\text{kN})$, $w=5(\text{kN/m})$이다.

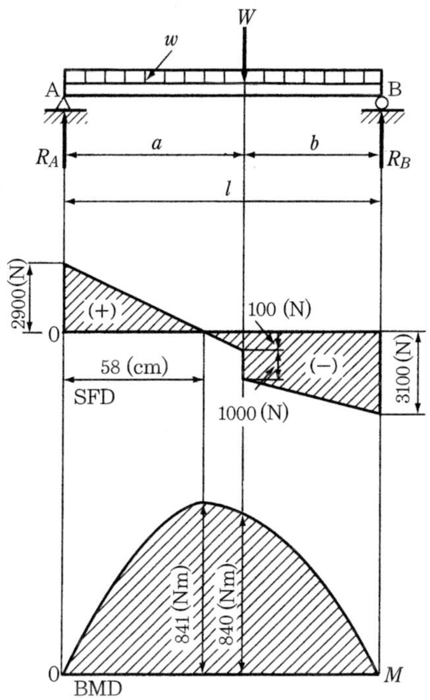

그림 7.27

‖ **풀이** ‖ $\Sigma Y=0,\ R_A+R_B=wl+W=5{,}000\times1+1{,}000=6(\text{kN})$

$$\Sigma M_B=0,\ R_Al-\frac{wl^2}{2}-0.4W=0$$

$$\therefore R_A=\frac{5{,}000\times1\times0.5+0.4\times1{,}000}{1}=2{,}900(\text{N})$$

$$R_B=6{,}000-2{,}900=3{,}100(\text{N})$$

임의단면에 대한 전단력과 굽힘모멘트는

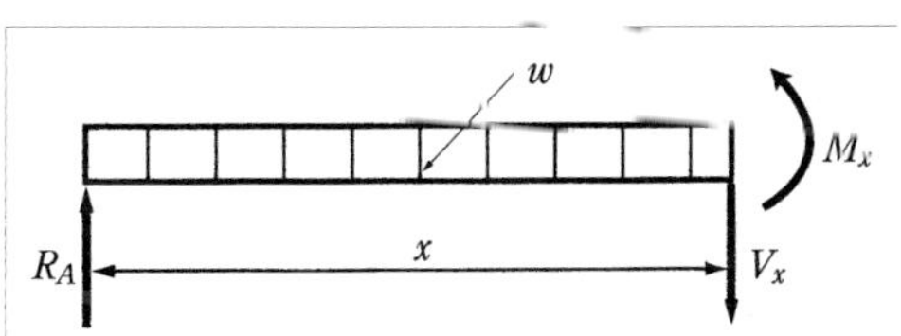

그림 7.28

1) $0\leq x\leq 0.6$

$$V_x=R_A-wx=2{,}900-5{,}000x$$

$$\text{B.C}\begin{cases}x=0\ :\ V=2{,}900(\text{N})\\ x=0.58\ :\ V=0\\ x=0.6\ :\ V=-100(\text{N})\end{cases}$$

$$\begin{pmatrix} V_x = 0 \\ 2{,}900 - 5{,}000x = 0 \\ \therefore\ x = 0.58(\mathrm{m}) \end{pmatrix}$$

$$M_x = R_A x - \frac{w}{2}x^2 - 2{,}900x - \frac{5{,}000}{2}x^2$$

$$\text{B.C.} \begin{cases} x = 0 \ :\ M = 0 \\ x = 0.58 \ :\ M = 841(\mathrm{Nm}) \\ x = 0.6 \ :\ M = 840(\mathrm{Nm}) \end{cases}$$

2) $0.6 \leqq x \leqq 1$

$$V_x = R_A - W - wx = 2{,}900 - 1{,}000 - 5{,}000x = 1{,}900 - 5{,}000x$$

$$\text{B.C.} \begin{cases} x = 0.6 \ :\ V = -1{,}100(\mathrm{N}) \\ x = 1 \ :\ V = -3{,}100(\mathrm{N}) \end{cases}$$

$$M_x = R_A x - W(x - 0.6) - \frac{w}{2}x^2$$

$$= 2{,}900x - 1{,}000(x - 0.6) - \frac{5{,}000}{2}x^2$$

$$\text{B.C.} \begin{cases} x = 0.6 \ :\ M = 840(\mathrm{Nm}) \\ x = 1 \ :\ M = 0 \end{cases}$$

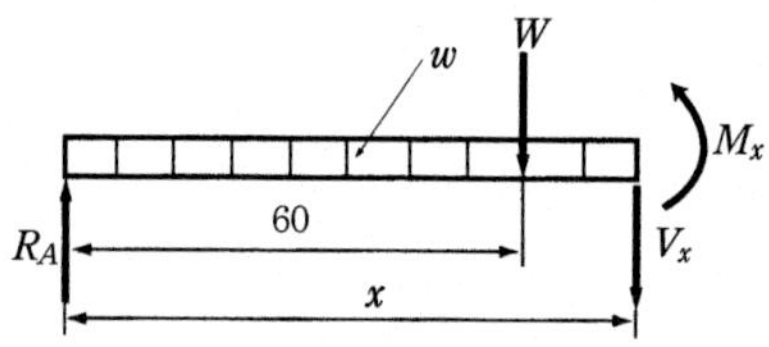

그림 7.29

(4) 점변분포하중이 작용하는 경우

그림 7.30과 같은 단순보 AB에 점변분포하중이 작용할 때 지점 B 위의 단위길이에 대한 하중을 w_0라하면, 지점반력 R_A와 R_B는

$$\Sigma Y = 0,\ R_A + R_B - \frac{w_0 l}{2} = 0 \tag{a}$$

$$\Sigma M_B = 0,\ R_A l - \frac{w_0 l}{2} \cdot \frac{l}{3} = 0 \tag{b}$$

식 (a)와 (b)에서

$$R_A = \frac{w_0 l}{6} \qquad R_B = \frac{w_0 l}{3} \tag{7.16}$$

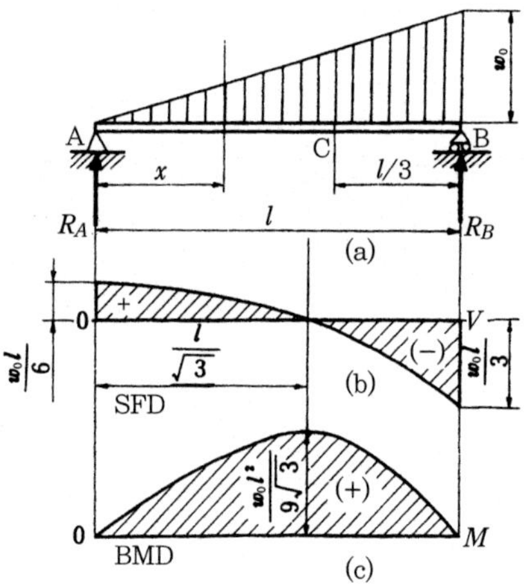

그림 7.30

임의단면에서 임의의 x거리 선상의 3각 분포하중의 크기는 3각형의 길이의 비를 이용해서 구하면 $w_0 x^2/2l$이 되며, 그 하중의 작용점은 3각형의 도심이 된다. 따라서 임의의 단면에 대한 전단력과 굽힘모멘트는

$$V_x = R_A - \frac{w_0 x^2}{2l} = \frac{w_0 l}{6} - \frac{w_0}{2l}x^2 \tag{7.17}$$

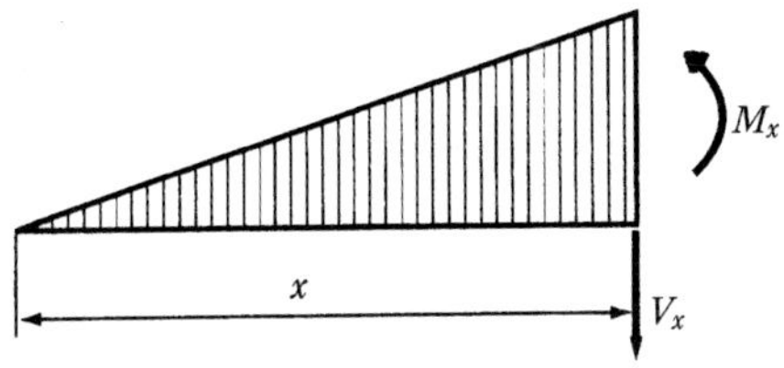

그림 7.31

$$\text{B.C.}\quad \begin{cases} x=0 \ : \ V=\dfrac{w_0 l}{6} \\ x=\dfrac{1}{\sqrt{3}} \ : \ V=0 \\ x=l \ : \ V=-\dfrac{w_0 l}{3} \end{cases}$$

$$\begin{pmatrix} V_x=0 \\ \dfrac{w_0 l}{6}-\dfrac{w_0}{2l}x^2=0 \\ \therefore\ x=\dfrac{l}{\sqrt{3}} \end{pmatrix}$$

$$M_x=R_A x-\frac{w_0 x^2}{2l}\cdot\frac{x}{3}=\frac{w_0 l}{6}x-\frac{w_0}{6l}x^3 \tag{7.18}$$

$$\text{B.C.}\quad \begin{cases} x=0 \ : \ M=0 \\ x=\dfrac{l}{\sqrt{3}} \ : \ M=\dfrac{w_0 l^2}{9\sqrt{3}} \\ x=l \ : \ M=0 \end{cases}$$

임의단면의 전단력(V_x)은 2차함수이므로 선도는 2차포물선이 되며, 부호가 바뀌는 지점은 $V_x=0$에서 $x=\dfrac{l}{\sqrt{3}}$이며, 이 점에서 최대굽힘모멘트가 발생된다. 또한 임의단면에 대한 굽힘모멘트(M_x)는 3차함수이므로 굽힘모멘트선도는 3차포물선이 될 것이다. 이 포물선의 정점이 굽힘모멘트의 최대값이 되며 다음과 같다.

$$M_{\max}=M_x=\frac{l}{\sqrt{3}}=\frac{w_0 l^2}{9\sqrt{3}} \tag{7.19}$$

2. 외팔보에 대한 선도

(1) 1개의 집중하중이 작용하는 경우

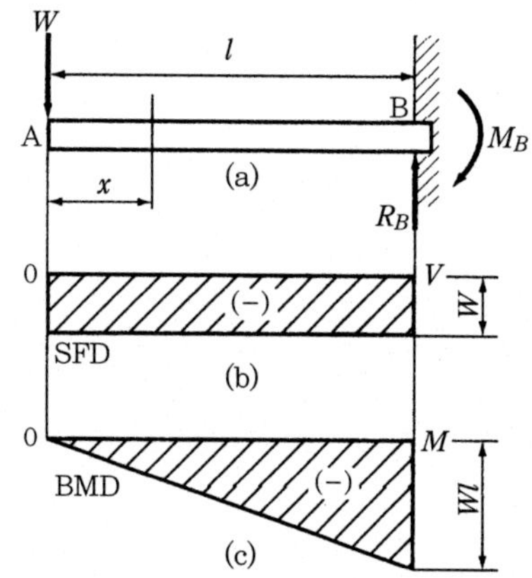

그림 7.32

그림 7.33

그림 7.32(a)에서 보는 바와 같이 일단 B에서 고정되고 자유단 A에 집중하중 W가 작용하고 있다. 이 경우 고정단 B에 생기는 반력 R_B와 모멘트 M_B는 평행조건에서

$$R_B = W \qquad M_B = -Wl$$

자유단으로부터 거리가 x인 임의단면에 대한 전단력과 굽힘모멘트는 다음과 같다.

$$V_x = -W \tag{7.20}$$

$$M_x = -Wx \tag{7.21}$$

$$\text{B.C.} \quad \begin{cases} x = 0 \ : \ M = 0 \\ x = l \ : \ M = -Wl \end{cases}$$

전단력선도는 자유단에 집중하중 W가 작용하므로 이 크기로 시작되며, 기울기가 0이므로 W의 크기가 수평선으로 유지되어 그림 7.32(b)와 같이 직4각형단면으로 그려진다.

한편 굽힘모멘트선도는 식 (7.21)로부터 (−)기울기를 갖는 직선임을 알 수 있으며, 그림 7.32(c)와 같이 3각형단면으로 그려지게 된다. 최대값은 고정단에서 발생됨을 알 수 있다. 즉,

$$M_{\max} = -Wl \tag{7.22}$$

(2) 2개 이상의 집중하중

2개 이상의 집중하중을 받고 있을 때의 SFD, BMD는 앞에서 언급한 바와 같은 방법으로 각각의 하중에 대한 것을 구하여 이들을 중첩시켜도 되고, 또는 처음부터 하중 전체에 대해 고찰하여도 된다.

그림 7.34에서와 같이 A 및 C에 하중 W_1, W_2가 작용할 때의 반력 R_B 및 굽힘모멘트 M_B는

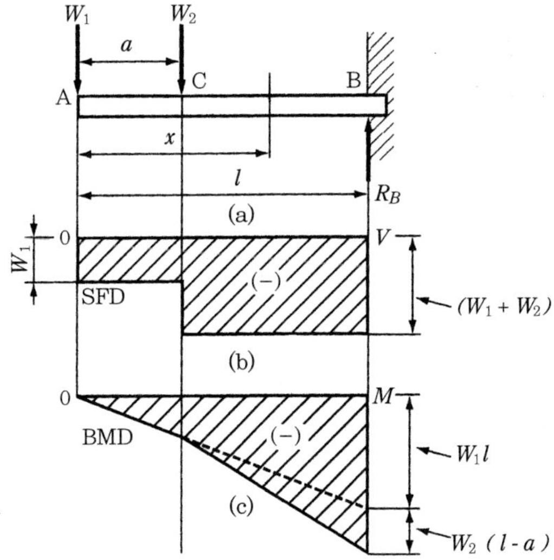

그림 7.34

$$\sum Y = 0,\ R_B = W_1 + W_2$$
$$\sum M_B = 0,\ M_B = -W_1 l - W_2(l-a)$$

임의단면에 대한 전단력과 굽힘모멘트는

1) $0 \leqq x \leqq a$

$$V_x = -W_1$$
$$M_x = -M_1 x$$

B.C. $\begin{cases} x = 0 : M = 0 \\ x = a : M = W_1 a \end{cases}$

2) $a \leqq x \leqq l$

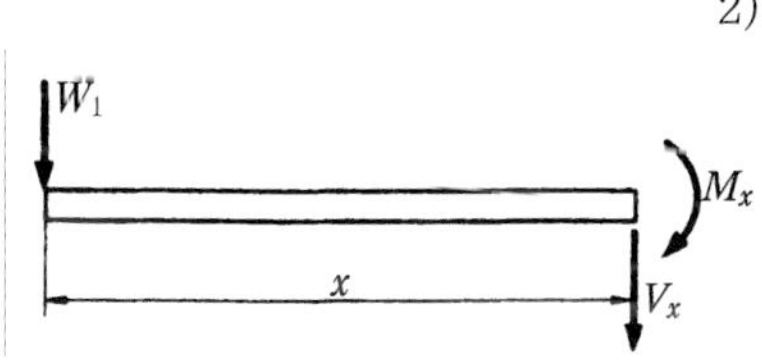

그림 7.35

$$V_x = -W_1 - W_2$$
$$M_x = -W_1 x - W_2(x-a)$$

B.C. $\begin{cases} x = a : M = -W_1 a \\ x = l : M = -W_1 l - W_2(l-a) \end{cases}$

전단력선도는 W_1의 크기로 시작되어 C지점에서 다시 집중하중 W_2가 작용하므로 C지점에서 급격한 변화를 일으킨 후, $W_1 + W_2$의 크기로 기울기 0인 수평선을 유지하며 진행되어 그림 7.34(b)와 같은 직4각형단면을 이루게 된다.

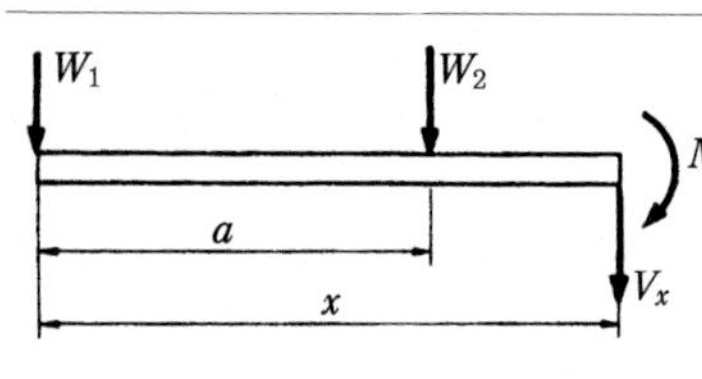

그림 7.36

굽힘모멘트선도는 AC구간에서는 x에 정비례하여 3각형을 이룬다. 그러나 CB구간에서는 x에 정비례하여 직선적으로 증가하는 증가율이 AC구간에 비하여 다르다. 즉, 전단력의 급격한 변화가 생긴 C점에서 굽힘모멘트선도인 3각형의 경사도 변화된다. 이는 식 (7.3)에 의하여 굽힘모멘트의 기울기는 그 선들에 대응되는 전단력의 크기와 같기 때문이다. 최대 굽힘모멘트는 고정단에서 발생된다.

예제 7.5 그림 7.37과 같은 외팔보에서 지점반력, 각 점의 전단력 및 굽힘모멘트를 구하고 전단력선도와 굽힘모멘트선도를 구하라.

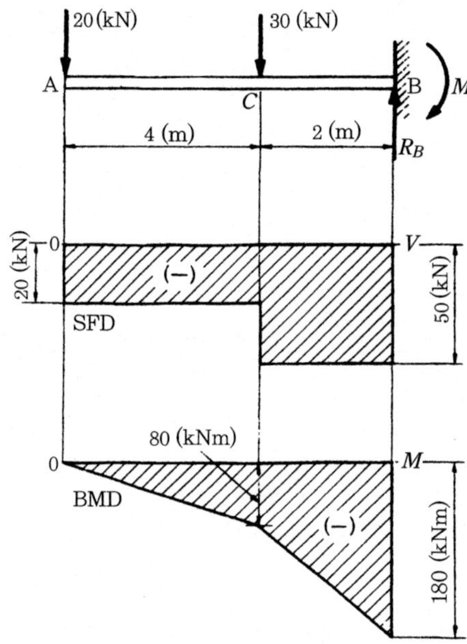

그림 7.37

‖ **풀이** ‖ $\Sigma Y = 0,\ -20-30+R_B=0 \quad \therefore R_B = 50(\text{kN})$

$\Sigma M_B = 0,\ -20\times 6 - 30\times 2 - M_B = 0 \quad \therefore M_B = -180(\text{kNm})$

임의단면에 대한 전단력과 굽힘모멘트

1) $0 \leqq x \leqq 4$

$V_x = -20(\text{kN})$

$M_x = -20x$

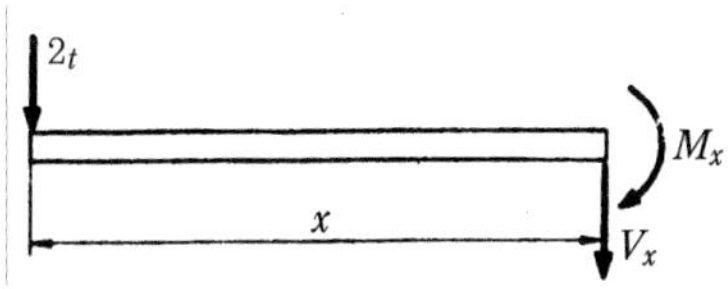

그림 7.38

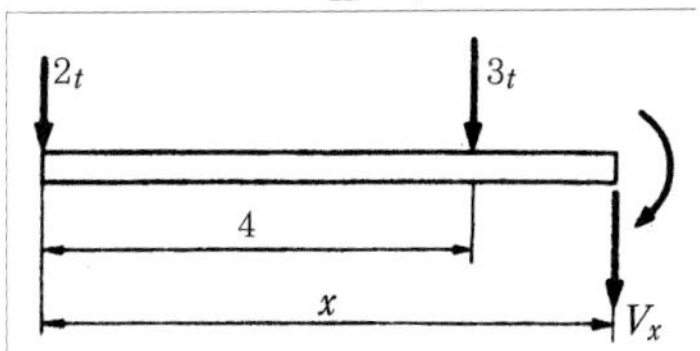

그림 7.39

$$\text{B.C.} \begin{cases} x=0 \ : \ M=0 \\ x=4 \ : \ M=-80(\text{kNm}) \end{cases}$$

2) $4 \leqq x \leqq 6$

$$V_x = -20-30 = -50(\text{kN})$$

$$M_x = -20x-30(x-4)$$

$$\text{B.C.} \begin{cases} x=4 \ : \ M=-80(\text{kNm}) \\ x=6 \ : \ M=-180(\text{kNm}) \end{cases}$$

예제 7.6 그림 7.40과 같은 외팔보에서 길이 $l=4(\text{m})$, 자유단에 $W_1=1(\text{kN})$, 좌단으로부터 $a=2(\text{m})$인 곳에 $W_2=1(\text{kN})$의 집중하중이 작용할 때, 이 보의 전단력선도(SFD)와 굽힘모멘트선도(BMD)를 구하라.

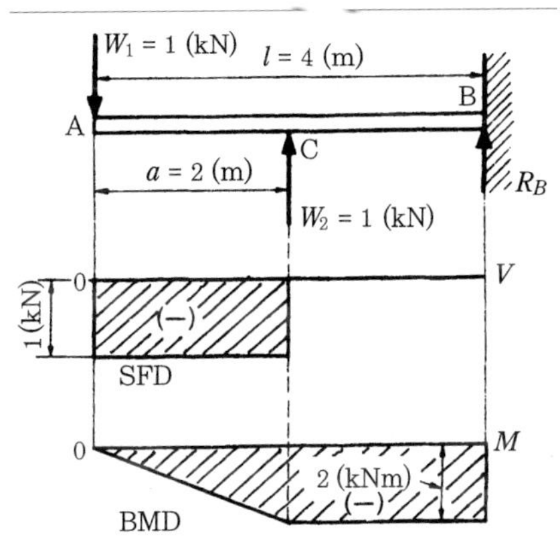

그림 7.40

‖ **풀이** ‖ $\Sigma Y=0 \quad \Sigma M_B=0$

$$R_B+W_2-W_1=0 \qquad M_B=-1{,}000\times4+1{,}000\times2=-2{,}000(\text{Nm})$$

$$R_B=W_1-W_2=1{,}000-1{,}000=0$$

임의단면에 대한 전단력과 굽힘모멘트는

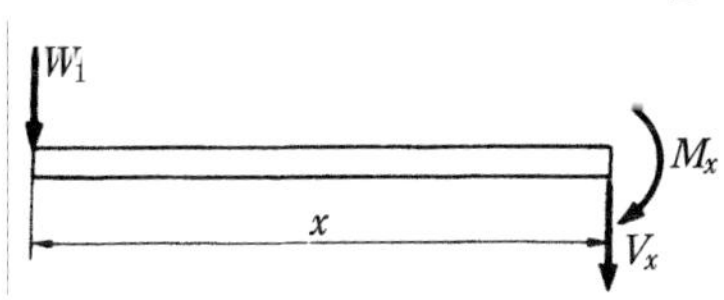

그림 7.41

1) $0 \leqq x \leqq 2$

$$V_x=-W_1=-1{,}000(\text{N})$$

$$M_x=-W_1x=-1{,}000x$$

$$\text{B.C.} \begin{cases} x=0 \ : \ M=0 \\ x=2 \ : \ M=-2{,}000(\text{Nm}) \end{cases}$$

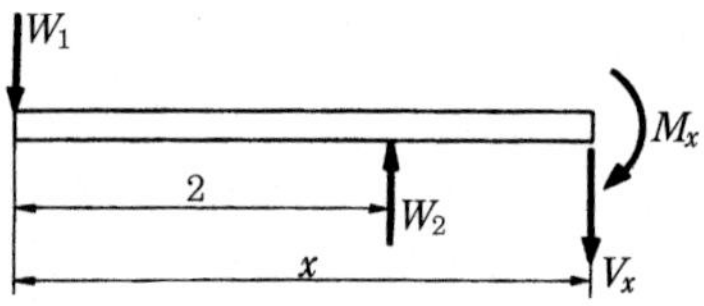

그림 7.42

2) $2 \leqq x \leqq 4$

$$V_x = -W_1 + W_2 = -1{,}000 + 1{,}000 = 0$$

$$M_x = -W_1 x + W_2(x-2) = -1{,}000x + 1{,}000(x-2)$$

$$\text{B.C.} \begin{cases} x = 2 \ : \ M = -2{,}000(\text{Nm}) \\ x = 4 \ : \ M = -2{,}000(\text{Nm}) \end{cases}$$

(3) 균일분포하중이 작용하는 경우

그림 7.43(a)와 같은 길이 l인 외팔보 AB가 전길이에 걸쳐 등분포하중 w를 받을 경우에 고정단 B에 생기는 반력 R_B와 굽힘모멘트 M_B는 평행조건에서

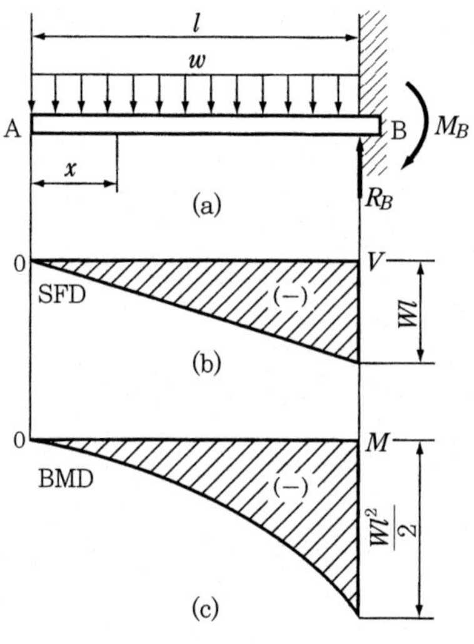

그림 7.43

$$R_B = wl \qquad M_B = -\frac{wl^2}{2}$$

임의단면에 대한 전단력과 굽힘모멘트는

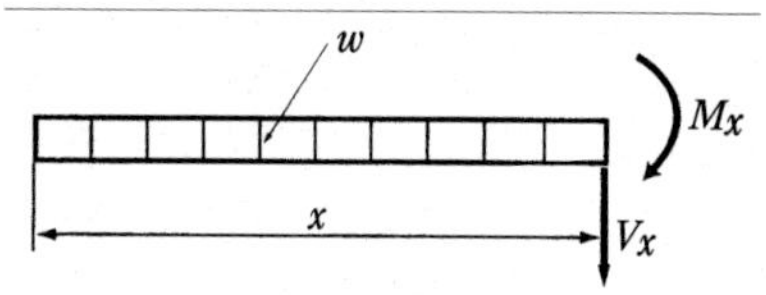

그림 7.44

$$V_x = -wx \tag{7.23}$$

$$\text{B.C.} \begin{cases} x = 0 \ : \ V = 0 \\ x = l \ : \ V = -wl \end{cases}$$

$$M_x = -\frac{w}{2}x^2 \tag{7.24}$$

$$\text{B.C.} \begin{cases} x = 0 \ : \ M = 0 \\ x = l \ : \ M = -\dfrac{wl^2}{2} \end{cases}$$

전단력선도는 식 (7.23)의 1차함수로 표현되므로 (−)의 기울기를 갖

는 직선으로 표시되어 그림 7.43(b)와 같은 3각형으로 그려진다. 한편 굽힘모멘트선도는 식 (7.24)의 2차함수로 표현되며 위쪽으로 볼록한 2차포물선으로 그려진다. 최대값은 역시 고정단에서 발생된다. 즉,

$$M_{max} = -\frac{wl^2}{2} \tag{7.25}$$

예제 7.7 그림 7.45와 같은 외팔보에서 분포하중 $w_0 = 200$(Nm), 보의 길이가 4(m)일 때 전단력선도(SFD)와 굽힘모멘트(BMD)를 구하라.

‖ **풀이** ‖ $\Sigma Y = 0$, $-200 \times 2 + R_B = 0$ $\Sigma M_B = 0$

$\therefore R_B = 400$(N) $M_B = -200 \times 2 \times 1 = -400$(Nm)

임의단면에 대한 진단력과 굽힘모멘트는

1) $0 \leqq x \leqq 2$

$V_x = 0$

$M_x = 0$

이 구간에서는 외력이 없으므로 $V = 0$, $M = 0$이다.

2) $2 \leqq x \leqq 4$

$V_x = -w_0(x-2) = -200(x-2)$

B.C. $\begin{cases} x = 2 : V = 0 \\ x = 4 : V = -400(\text{N}) \end{cases}$

$M_x = -w_0(x-2)\dfrac{(x-2)}{2} = -100(x-2)^2$

B.C. $\begin{cases} x = 2 : M = 0 \\ x = 4 : M = -400(\text{Nm}) \end{cases}$

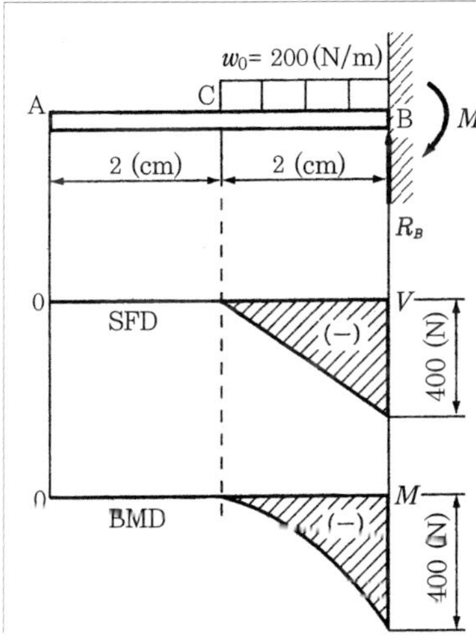

그림 7.45

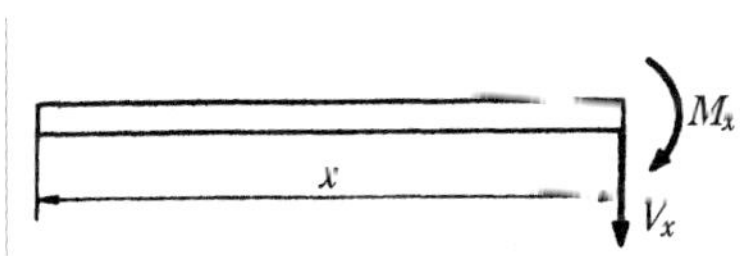

그림 7.46

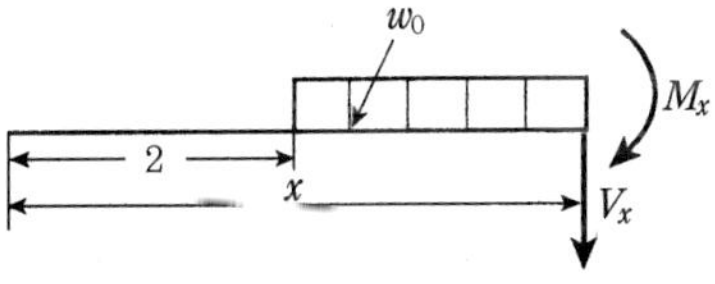

그림 7.47

예제 7.8 그림 7.48과 같은 길이 $l=8$(m)의 외팔보에 균일분포하중 $w_1=8$(kN/m)과 $w_2=5$(kN/m), 그리고 집중하중 $W=10$(kN)이 동시에 작용할 때 이 보의 전단력선도와 굽힘모멘트선도를 구하라.

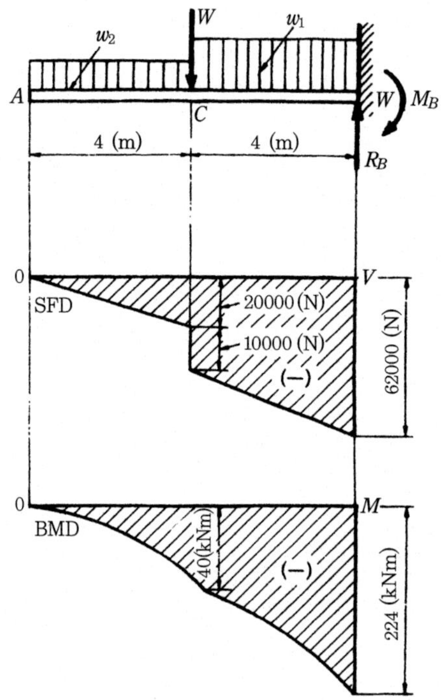

그림 7.48

‖ **풀이** ‖ $\Sigma Y=0,\ R_B=W+w_1\times4+w_2\times4$

$=10{,}000+8{,}000\times4+5{,}000\times4=62{,}000\text{(N)}$

$\Sigma M_B=0,\ M_B=-W\times4-w_1\times4\times2-w_2\times4\times6$

$=-10{,}000\times4-8{,}000\times8-5{,}000\times24=-224\text{(kNm)}$

임의단면에 대한 전단력과 굽힘모멘트는

1) $0\leqq x\leqq 4$

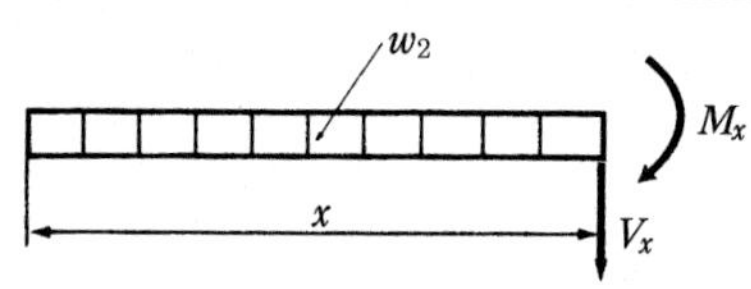

그림 7.49

$$V_x = -w_2 x = -5{,}000x$$

$$\text{B.C.} \begin{cases} x=0 \ : \ V=0 \\ x=4 \ : \ V=-20{,}000(\text{N}) \end{cases}$$

$$M_x = -w_2 x \cdot \frac{x}{2} = -2{,}500x^2$$

$$\text{B.C.} \begin{cases} x=0 \ : \ M=0 \\ x=4 \ : \ M=-40{,}000(\text{Nm}) \end{cases}$$

2) $4 \leqq x \leqq 8$

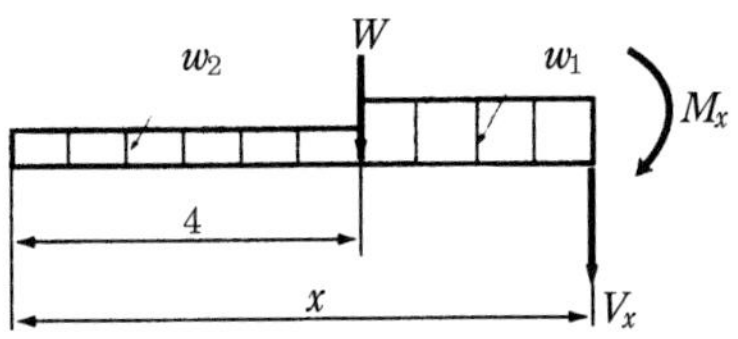

그림 7.50

$$V_x = -4w_2 - W - w_1(x-4) = -8{,}000(x-4) - 30{,}000$$

$$\text{B.C.} \begin{cases} x=4 \ : \ V=-30{,}000(\text{N}) \\ x=8 \ : \ V=-62{,}000(\text{N}) \end{cases}$$

$$M_x = -4w_2(x-2) - W(x-4) - w_1(x-4)\frac{(x-4)}{2}$$

$$= -20{,}000(x-2) - 10{,}000(x-4) - 4{,}000(x-4)^2$$

$$\text{B.C.} \begin{cases} x=4 \ : \ M=-40{,}000(\text{Nm}) \\ x=8 \ : \ M=-224{,}000(\text{Nm}) \end{cases}$$

(4) 점변분포하중이 작용하는 경우

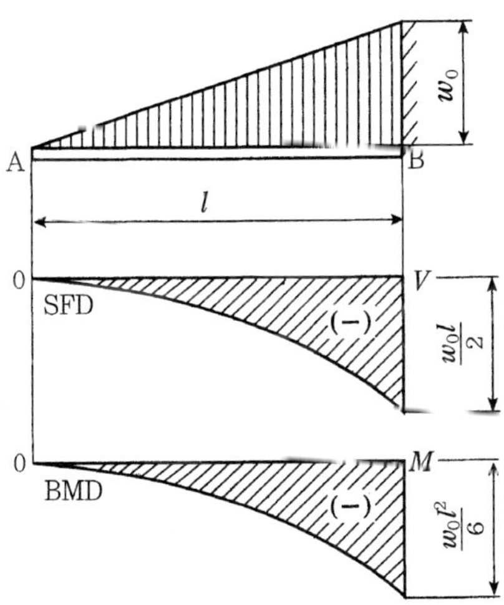

그림 7.51

그림 7.51과 같은 외팔보에서 자유단의 하중은 0이고, 고정단의 하중은 w_0인 점변분포하중을 받고 있을 때 고정단의 반력은 평형조건에서

$$\Sigma Y = 0, \ R_B - \frac{w_0 l}{2} = 0$$

$$\therefore \ R_B = \frac{w_0 l}{2} \qquad (7.26)$$

$$\Sigma M_B = 0, \ -\frac{w_0 l}{2} \cdot \frac{l}{3} + M_B = 0$$

$$\therefore \ M_B = \frac{w_0 l^2}{6} \qquad (7.27)$$

임의단면에서의 전단력과 굽힘모멘트는

$$V_x = -x \cdot \frac{w_0 x}{l} \cdot \frac{1}{2} = -\frac{w_0}{2l}x^2 \tag{7.28}$$

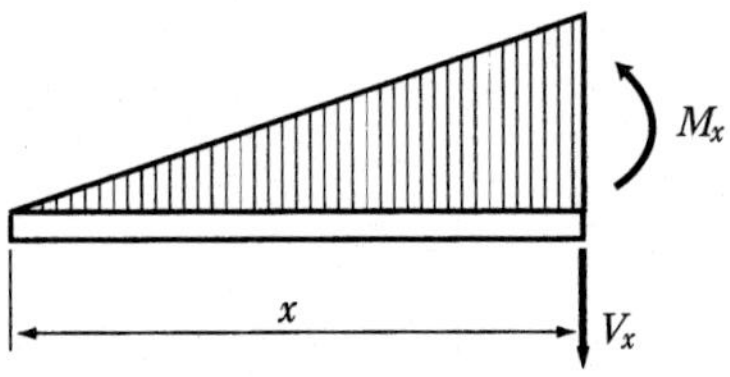

그림 7.52

B.C. $\begin{cases} x = 0 : V = 0 \\ x = l : V = -\dfrac{w_0 l}{2} \end{cases}$

$$M_x = \frac{w_0}{2l}x^2 \cdot \frac{x}{3} = -\frac{w_0}{6l}x^3 \tag{7.29}$$

B.C. $\begin{cases} x = 0 : M = 0 \\ x = l : M = -\dfrac{w_0 l^2}{6} \end{cases}$

전단력선도는 2차포물선, 굽힘모멘트선도는 3차포물선으로 그려진다.

3. 내다지보에 대한 선도

그림 7.53과 같이 균일분포하중이 작용하는 내다지보에서 반력 R_A, R_B는 힘의 평형조건에서

$$\sum Y = 0, \quad R_A + R_B - w(l + a) = 0 \tag{a}$$

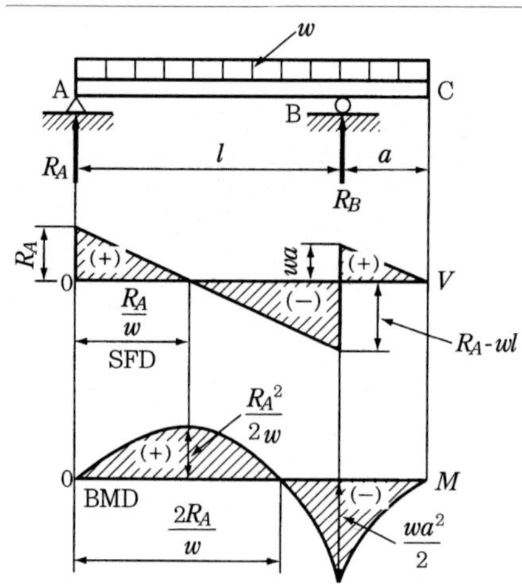

그림 7.53

$$\Sigma M_B = 0,\ R_A l - \frac{wl^2}{2} + \frac{wa^2}{2} = 0 \tag{b}$$

식 (a)와 (b)에서

$$R_A = \frac{wl}{2} - \frac{wa^2}{2l}$$

$$R_B = \frac{wl}{2} + wa + \frac{wa^2}{2l} \tag{7.30}$$

임의단면에서의 전단력과 굽힘모멘트는

1) $0 \leqq x \leqq l$

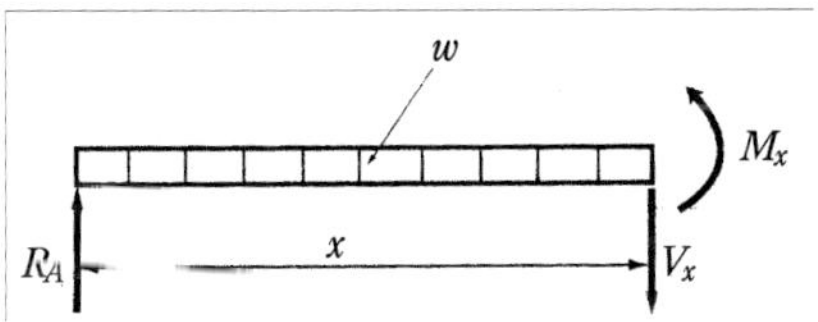

그림 7.54

$$V_x = R_A - wx$$

B.C. $\begin{cases} x = 0 \ : \ V = R_A \\ x = \dfrac{R_A}{w} \ : \ V = 0 \\ x = l \ : \ V = R_A - wl \end{cases}$

$$\left(\begin{array}{l} V_x = 0 \\ R_A - wx = 0 \\ \therefore\ x = \dfrac{R_A}{w} \end{array} \right)$$

$$M_x = R_A x - \frac{w}{2}x^2$$

B.C. $\begin{cases} x = 0 \ : \ M = 0 \\ x = \dfrac{R_A}{w} \ : \ M = \dfrac{R_A^2}{2w} \\ x = l \ : \ M = -\dfrac{wa^2}{2} \end{cases}$

$$\left(\begin{array}{l} M_x = 0 \\ R_A x - \dfrac{w}{2}x^2 = 0 \\ x = 0 \text{ or } x = \dfrac{2R_A}{w} \end{array} \right)$$

2) $l \leqq x \leqq l + a$

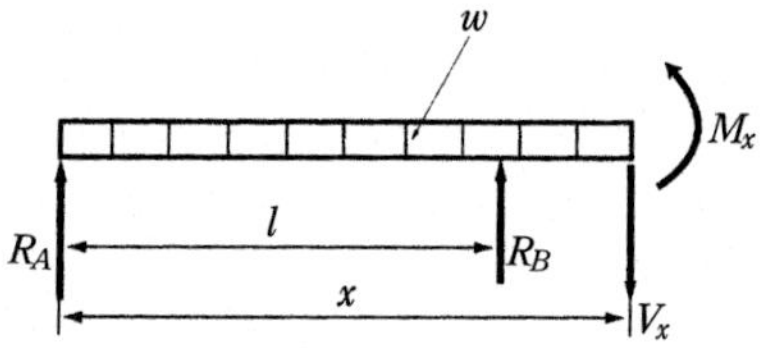

그림 7.55

$$V_x = R_A + R_B - wx$$

$$\text{B.C.} \quad \begin{cases} x = l \ : \ V = R_A + R_B - wl = wa \\ x = l + a \ : \ V = R_A + R_B - w(l+a) = 0 \end{cases}$$

$$M_x = R_A x + R_B(x-l) - \frac{w}{2}x^2$$

$$\text{B.C.} \quad \begin{cases} x = l \ : \ M = R_A l - \dfrac{wl^2}{2} = -\dfrac{wa^2}{2} \\ x = l + a \ : \ M = 0 \end{cases}$$

예제 7.9 그림 7.56과 같은 길이 $l=16$(m)의 양단지지 내다지보에서 균일분포하중 $w=200$(N/m)과 보의 양단에 집중하중 $W=500$(N)이 작용할 때, 이 보의 전단력선도와 굽힘모멘트선도를 구하라.

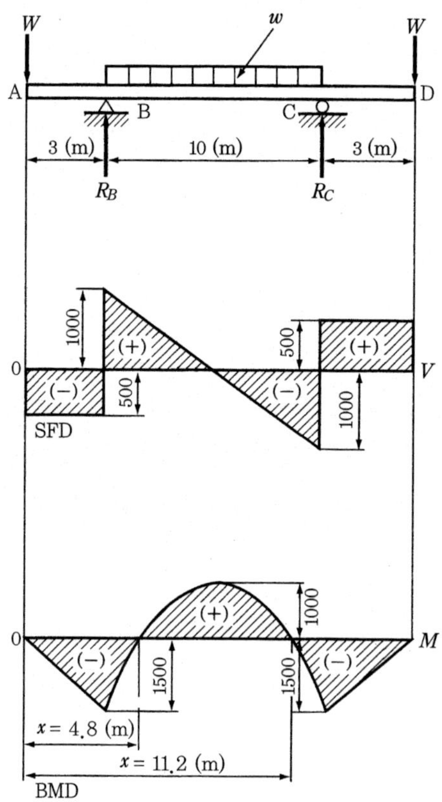

그림 7.56

‖ **풀이** ‖ $\Sigma Y=0,\ R_B+R_C=500+200\times 10+500=3{,}000(\mathrm{N})$

$\Sigma M_C=0,\ -500\times 13+R_B\times 10-200\times 10\times 5+500\times 3=0$

$\therefore\ R_B=R_C=1{,}500(\mathrm{N})$

임의단면에 대한 전단력과 굽힘모멘트는

1) $0\leqq x\leqq 3$

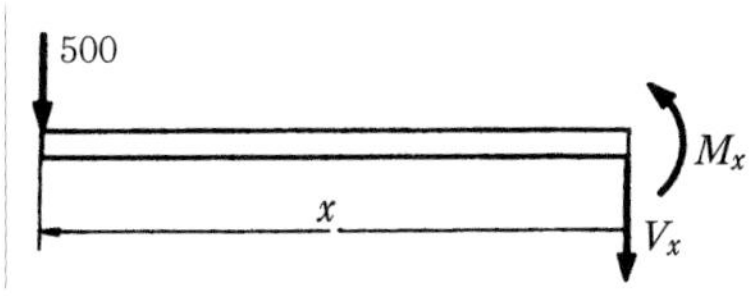

그림 7.57

$$V_x=-500(\mathrm{N})$$

$$M_x=-500x$$

$$\text{B.C.}\ \begin{cases} x=0\ :\ M=0 \\ x=3\ :\ M=-1{,}500(\mathrm{Nm}) \end{cases}$$

2) $3\leqq x\leqq 13$

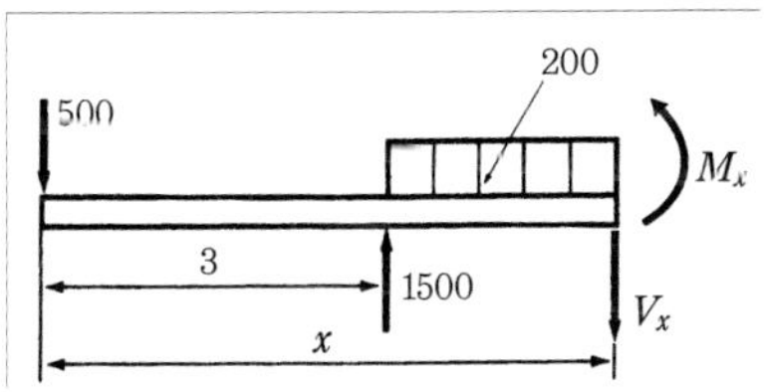

그림 7.58

$$V_x=-500+1{,}500-200(x-3)=1{,}000-200(x-3)$$

$$\text{B.C.}\ \begin{cases} x=3\ :\ V=1{,}000(\mathrm{N}) \\ x=8\ :\ V=0 \\ x=13\ :\ V=-1{,}000(\mathrm{N}) \end{cases}$$

$$\begin{pmatrix} V_x=0 \\ 1{,}000-200(x-3)=0 \\ \therefore\ x=8(\mathrm{m}) \end{pmatrix}$$

$$M_x=-500x-200(x-3)\frac{(x-3)}{2}+1{,}500(x-3)$$

$$=-4{,}500+1{,}000x-100(x-3)^2$$

$$\text{B.C.}\ \begin{cases} x=3\ :\ M=-1{,}500(\mathrm{Nm}) \\ x=8\ :\ M=100(\mathrm{Nm}) \\ x=13\ :\ M=-1{,}500(\mathrm{Nm}) \end{cases}$$

$$\begin{pmatrix} M_x=0 \\ x^2-16x+54=0 \\ x=4.8\ \text{or}\ x=11.2 \end{pmatrix}$$

3) $13\leqq x\leqq 16$

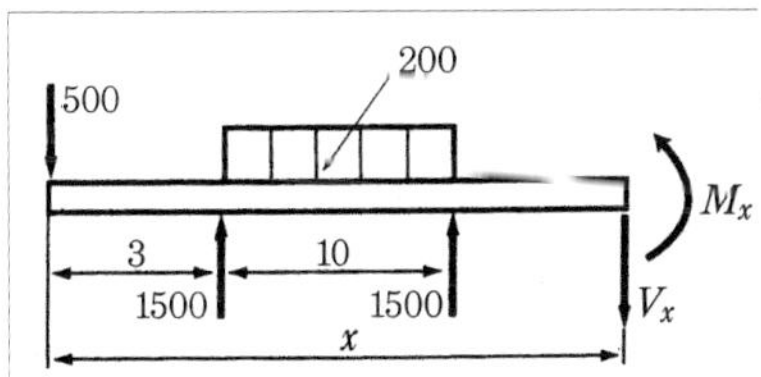

그림 7.59

$$V_x=-500+1{,}500-200\times 10+1{,}500=500(\mathrm{N})$$

$$M_x=-500x+1{,}500(x-3)-2{,}000(x-8)+1{,}500(x-13)$$

$$\text{B.C.}\ \begin{cases} x=13\ :\ M=-1{,}500(\mathrm{Nm}) \\ x=16\ :\ M=0 \end{cases}$$

연 습 문 제

1. 그림 7.60과 같은 돌출보에서 반력 R_A는 얼마인가?

(a) 20(kN) (b) 40(kN)
(c) 60(kN) (d) 80(kN)

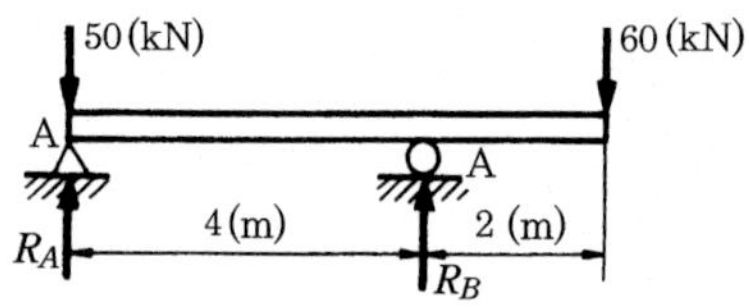

그림 7.60

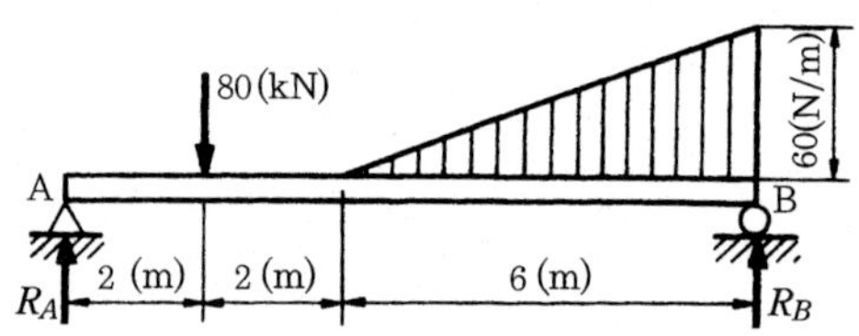

그림 7.61

2. 그림 7.61과 같은 단순보에서 반력 R_B는 얼마인가?

(a) 120(N) (b) 160(N)
(c) 200(N) (d) 240(N)

3. 그림 7.62와 같은 단순보에서 반력 R_A는 얼마인가?

(a) 20(N) (b) 30(N)
(c) 50(N) (d) 70(N)

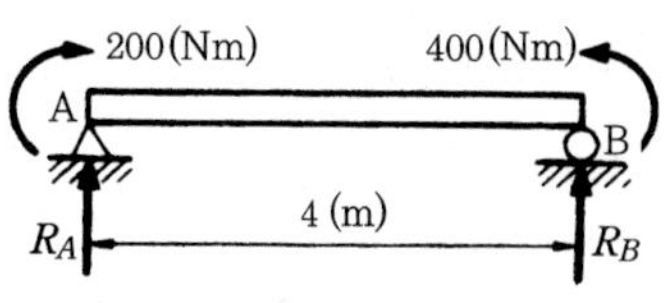

그림 7.62

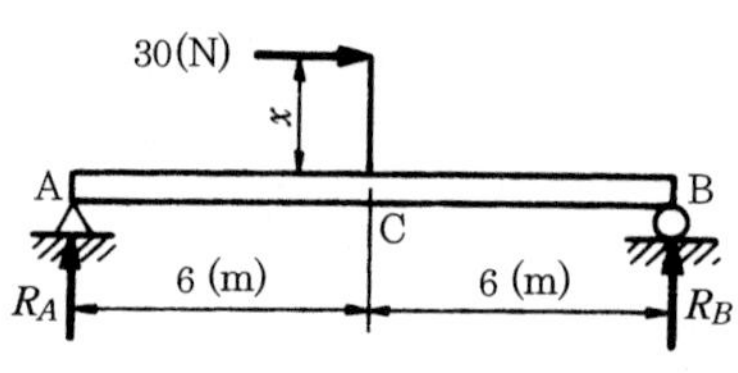

그림 7.63

4. 그림 7.63과 같은 보에서 반력 R_B가 20(N)이 되려면 거리 x는 얼마이면 되겠는가?

(a) 5(m)　　(b) 8(m)
(c) 9(m)　　(d) 12(m)

5. 그림 7.64와 같은 단순보에서 지점 B에서 90(N)까지 지지할 수 있다고 한다. 하중점은 지점 A로부터 몇 (m)까지 이동할 수 있는가?

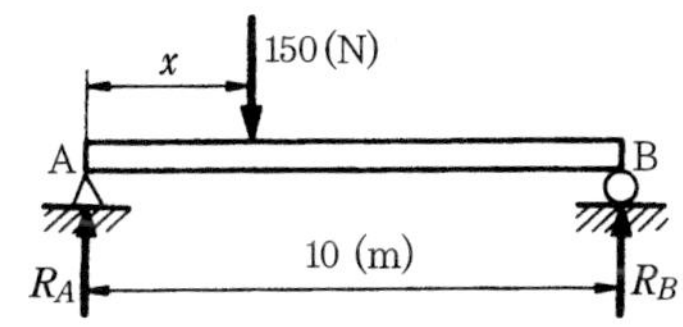

그림 7.64

(a) 2(m)　　(b) 3(m)
(c) 5(m)　　(d) 6(m)

6. 그림 7.65와 같은 단순보가 $w = 400$(N/m)의 균일분포하중과 $W = 300$(N)의 우력을 C점에서 받고 있다. 반력 R_A는 얼마인가?

(a) 132(N)　　(b) 148(N)
(c) 275(N)　　(d) 327(N)

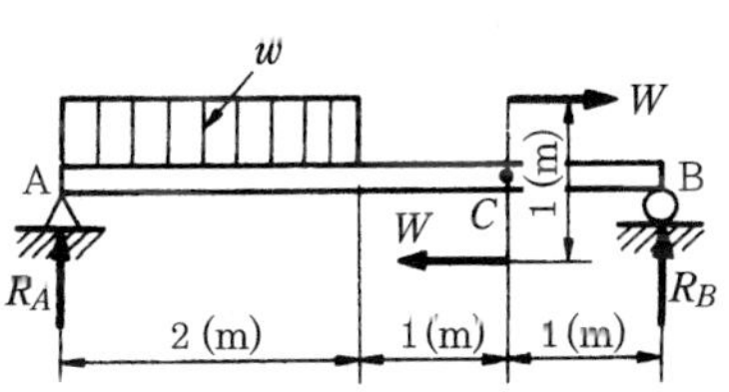

그림 7.65

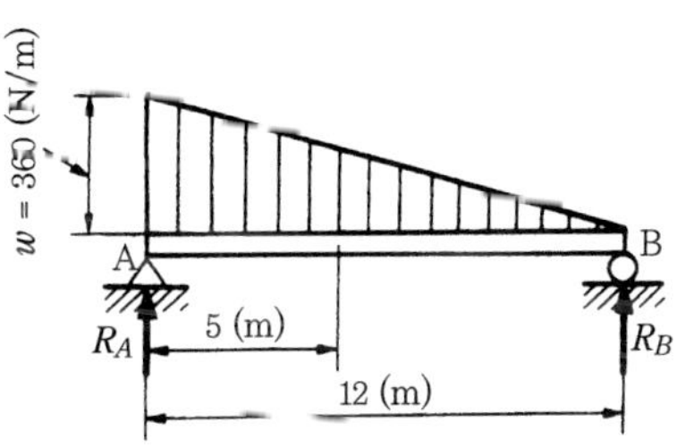

그림 7.66

7. 그림 7.66과 같은 단순보에서 지점 A로부터 5(m)되는 곳의 등분포하중은 얼마인가?

(a) 170(N/m) (b) 210(N/m)
(c) 270(N/m) (d) 310(N/m)

8. 그림 7.67과 같은 내다지보에서 반력 R_A는 얼마인가?

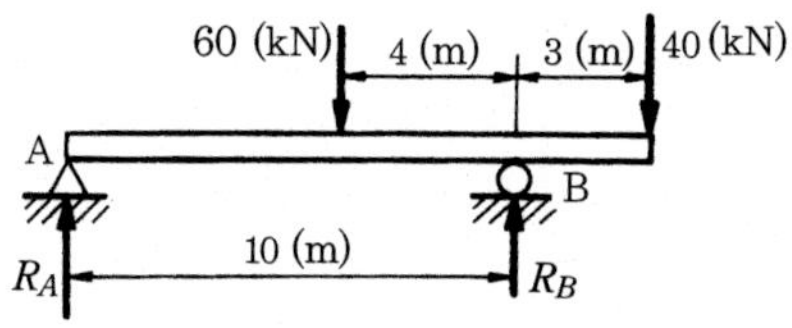

그림 7.67

(a) 12(kN) (b) 17(kN)
(c) 21(kN) (d) 34(kN)

9. 그림 7.68과 같은 내다지보에서 반력 R_A는 얼마인가?

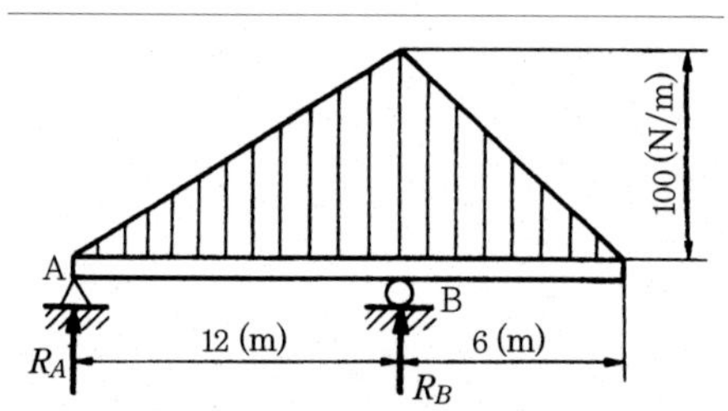

그림 7.68

(a) 150(N) (b) 120(N)
(c) 90(N) (d) 50(N)

10. 그림 7.69와 같은 하중 상태에서 B점의 수평방향의 반력은 얼마인가?

(a) 30(N) (b) 60(N)
(c) 90(N) (d) 110(N)

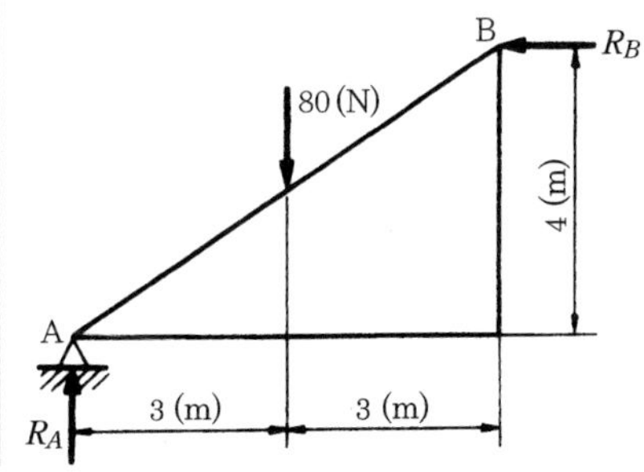

그림 7.69

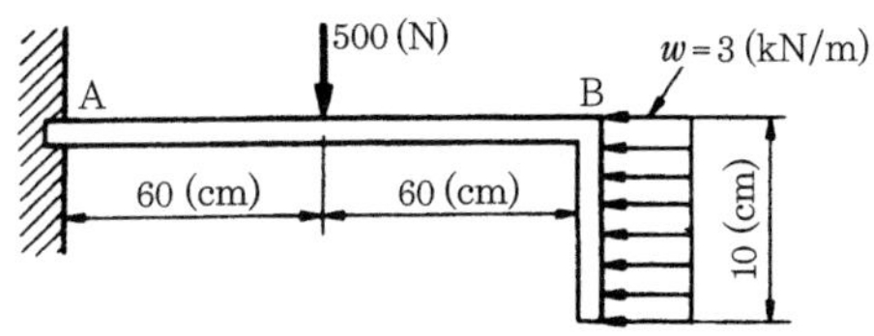

그림 7.70

11. 그림 7.70과 같은 일단을 고정한 L형 보에서 고정단 A점에서의 모멘트는 얼마인가?

(a) 260(Nm) (b) 287(Nm)
(c) 315(Nm) (c) 426(Nm)

12. 그림 7.71과 같은 단순보에서 C점의 굽힘모멘트는 얼마인가?

(a) 50(Nm) (b) 60(Nm)
(c) 90(Nm) (d) 120(Nm)

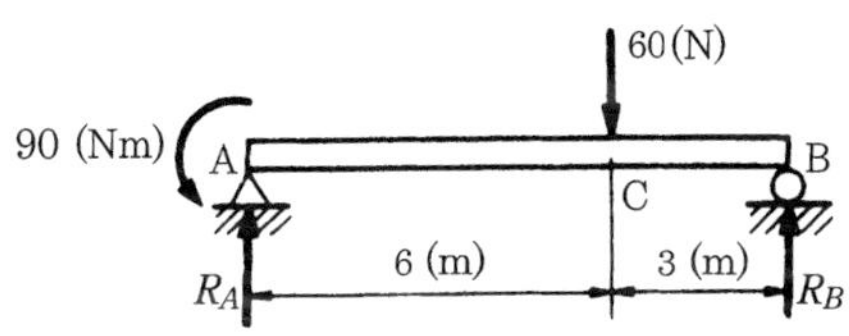

그림 7.71

13. 그림 7.72와 같은 단순보의 중앙에 모멘트가 작용할 경우, 굽힘모멘트선도는 다음 중 어느 것인가? 단, 시계방향을(+)로 한다.

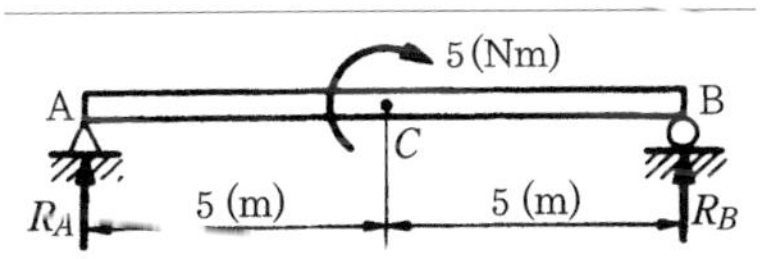

그림 7.72

14. 그림 7.73과 같은 단순보에서 전단력선도는 다음 중 어느 것인가?

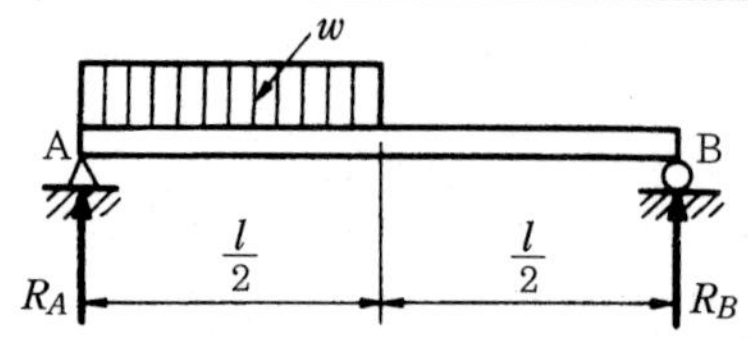

그림 7.73

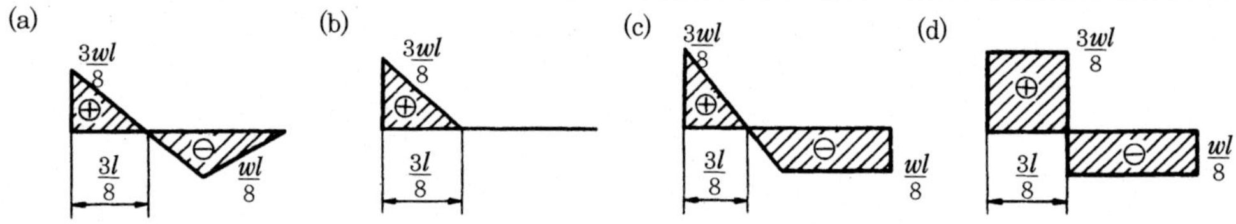

15. 그림 7.74와 같은 단순보에서 집중하중을 대칭으로 받으며, 동시에 보의 중앙에서 우력 $M=\dfrac{Wl}{2}$을 받는다. 밑의 그림은 이 보의 전단력선도를 나타낸 것이다. 굽힘 모멘트선도는 다음 중 어느 것인가?

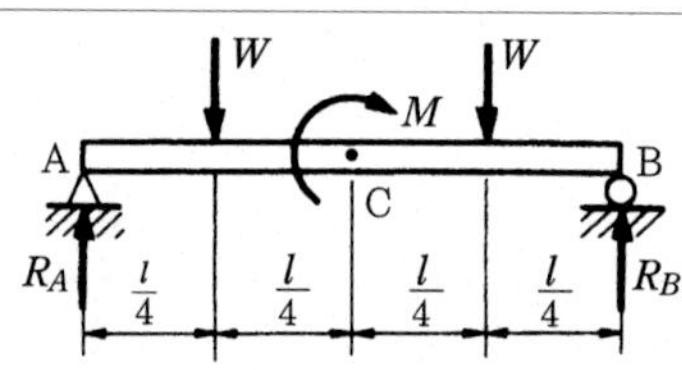

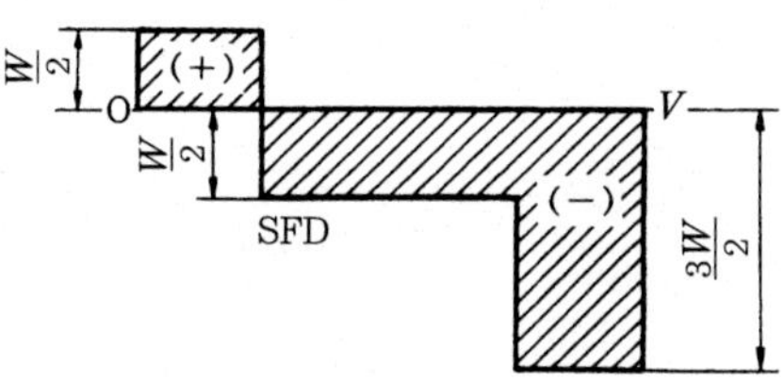

그림 7.74

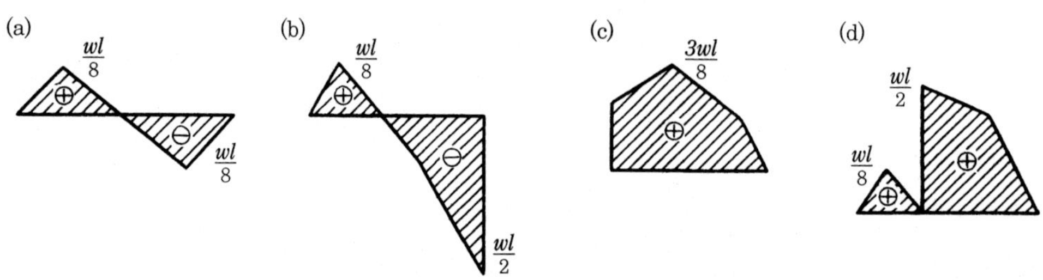

16. 그림 7.75는 어떤 돌출보에 대한 전단력선도이다. 굽힘모멘트선도는 다음 중 어느 것인가?

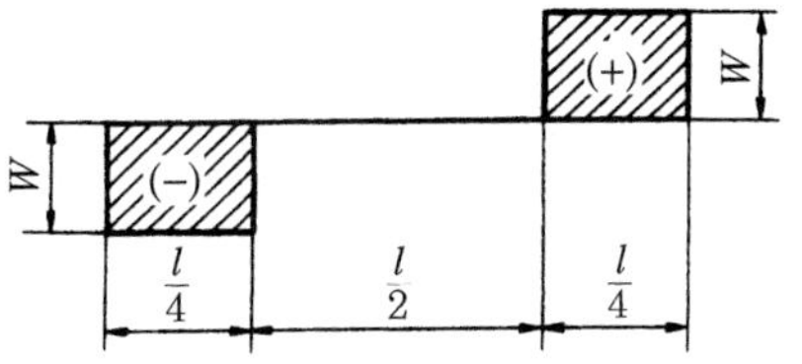

그림 7.75

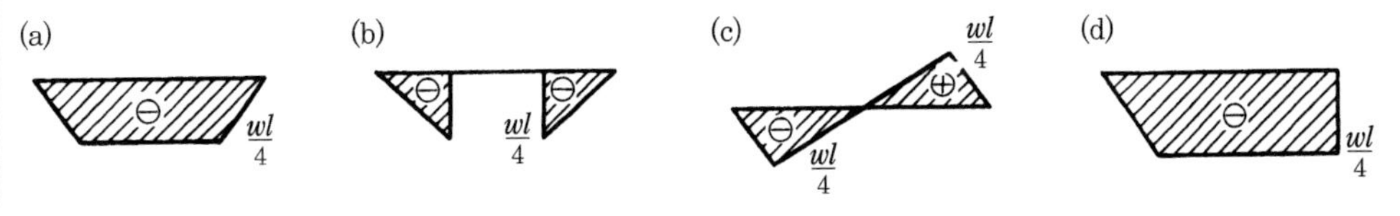

17. 그림 7.76은 돌출보의 돌출단에 우력 M_0이 작용할 때의 전단력선도이다. 이 보의 굽힘모멘트선도는 다음 중 어느 것인가?

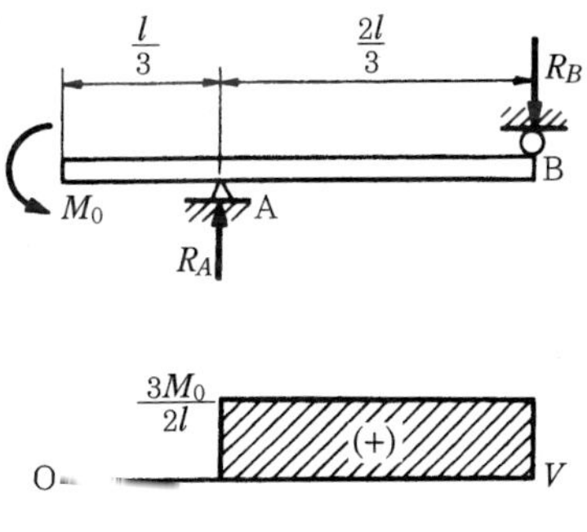

그림 7.76

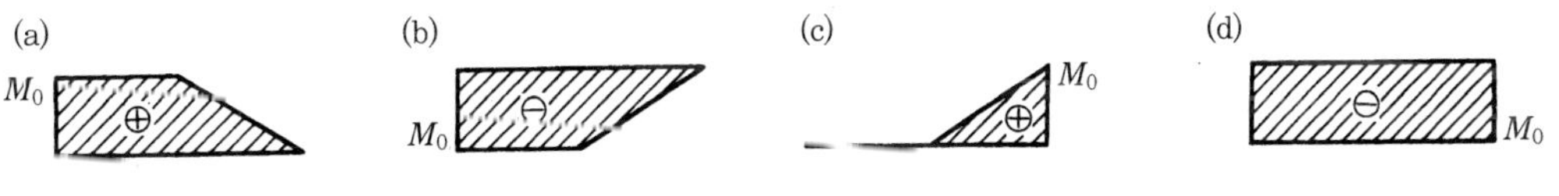

18. 돌출보가 그림 7.77과 같이 하중을 받고 있다. 집중하중이 $W=\dfrac{wl}{2}$ 일 때, 전단력선도는 다음 중 어느 것인가?

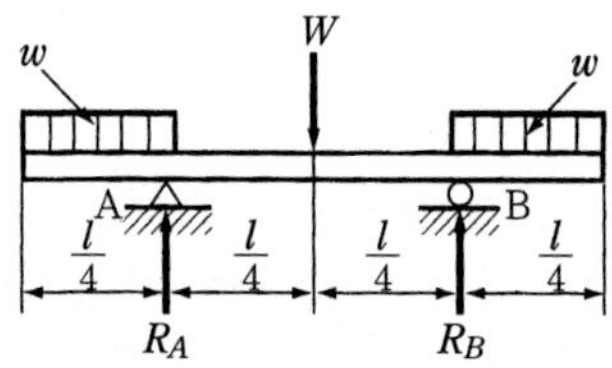

그림 7.77

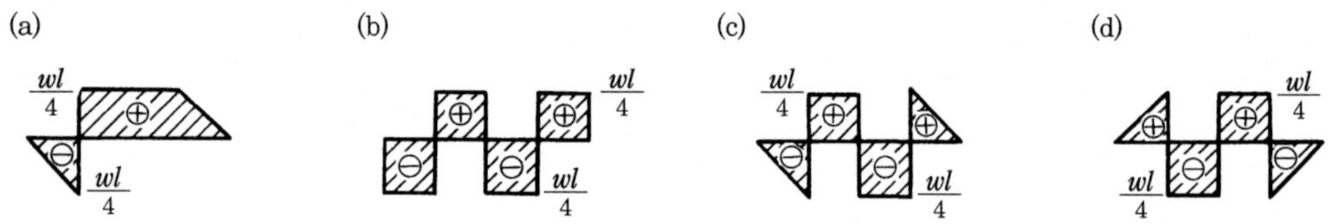

19. 단순보가 그림 7.78과 같이 두 곳에서 우력의 모멘트를 받고 있다. 이 보의 굽힘모멘트선도는 다음 중 어느 것인가?

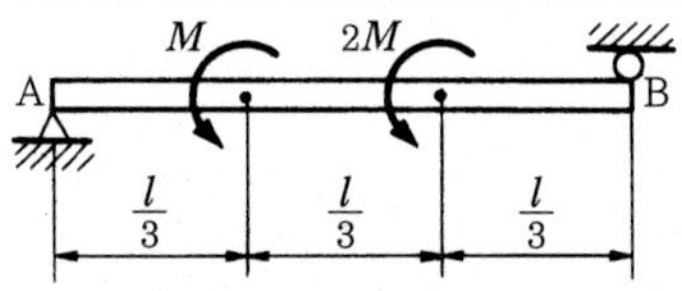

그림 7.78

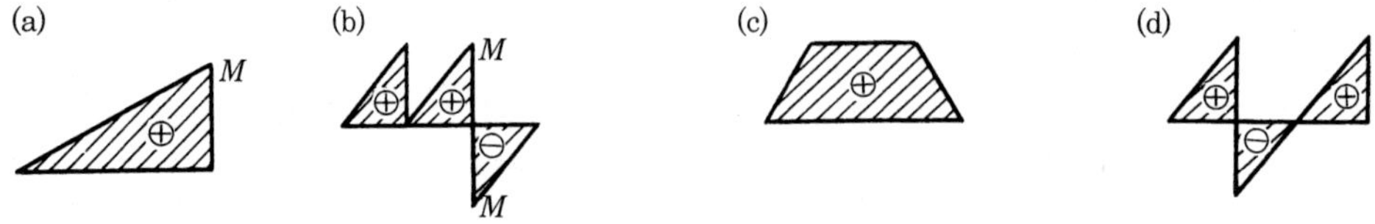

20. 어떤 돌출보의 전단력선도가 그림 7.79와 같다. 굽힘모멘트선도는 다음 중 어느 것인가?

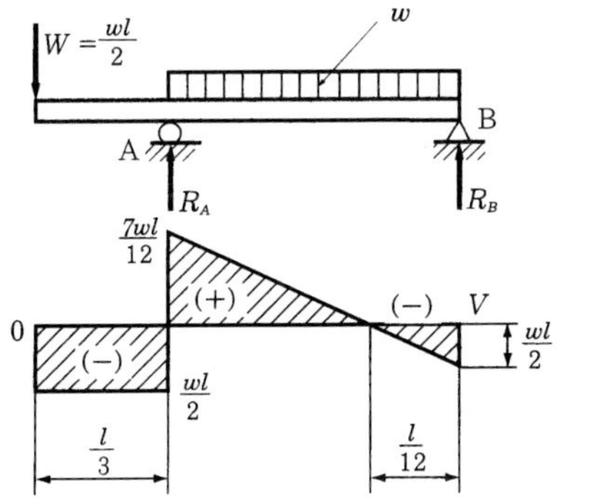

그림 7.79

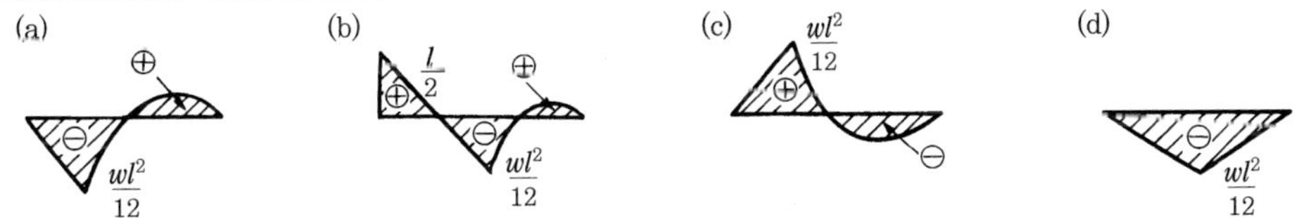

응 용 문 제

1. 그림 7.80과 같은 외팔보에서 고정지점의 반력을 구하라.

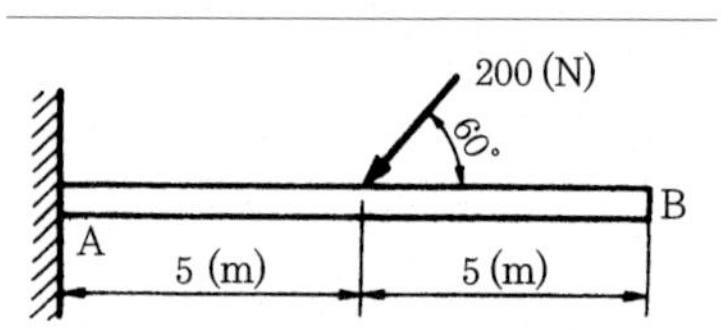

그림 7.80

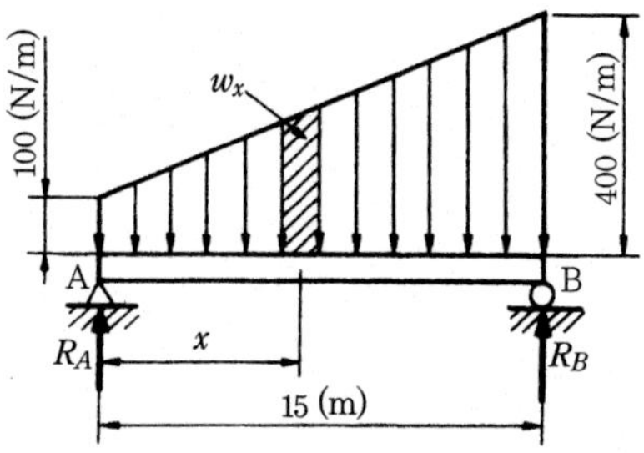

그림 7.81

2. 그림 7.81과 같은 길이 15(m)의 단순보에서 임의단면의 하중이 $w_x = (20x + 100)$ (N/m)으로 표시되는 불균일 분포하중이 작용할 때 보의 반력 R_A, R_B는 각각 얼마인가?

3. 그림 7.82와 같이 A, B 지점에서 단순지지된 보에서 $F = 6$(kN), $W = 3$(kN)이 작용하고 있다. 지점 B의 바로 좌측 단면에서의 전단력과 굽힘모멘트를 구하라.

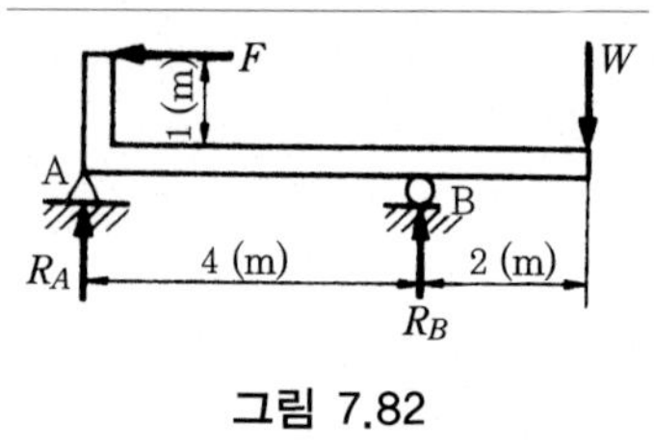

그림 7.82

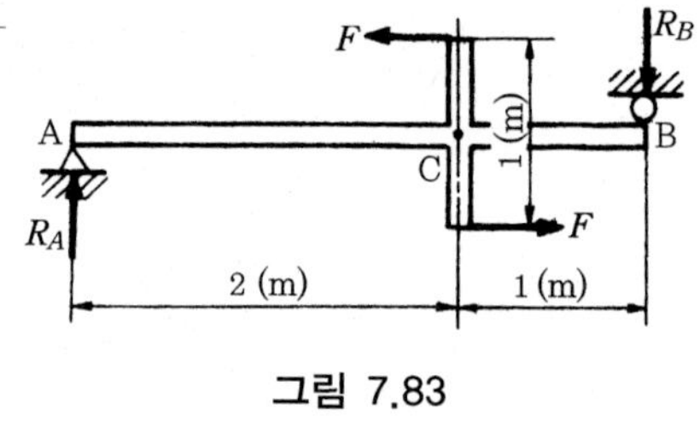

그림 7.83

4. A, B 지점에서 단순지지된 보가 그림 7.83과 같이 C점에서 우력을 받는다. $F =$ 900(N)일 때 A점에서 1(m)되는 단면에서의 굽힘모멘트는 얼마인가?

5. 그림 7.84와 같은 단순보에 점변분포하중이 작용하는 경우, 굽힘모멘트를 최대로 받는 단면은 지점 A로부터 얼마 되는 곳인가?

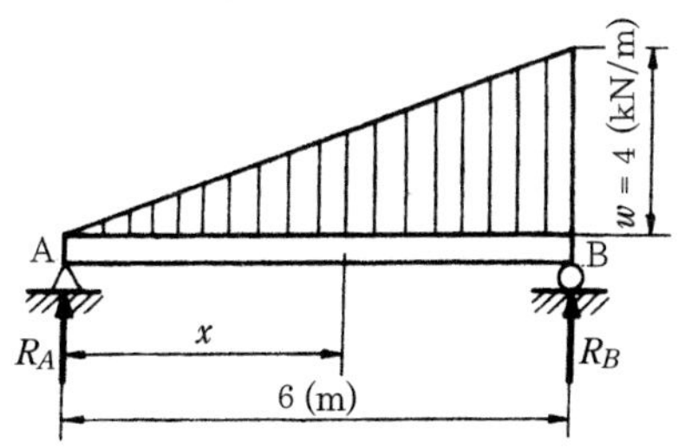

그림 7.84

6. 그림 7.85는 어떤 돌출보에 대한 전단력선도를 그린 것이다. 이를 이용하여 돌출보, 그리고 하중의 종류 및 크기를 구하라.

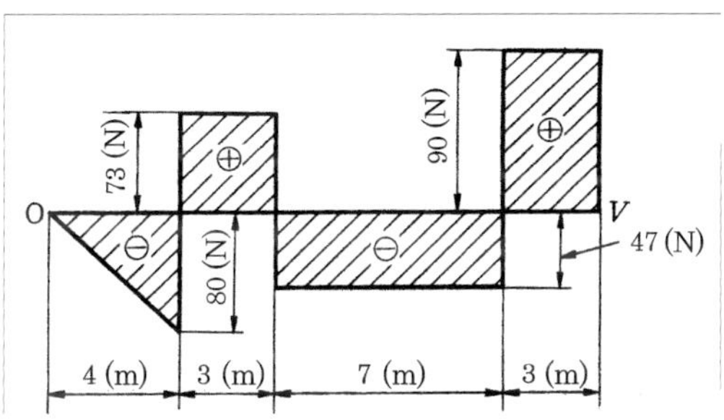

그림 7.85

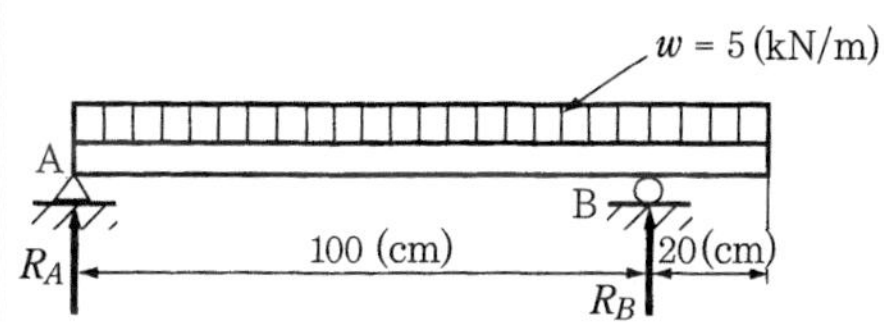

그림 7.86

7. 그림 7.86과 같은 돌출보에 균일분포하중 $w = 5$(kN/m)이 전길이에 작용할 때, 전단력선도와 굽힘모멘트선도를 구하라.

8. 그림 7.87과 같은 단순보에 균일분포하중과 우력이 동시에 작용할 때, 전단력선도와 굽힘모멘트선도를 구하라.

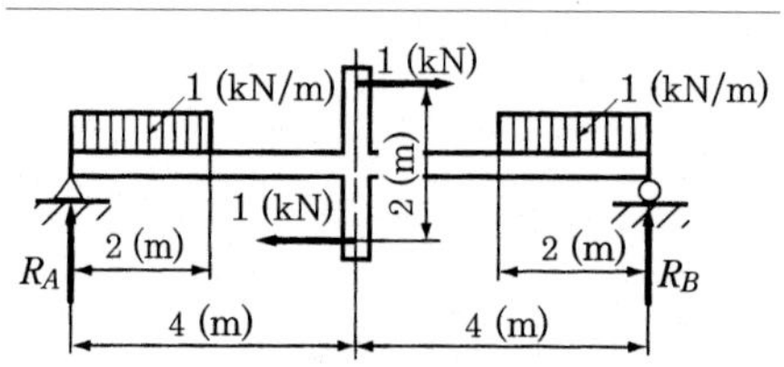

그림 7.87

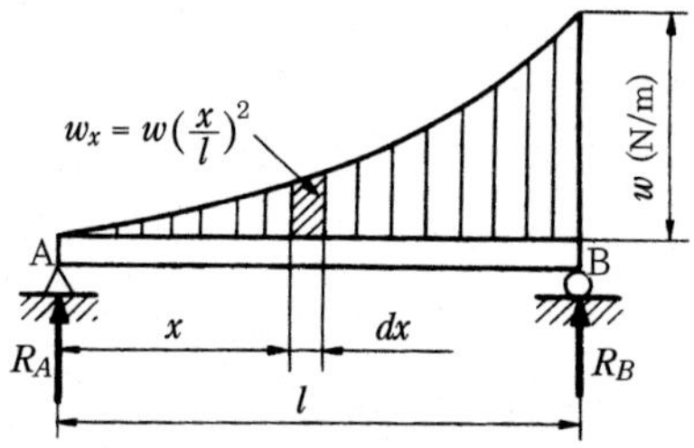

그림 7.88

9. 그림 7.88과 같은 단순보에 불균일 분포하중이 작용하는 경우의 전단력선도와 굽힘모멘트선도를 구하라.

10. 그림 7.89와 같은 길이 l인 단순보에서 임의단면의 단위길이에 대한 하중 $w_x = w_0 \sin\frac{\pi}{l}x$가 작용할 때, 이 보의 전단력선도와 굽힘모멘트선도를 구하라.

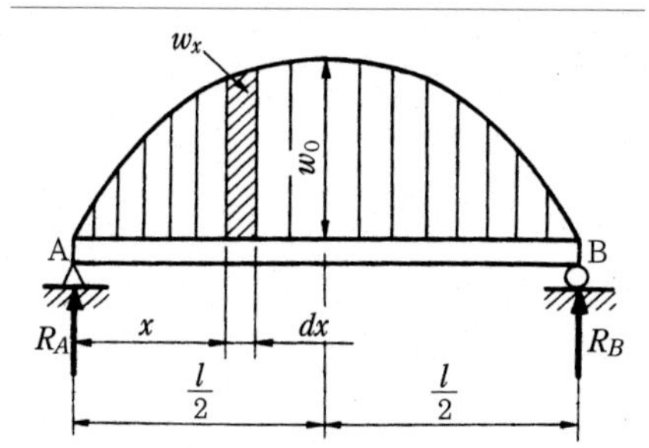

그림 7.89

8 Chapter 보 속의 응력

8-01 보 속의 굽힘응력

보에 외력이 작용하면 가로단면에는 전단력과 굽힘모멘트가 동시에 작용한다. 따라서 보의 내부에서는 이들의 외력에 대한 저항력으로서 전단응력과 굽힘응력이 발생한다. 그러나 전단력에 의한 전단응력이 보에 미치는 영향은 대단히 적으므로 일반적으로 이를 생략하고 굽힘모멘트에 의한 수직응력만이 작용한다고 가정하며, 이것을 **굽힘응력**(bending stress)이라고 한다.

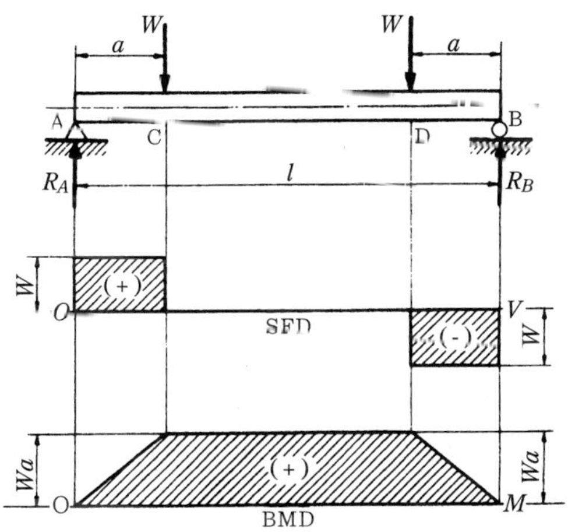

그림 8.1

그림 8.1과 같은 양 지점에서 같은 거리의 위치에 같은 크기의 집중하중 W가 각각 작용하고 있는 단순지지보에서 전단력선도와 굽힘모멘트선도를 고찰하여 보자.

이 보의 중앙 부분인 CD 사이에는 전단력이 전혀 작용하지 않으며, 균일한 굽힘모멘트 $M = Wa$만이 작용하고 있다. CD 부분의 이러한 상태를 **순수굽힘**(pure bending)의 상태라고 한다. 이 순수굽힘으로 인하여 발생되는 굽힘응력을 해석하기 위하여 보의 재질은 균일하고 중심축에 대해서 대칭이며, 최초에 평면이었던 단면은 변화 후에도 역시 평면 그대로를 유지하며, 구부러진 축선에 수직한다. 그리고 재료는 훅(Hooke)의 법칙에 따른다고 가정한다.

이러한 가정 하에서 순수굽힘 상태의 해석을 위하여 그림 8.1의 CD 부분의 임의의 요소를 절단하여 확대하면 그림 8.2와 같이 표시된다. 그림에서 CD의 윗부분 섬유는 압축력을 받아 줄어들고, 아랫부분 섬유는 인장력을 받아 늘어나게 된다. 그러므로 가운데 부분의 어느 층에서는 길이의 변화가 없는 신장과 수축의 기준이 되는 섬유층이 반드시 있을 것이다. 이와 같은 면을 **중립면**(neutral surface)이라 하고, 이 중립면과 각 단면과의 교선을 **중립축**(neutral axis)이라고 한다. 또 중립면과 대칭면과의 교선을 **탄성곡선**(elastic curve)이라고 한다. 그림에서 CD를 포함하는 지면에 수직한 면이 중립면, z축이 중립축(그림 8.3 참조), 곡선 CD가 탄성곡선이다.

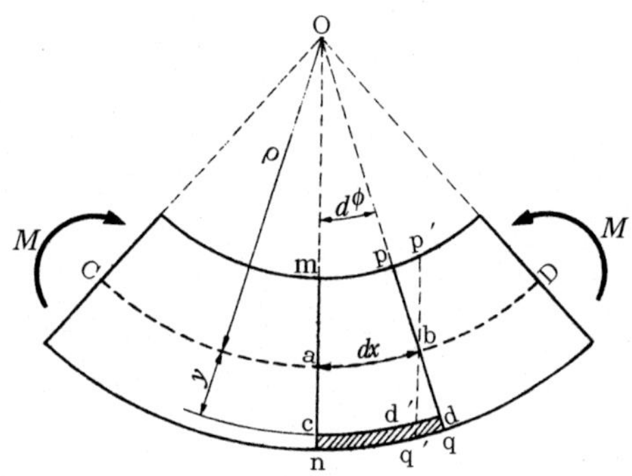

그림 8.2

그림 8.2에서 두 인접단면 mn과 pq의 연장선은 변형 후에 O점에서 서로 만나게 된다. 이들이 이루는 미소각을 $d\phi$라 하고 탄성곡선의 **곡률**(curvature)을 $\frac{1}{\rho}$, 즉 **곡률반지름**을 ρ라 하고, 점 b를 지나 mn에 평행선 p′q′를 그리면 그것은 변형 전의 단면 pq의 길이와 같게 된다. 그러므로 구부림으로 인해 발생된 두 단면의 길이의 변화는 윗면에서 pp′, 아랫면에서 qq′가 된다. 또 중립면으로부터 임의의 거리 y만큼 떨어진 섬유층 cd에서는 d′d$= y\,d\phi$만큼 늘어나게 됨을 알 수 있다. 즉,

$$ab = dx = \rho\, d\phi \tag{a}$$

$$\mathrm{dd'} = \mathrm{cd} - \mathrm{cd'} = (\rho + y)d\phi - \rho\, d\phi = y\, d\phi \tag{b}$$

한편 △Oab와 △bd′d는 닮은 꼴이므로 변형률은 다음과 같다.

$$\varepsilon_x = \frac{\mathrm{dd'}}{\mathrm{ab}} = \frac{y\, d\phi}{dx} = \frac{y}{\rho} \tag{c}$$

그런데 각 섬유층의 응력은 훅의 법칙에 의하여 변형률에 비례하므로,

$$\sigma_x = E\varepsilon_x = \frac{E}{\rho}y \tag{8.1}$$

식 (8.1)에서 훅의 법칙이 성립되는 한도 내에서는 임의단면 mn에 작용하는 굽힘응력은 중립면으로부터의 거리 y에 비례함을 알 수 있다.

이 굽힘응력은 단면의 중립축 아랫부분에서는 인장응력, 윗부분에서는 압축응력이 작용하게 되며, 그 최대값들은 중립축에서 가장 멀리 떨어져 있는 섬유층에서 발생함을 알 수 있다. 이 응력의 분포를 그림으로 표시하면 그림 8.3과 같이 직선적으로 표시되는데, 이것을 **나비에의 굽힘응력분포의 법칙**(Navier's law of bending stress distribution)이라고 한다.

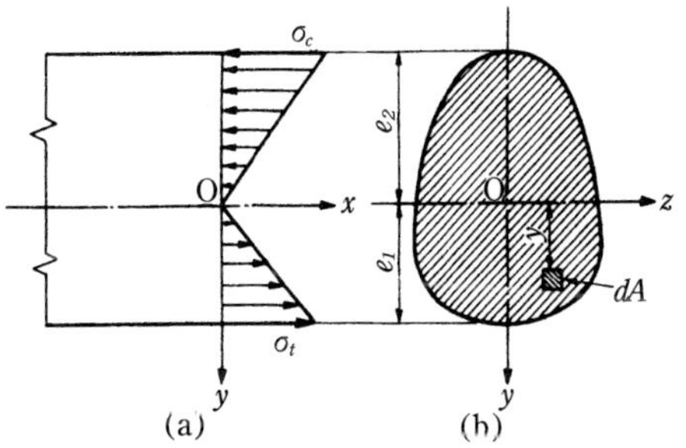

그림 8.3

이번에는 중립축으로부터 y만큼 떨어진 미소면적을 dA라 하면, 이 면적 위에 작용하는 미소의 힘 dF는 식 (8.1)로부터 다음과 같이 생각할 수 있다.

$$dF = \sigma\, dA = \frac{E}{\rho} y\, dA \qquad \text{(d)}$$

그러므로 단면 전체에 작용하는 전체의 힘은 식 (d)를 단면 전체에 대하여 적분해 줌으로써 구할 수 있으며, 한편 순수굽힘 상태에서는 전단력이 작용하지 않으므로

$$F = \frac{E}{\rho} \int_A y\, dA = 0 \qquad \text{(e)}$$

이 되며, 식 (e)에서 E와 ρ는 상수이므로

$$\frac{E}{\rho} \neq 0 \qquad \therefore \int_A y\, dA = y_c A = 0$$

이것은 중립축에 대한 면적 1차모멘트가 0이 됨을 나타낸다.

$$A \neq 0 \qquad \therefore y_c = 0$$

따라서 중립축은 단면의 도심을 지나며, 중립축은 단면의 한 주축이 된다.

한편 미소면적 dA에 작용하는 미소의 힘 dF가 중립축에 작용하는 미소의 모멘트는

$$dM = y\,dF = y\sigma\,dA = \frac{E}{\rho}y^2 dA$$

따라서 전체의 힘이 중립축에 작용하는 전체의 모멘트는 전면적에 대하여 적분해 줌으로써 구할 수 있다.

$$M = \frac{E}{\rho}\int_A y^2 dA \tag{f}$$

이 식의 오른쪽 변에 있는 $\int_A y^2 dA$는 그 단면의 중립축에 대한 단면 2차모멘트이다. 즉, $I = \int_A y^2 dA$

이므로, 식 (f)는 다음과 같이 된다.

$$\frac{1}{\rho} = \frac{M}{EI} \tag{8.2}$$

식 (8.2)는 탄성곡선의 곡률 $\frac{1}{\rho}$이 굽힘모멘트 M에 비례하고, **굽힘 강성계수**(flexural rigidity)라고 하는 EI에 반비례함을 알 수 있다.

$$\sigma = \frac{My}{I} = \frac{M}{Z} \text{ 또는 } M = \sigma Z \tag{8.3}$$

식 (8.3)을 **보의 굽힘식**(bending formula)이라 하며 σZ는 굽힘모멘트에 저항하는 보 재료의 응력모멘트이므로 이를 **굽힘 저항모멘트**(bending resisting moment)라고 한다. 굽힘식에 의하면 단면이 일정한 보에서는 굽힘응력은 굽힘모멘트에 비례하므로 최대굽힘모멘트가 작용하는 단면에서 최대굽힘응력이 일어나고, 보의 파손에 대하여 가장 위험하기 때문에 이 단면을 **위험단면**(dangerous section)이라 하며, 보의 강도는 항상 이 단면에 대하여 고려해야 한다.

예제 8.1 그림 8.4와 같은 두께 2(mm)의 강판을 지름 100(cm)의 원통에 감을 때 강판에 일어나는 최대굽힘응력과 굽힘모멘트를 구하라. 단, 강판의 탄성계수를 E=200(GPa)으로 한다.

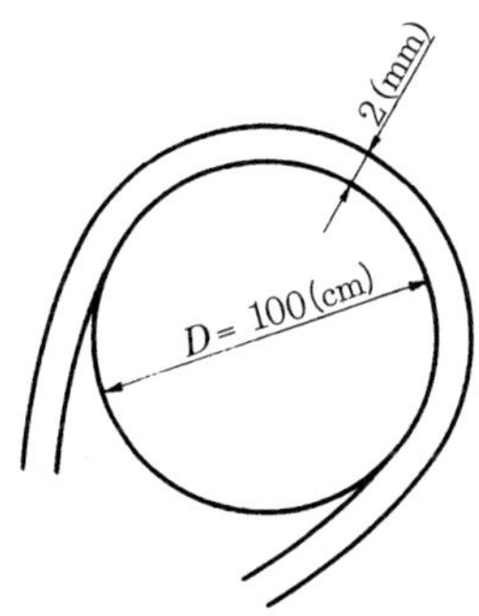

그림 8.4

‖ **풀이** ‖ 식 (8.1)에서

$$\sigma = \frac{Ey}{\rho} = E \cdot \frac{\frac{d}{2}}{\frac{D+d}{2}} = \frac{Ed}{D+d}$$

$$= \frac{2\times10^{11}\times2\times10^{-3}}{1+0.002} = 399.2\,(\text{MPa})$$

식 (8.3)에서

$$M = \sigma Z = 3.992\times10^{8}\times\frac{\pi\times(2\times10^{-3})^{3}}{32} = 0.3135\,(\text{Nm})$$

예제 8.2 그림 8.5와 같은 높이 30(cm), 나비 20(cm)의 구형단면을 가진 길이 200(cm)의 외팔보가 있다. 자유단에 1,500(N)의 집중하중이 작용할 때 최대굽힘응력을 구하라.

‖ **풀이** ‖ 식 (8.3)에서

$$\sigma_{\max} = \frac{M_{\max}}{Z} = \frac{1{,}500\times2}{0.2\times0.3^{2}/6} = 1\,(\text{MPa})$$

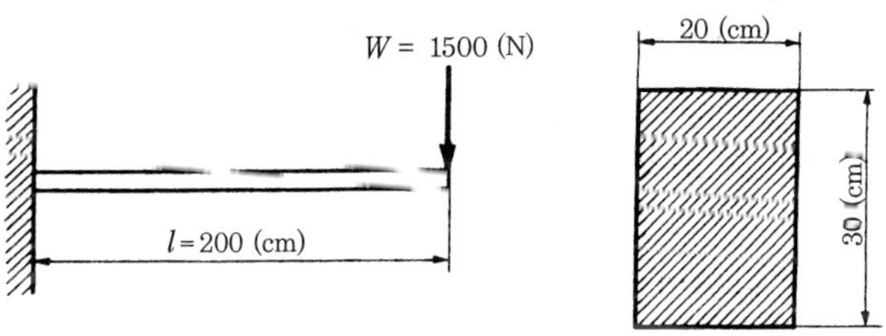

그림 8.5

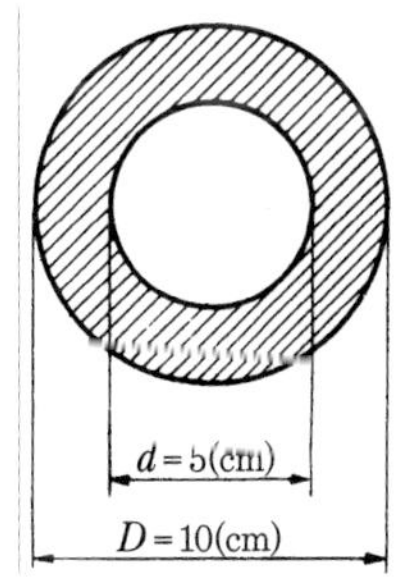

그림 8.6

예제 8.3 그림 8.6과 같은 중공 원형단면의 보가 굽힘모멘트 200(Nm)를 받을 때 보가 받는 굽힘응력은 얼마인가?

‖ **풀이** ‖ $Z = \frac{I}{e} = \frac{\frac{\pi}{64}(D^4 - d^4)}{\frac{D}{2}} = \frac{\pi(D^4 - d^4)}{32D}$

$$= \frac{\pi(0.1^4 - 0.05^4)}{32 \times 0.1} = 9.204 \times 10^{-5}(\mathrm{m}^3)$$

$$\sigma = \frac{M}{Z} = \frac{200}{9.204 \times 10^{-5}} = 2.17(\mathrm{MPa})$$

8-02 보단면의 여러 가지 형상

경제적인 보를 설계함에 있어서 보의 단면형상을 결정하는 것은 매우 중요한 문제이다. 굽힘으로 인하여 발생하는 최대굽힘응력과 최대압축응력은 중립축으로부터의 거리에 비례하여 가장 먼 상하층에 작용하므로, 인장과 압축에 대하여 똑같은 강도의 재료이면 중립축에 대하여 대칭인 단면형을 채택하는 것이 합리적이다. 이와 같이 하면 인장과 압축에 대하여 똑같은 안전계수를 보장할 수 있다. 따라서 인장과 압축강도가 같은 구조용 강은 중립축에 대하여 대칭형인 정4각형, 직4각형, 원형 및 I형 등을 사용한다.

주철, 콘크리트 및 석재들은 인장응력이 압축응력보다 약하므로 인장측에 많은 재료가 분포되도록 사다리꼴과 같은 비대칭형의 단면을 택하는 것이 유리하다. 즉, 중립축에서부터 인장, 압축의 최외층까지의 거리 e_1 및 e_2의 비가 인장, 압축강도의 비와 같은 단면으로 만들면 인장과 압축에 대한 저항력이 같아진다. 예를 들면, T형 단면에서는 플랜지(flange)와 웨브(web)의 치수를 조절함으로써 그 단면의 도심을 어떤 높이에라도 오게 할 수 있다.

굽힘작용을 받는 보를 설계함에 있어서 강도의 조건을 만족시키는 일도 중요하나, 보의 중량에 관련되는 조건을 고려하는 것 역시 경제적인 면에서 중요하다.

단면계수와 안전계수가 일정할 때 되도록 단면적이 작아야 재료가 경제적이 된다. 재료의 경제성을 높이기 위한 몇 가지 사항을 살펴보면 다음과 같다.

① 단면의 높이가 높은 단면이 낮은 단면보다 면적이 작게 된다.
예를 들어, 폭 b, 높이 h인 구형단면의 단면계수는 다음과 같다.

$$Z = \frac{M}{\sigma} \quad Z_s = \frac{bh^2}{6} = \frac{1}{6}Ah = 0.167Ah \tag{a}$$

식 (a)에 의하면 M 및 σ가 일정하면 단면의 높이를 크게 함으로써 단면적이 작아지고, 따라서 보의 무게도 가볍게 되어 경제적임을 보여 준다. 그러나 실제적으로 단면의 폭이 너무 좁아지면 **좌굴**(buckling)현상에 의한 파괴와 같은 안전성이 문제가 되기 때문에 높이 h와 폭 b사이에는 적당한 한계가 있어야 한다.
한편 지름 d인 원형단면의 단면계수는 다음과 같다.

$$Z_c = \frac{\pi d^3}{32} = \frac{1}{8}Ad = 0.125Ad \tag{b}$$

다음에는 단면적이 같은 원형단면과 정4각형 단면을 비교해 보자.

이 때 정4각형의 한 변의 길이는 $h = d\sqrt{\pi}/2$이고, 식 (a)에 대입하면

$$Z_s = \frac{h^3}{6} = \frac{1}{6}\left(\frac{d\sqrt{\pi}}{2}\right)^3 = \frac{\sqrt{\pi}}{12}Ad = 0.148Ad \tag{c}$$

식 (b)와 식 (c)에서

$$Z_s = 1.18Z_c \tag{d}$$

따라서 식 (d)에서 정4각형 단면이 원형단면보다 18%만큼 단면계수가 크므로 경제적임을 알 수 있다.

② 재료를 중립축에 가까운 부분에서는 적게 하여 외측으로 많이 분포시켜 대부분의 재료가 균일하게 응력을 받도록 배치하면 단면적이 작고 경제적이다. 같은 면적을 갖는 단면에서는 중공단면, I형 단면과 같이 중립축으로부터 먼 부분에 많은 면적을 가질수록 단면계수가 크게 되어 보다 큰 굽힘모멘트에 견딜 수 있다.

이상적인 단면은 그림 8.7에서처럼 면적이 A이고, 깊이가 h인

단면을 중립축으로부터의 거리가 $h/2$인 곳에 각각 면적의 1/2씩을 배치하면 단면계수는 다음과 같다.

$$I=2\left(\frac{A}{2}\right)\left(\frac{h}{2}\right)^2=\frac{Ah^2}{4}$$

$$\therefore\ Z=\frac{1}{2}Ah=0.5Ah \qquad \text{(e)}$$

실제로는 상하의 플랜지를 연결하는 웨브가 있어야 하므로, 식 (e)의 값보다 적어져 표준 I형 단면에서는 대략 다음과 같다.

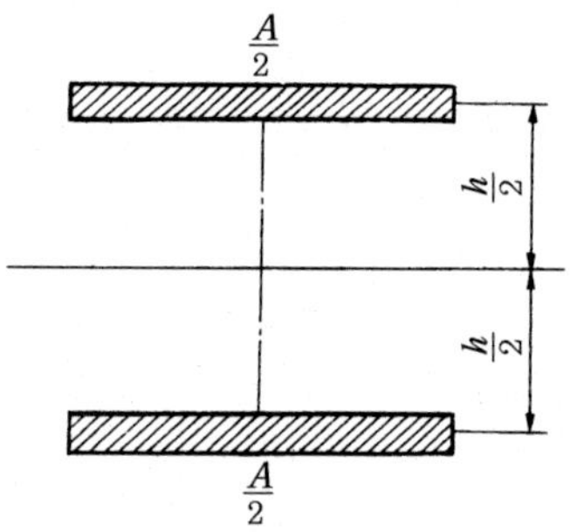

그림 8.7

$$Z \fallingdotseq 0.35Ah \qquad \text{(f)}$$

식 (f)는 식 (a)에 비하여 대단히 크므로 I형 단면이 구형단면보다 경제적이고, 좌굴현상에 대해서도 안정성이 크다.

③ 보가 보다 큰 굽힘모멘트에 견딜 수 있으려면 저항 굽힘모멘트식 $M=\sigma Z$에서 σ는 재료의 허용응력이므로 재료에 대하여 일정한 값을 갖게 되어 Z가 클수록 굽힘에 대한 저항력이 커진다. 일반적으로 단면적 A가 커지면 단면계수가 증대하지만, 중립축으로부터 먼 곳에 작은 면적을 가진 단면형에서는 그 부분을 절취함으로써 오히려 단면계수가 증가할 때가 있다.

즉, 그림 8.8과 같은 정방형, 원형, 3각형 등에서는 중립축으로부터 먼 곳에 있는 층의 작은 면적을 절취해 줌으로써 오히려 단면계수가 증대되며, 저항 모멘트도 증대되어 보다 큰 모멘트에 견딜 수 있게 된다.

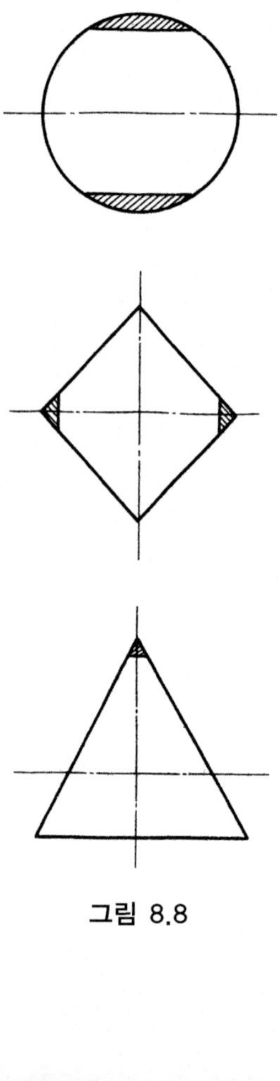

그림 8.8

예제 8.4 그림 8.9와 같은 정4각형의 보가 있다. 대각선을 중립축으로 하였을 때 한 변의 길이를 a라고 하면 na만큼 절단함으로써 단면계수를 최대로 할 수 있다. 어느 정도 잘라내면 좋은가? 또 단면계수의 증가는 어느 정도인가?

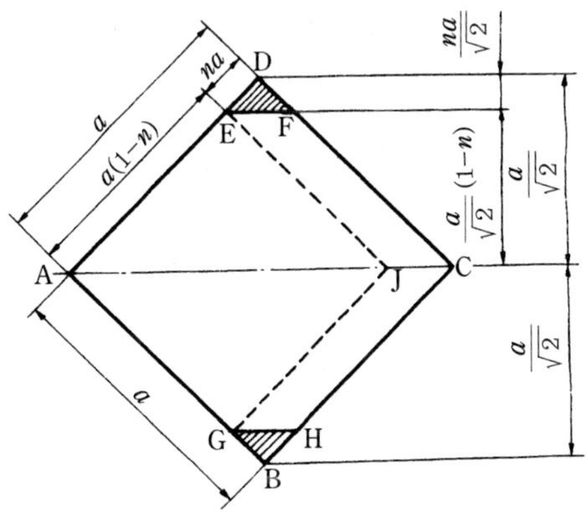

그림 8.9

‖ **풀이** ‖ 절단하기 전의 도형 ABCD의 중립축에 대한 단면 2차모멘트는 $I=\frac{a^4}{12}$이고,

단면계수는 $Z=\frac{I}{a/\sqrt{2}}=\frac{\sqrt{2}}{12}a^3$이다.

na만큼 잘라낸 후의 도형 GHCFE를 정4각형 AGJE와 2개의 평행사변형 EJCF 및 JGHC로 나누고, 각각의 단면 2차모멘트와 단면계수를 구하여 합해 준다.

$$I'=\frac{a^4(1-n)^4}{12}+2\cdot\frac{\sqrt{2}na}{3}\left[\frac{a(1-n)}{\sqrt{2}}\right]^3=\frac{a^4(1-n)^3}{12}(1+3n)$$

$$Z'=\frac{I'}{\frac{a(1-n)}{\sqrt{2}}}=\frac{a^4(1-n)^3(1+3n)\sqrt{2}}{12a(1-n)}=\frac{\sqrt{2}}{12}a^3(1-n)^2(1+3n)$$

$$=\frac{\sqrt{2}}{12}a^3(1+n-5n^2+3n^3)$$

잘라낸 후의 단면계수의 최대값을 구하기 위하여 $\frac{dZ'}{dn}=0$이라 놓으면,

$$\frac{\sqrt{2}}{12}a^3(1-10n+9n^2)=0 \qquad \therefore n=\frac{1}{9}$$

이 n의 값을 Z'에 대입하면 단면계수의 최대값을 구할 수 있다.

$$Z'_{\max}=1.053\frac{\sqrt{2}a^3}{12}=1.053Z$$

이 결과에서 단면의 모서리를 $n=\frac{1}{9}a$만큼 잘라 버림으로써 단면계수가 5(%) 증가된다. 따라서 최대굽힘응력은 5(%)만큼 감소한다는 것을 알 수 있다. 즉, 재료의 일부분을 잘라 버림으로써 단면의 강도를 증가시킬 수 있다.

8-03 보 속의 전단응력

보는 일반적으로 하중을 받아 굽어질 때에는 대부분 굽힘모멘트 M과 전단력 V가 동시에 각 단면에 작용하게 된다. 굽힘모멘트가 일정하지 않으면 언제나 전단력을 받는다는 것을 앞절에서 언급한 굽힘모멘트선도에서 알 수 있었다. 이 절에서는 전단력에 의하여 발생한 전단응력의 분포에 대해 살펴보기 위하여 그림 8.10과 같은 구형단면 mmnn을 생각하기로 한다.

이러한 경우에 전단응력들이 모두 그 단면의 한 변 mn에 평행하다고 가정한다. 또 이러한 전단응력을 표시하기 위하여 기호 τ_{xy}가 사용되는데, 앞의 첨자 x는 그 응력이 x축에 수직한 평면 위에 있다는 것을 의미하며, 뒤의 첨자 y는 그 응력의 방향이 y축과 평행하다는 것을 의미한다. 둘째 번 가정으로서는 전단응력 τ_{xy}들이 단면의 폭 cc_1을 따라 균일하게 분포한다고 생각한다.

그림 8.10(a)에서 임의요소 (b)와 같은 직6면체를 잘라냈다고 하면, 앞에서의 가정에 따라 전단응력 τ_{xy}는 수직표면 acc_1a_1 위에 균일하게 분포될 것이다.

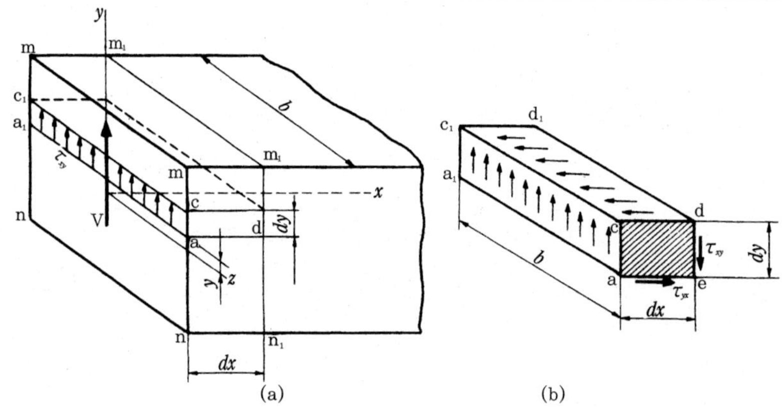

그림 8.10

이 응력들은 그 요소의 모서리 ee_1에 관하여 $(\tau_{xy}bdy)dx$만한 모멘트를 가지며, 이것은 그 요소의 수평표면 cdd_1c_1위에 분포되는 전단응력의 모멘트 $(\tau_{xy}bdx)dy$와 비겨야 할 것이므로

$$\tau_{xy}\, b\, dy\, dx = \tau_{yx}\, b\, dx\, dy$$

로 되고, 이 식으로부터 다음의 관계를 얻게 된다.

$$\tau_{xy} = \tau_{yx}$$

이 관계식은 보의 단면에서 어느 한 점을 지나는 두 직교면 위에는 같은 크기의 전단응력, 즉 **공액전단응력**(complementary shear stresses)이 작용한다는 것을 의미한다. 이러한 수평 및 수직전단응력의 동일성으로부터 보의 양단에서의 전단응력에 관한 흥미 있는 결론을 얻을 수 있다. 즉, 그림 8.10(b)와 같은 요소가 그림 8.10(a)의 최상단 또는 최하단에 있다고 가정하면, 보의 외부면에 전단응력이 작용하지 않으므로 수평전단응력이 0이 되어야 한다는 것은 명확하다.

이번에는 한 단면 위의 각 점에서의 전단응력의 크기를 결정하여 보자.

단면 내의 임의의 지점에서 수직전단응력의 값이 동일 지점에서의 수평전단응력의 값과 같다는 것은 이미 위에서 설명하였다. 이 수평전단응력은 보로부터 잘라낸 그림 8.11과 같은 요소에서 거리 dx만큼 떨어진 두 개의 인접한 단면 mn과 m_1n_1 사이에서 요소 pnn_1p_1[그림 8.11(a)]의 평형조건으로부터 계산할 수 있다. 이 요소의 상면 및 하면은 곧 보의 상면 및 하면이며, 따라서 전단응력이 작용하지 않는다.

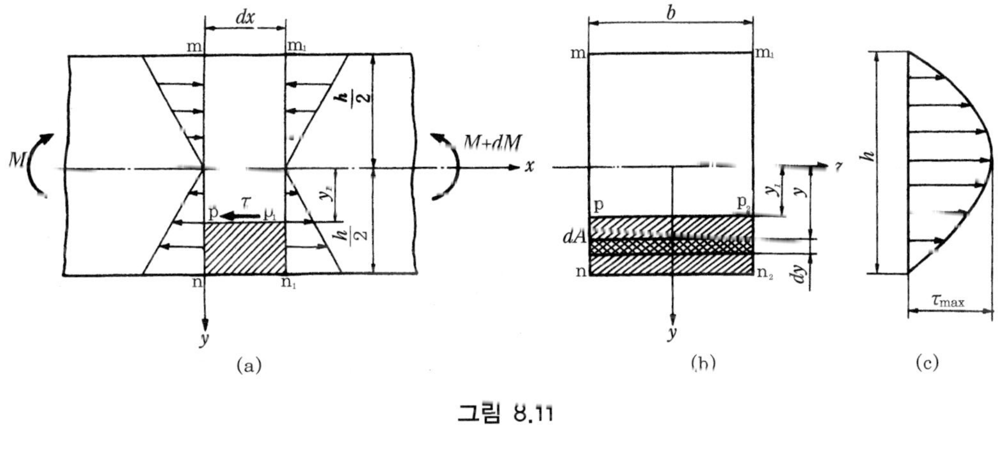

그림 8.11

만일, 단면 mn과 m_1n_1에서의 굽힘모멘트가 동일하다면, 즉 보가 순수굽힘 상태에 있다면 측변 np와 n_1p_1에 작용하는 σ_x 역시 동일하게 되어야 한다. 그러나 굽힘모멘트가 서로 다른 좀더 일반적인 경우에 대하여 단면 mn과 m_1n_1에 작용하는 굽힘모멘트를 각각 M과 $M+dM$으로 표시하기로 한다.

그러면 요소의 좌측면의 면적요소 dA에 작용하는 수직력은 식 (8.3)에서

$$\sigma_x dA = \frac{My}{I} dA$$

따라서 좌측면 pn면에 작용하는 전체의 수직력은

$$\int_{y_1}^{\frac{h}{2}} \frac{My}{I} dA \tag{a}$$

같은 방법으로 우측면 p_1n_1면에 작용하는 전체의 수직력은

$$\int_{y_1}^{\frac{h}{2}} \frac{(M+dM)y}{I} dA \tag{b}$$

pp_1면 위에 작용하는 수평전단력은 중립축에서 임의의 높이 y_1인 평면상의 전단응력을 τ라 하면

$$\tau b\, dx \tag{c}$$

보의 임의단면에서 수평방향의 힘들은 평형상태에 있어야 한다.

$$\tau b\, dx + \int_{y_1}^{\frac{h}{2}} \frac{My}{I} dA - \int_{y_1}^{\frac{h}{2}} \frac{(M+dM)y}{I} dA = 0$$

$$\therefore \tau = \frac{dM}{dx} \frac{1}{bI} \int_{y_1}^{\frac{h}{2}} y\, dA \tag{d}$$

식 (d)에 식 $V = \dfrac{dM}{dx}$을 대입하면,

$$\tau = \frac{V}{bI}\int_{y_1}^{\frac{h}{2}} y\,dA \tag{8.4}$$

식 (8.4)는 임의단면의 중립축에서 임의거리 y_1만큼 떨어진 요소의 수평면 위의 전단응력을 구하는 일반식이다. 이 식의 적분 부분은 y_1부터 아래쪽에 있는 단면, 즉 그림 8.11(b)의 음영 부분(pnn_1p_1)의 중립축에 대한 단면 1차모멘트이며, 이 값은 y_1의 위치에 따라 변화되고 따라서 τ에도 변화를 준다.

전단응력의 분포는 y_1에 따라 변화되고 굽힘응력이 0인 중립축에서 최대가 되며, 굽힘응력이 최대로 되는 상하 단면에서 0이 됨을 알 수 있다.

식 (8.4)에서 단면 1차모멘트를 Q로 표시하면 다음과 같이 된다.

$$\tau = \frac{VQ}{Ib} \tag{8.5}$$

중립축으로부터의 거리 y_1에 따라서 τ가 어떻게 변화하는가를 결정하려면 V, I와 b가 상수이므로 y_1에 따른 Q의 변화를 고찰해야 한다.

엄밀한 보의 설계에 있어서는 최대굽힘응력 및 최대전단응력에 대하여 충분한 강도를 갖도록 하고, 다음 장에 나오는 굽힘과 비틀림에 의한 조합응력에 대해서도 고려해야 한다.

1. 구형단면

그림 8.11의 (b)와 같은 구형단면에 있어서 $dA = b\,dy$

$$Q = \int_{y_1}^{\frac{h}{2}} y\,dA = \int_{y_1}^{\frac{h}{2}} by\,dy = \frac{b}{2}\left(\frac{h^2}{4} - y_1^2\right)$$

Q는 음영 부분의 단면 1차모멘트이므로, 그 단면의 음영면적에 중립축으로부터 단면의 도심까지의 거리를 곱하여 얻을 수도 있다.

$$b\left(\frac{h}{2} - y_1\right)\left(y_1 + \frac{\frac{h}{2} - y_1}{2}\right) = \frac{b}{2}\left(\frac{h^2}{4} - y_1^2\right)$$

이것을 식 (8.5)에 대입하면 다음과 같이 된다.

$$\tau = \frac{V}{2I}\left(\frac{h^2}{4} - y_1^2\right) \tag{8.6}$$

식 (8.6)에서 $y_1 = \pm\frac{h}{2}$에서는 $\tau = 0$, $y_1 = 0$에서는 최대값이 된다.

$$\tau_{max} = \frac{Vh^2}{8I} = \frac{3}{2}\frac{V}{A} = 1.5\tau_{mean} \tag{8.7}$$

여기서 A는 bh로 단면의 면적이다. 그러므로 최대전단응력은 중립축에서 작용하며, 평균전단응력 $\frac{V}{A}$보다 50(%)만큼 더 크다는 것을 알 수 있다. 또한 그 선도는 y_1에 따라 그림 8.11(c)와 같은 포물선형이 된다.

2. I형 단면

그림 8.12와 같은 I형 단면도 플랜지(flange) 부분과 웨브(web) 부분으로 나누어 구형단면의 보와 같은 방법으로 전단응력의 분포를 구할 수 있다.

여기서도 앞에서 언급한 바와 같은 가정을 한다. 즉, 전단응력 τ는 y축에 평행하며, 웨브의 두께 t에 따라 균일하게 분포되어 있다고 가정한다. 중립축으로부터 y_1만큼 떨어진 점에 대하여 생각해 보면, 단면의 음영 부분의 중립축에 대한 단면 1차모멘트는 음영 부분의 면적에 그 단면적의 중립축으로부터 음영 부분의 도심까지의 거리를 곱해서 구하면 다음과 같다.

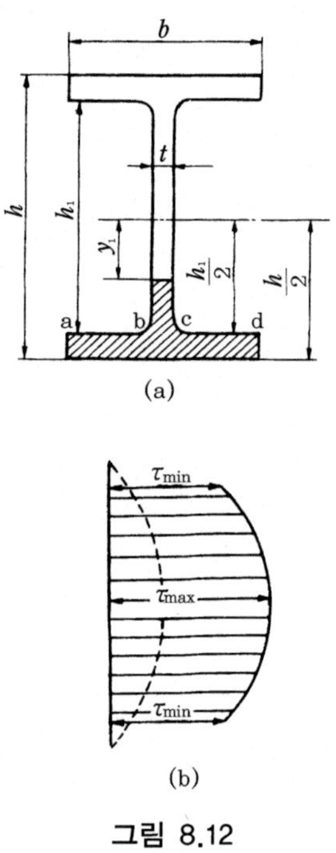

그림 8.12

$$Q = b\left(\frac{h}{2} - \frac{h_1}{2}\right)\left(\frac{h_1}{2} + \frac{\frac{h}{2} - \frac{h_1}{2}}{2}\right) + t\left(\frac{h_1}{2} - y_1\right)\left(y_1 + \frac{\frac{h_1}{2} - y_1}{2}\right)$$

$$= \frac{b}{2}\left(\frac{h^2}{4} - \frac{h_1^2}{4}\right) + \frac{t}{2}\left(\frac{h_1^2}{4} - y_1^2\right)$$

이것은 단면 1차모멘트 공식의 적분식을 이용해서 구할 수도 있다.

$$Q = \int_{y_1}^{\frac{h}{2}} y\,dA = \int_{\frac{h_1}{2}}^{\frac{h}{2}} by\,dy + \int_{y_1}^{\frac{h_1}{2}} ty\,dy$$

$$= \frac{b}{2}\left(\frac{h^2}{4} - \frac{h_1^2}{4}\right) + \frac{t}{2}\left(\frac{h_1^2}{4} - yh_1^2\right)$$

이 식을 식 (8.5)에 대입하면 다음과 같다.

$$\tau = \frac{V}{It}\left[\frac{b}{2}\left(\frac{h^2}{4} - \frac{h_1^2}{4}\right) + \frac{t}{2}\left(\frac{h_1^2}{4} - y_1^2\right)\right] \tag{8.8}$$

식 (8.8)에서 전단력은 그림 8.12(b)에서 웨브의 높이에 따라 포물선 형태로 변화한다는 것을 알 수 있다. 최대전단응력은 중립축에서 생기며, 식 (8.8)에 $y_1 = 0$을 대입함으로써 얻을 수 있다. 또 최소전단응력은 $y_1 = \pm \frac{h_1}{2}$을 대입함으로써 구할 수 있다.

$$\tau_{max} = \frac{V}{It}\left(\frac{bh^2}{8} - \frac{bh_1^2}{8} + \frac{th_1^2}{8}\right) \tag{8.9}$$

$$\tau_{min} = \frac{V}{It}\left(\frac{bh^2}{8} - \frac{bh_1^2}{8}\right) \tag{8.10}$$

대체로 웨브의 두께 t는 플랜지의 폭 b에 비하여 매우 작다. 그러므로 τ_{max}와 τ_{min} 사이에는 큰 차가 없으며, 웨브의 단면 위의 전단응력의 분포는 거의 균일하다. τ_{max}에 가장 가까운 값은 웨브 자체의 단면적 $h_1 t$로 총전단력 V를 나누어서 얻을 수 있다.

한편 I형단면의 전단응력분포는 그림 8.12(b)에서 보인 바와 같이 플랜지 내의 전단응력은 웨브 내의 전단응력보다 대단히 작다는 것을 알 수 있다. 그러므로 전단력 V는 웨브에 의해서 지지되고 있다고 가정해도 좋으며, 플랜지로 전단력을 지지하는 데 아무 역할도 하지 않는다고 보아도 설계상에 지장이 없다. 사실상 플랜지와 웨브의 연결 부분인 b점과 c점 같은 곳은 응력집중 등 여러 가지 복잡한 불균일 응력분포 상태이며, 일반적으로 이러한 응력집중 현상을 피하기 위하여 그림에서처럼 필렛(fillet)이 사용된다.

2. 원형단면

그림 8.13과 같이 반지름이 r인 원형단면의 전단응력분포를 구하면 다음과 같다.

단면의 중립축으로부터 y만큼 떨어진 미소면적 dA를 취해 다음을 참고로 하여 중립축에 대한 단면 1차모멘트를 구하면,

$$y = r\sin\phi \qquad t = r^2 - y^2$$

$$dy = r\cos\phi\, d\phi \qquad dt = -2y\,dy$$

$$b = 2r\cos\phi = 2\sqrt{r^2 - y^2} \qquad \therefore\ dy = -\frac{1}{2y}dt$$

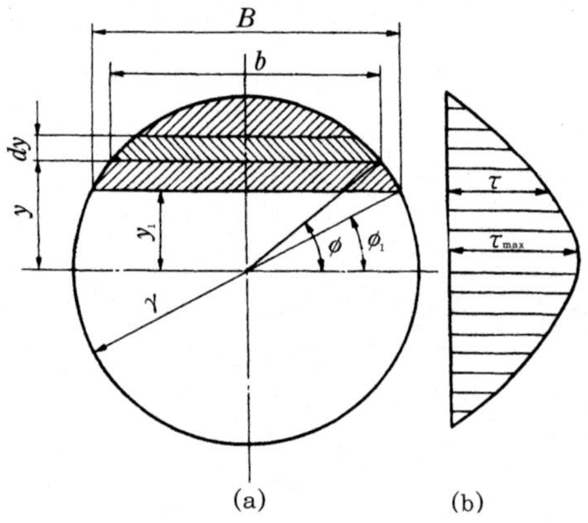

그림 8.13

$$B = 2r\cos\phi_1 = 2\sqrt{r^2 - y_1^2} \qquad y = r\text{일 때 } t = y$$

$$dA = b\,dy = 2\sqrt{r^2 - y^2}\,dy \qquad y = y_1\text{일 때 } t = r^2 - y_1^2$$

$$= 2r^2\cos^2\phi\, d\phi$$

$$Q = \int_{y_1}^{r} r\,dA = \int_{y_1}^{r} y \cdot 2\sqrt{r^2 - y^2}\,dy$$

$$= \int_{r^2 - y_1^2}^{0} y \cdot 2\sqrt{t}\left(-\frac{1}{2y}\right)dt$$

$$= -\int_{r^2-y_1^2}^{0} t^{\frac{1}{2}} dt = -\left[\frac{2}{3}t^{\frac{3}{2}}\right]_{r^2-y_1^2}^{0} = \frac{2}{3}(r^2-y_1^2)^{\frac{3}{2}}$$

$$= \frac{2}{3}\left(\frac{B}{2}\right)^3 = \frac{2}{3}r^3\cos^3\phi_1$$

혹은 $Q = \int_{y_1}^{r} y\,dA = \int_{\phi_1}^{\frac{\pi}{2}} 2r^3\cos^2\phi \cdot \sin\phi\,d\phi = \frac{2}{3}r^3\cos^3\phi_1$

위에서 구한 단면 1차모멘트와 $I = \frac{\pi r^4}{4}$ 및 $A = \pi r^2$을 식 (8.5)에 대입하면

$$\tau = \frac{VQ}{Ib} = \frac{4V}{\pi r^4 \cdot 2r\cos^3\phi_1} \cdot \frac{2}{3}r^3\cos^3\phi_1 = \frac{4}{3}\frac{V}{A}\left(1-\frac{y_1^2}{r^2}\right) \tag{8.11}$$

그림 8.13(b)에서 표시한 바와 같이 최대전단응력은 $\phi_1 = 0$ 혹은 $y_1 = 0$에서 발생하며, 최소전단응력은 $\phi_1 = \frac{\pi}{2}$ 혹은 $y_1 = r$에서 발생한다.

$$\tau_{\max} = \frac{4}{3}\frac{V}{A} = 1.33\,\tau_{\text{mean}} \tag{8.12}$$

$$\tau_{\min} = 0 \tag{8.13}$$

따라서 원형단면의 최대전단응력은 평균전단응력보다 33(%)만큼 더 크다는 것을 알 수 있으며, 이들의 관계를 표시하면 그림 8.13(b)와 같다.

예제 8.5 그림 8.14와 같은 직4각형 단면의 목재 단순보가 그 중앙단면에서 집중하중 W를 받고 있다. 이 재료의 인장 또는 압축에 대한 허용응력은 $\sigma_a = 7$(MPa)이고, 이 섬유의 전단에 대한 허용응력은 $\tau_a = 1$(MPa)이다. 안전하중 W를 구하라.

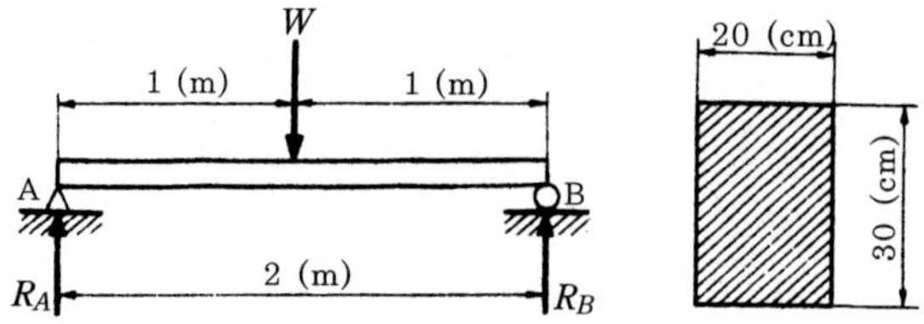

그림 8.14

‖ **풀이** ‖ i) 보에 미치는 전단의 영향에서

$$\tau_{\max} = \frac{3}{2}\frac{V}{A} = \frac{3}{2}\frac{W/2}{A}$$

$$\therefore\ W = \frac{4}{3}A\tau_a = \frac{4}{3}\times 0.2\times 0.3\times 10^6 = 80(\text{kN})$$

ii) 보에 미치는 굽힘의 영향에서

$$M_{\max} = M_R$$

$$\frac{Wl}{4} = \sigma Z$$

$$\therefore\ W = \frac{4\sigma Z}{l} = \frac{4\times 7\times 10^6\times \dfrac{0.2\times 0.3^2}{6}}{2} = 42(\text{kN})$$

따라서 안전하중은 굽힘응력에 지배되며, 이 문제에 적합한 하중은 $W=$ 42(kN)임을 알 수 있다.

예제 8.6 그림 8.15와 같은 단순보에 균일분포하중이 작용하고 있으며, 최대굽힘응력은 $\sigma_{\max}$ =8.5(MPa)이 될 때 최대전단응력을 구하라.

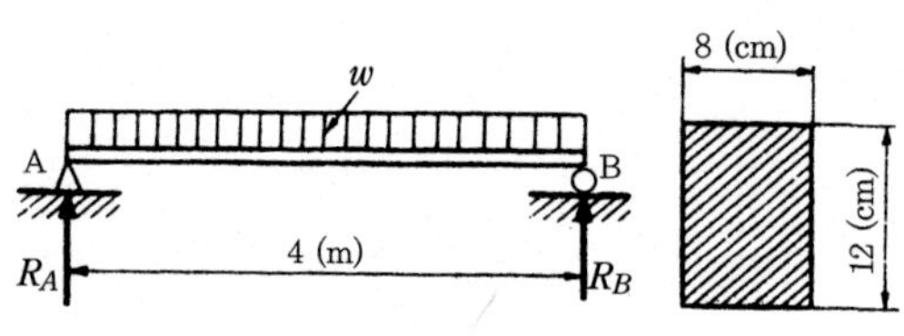

그림 8.15

‖ **풀이** ‖ 균일분포하중(w)을 구하기 위하여 $M_{\max} = M_R$에서

$$\frac{wl^2}{8} = \sigma Z$$

$$\therefore\ w = \frac{8\sigma Z}{l^2} = \frac{8\times 8.5\times 10^6\times \dfrac{0.08\times 0.12^2}{6}}{4^2} = 816(\text{N/m})$$

최대전단응력은 최대전단력이 발생되는 지점에서 발생된다.

$$V_{max} = R_A = R_B = \frac{wl}{2} = \frac{816 \times 4}{2} = 1{,}632(\text{N})$$

$$\therefore \tau_{max} = \frac{3}{2} \cdot \frac{V}{A} = \frac{3 \times 1{,}632}{2 \times 0.08 \times 0.12} = 255(\text{kPa})$$

예제 8.7 그림 8.16과 같이 균일분포하중이 작용하는 단순보에서 최대전단응력을 구하라. 단, 보의 단면의 지름은 $d = 4(\text{cm})$이다.

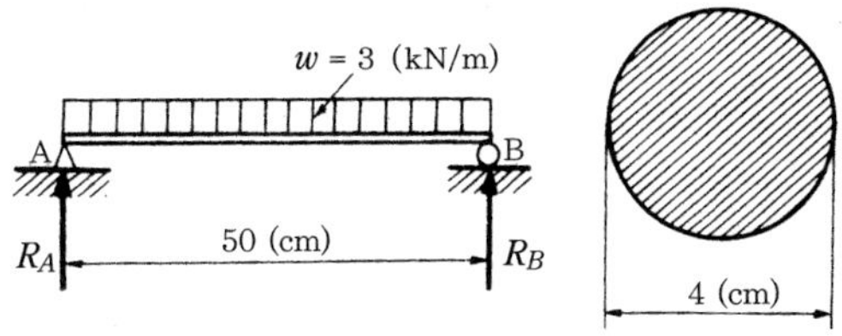

그림 8.16

‖ **풀이** ‖ 보의 원형단면의 최대전단응력은 중립축에 생기며, 그 값은

$$\tau_{max} = \frac{4}{3} \cdot \frac{V}{A} = \frac{4}{3} \cdot \frac{V}{\pi r^2}$$

균일분포하중을 받는 보의 지점의 반력, 즉 전단력은 $V = \frac{wl}{2}$

$$\therefore \tau_{max} = \frac{2wl}{3\pi r^2} = \frac{2 \times 3{,}000 \times 0.5}{3 \times \pi \times 0.02^2} = 795.7(\text{kPa})$$

8-04 보 속의 주응력

보의 임의단면에 작용하는 굽힘모멘트 M과 전단력 V를 알면 그 단면 내의 임의점에 작용하는 굽힘응력 σ_x와 전단응력 τ를 식 (8.3)과 식 (8.4)를 이용하여 계산할 수 있다. 일반적인 경우에는 σ_x와 τ의 최대값을 취하고 각각에 대하여 안전하도록 또는 σ_x에 대해서만 안전하도록 보를 설계한다.

그러나 극히 짧은 보 등과 같이 특별한 경우에서는 τ의 영향을 무시할 수 없을 뿐만 아니라 σ_x와 τ의 조합응력에 대하여 안전하도록 계산해야 한다.

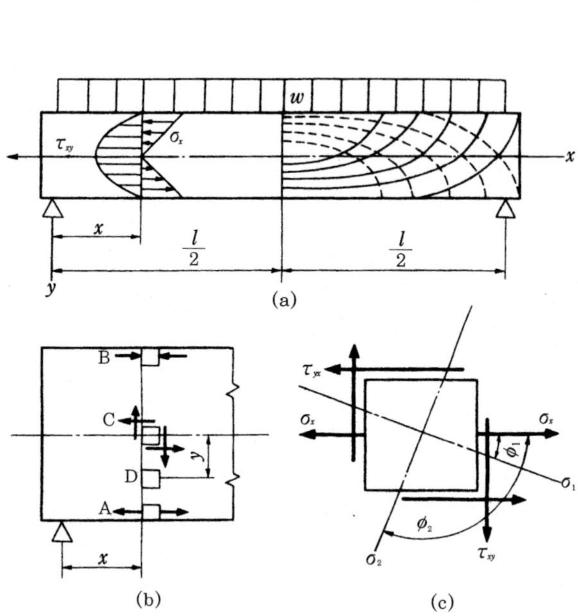

그림 8.17

그림 8.17(a)에 보인 것과 같은 구형단면의 단순보에 균일분포하중이 작용하는 경우를 생각해 보자. 이 보의 왼쪽 지점으로부터 임의의 거리 x만큼 떨어진 단면에서의 전단력은

$$V = \frac{wl}{2} - wx$$

굽힘모멘트는

$$M = \frac{wl}{2}x - \frac{wx^2}{2}$$

이 작용하게 되는데, 그 값들은 거리 x에 따라 변화하므로 σ_x와 τ도 x와 y에 따라 그 값이 연속적으로 변화한다. 그림 8.17(a)의 왼쪽과 같은 보의 임의단면에서는 σ_x는 y에 따라 직선적이고, τ는 포물선적으로 변화한다.

그림 8.17(b)의 A, B요소에서는 전단력이 작용하지 않으므로 그 요소에 작용하는 굽힘인장응력 또는 굽힘압축응력이 그곳에서의 주응력이 된다. 또 중립면 위에 있는 요소 C에는 수직응력이 작용하지 않으므로 이 요소에서는 순수전단 상태에 있게 되고, 주응력의 방향은 x축과 $\pm 45^\circ$를 이루게 된다.

한편 임의 위치에 있는 요소는 수직응력과 전단응력이 모두 작용하게 되는 경우이다. 즉, D요소의 응력 상태는 그림 8.17(c)에 나타난 것과 같다. 이와 같은 경우에는 식 (4.19)에서 $\sigma_y = 0$을 대입하여 표시하면 이 요소에 작용하는 주응력의 크기는 다음과 같이 된다.

$$\sigma_{1,\,2} = \frac{\sigma_x}{2} \pm \sqrt{\left(\frac{\sigma_x}{2}\right)^2 + \tau_{xy}^2} \tag{8.14}$$

여기서 최대주응력 σ_1은 항상 양(+)인 인장응력이고, 최소주응력 σ_2는 항상 음(−)인 압축응력임을 알 수 있다.

이 두주응력의 방향은 식 (4.18)에서 $\sigma_y = 0$으로 놓으면 다음과 같이 된다.

$$\tan 2\phi = -\frac{2\tau_{xy}}{\sigma_x} \tag{8.15}$$

여기서 σ_x와 τ의 값을 식 (8.15)에 대입하면 ϕ의 2개의 값이 결정되며, 그것들은 두 주응력 σ_1과 σ_2의 방향을 그림 8.17(c)에 표시한 바와 같다.

그 점에서의 최대전단응력은 식 (4.21)에 $\sigma_y = 0$을 대입하면 다음과 같다.

$$\tau_{\max} = \sqrt{\left(\frac{\sigma_x}{2}\right)^2 + \tau_{xy}^2} \tag{8.16}$$

식 (8.15)에 요소 A 또는 B에서의 값 $\tau = 0$을 대입하면 $\tan 2\phi = 0$이므로 $\phi_1 = 0$, $\phi_2 = 90°$를 얻게 되고 주응력의 방향이 x, y축에 일치함을 알 수 있다.

중립면 위에 있는 요소 C에서는 $\sigma_x = 0$이므로 식 (8.15)는 $\tan 2\phi = -\infty$, 따라서 $\phi = \pm 45°$의 값을 준다. 이것은 중립면 위의 점에서 두 주응력의 방향이 x축과 $\pm 45°$를 갖게 됨을 뜻한다. 따라서 좌표 x와 y로 정해지는 여러 개의 점에 대하여 정사각 ϕ의 값들을 식 (8.15)에서 구하여 이를 서로 연결하면 주응력의 방향을 나타내는 직교곡선군은 그림 8.17(a)의 오른쪽과 같으며, 실선은 인장응력선이고 점선은 압축응력선을 나타낸다. 이 두 곡선군들은 서로 직교하고 x축과

45° 로 만난다. 그리고 이 곡선들은 보의 자유경계인 윗면과 아랫면에 수직되게 끝난다. 이와 같은 곡선군을 **주응력선**(stress trajectories)이라고 한다.

보의 설계에 있어서 구형 또는 원형단면 등은 전단응력 τ의 분포상태가 연속적인 변화이므로 최대주응력이 항상 단면의 최외층인 상하면에 작용하며, 굽힘응력만을 기준으로 하여 계산될 수 있으나, 그림 8.12와 같은 I형 단면에서는 τ의 값이 플랜지와 웨브의 결합점에서 돌변하는 경우이고, 식 (8.14)로부터 계산된 그 결합점에서의 주응력이 상하면의 주응력, 즉 최대굽힘응력보다 커지는 경우가 있다. 이때는 그 최대주응력을 설계의 기준으로 해야 한다.

8-05 굽힘과 비틀림으로 인한 조합응력

풀리(pulley), 기어(gear), 플라이휠(flywheel) 및 크랭크축(crank shaft) 등과 같은 회전축에 있어서는 비틀림모멘트와 굽힘모멘트를 동시에 작용받는다. 이와 같은 축에 발생하는 최대응력을 구하려면 다음과 같은 응력을 고려해야 한다.

① 비틀림모멘트 T로 인한 전단응력
② 굽힘모멘트 M에 의한 굽힘응력
③ 전단력 V에 의한 전단응력

이 세 가지 고려 사항 중 ③에 대한 전단응력은 굽힘응력이 0인 중립면에서 최대이고, 다른 응력들에 비하여 회전축에 미치는 영향이 극히 적으므로 일반적으로 무시한다. 따라서 ①과 ②의 각 응력들이 최대값을 나타내는 최대굽힘응력이 발생하는 축의 표면에 대하여 최대주응력을 계산하고 설계의 기준으로 해야 한다. 비틀림으로 인한 최대전단응력은 축의 표면에 발생하고, 식 (6.5)에서 다음과 같이 된다.

$$\tau_{max} = \frac{T}{Z_p} = \frac{16T}{\pi d^3} \tag{a}$$

굽힘모멘트로 인한 최대굽힘응력은 굽힘모멘트가 발생하는 단면의 중립면에서 가장 먼 표면에 발생하고, 식 (8.3)에서 다음과 같이 된다.

$$(\sigma_b)_{max} = \frac{M}{Z} = \frac{32M}{\pi d^3} \tag{b}$$

따라서 최대조합응력은 τ와 σ_b의 합성응력이 최대로 되는 단면에서 일어나게 된다.

식 (a) 및 식 (b) 두 응력의 합성에 의한 최대 및 최소주응력은 식 (8.14)에서 다음과 같이 된다.

$$\sigma_{max} = \frac{\sigma_x}{2} + \sqrt{\left(\frac{\sigma_x}{2}\right)^2 + \tau^2} = \frac{16}{\pi d^3}(M + \sqrt{M^2 + T^2})$$

$$= \frac{1}{2Z}(M + \sqrt{M^2 + T^2}) \tag{8.17}$$

$$\sigma_{min} = \frac{\sigma_x}{2} - \sqrt{\left(\frac{\sigma_x}{2}\right)^2 + \tau^2} = \frac{16}{\pi d^3}(M - \sqrt{M^2 + T^2})$$

$$= \frac{1}{2Z}(M - \sqrt{M^2 + T^2}) \tag{8.18}$$

등을 얻을 수 있다. 이 σ_{max}와 똑같은 크기의 최대굽힘응력을 발생시킬 수 있는 순수 굽힘모멘트를 **상당굽힘모멘트**(equivalent bending moment)라 하고, 그 크기는 다음과 같다.

$$M_e = \frac{1}{2}(M + \sqrt{M^2 + T^2}) \tag{8.19}$$

즉, $\sigma_{max} = \frac{M_e}{Z} = \frac{32}{\pi d^3}M_e$ (8.20)

이 식은 주응력이 어떤 값에 달했을 때 파손이 일어난다는 **최대주응력설**(maximum principal stress theory)에 의한 것이며, 축의 안전지름을 구할 때는 최대응력(σ_{max})를 대신 허용응력(σ_a)를 대입하면 식 (8.20)에서

$$d = \sqrt[3]{\frac{32M_e}{\pi\sigma_a}} \fallingdotseq \sqrt[3]{\frac{10M_e}{\sigma_a}} \tag{8.21}$$

다음에 식 (a) 및 식 (b) 두 응력의 합성에 의한 최대전단응력은 식 (8.16)에 의하여 다음과 같이 된다.

$$\sigma_{\max} = \sqrt{\left(\frac{\sigma_x}{2}\right)^2 + \tau^2} = \frac{16}{\pi d^3}\sqrt{M^2 + T^2} = \frac{1}{Z_p}\sqrt{M^2 + T^2} \tag{8.22}$$

이 $\tau_{\max}$과 똑같은 크기의 비틀림 최대전단응력을 발생시킬 수 있는 비틀림모멘트를 **상당비틀림모멘트**(equivalent twisting moment)라 하고, 그 크기는

$$T_e = \sqrt{M^2 + T^2} \tag{8.23}$$

$$즉,\ \tau_{\max} = \frac{T_e}{Z_p} = \frac{16}{\pi d^3} T_e \tag{8.24}$$

이 식은 최대전단응력이 어떤 값에 달했을 때 파손이 일어난다는 **최대전단응력설**(maximum shearing stress theory)에 의한 것이며, 축의 안전지름을 구할 때는 $\tau_{\max}$ 대신 τ_a를 대입하면 식 (8.24)에서

$$d = \sqrt[3]{\frac{16T_e}{\pi\tau_a}} \fallingdotseq \sqrt[3]{\frac{5T_e}{\tau_a}} \tag{8.25}$$

축의 재료가 강재와 같은 연성 재료인 경우에는 최대전단응력으로 파단된다고 생각하여 $\tau = \frac{1}{2}\sigma$로 잡아서 식 (8.25)를 택하고, 주철과 같은 취성 재료인 경우에는 최대 주응력으로 파단된다고 생각하여 식 (8.21)을 사용하여 계산한다.

예제 8.8 길이가 80(cm), 지름이 100(mm)인 축에 2,400(Nm)의 굽힘모멘트와 2,000(Nm)의 비틀림모멘트가 동시에 작용할 때 최대수직응력과 최대전단응력을 구하라.

‖ **풀이** ‖ 최대수직응력은 식 (8.20)에서 $\sigma_{\max} = \dfrac{M_e}{Z}$이며, 최대전단응력은 식 (8.24)에서 $\tau_{\max} = \dfrac{T_e}{Z_p}$이다. 따라서 이에 필요한 값들을 계산하여 대입한다.

식 (8.23)에서

$$T_e = \sqrt{M^2 + T^2} = \sqrt{2{,}400^2 + 2{,}000^2} = 3{,}124.09\,(\text{Nm})$$

식 (8.19)에서

$$M_e = \frac{1}{2}(M + \sqrt{M^2 + T^2}\,) = \frac{1}{2}(M + T_e)$$

$$= \frac{1}{2}(2{,}400 + 3{,}124.09) = 2{,}762\,(\text{Nm})$$

따라서 $\sigma_{\max} = \dfrac{M_e}{Z} = \dfrac{M_e}{\dfrac{\pi d^3}{32}} = \dfrac{2{,}762}{9.817 \times 10^{-5}} \fallingdotseq 28.1\,(\text{MPa})$

$$\tau_{\max} = \frac{T_e}{Z_p} = \frac{T_e}{\dfrac{\pi d^3}{16}} = \frac{3{,}124.09}{1.963 \times 10^{-4}} \fallingdotseq 15.91\,(\text{MPa})$$

예제 8.9 1.5×10^4(Nm)의 굽힘모멘트와 2×10^4(Nm)의 비틀림모멘트를 받는 축의 지름은 몇 (mm)로 하면 되는가? 단, 허용전단응력은 $\tau_a = 40$(MPa)이고, 허용굽힘응력은 $\sigma_a = 60$(MPa)이다.

‖ **풀이** ‖ 굽힘모멘트에 의한 지름은 식 (8.21)에서 구하고, 비틀림모멘트를 받을 때의 지름은 식 (8.25)에서 결정하면 되는데, 이 둘의 지름에서 큰 쪽을 택하면 안전하다.

$$T_e = \sqrt{M^2 + T^2} = \sqrt{15{,}000^2 + 20{,}000^2} = 25{,}000\,(\text{Nm})$$

$$M_e = \frac{1}{2}(M + T_e) = \frac{1}{2}(15{,}000 + 25{,}000) = 20{,}000\,(\text{Nm})$$

따라서 축의 지름은

$$d = \sqrt[3]{\frac{5T_e}{\tau_a}} = \sqrt[3]{\frac{5 \times 25{,}000}{4 \times 10^7}} = 146.2\,(\text{mm}) \fallingdotseq 147\,(\text{mm})$$

$$d = \sqrt[3]{\frac{10M_e}{\sigma_a}} = \sqrt[3]{\frac{10 \times 20{,}000}{6 \times 10^7}} = 149.38\,(\text{mm}) \fallingdotseq 150\,(\text{mm})$$

예제 8.10 그림 8.18과 같이 지름 5(cm)의 축에 무게 1,500(N), 지름 $D=75$(cm)의 풀리(pulley)를 설치하여 수평방향으로 8(kN) 및 4(kN)의 장력이 작용한다. 저널(journal)의 단면에 작용했을 때의 최대전단응력(τ_{max})을 구하라.

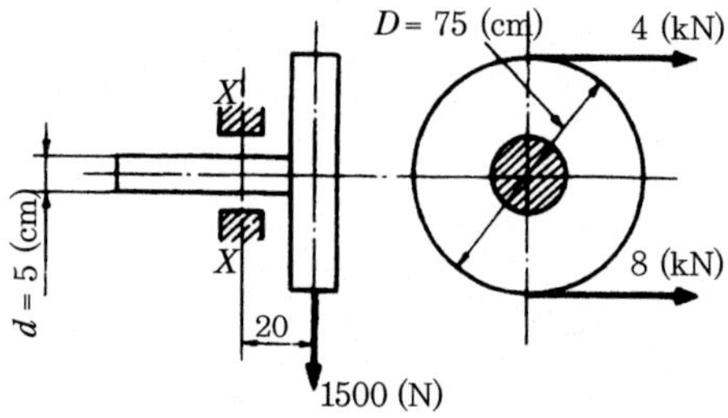

그림 8.18

‖ **풀이** ‖ $\tau_{max}=\dfrac{T_e}{Z_p}=\dfrac{16T_e}{\pi d^3}=\dfrac{16\times 2{,}845.98}{\pi\times 0.05^3}=116(\text{MPa})$

$T_e=\sqrt{M^2+T^2}=\sqrt{2{,}418.6^2+1{,}500^2}\,(\text{Nm})$

$=2{,}845.98$

$M=We=12{,}093\times 0.2=2{,}418.6(\text{Nm})$

$T=(8{,}000-4{,}000)\times\dfrac{0.75}{2}=1{,}500(\text{Nm})$

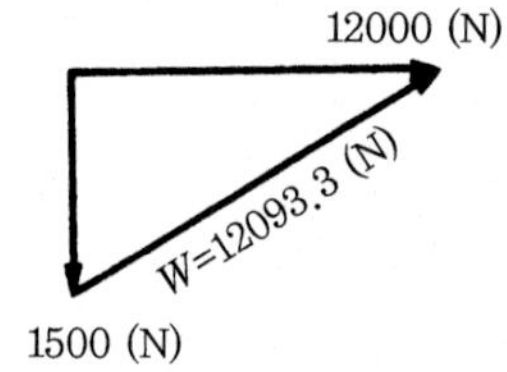

연 습 문 제

1. 높이 30(cm), 나비 20(cm)의 구형단면을 가진 길이 3(m)의 외팔보가 있다. 자유단에 작용시킬 수 있는 하중의 크기를 구하라. 단, 허용응력은 $\sigma_a = 15$(MPa)이다.

(a) $W=9$(kN) (b) $W=15$(kN)
(c) $W=17$(kN) (d) $W=23$(kN)

2. 지름 10(cm)의 둥근봉에 2.5(kN)의 굽힘모멘트가 걸리고 있다. 이 봉의 단면에 생기는 응력은 얼마나 되겠는가?

(a) $\sigma=15.42$(MPa) (b) $\sigma=19.63$(MPa)
(c) $\sigma=25.46$(MPa) (d) $\sigma=32.75$(MPa)

3. 길이 50(cm)의 외팔보에 $w = 5$(kN/m)의 균일분포하중이 작용할 때 고정단에 생기는 응력은 얼마나 되겠는가? 단, 단면의 지름은 $d = 4$(cm)이다.

(a) $\sigma=57.6$(MPa) (b) $\sigma=63.7$(MPa)
(c) $\sigma=72.8$(MPa) (c) $\sigma=99.5$(MPa)

4. 굽힘모멘트가 3(kNm)이고 보의 굽힘응력이 90(MPa)이라 할 때 단면의 폭은 얼마로 하면 되겠는가? 단, 높이는 폭의 2배라고 한다.

(a) 36.8(mm) (b) 46.74(mm)
(c) 61.2(mm) (d) 72.5(mm)

5. 그림 8.19와 같은 단순보의 C점에 20(kN)의 집중하중이 작용할 때 허용응력이 120(MPa), 높이가 8(cm)라고 할 때 폭은 얼마이겠는가?

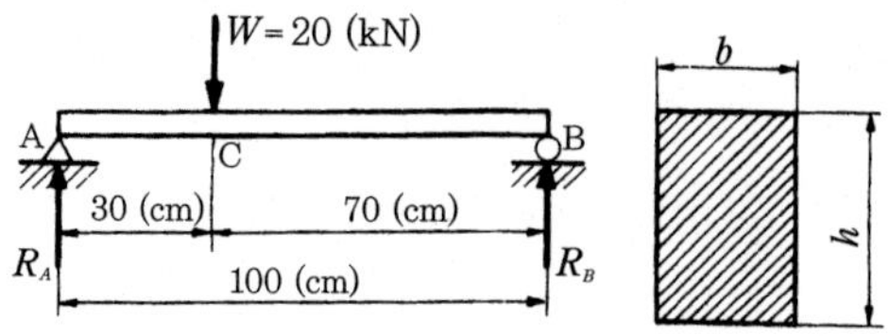

그림 8.19

(a) 2.45(cm) (b) 2.96(cm)
(c) 3.28(cm) (d) 4.21(cm)

6. 그림 8.20과 같은 외팔보에서 구형단면의 폭이 6(cm), 높이가 10(cm)이며, 굽힘응력이 120(MPa)이라면 단위길이에 대한 힘의 세기 w는 얼마인가?

(a) 11.6(kN/m) (b) 12.6(kN/m)
(c) 23.6(kN/m) (d) 28.6(kN/m)

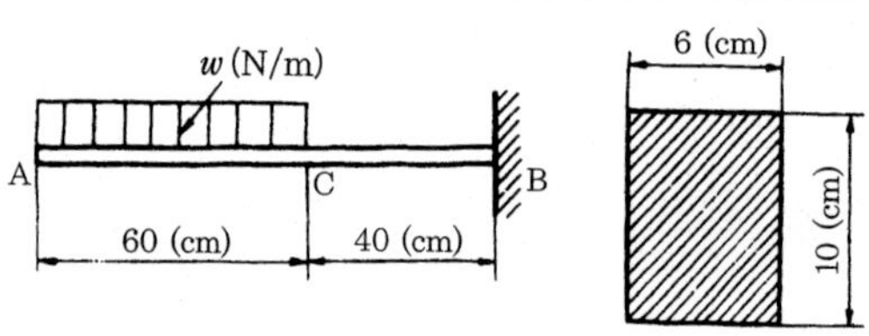

그림 8.20

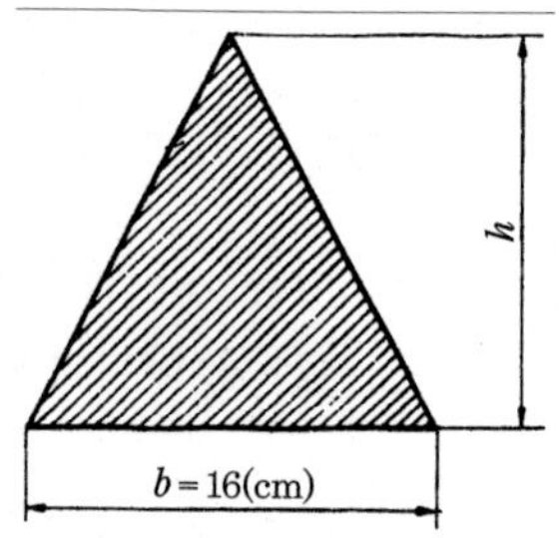

그림 8.21

7. 그림 8.21과 3각형 단면의 보에 최대굽힘모멘트 $M_{max}=18$(kNm)이 작용하고 있다. 허용굽힘응력 $\sigma_b=70$(MPa), 밑변 $b=16$(cm)일 때 높이 h는 얼마로 하면 되겠는가?

(a) 140(mm) (b) 160(mm)
(c) 200(mm) (d) 250(mm)

8. 지름 $d=4$(mm), 탄성계수 $E=200$(GPa)인 철사를 지름 $D=3$(m)인 원통에 감았다. 철사에 발생되는 굽힘응력은 얼마인가?

(a) 153(MPa) (b) 266(MPa)
(c) 320(MPa) (d) 418(MPa)

9. 지름 $d=1$(mm), 탄성계수 $E=71.4$(GPa), 항복응력 $\sigma_y=235$(MPa)인 알루미늄 선을 지름 $D=50$(cm)인 원통에 감았다가 방치하였다. 다음 설명 중 바른 것은 어느 것인가?

(a) 알루미늄 선은 도로 펴진다.
(b) 알루미늄 선은 감겨 있는 상태로 있다.
(c) 어떻게 될지 알 수 없다.
(d) 약간 풀리긴 하나 원통에 감겨 있는 상태로 있나.

10. 지름 $d=0.6$(mm), 길이 $l=30$(cm), 탄성계수 $E=200$(GPa)인 강선을 그림 8.22와 같이 양단에서 우력 M을 가하여 중심각이 60° 가 되게 굽혔다. 강선에 발생하는 최대굽힘응력은 얼마이겠는가?

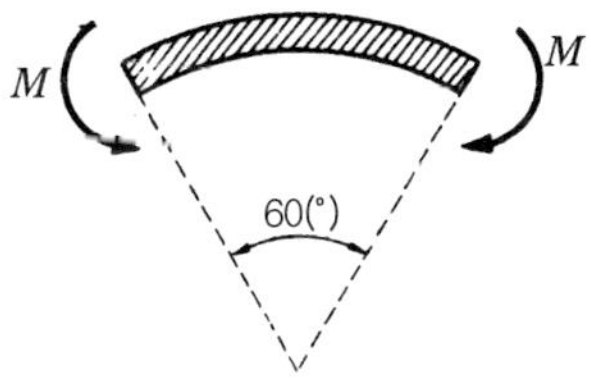

그림 8.22

(a) 106(MPa) (b) 209.4(MPa)
(c) 312.5(MPa) (d) 425(MPa)

11. 반지름 r인 원형단면을 가진 외팔보에 균일분포하중 w가 작용할 때 생기는 최대전단응력은 얼마인가?

(a) $\frac{2wl}{3\pi 4r^2}$ (b) $\frac{2wl^2}{3\pi r^2}$
(c) $\frac{4wl}{3\pi r^2}$ (d) $\frac{4wl^2}{3\pi r^2}$

12. 보의 단면의 지름이 $d=4$(cm)이고, 길이 $l=50$(cm)인 단순보에 균일분포하중 $w=6$(kN/m)이 적용할 때 이 보에 발생되는 최대전단응력은 얼마인가?

(a) 1.59(MPa) (b) 2.54(MPa)
(c) 3.29(MPa) (d) 4.26(MPa)

13. 그림 8.23과 같은 구형단면을 갖는 길이 $l=6$(m)인 단순보의 중앙에 집중하중 $W=60$(kN)이 작용한다면 중립축에 발생될 최대전단응력은 얼마인가?

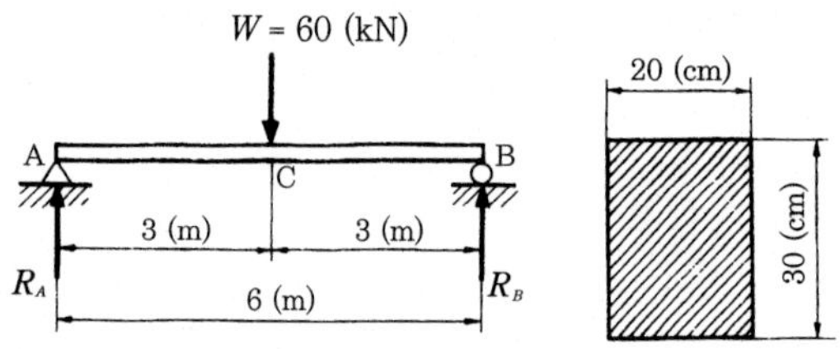

그림 8.23

(a) 750(kPa) (b) 123(kPa)
(c) 165(kPa) (d) 235(kPa)

14. 보의 길이 $l=100$(cm), 지름 $d=4$(cm)인 외팔보의 자유단에 집중하중 $W=5$(kN)이 작용할 때 최대전단응력은 얼마인가?

(a) 3.2(MPa) (b) 4.3(MPa)
(c) 5.3(MPa) (d) 5.9(MPa)

15. 자유단에서 집중하중 $W=160$(kN)을 받고 있는 길이 $l=2$(m)인 직4각형 단면의 외팔보가 있다. 단면의 높이 $h=30$(cm)이고, 폭 $b=20$(cm)인 보에 발생되는 최대전단응력은 얼마인가?

(a) 3(MPa) (b) 4(MPa)
(c) 5(MPa) (d) 6(MPa)

16. 폭 $b=20$(cm), 높이 $h=30$(cm)의 직4각형 단면을 갖는 길이 $l=2$(m)인 목재보가 단순지지되어 있다. 목재의 굽힘과 전단에 대한 허용응력이 각각 $\sigma_a=7$(MPa), $\tau_a=0.6$(MPa)일 때 이 보의 중앙에 가할 수 있는 최대안전하중 W는 얼마인가?

(a) $W=37.5$(kN) (b) $W=40$(kN)
(c) $W=42$(kN) (d) $W=48$(kN)

17. 600(rpm)으로 50(kW)를 전달시키는 축이 200(Nm)의 굽힘모멘트를 받을 때 축의 지름을 구하라. 단, $\sigma_a = 50$(MPa), $\tau_a = 30$(MPa)이다.

(a) $d = 47$(mm) (b) $d = 52$(mm)
(c) $d = 65$(mm) (d) $d = 76$(mm)

18. 그림 8.24와 같은 양단 A와 B지점 사이에 풀리(pulley)가 달린 전동축에서 풀리의 지름 $D = 60$(cm), 벨트의 인장력이 3(kN)과 1(kN)이 작용하여 동력을 전달할 때 축의 지름은 얼마인가? 단, 풀리의 자중은 무시하고, $\sigma_w = 80$(MPa), $\tau_w = 40$(MPa)이다.

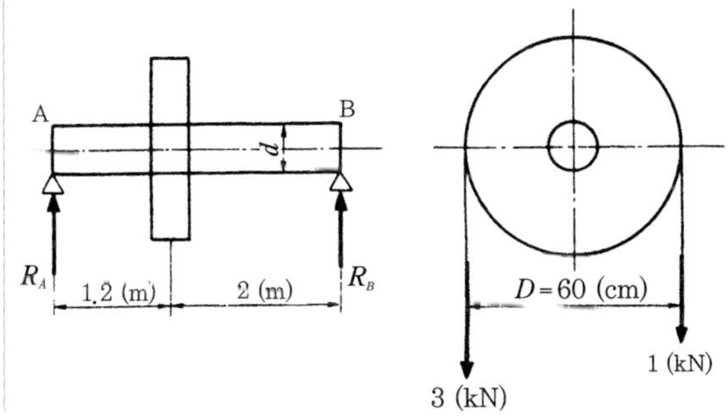

그림 8.24

(a) $d = 73$(mm)
(b) $d = 78$(mm)
(c) $d = 85$(mm)
(d) $d - 92$(mm)

19. 지름 $d = 20$(cm)의 연강축이 120(rpm)으로 회전함과 동시에 굽힘모멘트 $M =$ 3(kNm)가 작용할 때 몇 마력(PS)을 전달할 수 있는가? 단, 축 재료의 $\tau_a = 75$(MPa)라 하고 최대전단응력에 의하여 파손되는 것으로 본다.

(a) 1,230(PS) (b) 1970(PS)
(c) 2,052(PS) (d) 2,530(PS)

20. 지름 $d = 15$(cm)인 원형단면의 차축에 굽힘모멘트 $M_b = 1$(kNm), 비틀림모멘트 $T = 2$(kNm)이 동시에 작용할 때 이 차축 속에 발생하는 최대주응력과 최대전단응력은 각각 얼마인가?

(a) $\sigma_{max} = 4.88$(MPa), $\tau_{max} = 3.37$(MPa)
(b) $\sigma_{max} = 5.35$(MPa), $\tau_{max} = 4.26$(MPa)
(c) $\sigma_{max} = 6.23$(MPa), $\tau_{max} = 5.25$(MPa)
(d) $\sigma_{max} = 6.74$(MPa), $\tau_{max} = 5.67$(MPa)

응 용 문 제

1. 허용굽힘응력이 9(MPa)이고 폭이 20(cm), 높이가 30(cm)인 구형단면의 저항모멘트는 얼마인가?

2. 그림 8.25와 같은 단순보에서 C점에서의 굽힘응력은 얼마인가?

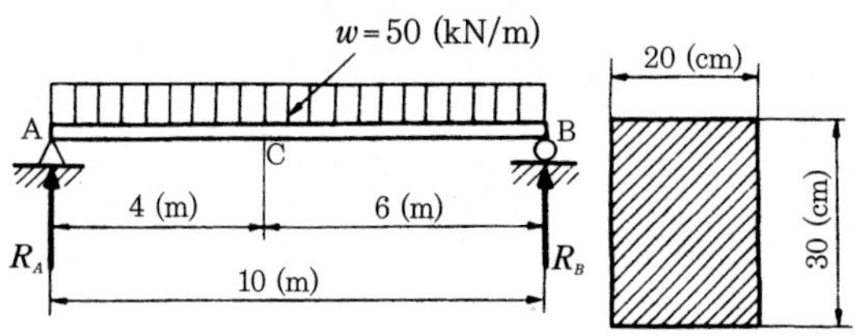

그림 8.25

3. 그림 8.26과 같은 중공 원형단면의 보가 굽힘모멘트 $M = 500$(Nm)를 받을 때 이 보가 받은 굽힘응력은 얼마인가?

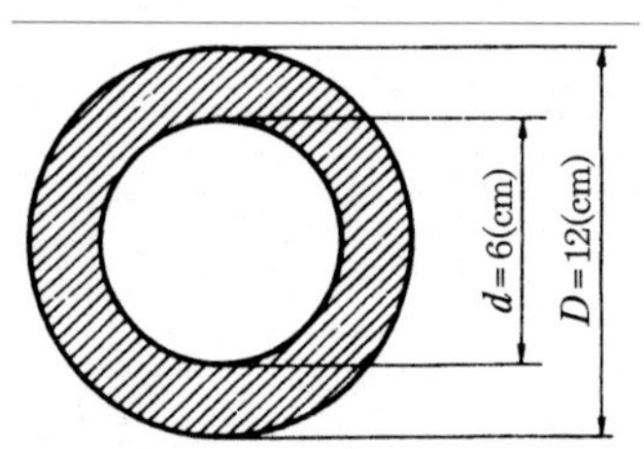

그림 8.26

4. 균일분포하중 $w = 8$(N/m)이 작용하는 단순보에서 단면계수는 $Z = 1{,}000$(cm^3)이고, 굽힘응력 $\sigma_b = 100$(MPa)이라고 할 때 이 보의 길이는 얼마인가?

5. 보의 길이 $l = 4$(m), 단면의 높이 $h = 20$(cm)인 구형 단순보에서 균일분포하중 $w = 2$(kN/m)이 작용하고 있을 때 이 보의 폭은 얼마인가? 단, 보의 자중은 무시하고, 허용응력은 $\sigma_a = 9$(MPa)이다.

6. 그림 8.27과 같은 구형단면의 외팔보에서 집중하중과 균일분포하중이 동시에 작용한다. 이 때 단위길이에 대한 힘의 세기 w를 구하라. 단, 허용굽힘응력 $\sigma_a = 8$(MPa)이다.

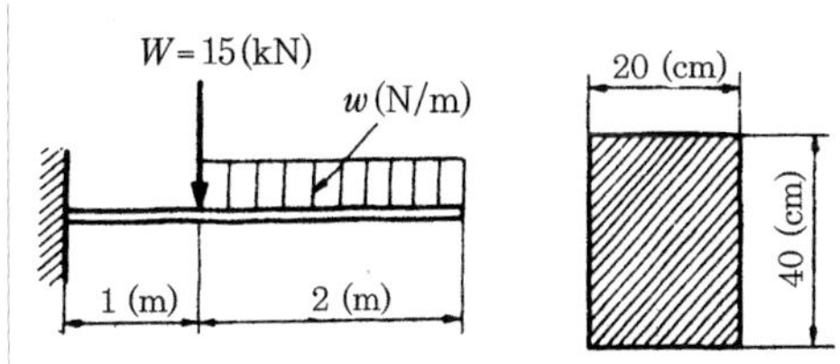

그림 8.27

7. 폭이 20(cm), 높이가 30(cm)인 단순보에서 보의 길이가 6(m)일 때 중앙점에 얼마만한 집중하중을 실을 수 있는가? 단, 허용굽힘응력은 $\sigma_a = 8$(MPa), 보의 자중은 $\gamma = 6$(kN/m^3)이다.

8. 그림 8.28과 같은 보에서 C점의 굽힘모멘트를 구하고, 15(cm)×24(cm)가 되는 구형단면의 극단의 응력을 구하라.

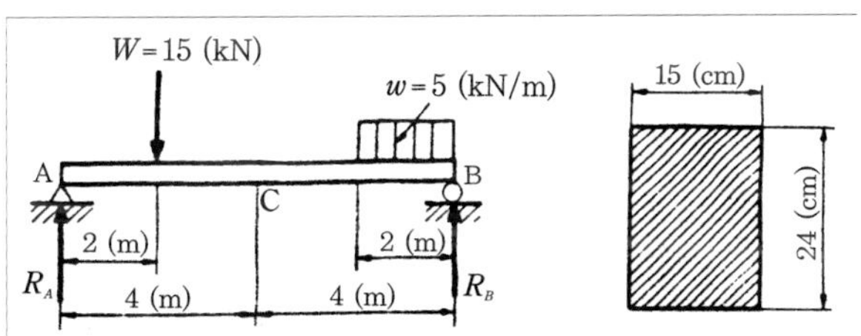

그림 8.28

9. 보의 길이 $l = 12$(m)이고, 단면의 높이 $h = 40$(cm), 폭 $b = 30$(cm)인 단순보의 중앙에 $W = 160$(kN)의 하중이 작용할 때 보의 단면 내부에 생기는 최대전단응력은 얼마인가?

10. 그림 8.29와 같은 단면을 갖는 보에서 전단력 60(kN)이 작용할 때 ab 이음부에 발생하는 전단응력을 구하라.

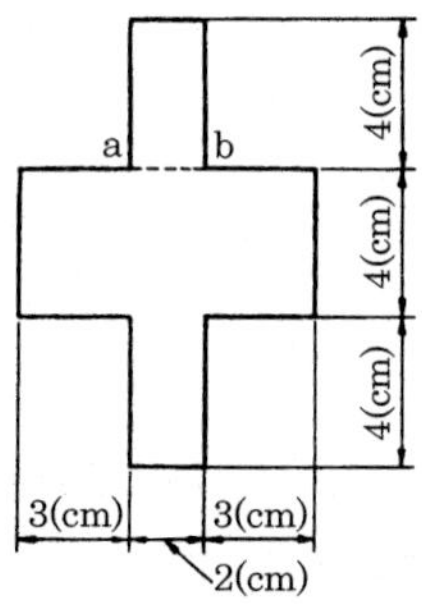

그림 8.29

11. 보의 길이 $l=12$(m)이고 단면이 10(cm)×15(cm)인 구형단면의 단순보에서 자중에 의해서 발생되는 응력에 대하여 안전한지 검사하라. 단, 자중은 8(kN/m^3), 허용굽힘응력 $\sigma_a=8$(MPa), 허용전단응력 $\tau_a=800$(kN/m^2)이다.

12. 지름이 5(cm)의 축이 200(Nm)의 굽힘모멘트를 받고, 200(rpm)으로 5(PS)를 전달시키고 있다. 축에 발생될 허용굽힘응력과 허용전단응력을 구하라.

13. 그림 8.30과 같이 지름 $D=80$(cm), 무게 1(kN)의 풀리(pulley)에서 동력이 전달되고 있다. 이 동력축의 지름은 $d=6$(cm)이고, 벨트의 장력은 수평방향으로 1.3(kN), 2.5(kN)이다. 베어링이 풀리에서 20(cm) 떨어져 있는 경우 최대전단응력과 최대수직응력을 구하라.

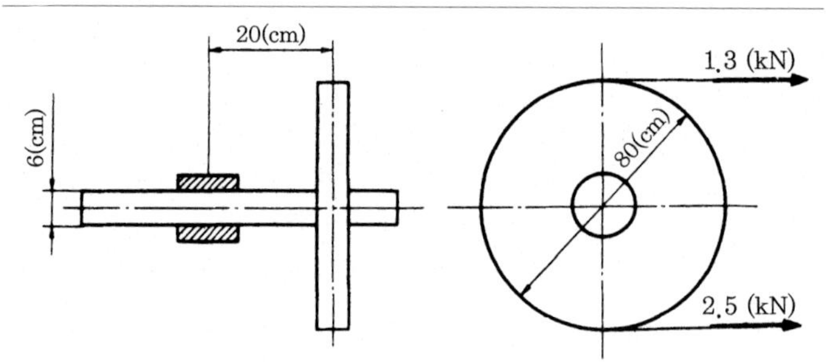

그림 8.30

14. 그림 8.31과 같은 중공 구형단면인 외팔보의 자유단에서 $W_1=10$(kN)이 하향으로 작용하고, 자유단으로부터 20(cm) 떨어진 곳에 $W_2=3$(kN)이 상향으로 작용하고 있다. 보에 발생되는 최대전단응력의 값을 구하라.

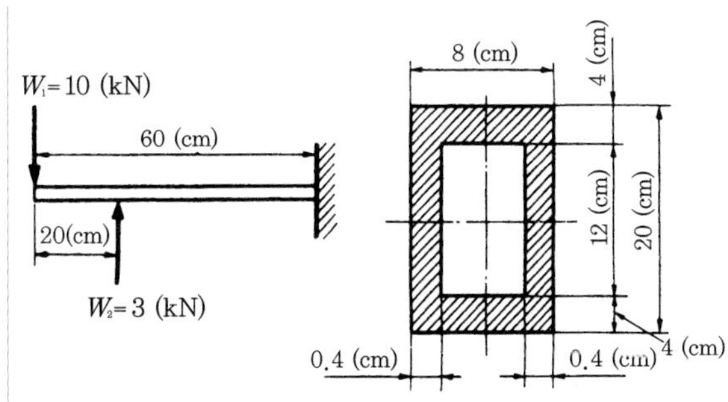

그림 8.31

15. 길이 $l=2$(m)의 단순보가 전길이에 균일분포하중 $w=20$(kN/m)을 받고 있다. 이 보의 단면은 그림 8.32와 같은 T형 단면이다. 이 보 속에 발생하는 최대전단응력을 구하라.

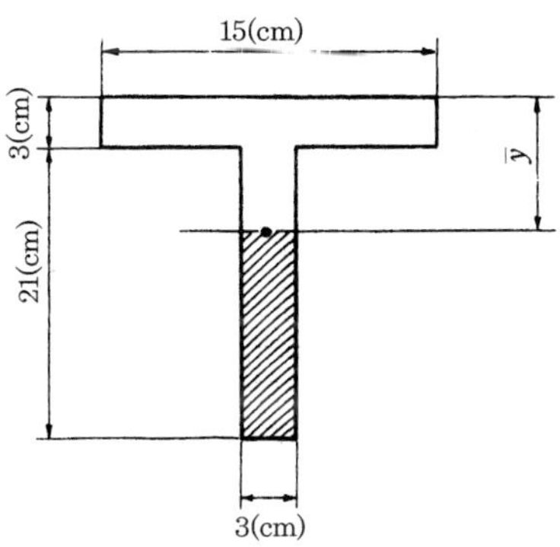

그림 8.32

16. 길이 4(m)의 외팔보에 w의 균일분포하중이 작용할 때 최대굽힘응력이 70(MPa)이라면 최대전단응력의 크기는 얼마인가? 단, 보의 단면은 $b \times h = 6 \times 12$(cm)이다.

17. 그림 8.33과 같은 구형단면 보가 굽힘하중에 의하여 전단하중 60(kN)을 받을 때 중립축의 전단응력을 τ_N, 중립축으로부터 10(cm) 떨어진 O축의 전단응력을 τ_0, 최상단에서의 전단응력을 τ_s라 할 때 각각의 응력을 구하라.

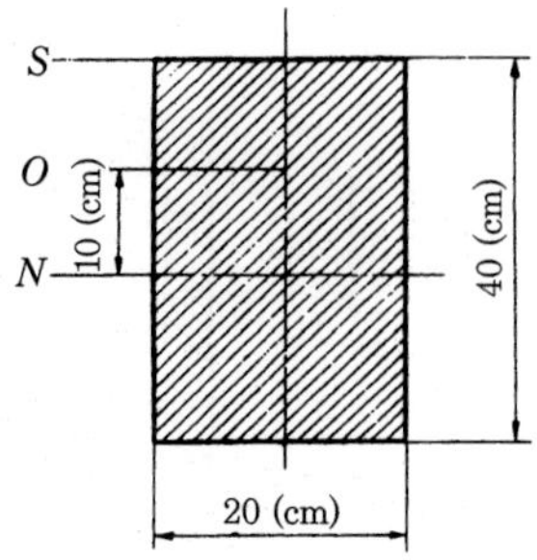

그림 8.33

18. 그림 8.34와 같은 구형단면을 갖는 외팔보에서 $w=30$(kN/m)의 균일분포하중이 작용할 때 고정지점 A와 중앙점 C 단면에서 중립축과 중립축에서 0.5(cm) 떨어진 점의 전단응력을 구하라.

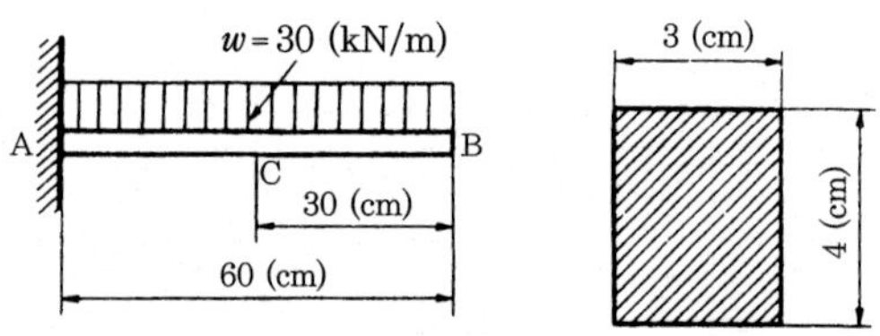

그림 8.34

19. 그림 8.35와 같은 구형단면의 전단응력 τ_1, τ_2를 구하라. 단, 보에 작용하는 전단력은 18(kN)이다.

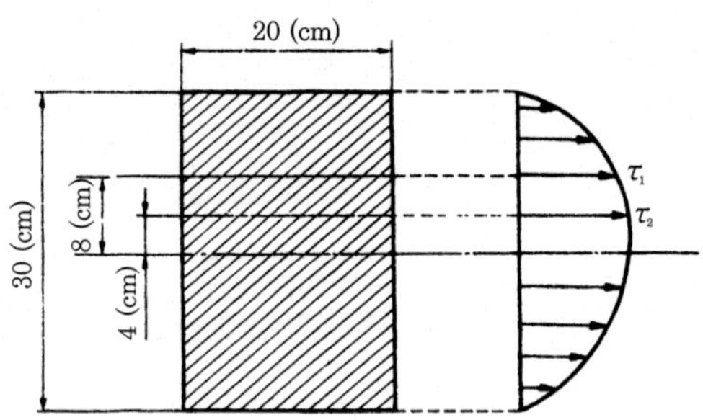

그림 8.35

20. 그림 8.36과 같은 중공 원형단면을 갖는 하단이 고정된 원주가 축으로부터 $b=1$(m) 떨어진 곳에 $W=1$(kN)의 수평력을 받고 있다. 축의 길이 $h=6$(m)이고, 축의 단면계수 $Z=164$(cm^3)이다. 이 축 내에 발생되는 최대전단응력 τ_{max}와 주응력 σ_1을 구하라.

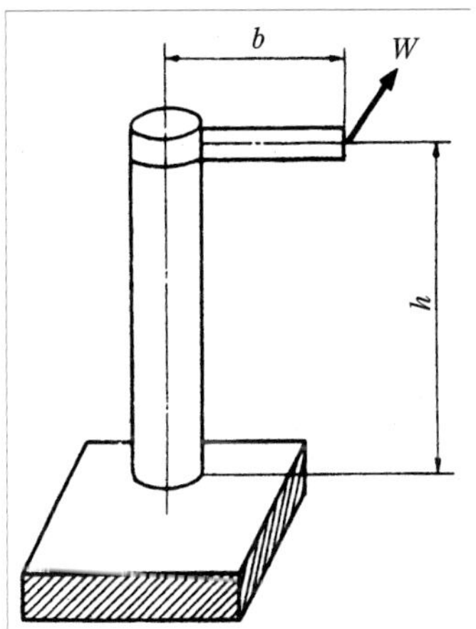

그림 8.36

9 Chapter 보의 처짐

9-01 탄성곡선의 미분방정식

보의 설계에서 **강도**(strength)뿐만 아니라 **강성도**(stiffness)도 고려해야 할 경우가 있다. 즉, 공작기계의 주축 및 특수한 구조물의 보 등에서는 외력에 의한 어느 정도 이상의 변형을 일으켜서는 안 되는 경우가 있다. 그러므로 보의 강성도에 대하여 충분히 고려해야 한다.

보에 수직하중이 작용하면 보의 축선은 구부러져 곡선으로 변형된다. 이 구부러진 중심선을 **탄성곡선**(elastic curve) 또는 **처짐곡선**(deflection curve)이라 하고, 구부러지기 전의 곧은 중심선으로부터 이 탄성곡선까지의 수직변위를 **처짐**(deflection)이라고 한다. 또한 이 탄성곡선은 미분방정식의 값을 갖는다.

그림 9.1은 단순보 A, B가 하중을 받아 구부러지는 한 예이다. 탄성곡선의 미분방정식을 유도하기 위하여 그림의 미소요소의 탄성곡선에 대한 곡률의 직각좌표의 관계식을 세워 보면 X축과 m점의 접선과 이루는 각을 ϕ, m과 m_1점에서 그 곡선의 법선 사이의 각을 $d\phi$로 하면 미소거리인 원호 ds와 곡률반지름 ρ의 관계식은 $ds = \rho d\phi$이므로 곡률의 식은 다음과 같다.

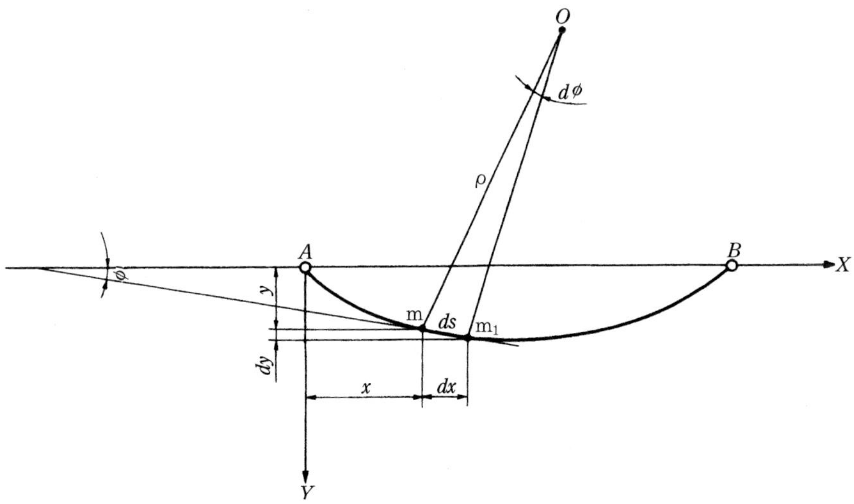

그림 9.1

$$\frac{1}{\rho} = \frac{d\phi}{ds} \tag{a}$$

일반적으로 보에서는 지점간의 거리에 비하여 곡률이 작으므로 근사적으로 $ds = dx$, 또 각이 아주 미소할 경우에는 $\phi \approx \tan\phi = \dfrac{dy}{dx}$라고 생각할 수 있다.

따라서 식 (a)는 다음과 같이 쓸 수 있다.

$$\frac{1}{\rho} = \left|\frac{d^2y}{dx^2}\right| \tag{b}$$

이 절대값의 부호는 그림 9.1과 같이 위쪽이 오목한 곡선은 기울기 $\dfrac{dy}{dx}$가 x의 증가에 따라 감소하므로 $\dfrac{d^2y}{dx^2}$는 $-$(음호)가 된다. 이와 반대로 아래쪽이 오목한 곡선에서는 $\dfrac{d^2y}{dx^2}$의 부호는 $+$(양호)가 된다.

즉, M과 $\dfrac{d^2y}{dx^2}$의 부호는 항상 반대임을 알 수 있고 그림 9.2와 같다.

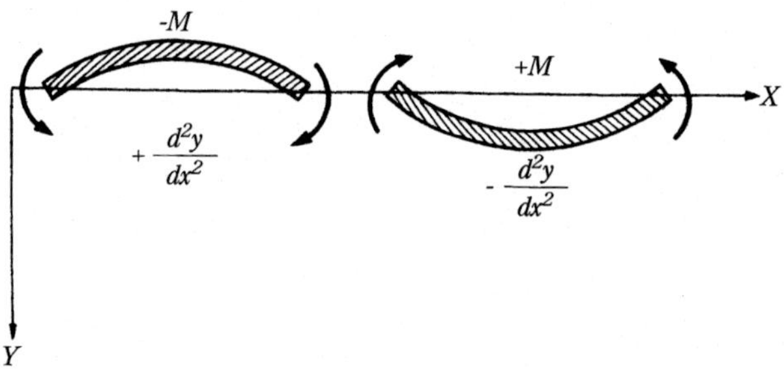

그림 9.2

따라서 식 (b)는 다음과 같이 된다.

$$\frac{1}{\rho}=-\frac{d^2y}{dx^2} \tag{c}$$

한편, 식 (8.2)에서 $\frac{1}{\rho}=\frac{M}{EI}$이므로 식 (c)와 결합하여 정리하면 다음과 같다.

$$EI\frac{d^2y}{dx^2}=-M \tag{9.1}$$

식 (9.1)은 대칭면 내에서 굽힘작용을 받는 보의 **탄성곡선의 미분방정식**(differential equation of the elastic curve)이라고 한다.

일반적으로 보의 처짐은 굽힘모멘트 M과 전단력 V에 의한 것이 겹친 것이다. 그러나 전단력에 의한 처짐은 굽힘모멘트에 의한 처짐에 비해 미소하므로 무시하고 순수굽힘이란 가정 하에서 식 (9.1)을 적분하여 여러 종류의 보의 처짐각 및 처짐을 구한다.

즉, 식 (9.1)을 x에 대하여 미분한 후 전단력과 모멘트의 관계식을 이용하면 다음과 같은 식들을 얻을 수 있다.

$$EI\frac{d^3y}{dx^3}=-\frac{dM}{dx}=-V \tag{9.2}$$

$$EI\frac{d^4y}{dx^4}=-\frac{dV}{dx}=w \tag{9.3}$$

따라서 M, V, w중 어느 것을 안다면 식 (9.1), 식 (9.2), 식 (9.3)

중의 한 식을 적분해 줌으로써 수학적으로 처짐(y)를 구할 수 있다. 예를 들어, 식 (9.1)을 한 번 적분하면 기울기,즉 처짐각인 $\frac{dy}{dx}$를 얻을 수 있고, 두 번 적분해 줌으로써 처짐인 y를 구할 수 있게 된다.

9-02 외팔보의 처짐각 및 처짐

1. 집중하중이 작용하는 경우

그림 9.3과 같이 자유단에 집중하중인 작용하는 외팔보에서 고정단으로부터 x만큼 떨어진 임의단면에서의 굽힘모멘트는 $M_x = -W(l-x)$이므로, 식 (9.1)에 대입하여 미분방정식을 세우면 다음과 같다.

$$EI\frac{d^2y}{dx^2} = W(l-x) \qquad \text{(a)}$$

식 (a)를 x에 관하여 두 번 적분하면,

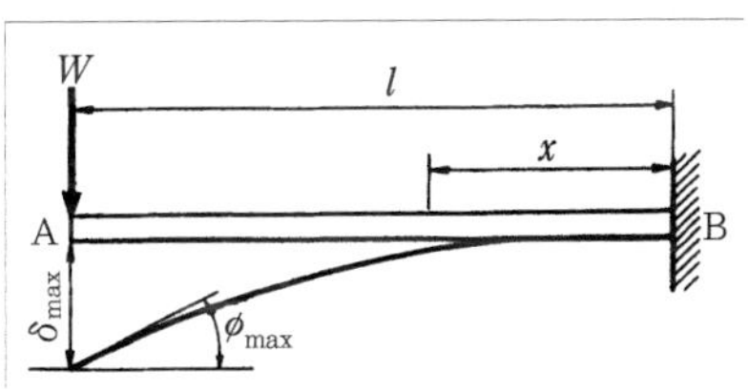

그림 9.3

$$EI\frac{dy}{dx} = Wlx - \frac{W}{2}x^2 + C_1 \qquad \text{(b)}$$

$$EIy = \frac{Wl}{2}x^2 - \frac{W}{6}x^3 + C_1x + C_2 \qquad \text{(c)}$$

여기서 보의 고정단에서는 기울기 및 처짐이 발생하지 않는다는 경계조건을 이용하면 적분상수를 구할 수 있다.

즉, $x=0$에서

$\frac{dy}{dx} = 0$이므로, $C_1 = 0$

$y = 0$이므로, $C_2 = 0$

따라서 이 적분상수를 식 (b) 및 식 (c)에 대입하여 정리하면 다음과 같다.

$$\frac{dy}{dx} = \frac{Wx}{2EI}(2l - x) \qquad (9.4)$$

$$y = \frac{Wx^2}{6EI}(3l - x) \tag{9.5}$$

한편, 처짐각 및 처짐의 최대값은 자유단에서 발생하므로 $x = l$을 식 (9.4) 및 식 (9.5)에 각각 대입하면 다음과 같다.

$$\phi_{max} = \left(\frac{dy}{dx}\right)_{x=l} = \frac{Wl^2}{2EI} \tag{9.6}$$

$$\delta_{max} = y_{x=l} = \frac{Wl^3}{3EI} \tag{9.7}$$

2. 균일분포하중이 작용하는 경우

그림 9.4와 같은 균일분포하중을 받는 외팔보에서 자유단으로부터 거리가 x인 임의단면에서의 굽힘모멘트 $M_x = -\frac{w}{2}x^2$을 식 (9.1)에 대입하면 다음과 같다.

$$EI\frac{d^2y}{dx^2} = \frac{w}{2}x^2 \tag{a}$$

식 (a)를 x에 관하여 두 번 적분하면

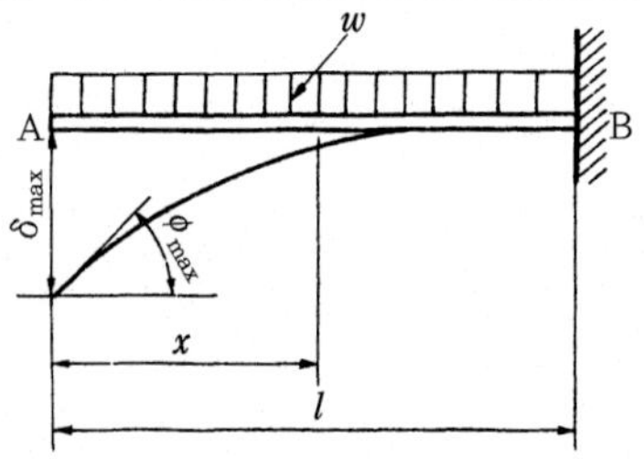

그림 9.4

$$EI\frac{dy}{dx} = \frac{w}{6}x^3 + C_1 \tag{b}$$

$$EIy = \frac{w}{24}x^4 + C_1x + C_2 \tag{c}$$

보의 경계조건을 이용하여 적분상수를 결정하면, 즉 $x = l$에서

$\frac{dy}{dx} = 0$이므로, $C_1 = -\frac{wl^3}{6}$

$y = 0$이므로, $C_2 = \frac{wl^4}{8}$

따라서 이 적분상수를 식 (b) 및 식 (c)에 대입하여 정리하면 다음과 같다.

$$\frac{dy}{dx} = \frac{w}{6EI}(x^3 - l^3) \tag{9.8}$$

$$y = \frac{w}{24EI}(x^4 - 4l^3x + 3l^4) \tag{9.9}$$

처짐각 및 처짐의 최대값은 자유단에서 발생하므로 경계조건 $x=0$을 식 (9.8) 및 식 (9.9)에 각각 대입하면 다음과 같다.

$$\phi_{\max} = \left(\frac{dy}{dx}\right)_{x=0} = -\frac{wl^3}{6EI} \tag{9.10}$$

$$\delta_{\max} = y_{x=0} = \frac{wl^4}{8EI} \tag{9.11}$$

3. 우력이 작용하는 경우

그림 9.5와 같이 자유단에 우력 M_0가 작용하는 경우 보의 축방향에서 굽힘모멘트는 일정하게 된다. 따라서 자유단으로부터 x만큼 떨어진 임의단면에서의 굽힘모멘트 $M_x = -M_0$를 식 (9.1)에 대입하면,

$$EI\frac{d^2y}{dx^2} = M_0 \tag{a}$$

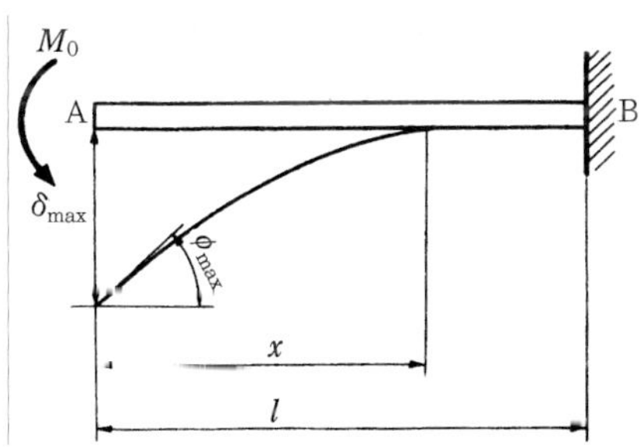

그림 9.5

식 (a)를 x에 관해서 두 번 적분하면 다음과 같다.

$$EI\frac{dy}{dx} = M_0x + C_1 \tag{b}$$

$$EIy = \frac{M_0}{2}x^2 + C_1x + C_2 \tag{c}$$

보의 경계조건을 이용하여 적분상수를 결정하면 다음과 같다. 즉, $x = l$에서

$\dfrac{dy}{dx} = 0$이므로, $C_1 = -M_0 l$

$y=0$이므로, $C_2 = \dfrac{M_0 l^2}{2}$

따라서 이 적분상수를 식 (b) 및 식 (c)에 대입하여 정리하면 다음과 같다.

$$\frac{dy}{dx} = \frac{M_0}{EI}(x-l) \tag{9.12}$$

$$y = \frac{M_0}{2EI}(x^2 - 2lx + l^2) \tag{9.13}$$

처짐각 및 처짐의 최대값은 자유단에서 발생하므로 경계조건 $x=0$을 식 (9.12) 및 식 (9.13)에 각각 대입하면 다음과 같다.

$$\phi_{\max} = \left(\frac{dy}{dx}\right)_{x=0} = -\frac{M_0 l}{EI} \tag{9.14}$$

$$\delta_{\max} = y_{x=0} = \frac{M_0 l^2}{2EI} \tag{9.15}$$

9-03 단순보의 처짐각 및 처짐

1. 집중하중이 작용하는 경우

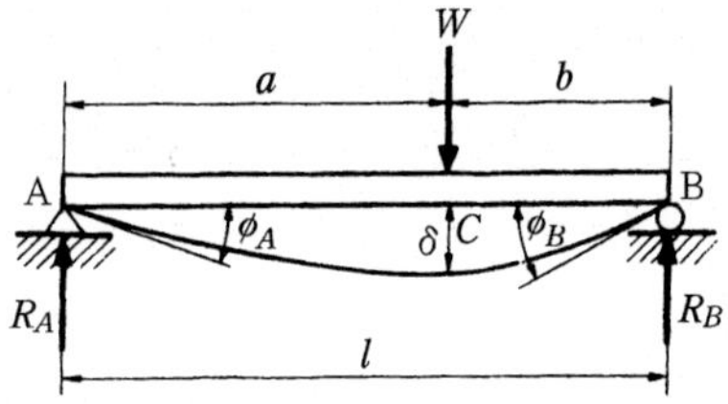

그림 9.6

그림 9.6과 같이 단순보 AB에서 C점에 집중하중 W가 작용하는 경우에는 하중점을 경계로 하는 두 부분의 임의단면에 대한 굽힘모멘트 방정식이 서로 다르다.

따라서 구간 $0 \leq x \leq a$에서는 임의단면의 굽힘모멘트 $M_x = \dfrac{Wb}{l}x$를 식 (9.1)에 대입하면 이 보의 탄성곡선의 미분방정식이 다음과 같이 구해진다.

$$EI\frac{d^2y}{dx^2} = -\frac{Wb}{l}x \tag{a}$$

식 (a)를 x에 관해서 두 번 적분하면 다음과 같다.

$$EI\frac{dy}{dx} = -\frac{Wb}{2l}x^2 + C_1 \tag{b}$$

$$EIy = -\frac{Wb}{6l}x^3 + C_1 x + C_2 \tag{c}$$

한편, 구간 $a \leqq x \leqq l$에서는 임의단면의 굽힘모멘트 $M_x = \frac{Wb}{l}x - W(x-a)$를 식 (9.1)에 대입하면

$$EI\frac{d^2y}{dx^2} = -\frac{Wb}{l}x + W(x-a) \tag{d}$$

식 (d)를 x에 관해서 두 번 적분하면 다음과 같다.

$$EI\frac{dy}{dx} = -\frac{Wb}{2l}x^2 + \frac{W}{2}(x-a)^2 + D_1 \tag{e}$$

$$EIy = -\frac{Wb}{6l}x^3 + \frac{W}{6}(x-a)^3 + D_1 x + D_2 \tag{f}$$

이들 식에서 적분상수를 결정하기 위하여 보의 경계조건을 이용한다. 즉, $x = a$에서 두 식은 공통접선을 이루므로 기울기 및 처짐은 같아야 한다.

이 조건에서 $C_1 = D_1$, $C_2 = D_2$가 된다. 또 식 (c)는 $x = 0$에서 $y = 0$이 되므로 적분상수 $C_2 = 0$이 된다. 따라서 $D_2 = 0$이 된다. 또 식 (f)는 $x = l$에서 $y = 0$이 되므로 적분상수 D_1 및 C_1은 다음과 같다.

$$D_1 = C_1 = \frac{Wb}{6l}(l^2 - b^2)$$

이 값을 식 (b) 및 식 (c)에 대입하면,

$$\frac{dy}{dx} = \frac{Wb}{6EIl}(l^2 - b^2 - 3x^2) \tag{9.16}$$

$$y = \frac{Wbx}{6EIl}(l^2 - b^2 - x^2) \tag{9.17}$$

지점 A에서의 기울기 ϕ_A는 식 (9.16)에서 $x=0$으로 놓으면,

$$\phi_A = \frac{Wb}{6EIl}(l^2-b^2) = \frac{Wab}{6EIl}(l+b) \tag{9.18}$$

또 위에서 구한 상수 C_1 및 D_1을 식 (e) 및 식 (f)에 대입하면,

$$\frac{dy}{dx} = \frac{Wb}{6EIl}\left[(l^2-b^2)-3x^2+\frac{3l}{b}(x-a)^2\right] \tag{9.19}$$

$$y = \frac{Wb}{6EIl}\left[\frac{l}{b}(x-a)^3+(l^2-b^2)x-x^3\right] \tag{9.20}$$

지점 B에서의 기울기 θ_B는 식 (9.19)에 $x=l$을 대입하면,

$$\phi_B = \frac{Wb}{6EIl}\left[(l^2-b^2)-3l^2+\frac{3l}{b}(l-a)^2\right]$$

$$= \frac{Wb}{6EIl}[(l+b)(l-b)-3l^2+3bl]$$

$$= \frac{Wb}{6EIl}[(l+b)a-3l(l-b)]$$

$$=-\frac{Wab}{6EIl}(2l-b) =-\frac{Wab}{6EIl}(l+a) \tag{9.21}$$

하중의 작용점인 C점에서의 처짐은 식 (9.17) 또는 (9.20)에 $x=a$를 대입하면 다음과 같이 된다.

$$y_c = \frac{Wab}{6EIl}(l^2-b^2-a^2) = \frac{Wab}{6EIl}[(l+b)(l-b)-a^2]$$

$$= \frac{Wab}{6EIl}[a(a+2b)-a^2] = \frac{Wa^2b^2}{3EIl} \tag{9.22}$$

최대처짐의 위치는 그림 9.5와 같이 $a>b$이면 보의 왼쪽 부분에서 일어날 것이 분명하므로 식 (9.16)을 0으로 놓으면 구할 수 있다.

$l^2-b^2-3x^2=0$

$$\therefore\ x = \sqrt{\frac{l^2 - b^2}{3}} \tag{9.23}$$

최대처짐의 값은 식 (9.23)을 식 (9.17)에 대입함으로써 구해진다.

$$y_{\max} = \frac{Wb\sqrt{(l^2+b^2)^3}}{9\sqrt{3}\,EIl} \tag{9.24}$$

만일 하중 W가 보의 중앙점에 작용한다면 최대처짐도 중앙점에서 발생된다. 그 때의 값은 식 (9.24)에 $b = \frac{l}{2}$을 대입하든지 또는 식 (9.17)에 $x = \frac{l}{2}$, $b = \frac{l}{2}$을 대입하면 다음과 같이 된다.

$$\delta_{\max} = y_{x=\frac{l}{2}} = \frac{Wl^3}{48EI} \tag{9.25}$$

식 (9.23)에 의하면 1개의 집중하중이 작용하는 경우 최대처짐의 위치는 항상 보의 중앙점에 가깝다는 것을 알 수 있다. 즉, $x = \frac{l}{2}$일 때는 물론 중앙에 발생되지만 b가 극히 작아져서 W가 B지점에 가까워져도 x의 값은 $\frac{l}{\sqrt{3}}$이므로 최대처짐의 위치는 중앙점으로부터 거리가 $\frac{l}{\sqrt{3}} - \frac{l}{2} = 0.077l$밖에 벗어나지 않는다. 따라서 중앙점의 처짐은 최대처짐에 가까운 근사값임을 알 수 있다.

그러므로 $a > b$인 보의 중앙점의 처짐은 식 (9.17)에 $x = \frac{l}{2}$을 대입하여 다음 식을 얻는다.

$$y_{x=\frac{l}{2}} = \frac{Wb}{48EI}(3l^2 - 4b^2) \tag{9.26}$$

식 (9.24)와 식 (9.26)의 처짐의 차이는 최악의 경우인 b값이 0에 무한히 가까워질 ($b \to 0$)때도 최대처짐의 약 2.5(%)에 불과하다.

2. 균일분포하중이 작용하는 경우

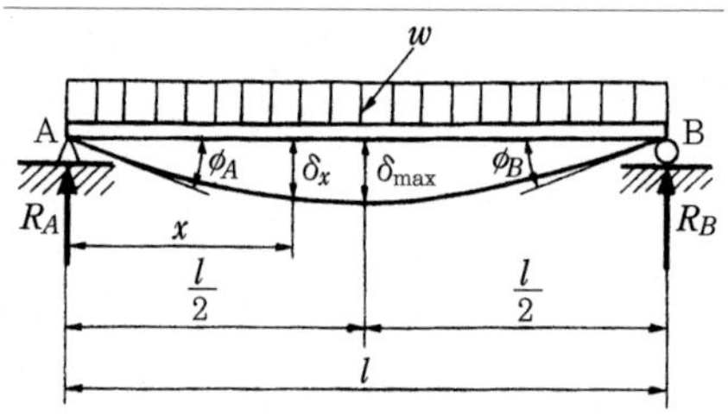

그림 9.7

그림 9.7과 같이 균일분포하중을 받는 단순보에서 A지점으로부터 x만큼 떨어진 임의단면의 굽힘모멘트 $M_x = \frac{wl}{2}x - \frac{w}{2}x^2$을 식 (9.1)에 대입하면,

$$EI\frac{d^2y}{dx^2} = -\frac{wl}{2}x + \frac{w}{2}x^2 \qquad \text{(a)}$$

식 (a)를 두 번 적분하면,

$$EI\frac{dy}{dx} = -\frac{wl}{4}x^2 + \frac{w}{6}x^3 + C_1 \qquad \text{(b)}$$

$$EIy = -\frac{wl}{12}x^3 + \frac{w}{24}x^4 + C_1x + C_2 \qquad \text{(c)}$$

보의 경계조건을 이용하여 적분상수를 결정한다. 즉,

$x = \frac{l}{2}$에서 $\frac{dy}{dx} = 0$이므로, $C_1 = \frac{wl^3}{24}$

$x = 0$에서 $y = 0$이므로, $C_2 = 0$

적분상수 C_1 및 C_2를 식 (b) 및 (c)에 대입하여 정리하면,

$$\frac{dy}{dx} = \frac{w}{24EI}(4x^3 - 6lx^2 + l^3) \qquad (9.27)$$

$$y = \frac{wx}{24EI}(x^3 - 2lx^2 + l^3) \qquad (9.28)$$

최대처짐각은 $x = 0$ 및 $x = l$에서 발생되며, 그 값은 다음과 같다.

$$\phi_A = \left(\frac{dy}{dx}\right)_{x=0} = \frac{wl^3}{24EI}$$

$$\phi_B = \left(\frac{dy}{dx}\right)_{x=l} = -\frac{wl^3}{24EI} \qquad (9.29)$$

최대처짐은 보의 중앙 즉 $x = \frac{l}{2}$ 에서 발생되며, 그 값은 다음과 같다.

$$\delta_{max} = y_{x=\frac{l}{2}} = \frac{5wl^4}{384EI} \tag{9.30}$$

3. 우력이 작용하는 경우

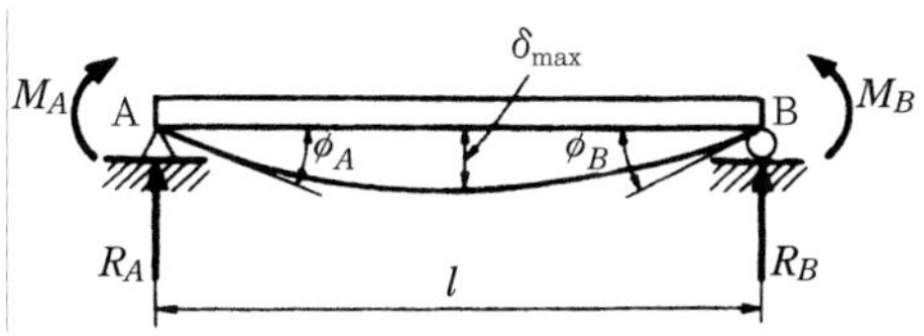

그림 9.8

그림 9.8과 같이 단순보의 양 지점에 우력 M_A 및 M_B 가 각각 작용하였을 때 발생하는 처짐각과 처짐을 구해 본다.

양 지점의 반력을 평형방정식을 이용하여 구하면 다음과 같다.

$$R_A = \frac{M_B - M_A}{l}, \quad R_B = \frac{M_A - M_B}{l}$$

따라서 A지점으로부터 x만큼 떨어진 임의단면에서의 굽힘모멘트는 다음과 같다.

$$M_x = R_A x + M_A = \frac{M_B - M_A}{l} x + M_A$$

이것을 식 (9.1)에 대입하여 처짐곡선의 미분방정식을 얻는다.

$$EI\frac{d^2y}{dx^2} = -\left(\frac{M_B - M_A}{l}x + M_A\right) \tag{a}$$

식 (a)를 두 번 적분하면,

$$EI\frac{dy}{dx} = -\left(\frac{M_B - M_A}{l} \cdot \frac{x^2}{2} + M_A x + C_1\right) \tag{b}$$

$$EIy = -\left(\frac{M_B - M_A}{l} \cdot \frac{x^3}{6} + \frac{M_A}{2}x^2 + C_1 x + C_2\right) \tag{c}$$

적분상수 C_1과 C_2는 $x = 0$ 및 $x = l$에서 $y = 0$의 경계조건을 식 (c)에 대입함으로써 구할 수 있다. 즉,

$$C_1 =- \frac{l}{6}(2M_A + M_B), \; C_2 = 0$$

적분상수를 식 (b) 및 (c)에 대입하여 정리하면 처짐각 및 처짐식은 다음과 같다.

$$\frac{dy}{dx} = \frac{l}{6EI}\left[(2M_A + M_B) - \frac{6M_A}{l}x - \frac{3(M_B - M_A)}{l^2}x^2\right] \quad (9.31)$$

$$y = \frac{lx}{6EI}\left[(2M_A + M_B) - \frac{3M_A}{l}x - \frac{(M_B - MP_A)}{l^2}x^2\right] \quad (9.32)$$

양 지점의 처짐각 ϕ_A와 ϕ_B는 식 (9.31)에 $x = 0$, $x = l$을 대입함으로써 구할 수 있다.

$$\phi_A = \left(\frac{dy}{dx}\right)_{x=0} = \frac{l}{6EI}(2M_A + M_B) \quad (9.33)$$

$$\phi_B = \left(\frac{dy}{dx}\right)_{x=l} =- \frac{l}{6EI}(2M_B + M_A) \quad (9.34)$$

만일, B지점에 우력 M_B만이 작용한다면 처짐과 처짐각은 식 (9.32), 식 (9.33) 및 식 (9.34)에서 다음과 같이 된다.

$$y = \frac{M_B x}{6EIl}(l^2 - x^2) \quad (9.35)$$

$$\phi_A = \frac{M_B l}{6EI} \quad (9.36)$$

$$\phi_B =- \frac{M_B l}{3EI} \quad (9.37)$$

예제 9.1 그림 9.9와 같은 외팔보에 균일분포하중이 작용할 때 자유단에서의 처짐이 $\delta=3$(cm), A점에서의 탄성곡선의 기울기가 $\phi_A=0.57°$ 일 때 이 보의 길이를 구하라. 단, 탄성계수 $E=$200(GPa)이다.

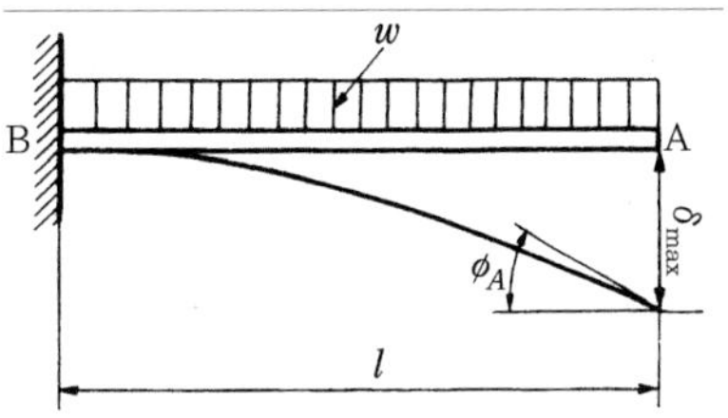

그림 9.9

‖ **풀이** ‖ 기울기의 각을 라디안(radian)으로 고친 후 처짐과 처짐각의 비를 이용해서 보의 길이를 구한다.

$$\frac{\delta}{\phi}=\frac{\dfrac{wl^4}{8EI}}{\dfrac{wl^3}{6EI}}=\frac{3l}{4}=\frac{0.03}{0.01}$$

$$\therefore l=\frac{0.03}{0.01}\times\frac{4}{3}=4(\text{m})$$

예제 9.2 그림 9.10과 같은 원형단면으로 길이 1(m)인 단순보에 5(kN/m)의 균일분포하중을 받고 있다. 최대 처짐이 보의 길이 $l/1{,}000$로 하려면 지름(d)은 얼마로 해야겠는가? 단, 재료의 탄성계수 $E=$200(GPa)이다.

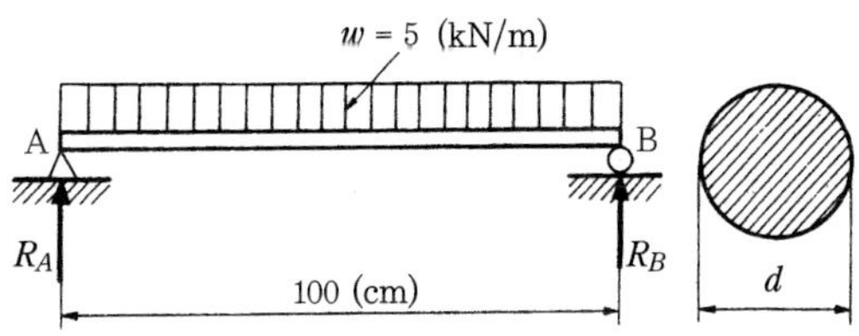

그림 9.10

‖ **풀이** ‖ $\delta=\dfrac{l}{1{,}000}=\dfrac{1}{1{,}000}=0.001(\text{m})$

$$\delta=\frac{5wl^4}{384EI}=\frac{64\times5wl^4}{384E\pi d^4}$$

$$\therefore d=\sqrt[4]{\frac{64\times5wl^4}{384E\pi\delta}}=\sqrt[4]{\frac{64\times5\times5{,}000\times1^4}{384\times2\times10^{11}\times\pi\times0.001}}=0.0507(\text{m})$$

예제 9.3 그림 9.11과 같은 지름 2(cm)의 원형단면으로 길이 1(m)의 외팔보인 자유단에 집중하중이 작용할 때 최대처짐량이 2(cm)가 되었다. 이 때 최대굽힘응력을 구하라. 단, 탄성계수 $E=$200(GPa)이다.

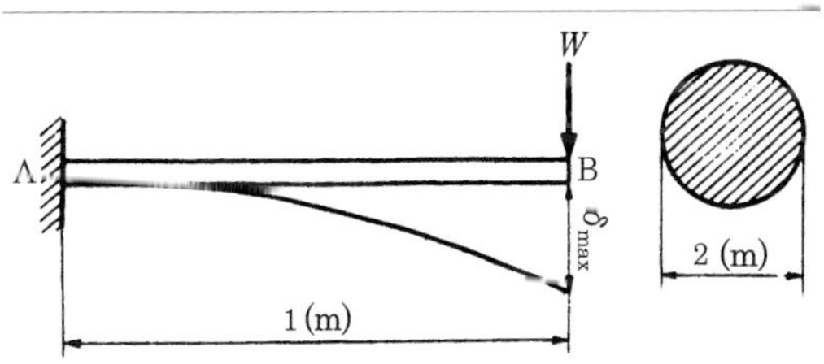

그림 9.11

‖ **풀이** ‖ 외팔보의 고정단에 발생되는 최대굽힘모멘트는 $M = Wl$이고, 저항 굽힘모멘트 $M = \sigma Z$이다. 이들과 처짐식을 이용하면 된다.

$$\delta = \frac{Wl^3}{3EI} = \frac{Ml^2}{3EI} = \frac{\sigma Zl^2}{3EI}$$

$$\therefore \sigma = \frac{3EI\delta}{Zl^2} = \frac{3Ed\delta}{2l^2} = \frac{3 \times 2 \times 10^{11} \times 0.02 \times 0.02}{2 \times 1^2} = 120\,(\text{MPa})$$

9-04 면적모멘트법

탄성곡선의 미분방정식으로부터 이를 적분하여 처짐각과 처짐을 구하는 것은 대단히 복잡하므로, 일반적으로 굽힘모멘트선도를 이용하여 도식적으로 간단히 구하는 것이 대단히 편리하다. 이와 같은 방법을 **면적모멘트법**(moment-area method)이라하고, 어떤 특정 부분의 처짐각과 처짐을 구하는 데 매우 간편하고 편리하여 보통 이 방법을 많이 사용하고 있다.

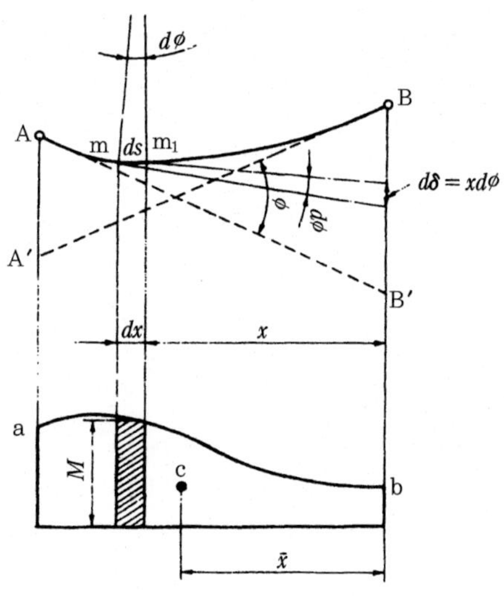

그림 9.12

그림 9.12는 굽힘모멘트가 작용할 때 탄성곡선 AB와 이에 관한 굽힘모멘트선도를 표시한 것이다. 탄성곡선의 임의의 한 요소 ds를 택하여 그 양단에서 탄성곡선에 접하는 두 접선을 긋고 그 사이각을 $d\phi$라 하면 $ds = \rho\, d\phi$이므로, 식 (8.2)를 대입하여 다음과 같은 관계식을 얻는다.

$$d\phi = \frac{1}{\rho}ds = \frac{M}{EI}ds \qquad \therefore \frac{d\phi}{ds} = \frac{M}{EI} \tag{a}$$

일반적으로 구조물을 이루는 보의 곡률은 매우 작으므로 ds 대신 dx를 대치하면 다음 식을 얻을 수 있다.

$$d\phi = \frac{Mdx}{EI} \tag{b}$$

식 (b)를 그림 9.12에서 설명하면, 탄성곡선의 미소길이 ds만큼 떨어진 두 단면의 접선 및 법선이 이루는 각 $d\phi$는 미소길이에 대한 굽힘모멘트선도의 면적, 즉 빗금친 부분의 면적 Mdx를 **굽힘강성계수** EI로 나눈 것과 같다. 따라서 A와 B에서 그은 접선 사이의 각 ϕ는 식 (b)

를 전체 면적에 대하여 적분해 줌으로써 다음과 같이 표시할 수 있다.

$$\phi = \int_A^B \frac{Mdx}{EI} = \frac{1}{EI}\int_A^B Mdx = \frac{A_M}{EI} \tag{9.38}$$

식 (9.38)은 굽힘모멘트선도의 a_1b_1의 전면적을 EI로 나눈 값을 표시한다. 따라서 다음과 같은 결론을 얻을 수 있다.

Mohr의 정리 I

탄성곡선 위의 임의의 두 점 A와 B에서 그은 두 접선 사이의 각 ϕ는 그 두 점 사이에 있는 굽힘모멘트선도의 전면적을 EI로 나눈 값과 같다. 이것을 **제1면적모멘트법**이라고도 한다.

이번에는 A점의 접선 AB′로부터 B점까지의 거리를 생각해 본다.

m점과 m_1점에서의 접선들이 BB′선상에 낀 부분의 길이는 다음과 같다.

$$d\delta = x\,d\phi = x\frac{Mdx}{EI} \tag{c}$$

이 식을 그림 9.12의 굽힘모멘트선도에서 살펴보면, ds의 양쪽 끝에서 그은 두 접선과 B점 밑에서의 수직거리 $x\,d\phi$는 그 요소 ds에 해당하는 굽힘모멘트선도의 미소면적 Mdx를 b에서 면적모멘트를 취하여 EI로 나눈 값과 같다. 따라서 이 식을 보의 전 길이에 대하여 적분하면 처짐 BB′를 얻을 수 있다.

$$\delta = BB' = \frac{1}{EI}\int_A^B x \cdot Mdx = \frac{x \cdot A_M}{EI} = \phi \cdot \bar{x} \tag{9.39}$$

여기서 Mdx는 굽힘모멘트선도의 빗금 부분의 면적이고, x는 B로부터 그 면적까지의 거리이므로 식 (9.39)는 A와 B 사이에 있는 굽힘모멘트선도 전면적의 B점에 대한 면적 모멘트를 EI로 나눈 값을 나타낸다. 따라서 다음과 같은 결론을 얻을 수 있다.

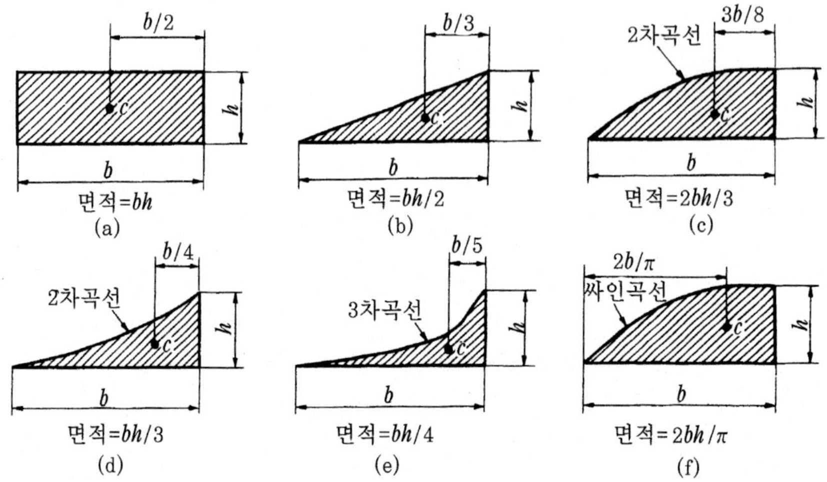

그림 9.13

> **Mohr의 정리 II**
>
> 탄성곡선 위의 임의의 두 점 A와 B에서 그은 두 접선이 B점 밑에서 만나는 점을 B′라고 하면, 이 거리 BB′는 두 점 AB 사이에 있는 굽힘모멘트선도의 전면적에 대하여 B점에 관한 면적모멘트를 취해서 EI로 나눈 값과 같다. 이것을 **제2면적모멘트법**이라고도 한다.

식 (9.38)과 식 (9.39)를 이용하면 보의 임의단면에서의 탄성곡선의 처짐각과 처짐을 간단히 계산할 수 있다.

또한 면적모멘트법을 적용하려면 굽힘모멘트선도의 면적을 구해야 되므로 몇 가지 기본도형의 면적과 도심에 공식을 그림 9.13에 표시했다.

1. 집중하중을 받는 외팔보

그림 9.14와 같이 외팔보의 자유단에 집중하중이 작용할 때 굽힘모멘트선도는 그림 (b)와 같다. A점과 B점에서 그은 접선들이 이루는 각, 즉 B점의 처짐각 ϕ_B는 식 (9.38)에 의하여 다음과 같이 구할 수 있다.

$$\phi_B = \frac{A_M}{EI} = Wl \times \frac{l}{2} \times \frac{1}{EI} = \frac{Wl^2}{2EI} \tag{a}$$

처짐 δ는 식 (9.39)에 의하여 면적 aba_1의 b점에 대한 모멘트를 EI로 나누어 주면 다음과 같이 된다.

$$\delta = \phi \cdot \bar{x} = Wl \times \frac{l}{2} \times \frac{2l}{3} \times \frac{1}{EI} = \frac{Wl^3}{3EI} \qquad \text{(b)}$$

이 식들은 식 (9.6)과 식 (9.7)의 값과 일치함을 알 수 있다. 임의단면 mn에 있어서 x축으로부터의 처짐각은 그림 9.14(b)의 면적 $am'n'a_1$을 EI로 나눈 값과 같다.

$$\phi_x = \frac{A_{Mx}}{EI} = \frac{1}{EI}\left[x \cdot W(l-x) + \frac{Wx^2}{2}\right] = \frac{Wx}{2EI}(2l-x) \qquad (9.40)$$

또 임의단면에서의 처짐은 면적 $am'n'a_1$의 $m'n'$에 관한 면적모멘트를 EI로 나눈 값과 같다. 그림 (b)에서 면적을 직4각형과 3각형으로 나누어 생각하면,

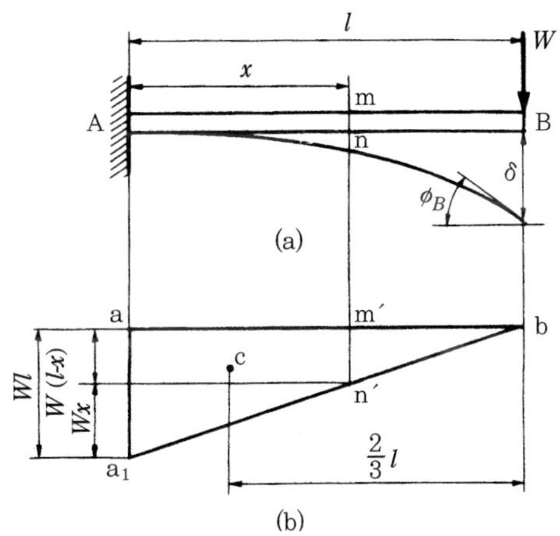

그림 9.14

$$\delta_x = \phi_x \cdot \bar{x} = \frac{1}{EI}\left[W(l-x)x \cdot \frac{x}{2} + \frac{Wx^2}{2} \cdot \frac{2x}{3}\right]$$

$$= \frac{Wx^2}{6EI}(3l-x) \qquad (9.41)$$

식 (9.40)과 식 (9.41)은 식 (9.4)와 식 (9.5)에 일치함을 알 수 있다.

2. 균일분포하중을 받는 외팔보

그림 9.15(a)와 같이 외팔보에 균일분포하중 w가 작용할 때의 처짐각과 처짐은 적분을 이용하지 않고 포물선으로 이루어지는 굽힘모멘트선도 aba_1의 면적을 이용하여 구하기로 한다.

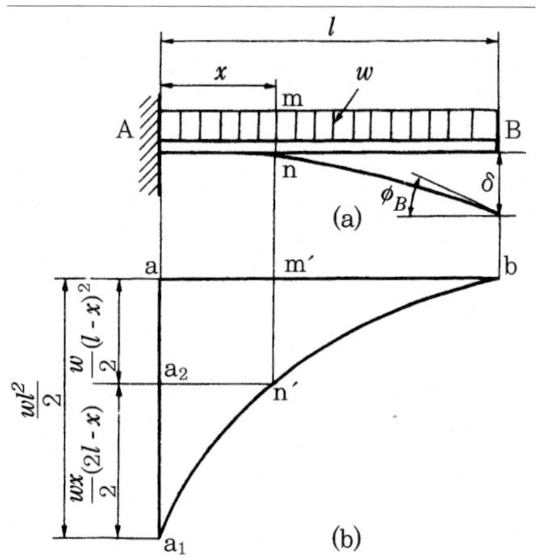

그림 9.15

우선 도형의 임의단면에서의 면적을 구하기 위하여 그림 9.15(b)에서 $am'n'a_2$의 4각형과 $a_2n'a_1$의 포물선으로 이루어지는 도형인 두 부분으로 나누어서 생각하면 임의단면에서의 처짐각은 식 (9.38)에 의하여 다음과 같이 구할 수 있다.

$$\phi_x = \frac{A_{Mx}}{EI} = \frac{1}{EI}\left[x \cdot \frac{w(l-x)^2}{2} + \frac{1}{3} \cdot x \cdot \frac{wx(2l-x)}{2}\right]$$

$$= \frac{wx}{6EI}(2x^2 - 4lx + 3l^2) \tag{9.42}$$

또한 임의단면에서의 처짐은 식 (9.39)에 의하여 식 (9.42)에 도형의 도심으로부터 구하고자 하는 임의단면까지의 거리를 곱해 주면 된다.

$$\delta_x = \phi_x \cdot \bar{x} = \frac{1}{EI}\left[\frac{wx(l-x)^2}{2} \cdot \frac{x}{2} + \frac{wx^2(2l-x)}{6}\frac{3x}{4}\right]$$

$$= \frac{wx^2}{8EI}(x^2 - 2lx + 2l^2) \tag{9.43}$$

한편, 최대처짐각 및 처짐은 $x=l$인 자유단에서 발생하므로 식 (9.42) 및 식 (9.43)에 $x=l$을 대입하여 구할 수 있다.

또는 전체도형 aba_1에서 식 (9.38)과 식 (9.39)를 이용하여 구해도 같은 결과를 얻을 수 있다. 즉,

$$\phi_{max}=\frac{A_M}{EI}=\frac{1}{EI}\cdot\frac{l\cdot\frac{wl^2}{2}}{3}=\frac{wl^3}{6EI} \tag{9.44}$$

$$\delta_{max}=\theta\cdot\bar{x}=\frac{wl^3}{6EI}\cdot\frac{3l}{4}=\frac{wl^4}{8EI} \tag{9.45}$$

식 (9.44)와 식 (9.45)는 식 (9.10)과 식 (9.11)에 일치한다.

3. 집중하중을 받는 단순보

그림 9.16(a)와 같이 단순보의 임의단면 F점에 집중하중이 작용할 때 굽힘모멘트선도는 그림 9.16(b)와 같은 3각형 afb가 된다. 그 면적은 $\frac{Wab}{2}$이고, 도심 C의 위치는 b로부터 $\frac{l+b}{3}$이다.

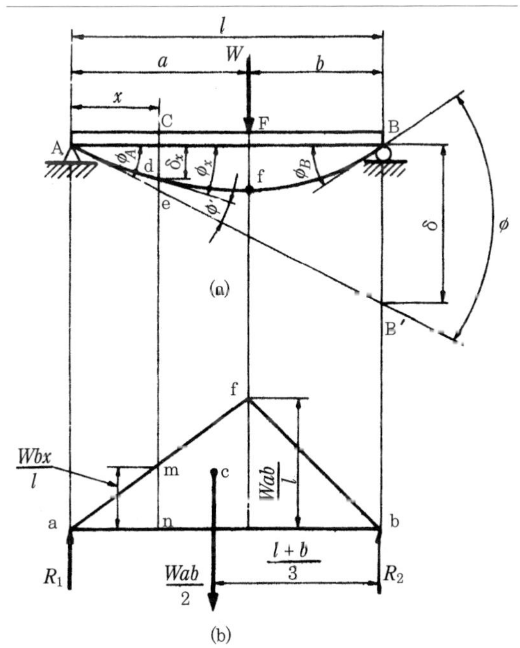

그림 9.16

B점으로부터 A점에서 그은 접선의 거리 BB′, 즉 처짐 δ는 식 (9.39)에 의하여 다음과 같이 구할 수 있다.

$$\delta = \frac{A_M}{EI} \cdot \bar{x} = \frac{1}{EI} \cdot \frac{Wab}{2} \cdot \frac{l+b}{3} = \frac{Wab(l+b)}{6EI} \qquad \text{(a)}$$

3각형 ABB′에서 BB′는 A를 중심으로 하고 반지름이 l인 원호의 현이나 미소길이이므로 호로 생각해도 무방하다.

B점의 처짐각 ϕ_B를 구하기 위하여 먼저 A점에 관한 B점의 회전각 ϕ를 식 (9.38)에 의하여 구하면,

$$\phi = \frac{A_M}{EI} = \frac{Wab}{2EI} \qquad \text{(b)}$$

이므로, ϕ_B는 다음과 같이 구할 수 있다.

$\phi = \phi_A + (-\phi_B)$

$$\therefore \phi_B = \phi_A - \phi = \frac{Wab(l+b)}{6EI} - \frac{Wab}{2EI} = -\frac{Wab(l+a)}{6EIl} \qquad (9.47)$$

식 (9.46) 및 식 (9.47)은 식 (9.18) 및 식 (9.21)에 일치함을 알 수 있다.

한편, 위의 값들을 좀더 간편한 방법으로 구할 수 있는 방법이 있다. 그림 9.16(b)에서 ab를 단순보라 가상하고 여기에 굽힘모멘트선도의 면적이 3각형 하중 afb로 표시되는 분포하중이 작용한다고 가정하고, 가상 지점 a 및 b에 발생되는 반력들을 평형방정식을 이용해서 구하면

$$R_1 l - \frac{Wab}{2} \cdot \frac{l+b}{3} = 0 \qquad \therefore R_1 = \frac{Wab(l+b)}{6l} \qquad \text{(c)}$$

$$-R_2 l + \frac{Wab}{2} \cdot \frac{l+b}{3} = 0 \qquad \therefore R_2 = \frac{Wab(l+b)}{6l} \qquad \text{(d)}$$

가 된다. 이 결과를 식 (9.46), (9.47)과 비교하면 실제보 AB의 양단의 처짐각은 가상보의 양단에서의 전단력, 즉 반력들을 굽힘강성계수 EI로 나누는 것과 같다. 이와 같은 가상보 ab를 **공액보**(conjugate beam)

라고 한다.

그림 9.16(a)의 탄성곡선상의 임의점 d에서의 처짐각은 d와 e 사이의 접선각 ϕ'를 A지점의 처짐각 ϕ_A에서 빼면 된다.

$$\phi_x = \phi_A - \phi' = \frac{1}{EI}(R_1 - \Delta \mathrm{amn}) = \frac{\mathrm{V_x}}{\mathrm{EI}}$$

$$= \frac{1}{EI}\left[\frac{Wab(l+b)}{6l} - \frac{Wb}{2l}x^2\right] = \frac{Wb}{6EIl}\left[a(l+b) - 3x^2\right]$$

$$= \frac{Wb}{6EIl}(l^2 - b^2 - 3x^2) \tag{9.48}$$

괄호 속의 값($R_1 - \Delta \mathrm{amn}$)은 공액보의 임의단면인 mn단면에서의 전단력 V_x를 나타낸다. 그러므로 임의단면의 처짐각은 그 점에 대응되는 공액보의 전단력을 EI로 나눈 값과 같다. R_1과 $\Delta \mathrm{amn}$의 면적의 값을 대입하면 식 (9.48)과 같이 된다.

다음에 c점에서 d점까지의 처짐 y는 그림 9.16(a)에서

$$y = \overline{\mathrm{ce}} - \overline{\mathrm{de}} \tag{e}$$

이고, 3각형 Ace에서 ce는 호의 길이를 근사적으로 현의 길이로 가정하면 다음과 같이 된다.

$$\overline{\mathrm{ce}} = \phi_{\mathrm{A}} \cdot \mathrm{x} = \frac{\mathrm{R_1}}{\mathrm{EI}} \cdot \mathrm{x} \tag{f}$$

식 (e)의 de는 접선 Ae로부터 탄성곡선상의 d점까지의 거리이므로

$$\overline{\mathrm{dc}} - \frac{1}{\mathrm{EI}} \cdot (\Delta \mathrm{amn}) \cdot \frac{\mathrm{x}}{3} \tag{g}$$

이다. 따라서 식 (f) 및 식 (g)를 식 (e)에 대입하면,

$$y = \frac{1}{EI}\left(R_1 x - \Delta \mathrm{amn} \cdot \frac{\mathrm{x}}{3}\right) = \frac{\mathrm{M_x}}{\mathrm{EI}} \tag{9.49}$$

가 된다. 이 식의 괄호 속의 값은 공액보의 임의단면인 mn단면의 굽힘모멘트 M_x를 의미한다. 그러므로 임의단면의 처짐은 그 단면에 대응

되는 공액보 단면의 굽힘모멘트를 EI로 나눈 것과 같다.

식 (9.49)에 R_1과 $\triangle amn$의 값을 대입하면,

$$y=\frac{1}{EI}\left[\frac{Wabx(l+b)}{6l}-\frac{Wbx^3}{6l}\right]=\frac{Wbx}{6EIl}(l^2-b^2-x^2) \tag{9.50}$$

이 된다. 한편, 최대처짐은 처짐각 $\phi=0$인 점에서 발생되므로

$$l^2-b^2-3x^2=0 \quad \therefore x=\sqrt{\frac{l^2-b^2}{3}}$$

이 값을 식 (9.50)에 대입하면,

$$\delta_{\max}=\frac{Wb}{6EIl}\sqrt{\frac{l^2-b^2}{3}}\left(l^2-b^2-\frac{l^2-b^2}{3}\right)=\frac{Wb\sqrt{(l^2-b^2)^3}}{9\sqrt{3}EIl} \tag{9.51}$$

식 (9.50) 및 식 (9.51)은 식 (9.17) 및 식 (9.24)에 일치함을 알 수 있으며, 미분방정식을 적분하여 얻는 방법에 비하여 공액보를 이용함이 매우 간편함을 알 수 있다.

4. 균일분포하중을 받는 단순보

그림 9.17(a)와 같이 균일분포하중을 받는 단순보에서 앞에서 언급한 바와 같은 공액보의 개념을 이용하여 처짐각 및 처짐을 구하면 다음과 같다.

이 공액보의 하중은 실제 보의 굽힘모멘트선도인 포물선 abc로 표시되므로 전 가상하중은 다음과 같다.

그림 9.13(c)에서

$$2\left(\frac{2}{3}\times\frac{l}{2}\times\frac{wl^2}{8}\right)=\frac{wl^3}{12} \tag{a}$$

전 하중은 대칭형이므로 양단에서의 반력 R는 $\frac{wl^3}{24}$, 즉

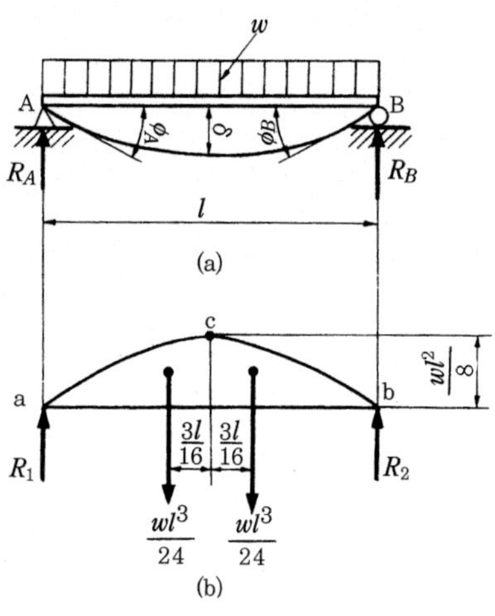

그림 9.17

전 하중의 전반씩을 분담하게 된다. 따라서 양단에서의 처짐각은 식 (9.48)에 의하여

$$\phi_A = -\phi_B = \frac{V_c}{EI} = \frac{R}{EI} = \frac{wl^3}{24EI} \tag{9.52}$$

이 된다. 균일분포하중을 받는 단순보는 최대처짐이 그 보의 중앙점에서 발생되므로 식 (9.49)에 의하여

$$\delta_{\max} = \frac{M_c}{EI} = \frac{1}{EI} \cdot \frac{wl^3}{24}\left(\frac{l}{2} - \frac{3l}{16}\right) = \frac{5wl^4}{384EI} \tag{9.53}$$

이 되며, 식 (9.52) 및 식 (9.53)은 식 (9.29) 및 식 (9.30)에 일치함을 알 수 있다.

5. 우력을 받는 단순보

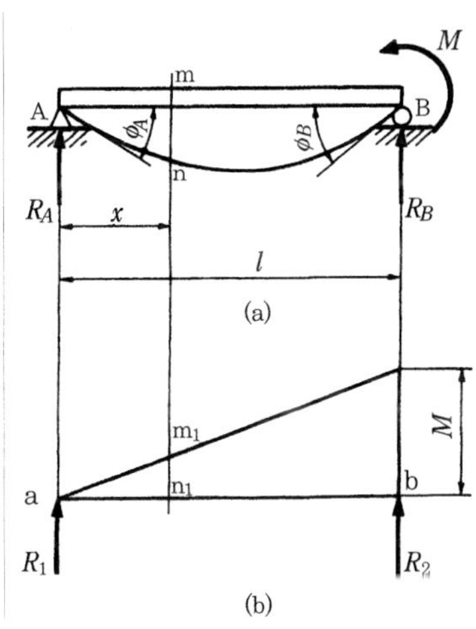

그림 9.18

그림 9.18(a)와 같이 B지점에 우력 M만이 작용했을 때 굽힘모멘트선도는 그림 9.18(b)와 같다. 여기서 ab를 공액보로 생각하면 전 가상하중은 $\frac{Ml}{2}$이며, 양단의 반력은 각각 $R_1 = \frac{Ml}{5}$ 및 $R_2 = \frac{Ml}{3}$이 된다.

따라서 처짐각은 공액보의 반력을 이용하여 다음과 같이 된다.

$$\phi_A = \frac{R_1}{EI} = \frac{Ml}{6EI} \tag{9.54}$$

$$\phi_B = \frac{R_2}{EI} = \frac{Ml}{3EI} \tag{9.55}$$

한편 임의단면 mn에 발생되는 처짐은 식 (9.49)에 의하여 다음과 같이 된다.

$$\delta_x = \frac{M_x}{EI} = \frac{1}{EI}\left(\frac{Ml}{6} \cdot x - \frac{Mx^2}{2l} \cdot \frac{x}{3}\right) = \frac{Mlx}{6EI}\left(1 - \frac{x^2}{l^2}\right) \tag{9.56}$$

식 (9.54) 및 식 (9.55)는 식 (9.33) 및 식 (9.43)에 $M_A = 0$을 대입

한 것과 동일하며, 식 (9.56)은 식 (9.32)에 $M_A = 0$을 대입한 것과 동일함을 알 수 있다.

예제 9.4 그림 9.19와 같은 외팔보 AB에 집중하중 60(kN)이 작용할 때 선단의 처짐과 처짐각을 면적모멘트법에 의해 구하라. 단, E=127.4(GPa), $I = 10^6(\text{cm}^4)$이다.

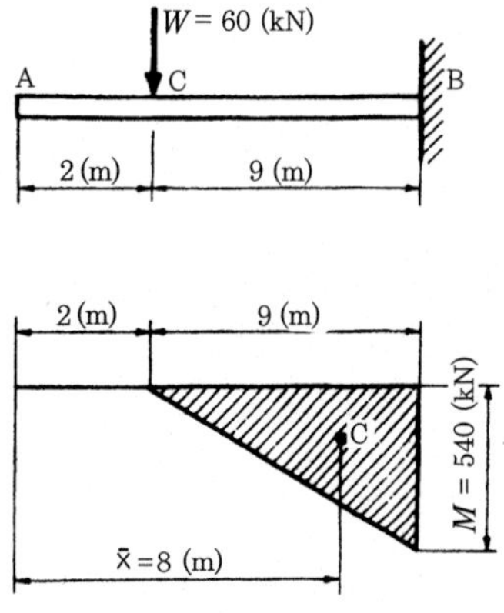

그림 9.19

‖ **풀이** ‖ 이 그림의 굽힘모멘트선도를 그리고 선도의 면적을 구한 다음, 식 (9.38) 및 식 (9.39)를 이용한다.

$$EI = 127.4 \times 10^9 \times 10^{-2}$$
$$= 127.4 \times 10^7 (\text{Nm}^2)$$
$$A_M = \frac{9 \times 540{,}000}{2} = 2.43(\text{MNm}^2)$$
$$\therefore \phi_A = \frac{A_M}{EI} = \frac{2.43 \times 10^6}{127.4 \times 10^7} = 1.907 \times 10^{-3}(\text{rad})$$
$$\therefore \delta_A = \phi_A \cdot \bar{x} = 1.907 \times 10^{-3} \times 8 = 0.0152(\text{m})$$

예제 9.5 그림 9.20과 같은 보에서 최대처짐이 생기는 위치를 구하라. 단, E=9(GPa), $I = 5.0 \times 10^4(\text{cm}^4)$이다.

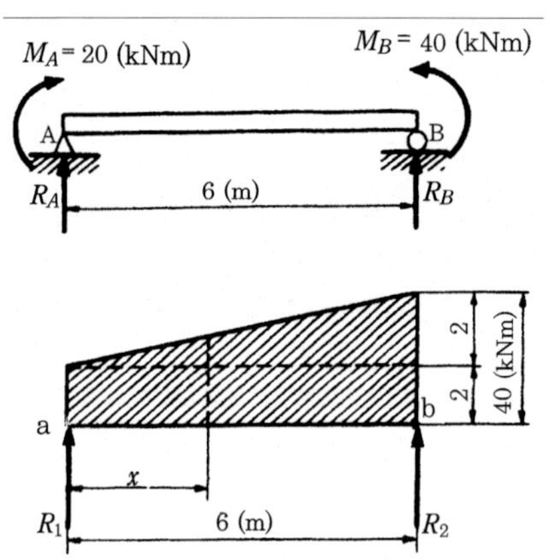

그림 9.20

‖ **풀이** ‖ 굽힘모멘트선도를 그려 그 면적을 구한 후 공액보의 개념을 이용한다. 또 최대처짐은 처짐각이 0이 되는 지점에서 생긴다.

$$EI = 9\times10^9\times5\times10^{-4} = 45\times10^5 = 4.5(\text{MNm}^2)$$

$$\Sigma M_b = 0,\ R_1\times6 - 20\times6\times3 - \frac{6\times20}{2}\times2 = 0 \qquad \therefore R_1 = 80(\text{kNm})$$

식 (9.48)에서

$$\phi_x = \frac{V_x}{EI} = \frac{1}{EI}\left(80 - 20x - \frac{10x^2}{6}\right) = -\frac{10}{6EI}(x^2+12x-48) = 0$$

$$\therefore x = -6\pm\sqrt{36+48} = -6\pm9.165$$

따라서 이 문제에 적합한 해는 3.165(m), 즉 A지점으로부터 3.165(m)되는 지점에서 최대처짐이 발생되며, 그 최대처짐은 식 (9.49)에서 다음과 같이 된다.

$$\delta_{\max} = \frac{M_x}{EI} = \frac{1}{EI}\left(R_1x - 20x\cdot\frac{x}{2} - \frac{10x^2}{6}\cdot\frac{x}{3}\right) = \frac{1}{EI}\left(R_1x - 10x^2 - \frac{10x^3}{18}\right)$$

$$= \frac{80\times3.165 - 10\times3.165^2 - 10\times3.165^3/18}{4.5\times10^6} = 3\times10^{-5}(\text{m})$$

9-05 중첩법

한 보에 여러 개의 하중들이 동시에 작용하는 경우에 발생하는 임의 단면의 처짐각과 처짐은 그 하중들이 각각 1개씩 작용할 때 발생하는 그 단면의 처짐각과 처짐을 합해줌으로써 구할 수 있다. 이와 같은 방법을 **중첩법**(method of superposition)이라고 한다.

1. 여러 개의 집중하중을 받는 외팔보

가장 간편한 방법인 면적모멘트법을 이용하여 각각의 하중에 대하여 구한 후 이들을 합하여 준다.

1) W_1하중만이 작용할 경우

$$\phi_1 = \frac{A_{M1}}{EI} = \frac{1}{EI}\cdot\frac{1}{2}\cdot a\cdot W_1a - \frac{W_1a^2}{2EI}$$

$$\delta_1 = \phi_1\cdot\overline{x_1} = \frac{W_1a^2}{2EI}\left(l - \frac{a}{3}\right) = \frac{W_1a^2(3l-a)}{6EI}$$

2) W_2하중만이 작용할 경우

$$\phi_2 = \frac{A_{M2}}{EI} = \frac{1}{EI} \cdot \frac{1}{2} \cdot b \cdot W_1 b = \frac{W_2 b^2}{2EI}$$

$$\delta_2 = \phi_2 \cdot \overline{x_2} = \frac{W_2 b^2}{2EI}\left(l - \frac{b}{3}\right) = \frac{W_2 a^2 (3l - b)}{6EI}$$

따라서 최대처짐은 자유단에서 발생되며

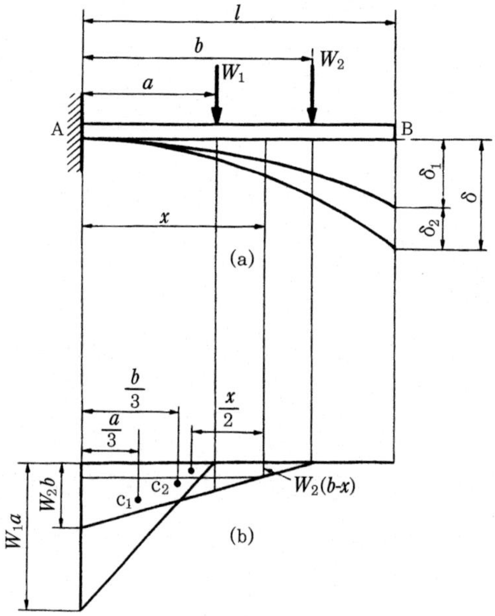

그림 9.21

$$\delta = \delta_1 + \delta_2 = \frac{W_1 a^2 (3l - a)}{6EI} + \frac{W_2 b^2 (3l - b)}{6EI}$$

만일, $W_1 = W_2 = W$이며, $a = \frac{l}{3}$, $b = \frac{2l}{3}$이라고 한다면

$$\delta = \frac{2Wl^3}{9EI}$$

한편, 임의단면에 처짐은 W_1만이 작용할 경우에는 3각형의 면적에 도심으로부터 구하고자 하는 단면까지의 거리를 곱해 주고, W_2만이 작용할 경우는 3각형과 4각형으로 나누어 생각하면 다음과 같다.

$$\delta_{x1} = \frac{W_1 a^2}{2EI}\left(x - \frac{a}{3}\right) = \frac{W_1 a^2 (3x-a)}{6EI}$$

$$\delta_{x2} = \frac{1}{EI}\left[W^{2}(b-x)\cdot x \cdot \frac{x}{2} + W_2 x \frac{x}{2} \cdot \frac{2x}{3}\right]$$

$$= \frac{W_2 x (3b-a)}{6EI}$$

$$\therefore \delta_x = \delta_{x1} + \delta_{x2} = \frac{W_1 a^2 (3x-a)}{6EI} + \frac{W_2 x^2 (3b-x)}{6EI}$$

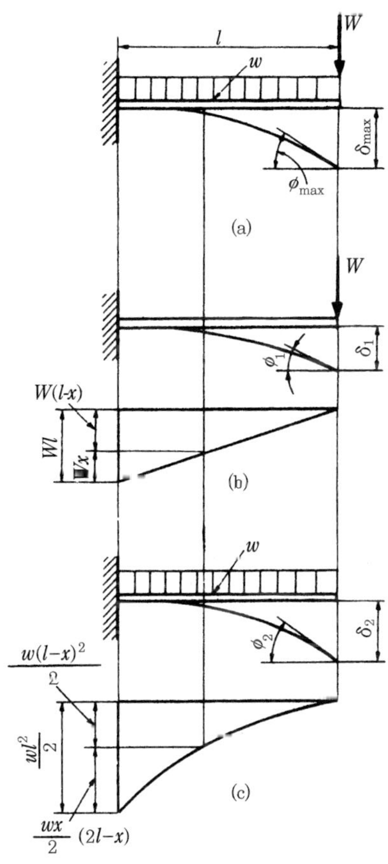

그림 9.22

2. 균일분포하중과 집중하중을 동시에 받는 외팔보

그림 9.22(a)와 같이 균일분포하중과 집중하중이 동시에 작용하는 외팔보에서 각각의 하중을 따로 생각하면 그림 9.22의 (b)와 (c)처럼 분해하여 생각할 수 있다.

1) 집중하중 W만이 작용할 경우

$$\phi_1 = \frac{A_{M1}}{EI} = \frac{Wl^2}{2EI}$$

$$\delta_1 = \phi_1 \cdot x_1 = \frac{Wl^2}{2EI} \cdot \frac{2l}{3} - \frac{Wl^3}{3EI}$$

2) 균일분포하중(w)만이 작용할 경우

$$\phi_2 = \frac{A_{M2}}{EI} = \frac{wl^3}{6EI}$$

$$\delta_2 = \phi_2 \cdot barx_2 = \frac{wl^3}{6EI} \cdot \frac{3l}{4} = \frac{wl^4}{8EI}$$

최대처짐각 및 처짐은 각각의 하중들이 작용한 경우를 합하여 주면 된다.

$$\phi_{\max} = \phi_1 + \phi_2 -= \frac{Wl^2}{2EI} + \frac{wl^3}{6EI} = \frac{l^2}{6EI}(3W + wl)$$

$$\delta_{\max} = \delta_1 + \delta_2 = \frac{Wl^3}{3EI} + \frac{wl^4}{8EI} = \frac{l^3}{24EI}(8W + 3wl)$$

한편, 임의단면에 대한 처짐각 및 처짐을 생각하면 다음과 같다.

$$\phi_{x1} = \frac{A_{Mx1}}{EI} = \left[\frac{Wl^2}{2} - \frac{W(l-x)^2}{2}\right] = \frac{Wl^2}{2EI}\left[l - \frac{(l-x)^2}{l^2}\right]$$

또는 $\phi_{x1} = \frac{1}{MI}\left[W(l-x) \cdot x + \frac{Wx^2}{2}\right] = \frac{Wx}{2EI}(2l-x)$

이 식은 식 (9.40)과 동일함을 알 수 있다.

$$\phi_{x2} = \frac{A_{Mx2}}{EI} = \frac{1}{EI}\left[x \cdot \frac{w(l-x)^2}{2} + \frac{1}{3} \cdot x \cdot \frac{wx(2l-x)}{2}\right]$$

$$= \frac{wx}{6EI}(2x^2 - 4lx + 3l^2)$$

이 식은 식 (9.42)에 일치한다. 위 식들을 합해 주면 다음과 같다.

$$\therefore \phi_x = \phi_{x1} + \phi_{x2} = \frac{Wx}{2EI}(2l-x) + \frac{wx}{6EI}(2x^2 - 4lx + 3l^2)$$

$$\delta_{x1} = \phi_{x1} \cdot \overline{x_1} = \frac{1}{EI}\left[W(l-x) \cdot x \cdot \frac{x}{2} + \frac{Wx^2}{2} \cdot \frac{2x}{3}\right]$$

$$= \frac{Wx^2}{6EI}(3l-x)$$

이 식은 식 (9.41)에 일치한다.

$$\delta_{x2} = \phi_{x2} \cdot \overline{x_2} = \frac{1}{EI}\left[\frac{wx(l-x)^2}{2} \cdot \frac{x}{2} + \frac{wx^2(2l-x)}{6} \cdot \frac{3x}{4}\right]$$

$$= \frac{wx^2}{8EI}(x^2 - 2lx + 2l^2)$$

이 식은 식 (9.43)에 일치한다.

따라서 두 하중이 동시에 작용할 때의 최대처짐은 다음과 같다.

$$\therefore \delta_x = \delta_{x1} + \delta_{x2} = \frac{Wx^2}{6EI}(3l-x) + \frac{wx^2}{8EI}(x^2 - 2lx + 2l^2)$$

예제 9.6 그림 9.23과 같이 단순보에 2개의 집중하중이 동시에 작용하는 경우에 C점의 처짐각 및 처짐을 구하라. 단, EI=285(MNm^2)이다.

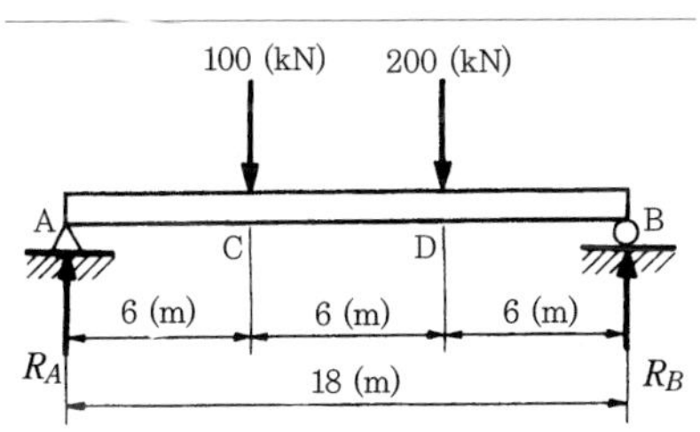

그림 9.23

‖ **풀이** ‖ 1개의 하중이 작용하는 경우로 각각 분해하여 그 각각의 단순보에 대한 굽힘 모멘트선도를 그려서 공액보의 개념을 이용하여 각각 구한 처짐각 및 처짐을 합해 준다.

$$\Sigma M_b = 0, \ R_1' \times 18 - \frac{6 \times 4 \times 10^5}{2} \times 14 - \frac{12 \times 4 \times 10^5}{2} \times 8 = 0$$

$$\therefore R_1' = 2(\text{MNm}^2)$$

$$\phi_{c1} = \frac{V_{c1}}{EI} = \frac{1}{EI}(2 \times 10^6 - 1.2 \times 10^6) - \frac{8 \times 10^5}{285 \times 10^6} = 0.0028(\text{rad})$$

$$\delta_{c1} = \frac{M_{c1}}{EI} = \frac{1}{EI}(2 \times 10^6 \times 6 - 1.2 \times 10^6 \times 2) = \frac{9.6 \times 10^6}{285 \times 10^6} = 0.03368(\text{m})$$

$$\Sigma M_b = 0, \ R_1'' \times 18 - \frac{12 \times 8 \times 10^5}{2} \times 10 - \frac{6 \times 8 \times 10^5}{2} \times 4 = 0$$

$$\therefore R_1'' = 3.2(\text{MNm}^2)$$

$$\phi_{c2} = \frac{V_{c2}}{EI} = \frac{1}{EI}(3.2 \times 10^6 - 1.2 \times 10^{6)}) = \frac{2 \times 10^6}{285 \times 10^6} = 0.007(\text{rad})$$

$$\delta_{c2}=\frac{M_{c2}}{EI}=\frac{1}{EI}(3.2\times10^6\times6-1.2\times10^6\times2)(\text{m})$$

$$=\frac{16.8\times10^6}{285\times10^6}=0.05894$$

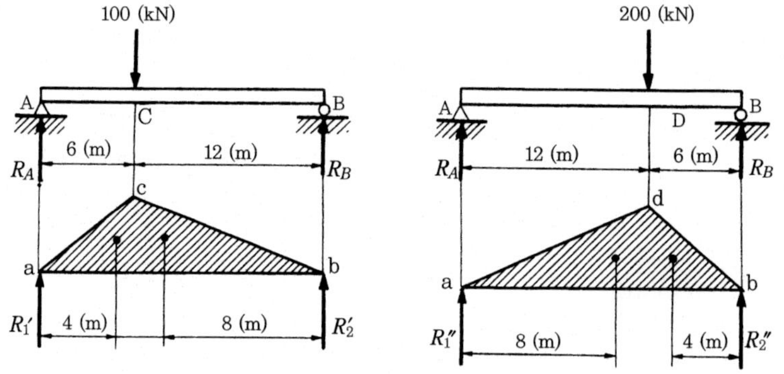

그림 9.24

따라서 두 하중이 동시에 작용할 경우는

$\phi_c=\phi_{c1}+\phi_{c2}=0.0028+0.007=0.0098(\text{rad})$

$\delta_c=\delta_{c1}+\delta_{c2}=0.03368+0.05894=0.0926(\text{m})=9.26(\text{cm})$

예제 9.7 그림 9.25와 같은 외팔보에 2개의 집중하중이 동시에 작용하고 있을 때 B점에서의 처짐각과 처짐을 구하라. 단, $E=10(\text{GPa})$, $I=10^6(\text{cm}^4)$이다.

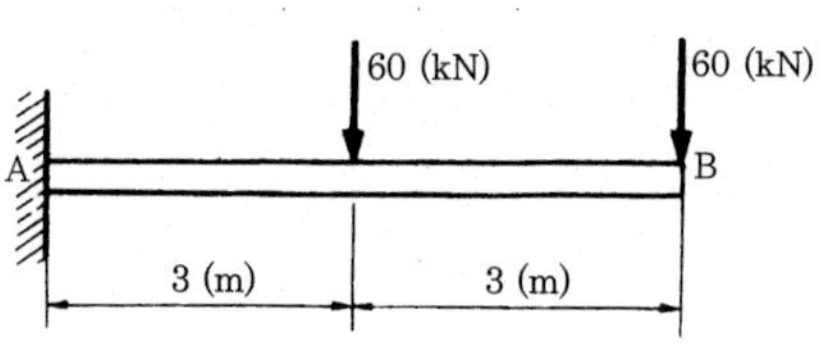

그림 9.25

‖ **풀이** ‖ 한 개의 집중하중이 작용할 경우로 분해하여 각각에 대한 처짐각 및 처짐을 구한 후 이를 합해 준다.

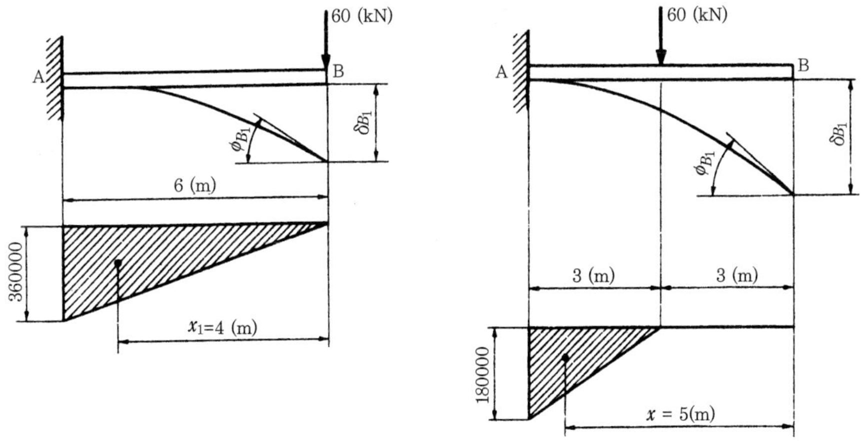

그림 9.26

$$EI = 10^{10} \times 10^{-2} = 10^8 = 100(\text{MNm}^2)$$

$$\phi_{B1} = \frac{A_{M1}}{EI} = \frac{6 \times 3.6 \times 10^5}{2 \times 10^8} = 0.0108(\text{rad})$$

$$\delta_{B1} = \phi_{B1} \cdot \overline{x_1} = 0.0108 \times 4 = 0.0432(\text{m})$$

$$\phi_{B2} = \frac{A_{M2}}{EI} = \frac{3 \times 1.8 \times 10^5}{2 \times 10^8} = 0.0027(\text{rad})$$

$$\delta_{B2} = \phi_{B1} \cdot \overline{x_2} = 0.0027 \times 5 = 0.0135(\text{m})$$

따라서 전체 처짐각 및 처짐은

$$\phi_B = \phi_{B1} + \phi_{B2} = 0.0108 + 0.0027 = 0.0135(\text{rad})$$

$$\delta_B = \delta_{B1} + \delta_{B2} = 0.0432 + 0.0135 = 0.0567(\text{m}) = 5.67(\text{cm})$$

연 습 문 제

1. 단면이 $b \times h = 5(\text{cm}) \times 7(\text{cm})$의 구형단면에서 보의 길이 $l = 3(\text{m})$인 단순보의 중앙에 집중하중이 작용할 때 최대처짐 $\delta_{max} = 1(\text{cm})$로 제한하려면 하중은 얼마로 하면 되겠는가? 단, 탄성계수 $E = 200(\text{GPa})$이다.

(a) $W=2.52(\text{kN})$　　(b) $W=3.67(\text{kN})$
(c) $W=4.32(\text{kN})$　　(d) $W=5.08(\text{kN})$

2. 지름이 4(cm), 연강제 단순보의 중앙에 3(kN)의 하중을 작용시켰더니 그 처짐량 $\delta = 0.8(\text{cm})$이었다. 이 때 강제의 길이를 구하라. 단, $E = 200(\text{GPa})$이다.

(a) $l = 100(\text{cm})$　　(b) $l = 150(\text{cm})$
(c) $l = 200(\text{cm})$　　(d) $l = 250(\text{cm})$

3. 지름 $d = 3(\text{cm})$, 길이 $l = 150(\text{cm})$의 연강축을 양 지점을 수평으로 놓고 중앙에 $W=1(\text{kN})$의 집중하중을 작용시킬 때 최대처짐량 $\delta_{max} = 0.85(\text{cm})$이었다. 이 때 재료의 탄성계수를 구하라.

(a) $E=80(\text{GPa})$　　(b) $E=180(\text{GPa})$
(c) $E=208(\text{GPa})$　　(d) $E=450(\text{GPa})$

4. 그림 9.27과 같은 두 외팔보에서 최대처짐을 각각 δ_{max1}, δ_{max2}라고 할 때 처짐의 비 $\delta_{max2}/\delta_{max1}$의 값은 얼마인가?

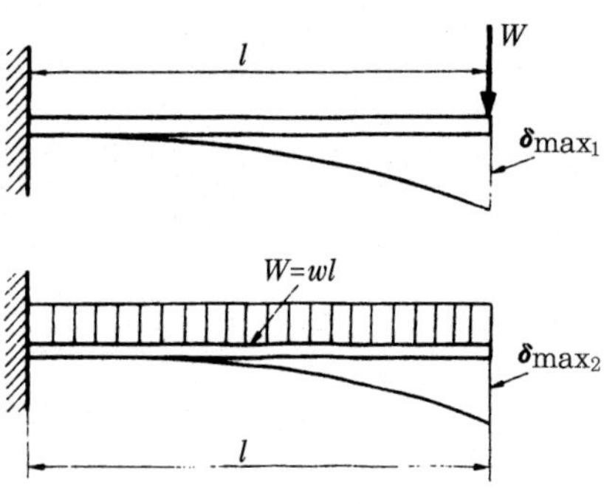

그림 9.27

(a) $\frac{3}{4}$ (b) $\frac{3}{5}$

(c) $\frac{3}{8}$ (d) $\frac{3}{12}$

5. 균일분포하중을 받고 있는 단순보에서 보의 길이 $l=2.5$(m)이며, 최대지점 $\delta_{max}=1.2$(cm)로 제한하려면 힘의 세기(w)는 얼마로 하면 되겠는가? 단, 단면은 한 변이 $a=8$(cm)인 장방형이며, $E=200$(GPa)이다.

(a) $w=14.6$(N/m) (b) $w=16.1$(N/m)

(c) $w=18.6$(N/m) (d) $w=20.6$(N/m)

6. 그림 9.28과 같은 길이 $2l$인 외팔보의 중앙에 집중하중 W가 작용하면 자유단의 처짐은 얼마인가?

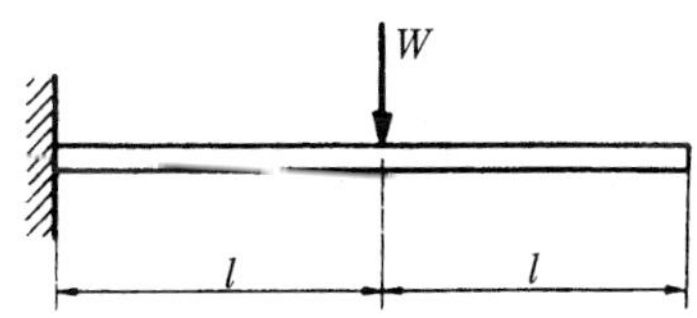

그림 9.28

(a) $\delta=\frac{Wl^3}{3EI}$ (b) $\delta=\frac{2Wl^3}{3EI}$

(c) $\delta=\frac{3Wl^3}{4EI}$ (d) $\delta=\frac{5Wl^3}{6EI}$

7. 그림 9.29와 같은 단순보에 전길이 l에 걸쳐 균일분포하중이 작용할 때, 보의 중앙을 밀어올려서 양단과 동일한 수준으로 했다면 중앙지점의 지지력은 얼마인가?

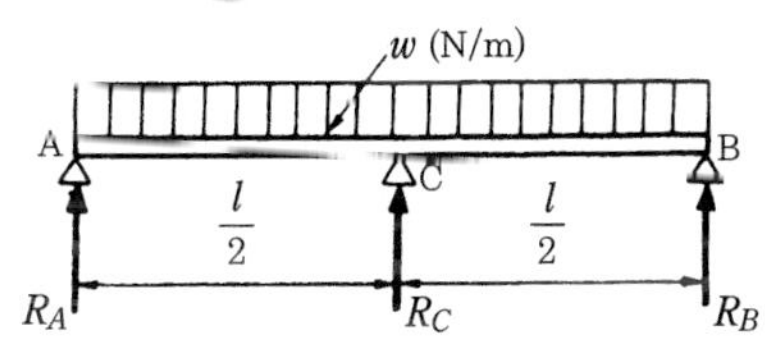

그림 9.29

(a) $R_c=\frac{1}{8}wl$ (b) $R_c=\frac{3}{8}wl$

(c) $R_c=\frac{5}{8}wl$ (d) $R_c=\frac{7}{8}wl$

8. 그림 9.30과 같은 외팔보에서 중앙점인 C점에서의 처짐각 및 처짐은 얼마인가? 단, $E=100(\text{GPa})$, $I=10^5(\text{cm}^4)$이다.

(a) $\phi_c=0.00300(\text{rad})$, $\delta_c=1.84(\text{cm})$ (b) $\phi_c=0.00625(\text{rad})$, $\delta_c=2.34(\text{cm})$
(c) $\phi_c=0.00825(\text{rad})$, $\delta_c=2.74(\text{cm})$ (d) $\phi_c=0.00925(\text{rad})$, $\delta_c=2.94(\text{cm})$

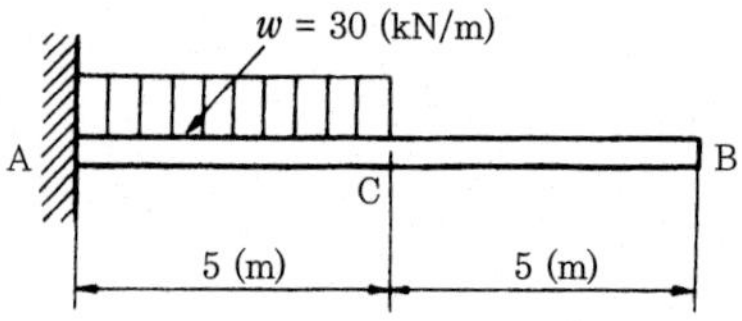

그림 9.30

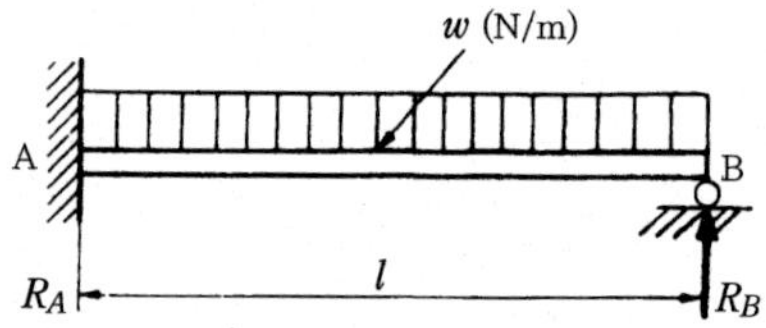

그림 9.31

9. 그림 9.31과 같은 일단고정, 타단지지의 부정정보의 전길이에 걸쳐 균일분포하중 w가 작용할 때 B점의 반력 R_B는 얼마인가?

(a) $R_B=\frac{1}{8}wl$ (b) $R_B=\frac{3}{8}wl$
(c) $R_B=\frac{5}{8}wl$ (d) $R_B=\frac{7}{8}wl$

10. 단면이 $b\times h=6(\text{cm})\times 10(\text{cm})$이며, 길이 $l=100(\text{cm})$인 외팔보의 자유단에 집중하중 $W=10(\text{kN})$이 작용하고 있을 때 최대처짐각 및 최대처짐은 얼마인가? 단, 재료의 탄성계수 $E=200(\text{GPa})$이다.

(a) $\phi_{max}=0.02(\text{rad})$, $\delta_{max}=0.12(\text{cm})$
(b) $\phi_{max}=0.01(\text{rad})$, $\delta_{max}=0.25(\text{cm})$
(c) $\phi_{max}=0.005(\text{rad})$, $\delta_{max}=0.33(\text{cm})$
(d) $\phi_{max}=0.008(\text{rad})$, $\delta_{max}=0.02(\text{cm})$

11. 그림 9.32와 같은 외팔보에서 자유단의 처짐은 얼마인가?

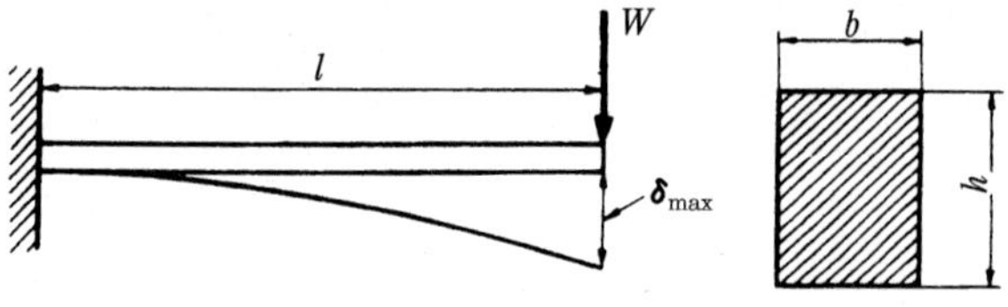

그림 9.32

(a) $\delta_{max} = \dfrac{4Wl^3}{bh^3E}$ (b) $\delta_{max} = \dfrac{12Wl^3}{bh^3E}$

(c) $\delta_{max} = \dfrac{3Wl^3}{bh^3E}$ (d) $\delta_{max} = \dfrac{3Wl^3}{2bh^3E}$

12. 지름 25(mm)의 연강축이 250(kN)의 비틀림모멘트를 받을 때 길이 50(cm) 사이에 생긴 비틀림각을 2.2° 라고 한다. 또 이축을 150(cm) 떨어진 두 곳에 받침을 하여 이 받침 위에 수평으로 놓고 중앙에 420(N)의 집중하중을 작용시킬 때의 최대처짐 $\delta_{max} = 7.5$(mm)이라고 한다. 이때의 연강축의 세로탄성계수는 얼마인가?

(a) E=80(GPa) (b) E=205(GPa)

(c) E=220(GPa) (d) E=285(GPa)

13. 그림 9.33과 같이 균일분포하중과 집중하중이 동시에 작용할 경우 최대처짐을 구하면 얼마인가? 단, $wl = W$라고 한다.

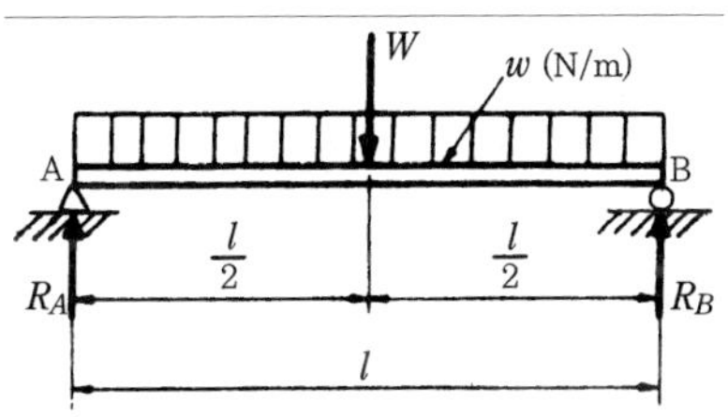

그림 9.33

(a) $\delta_{max} = \dfrac{Wl^3}{184EI}$ (b) $\delta_{max} = \dfrac{5Wl^3}{384EI}$

(c) $\delta_{max} = \dfrac{9Wl^3}{384EI}$ (d) $\delta_{max} = \dfrac{13Wl^3}{384EI}$

14. 지름 $d = 3$(cm)인 원형단면의 길이 $l = 150$(cm)인 외팔보의 자유단에 집중하중이 작용할 때 최대처짐량이 3(cm)가 되었다면 최대굽힘응력은 얼마인가? 단, 탄성계수 E=200(GPa)이다.

(a) σ_{max} =60(MPa) (b) σ_{max} =90(MPa)

(c) σ_{max} =120(MPa) (d) σ_{max} =150(MPa)

15. 그림 9.34와 같은 외팔보의 자유단에 처짐각 및 처짐은 얼마인가? 단, $E=10$(GPa)이다.

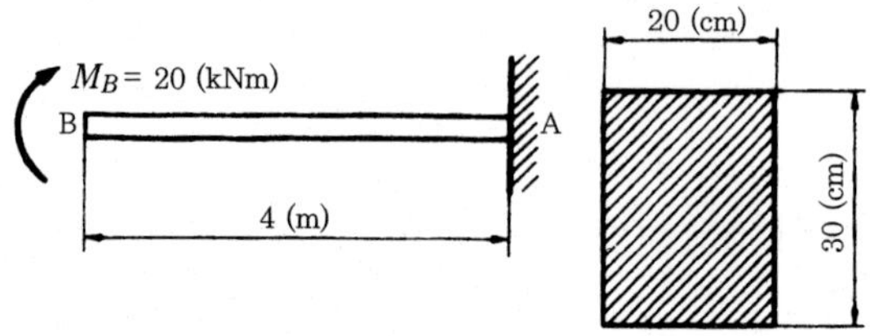

그림 9.34

(a) $\phi_B=1.02(°)$, $\delta_B=3.55$(cm)
(b) $\phi_B=2.03(°)$, $\delta_B=3.88$(cm)
(c) $\phi_B=2.58(°)$, $\delta_B=4.24$(cm)
(d) $\phi_B=3.5(°)$, $\delta_B=4.39$(cm)

16. 그림 9.35와 같이 원형단면인 길이 $l=3$(m)인 단순보가 $w=4$(kN/m)의 균일분포 하중을 받고 있다. 최대처짐을 보의 길이의 1/1,000로 제한하려면 지름(d)은 얼마로 해야 하겠는가? 단, $E=200$(GPa)이다.

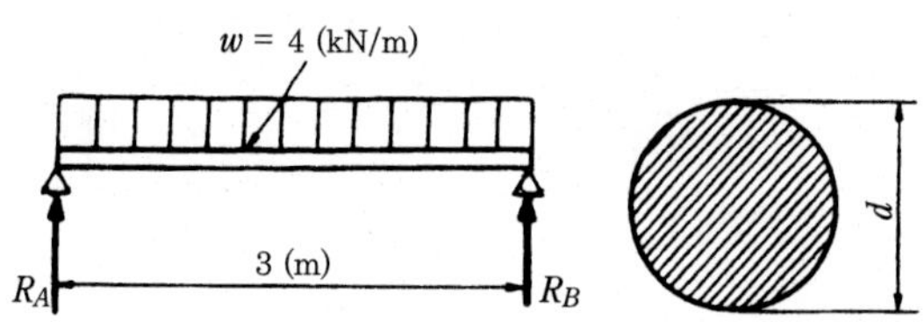

그림 9.35

(a) $d=9$(cm)
(b) $d=11$(cm)
(c) $d=15$(cm)
(d) $d=17$(cm)

17. 그림 9.36과 같은 외팔보에서 B점에서의 처짐을 구하라.

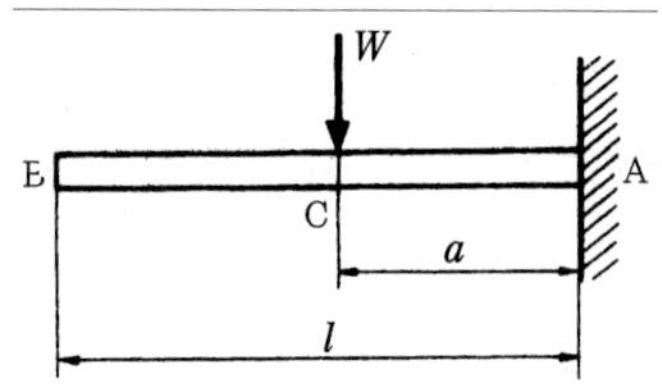

그림 9.36

(a) $\delta_B = \dfrac{Wa^2}{3EI}(3l - 2a)$　　(b) $\delta_B = \dfrac{Wa^2}{3EI}(3l^2 - a)$

(c) $\delta_B = \dfrac{Wa^2}{6EI}(3l - a)$　　(d) $\delta_B = \dfrac{Wa^2}{6EI}(3l^2 - a)$

18. 그림 9.37과 같은 단순보에서 양 지점의 처짐각은 얼마인가? 단, $E = 10$(GPa)이다.

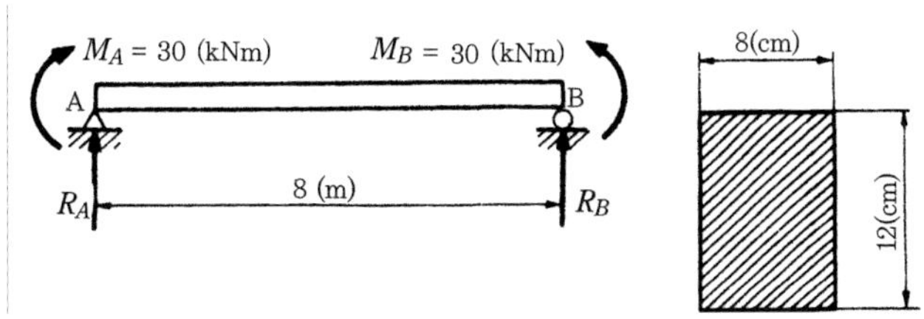

그림 9.37

(a) $\phi_A = 0.86$(rad), $\phi_B = -0.26$(rad)　　(b) $\phi_A = 0.76$(rad), $\phi_B = -0.36$(rad)

(c) $\phi_A = 0.56$(rad), $\phi_B = -0.56$(rad)　　(d) $\phi_A = 1.04$(rad), $\phi_B = -1.04$(rad)

19. 그림 9.38과 같은 외팔보의 B점에서의 처짐각 및 처짐을 구하라. 단, $E = 100$ (GPa), $I = 10^5$(cm^4)이다.

(a) $\phi_B = 0.0115$(rad), $\delta_B = 5.30$(cm)　　(b) $\phi_B = 0.0112$(rad), $\delta_B = 4.72$(cm)

(c) $\phi_B = 0.0135$(rad), $\delta_B = 5.67$(cm)　　(d) $\phi_B = 0.0174$(rad), $\delta_B = 5.91$(cm)

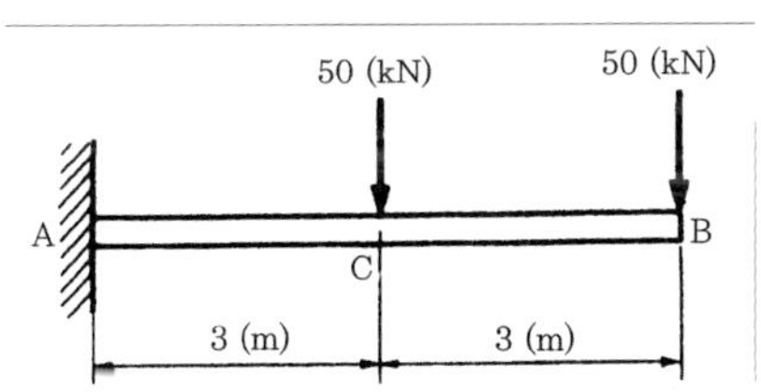

그림 9.38

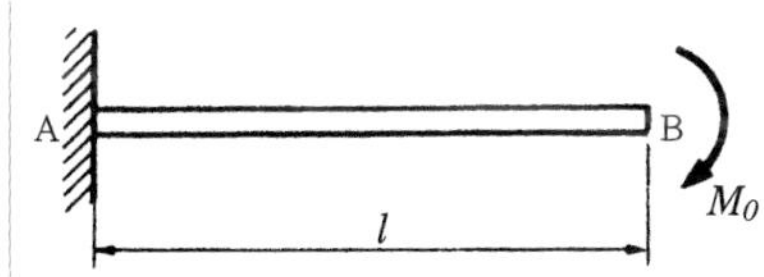

그림 0.39

20. 그림 9.39와 같은 길이 l인 외팔보의 자유단에 $M_0 = Wa$를 작용시킬 때 자유단의 처짐각과 처짐을 구하라.

(a) $\phi_B = \dfrac{Wal}{EI}$, $\delta_B = \dfrac{Wal^2}{2EI}$　　(b) $\phi_B = \dfrac{Wal}{EI}$, $\delta_B = \dfrac{Wal^2}{3EI}$

(c) $\phi_B = \dfrac{Wal}{2EI}$, $\delta_B = \dfrac{Wal^2}{3EI}$　　(d) $\phi_B = \dfrac{Wal}{2EI}$, $\delta_B = \dfrac{Wal^2}{6EI}$

응 용 문 제

1. 길이가 3(m)인 단순보의 중앙에 집중하중을 작용시켜 최대처짐이 0.3(cm)로 제한하려면 하중은 얼마로 하면 되겠는가? 단, 단면은 원형이며, 지름 $d=12$(cm)이고, 탄성계수 $E=200$(GPa)이다.

2. 그림 9.40과 같은 균일분포하중을 받고 있는 단순보에서 지점의 기울기 및 최대처짐을 구하라. 단, $E=10$(GPa)이다.

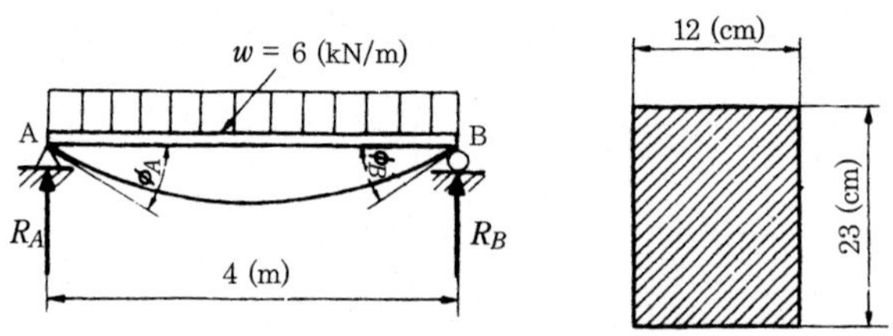

그림 9.40

3. 단순보에 균일분포하중이 작용하여 그 중앙에서 처짐 δ_1(cm), 양단처짐각 $\phi_A=-\phi_B=0.57°$로 되어 있을 때, 이 보의 최대급힘응력이 $\sigma_{max}=150$(MPa)이 되도록 단면 강철보의 높이 h를 구하라. 단, 탄성계수 $E=200$(GPa)이다.

4. 그림 9.41과 같은 보에서의 최대처짐각 및 최대처짐을 공액보를 이용하여 구하라. 단, $E=7$(GPa), $I=4.0\times10^4(\text{cm}^4)$이다.

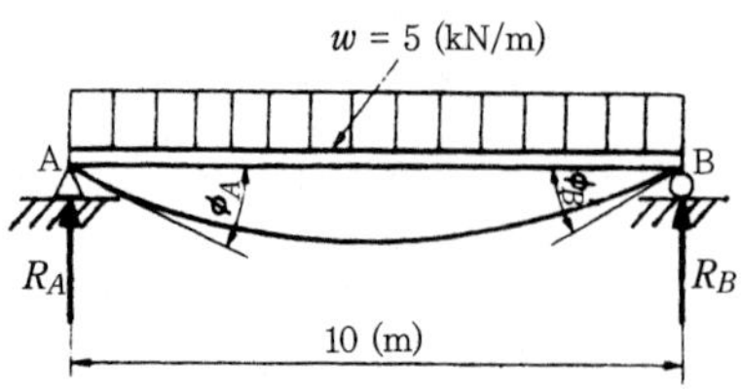

그림 9.41

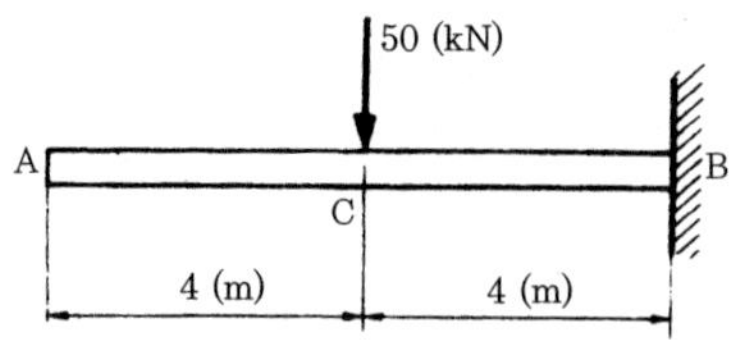

그림 9.42

5. 그림 9.42와 같은 외팔보에서 C점의 처짐각 및 처짐을 구하라. 단, $E=100(\mathrm{GPa})$, $I=10^5(\mathrm{cm}^4)$이다.

6. 그림 9.43과 같이 지점 B에서 우력 $M=30(\mathrm{kNm})$이 작용하는 단순보에서 면적모멘트법에 의하여 ϕ_A 및 ϕ_B를 구하라. 단, $E=15(\mathrm{GPa})$, $I=4.5\times10^4(\mathrm{cm}^4)$이다.

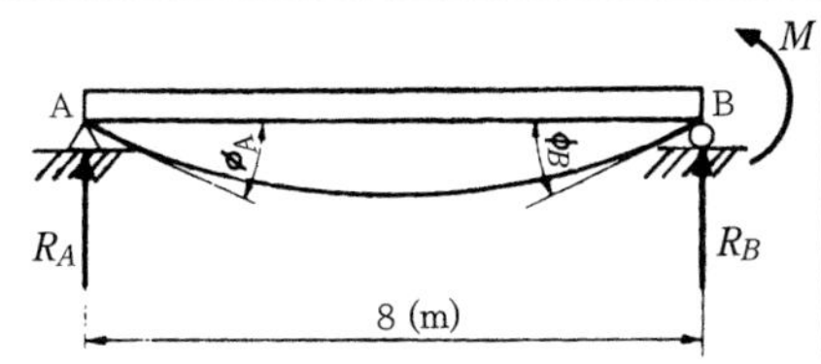

그림 9.43

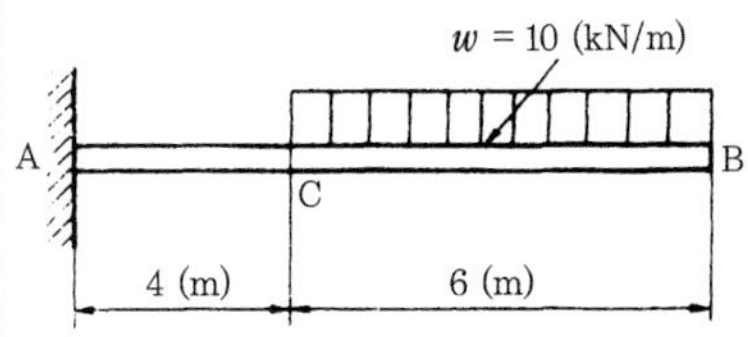

그림 9.44

7. 그림 9.44와 같은 외팔보에서 B점의 처짐각 및 처짐을 구하라. 단, $E=100(\mathrm{GPa})$이고, $I=10^5(\mathrm{cm}^4)$이다.

8. 그림 9.45와 같은 보가 지점 B에 50(kNm)의 굽힘모멘트를 받을 때 A지점의 처짐각 ϕ_A 및 중앙점의 처짐 δ_c를 구하라. 단, $E=20(\mathrm{GPa})$, $I=5.0\times10^4(\mathrm{cm}^4)$이다.

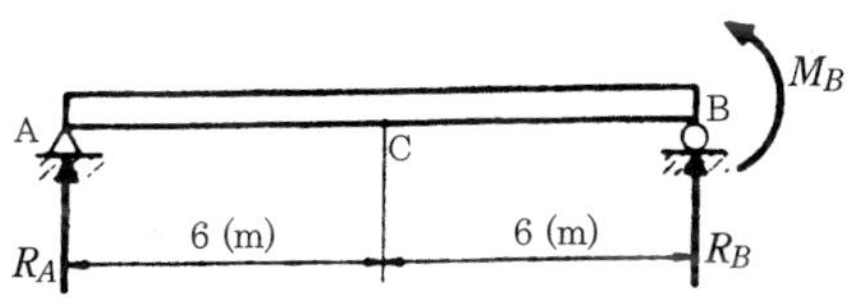

그림 9.45

9. 그림 9.46과 같이 B지점에 모멘트하중 60(kNm)가 작용할 때 A지점에서 3(m)되는 지점의 처짐각 및 처짐을 구하라. 단, $E=9(\mathrm{GPa})$, $I=4.0\times10^4(\mathrm{cm}^4)$이다.

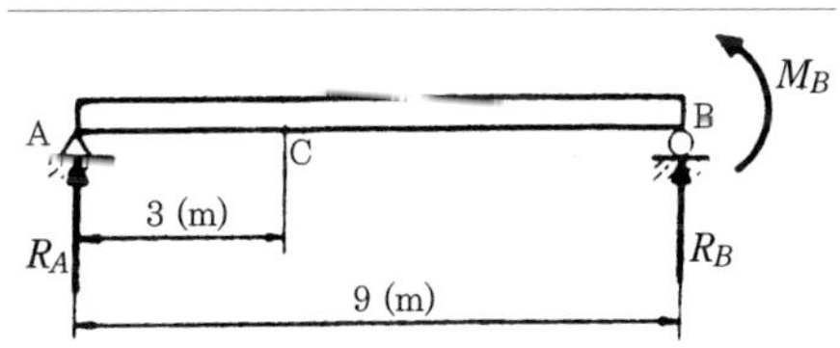

그림 9.46

10. 그림 9.47과 같은 단순보의 C점에서의 처짐각 및 처짐을 구하라. 단, $E=200$(GPa), $I=1.25\times10^5$(cm^4)이다.

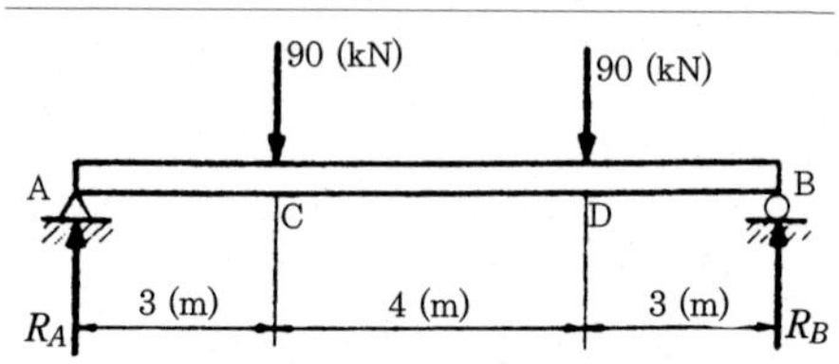

그림 9.47

10
Chapter

부정정보

10-01 부정정보와 과잉구속

지금까지 살펴본 양단 단순지지보, 외팔보 및 내다지보들은 정역학의 평형방정식인 $\Sigma F_x = 0$, $\Sigma F_y = 0$, $\Sigma M_z = 0$ 등에 의하여 완전히 풀 수 있었다. 이와 같은 보를 **정정보**(statically determinate beam)라고 한다. 그러나 보에 작용하는 미지의 반력 R 및 우력 M이 3개 이상인 경우에는 위의 3개의 평형방정식만으로는 그들 미지량을 결정할 수 없다.

즉, 일단고정 타단지지보, 고정보 및 연속보 등은 미지의 반력요소가 3개보다 더 많은 수만큼 **과잉구속**(redundant constrains)을 가졌고, 그 수만큼 변형의 조건을 이용하여 방정식을 만들어야만 풀 수 있다.

이와 같이 정역학의 평형방정식만으로는 풀지 못하고 변형조건을 추가시켜 풀 수 있는 보를 **부정정보**(statically indeterminate beam)라고 한다.

미지의 과잉반력 및 과잉우력을 구하는 방법을 다음과 같은 세 가지 방법이 있다.

① **탄성곡선의 미분방정식에 의한 방법** : 임의 단면에 있어서의 굽힘 모멘트 M을 탄성곡선의 미분방정식인 식 (9.1)에 대입해서 처짐

각 및 처짐에 대한 식을 유도하고, 이들에 경계조건을 대입하여 반력 및 우력을 결정한다.

② **중첩법에 의한 방법** : 보에 작용하는 하중에 따라서 몇 개의 정정보로 분해하고 각각에 대한 처짐각 및 처짐을 구하여 경계조건에 만족하도록 중첩시켜 반력 및 우력을 결정한다.

③ **면적모멘트법에 의한 방법** : 면적모멘트법을 응용하여 반력 및 우력을 구한다.

이상의 방법 중에서 중첩법과 면적모멘트법이 편리하므로 많이 이용된다.

앞에서도 논한 바와 같이 지점의 종류에 따라 미지수를 결정할 수 있다. 즉, 가동 힌지 지점에서는 힌지의 중심을 지나서 수직방향의 반력 R이 작용한다. 부동 힌지 지점에서는 힌지의 중심을 지나서 수직방향의 반력 R와 수평방향의 반력 H가 작용한다. 고정 지점에서는 고정단면의 도심에 집중한다고 가정하여 수직반력 R, 수평반력 H 및 고정모멘트 M 등의 세 가지 미지 작용력들이 발생된다. 보를 보는 순간 우선 지점의 종류 및 발생할 수 있는 반력의수를 파악해 두어야 한다.

10-02 양단고정보

1. 집중하중을 받는 경우

그림 10.1(a)와 같은 양단고정보에 있어서는 각 고정단에 반작용 요소가 3개씩 있으므로 모두 6개의 반작용 요소를 가진다. 그러므로 이것은 3개의 부정정 요소인 과잉구속을 가진다. 그러나 일반적으로 수평반력은 수직반력에 비하여 극히 작기 때문에 무시할 수 있으므로 반력 R_A, R_B 및 고정모멘트 M_A, M_B의 4개의 미지 반력이 남게 되어 결국 과잉구속은 2개가 된다. 이러한 보를 **2차의 부정정보**라고 한다.

앞절에서 설명한 바와 같이 ①~③의 세 가지 방법으로 각각 풀어 보기로 한다.

(1) 미분방정식에 의한 방법

그림 10.1(a)에서 왼쪽으로부터 임의의 거리 x단면에 작용하는 굽힘 모멘트는 다음과 같다.

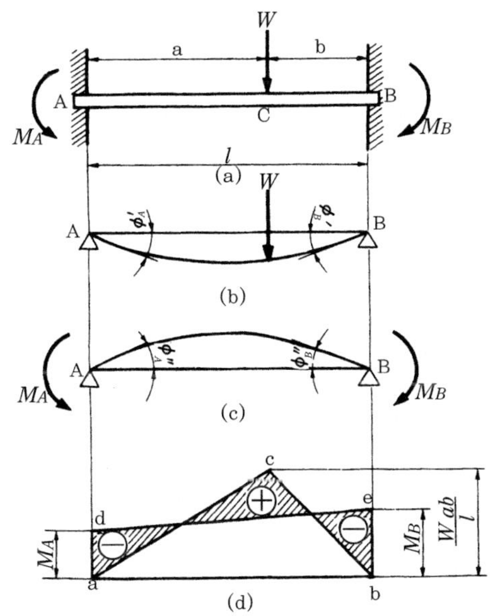

그림 10.1

$$0 \leqq x \leqq a \qquad M_x = -M_A + R_A x \tag{a}$$

$$0 \leqq x \leqq l \qquad M_x = -M_A + R_A x - W(x-a) \tag{b}$$

이 식들을 탄성곡선의 미분방정식인 식 (9.1)에 대입하여 적분하면 다음과 같다.

$$0 \leqq x \leqq a \qquad EI\frac{d^2y}{dx^2} = M_A - R_A x$$

$$EI\frac{dy}{dx} = M_A x - \frac{R_A}{2}x^2 + C_1 \tag{c}$$

$$EIy = \frac{M_A}{2}x^2 - \frac{R_A}{6}x^3 + C_1 x + C_2 \tag{d}$$

$$0 \leqq x \leqq l \qquad EI\frac{d^2y}{dx^2} = M_A - R_A x + W(x-a)$$

$$EI\frac{dy}{dx} = M_A x - \frac{R_A}{2}x^2 + \frac{W}{2}(x-a)^2 + C_3 \tag{e}$$

$$EIy = \frac{M_A}{2}x^2 - \frac{R_A}{6}x^3 + \frac{W}{6}(x-a)^3 + C_3 x + C_4 \tag{f}$$

$x=0$에서 $\frac{dy}{dx}=0$, $y=0$이라는 경계조건을 식 (c) 및 (d)에 대입하면 $C_1 = C_2 = 0$이 되고, $x=a$인 하중의 작용점에서는 양측의 처짐각 및 처짐이 같다는 조건을 식 (e) 및 식 (f)에 대입하면 $C_3 = C_4 = 0$을 얻는다.

즉,

(c)=(e)이면, $C_1 = C_3 = 0$

(d)=(f)이면, $C_2 = C_4 = 0$

$x=l$인 B단에서는 $\frac{dy}{dx}=0$, $y=0$이므로 식 (e) 및 식 (f)에 대입하여 정리하면

$$2M_A l - R_A l^2 + Wb^2 = 0 \quad ①$$

$$3M_A l^2 - R_A l^3 + Wb^3 = 0 \quad ②$$

과 같은 연립방정식을 얻는다.

①×l－② 하면, $M_A = \frac{Wab^2}{l^2}$

①×$3l$－②×2 하면, $R_A = \frac{Wb^2}{l^3}(3a+b) \quad (10.1)$

이번에는 원점을 B단에 잡고 x를 앞에서와 반대편인 B단에서 왼쪽으로 잡아서 위의 식들과 같은 방법으로 하든지 또는 정역학의 평형방정식에서 나머지 반력과 고정모멘트를 구하면 다음과 같다.

$$M_B = \frac{Wa^2b}{l^2}$$

$$R_B = \frac{Wa^2}{l^3}(a+3b) \tag{10.2}$$

식 (10.1)과 식 (10.2)를 식 (c)~(f)에 대입하면 처짐각 및 처짐의 방정식을 구할 수 있다. 하중의 작용점 C에서의 모멘트는 식 (10.1) 및 식 (10.2)를 식 (a)에 대입하고 $x=a$라고 하면 다음과 같이 구해진다.

$$M_C = -M_A + R_A x = \frac{-Wab^2}{l^2} + \frac{Wb^2}{l^3}(3a+b)a = \frac{2Wa^2b^2}{l^3} \tag{10.3}$$

식 (10.1), 식 (10.2) 및 식 (10.3)에서 M_A, M_B 및 M_C를 비교해 볼 때 하중의 작용점에서의 굽힘모멘트 M_C가 최대임을 알 수 있고, 그림 10.1(b)에서도 확인할 수 있다.

이동하중의 경우, 즉 b의 변화에 따라 굽힘모멘트의 최대값은 M_B를 b에 관하여 미분하여 0으로 놓으면 다음과 같다.

M_B를 $a=l-b$를 이용하여 다시 쓰면,

$$M_B = \frac{Wa^2b}{l^2} = \frac{Wb}{l^2}(l-b)^2 = \frac{W}{l^2}(b^3 - 2lb^2 + l^2b)$$

$$\frac{dM_B}{db} = 0,\ 3b^2 - 4lb + l^2 = 0 \qquad \therefore b = \frac{l}{3}$$

따라서 $b=\frac{l}{3}$인 곳에서 M_B값은 최대가 된다. 즉,

$$|M_B|_{max} = \frac{4Wl}{27} \tag{10.4}$$

같은 방법으로

$$M_C = \frac{2Wb^2}{l^3}(a-b)^2 = \frac{2W}{l^3}(l^2b^2 - 2lb^3 + b^4)$$

$$\frac{dM_C}{db} = 0,\ 4b^3 - 6lb^2 - 2l^2b = 0 \qquad \therefore b = \frac{l}{2}$$

따라서 $b=\frac{l}{2}$에서 M_C값은 최대가 된다. 즉,

$$|M_C|_{\max}=\frac{wl}{8} \tag{10.5}$$

식 (10.4)와 식 (10.5)에서 | |는 절대값을 가리킨다.

따라서 $a=b=\frac{l}{2}$인 중앙점에 W가 작용할 때는 다음과 같다.

$$R_A=R_B=\frac{W}{2}$$

$$M_A=M_B=M_C=\pm\frac{Wl}{8}$$

또 처짐에 관해서 생각하면, 식 (d) 또는 식 (f)에서 $x=a$이면

$$y=\delta=\frac{1}{EI}\left(-\frac{M_A}{2}x^2-\frac{R_A}{6}x^3\right)=\frac{Wa^3b^3}{3EIl^3} \tag{10.6}$$

이 되고, $a=b=\frac{l}{2}$이면 다음과 같다.

$$\delta_{\max}=\frac{Wl^3}{192EI} \tag{10.7}$$

한편, $a=b=\frac{l}{2}$인 경우는 그림 10.1(d)에서 $M=0$이 되는 곳은 식 (a) 및 식 (b)에 식 (10.1)을 대입하여 정리하면, $x=\frac{l}{4}$ 및 $x=\frac{3l}{4}$인 지점에서 발생된다.

(2) 중첩법에 의한 방법

그림 10.1(b) 및 (c)와 같이 단순보 AB에 집중하중 W만이 작용하는 경우와 단순보 AB의 양단에 우력만이 작용하는 경우로 각각 나누어 생각한다.

고정단에서는 사실상 처짐각은 0이므로, 그림 (b) 및 (c)의 각각의 처짐각을 구하고 중첩시키면 다음 조건이 성립된다.

$$\phi_A{}'+\phi_A{}''=0,\ \ \phi_B{}'+\phi_B{}''=0 \tag{a}$$

그런데 집중하중 W만이 작용하는 경우의 처짐각은 식 (9.18) 및 식 (9.21)에서, 또 우력이 작용하는 경우의 처짐각은 식 (9.33) 및 식 (9.34)에서 고정단의 우력의 방향이 그림 9.7과 그림 10.1에서 서로 반대임을 고려하면

$$\phi_A = -\frac{l}{6EI}(2M_A + M_B) \qquad \phi_B = \frac{l}{6EI}(M_A + 2M_B)$$

가 된다.

따라서 이 값들을 식 (a)에 대입하여 연립으로 풀어 정리하면 다음과 같다. 즉,

$$\frac{Wab}{6EIl}(l+b) - \frac{l}{6EI}(2M_A + M_B) = 0$$

$$-\frac{Wab}{6EIl}(l+a) + \frac{l}{6EI}(M_A + 2M_B) = 0$$

$$\therefore\ M_A = \frac{Wab^2}{l^2}$$

$$M_B = \frac{Wa^2b}{l^2} \tag{10.8}$$

식 (10.8)은 식 (10.1) 및 식 (10.2)에 일치한다.

한편, 반력 R_A, R_B는 정역학의 평형방정식을 이용하여 간단히 구할 수 있다. 즉,

$$\Sigma M_B = 0,\ \ R_A l - M_A - Wb + M_B = 0$$

$$\therefore\ R_A = \frac{1}{l}(M_A - M_B + Wb)$$

$$= \frac{1}{l}\left(\frac{Wab^2}{l^2} - \frac{Wa^2b}{l^2} + Wb\right) = \frac{Wb^2}{l^3}(3a+b)$$

$\Sigma Y = 0$, $R_A + R_B = W$에서

$$R_B = W - \frac{Wb^2}{l^3}(ea+b) = \frac{W}{l^3}(l^3 - 3ab^2 - b^3)$$

$$= \frac{Wa^2}{l^3}(a+3b)$$

(3) 면적모멘트법에 의한 방법

그림 10.1(d)는 그림10.1(b) 및 (c)에 대한 굽힘모멘트선도를 중첩한 것이다. 이것을 면적모멘트법의 해석을 좀 더 용이하게 하기 위하여 그림 10.2와 같이 다시 표시한다.

양단 고정보의 양단에서는 기울기의 변화가 없으므로 그림 10.1(b) 및 (c)의 양단에서의 기울기는 서로 같아야 된다. 따라서 면적모멘트법에 의하여 그림 10.1(b) 및 (c)의 굽힘모멘트선도의 각 면적은 서로 같아야 된다. 즉,

$$\phi_A' = \phi_A'' = 0, \qquad \frac{A_M'}{EI} = \frac{A_M''}{EI}$$

$$\therefore A_M' = A_M''$$

$$\therefore \frac{1}{2} \cdot l \cdot \frac{Wab}{l} = \frac{(M_A + M_B)l}{2} \tag{a}$$

또한 양단 고정보의 양단에서는 처짐도 역시 일어나지 않으므로 집중하중과 우력이 작용하는 각각의 경우에 대해서 일정한 점에서 취한 단면 1차모멘트는 서로 같아야 된다. 여기서는 그림 10.2의 B점에 관한 단면 1차모멘트를 취한다.

$$M_A l \cdot \frac{l}{2} + \frac{(M_B - M_A)l}{2} \cdot \frac{l}{3} + \frac{Wab \cdot a}{2l}\left(b + \frac{a}{3}\right) \tag{b}$$

$$+ \frac{Wab \cdot b}{2l} \cdot \frac{2b}{3} = 0$$

식 (a)와 식 (b)에서 M_A와 M_B를 구하면 다음과 같다.

$$M_A = \frac{Wab^2}{l^2} \qquad M_B = \frac{Wa^2b}{l^2} \tag{c}$$

한편, 최대처짐은 기울기가 0일 때 일어난다. $a > b$인 경우 하중의 작용점 왼쪽에서 최대값이 일어난다. 만약, 기울기가 A점에서 x만큼 떨어진 곳에서 0이 된다면 이 두 점 사이의 굽힘모멘트선도의 면적은 0이 되어야 한다.

즉, $\phi = \dfrac{A_M}{EI}$에서 $\phi = 0$이 되기 위해서는 $A_M = 0$

$$\therefore \frac{Wb}{2l}x^2 - M_A x - (M_B - M_A)\frac{x^2}{2l} = 0$$

이 식에 M_A, M_B를 대입하고 x에 관하여 정리하면 최대처짐의 위치는 다음과 같다.

$$x = \frac{2al}{3a+b}$$

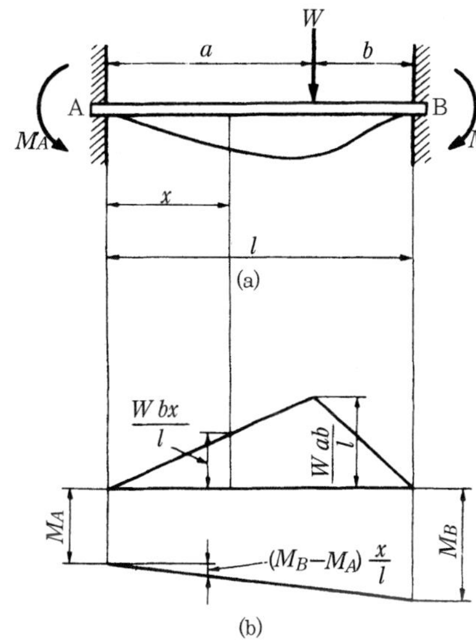

그림 10.2

또 임의단면에서의 처짐은 x단면의 왼쪽에 관한 면적모멘트를 취하여 굽힘강성계수 EI로 나누면 다음과 같다.

$$\delta_x = \frac{1}{EI}\left[\frac{Wbx}{l} \cdot x \cdot \frac{1}{2} \cdot \frac{x}{3} - M_A x \cdot \frac{x}{2} - (M_{B-M_A})\frac{x}{l} \cdot \frac{x}{2} \cdot \frac{x}{3}\right]$$

$$= \frac{1}{EI}\left[\frac{Wb}{6l}x^3 \cdot \frac{Wab^2}{2l^2}x^2 - \frac{Wab}{6l^3}(a-b)x^3\right]$$

이 식에 위에서 구한 최대처짐의 위치값을 대입하면 최대처짐은 다음과 같다.

$$\delta_{\max} = \frac{2Wa^3b^2}{3EI(3a+b)^2}$$

집중하중 W가 보의 중앙점에 작용한다면 $a = b = \frac{l}{2}$이 되므로, 이를 대입하면 다음과 같이 된다.

$$\delta_{\max} = \frac{Wl^3}{192EI}$$

이 식은 식 (10.7)에 일치한다.

2. 균일분포하중을 받는 경우

그림 10.3(a)에 표시한 바와 같이 균일분포하중을 받고 있는 양단고정보에 관한 것도 앞에서와 같은 방법으로 간단히 구할 수 있다.

여기서는 중첩법을 이용하기로 한다. 우선 그림 10.3(b)에서와 같이 균일분포하중만이 작용하는 단순지지보의 상태를 생각한다. 양쪽 끝에서의 기울기는 대칭이므로 같은 값을 가지며, 식 (9.29)로부터 다음과 같이 된다.

$$\phi_A{'} = \phi_B{'} = \frac{w\,l^3}{24EeI} \tag{a}$$

다음은 양쪽 끝에서 모멘트 M_A, M_B를 받는 상태, 즉 그림 10.3(c)와 같은 경우는 역시 대칭이므로 $M_A = M_B = M_0$이라 할 때 처짐곡선의 기울기는 다음과 같다.

$$\phi_A{''} = \phi_B{''} = \frac{M_0\,l}{2EI} \tag{b}$$

그런데 양단고정보에서는 양쪽 끝에서 기울기가 일어나지 않으므로 $\phi_A{'} = \phi_A{''}$, $\phi_B{'} = \phi_B{''}$가 되어야 한다. 즉,

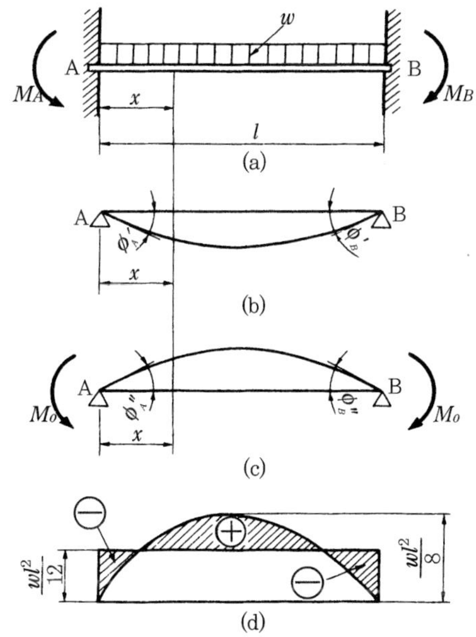

그림 10.3

$$\frac{wl^3}{24EI} = \frac{M_0 l}{2EI}$$

$$\therefore M_p = \frac{wl^2}{12} \qquad (10.9)$$

굽힘모멘트선도는 그림 10.3(b) 및 (c)에 관한 것을 중첩시키면 그림 (d)와 같다. 이 보에 일어나는 처짐을 구하려면 그림 10.3(b) 및 (c)의 처짐을 각각 구하여 합해 주면 되며, 그림 (b)에서의 처짐은 식 (9.30)으로부터 $y = \frac{5wl^4}{384EI}$이고, 그림 (c)에서의 처짐은 식 (9.32)에서 $M_A = M_B = M_0$의 경우를 대입하면 다음과 같다.

$$y = \frac{lx}{6EI}\left[(2M_A + M_B) - \frac{3M_A}{l}x - \frac{(M_B - M_A)}{l^2}x^2\right]$$

$$- \frac{lx}{6EI}\left(3M_0 - \frac{3M_0}{l}x\right)$$

$$= \frac{lx}{6EI}\left(\frac{wl^2}{4} - \frac{wl}{4}x\right) = \frac{wl^2x}{24EI}(l-x)$$

이 보의 중앙점, 즉 $x = \frac{l}{2}$에서의 처짐을 구하면 다음과 같다.

$$y = \frac{wl^4}{96EI} \tag{c}$$

따라서 양단고정보의 중앙점에서 처짐은 다음과 같다.

$$y = \delta = \frac{5wl^4}{384EI} - \frac{wl^4}{96EI} = \frac{wl^4}{384EI} \tag{10.10}$$

이 값은 단순지지보에서 구한 값의 $\frac{1}{5}$이 된다.

굽힘모멘트가 0이 되는 위치를 계산하는 것은 중요하다. 이 점에서는 $V = \frac{dM}{dx} = \frac{d^2y}{dx^2} = 0$이 되며, 이 때 기울기는 최대가 된다.

그림 10.3(b)에서 임의의 거리 x에서의 기울기는 식 (9.29)에서

$$\frac{dy}{dx} = \frac{w}{24EI}(4x^3 - 6lx^2 + l^3) \tag{d}$$

또 그림 10.3(c)에서 임의거리 x에서의 기울기는 식 (9.31)에서 $M_A = M_B = M_0$일 경우를 생각하면 다음과 같다.

$$\frac{dy}{dx} = \frac{l}{6EI}\left[(2M_A + M_B) - \frac{6M_A}{l}x - \frac{M_B - M_A}{l^2}x^2\right]$$

$$= \frac{l}{6EI}\left(3M_0 - \frac{6M_0}{l}x\right) = \frac{M_0}{2EI}(l-2x) = \frac{wl^2}{24EI}(l-2x) \tag{e}$$

그러므로 양단고정보에서는 다음과 같이 된다.

$$\frac{dy}{dx} = \frac{w}{24EI}(4x^3 - 6lx^2 + l^3) - \frac{wl^2}{24EI}(l-2x)$$

$$= \frac{w}{24EI}(4x^3 - 6lx^2 + 2l^2x) \qquad (10.11)$$

모멘트가 0인 위치, 즉 기울기가 최대인 위치는 식 (10.11)을 미분하여 0으로 놓으면 다음과 같다.

$$6x^2 - 6lx + l^2 = 0$$

$$\therefore\ x = \frac{l}{2}\left(1 \pm \frac{\sqrt{3}}{3}\right) = (0.5 \pm 0.289)l$$

즉, 모멘트가 0이 되는 위치는 양쪽 끝에서 $x \fallingdotseq \frac{1}{5}$이 되는 곳이다. 이 값을 식 (10.11)에 대입하면 다음과 같이 된다.

$$\phi_{max} = \frac{wl^3}{125EI} \qquad (10.12)$$

또 그림 10.3(d)에서 중앙점의 모멘트 크기는 중첩한 두 모멘트에서 두 최대모멘트를 합해 주면 다음과 같이 된다.

$$M_{x=\frac{l}{2}} = \frac{wl^2}{8} - \frac{wl^2}{12} = \frac{wl^2}{24} \qquad (10.13)$$

10-03 일단고정 타단지지보

1. 집중하중을 받는 경우

그림 10.4(a)에서와 같이 A점에서 고정되고, B지점에서는 지지되어 있는 보의 임의 위치에 집중하중 W가 작용하는 경우를 생각해 보자.

여기서 보에 작용하는 미지의 힘은 고정단 A에 3개, 지지된 B지점에 1개, 즉 4개의 부정정 요소를 지니고 있기 때문에 1개의 과잉구속을 갖는 부정정보이다.

A단의 고정모멘트 M_A를 부정정 요소로 보고 그림 10.4(b) 및 (c)와 같이 두 개의 정정보로 분해하여 중첩법에 의한 방법으로 풀어 본다.

고정단인 A점에서는 처짐각이 0이므로, 그림 10.4(b) 및 (c)의 처짐각의 합이 0이 되어야 한다.

$$\phi_A' - \phi_A'' = 0 \tag{a}$$

그림 10.4(b)에서 집중하중 W로 인한 A점의 처짐각 ϕ_A'와 그림 10.4(c)에서 우력 M_A로 인한 A점의 처짐각 ϕ_A''는 식 (9.18) 및 식 (9.36)에서

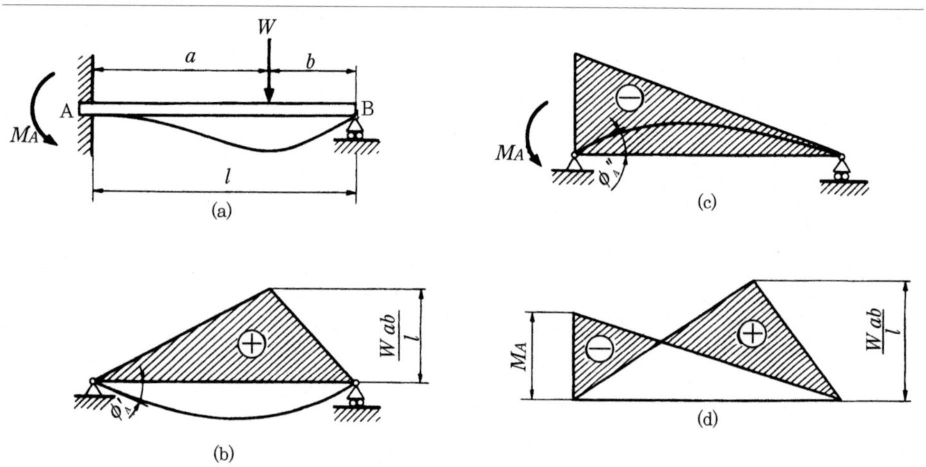

그림 10.4

$$\phi_A' = \frac{Wab}{6EIl}(l+B) = \frac{W}{6EIl}(l^2 - b^2)$$

$$\phi_A'' = -\frac{M_A l}{3EI} \tag{b}$$

이므로, 식 (b)를 식 (a)에 대입하여 M_A를 구하면 다음과 같다.

$$\frac{Wb}{6EIl}(l^2 - b^2) + \frac{M_A l}{3EI} = 0$$

$$\therefore\ M_A = -\frac{Wb}{2l^2}(l^2 - b^2) \tag{10.14}$$

B점에 관한 모멘트를 취하면 A점에서 고정모멘트 $-M_A$와 크기가 같고 방향이 반대인 $+M_A$가 A점의 우측에도 작용하므로, 정역학적 평형방정식으로부터 반력 R_A와 R_B를 구하면 다음과 같다.

$$\therefore\ R_A = \frac{Wb}{2l^3}(3l^2 - b^2)$$

$$R_B = \frac{Wa^2}{2l^3}(3l - a) \tag{10.15}$$

한편, 굽힘모멘트선도는 그림 10.4의 (b)와 (c)를 중첩시키면 그림 (d)와 같이 된다. 임의의 점에서 보의 처짐은 W 및 M_A로 인한 그 점의 처짐을 각각 구하여 합해 주면 된다.

그리고 식 (9.17) 및 식 (9.35)에 $x = \frac{l}{2}$을 대입한 후 서로 합하면 중앙에서의 처짐은 다음과 같다. 즉,

$$\begin{aligned}\delta_{x=\frac{l}{2}} &= \frac{Wb}{48EI}(3l^2 - 4b^2) + \frac{M_A l^2}{16EI} \\ &= \frac{Wb}{48EI}(3l^2 - 4b^2) - \frac{Wb}{32EI}(l^2 - b^2)\end{aligned}$$

$$\therefore\ \delta_{x=\frac{l}{2}} = \frac{Wb}{96EI}(3l^2 - 5b^2) \tag{10.16}$$

고정단에 일어나는 굽힘모멘트는 집중하중 W의 위치에 관계됨을 알 수 있다. 따라서 집중하중 W를 이동시킨다고 하면 M_A의 최대값은 다음과 같다.

$\frac{dM_A}{db} = 0$에서, $b = \frac{l}{\sqrt{3}}$

$$\therefore\ (M_A)_{\max} = \frac{Wl}{3\sqrt{3}} = 0.192\,Wl \tag{10.17}$$

하중의 작용점에 발생하는 굽힘모멘트는 그림 10.4(d)에서

$$M_D = \frac{Wab}{l} - \frac{b}{l}M_A = \frac{Wab}{l} - \frac{b}{l} \cdot \frac{Wb(l^2 - b^2)}{2l^2} \qquad (10.18)$$

$$= \frac{Wa^2b}{2l^3}(2l + b)$$

이동하중 W에 의한 M_D의 최대값은 $a = l - b$를 이용하여 식 (10.18)을 다시 쓰면 다음과 같다.

$$M_D = \frac{Wb}{2l^3}(l-b)^2(2l+b) = \frac{W}{2l^3}(2l^3b - 3l^2b^2 + b^4)$$

이 식을 b에 관해서 미분한 후 0으로 놓고 b의 값을 구하면 다음과 같다.

$$\frac{dM_D}{db} = 4b^3 = 6l^2b + 2l^3 = 2(b - l)(2b^2 + 2l - l^2) = 0$$

$$\therefore\ b = \frac{l}{2}(\sqrt{3} - 1) = 0.366l$$

따라서 $b = 0.366l$이 되는 단면에서 모멘트 M_D의 값이 최대가 된다. 즉, b의 값을 식 (10.18)에 대입하면 다음과 같다.

$$(M_D)_{\max} = 0.174\,Wl \qquad (10.19)$$

식 (10.17)과 식 (10.19)를 비교하면 $(M_A)_{\max}$가 더 크므로 이동하중의 경우에 최대굽힘모멘트는 $b = \dfrac{l}{\sqrt{3}}$인 곳에 집중하중이 작용할 경우 고정단에서 발생됨을 알 수 있다.

2. 균일분포하중을 받는 경우

앞 절에서는 중첩법으로 미지수의 해석을 하였으나, 이번에는 탄성

곡선의 미분방정식을 이용하여 해석해 보기로 한다.

그림 10.5(a)에서와 같이 보의 전 길이에 균일분포하중 w가 작용하여 A점은 고정되고 B점은 지지되어 있는 경우, 지점 B에서 임의거리 x 단면에서의 굽힘모멘트는 다음과 같다.

$$M_x = R_B x - \frac{w}{2}x^2 \tag{a}$$

식 (a)를 식 (9.1)에 대입하면 다음과 같다.

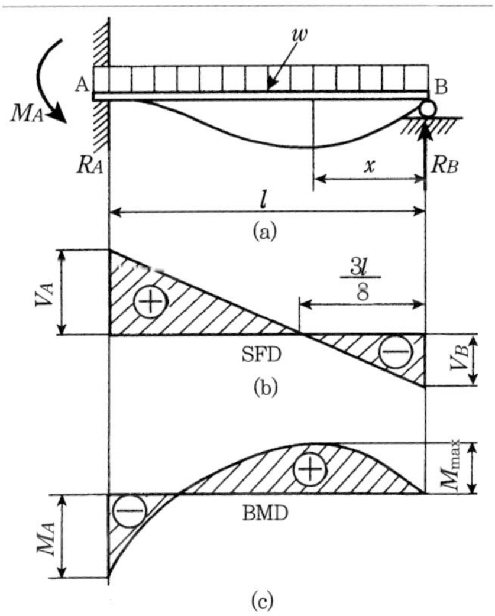

그림 10.5

$$EI\frac{d^2y}{dx^2} = -R_B x + \frac{w}{2}x^2 \tag{b}$$

식 (b)를 두 번 적분하여 정리하면,

$$\frac{dy}{dx} = \frac{1}{EI}\left(\frac{w}{6}x^3 - \frac{R_B}{2}x^2 + C_1\right) \tag{c}$$

$$y = \frac{1}{EI}\left(\frac{w}{24}x^4 - \frac{R_B}{6}x^3 + C_1 x + C_2\right) \tag{d}$$

경계조건 $x=l$에서 $\frac{dy}{dx}=0$이고, $x=0$에서 $y=0$이므로 적분상수 C_1 및 C_2는 다음과 같다.

$$C_1=\frac{R_Bl}{2}-\frac{wl^3}{6},\ C_2=0 \tag{e}$$

식 (d)에 식 (e)를 대입하여 정리하면,

$$y=\frac{1}{24EI}(wx^4-4R_Bx^3+12R_Bl^2x-4wl^3x) \tag{f}$$

한편, 식 (f)에 $x=l$에서 $y=0$인 경계조건을 대입하여 정리하면 반력 R_B의 값을 구할 수 있다.

$$y_{x=l}=\frac{1}{24EI}(8R_Bl^3-2wl^4)=0$$

$$\therefore\ R_B=\frac{3}{8}wl \tag{10.20}$$

식 (10.20)을 식 (c) 및 (d)에 대입하여 정리하면 다음과 같다.

$$\frac{dy}{dx}=\frac{w}{48EI}(8x^3-9lx^2+l^3) \tag{10.21}$$

$$y=\frac{w}{48EI}(2x^4-3lx^3+l^3x) \tag{10.22}$$

처짐각이 최대인 곳은 $x=0$인 B지점에서 일어나므로, 식 (10.21)에서

$$\phi_{max}=\frac{wl^3}{48EI} \tag{10.23}$$

또 처짐이 최대인 곳은 $\frac{dy}{dx}=0$인 단면에서 일어나므로, 식 (10.21)을 0으로 놓으면

$$8x^3 - 9lx^2 + l^3 = (x-l)(8x^2 - lx + l^2) = 0$$

윗식에서 그림 10.5(a)에 적합한 것은 $8x^2 - lx + l^2 = 0$, 즉 $x = 0.42l$이다.

이 값을 식 (10.22)에 대입하면,

$$\delta_{max} = 0.0054\frac{wl^4}{EI} \tag{10.24}$$

한편, 임의단면 x단면에서의 전단력 V_x는

$$V_x = R_B - wx = \frac{3wl}{8} - wx \tag{10.25}$$

따라서 A 및 B점의 전단력 V_A 및 V_B는 식 (10.25)에 $x = l$ 및 $x = 0$인 경계조건을 대입하면 구할 수 있다.

$$V_A = \frac{5}{8}wl$$

$$V_B = \frac{3}{8}wl \tag{10.26}$$

또 전단력인 0인 곳은 식 (10.25)에서

$$V_x = 0, \quad \therefore\ x = \frac{3}{8}l$$

그리고 x단면에서의 굽힘모멘트 M_x는

$$M_x = R_B x - \frac{w}{2}x^2 = \frac{3wl}{8}x - \frac{w}{2}x^2 \tag{10.27}$$

이다. 최대굽힘모멘트는 $\frac{dM}{dx} = 0$인 곳에서 일어나므로

$$M_{max} = \frac{9}{128}wl^2 \tag{10.28}$$

이며, 굽힘모멘트가 0인 지점은 식 (10.27)에서

$$-\frac{w}{2}x^2+\frac{3wl}{8}x=0 \quad \therefore\ x=\frac{3l}{4}$$

이 된다. 한편, $x=l$인 A점에 일어나는 최대굽힘모멘트 M_A는 식 (10.27)에서 다음과 같다.

$$(M_A)_{\max}=\frac{-wl^2}{8} \tag{10.29}$$

또 $x=\frac{l}{2}$인 중앙점에서의 처짐은 식 (10.22)에서 다음과 같다.

$$\delta_{x=\frac{l}{2}}=\frac{wl^4}{192EI} \tag{10.30}$$

예제 10.1 그림 10.6과 같은 균일분포하중과 집중하중이 동시에 작용하는 1단고정 타단지지보에서 반력 R_A와 최대굽힘모멘트를 구하라.

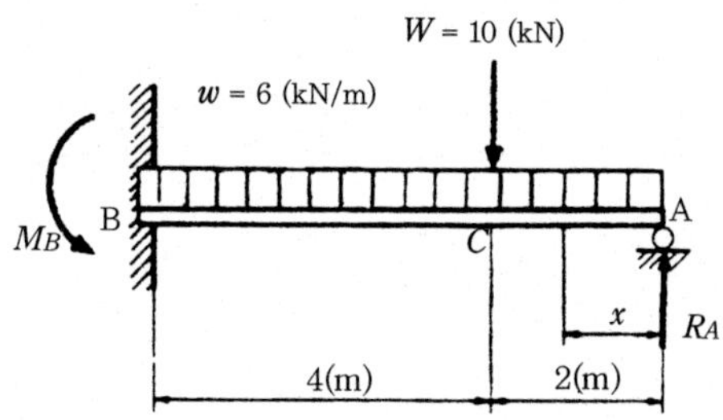

그림 10.6

‖ 풀이 ‖ 3가지의 서로 다른 하중 상태가 작용하는 외팔보와 자유단에서의 처짐을 구하여 이것을 중첩한다.

1) 지점에서는 처짐이 생기지 않으므로

식 (9.11)에서, $\delta_1=\frac{wl^4}{8EI}=\frac{6{,}000\times6^4}{8EI}=\frac{972{,}000}{EI}$

식 (9.39)와 식 (9.6)에서, $\delta_2=\frac{Wl^2}{2EI}\cdot\bar{x}=\frac{10{,}000\times4^2}{2EI}\left(6-\frac{4}{3}\right)=\frac{1{,}120{,}000}{3EI}$

식 (9.7)에서, $\delta_3 = \dfrac{R_A l^3}{3EI} = \dfrac{R_A \times 6^3}{3EI} = \dfrac{72R_A}{EI}$

문제의 뜻에 따라서 $\delta_1 + \delta_2 = \delta_3$

$$\frac{972{,}000}{EI} + \frac{1{,}120{,}000}{3EI} = \frac{72R_A}{EI}$$

$$\therefore\ R_A = \frac{972{,}000 + \dfrac{1{,}120{,}000}{3}}{6 \times 72} = 18{,}685.2(\mathrm{N})$$

2) 굽힘모멘트는

i) $0 \leqq x \leqq 2$: $M_x = R_A x - \dfrac{w}{2}x^2$

$\therefore$B.C. $\begin{cases} x = 0\ :\ M_A = 0 \\ x = 2\ :\ M_C = 25{,}370.4(\mathrm{Nm}) \end{cases}$

ii) $2 \leqq x \leqq 6$: $M_x = R_A x - W(x-2) - \dfrac{w}{2}x^2$

$\therefore$B.C. $\begin{cases} x = 2\ :\ M_C = 25{,}370.4(\mathrm{Nm}) \\ x = 6\ :\ M_B = -35{,}888.8(\mathrm{Nm}) \end{cases}$

따라서 반력 $R_A = 18{,}685.2(\mathrm{N})$이고, 최대굽힘모멘트는 고정단에서 발생되며, 그 값은 35,888.8(Nm)이다.

참고로 모멘트가 0이 되는 지점은

$18{,}685.2x - 10{,}000(x-2) - 3{,}000x^2 = 0 \qquad \therefore\ x = 4.407(\mathrm{m})$

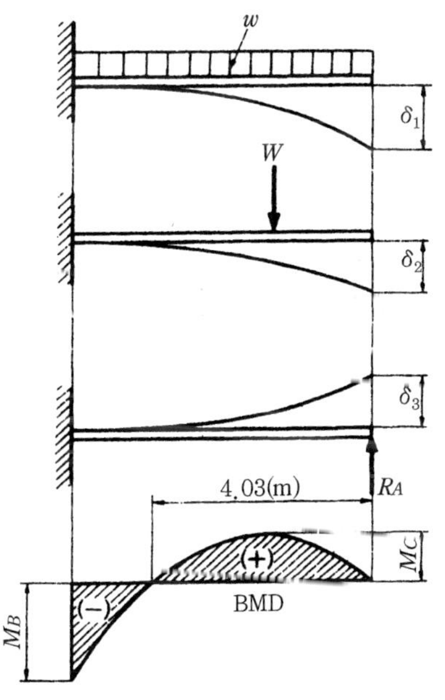

그림 10.7

예제 10.2 그림 10.8과 같은 양단고정보에서 C점에 집중하중이 작용할 때 전단력선도(SFD)와 굽힘모멘트선도(BMD)를 그리고 각 점의 모멘트 M_A, M_B, M_C를 구하라.

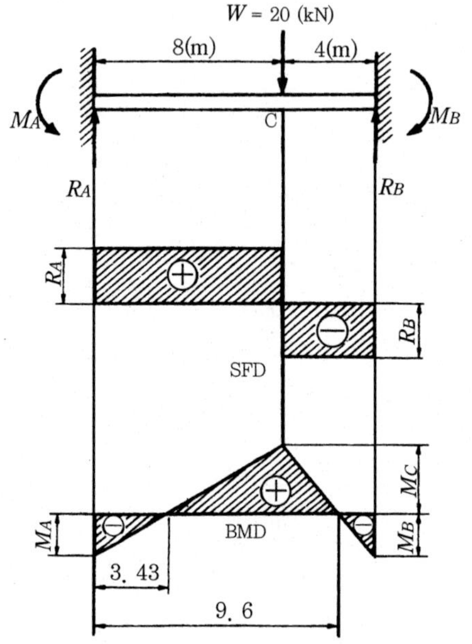

그림 10.8

풀이 우선 식 (10.1) 및 식 (10.2)를 이용하여 반력 및 모멘트의 미지수를 구한 다음 선도를 그려준다.

$$R_A = \frac{Wb^2(3a+b)}{l^3} = \frac{20{,}000\times 4^2\times(3\times 8+4)}{12^3} = 5{,}185\,(\mathrm{N})$$

$$R_B = \frac{Wa^2(a+3b)}{l^3} = \frac{20{,}000\times 8^3(8+3\times 4)}{12^3} = 14{,}815\,(\mathrm{N})$$

또는 $R_B = W - R_A = 20{,}000 - 5{,}185 = 14{,}815\,(\mathrm{N})$

$$M_A = \frac{Wab^2}{l^2} = \frac{20{,}000\times 8\times 4^2}{12^2} = 17{,}777.8\,(\mathrm{Nm})$$

$$M_B = \frac{Wa^2b}{l^2} = \frac{20{,}000\times 8^2\times 4}{12^2} = 35{,}555.6\,(\mathrm{Nm})$$

$$M_C = -M_A + R_A a = -17{,}777.8 + 5{,}185\times 8 = 59{,}257.8\,(\mathrm{Nm})$$

i) $0 \leqq x \leqq 8$

$V_x = R_A = 5{,}185\,(\mathrm{N})$

$M_x = -M_A + R_A x = -17{,}777.8 + 5{,}185x$

$$\therefore \text{B.C.} \begin{cases} x=0 \ : \ M_x = -MA \\ x=3.43 \ : \ M_x = 0 \\ x=8 \ : \ M_x = M_C \end{cases}$$

ii) $8 \leqq x \leqq 1$

$$V_x = R_A - W = -R_B = -14{,}815(\text{N})$$

$$M_x = -M_A + R_A x - W(x-8) = -17{,}777.8 + 5{,}185x - 20{,}000(x-8)$$

$$\therefore \text{B.C.} \begin{cases} x=8 \ : \ M_x = -M_c \\ x=9.6 \ : \ M_x = 0 \\ x=12 \ : \ M_x = -M_B \end{cases}$$

10-04 연속보

그림 10.9에서 보는 바와 같이 세 지점 이상에서 지지되는 보를 **연속보**(continuous beam)라 하고 건축물, 관수로, 교량 등과 같은 특수 구조물에 많다.

연속보에 작용하는 하중들이 수직으로만 작용하고, 또 축방향으로 변형이 없다면 여기에 생기는 모든 반력들은 수직으로만 작용할 것이다. 반력의 총 수는 지점의 수와 같게 될 것이고, 또 부정정요소는 평형방정식으로 해결되는 2개를 뺀 수가 될 것이다. 즉, 그림 10.9에서는 5개의 반력이 있으므로 평형방정식으로 2개가 해결되며 부정정요소는 3개가 존재한다.

그림 10.9

앞 절에서 설명했던 적분법, 면적모멘트법, 중첩법의 어느 방법에 의해서도 연속보의 해석이 가능하지만 가장 실세적인 방법은 중첩법이다. 중첩법을 이용하게 될 때 중간지점들의 반력을 과잉구속으로 취하게 된다. 이렇게 하면 과잉력의 수에 관계없이 각 방정식에 최대 3개의 미지수만이 포함되는 연립방정식들로만 이루어져 계산이 매우 간편하게 된다.

즉, 그림 10.10(a)와 같이 3개의 지점을 갖는 연속보에서는 하나의 과잉구속이 존재하는데, 이를 중간지점의 반력을 과잉구속으로 보면 그림 10.10(a)의 경우에 대한 풀이는 그림 10.10(b), (c), (d)의 경우에 대한 풀이를 중첩하여 얻을 수 있다.

이 때 중간반력 R_C는 하중 W들로 인하여 C점에 일어나는 처짐 δ_1과 반력 R_C로 인한 처짐 δ_2가 서로 같아야 평형을 이룬다. 그림 10.10(b) 및 (c)에서 $a > b$일 때 식 (9.17)에 $x = \dfrac{l}{2}$을 대입하여 정리하면 δ_1은 다음과 같다.

$$\delta_1 = \frac{Wa}{48EI}(3l^2 - 4a^2) \tag{a}$$

또 그림 10.10(d)에서와 같이 반력 R_C가 작용할 때 식 (9.24)에 $x = \dfrac{l}{2}$을 대입하여 정리하면 δ_2는 다음과 같다.

$$\delta_2 = \frac{R_C l^3}{48EI} \tag{b}$$

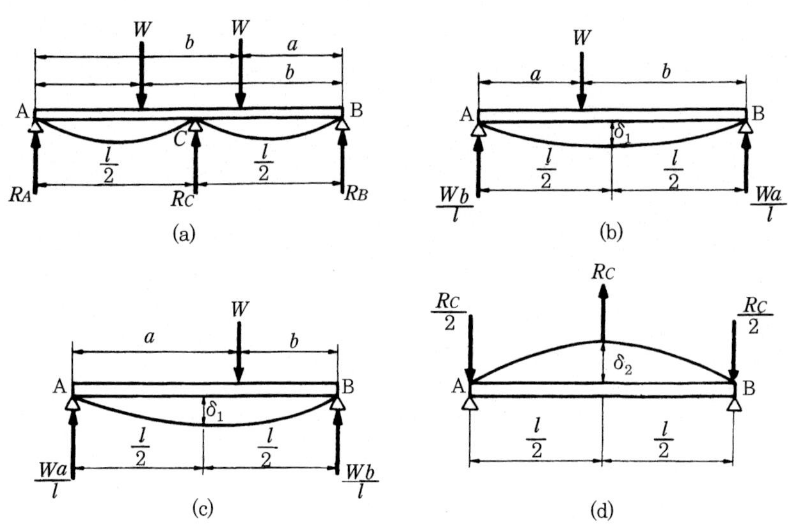

그림 10.10

이 세 경우를 중첩시켜 합성된 처짐은 0이 되어야 하므로 $2\delta_1 - \delta_2 = 0$이 된다. 즉, $2\delta_1 = \delta_2$에서 반력 R_C는 다음과 같다.

$$\frac{Wa}{24EI}(3l^2 - 4a^2) = \frac{R_C l^3}{48EI}$$

$$\therefore\ R_C = \frac{2W}{l^3}(3l^2 - 4a^2) \qquad (10.31)$$

양쪽 끝에서의 반력은 대칭에 의하여 $R_A = R_B$가 되며, 평형방정식으로부터 다음과 같이 된다.

$$R_A + R_B + R_C = 2W$$

$$2R_A = 2W - R_C$$

$$\therefore\ R_A = W - \frac{R_C}{2} = \frac{W}{l^3}(l^3 - 3al^2 - 4a^3) - \frac{W}{l^3}(l+a)(l-2a)^2 \qquad (10.32)$$

또 중심에서의 굽힘모멘트 M_C는 다음과 같다.

$$M_C = R_A\frac{l}{2} - W\left(\frac{l}{2} - a\right) = -\frac{Wa}{2l^3}(l^2 - 4a^2) \qquad (10.33)$$

10-05 3모멘트의 정리

지점을 세 개 이상 갖는 연속보에서는 중간지점에서 한 개씩 과잉구속을 갖게 되므로 일반적으로 중간지점 n개이면 중간지점과 같은 수의 과잉구속 n개를 갖는 부정정보가 된다. 따라서 앞 절에서와 같이 중첩에 의하여 문제를 해결하려면 과잉반력에 의한 처짐방식에 의한 저심방정식 n개와 3개의 정역학의 방정식을 연립하여 미지의 값을 구할 수 있다. 그러나 이 방정식들을 풀기에는 대단히 복잡하므로, 보의 중간지점 위의 단면에서 절단하여 그 곳에 작용하는 굽힘모멘트를 과잉구속으로 취급하여 해를 구함이 중첩법보다 훨씬 간편하다.

그림 10.11(b)에서와 같이 지점 A, B 및 C에서 지지된 보를 지점 B에서 절단하여 2개의 단순보로 가정한다. 이 2개의 보의 스팬(span)의 길이를 l_1 및 l_2라하고 양쪽 끝에 작용하게 되는 과잉 굽힘모멘트를 M_A, M_B 및 M_C라 하면 하중작용으로 인하여 보의 굽힘변경이 일어날 때 B 지점의 좌측 처짐각을 $\phi_B{}'$, 우측 처짐각을 $\phi_B{}''$라고 하면 보를 절단하기 전에는 지점 B에서 탄성곡선이 연속상태이므로 이들 처짐각은 크기는 같고 방향이 반대이다. 즉,

$$\phi_B{}' = \phi_B{}'' \tag{a}$$

처짐각 $\phi_B{}'$와 $\phi_B{}''$를 구하기 위하여 면적모멘트법을 이용하기로 하자. 절단된 단순보에 관한 모멘트선도는 그림 10.11(c)와 같다.

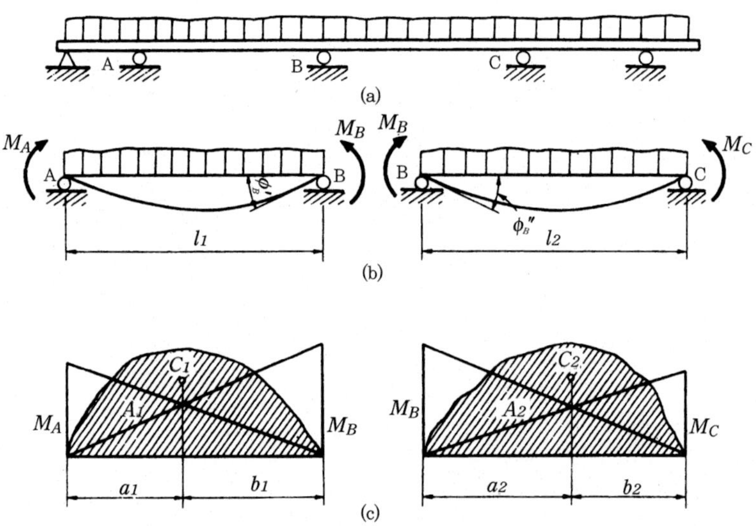

그림 10.11

여기서 하중으로 인한 굽힘모멘트선도의 면적을 각각 A_1, A_2라 하고, 두 보의 양단으로부터 도심 C_1, C_2까지의 거리를 각각 a_1, b_1, a_2, b_2라고 할 때 왼쪽 보의 길이 l_1에 의한 처짐각 $\phi_B{}'$는 다음과 같다.

즉, 식 (9.31)에 $x = l$을 대입하여 정리한 후 굽힘모멘트에 의한 처짐각을 구하고, 면적모멘트법의 공액보를 이용하여 균일분포하중에 의한 처짐각을 각각 구하여 이를 중첩하면 다음과 같다.

$$\phi_B{}' = \frac{M_A l_1}{6EI} + \frac{M_B l_1}{3EI} + \frac{A_1 a_1}{l_1 EI} \tag{b}$$

또 오른쪽 보의 길이 l_2에 의한 처짐각 $\phi_B{}''$는 다음과 같다.

$$\phi_B{}'' = -\left(\frac{M_B l_2}{3EI} + \frac{M_C l_2}{6EI} + \frac{A_2 b_2}{l^2 EI}\right) \tag{c}$$

식 (b)와 식(c)를 식 (a)에 대입하여 정리하면 다음과 같다.

$$M_A l_1 + 2M_B(l_1 + l_2) + M_C l_2 = -\frac{6A_1 a_1}{l_1} - \frac{6A_2 b_2}{l_2} \tag{10.34}$$

이것을 **3모멘트정리**(three-moment theorem) 또는 **클라페이론의 방정식**(Clapeyron's equation)이라고 한다.

이 방정식은 보의 중간지점에 대하여 하나씩 얻어지므로 이를 차례차례로 적용하여 얻어지는 방정식을 연립하여 풀면 지점에서의 모멘트를 구할 수 있다. 만약, 지점이 3개 있으면 하나의 방정식을 얻을 수 있고, 지점이 4개라면 2개의 방정식이 얻어지며, 일반적으로 n개 지점이 있다면 $(n-2)$개의 방정식을 얻게 된다. 따라서 양쪽 끝지점에서의 모멘트는 0이고, 돌출되어 있다면 돌출된 부분은 외팔보와 같이 취급하고, 고정되어 있다면 과잉구속의 개수는 중간지점의 개수보다 많아지므로 이때는 고정단에서 보의 회전이 일어날 수 없다는 조건을 표시하는 식을 추가함으로써 구할 수 있다.

한 예로 연속보의 왼쪽 끝이 고정되어 있다면 그림 10.11(b)의 왼쪽 그림에서 보의 왼쪽 끝 접선의 각을 ϕ_A로 표시하면 다음과 같다.

$$\phi_A = \frac{M_A l_1}{3EI} + \frac{M_B l_1}{6EI} + \frac{A_1 b_1}{l_1 EI}$$

$\phi_A = 0$이므로 A점의 모멘트 M_A는 다음과 같다.

$$M_A = -\frac{M_B}{2} - \frac{3A_1 b_1}{l^2} \tag{10.35}$$

이와 같이 하여 연속보의 모든 지점에서 굽힘모멘트가 결정되면 모든 지점의 반력은 쉽게 구할 수 있다. 즉 A, B 및 C지점에 작용하는 하중 상태를 고려하면 외적 작용으로 인하여 단순보의 지점 B에서 일어나는 반력을 각각 $R_B{}'$ 및 $R_B{}''$로 표시하고, 또 양쪽 끝에서의 모멘트 M_A, M_B 및 M_C에 의한 지점 B의 반력은 다음과 같이 된다.

$$\Sigma M_A = 0 \quad \therefore\ R_B{}' = \frac{M_A - M_B}{l_1}$$

$$\Sigma M_C = 0 \quad \therefore\ R_B{}'' = \frac{-M_B + M_C}{l_2}$$

$$\therefore\ R_B{}' + R_B{}'' = \frac{M_A - M_B}{l_1} + \frac{-M_B + M_C}{l_2}$$

따라서 지점 B에서의 전체 반력은 이들을 합하여 주면 다음과 같다.

$$R_B = R_B{}' + R_B{}'' = \frac{M_A - M_B}{l_1} + \frac{-M_B + M_C}{l_2} \tag{10.36}$$

한편, 지점이 $n-1$, n, $n+1$로 지지된 때의 반력은 다음과 같은 일반식을 이용하여 구할 수 있다.

$$R_n = R_n{}' + R_n{}'' = \frac{M_{1-1} - M_n}{l_n} + \frac{-M_n + M_{n+1}}{l_{n+1}} \tag{10.37}$$

이와 같이 하여 반력과 굽힘모멘트가 구해지면 그 보에 대한 전단력선도와 굽힘모멘트선도를 그릴 수 있다.

또 3모멘트정리를 적용하기 위한 가상 지점은 고정단 지점쪽으로만 가능하며, 자유단 지점쪽으로는 가정할 수 없다. 이는 3모멘트정리가 보의 연속성을 조건으로 하여 유도되었기 때문에 자유단은 보의 연속성을 만족할 수 없는 지점이기 때문이다.

10-06 카스틸리아노의 정리

앞에서 설명한 탄성변형에너지의 개념을 이용하면 여러 가지 하중을 받는 구조물의 각 점의 처짐을 쉽게 구할 수 있다. 한 예를 들어, 단순인장을 받는 균일단면봉을 생각해 보자.

이 봉에 대한 탄성변형에너지의 일반식은 다음과 같다.

$$U = \frac{W\delta}{2} = \frac{W^2 l}{2AE} \tag{a}$$

식 (a)를 작용하중 W에 관하여 미분하면 다음 결과를 얻는다.

$$\frac{dU}{dW} = \frac{Wl}{AE} = \delta$$

즉, 탄성변형에너지를 작용하중 W에 대해서 1차 미분하면 그 하중 작용점의 그 하중방향에 대한 처짐량을 표시하고 있다.

이번에는 비틀림작용을 받는 원형단면축을 생각해 보자.

이 축 속의 탄성변형에너지식은 다음과 같다.

$$U = \frac{T^2 l}{2GI_p} \tag{b}$$

식 (b)는 작용토크(torque) T에 관하여 미분하면 다음 결과를 얻는다.

$$\frac{dU}{dT} = \frac{Tl}{GI_p} = \phi$$

이 결과는 그 축의 한쪽 끝의 다른 쪽 끝에 대한 비틀림을 나타내고 있다. 즉, 그 축의 양단에 작용하는 정역학적으로 평형된 한 쌍의 토크를 '일반화된 힘'으로 취급하고, 그 양단 사이의 비틀림각을 '대응되는 변위'로 취급하면 이 경우에도 탄성변형에너지의 '힘'에 관한 미분이 '변위'를 표시한다고 말할 수 있다.

끝으로 외팔보의 자유단에 집중하중 W가 작용하는 경우를 생각해 보자.

이 보 속의 굽힘 탄성변형에너지는 다음과 같다.

$$U = \frac{W^2 l^3}{6EI} \tag{c}$$

식 (c)를 W에 관하여 미분하면 다음 결과를 얻는다.

$$\frac{dU}{dW} = \frac{Wl}{3EI} = \delta$$

이 결과는 그 보의 자유단에 작용하는 하중 W의 방향에 대한 처짐량을 나타낸다.

이와 같은 이론을 좀더 일반화하기 위해서 정리해 보면 다음과 같다.

그림 10.12와 같은 공간 내에 완전히 구속된 탄성체 또는 구조물 AB에 외력으로 W_1, W_2, W_3 ……의 집중하중이 작용하여 각 하중의 방향으로 δ_1, δ_2, δ_3 ……의 변형이 일어났다고 하자. n번째의 하중을 W_n이라 하면 W_n의 미소량 dW_n만큼 증가할 때 탄성변형에너지도 dU만큼 증가한다면 이 탄성체 속에 저장되는 전체 탄성에너지는 다음과 같다.

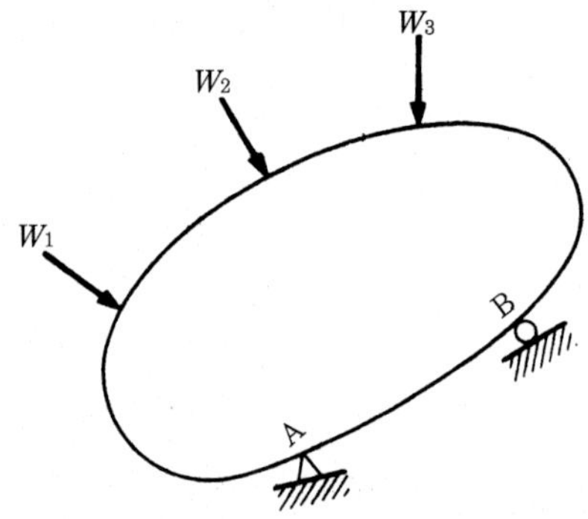

그림 10.12

$$U+\frac{\partial U}{\partial W_n}\cdot dW_n \tag{d}$$

여기서 $\frac{\partial U}{\partial W_n}$는 W_n의 변화에 대한 탄성변형에너지 U의 변화량이다.

탄성체의 변형에너지는 작용하중의 순서와는 무관하며 하중의 최후값에만 관계되므로, 최초에 미소하중 dW_n이 작용하고, 그 후에 W_1, W_2, W_3……가 작용한다고 하여도 최종적인 양은 변하지 않으며 식 (d)와 같이 된다.

다음에 미소하중 dW_n을 작용시켰을 때 발생되는 변위가 δ_n이라면 미소의 하중에 의해서 이루어지는 일량, 즉 전체의 탄성변형에너지는 다음과 같다.

$$U + dW_n \delta_n \qquad \text{(e)}$$

한편, 외력들의 작용을 받아 탄성체 속에 저장되는 탄성변형에너지와 그 외력들에 의해서 이루어지는 일, 즉 식 (d)와 식 (e)로 표시되는 두 에너지량은 에너지보존의 법칙에 의해서 서로 같아야 하므로 다음과 같은 결과를 얻는다.

$$U + \frac{\partial U}{\partial W_n} dW_n = U + dW_n \delta_n$$

$$\text{따라서} \quad \delta_n = \frac{\partial U}{\partial W_n} \qquad (10.38)$$

즉, 탄성체에 집중하중이 작용할 때 그 하중에 의한 탄성변형의 하중에 대한 편미분 $\frac{\partial U}{\partial W_n}$는 하중점에 있어서 하중방향으로 일어나는 변위와 같다. 이 관계를 **카스틸리아노의 정리**(Castigliano's theorem)라고 한다.

여기에 쓰이는 하중과 변위라 함은 일반적인 의미를 가지며, 우력에 대응되는 변위는 그 작용 방향의 회전각을 의미한다. 따라서 탄성체에 집중하중이 작용하지 않고 우력만이 작용하는 경우는 탄성변형에너지 U를 우력 M에 관하여 편미분하면 편미분계수는 우력에 의한 비틀림각을 표시한다.

예를 들어, 탄성체에 여러 개의 우력 M_1, M_2, M_3 ……가 작용할 때 n번째의 우력 M_n에 의하여 그 작용점에 일어나는 비틀림각을 ϕ_n이라 하면 다음과 같이 된다.

$$\phi_n = \frac{\partial U}{\partial M_n} \qquad (10.39)$$

탄성체에 작용하는 하중 W_n의 방향의 변형이 0인 경우는

$$\frac{\partial U}{\partial W_n} = 0 \qquad (10.40)$$

이 되며, 이것을 **최소일의 정리**(theorem of least work)라 하고, 보의 지점반력이 부정정인 경우에 반력을 구하는 데 이용된다.

다음으로 카스틸리아노의 정리를 이용하여 보의 처짐각 및 처짐을 구하는 식을 유도해 보자.

그림 9.1에서와 같이 굽힘모멘트를 받아 구부러진 처짐곡선에서 미소의 길이 ds를 택한다. 이 미소의 길이에 굽힘모멘트 M이 작용하여 $d\phi$의 기울기를 나타냈다고 하자. 이 때 M과 $d\phi$의 관계를 그림 10.13에서와 같이 OA의 직선으로 표시된다. 따라서 보에 저장된 탄성변형에너지를 dU라고 하면 다음과 같이 된다.

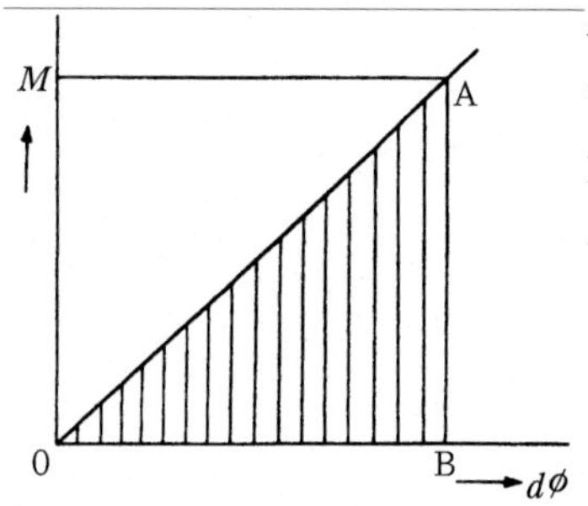

그림 10.13

$$dU = \frac{1}{2} M d\phi$$

여기서, 보의 길이를 l이라 할 때 보 전체에 저장된 탄성변형에너지 U는 다음과 같다.

$$U = \int_0^l \frac{1}{2} M\, d\phi = \int_0^l \frac{M^2}{2EI} dx \tag{10.41}$$

보에 집중하중이 작용하는 경우에 n번째의 하중 W_n에 의하여 변형이 일어난다면

$$\frac{M^2}{2EI} = f(W,\ W_n)$$

으로 놓으면

$$U = \int f(W,\ W_n)$$

이 되며, 따라서

$$\frac{\partial U}{\partial W_n} = \int \frac{\partial f(W,\ W_n)}{\partial W_n} dx = \int \frac{\partial \left(\frac{M^2}{2EI} \right)}{\partial W_n} dx = \int \frac{M}{EI} \cdot \frac{\partial M}{\partial W_n} dx$$

여기서 $\delta_n = \dfrac{\partial U}{\partial W_n}$이므로, 윗식은 다음과 같이 된다.

$$\delta_n = \int \frac{M}{EI} \cdot \frac{\partial M}{\partial W_n} dx \qquad (10.42)$$

식 (10.42)는 하중점의 처짐을 구하는 식이다. 만일, 처짐을 구하는 위치에서 하중이 작용하지 않는 경우는 그 점에서 가상하중 W_0를 가하여 카스틸리아노의 정리를 이용해서 가상점의 처짐을 구한 후 $W_0 = 0$으로 놓으면 된다.

처짐각을 구하려면 처짐의 경우와 같은 방법으로 굽힘모멘트에 대한 미분계수를 사용하면 된다.

$$\phi_n = \int \frac{M}{EI} \cdot \frac{\partial M}{\partial M_n} dx \qquad (10.43)$$

또 처짐각을 구하는 위치에서 굽힘모멘트가 작용하지 않는 경우는 앞에서와 마찬가지로 가상 굽힘모멘트 M_0를 가하여 처짐각을 구한 후 $M_0 = 0$으로 놓으면 된다.

부정정보의 반력을 구하는 데는 그 반력을 R_1, R_2, R_3……라고 하면 식 (10.40)을 이용하여

$$\frac{\partial U}{\partial R_1} = 0, \quad \frac{\partial U}{\partial R_2} = 0, \quad \frac{\partial U}{\partial R_3} = 0 \qquad (10.44)$$

으로 놓고 이를 연립으로 풀면 된다.

예제 10.3 그림 10.14와 같이 점변분포하중이 작용하는 양단고정보에서 모멘트와 반력을 구하라. 다만, 보 위에 작용하는 하중은 A점에서는 0, B점에서는 단위길이에 대해서 w가 작용한다.

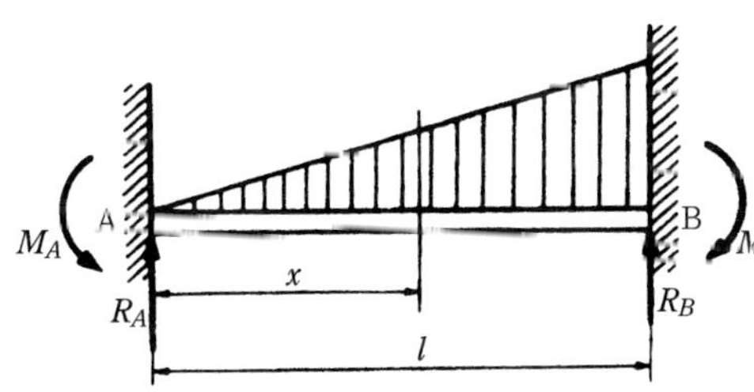

그림 10.14

‖ **풀이** ‖ 임의의 단면에 대한 굽힘모멘트 M_x는

$$M_x = R_A x - M_A - \frac{1}{2} \cdot x \cdot \frac{wx}{l} \cdot \frac{x}{3} = R_A x - M_A - \frac{wx^3}{6l}$$

보의 왼쪽 끝인 A점에서는 수직방향으로 변형이 일어나지 않으므로, 식 (10.40) 및 식 (10.42)에서

$$\delta_A = \frac{\partial U}{\partial W_n} = \int_0^l \frac{M}{EI} \cdot \frac{\partial M}{\partial R_A} dx = 0$$

$$\therefore \ \frac{1}{EI}\int_0^l \left(R_A x - M_A - \frac{wx^3}{6l}\right) x\, dx \qquad \text{(a)}$$

$$= \frac{1}{EI}\left(\frac{R_A l^3}{3} - \frac{M_A l^2}{2} - \frac{wl^4}{30}\right) = 0$$

또 고정단 A점에서는 처짐각이 일어나지 않으므로, 식 (10.43)에서

$$\phi_A = \frac{\partial U}{\partial M_l} = \int_0^l \frac{M}{EI} \cdot \frac{\partial M}{\partial M_A} dx = 0$$

$$\therefore \ \frac{1}{EI}\int_0^l \left(R_A x - M_A - \frac{wx^3}{6l}\right)) - 1) dx \qquad \text{(b)}$$

$$= \frac{1}{EI}\left(-\frac{R_A l^2}{2} + M_A l + \frac{wl^3}{24}\right) = 0$$

식 (a)와 (b)를 연립으로 풀면 R_A와 M_A는 다음과 같다.

$$R_A = \frac{2wl}{20} \quad M_A = \frac{wl^2}{30}$$

다음은 보의 평형조건을 이용하면 R_B와 M_B는 다음과 같이 구해진다.

$$R_B = \frac{wl}{2} - \frac{3wl}{20} = \frac{7wl}{20}$$

$$M_B = M_A + \frac{wl}{2} \cdot \frac{l}{3} - R_A l = \frac{wl^2}{20}$$

예제 10.4 그림 10.15와 같은 외팔보의 자유단에 집중하중 W와 우력 M_A가 작용할 때 카스틸리아노의 정리를 이용해서 자유단의 처짐 및 처짐각을 구하라.

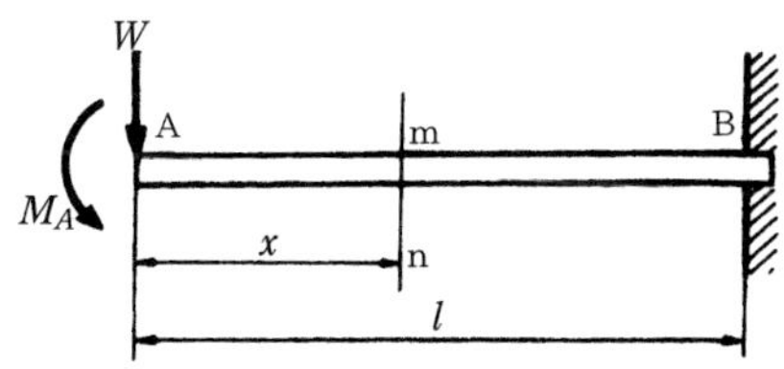

그림 10.15

‖ **풀이** ‖ 임의의 단면 mn에서의 굽힘모멘트는

$$M_x = - W \cdot x - M_A \qquad \text{(a)}$$

자유단의 처짐을 구하기 위하여 식 (10.42)에 식 (a)를 대입하면,

$$\delta = \frac{\partial U}{\partial W} = \frac{1}{EI}\int_0^l M\frac{\partial M}{\partial W}dx = \frac{1}{EI}\int_0^l (Wx + M_A)(x)dx$$

$$= \frac{Wl^3}{3EI} + \frac{M_A l^2}{2EI} \qquad \text{(b)}$$

자유단의 처짐각을 구하기 위하여 식 (10.43)에 식 (a)를 대입하면,

$$\phi = \frac{\partial U}{\partial M_A} = \frac{1}{EI}\int_0^l M\frac{\partial M}{\partial M_A}dx = \frac{1}{EI}\int_0^l (Wx + M_A)(1)dx$$

$$= \frac{Wl^2}{2EI} + \frac{M_A l}{EI} \qquad \text{(c)}$$

식 (b)와 식 (c)는 면적모멘트법 또는 미분방정식을 이용해서 구한 값과 일치한다.

예제 10.5 그림 10.16과 같은 단순지지보에 균일분포하중이 작용한다. 보의 중앙점의 처짐과 양단의 처짐각을 카스틸리아노의 정리를 이용하여 구하라.

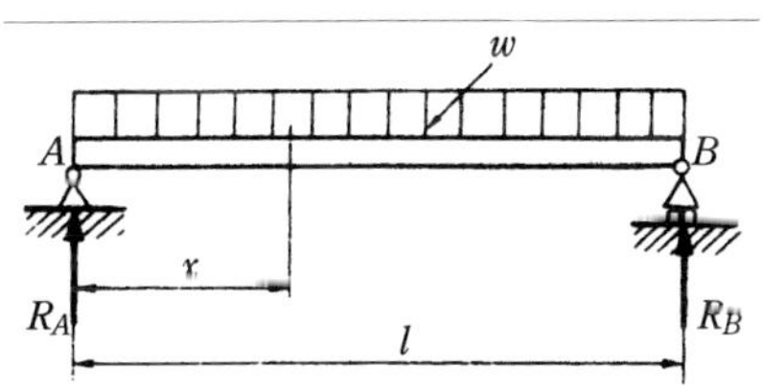

그림 10.16

‖ **풀이** ‖ 임의단면의 모멘트 M_x는

$$M_x = \frac{wl}{2}x - \frac{w}{2}x^2 \qquad \text{(a)}$$

보의 중앙점에 집중하중 W가 작용한다고 가정했을 때, 임의단면의 모멘트를 구하여 이를 W에 관하여 편미분하여 주면

$$M_x = \frac{W}{2}x \qquad \therefore \frac{\partial M}{\partial W} = \frac{x}{2} \qquad \text{(b)}$$

식 (a)와 식 (b)를 식 (10.42)에 대입하고, M과 $\frac{\partial M}{\partial W}$이 보의 중앙에서 대칭이므로

$$\delta = \frac{\partial U}{\partial W} = \frac{1}{EI}\int_0^l M\frac{\partial M}{\partial W}dx = \frac{2}{EI}\int_0^{\frac{l}{2}} M\frac{\partial M}{\partial W}dx$$

$$= \frac{2}{EI}\int_0^{\frac{l}{2}}\left(\frac{wl}{2}x - \frac{w}{2}x^2\right)\left(\frac{x}{2}\right)dx = \frac{5wl^4}{384EI} \qquad \text{(c)}$$

B점의 처짐각을 구하기 위하여 우력 M_B가 B단에 작용한다고 가정한다. 이때 임의단면의 모멘트는

$$M_B:\ M_x = l : x\text{에서},\ M_X = \frac{x}{l}M_b \qquad \therefore \frac{\partial U}{\partial M_B} = \frac{x}{l} \qquad \text{(d)}$$

따라서 식 (10.43)에서

$$\phi = \frac{\partial U}{\partial M_B} = \frac{1}{EI}\int_0^l M\frac{\partial M}{\partial M_B}dx = \frac{1}{EI}\int_0^l\left(\frac{wl}{2}x - \frac{w}{2}x^2\right)\left(\frac{x}{l}\right)dx$$

$$= \frac{wl^3}{24EI} \qquad \text{(e)}$$

식 (c) 및 식 (e)는 식 (9.30) 및 식 (9.29)에 일치함을 알 수 있다.

연 습 문 제

1. 그림 10.17과 같은 보에서 반력 R_A와 R_B를 구하라.

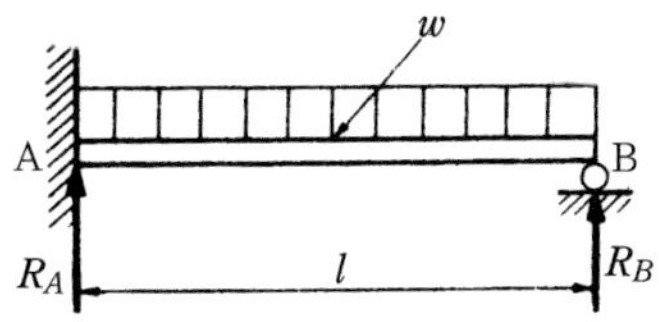

그림 10.17

(a) $R_A = \frac{5}{8}wl$, $R_B = \frac{3}{8}wl$ (b) $R_A = \frac{wl}{2}$, $R_B = \frac{wl}{2}$

(c) $R_A = \frac{3}{8}wl$, $R_B = \frac{3}{8}wl$ (d) $R_A = \frac{11}{16}wl$, $R_B = \frac{5}{16}wl$

2. 그림 10.18과 같은 보에서 최대굽힘응력을 구하라.

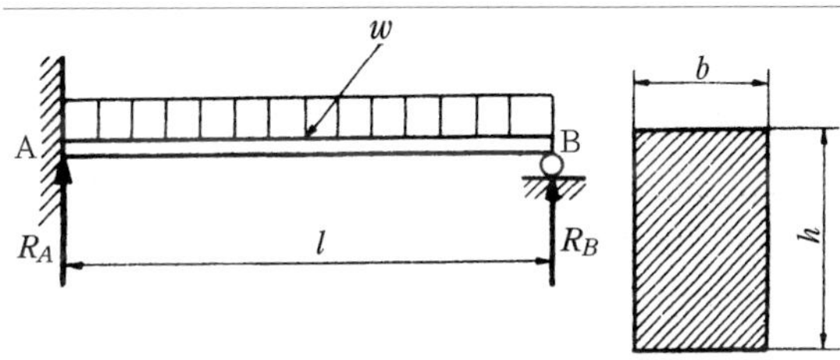

그림 10.18

(a) $\frac{64wl^2}{27bh^2}$ (b) $\frac{27wl^2}{64bh^2}$ (c) $\frac{7wl^2}{128bh^2}$ (d) $\frac{64wl^2}{128bh^2}$

3. 지름 $d=10$(cm)인 원형단면을 갖는 1단고정 타단지지보에서 보의 길이 $l=2$(m)이고, 재료의 허용응력이 $\sigma_a=90$(MPa)일 때 보의 중앙에 작용하는 최대허용하중 W의 크기를 구하라.

(a) W=12,793(N) (b) W=15,694(N)

(c) W=23,562(N) (d) W=31,256(N)

4. 그림 10.19와 같은 일단고정 타단지지보에서 고정단의 모멘트 M_B를 구하라.

(a) $M_B=-\dfrac{Wl}{2}$　　(b) $M_B=\dfrac{2Wl}{16}$

(c) $M_B=-\dfrac{3Wl}{16}$　　(d) $M_B=-\dfrac{5Wl}{16}$

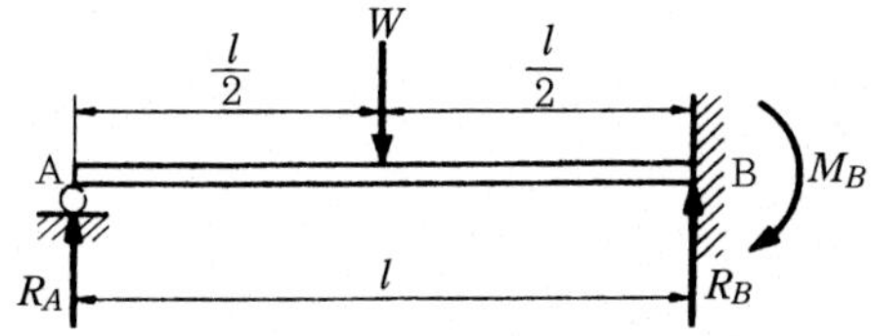

그림 10.19

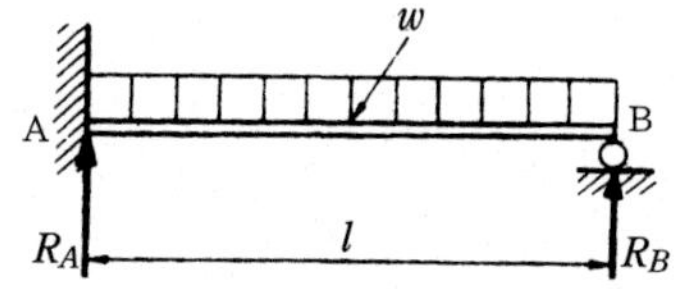

그림 10.20

5. 그림 10.20에서 최대굽힘모멘트를 구하라.

(a) $\dfrac{9wl^2}{128}$　　(b) $\dfrac{13wl^2}{128}$

(c) $\dfrac{15wl^2}{128}$　　(d) $\dfrac{19wl^2}{128}$

6. 그림 10.21과 같이 직선적으로 변하는 분포하중(점변분포하중)이 작용할 때 반력 R_A 및 R_B를 구하라.

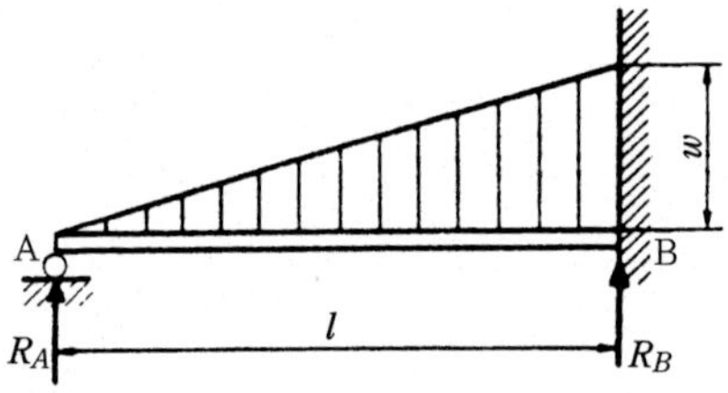

그림 10.21

(a) $R_A=\dfrac{wl}{10}\ R_B=\dfrac{2wl}{5}$　　(b) $R_A=\dfrac{wl}{5}\ R_B=\dfrac{wl}{6}$

(c) $R_A=\dfrac{wl}{10}\ R_B=\dfrac{wl}{20}$　　(d) $R_A=\dfrac{wl}{6}\ R_B=\dfrac{3wl}{16}$

7. 문제 6에서 고정단의 굽힘모멘트 M_B를 구하라.

(a) $\frac{2wl^2}{5}$　　(b) $\frac{3wl^2}{5}$

(c) $\frac{wl^2}{15}$　　(d) $\frac{wl^2}{23}$

8. 그림 10.22와 같은 양면 고정보에서 중앙점의 굽힘모멘트 M_C를 구하라.

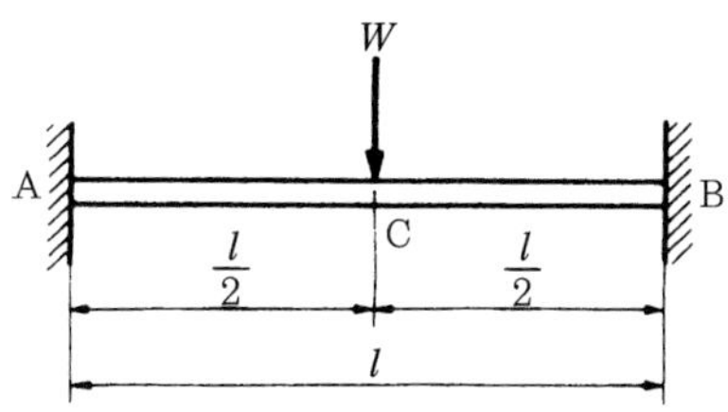

그림 10.22

(a) $M_C = \frac{Wl}{2}$　　(b) $M_C = \frac{Wl}{16}$

(c) $M_C = \frac{Wl}{18}$　　(d) $M_C = \frac{Wl}{8}$

9. 단면계수 $Z = 100(\text{cm}^3)$의 구형단면의 보가 2(m)의 길이를 가지고 있다. 양단을 고정시켰 때 보의 중앙에 작용할 수 있는 집중하중 W의 크기를 구하라. 단, 재료의 허용응력은 $\sigma_a = 80(\text{MPa})$이다.

(a) W=12(kN)　　(b) W=22(kN)

(c) W=32(kN)　　(d) W=42(kN)

10. 보의 길이 4(m), 지름 12(cm)의 원형단면의 양단고정보가 중앙에 10(kN)의 집중하중이 작용할 때 최내서짐(δ_{max})을 구하라. 단, E=200(GPa)이다.

(a) $\delta_{max} = 0.139(\text{cm})$　　(b) $\delta_{max} = 0.163(\text{cm})$

(c) $\delta_{max} = 0.345(\text{cm})$　　(d) $\delta_{max} = 0.542(\text{cm})$

11. 그림 10.23과 같은 양단고정보에서 중앙에서의 처짐(δ_{max})을 구하라. 단, E= 200(GPa)이다.

(a) $\delta_{max} = 0.8(\text{cm})$　　(b) $\delta_{max} = 0.08(\text{cm})$

(c) $\delta_{max} = 0.3(\text{cm})$　　(d) $\delta_{max} = 0.03(\text{cm})$

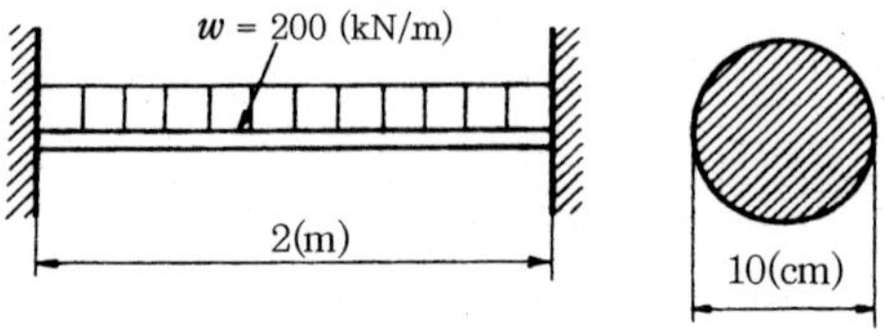

그림 10.23

12. 그림 10.24와 같은 연속보에서 중앙점인 C점의 반력을 구하라.

(a) $R_C = \frac{3}{4}wl$ (b) $R_C = \frac{5}{4}wl$

(c) $R_C = \frac{3}{8}wl$ (d) $R_C = \frac{5}{8}wl$

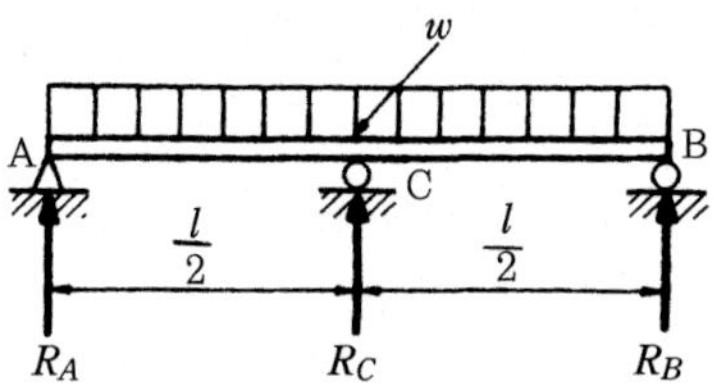

그림 10.24

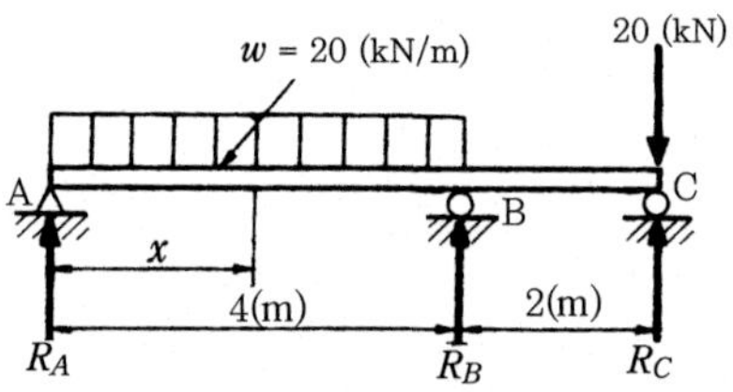

그림 10.25

13. 그림 10.25와 같은 연속보에서 최대굽힘모멘트가 발생되는 지점은 A지점에서 얼마나 떨어진 곳인가?

(a) 1(m) (b) 1.52(m)

(c) 2(m) (d) 2.5(m)

14. 그림 10.26과 같은 연속보에서 B지점의 굽힘모멘트 M_B는 얼마인가?

(a) $M_B = -\frac{wl^2}{4}$ (b) $M_B = -\frac{wl^2}{6}$

(c) $M_B = -\frac{wl^2}{8}$ (d) $M_B = -\frac{wl^2}{12}$

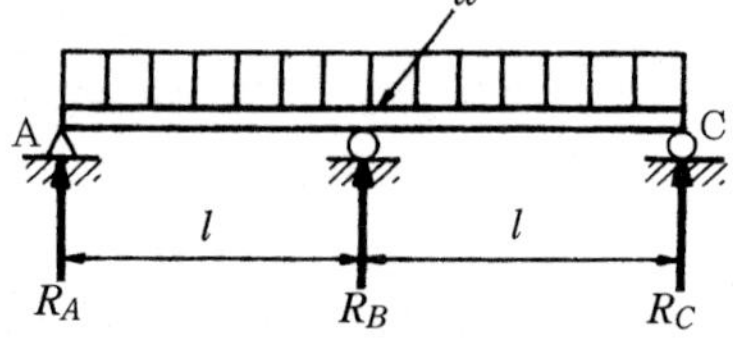

그림 10.26

15. 그림 10.27과 같이 중앙에 집중하중을 받는 연속보에서 반력 R_A를 구하라.

(a) $R_A = \dfrac{W}{16}$ (b) $R_A = \dfrac{3W}{8}$

(c) $R_A = \dfrac{3W}{16}$ (d) $R_A = \dfrac{5W}{16}$

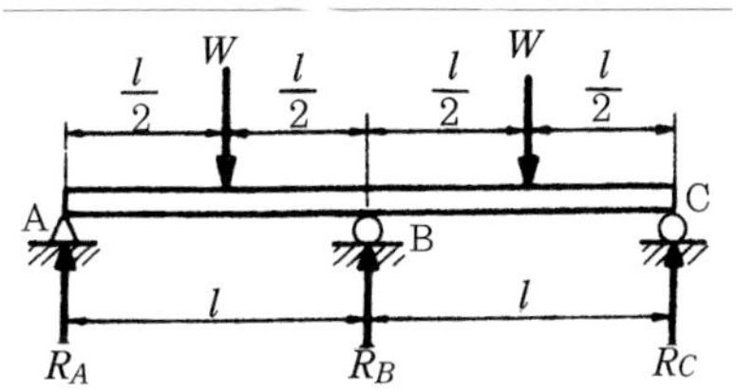

그림 10.27

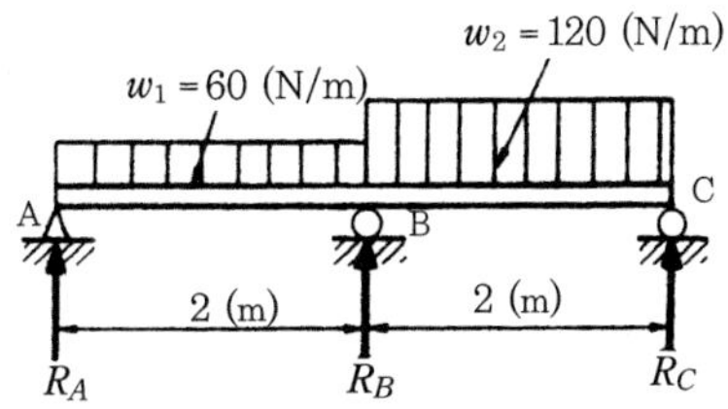

그림 10.28

16. 그림 10.28과 같은 연속보에서 B지점의 반력 R_B를 구하라.

(a) $R_B = 180$(N) (b) $R_B = 97.5$(N)

(c) $R_B = 82.5$(N) (d) $R_B = 75$(N)

17. 그림 10.29와 같이 임의점에 2개의 집중하중이 작용하는 연속보에서 B지점의 반력 R_B를 구하라.

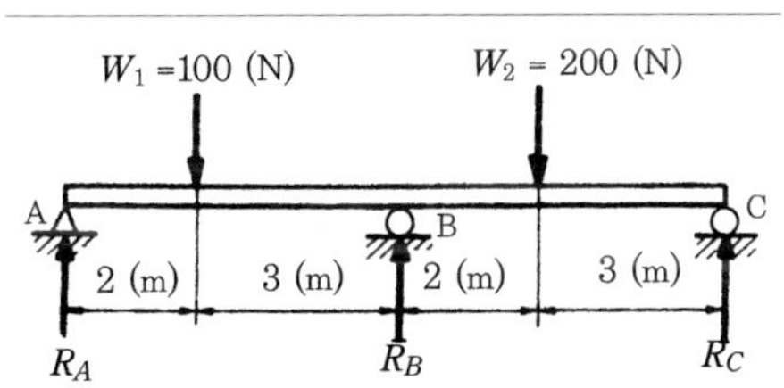

그림 10.29

(a) 52(N) (b) 138(N)

(c) 87(N) (d) 160(N)

18. 문제 15의 그림과 같이 같은 거리의 세 지점에서 지지하고 있는 연속보에서 지점간의 중앙에 집중하중이 작용하는 경우 $W = 10$(kN), $l = 100$(cm)라 하면 단면의 지름은 얼마이겠는가? 단, 허용응력은 $\sigma_a = 80$(MPa)이다.

(a) $d = 38$(mm) (b) $d = 45$(mm)

(c) $d = 52$(mm) (d) $d = 62$(mm)

19. 그림 10.30과 같은 돌출보에서 자유단에 집중하중 W를 받는 경우 카스틸리아노의 정리를 이용하여 C점의 처짐을 구하라.

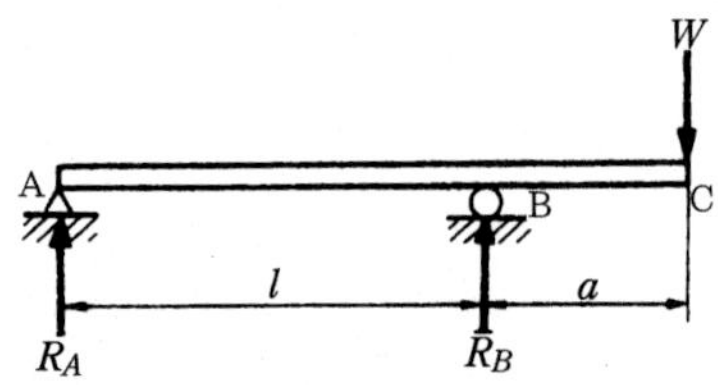

그림 10.30

(a) $\delta_C = \dfrac{Wa}{6EI}(l^3 + a)$ (b) $\delta_C = \dfrac{Wa^2}{6EI}(l^3 + a)$

(c) $\delta_C = \dfrac{Wa^2}{3EI}(l^3 + a)$ (d) $\delta_C = \dfrac{Wa^3}{3EI}(l^3 + a)$

20. 그림 10.31과 같이 외팔보의 자유단에 집중하중 W와 굽힘모멘트 M_0가 동시에 작용할 때 처짐 δ를 카스틸리아노의 정리를 이용하여 구하라.

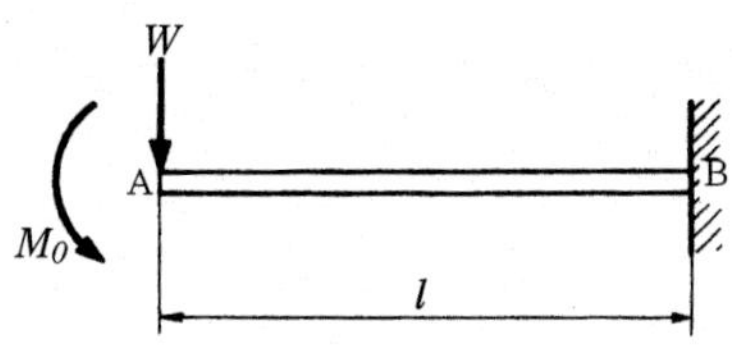

그림 10.31

(a) $\dfrac{Wl^3}{3EI} + \dfrac{M_0 l^3}{2EI}$ (b) $\dfrac{Wl^3}{3EI} + \dfrac{M_0 l^2}{2EI}$

(c) $\dfrac{Wl^3}{3EI} + \dfrac{M_0 l^2}{EI}$ (d) $\dfrac{Wl^3}{2EI} + \dfrac{M_0 l^2}{3EI}$

응 용 문 제

1. 그림 10.32와 같은 1단고정 타단지지보에서 반력 R_A 및 R_B와 굽힘모멘트 M_A를 구하라.

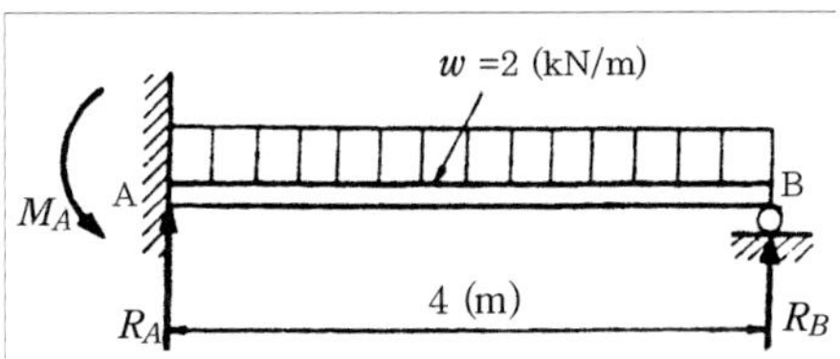

그림 10.32

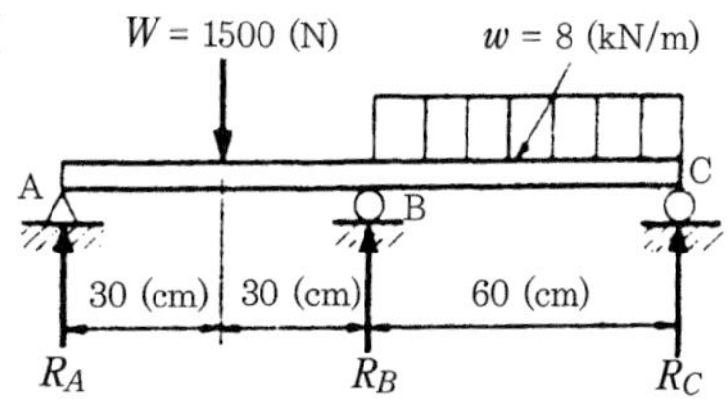

그림 10.33

2. 그림 10.33과 같은 집중하중과 균일분포하중이 동시에 작용하는 3지점의 연속보에서 B지점의 굽힘모멘트 M_B와 R_A, R_B 및 R_C를 구하라.

3. 그림 10.34와 같은 보의 미지수들을 구하고, 전단력선도(SFD) 및 굽힘모멘트선도(BMD)를 그려라. 단, EI는 일정하다.

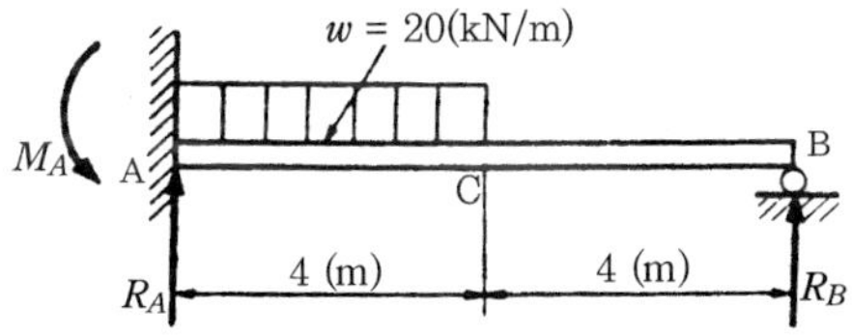

그림 10.34

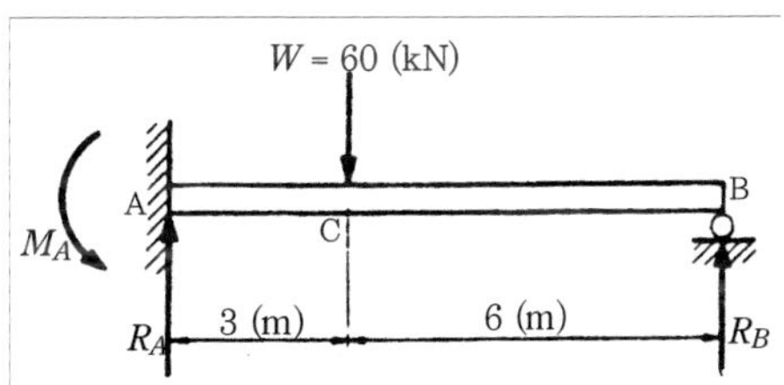

그림 10.35

4. 그림 10.35와 같은 보의 미지수를 구하고, 전단력선도(SFD)와 굽힘모멘트선도(BMD)를 그려라. 단, EI는 일정하다.

5. 단면적이 모두 4(cm^2)인 봉을 그림 10.36과 같이 연결하고, C점에 W=10(kN)의 하중을 가할 때 AC의 길이 $l=2$(m)라면 C점의 하중방향을 변위를 구하라. 단, $E=$ 200(GPa)이다.

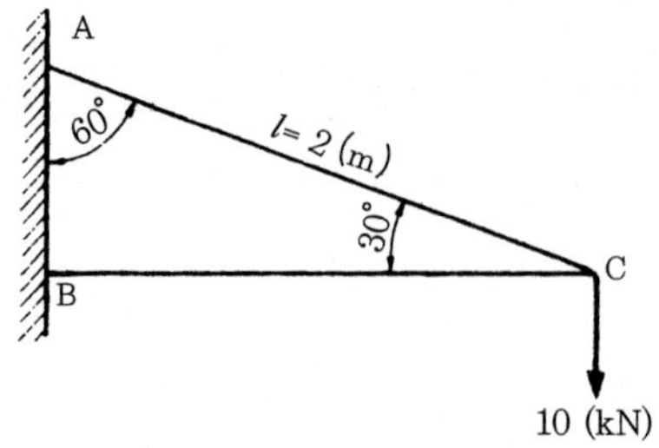

그림 10.36

6. 그림 10.37과 같은 B점이 고정된 원호 모양의 외팔보 AB가 있다. 자유단 A에 수직하중 W가 작용할 경우 수직처짐량 δ를 카스틸리아노의 정리를 이용하여 구하라.

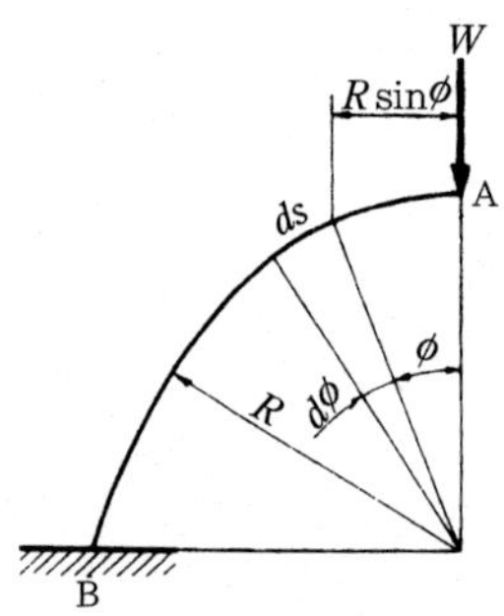

그림 10.37

7. 양단고정보가 그림 10.38과 같이 집중하중을 받고 있다. 양쪽 고정단 모멘트의 비 M_A / M_B를 구하라. 단, $a = 1$(m), $b = 2$(m)라고 한다.

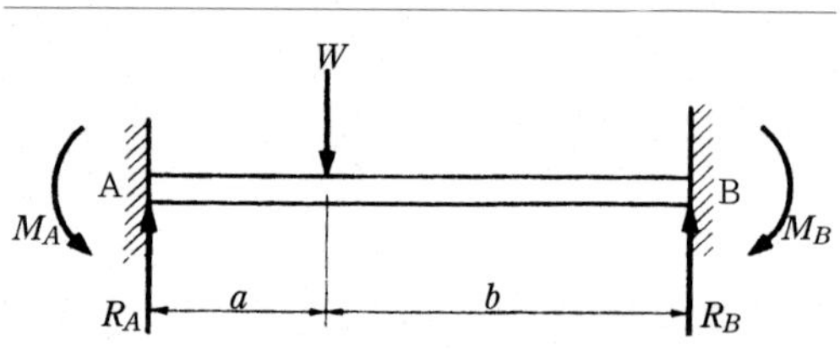

그림 10.38

8. 그림 10.39와 같이 A, B점이 수평하게 양단이 고정된 보의 지점 B가 δ만큼 처짐을 일으켰다. 고정단 모멘트 M_A를 구하라.

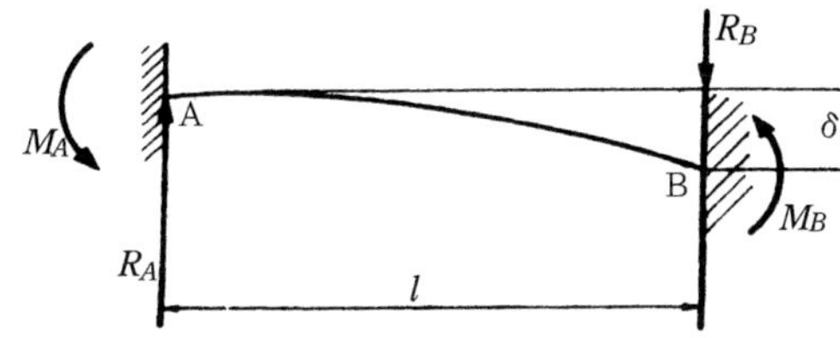

그림 10.39

9. 그림 10.40과 같은 보의 반력을 3모멘트정리를 이용하여 구하라. 단, $a = \dfrac{l}{3}$ 이고, $b = \dfrac{2l}{3}$ 이다.

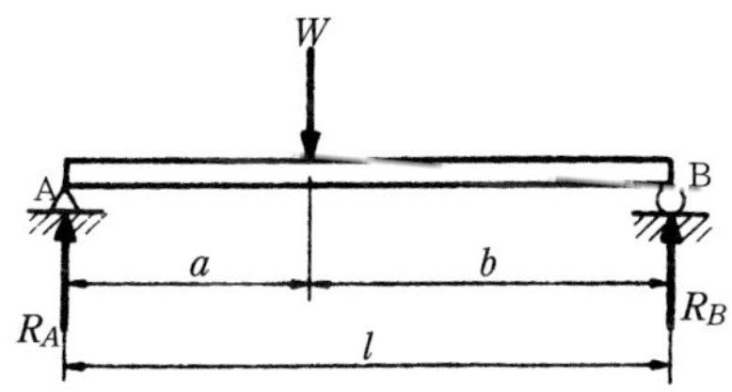

그림 10.40

10. 그림 10.41과 같은 2점지지 일단고정보의 중앙지점의 반력 R_B를 3모멘트정리를 이용하여 구하라. 단, $W = wl$ 이다.

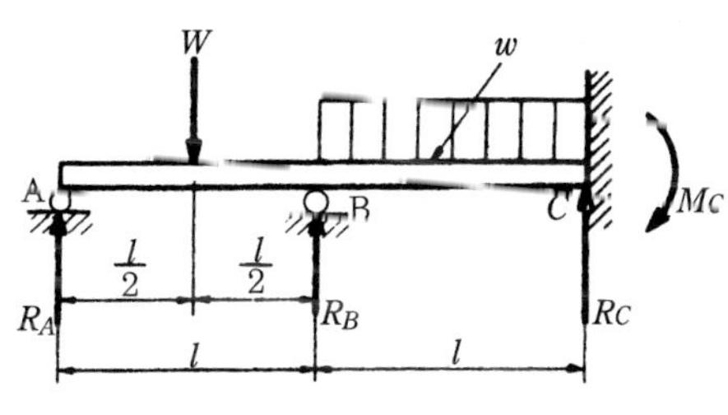

그림 10.41

11 Chapter 특수단면의 보

11-01 균일강도의 보

일반적인 보에서 보의 단면에 작용하는 굽힘모멘트의 크기는 그림 11.1의 굽힘모멘트선도에서 보는 바와 같이 보의 전 길이에 대하여 고르지 않다. 따라서 균일 단면을 가지고 있는 보에서 굽힘모멘트가 최대인 단면이 위험단면이고, 최대응력이 발생될 이 위험단면에서부터 파괴가 시작될 것이다. 따라서 위험단면에서 파괴가 일어나지 않도록 설계시에 유의해야 할 것이므로, 이 위험단면 이외의 부분은 굽힘에 대하여 필요 이상의 재료를 가지고 있다.

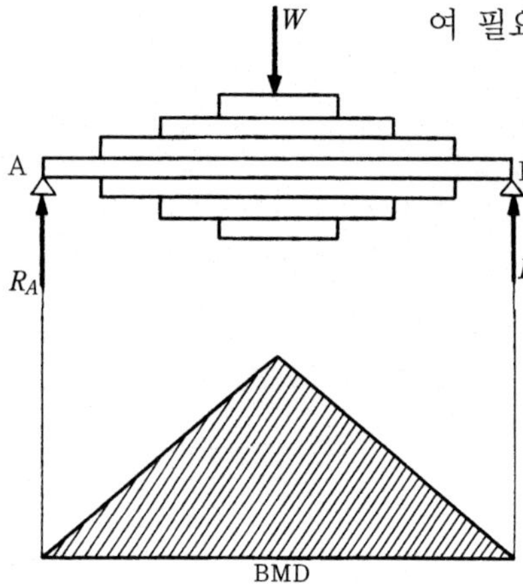

그림 11.1

이와 같은 비경제적인 형상의 보 대신에 그 여분의 재료 부분을 깎아 내어 재료의 절약과 중량의 경감 등을 좀더 유효하게 사용할 목적으로 보의 모든 단면의 상하면에서 작용하는 응력들이 균일하게 발생하도록 그림 11.1과 같이 각 단면의 치수를 변화시킨 보를 만드는 것이 이상적이다. 이와 같은 보를 **균일강도의 보**(beam of uniform strength)라고 한다. 이 균일강도의 보를 굽힘에 대하여 균일한 강도를 갖고 있는 보라고 할 수 있으나 균일한 응력분포를 가지고 있다고는 할 수 없다. 따라서 어느 단면에서나 일정한 응력이 발생하도록 보를 설계하려면 식 (8.3)을 이용해야 한다.

$$\sigma = \frac{My}{I} = \frac{M}{Z} = \text{const.} \tag{11.1}$$

즉, 식 (11.1)에서 σ를 일정한 사용응력으로 잡고 단면에 따라 변화하는 M과 같은 비율로 변화하는 Z가 되도록 단면의 치수를 단면의 위치에 따라 변화시켜야 한다. 따라서 **불균일단면보**(beam of variable cross section)가 된다.

이와 같은 보에서 M이 0인 단면에서는 단면치수가 0이 되나, 사실상 전단력에 대한 영향을 생각하면 그에 상당하는 단면적이 필요하게 된다. 그렇게 되면 이것은 엄밀한 의미에서 균일강도의 보로 볼 수 없으나, 그와 같은 부분은 실제 설계시에 적절히 수정하여 안전한 설계를 해야 한다.

균일강도의 보에 대한 탄성곡선의 미분방정식은 식 (8.2)와 식 (9.1)로부터 다음과 같이 나타낼 수 있다.

$$\frac{1}{\rho} = \frac{d^2y}{dx^2} = -\frac{M}{EI} = -\frac{1}{y} \cdot \frac{\sigma}{E} = \frac{c}{y} \tag{11.2}$$

식 (11.2)에서 y는 중립축으로부터 단면의 상·하면까지의 거리이고, $c = \dfrac{\sigma}{E}$는 상수임을 의미한다.

11-02 균일강도의 외팔보

1. 집중하중이 작용하는 경우

그림 11.25와 같은 구형단면의 외팔보 자유단에 집중하중 W가 작용할 때 임의의 거리 x단의 굽힘모멘트는 $M_x = Wx$이므로, 그 단면의 저항모멘트는 $M = \sigma Z$에서 다음과 같이 된다. 즉,

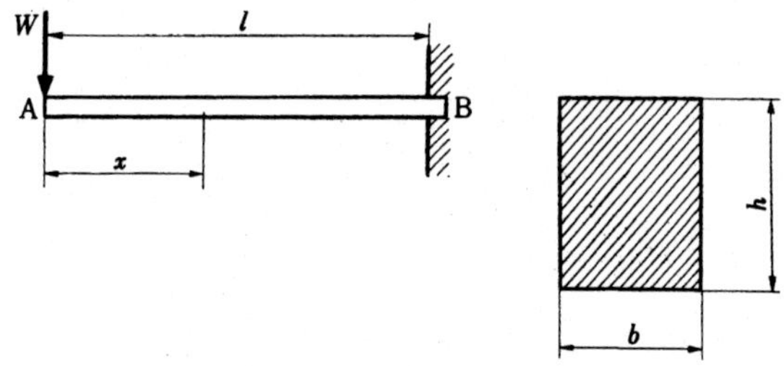

그림 11.2

$$Wx = \sigma Z = \sigma \frac{bh^2}{6} \quad \therefore\ bh^2 = \frac{6W}{\sigma}x \tag{a}$$

식 (a)에서 W와 σ가 일정하면 x의 값에 따라 b와 h의 변화를 구하면 강도가 일정한 구형단면의 보를 만들 수 있다.

한편, 구형단면의 임의단면에서의 폭을 b_x, 높이를 h_x라고 하면 단면계수는 $Z_x = \dfrac{b_x h_x^2}{6}$이며, 저항모멘트식을 이용하면 다음과 같이 표현된다.

$$Wx = \sigma \cdot \frac{b_x h_x^2}{6} \tag{b}$$

같은 방법으로 고정단 $x = l$에서는

$$Wl = \sigma \frac{bh^2}{6} \tag{c}$$

식 (b)와 식 (c)에서 다음과 같은 결과를 얻을 수 있다.

$$\frac{b_x h_x^2}{bh^2} = \frac{x}{l} \tag{11.3}$$

폭 b가 일정하면 식 (11.3)은 다음과 같이 된다.

$$\frac{h_x^2}{h^2} = \frac{x}{l} \qquad h_x = h\sqrt{\frac{x}{l}} \tag{11.4}$$

즉, 임의단면의 높이(h_x)는 임의거리 x의 평방근에 비례하며, 변화하는 형상이다. 즉, 그림 11.3의 (a) 및 (b)와 같이 폭(b)이 일정하고, 집중하중이 작용하여 자유단에 꼭지점을 갖는 포물선형의 균일강도의 보가 된다.

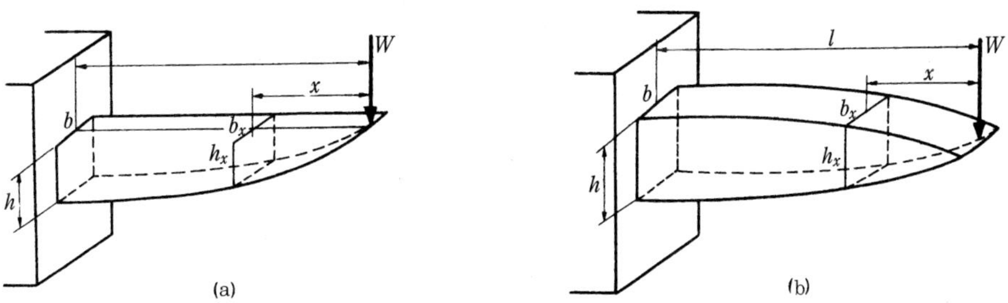

그림 11.3

한편, 이 보의 처짐각 및 처짐은 식 (9.35) 및 식 (9.36)에 의하여 다음과 같이 구할 수 있다.

$$\theta = \int_0^l \frac{M}{EI} dx = \int_0^l \frac{12\,W\,x}{E\,b\,h_x^3} dx = \frac{12\,W\,l^{\frac{3}{2}}}{E\,b\,h^3} \int_0^l \frac{1}{\sqrt{x}} dx = \frac{2\,W\,l^2}{EI} \tag{11.5}$$

$$\delta = \int_0^l \frac{M}{EI} x\, dx = \int_0^l \frac{12\,W\,x^2}{E\,b\,h_x^3} dx$$

$$= \frac{12\,W\,l^{\frac{3}{2}}}{E\,b\,h^3} \int_0^l \sqrt{x}\, dx = \frac{2\,W\,l^3}{3EI} \tag{11.6}$$

식 (11.5) 및 식 (11.6)에서 $I = \dfrac{bh^3}{12}$은 고정단면의 관성모멘트이나. 이 결과를 식 (9.6) 및 식 (9.7)과 비교하면 폭 b, 높이 h를 갖는 균일난넌의 보에 비하여 처짐각은 4배, 처짐은 2배임을 알 수 있다.

높이(h)가 일정하면 식 (11.3)은 다음과 같다.

$$\frac{b_x}{b} = \frac{x}{l} \qquad \therefore\ b_x = \frac{b}{l} x \tag{11.7}$$

따라서 폭(b_x)은 x의 1차식 변화이므로 직선적으로 변화하게 된다. 보의 모양은 높이 h가 일정하고, 폭 b는 x에 비례하는 모양의 그림 11.4와 같은 3각형의 보가 된다.

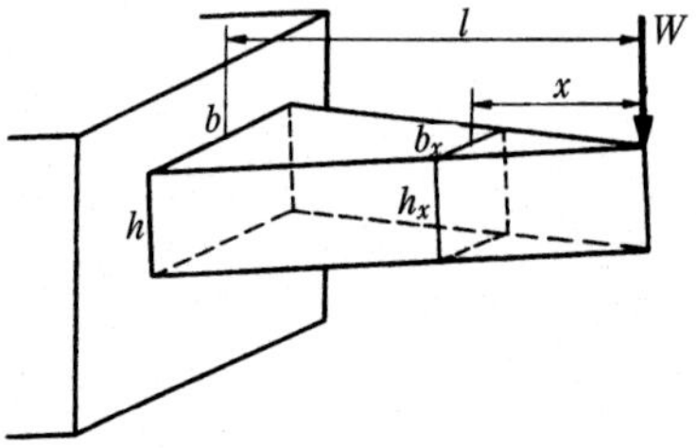

그림 11.4

이 보의 처짐각 및 처짐은 식 (9.35) 및 식 (9.36)에 의하여 다음과 같이 구할 수 있다.

$$\phi = \int_0^l \frac{M}{EI} dx = \int_0^l \frac{12\,W\,x}{Eb_x h^3} dx = \frac{Wl}{EI}\int_0^l dx = \frac{Wl^2}{EI} \quad (11.8)$$

$$\delta = \int_0^l \frac{M}{EI} x\, dx = \int_0^l \frac{12\,W\,x^2}{Eb_x h^3} dx = \frac{Wl}{EI}\int_0^l x\, dx = \frac{Wl^3}{2EI} \quad (11.9)$$

이 결과를 식 (9.6) 및 식 (9.7)에 비교하면 처짐각은 2배, 처짐은 1.5배가 더 크다는 것을 알 수 있다.

이상에서 살펴본 바와 같이 균일강도의 보는 중량의 경감은 좋으나 처짐각 및 처짐은 크게 되는 결점이 있음을 알 수 있다.

한편, 그림 11.4와 같은 3각형 보의 경우 식 (c)에서

$$b = \frac{6\,Wl}{\sigma h^2} \qquad \therefore\ W = \frac{\sigma b h^2}{6l} \quad (11.10)$$

최대처짐은 자유단에서 발생하며, 식 (11.9)에 식 (11.10)을 대입하여 다시 표현하면 다음과 같다.

$$\delta = \frac{6\,Wl^3}{Ebh^3} = \frac{\sigma l^2}{Eh} \quad (11.11)$$

이와 같은 형상의 균일강도의 보를 탄성한도가 높은 강판에서 만든 것이 3각형 스프링이다. 이 3각형 스프링의 최대탄성에너지 U는 탄성한계를 σ_E라 하면 식 (11.10)과 식 (11.11)을 이용하면 다음과 같이 표현된다.

$$U=\frac{1}{2}W\delta=\frac{1}{2}\frac{\sigma_E bh^2}{bl}\frac{\sigma_E l^2}{Eh}=\frac{1}{12}\frac{\sigma_E^2}{E}bhl \tag{11.12}$$

따라서 단위체적에 대한 탄성에너지계수 u는 스프링의 전 체적의 $\frac{1}{2}bhl$이므로 다음과 같이 된다.

$$u=\frac{\sigma_E^2}{6E} \tag{11.13}$$

2. 균일분포하중이 작용할 경우

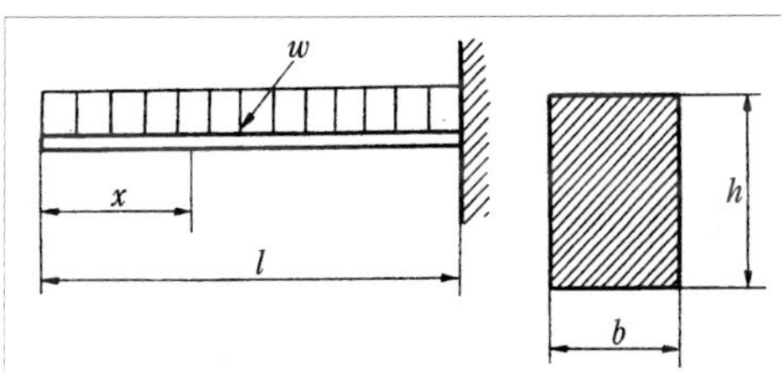

그림 11.5

그림 11.5에서와 같이 단위길이에 대하여 w라는 균일분포하중이 작용하는 외팔보의 자유단에서 임의의 거리 x단면에서의 굽힘모멘트는 $M_x=\frac{w}{2}x^2$이므로 다음과 같은 결과를 얻을 수 있다.

$$\frac{wx^2}{2}=\sigma\cdot\frac{b_x h_x^2}{6} \tag{a}$$

한편, $x=l$에서의 굽힘모멘트는 $M-\frac{wl^2}{2}$이므로 다음과 같이 된다.

$$\frac{wl^2}{2}=\sigma\cdot\frac{bh^2}{6} \tag{b}$$

그러므로 식 (a)와 식 (b)에서 다음을 구할 수 있다.

$$\frac{b_x h_x^2}{bh^2}=\frac{x^2}{l^2} \tag{11.14}$$

폭(b)이 일정하면 식 (11.14)는 다음과 같이 된다.

$$\frac{h_x^2}{h^2} = \frac{x^2}{l^2} \qquad h_x = \frac{h}{l}x \tag{11.15}$$

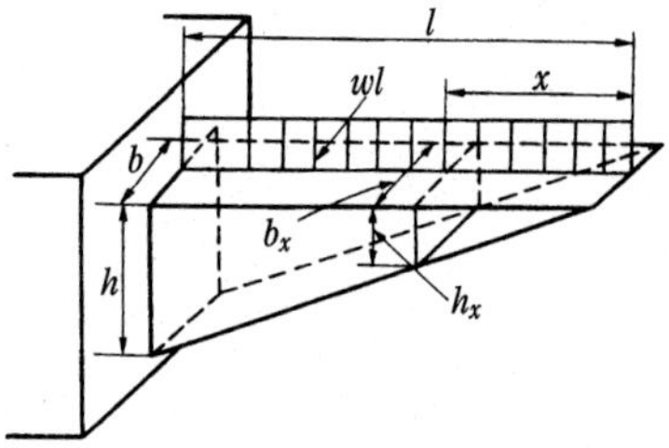

그림 11.6

즉, 임의단면의 높이 h_x는 자유단으로부터의 거리 x에 비례하며 직선적으로 변화한다. 폭이 일정한 보의 모양은 그림 11.6과 같은 3각형이 된다.

한편, 높이(h)가 일정하면 식 (11.14)는 다음과 같이 된다.

$$b_x = \frac{b}{l^2}x^2 \tag{11.16}$$

따라서 임의단면의 폭 b_x는 x^2에 정비례하며, 높이가 일정한 보의 모양은 2개의 포물선으로 이루어지는 그림 11.7과 같은 모양이 된다.

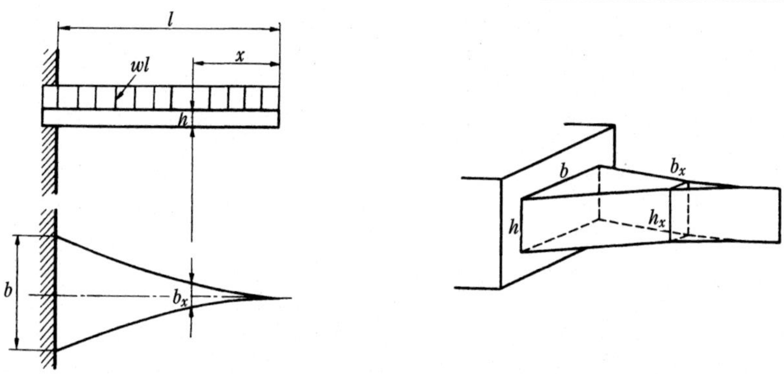

그림 11.7

3. 원형단면의 경우

그림 11.8과 같이 원형단면을 갖는 외팔보에서 임의단면의 굽힘모멘트는 $M_x = Wx$이므로 다음과 같이 된다.

$$Wx = \sigma \cdot \frac{\pi d_x^3}{32} \tag{a}$$

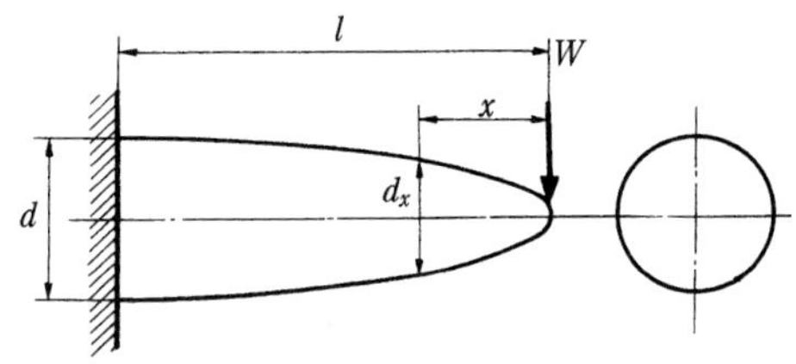

그림 11.8

한편, $x = l$인 고정난에서는 지름을 d라고 하면 식 (a)는 다음과 같이 된다.

$$Wl = \sigma \cdot \frac{\pi d^3}{32} \tag{b}$$

그러므로 식 (a) 및 식 (b)에서 다음을 구할 수 있다.

$$\frac{x}{l} = \frac{d_x^3}{d^3} \quad \therefore d_x = \frac{d}{\sqrt[3]{l}} \sqrt[3]{x} \tag{11.17}$$

따라서 보의 모양은 그림 11.8과 같으며, 지름은 임의거리의 세제곱근에 비례하며, 변화하는 포물선이 된다.

11-03 균일강도의 단순보

그림 11.9와 같이 집중하중이 작용하는 구형단면의 단순보에서 임의 단면에 작용하는 굽힘모멘트는 다음과 같다.

$$0 \leq x \leq l_1 \text{에서, } M_x = R_A x = \frac{Wl_2}{l} x = \sigma Z_x$$

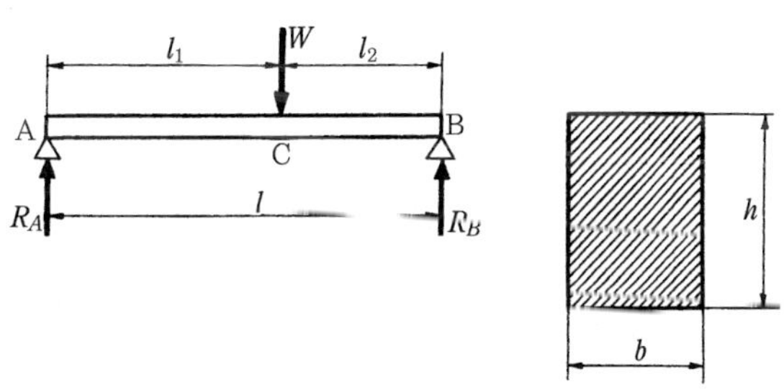

그림 11.9

$$\therefore\ \frac{W l_2}{l} x = \sigma \frac{b_x h_x^2}{6} \tag{a}$$

C점인 $x = l_1$에서의 치수를 $b \times h$라고 하면,

$$\frac{W l_2}{l} l_1 = \sigma \cdot \frac{b h^2}{6} \tag{b}$$

식 (a)와 식 (b)에서 다음과 같이 된다.

$$\frac{b_x h_x^2}{b h^2} = \frac{x}{l_1} \tag{11.18}$$

$l_1 \leqq x \leqq l$에서, $M_x = R_B(l - x) = \dfrac{W l_1}{l}(l - x) = \sigma Z_x$

$$\therefore\ \frac{W l_1}{l}(l - x) = \sigma \frac{b_x h_x^2}{6} \tag{c}$$

따라서 식 (b)와 식 (c)에서 다음과 같이 된다.

$$\frac{b_x h_x^2}{b h^2} = \frac{l - x}{l^2} \tag{11.19}$$

그러므로 높이(h)가 일정하면 다음과 같다.
$0 \leqq x \leqq l_1$에서는 식 (11.18)에 의하여

$$b_x = b \frac{x}{l_1} \tag{11.20}$$

$l_1 \leqq x \leqq l_2$에서는 식 (11.19)에 의하여

$$b_x = b \frac{l - x}{l_2} \tag{11.21}$$

가 되며, 보의 모양은 그림 11.10과 같이 W의 작용점 양측에서 다른 2개의 3각형보가 된다.

한편, 폭(b)이 일정하면 식 (11.18)과 식 (11.19)를 이용하여 위와 같은 방법으로 구하면 다음과 같다.

$$0 \leqq x \leqq l_1 \text{에서} \quad h_x = \frac{h}{\sqrt{l}}\sqrt{x} \tag{11.22}$$

$$l_1 \leqq x \leqq l_2 \text{에서} \quad h_x = \frac{h}{\sqrt{l_2}}\sqrt{l-x} \tag{11.23}$$

가 되며, 보의 모양은 그림 11.11과 같이 W의 작용점 양측에서 다른 포물선 모양이 된다.

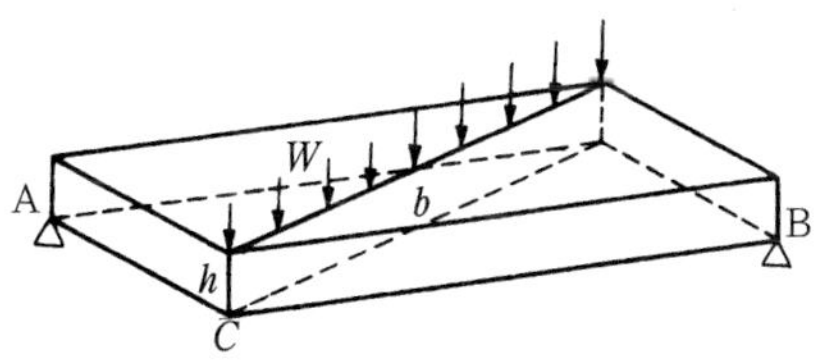

그림 11.10

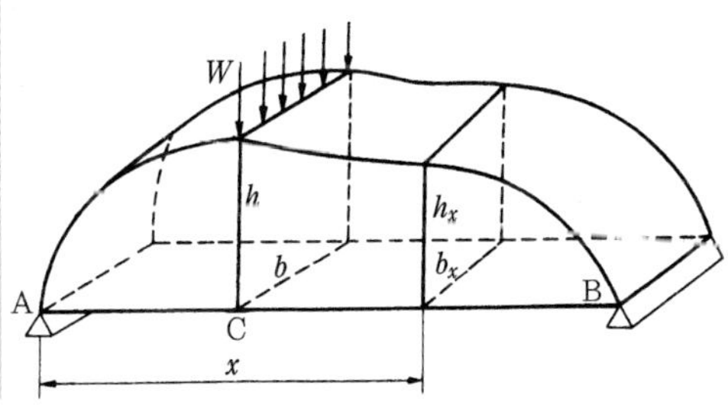

그림 11.11

11-04 균일강도보의 처짐

균일강도의 보에서의 처짐은 11-02절에서 면적모멘트법을 이용하여 구하는 방법을 살펴보았으나, 여기서는 균일강도의 보가 각 단면에서 최대응력이 같으므로 $\sigma =$ const.인을 이용하여 살펴보기로 한다.

한 예로, 단면이 구형 $b \times h$이고 h가 일정하다면 구형단면에서는 $\frac{I}{Z} = \frac{h}{2}$이므로

$$\frac{1}{\rho} = \frac{\sigma Z}{EI} = \frac{2\sigma}{Eh} = \text{const} \tag{a}$$

식 (a)에서 σ, E, h가 일정하므로 ρ가 일정하게 되며, 원호상으로

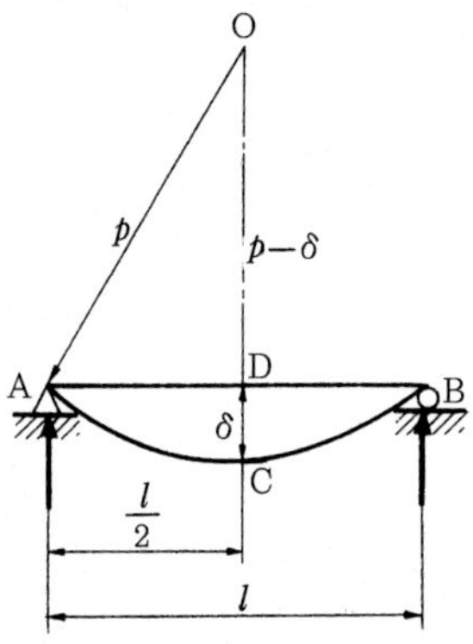

그림 11.12

굽어진다. 이를 이용하여 처짐량을 구하는 공식을 간단히 유도할 수 있다.

즉, 그림 11.12와 같은 단순보에서 ABC는 탄성곡선이며, O를 중심으로 하는 원호이다. D는 AB의 중점이고 이 보의 최대처짐은 DC가 되고 이를 δ라고 하면,

$$\rho^2 = \left(\frac{l}{2}\right)^2 + (\rho - \delta)^2$$

$$\therefore \rho^2 = \frac{l^2}{4} + \rho^2 - 2\rho\delta + \delta^2$$

실제로 사용되는 보에서 보의 길이 l에 비하여 ρ_1 및 δ는 극히 미소하므로 고차항을 생략하면,

$$2\rho\delta = \frac{l^2}{4} \qquad \therefore \delta = \frac{l^2}{8\rho} \tag{b}$$

이 되며, 식 (a)와 식 (b)에서 다음과 같이 된다.

$$\delta = \frac{Ml^2}{8EI} \tag{11.24}$$

식 (11.24)에 $M_{\max} = \dfrac{Wl}{4}$을 대입하면,

$$\delta = \frac{Wl^3}{32EI} \tag{11.25}$$

이 되며, 식 (9.25)와 비교하면 균일강도의 보의 처짐이 균일단면의 보의 처짐에 1.5배가 됨을 알 수 있다.

한편, 자유단에 집중하중이 작용하는 외팔보일 때는 단순보의 D점을 고정단, A 또는 B단이 자유단, AD = BD = l로 생각하고 고정단에서의 최대모멘트를 $M_{\max} = Wl$이라 하면 식 (11.24)는 다음과 같이 된다.

$$\delta = \frac{M(2l)^2}{8EI} = \frac{Ml^2}{2EI} = \frac{Wl^3}{2EI} \tag{11.26}$$

식 (11.26)은 식 (11.9)에 일치한다.

한편, 식 (11.26)을 균일단면일 때의 처짐식 (9.7)과 비교하면 역시 1.5배이다.

이와 같이 균일강도의 보가 일정한 하중에 대하여 처짐이 크며, 보의 체적이 작다는 것은 모두 보의 단위체적에 대한 탄성에너지가 크게 되는 것이며, 이 탄성에너지가 크다는 것을 이용한 실례가 바로 스프링이다.

11-05 겹판스프링

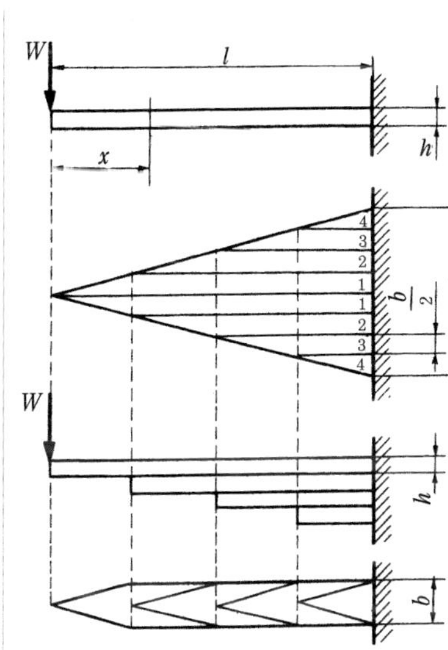

그림 11.13

균일강도의 보를 응용한 한 예로서 판스프링을 볼 수 있다. 두께가 일정한 구형단면의 3각관 외팔보는 일종의 판스프링이지만, 이 모양은 고정단에서 폭인 넓어서 실제로 사용하는 데 불편하므로 그림 11.3(a)를 (b)와 같이 표시하여 3각판을 여러 매로 분할하여 상하로 합치면 균일상도의 보기 만들어진다. 이것을 그림 11.13에서 보는 것처럼 **겹판스프링**(laminated spring)이라고 한다.

모양은 한 장으로 된 3각판 스프링과 다르게 보이나 실은 3각판 스프링과 동일한 생각에서 만들어진 것이고, 이와 같이 하면 고정단의 폭도 좁고 해서 사용하기에 아주 편리하게 된다. 고정단의 폭이 nb인 3각형 판스프링을 같은 폭으로(그림에서는 8개) 나누어 대응하는 같은 모양의 것을 합쳐서 n개(그림에서는 4개)로 하여 이것을 겹쳐 맞추어 하나로 한 것이라고 생각하면 된다. 폭이 b인 n개를 겹쳤다고 할 때 고정단의 단면계수는

$$Z=\frac{nbn^2}{6} \tag{a}$$

이므로

$$M=Wl=\sigma\cdot\frac{nbh^2}{6} \quad \therefore\ W=\frac{\sigma nbh^2}{6l} \tag{11.27}$$

이 되며, 처짐량은 식 (11.26)과 식 (a)에서

$$\delta = \frac{Ml^2}{2EI} = \frac{6Wl^3}{nbh^3E} = \frac{\sigma l^2}{Eh} \tag{11.28}$$

이 된다. 한편, 곡률 $\frac{1}{\rho} = \frac{M}{EI}$에서

$$\rho = \frac{EI}{M} = \frac{E \cdot \frac{nbh^3}{12}}{Wl} = \frac{Enbh^3}{12Wl} \tag{11.29}$$

실제로 사용되는 판스프링은 그림 11.14와 같이 겹판스프링을 대칭으로 하여 중앙에서 체결한 형태로 만든다. 이러한 것이 차량용 판스프링으로 이용된다.

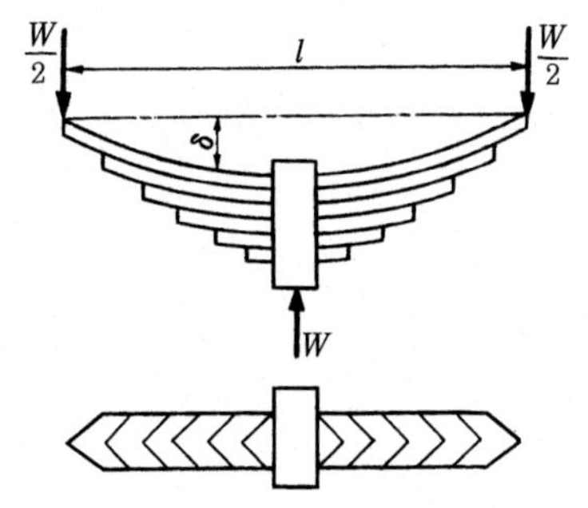

그림 11.14

앞에서와 같은 방법으로 단면계수를 표시하면 $Z = \frac{nbh^2}{6}$이며, 단순지지보에 중앙단면에서 집중하중이 작용하는 경우의 최대모멘트는 $M = \frac{Wl}{4}$이므로 $M = \sigma Z$와 연관해서 다시 표현하면

$$\sigma \frac{nbh^3}{6} = \frac{Wl}{4}$$

$$\therefore\ W = \frac{2\sigma nbh^2}{3l} \tag{11.30}$$

처짐량은 식 (11.24)에서

$$\delta=\frac{Ml^2}{8EI}=\frac{\frac{Wl}{4}\cdot l^2}{8E\cdot\frac{nbh^3}{12}}=\frac{3Wl^3}{8Enbh^3} \tag{11.31}$$

곡률반지름 $\frac{1}{\rho}=\frac{M}{EI}$에서

$$\rho=\frac{EI}{M}=\frac{E\cdot\frac{nbn^3}{12}}{\frac{Wl}{4}}=\frac{Enbh^3}{3Wl} \tag{11.32}$$

예제 11.1 그림 11.13과 같은 차량용 겹판스프링에 하중 W=30(kN)일 작용하고 h=1.4(cm), l=60(cm), 매수 n=10, σ_w=500(MPa)일 때 폭 bd와 처짐량 δ를 구하라. 단, E=200(GPa)이다.

‖ **풀이** ‖ 3각형의 관재료를 분할하여 만든 최대응력은 $M=\sigma Z$에서

$$\sigma_{\max}=\frac{M}{Z}=\frac{6Wl}{nbh^2}$$

$$\therefore\ b=\frac{6Wl}{n\sigma_w h^2}=\frac{6\times3\times10^4\times0.6}{10\times5\times10^8\times0.014^2}=0.11(\text{m})$$

식 (11.28)에서 처짐은

$$\delta=\frac{\sigma l^2}{hE}=\frac{5\times10^8\times0.6^2}{0.014\times2\times10^{11}}=0.064(\text{m})$$

예제 11.2 차량용 겹판스프링이 있다. l=40(cm), b=8(cm), h=1(cm), 매수 n=10, σ_a=420(MPa), E=220(GPa)이라고 할 때 안정하중은 얼마인가?

‖ **풀이** ‖ 식 (11.30)에서

$$W=\frac{2\sigma_a nbh^2}{3l}=\frac{2\times42\times10^7\times10\times0.08\times0.01^2}{3\times0.4}=56(\text{kN})$$

예제 11.3 그림 11.13과 같은 겹판스프링에 있어서 $l=72$(cm), $b=7.5$(cm), $h=0.6$(cm)이고, 최대하중이 5(kN)을 받는다. 판의 매수와 곡률반지름을 구하라. 단, 허용응력 $\sigma_a=100$(MPa), E=200(GPa)이다.

‖ **풀이** ‖ 식 (11.30)에서

$$n=\frac{3Wl}{2\sigma_a bh^2}=\frac{3\times5{,}000\times0.72}{2\times10^8\times0.075\times0.006^2}=20(\text{매})$$

식 (11.32)에서

$$\rho=\frac{Enbh^3}{3Wl}=\frac{2\times10^{11}\times20\times0.075\times0.006^3}{3\times5{,}000\times0.72}=6(\text{m})$$

예제 11.4 길이 $l=2$(m)인 균일강도의 외팔보가 폭 $b=8$(cm)인 구형단면이다. 보의 자유단에 W=8(kN)의 집중하중이 작용할 때 자유단에서 50(cm) 되는 곳의 단면의 높이(h)를 구하라. 단, 굽힘허용응력은 σ_a =10(MPa)이라 한다.

‖ **풀이** ‖ 임의단면의 모멘트는 $M_x=Wx$이며, 저항모멘트식과 연관하면

$$Wx=\sigma Z=\sigma\cdot\frac{bh^2}{6}$$

$$\therefore\ h=\sqrt{\frac{6Wx}{\sigma b}}=\sqrt{\frac{6\times8{,}000\times0.5}{10^7\times0.08}}=0.1732(\text{m})$$

예제 11.5 길이 $l=50$(m)인 연강제의 균일강도의 외팔보에서 자유단에 W=1(kN)의 힘을 작용시킬 경우 그 단면을 원형이라 하고 σ=50(MPa)일 때, 고정단에서 25(cm)되는 곳의 지름을 구하라.

‖ **풀이** ‖ 식 (11.17)에서 고정단의 경우는 $x=l$이므로 식 (b)로 되어

$$d=\sqrt[3]{\frac{32Wl}{\pi\sigma}}=\sqrt[3]{\frac{32\times1{,}000\times0.5}{\pi\times5\times10^7}}=0.0467(\text{m})$$

고정단에서 $x=25$(cm) 되는 곳의 지름은

$$d_{x=25}=\sqrt[3]{\frac{32Wx}{\pi\sigma}}=\sqrt[3]{\frac{32\times1{,}000\times0.25}{\pi\times5\times10^7}}=0.037(\text{m})$$

연 습 문 제

1. 균일강도의 보에 대한 다음 설명 중 잘못된 것은?

(a) 전 단면에 걸쳐서 응력은 일정하다.
(b) 균일단면에 비하여 처짐각 및 처짐은 항상 크다.
(c) 균일단면에 비하여 저장할 수 있는 탄성에너지가 크다.
(d) 외팔보의 경우 단면의 변화에 관계없이 처짐량이 균일단면에 비해 항상 2배가 된다.

2. 균일강도의 외팔보의 자유단에 집중하중이 작용할 때, 균일단면의 경우에 비하여 설명한 것 중 바른 것은?

(a) 처짐은 3배로 되나 체적은 $\frac{1}{2}$로 된다.
(b) 처짐과 체적은 모두 $\frac{1}{2}$로 된다.
(c) 처짐은 2배로 되나 체적은 $\frac{1}{2}$로 된다.
(d) 균일강도의 보의 경우 처짐과 체적이 모두 2배로 된다.

3. 구형단면을 갖는 외팔보에서 폭 b를 일정하게 하고, 높이 h를 변화시켜 균일강도의 보를 만들려고 한다. 자유단에서 집중하중 $W=9,000$(N)이 작용하고, 폭 $b=9$(cm)라고 할 때 자유단으로부터 60(cm) 떨어진 위치에서 단면의 높이를 구하라. 단, $\sigma_a=12$(MPa)이다.

(a) $h=17.3$(cm)　　(b) $h=19.5$(cm)
(c) $h=21.4$(cm)　　(d) $h=23.5$(cm)

4. 균일강도의 외팔보의 자유단에 집중하중이 작용할 때, 균일단면의 경우에 비하여 최대처짐은 몇 배나 크게 되는가? 단, 균일단면 보의 폭(b)은 일정하다.

(a) $\frac{1}{2}$배　　(b) 2배
(c) 3배　　(d) 4배

5. 자유단에 집중하중을 받는 균일강도의 외팔보에서 자유단으로부터 임의거리 x의 위치에 있는 단면에서의 단면계수에 대한 다음 설명 중 바른 것은?

(a) x^2에 반비례 (b) x^2에 정비례
(c) x에 반비례 (d) x에 정비례

6. 원형단면을 갖는 균일강도의 외팔보에서자유단에 집중하중 $W=15$(kN)이작용하고, 길이 $l=70$(cm)이다. 고정단에서 30(cm)인 곳의 지름(d)을 구하라. 단, $\sigma_a=$ 60(MPa)이다.

(a) $d=91.4$(mm) (b) $d=86.5$(mm)
(c) $d=76.3$(mm) (d) $d=67.5$(mm)

7. 폭 $b=50$(mm), 길이 $l=20$(cm)의 3각판 스프링에 최대하중 $W=200$(N), 최대응력 $\sigma_{\max}=120$(MPa)을 유지시키기 위한 강판의 두께는 얼마이면 되겠는가?

(a) $h=3.7$(mm) (b) $h=4.1$(mm)
(c) $h=6.3$(mm) (d) $h=7.5$(mm)

8. 3각판 스프링에 하중 $W=1.2$(kN)을 가할 때, 두께 $h=0.6$(cm), 길이 $l=65$(cm), 강판 장수 $n=12$, $\sigma_a=230$(MPa)이라 할 때 폭 b를 구하라.

(a) $b=37$(mm) (b) $b=47$(mm)
(c) $b=55$(mm) (d) $b=65$(mm)

9. 문제 8에서 그 때의 처짐은 얼마이겠는가? 단, $E=220$(GPa)이다.

(a) $\delta=46$(mm) (b) $\delta=56$(mm)
(c) $\delta=64$(mm) (d) $\delta=74$(mm)

10. 두께 $h=3$(mm), 고정단의 폭 $b=5$(cm), 길이 $l=15$(cm)인 3각판 스프링에서 자유단의 처짐 $\delta=8$(mm) 정도로 하려면 하중을 얼마로 작용시키면 되겠는가? 단, 탄성계수 $E=220$(GPa)이다.

(a) W=75(N) (b) W=93(N)
(c) W=117(N) (d) W=135(N)

11. 양단지지 겹판스프링에서 길이 $l=100$(cm), 두께 $h=0.7$(cm), 장수 $n=12$, 허용응력 $\sigma_a=220$(MPa), 하중 $W=2.6$(kN)이라 할 때 강판의 폭 b를 구하라.

(a) $b=30$(mm) (b) $b=40$(mm)
(c) $b=50$(mm) (d) $b=60$(mm)

12. 두께 $h=10$(mm), 길이 $l=50$(cm), 고정단의 폭 $b=35$(cm)인 3각판 스프링에서 치짐 $\delta=1.8$(cm)까지 허용한다면 가할 수 있는 최대하중 W를 구하라. 단, 탄성계수 $E=210$(GPa)이다.

(a) W=1,245(N) (b) W=1,764(N)
(c) W=2,246(N) (d) W=3,242(N)

13. 3각판 스프링에서 길이 $l=18$(cm), 고정단의 폭 $b=6$(cm), 최대하중 W=120(N), 최대응력 $\sigma=120$(MPa)으로 하려면 강판두께(h)는 얼마로 하면 좋은가?

(a) $h=2.2$(mm) (b) $h=3.6$(mm)
(c) $h=4.2$(mm) (d) $h=5.4$(mm)

14. 양단지지의 겹판스프링에 있어서 $l=80$(cm), 폭 $b=9$(cm), 두께 $h=0.9$(cm)인 경우 하중 W=23(kN)을 작용시키려면 강판의 매수(n)는 몇 장 정도 필요하겠는가? 단, 강판의 허용응력 $\sigma_a=320$(MPa)이다.

(a) 6장 (b) 9장 (c) 10장 (d) 12장

15. 두께 $h=0.8$(cm)인 강판을 6장 겹친 차량용 겹판스프링의 길이가 150(cm), 폭이 9(cm)이며, 이 재료의 허용응력이 180(MPa), 탄성계수 $E=220$(GPa)이라면 중앙에서 발생되는 최대하중은 얼마를 가할 수 있는가?

(a) W=2.76(kN) (b) W=3.37(kN)
(c) W=4.25(kN) (d) W=4.86(kN)

응 용 문 제

1. 길이 $l=150$(cm)인 외팔보에 집중하중 $W=2{,}000$(kg)이 작용한다. 폭 $b=12$(cm)이고, 허용응력 $\sigma_a=150$(MPa)일 때, 균일강도의 보로 만들려면 끝단에서의 높이 h_0를 얼마로 하면 되겠는가?

2. 차량용 겹판스프링의 길이 $l=100$(cm), 폭 $b=10$(cm), 두께 $h=1$(cm), 판의 매수 $n=16$, 허용응력 $\sigma_a=480$(MPa), 탄성계수 $E=220$(GPa)일 때 안전하중(W), 처짐(δ) 및 곡률반지름(ρ)을 구하라.

3. 연강제의 외팔보 스프링이 있다. 8개의 합성된 스프링인데 각각의 폭은 60(mm)이며, 두께는 10(mm)이다. 스프링의 길이가 80(cm), 자유단의 하중을 900(N)이라 할 때 최대굽힘응력 및 최대처짐을 구하라. 단, $E=200$(GPa)이다.

4. 길이 900(mm), 판의 폭 70(mm), 두께 8(mm)인 겹판스프링에 의하여 하중 12(kN)이 지탱한다면 몇 장의 스프링판이 필요하며, 또 이 경우에 생기는 처짐을 구하라. 단, 재료의 허용응력은 420(MPa), 탄성계수 $E=220$(GPa)이다.

5. 그림 11.13과 같은 겹판스프링에 하중 $W=4$(ton)이 작용하고, $h=1.5$(cm), $l=80$(cm), 매수 $n=12$, $\sigma_w=6$(MPa)일 때 폭 b와 처짐량 δ를 구하라. 단, $E=200$(GPa)이다.

12 Chapter 기둥

12-01 장주

기둥은 기계 또는 구조물 등을 구성하는 중요한 요소가 되는 **부재**이다. 기둥이 파괴되면 대형 사고가 유발되기 쉬우므로 기둥의 선택은 구조물 설계에서 종종 대단히 어려운 문제가 되고 있다. 더구나 기둥은 굽힘이나 비틀림을 받는 봉의 설계보다 어렵다. 이는 기둥의 문제는 보통 다른 부재보다 훨씬 복잡하기 때문이다.

일반적으로 단면의 크기에 비하여 길이가 긴 봉에 압축하중이 작용할 때 이를 **기둥**(column)이라고 한다. **장주**(long column)라 함은 길이가 단면의 최소치수에 약 10배 이상 또는 최소 관성반지름의 약 30배 이상일 경우를 말하며 축 압축력에 의하여 굽힘을 발생하고 축 압축력과 굽힘응력을 동시에 발생하게 된다. 길이가 길면 ① 재료의 불균질, ② 기둥의 중심선과 하중의 방향이 일치하지 않을 때, ③ 기둥의 중심선이 곧은 직선이 아닐 때와 같은 경우에는 약간의 **편심**이 발생된다. 이것들이 원인이 기둥에 굽힘현상이 발생하게 된다.

이와 같이 장주는 하중을 받아서 내부에는 압축응력, 외부에는 굽힘응력이 발생되어 하중이 증대됨에 따라 굽힘응력도 증대하여 굽힘의 정도가 커지고, 어느 한계하중에 도달하면 기둥을 결국 파괴된다. 그리고 기둥의 길이가 길면 길수록 굽힘작용이 크게 되고, 이것이 기둥의 탄성적 파괴를 지배하게 되어 기둥의 내부에 일어나는 응력이 재료의 탄성한계에 도달하기 전에 구부려져 파괴가 발생한다.

이와 같이 축 압축력에 의하여 굽힘을 발생하고 파괴되는 현상을 **좌굴**(buckling)이라 하고, 이때의 하중의 크기를 **좌굴하중**(buckling load) 또는 **임계하중**(critical load)이라고 한다. 좌굴현상을 일으키는 최대응력을 **좌굴응력**(buckling stress) 또는 **임계응력**(critical stress)이라고 한다. 이와 같은 응력은 여러 학자들에 의하여 규명되었으나 불확실한 인자가 개입되므로 오히려 실험식에 의한 것이 실용적이라고 할 수 있다.

기둥의 굽힘은 굽힘작용에 대한 저항이 최소인 방향, 즉 가로단면 중에서 단면의 관성모멘트 I가 최소로 되는 축에 수직인 방향에서 굽힘이 일어나기 때문에 최소 관성반지름을 이용한다. 따라서 단면의 두 주축방향의 관성반지름이 같은 대칭형 단면으로 하는 것이 유리하다. 기둥의 길이 l은 기둥의 강도에 관계가 있는 것이며, 기둥이 길고 가는 정도를 표시하는 데는 기둥의 길이 l을 단면의 최소 관성반지름 k로 나눈 $\frac{l}{k}$을 사용하고, 이를 **세장비**(slenderness ratio)라고 하며 기호 λ로 표시한다.

미국의 포우만(Pourman) 교수는 세장비 λ가 30이하인 부재는 **단주**(short post), 30~150까지는 **중간주**(medium column), 150 이상은 **장주**(long column)라고 하는 것이 타당하다고 주장한다. 그런데 토목에서는 독일 및 일본식을 따라 $\lambda = 45$를 경계로 하여 $\lambda < 45$이면 단주, $\lambda > 45$이면 장주라고 정하고 있다. 이러한 세장비에 의한 분류는 학자에 따라 약간의 견해차가 있다.

보통은 구조물 설계시에 사용되는 세장비 λ는 50~150 정도로서 정하며, 단면을 규정하는 데 있어 이 세장비는 대단히 중요하다. 굽힘을 일으키는 것은 단지 세장비 λ의 값에만 의한 것이 아니고, 보에서도 살펴보았듯이 양단의 지지 상태에 의하여 기둥의 굽어지는 정도가 아주 다르게 되고 따라서 좌굴하중의 크기도 다르다.

기둥 끝의 상태를 분류하면 1) **자유단**(free end), 2) **회전단**(roller end), 3) **고정단**(fixed end)으로 나눌 수 있다. 이와 같은 기둥 끝의 상태로 분류한 기둥의 종류는 다음과 같다.

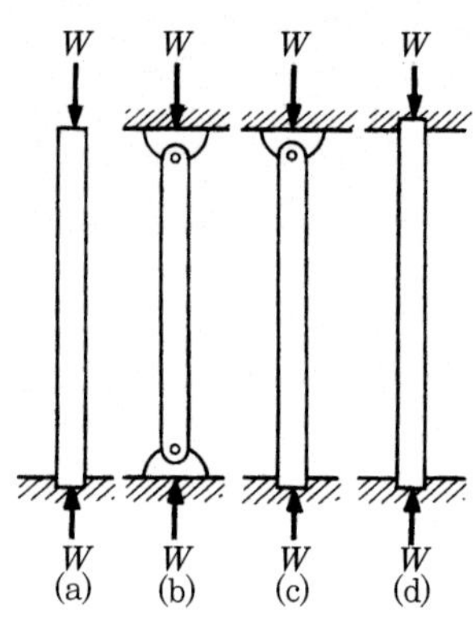

그림 12.1

① 일단고정 타단 자유기둥[그림 12.1(a)]
(long column of one end fixed and the other end free)

② 양단 회전기둥[그림 12.1(b)]
(long column of both rounded end)
③ 일단고정 타단 회전기둥[그림 12.1(c)]
(long column of one end round and the other fixed end)
④ 양단 고정기둥[그림 12.1(d)]
(long column of both fixed end)

12-02 오일러의 공식

1. 일단고정 타단 자유기둥

그림 12.2와 같은 기둥에 축 압축력 W가 작용하여 굽힘을 발생하였을 때 기둥의 탄성곡선상의 임의점 x에서 발생하는 처짐을 y, 자유단 B점에서의 처짐을 δ라고 한다.

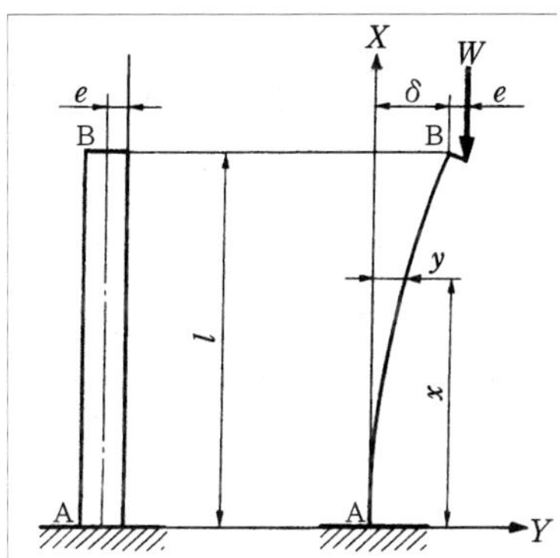

그림 12.2

임의단면에서의 굽힘모멘트의 크기는

$$M_x = -W(\delta - y) \qquad \text{(a)}$$

가 되며, 처짐이 적을 때의 굽힘은 탄성곡선의 기초식 (9.1)에 일치하므로 이 기둥의 탄성곡선의 미분방정식은 다음과 같다.

$$EI\frac{d^2y}{dx^2} = W(\delta - y) \qquad (12.1)$$

여기서,

$$\alpha^2 = \frac{W}{EI} \tag{b}$$

식 (12.1)에 식 (b)를 대입하여 정리하면 다음과 같은 상수계수를 갖는 선형미분방정식이 된다.

$$\frac{d^2y}{dx^2} + \alpha^2 y = \alpha^2 \delta \tag{c}$$

식 (c)의 일반해는

$$y = c_1 \sin \alpha x + c_2 \cos \alpha x + \delta \tag{d}$$

이며, 적분상수 C_1과 C_2를 결정하기 위하여 경계조건을 이용하면

$$x = 0\text{에서 } y = 0, \ \frac{dy}{dx} = 0 \tag{e}$$

임을 알 수 있고, 식 (e)를 식 (d)에 대입하여 상수를 구하면 다음과 같다.

$$C_1 = 0, \ C_2 = -\delta \tag{f}$$

따라서 식 (f)를 식 (d)에 대입하여 완전해를 구하면 다음과 같다.

$$y = \delta(1 - \cos \alpha x) \tag{g}$$

식 (g)는 이 기둥의 탄성곡선이 cos 곡선형이라는 것을 표시하고 있다.

식 (g)에 $x = l$일 때 $y = \delta$라는 경계조건을 대입하면,

$$\delta = \delta(1 - \cos \alpha l) \qquad \therefore \cos \alpha l = 0 \tag{h}$$

이 되며, 식 (h)를 만족시키는 αl의 값은

$$\alpha l = \frac{n\pi}{2} \ (n = 1, 3, 5, 7, \cdots\cdots) \tag{i}$$

가 되며, 이 조건으로서 기둥의 상단에 미소처짐 δ가 발생하여 평형이 되어 있고 $n=1$을 대입하면 그 평형상태를 이룰 수 있는 최소하중이 결정될 수 있다.

즉, 식 (i)에 $n=1$ 및 식 (b)를 대입하면 다음과 같다.

$$\sqrt{\frac{W_{cr}}{EI}}=\frac{\pi}{2l} \qquad \therefore\ W_{cr}=\frac{1}{4}\cdot\frac{\pi^2 EI}{l^2} \tag{12.2}$$

식 (12.2)를 일단고정 타단자유의 장주에 대한 좌굴 또는 임계하중, 혹은 스위스의 수학자인 오일러(Leonhard Euler)가 1757년에 그의 논문 "Elastic curves"에서 최초로 구하여 발표했으므로 이를 **오일러 하중**(Euler's load) 혹은 **오일러 공식**(Euler's formula)이라고 한다.

한편 $W < W_{cr}$이면 $\delta=0$, $W=W_{cr}$이면 미소처짐 δ가 발생한 채 평형, $W > W_{cr}$이면 불안정하며 δ는 무한히 증가되어 결국 좌굴파괴가 발생한다. 식 (12.2)에 의하면 임계하중은 그 기둥의 굽힘강성계수 EI에 비례하고 길이 l의 제곱에 반비례한다. 그러나 압축강도에는 무관하며, 기하학적 형상 및 치수와 재료의 강성도(stiffness)에 의하여 결정된다.

식 (12.2)에 의하여 결정되는 임계하중 W_{cr}를 단면적 A로 나누어 관성반지름 $k=\sqrt{\dfrac{I}{A}}$를 고려하여 다음과 같은 임계응력(critical stress) σ_{cr}를 얻는다.

$$\sigma_{cr}=\frac{W_{cr}}{A}=\frac{1}{4}\cdot\frac{\pi^2 E}{\left(\dfrac{l}{k}\right)^2}=\frac{1}{4}\cdot\frac{\pi^2 E}{\lambda^2} \tag{12.3}$$

식 (12.3)에서 임계응력의 값은 세장비의 제곱에 반비례하고 탄성계수에 비례한다는 것을 알 수 있으며, 재료의 최대강도에는 무관함을 보여 준다.

오일러 공식은 좌굴로 인하여 일어나는 굽힘응력이 탄성한계 이내의 것으로 유도하였으므로 σ_{cr} 역시 탄성한도 내에서만 성립한다. 재료의 탄성계수가 주어지면 여러 가지 $\dfrac{l}{k}$의 극한값을 구할 수 있다. 즉, 식 (12.3)은 좌굴응력이 적용되는 $\dfrac{l}{k}$의 범위를 주게 된다.

그림 12.3은 식 (12.3)의 σ_{cr}와 세장비 $\left(\frac{l}{k}\right)$의 관계를 표시한 것이다. 곡선 ABC는 **오일러 곡선**(Euler's curve)이라고 하며, 곡선 DEBC는 실제 실험 결과의 곡선이다. 이에 의하면 $\frac{l}{k}$이 B점보다 클 때는 오일러의 곡선과 실험 결과는 일치하고 이 범위를 장주라고 하며, 식 (12.2)와 식 (12.3)의 오일러의 식이 만족되는 경우이다.

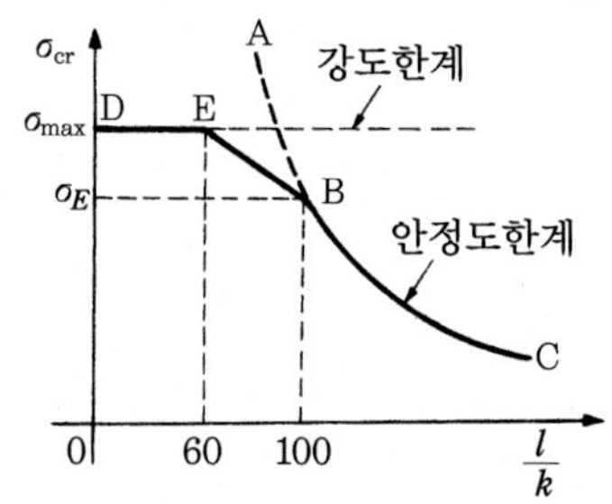

그림 12.3

또한 오일러 곡선의 BC 부분을 설계의 기준으로서 사용한다. 그러나 $\frac{l}{k}$이 B점보다 작을 때에는 식 (12.3)의 임계응력 σ_{cr}는 곡선 AB에 따라 무한히 높아지고 파괴가 발생하지 않는 결과가 되지만, 실제 그림과 같은 탄성한도응력 σ_E 또는 압축최대응력 $\sigma_{\max}$에 의해서 파괴되므로, 이는 단주의 순수 압축에 의한 파괴이다. 따라서 그림의 곡선 BE에 대응되는 세장비를 가지는 기둥을 중간주, 곡선 ED에 대응되는 세장비를 가지는 기둥을 단주라고 하는데 오일러의 식이 적용되지는 않는다.

일반적인 구조용 강에 있어서는 오일러의 식이 적용되는 최저세장비 $\frac{l}{k}$은 100이므로 장주의 세장비는 $\frac{l}{k} > 100$이고, 이때에만 오일러의 식이 성립된다.

중간주의 세장비는 $60 < \frac{l}{k} < 100$이므로, 항복과 좌굴의 조합이다. 단주의 세장비는 $0 < \frac{l}{k} < 60$의 범위이므로 항복만으로 파괴되는 것이다.

한편, 식 (12.2)에서 장주의 강도는 그 기둥의 관성모멘트에 비례하여 증가하게 됨을 알 수 있다. 이것은 그 재료를 단면의 주축으로부터 되도록 먼 곳에 배치함으로써 단면적을 증가시키지 않고도 강도의 증가를 달성할 수 있다. 그러므로 압축 부재로서는 속이 찬 것(중실단면)보다 속이 빈 것(중공단면)이 더 경제적임을 알 수 있다.

2. 양단 회전기둥

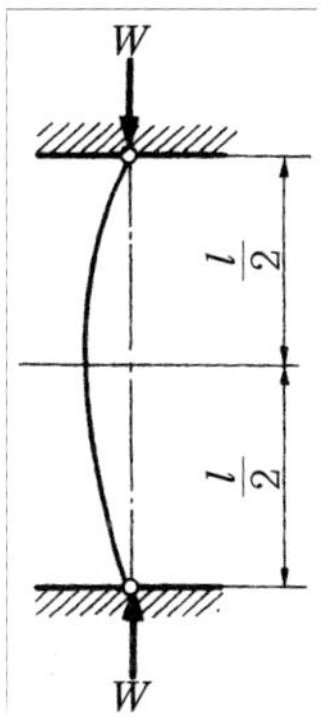

그림 12.4

그림 12.4와 같이 양단이 힌지로 된 기둥에서는 기둥의 탄성곡선의 중앙을 기점으로 상하 절반이 각각 일단고정 타단 자유기둥인 그림 12.2와 같다는 것을 알 수 있으므로, 식 (12.2)의 l 대신 **수정된 길이** (modified length) $\frac{l}{2}$을 대입함으로써 양단 회전기둥의 임계하중을 다음과 같이 얻을 수 있다.

$$W_{cr} = \frac{\pi^2 EI}{l^2} \tag{12.4}$$

같은 방법으로 식 (12.3)에 역시 l 대신 $\frac{l}{2}$을 대입하면 임계응력은 다음과 같이 된다.

$$\sigma_{cr} = \frac{\pi^2 E}{\left(\frac{l}{k}\right)^2} = \frac{\pi^2 E}{\lambda^2} \tag{12.5}$$

3. 일단고정 타단 회전기둥

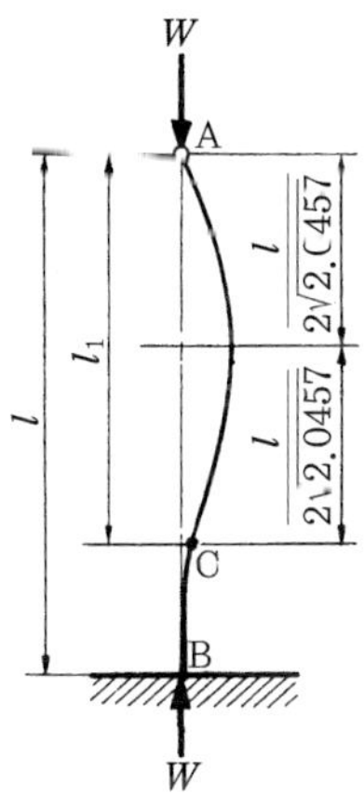

그림 12.5

한쪽 끝은 고정되고 다른 쪽 끝은 힌지로 된 기둥에서는 그림 12.5와 같이 기둥 AB상이 한 점 C에서 변곡점이 생기고, AC$=l_1$이라 하면 계산 결과 $l_1 = \frac{l}{\sqrt{2.0457}}$로 된다. 따라서 그림 12.2에 대응되는 수정된 길이는 $\frac{l_1}{2} = \frac{l}{2\sqrt{2.0457}}$이므로, 임계하중은 식 (12.2)의 l 대신에 이를 대입하면 다음과 같이 된다.

$$W_{cr} = 2.05\frac{\pi^2 EI}{l^2} \tag{12.6}$$

같은 방법으로 식 (12.3)에 수정된 길이를 대입하면 이 기둥의 임계 응력은 다음과 같이 된다.

$$\sigma_{cr} = 2.05\frac{\pi^2 E}{\left(\dfrac{l}{k}\right)^2} = 2.05\frac{\pi^2 E}{\lambda^2}$$

4. 양단 고정기둥

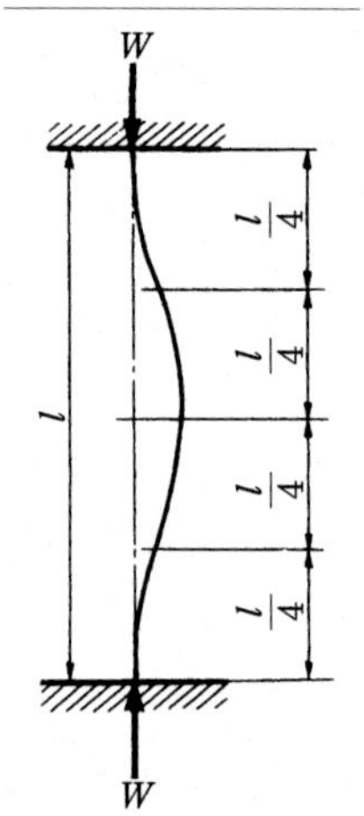

그림 12.6

양쪽 끝이 고정된 기둥에서는 그림 12.6과 같이 전 길이의 4등분 되는 점에서 각각 변곡점이 발생되므로 그림 12.2에 대응되는 수정된 길이는 $\dfrac{l}{4}$이다. 식 (12.2)의 l 대신 $\dfrac{l}{4}$을 대입하면 이 기둥의 임계하중은 다음과 같이 구해진다.

$$W_{cr} = 4\frac{\pi^2 EI}{l^2} \tag{12.8}$$

같은 방법으로 식 (12.3)에 수정된 길이를 대입하면 이 기둥의 임계 응력이 다음과 같이 구해진다.

$$\sigma_{cr} = 4\frac{\pi^2 E}{\left(\dfrac{l}{k}\right)^2} = 4\frac{\pi^2 E}{\lambda^2} \tag{12.9}$$

이상과 같은 식들을 종합하여 오일러의 일반식을 나타내면 다음과 같다.

$$W_{cr} = n\frac{\pi^2 EI}{l^2} \tag{12.10}$$

$$\sigma_{cr} = n\frac{\pi^2 E}{\left(\dfrac{l}{k}\right)^2} = n\frac{\pi^2 E}{\lambda^2} \tag{12.11}$$

여기서 n은 기둥의 양쪽의 지지 상태에 의하여 정해지는 상수인데,

이것을 **단말조건계수**(coefficient of fixity)라고 한다.

또 식 (12.10)을 고쳐 쓰면,

$$W_{cr} = \frac{\pi^2 EI}{\left(\frac{l}{\sqrt{n}}\right)^2} \tag{12.12}$$

와 같이 표시할 때, $\frac{l}{\sqrt{n}}$을 장주의 **상당길이**(equivalent length of long column) 또는 **좌굴길이**(buckling length)라고 한다. 이러한 길이를 생각하는 것은 양단 회전으로 지지된 장주에서 $n=1$이므로, 이 경우를 기본형으로 하여 같은 좌굴하중을 가지는 다른 단말조건의 기둥의 좌굴길이를 표시할 수가 있다.

각종 기둥의 단말조건의 단말조건계수 n 및 좌굴길이 $\frac{l}{\sqrt{n}}$을 나타내면 표 12.1과 같다.

표 12.1

단말조건	n	$l/\sqrt{n}$
일단고정 타단자유	1/4	$2l$
양단 회전	1	l
일단고정 타단회전	2.05≒2	$0.7l$
양단 고정	4	$l/2$

12-03 오일러 공식의 적용 범위

오일러 공식의 임계하중 W_{cr}는 기둥이 좌굴되는 하중이므로 실제로 사용할 경우에 안전하중 W_s는 W_{cr}를 안전율 S로 나누어 주어 구한다. 즉,

$$W_s = \frac{W_{cr}}{S} \tag{12.13}$$

식 (12.11)을 다시 쓰면 다음과 같은 세장비의 범위를 구할 수 있다.

$$\lambda = \frac{l}{k} = \sqrt{n}\,\pi\sqrt{\frac{E}{\sigma_{cr}}} \tag{12.14}$$

식 (12.14)의 σ_{cr} 대신 재료의 압축탄성한도 σ_E를 대입하여 계산한 λ의 값보다 큰 세장비를 가지고 있는 기둥에는 오일러 공식을 사용할 수 있지만, 이보다 작은 세장비를 가지고 있는 기둥에는 사용할 수 없으며, 여기에 뚜렷한 오일러 공식의 적용 범위가 존재하는 것이다. 즉, 세장비의 값이 작은 기둥인 단주에 이 식을 적용하면 σ_{cr}가 대단히 크게 된다. 따라서 단주의 경우는 σ_{cr}에 의해서 연성 재료에서는 항복점, 취성재료에서는 파괴응력값에 달하면 좌굴을 일으키기 전에 압축에 의하여 탄성 파손 또는 파단된다.

예를 들어, 양쪽 끝이 회전되는 연강제의 장주에서 압축항복점의 값을 $\sigma_c = 2$(GPa), 탄성계수를 $E = 210$(GPa)이라 하면 식 (12.13)으로부터 세장비는 다음과 같다.

$$\lambda = \sqrt{n}\,\pi\sqrt{\frac{E}{\sigma_E}} = \pi\sqrt{\frac{210\times10^9}{2\times10^9}} = 10.2$$

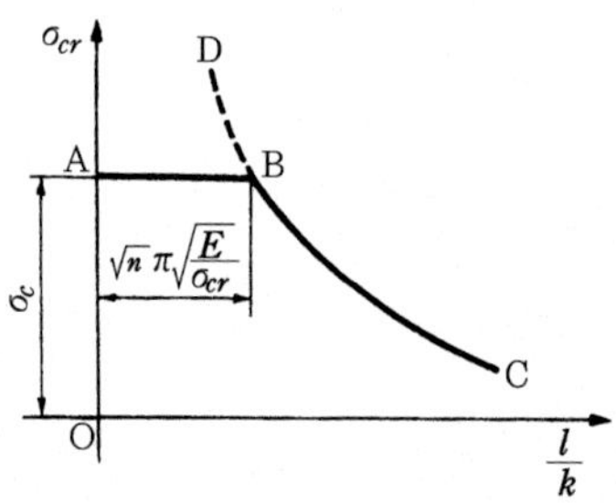

그림 12.7

여기서 $n = 1$로 하였다. 따라서 $\lambda \geq 10.2$이면 장주의 계산에서 오일러 공식의 사용이 가능하나, $\lambda \leq 10.2$일 때는 오일러 공식을 적용할 수 없음을 알 수 있다. 이상의 관계를 도시하면 그림 12.7과 같이 된다.

즉, DBC는 오일러 공식에 해당하는 곡선이고, 항복점 또는 압축파괴응력을 σ_c로 표시하여 σ_c의 높이에서 수평선 AB를 그어 오일러 곡선과 B점에서 만나면 기둥의 강도에 대한 한계선은 ABC로 표시하게 된다. 여기서 AB$= \sqrt{n}\,\pi\sqrt{\dfrac{E}{\sigma_{cr}}}$ 이다.

여러 가지 재료에 대해서 기둥의 기본형이라고 하는 양단 회전기둥의 경우 오일러 공식을 적용할 수 있는 세장비 λ의 한계와 안전율을 나타내면 표 12.2와 같다.

표 12.2

재 료	주 철	연 철	연 강	경 강	목 재
S	8~10	5~6	5~6	5~6	10~12
E(GPa)	100	200	215	220	10
λ	70	115	102	95	85

예를 들어, 기둥이 원형단면이면

$$k = \sqrt{\frac{I}{A}} = \frac{d}{4}$$

$$\lambda = \frac{l}{k} = \frac{4l}{d} = 102 \qquad \therefore\ l = 25.5d$$

즉, 오일러 공식이 적용되는 한계의 길이는 적어도 지름의 25.5배가 되어야 한다는 것이다.

예제 12.1 그림 12.8과 같이 양쪽 끝이 힌지(hinge)로 된 강철재 구형각재의 길이 $l=4$(m)인 기둥이 축방향으로 압축력을 받고 있을 때 임계하중과 임계응력을 구하라. 단, $E=$ 200(GPa)이다.

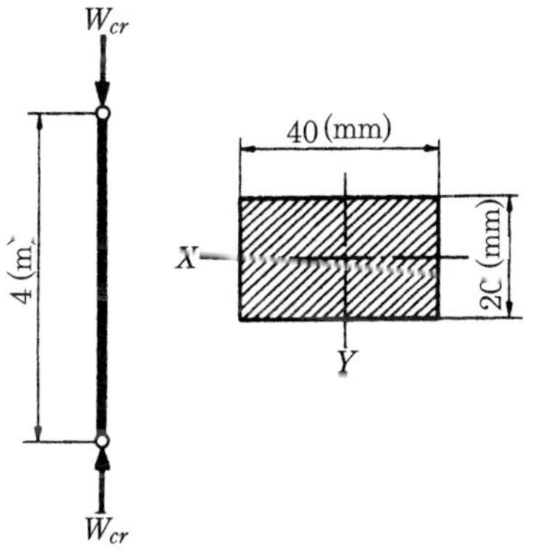

그림 12.8

‖ **풀이** ‖ 양단 회전기둥이므로 $n=1$이고, 식 (12.10)에 의해서 계산되며, 관성모멘트는 최소값인 I_X를 택한다.

$$I_X = \frac{0.04 \times 0.02^3}{12} = 2.66 \times 10^{-8}(\text{m}^4), \quad I_Y = \frac{0.02 \times 0.04^3}{12} = 1.066 \times 10^{-7}(\text{m}^4)$$

$$\therefore\ I_x < I_Y$$

$$W_{cr}=\frac{n\pi^2 EI}{l^2}=\frac{1\times\pi^2\times 2\times 10^{11}\times 2.66\times 10^{-8}}{4^2}=3{,}281.64\,(\mathrm{N})$$

$$\sigma_{cr}=\frac{W_{cr}}{A}=\frac{3{,}281.64}{0.04\times 0.02}=4.1\,(\mathrm{MPa})$$

예제 12.2 폭 $b=10(\mathrm{cm})$, 높이 $h=15(\mathrm{cm})$의 직4각형 단면의 길이 3(m)인 일단고정 타단자유의 나무기둥이 있다. 안전율 $S=10$으로 취하면 자유단에 몇 (N)의 하중을 받을 수 있는가? 단, 탄성계수 $E=10(\mathrm{GPa})$이다.

‖ **풀이** ‖ 일단고정 타단 자유기둥은 $n=\frac{1}{4}$이며, 오일러 공식의 적용범위를 계산하여 오일러 공식의 사용 가능을 확인(목재이므로 $\lambda>85$)한 후 안전하중을 구해 준다.

$$k=\sqrt{\frac{I}{A}}=\frac{b}{2\sqrt{3}}=\frac{0.1}{2\sqrt{3}}=0.0289\,(\mathrm{m})$$

$$\lambda=\frac{l}{k}=\frac{3}{0.0289}=103.8>85$$ ∴ 오일러 공식 사용이 가능하다.

$$I_{\min}=\frac{hb^3}{12}=\frac{0.15\times 0.1^3}{12}=1.25\times 10^{-5}(\mathrm{m}^4)$$

$$W_{cr}=\frac{n\pi^2 EI}{l^2}=\frac{\pi^2\times 10^{10}\times 1.25\times 10^{-5}}{4\times 3^2}=34{,}269.45\,(\mathrm{N})$$

$$W_S=\frac{W_{cr}}{S}=\frac{34{,}269.45}{10}=3{,}426.9\,(\mathrm{N})$$

예제 12.3 그림 12.9와 같이 원형단면의 연강재가 고정된 양쪽 끝에서 축압축하중 W=100(kN)을 작용시키려 한다. 안전율을 $S=5$로 하고, 탄성계수는 E=200(GPa)이라 할 때 오일러 공식을 사용하여 이 기둥의 지름을 구하라.

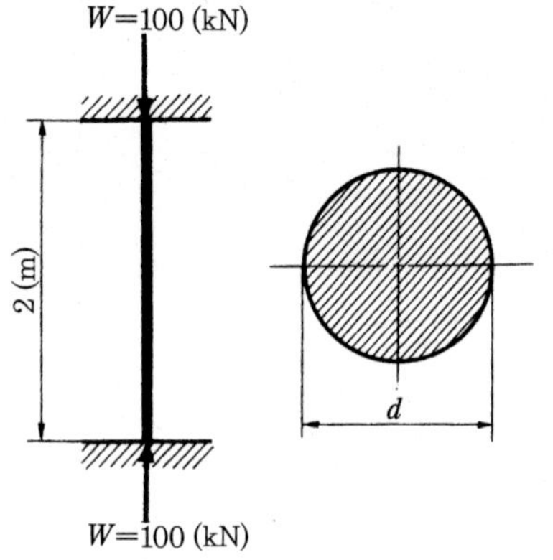

그림 12.9

‖ **풀이** ‖ 양단 고정기둥이므로 $n=4$이며, $W_{cr}=W_S\times S$임을 이용한다.

$$W_{cr}=W_S\times S=\frac{n\pi^2 EI}{l^2}=\frac{n\pi^3 Ed^4}{64l^2}$$

$$\therefore\ d=\sqrt[4]{\frac{64l^2 W_S\cdot S}{n\pi^3 E}}=\sqrt[4]{\frac{64\times 2^2\times 10^5\times 5}{4\times\pi^3\times 2\times 10^{11}}}=0.0476\,(\mathrm{m})$$

12-04 장주에 대한 실험식

1. 고든-랭킨식

오일러 공식은 장주에 대하여 적용되고 기둥의 압축응력은 고려하지 않고 굽힘만을 고려하였으므로 λ의 값이 큰 부분에서는 정확한 결과를 나타내지만, 작은 범위에서는 오일러 공식에 의한 좌굴하중보다도 훨신 작은 값에서도 좌굴을 일으키게 된다. 이것은 압축하중 때문에 기둥이 구부러지면 굽힘응력이 일어나 압축응력과 조합되어 凹쪽에서 응력이 증대되고, 凸쪽에서는 감소하기 때문이다. 기둥이 짧아지면 압축의 효과를 무시하지 못하므로 고든과 랭킨은 단주에도 적용될 수 있는 실험식을 만들어 실용에 편리하게 하였다. 이 식의 적용범위는 비교적 넓어서 $\lambda = 50 \sim 150$까지이다.

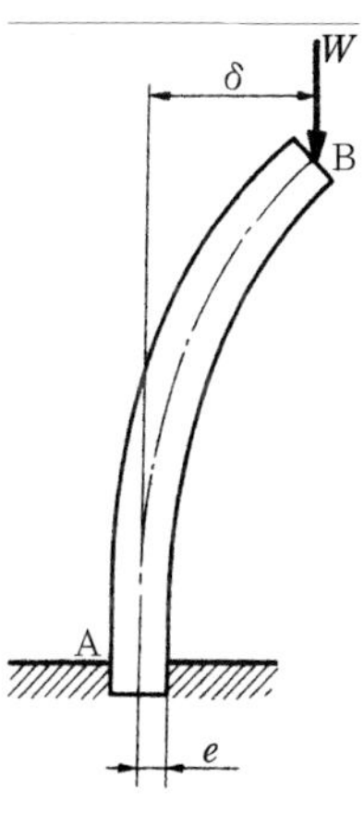

그림 12.10

그림 12.10에서와 같이 일단고정 타단자유인 기둥에 W의 압축하중이 축방향으로 작용하였을 때 AB와 같이 구부림의 최대처짐 δ가 일어난다고 하자. 이 기둥의 凹쪽에 일어나는 조합응력 σ는 압축응력 σ_c와 굽힘응력 σ_b와의 합과 같다.

$$\sigma = \sigma_c + \sigma_b = \frac{W}{A} + \frac{M}{Z} = \frac{W}{A} + \frac{W\delta e}{I} \qquad \text{(a)}$$

여기서, e는 단면의 최소 주관성모멘트를 나타내는 중립축으로부터 凹쪽의 바깥 섬유까지의 거리이다. 식 (a)에 $I = kA$를 대입하면,

$$\sigma = \frac{W}{A} + \frac{W\delta e}{Ak^2} = \frac{W}{A}\left(1 + \frac{\delta e}{k^2}\right) \qquad \text{(b)}$$

가 되며, 식 (12.10)의 $W_{cr} = \frac{n\pi^2 EI}{l^2}$와 식 (a)의 $\sigma_b = \frac{W\delta e}{I}$에서 각각 W에 대하여 전개한 후 이를 같다고 놓으면

$$\frac{\sigma_b I}{\delta e} = \frac{n\pi^2 EI}{l^2} \qquad \therefore \delta e = \frac{\sigma_b l^2}{n\pi^2 E}$$

이 되며, 이를 식 (b)에 대입하면 다음과 같다.

$$\sigma = \frac{W}{A}\left[1 + \frac{\sigma_b}{\pi^2 E} \cdot \frac{1}{n}\left(\frac{l}{k}\right)^2\right] \tag{c}$$

식 (c)에서 $\dfrac{\sigma_b}{\pi^2 E}$는 재료의 종류에 따라 결정되는 상수이므로, 이것을 a로 표시하면 다음과 같이 된다.

$$\sigma = \frac{W}{A}\left[1 + \frac{a}{n}\left(\frac{l}{k}\right)^2\right] \tag{d}$$

식 (d)의 σ가 재료의 항복점 또는 압축파괴응력 σ_c와 같게 되었을 때 파손이 일어난다고 생각한다. 그 때의 하중 W를 좌굴하중 W_{cr}로 표시하여 식 (d)를 다시 쓰면 다음과 같다.

$$\sigma_{cr} = \frac{W_{cr}}{A} = \frac{\sigma_c}{1 + \dfrac{a}{n}\left(\dfrac{l}{k}\right)^2} = \frac{\sigma_c}{1 + \dfrac{a\lambda^2}{n}} \tag{12.15}$$

식 (12.15)를 **고든-랭킨식**(Gordon-Rankin's formula)이라고 한다. 식 (12.15)의 n은 오일러식에서와 같은 기둥의 양쪽 끝의 상태에 의하여 결정되는 상수이다.

표 12.3

재 료	σ_c	$1/a$	$\lambda = l/k$
주 철	5,600	1,600	<80
연 철	2,500	9,000	<100
연 강	3,400	7,500	<90
경 강	4,900	5,000	<85
목 재	500	750	<60

2. 존슨식

오일러식은 매우 가늘고 긴 상주, 즉 연강의 경우는 $\lambda > 102$에 대해서는 실험결과에 잘 일치되지만 짧은 기둥에서는 일치되지 못한다.

고든-랭킨식은 이론과 실험을 병용하여 탄성한계 이내에서 성립되는 것을 전제로 하여 만든 식이며, λ가 50 이상 150 이내에서는 일치되지만, λ가 작은 부분과 큰 부분에서는 실험결과에 일치되지 못한다.

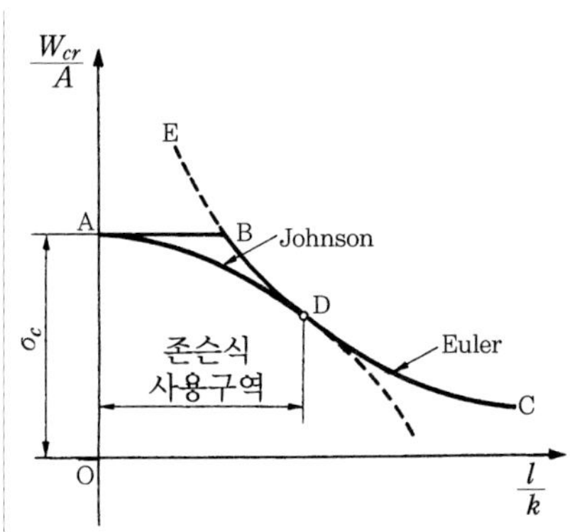

그림 12.11

이상의 결점을 고려하여 존슨은 엄밀한 이론은 아니지만 실험결과에 완전히 일치할 수 있도록 그림 12.11에서와 같이 A점에 정점을 가지고 D점에서 오일러 곡선에 접하는 포물선을 그어서 다음과 같은 식을 만들었다.

$$\sigma_{cr} = \frac{W_{cr}}{A} = \sigma_c - \frac{\sigma_c^2}{4n\pi^2 E}\left(\frac{l}{k}\right)^2 \tag{12.16}$$

식 (12.16)을 **존슨식**(Johnson's formula) 또는 **포물선식**(parabolic formula)이라고 한다, 여기서 σ_c는 연성 재료에서는 압축항복점의 응력을 말하며, 취성 재료에서는 압축 파괴응력을 의미한다.

3. 테트마이어식

테트마이어(Tetmajer)는 양단 회전기둥에 대하여 오일러식과 랭킨식에 대하여 실험결과에 맞지 않는 부분에 대해 각종 재료를 사용하여 광범위한 실험을 통하여 다음과 같은 직선적인 실험식을 만들었다.

$$\sigma_{cr} = \frac{W_{cr}}{A} = \sigma_b\left[1 - a\left(\frac{l}{k}\right) + b\left(\frac{l}{k}\right)^2\right] \tag{12.17}$$

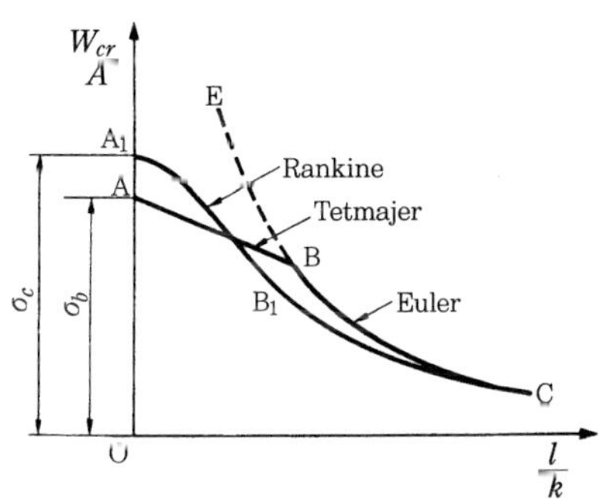

그림 12.12

이 식에서 a 및 b는 표 12.4에 표시한 상수이고, 표 중에서 λ의 범위 내에서만 적합하다. 계수 b는 대단히 작은 값이므로 주철 이외에서는 직선으로 된다.

그림 12.12는 오일러, 고든-랭킨, 테트마이어의 실험곡선을 비교한 것이다. 여기서 A_1B_1C곡선은 랭킨의 좌굴곡선이며, λ가 큰 곳에서 오일러 곡선과 만난다.

표 12.4

재 료	σ_b(kg/cm^2)	a	b	$\lambda = l/k$
주 철	7,760	0.01546	0.0007	5~88
연 철	3,030	0.00246	0	10~112
연 강	3,100	0.00368	0	10~105
경 강	3,350	0.00185	0	<90
목 재	293	0.00625	0	1.8~100

예제 12.4 양쪽 끝이 고정된 길이 2(m), 단면의 지름 10(cm)의 경강제 둥근기둥에서 좌굴응력을 구하라. 단, $E=200$(GPa)이다.

‖ **풀이** ‖ I 및 A를 우선 구하고, 다음에 세장비를 구하여 적용할 식을 결정한다. 양단 고정기둥이므로 $n=4$이다.

$$I=\frac{\pi d^4}{64},\quad A=\frac{\pi d^2}{4} \qquad \therefore k=\sqrt{\frac{I}{A}}=\sqrt{\frac{\pi d^4}{64}\cdot\frac{4}{\pi d^2}}=\frac{d}{4}=\frac{0.1}{4}=0.025\,(\mathrm{m})$$

$$\therefore \lambda=\frac{l}{k}=\frac{2}{0.025}=80$$

랭킨식의 세장비의 한계는 표 12.3에서 경강의 경우 $\lambda<85$이므로 랭킨식의 사용이 가능하다.

$$\sigma_{cr}=\frac{\sigma_c}{1+\dfrac{a\lambda^2}{n}}=\frac{490\times10^6}{1+\dfrac{80^2}{4\times5{,}000}}=371\,(\mathrm{MPa})$$

예제 12.5 단면이 25(cm)×20(m), 길이 2.75(m)인 양단 회전의 기둥이 있다. 재료는 연강이고 사용응력을 6.5(MPa)이라 할 때 안전하중을 구하라. 단, 안전율은 $S=5$이다.

‖ **풀이** ‖ 1) $k=\sqrt{\dfrac{I}{A}}$에서 최소회전반지름을 구한다.

2) 랭킨식 혹은 오일러식의 선택을 위하여 λ를 결정한다.

3) 문제에서 구한 λ가 표 12.3의 $\lambda<90$에 적합한지 확인한다.

4) 양단 회전기둥이므로 $n=1$이며, 표 12.3에서 $\dfrac{1}{a}=7{,}500$을 이용한다.

$$k=\sqrt{\frac{I}{A}}=\sqrt{\frac{hb^3}{12bh}}=\frac{b}{2\sqrt{3}}=\frac{0.2}{2\sqrt{3}}=0.058\,(\mathrm{m})$$

$$\lambda=\frac{l}{k}=\frac{2.75}{0.058}=47<90 \qquad \therefore \text{ 랭킨식 적용이 가능하다.}$$

식 (12.15)에서

$$W_{cr}=\frac{\sigma_c A}{1+\frac{a\lambda^2}{n}}=\frac{340\times10^6\times0.05}{1+\frac{47^2}{7,500}}=13.13(\text{MN})$$

식 (12.13)에서

$$\therefore\ W_S=\frac{W_{cr}}{S}=\frac{13.13\times10^6}{5}=2.626(\text{MN})$$

12-05 편심하중을 받는 장주

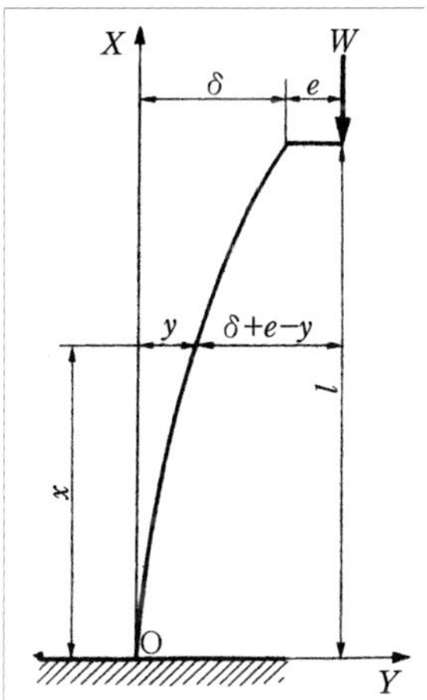

그림 12.13

그림 12.13에 표시한 바와 같이 일단고정 타단자유인 장주에서 e만큼 편심된 위치에서 축압축하중 W가 작용하고 있을 때의 좌굴을 생각해 보자. 원점 O를 지나는 직교좌표를 그림과 같이 잡고, W로 인하여 장주가 구부러져서 최대처짐 δ를 일으켰다고 하자.

이 기둥의 상단의 최대처짐을 δ, 하단으로부터 임의거리 x인 단면의 처짐을 y라 하면 그 임의단면의 굽힘모멘트는 다음과 같다.

$$M_x=-W(\delta+e-y) \tag{a}$$

이 기둥의 탄성곡선의 미분방정식은 식 (9.1)에 의하여 다음과 같이 된다.

$$EI\frac{d^2y}{dx^2}=W(\delta+e-y) \tag{12.17}$$

식 (12.17)에서도 식 (12.1)에서와 같이

$$\alpha^2=\frac{W}{EI} \tag{b}$$

라고 하면, 식 (12.17)은 다음과 같은 선형미분방정식이 된다.

$$\frac{d^2y}{dx^2}+\alpha^2y=\alpha^2(\delta+e) \tag{12.18}$$

이 식의 일반해는

$$y = c_1 \sin \alpha x + c_2 \cos \alpha x + (\delta + e) \tag{c}$$

이므로, 고정단의 경계조건인 $x = 0$에서 $y = 0$ 및 $\frac{dy}{dx} = 0$을 대입하면

$$c_1 = 0, \ c_2 = -(\delta + e) \tag{d}$$

가 되므로, 식 (c)는 다음과 같이 된다.

$$y = (\delta + e)(1 - \cos \alpha x) \tag{e}$$

식 (e)는 그림 12.13의 곡선이 $\frac{1}{4}\cos$ 곡선임을 말해 준다.

또 상단의 경계조건은 $x = l$에서 $y = \delta$이므로 식 (e)는 다음과 같다.

$$\delta = (\delta + e)(1 - \cos \alpha l)$$

$$\therefore \ \delta = \frac{e(1 - \cos \alpha l)}{\cos \alpha l} = e(\sec \alpha l - 1) \tag{12.19}$$

그림 12.13의 최대굽힘모멘트는 고정단에서 발생되므로 그 크기는 다음과 같다.

$$M_{max} = W(\delta + e) \tag{12.20}$$

식 (12.20)에 식 (12.19)를 대입하면,

$$M_{max} = W[e(\sec \alpha l - 1) + e] = We \sec \alpha l \tag{12.21}$$

그러므로 장주에서 일어나는 최대응력은 단면의 凹쪽 표면에서 일어나고, 그 값은 W에 의한 압축응력과 M_{max}에 의한 굽힘응력과의 합성으로 된다.

한편 단면의 도심으로부터 상단, 하단까지의 거리를 c라고 하면 최대응력의 값은 다음과 같다.

$$\sigma_{\max} = \frac{W}{A} + \frac{M_{\max}}{Z} = \frac{W}{A} + \frac{M_{\max} \cdot C}{I} \tag{12.22}$$

식 (12.22)에 식 (12.21)을 대입하고 $k = \sqrt{\frac{I}{A}}$ 임을 고려하면 $\sigma_{\max}$은 다음과 같이 된다.

$$\sigma_{\max} = \frac{W}{A} + \frac{We}{Z} sec\,\alpha l = \frac{W}{A}\left(l + \frac{ec}{k^2} sec\,\alpha l\right) \tag{12.23}$$

식 (12.23)에 식 (b)인 $\alpha = \sqrt{\frac{W}{EI}}$ 를 대입하면 다음과 같이 된다.

$$\sigma_{\max} = \frac{W}{A}\left[1 + \frac{ec}{k^2} sec\left(\frac{l}{k}\sqrt{\frac{W}{AE}}\right)\right] \tag{12.24}$$

식 (12.23) 및 식 (12.24)를 사우스웰이 전개한 이론이라 하여 **사우스웰의 시컨트공식**(Southwell's secant formula)이라고 한다.

식 (12.23)으로 주어지는 σ가 연성 재료에서는 항복점 또는 취성 재료에서는 압축파괴강도 σ_c와 같게 되었을 때 좌굴이 일어난다고 하면, 이때의 W를 W_{cr}로 놓으면 다음과 같이 된다.

$$\sigma_{cr} = \frac{W_{cr}}{A}\left(1 + \frac{ec}{k^2} sec\,\alpha l\right) \tag{12.25}$$

이상에서 논한 것은 일단고정 타단자유의 장주에 대한 결과이지만, 양단 회전일 때는 윗식에 l 대신 $\frac{l}{2}$을 대입하고, 양단 고정일 때는 $\frac{l}{4}$을 대입하면 된다.

한편 짧은 기둥($\lambda < 50$)의 경우는 l이 대단히 짧다고 생각하여 식 (12.19)에서 분모 $\cos\alpha l = 1$, 분자의 $\cos\alpha l = 1 - \frac{\alpha^2 l^2}{2}$으로 가정하면 식 (12.19)의 δ는 다음과 같이 된다.

$$\delta = \frac{e\alpha^2 l^2}{2} = \frac{Wel^2}{2EI}$$

이는 외팔보의 자유단에서 우력 $M = We$가 작용할 때의 자유단의 처짐과 일치하게 됨을 알 수 있다. 또 이때의 응력은 식 (12.25)에서 다음과 같이 된다.

$$\sigma_c = \frac{W_{cr}}{A}\left(1 + \frac{ec}{k^2}\right)$$

12-06 편심하중을 받는 단주

단주에 있어서 하중이 축심에서 어긋난 점에 작용하는 경우가 흔히 있다. 축심에 정확히 일치하는 방향으로 압축하중을 작용시켰다고 하더라도 엄밀히 고찰하면 반드시 약간 편심된 상태로 작용되기가 쉽다.

짧은 말뚝 또는 짧은 버팀기둥이 그림 12.14의 (a)에서처럼 그 상단에 작용하는 편심압축하중 W를 받는 경우를 생각해 보자.

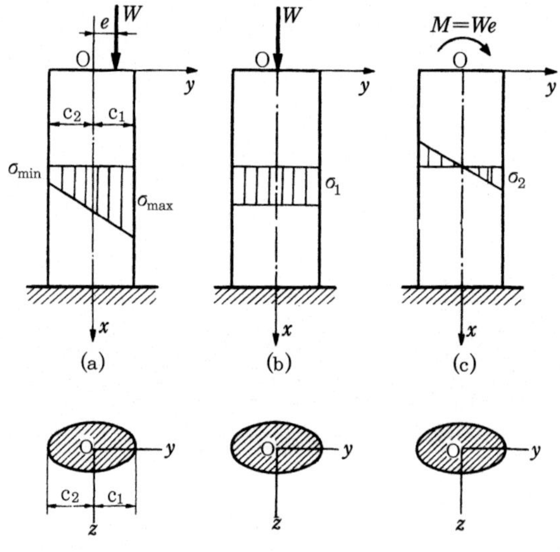

그림 12.14

이런 기둥이 짧고 단단한 경우에는 그 **편심하중**(eccentric load)의 굽힘작용으로 인한 처짐은 **편심거리** e에 비해서 무시할 수 있으며, 따라서 중첩의 원리를 적용할 수 있다.

즉, 그림 12.14(a)는 도심에 압축력 W가 작용하여 기둥의 각 단면 위에 균일 압축응력 $\sigma_1 = \dfrac{W}{A}$를 발생시키는 그림 12.14(b)와 편심으로 인한 우력 $M = We$는 직선적으로 변화하는 응력 $\sigma_2 = \dfrac{M}{Z}$을 발생시키는 그림 12.14(c)로 나누어 생각할 수 있다.

그러므로 압축과 굽힘의 조합응력으로 인하여 임의단면에 발생하는 합성응력은 위의 두 응력을 중첩시킨 결과로서 다음과 같이 된다.

$$\sigma = -\left(\frac{W}{A} + \frac{M}{Z}\right) = -\left(\frac{W}{A} + \frac{Wey}{I}\right) \tag{12.26}$$

식 (12.26)에서 A는 기둥의 단면적이고, I는 그 단면의 Z축에 관한 관성모멘트이다. 이 식으로 주어지는 응력의 분포상태는 그림 12.14(a)에서처럼 사다리꼴로 표시되는데, 그것은 그림 12.14(b)와 (c)에 보인 두 응력선도를 중첩한 결과이다.

그림에서 보는 바와 같이 최대굽힘응력이 압축응력보다 작으므로 전단면에 압축응력이 일어나고 있다. 만일 반대로 된다면 단면 내에 **영응력선**(line of zero stress)이 생기고, 이 선의 왼편에 인장응력, 오른편에 압축응력이 발생하게 된다. 이 기둥에 걸리는 최대응력을 구하기 위하여 식 (12.26)의 y대신에 중심에서 오른쪽 표면까지의 거리 c_1을 대입하고 그 단면의 회전반지름 $k = \sqrt{\dfrac{I}{A}}$를 고려하면 다음과 같다.

$$\sigma_{\max} = -\frac{W}{A}\left(1 + \frac{ec_1}{k^2}\right) \tag{12.27}$$

같은 방법으로 식 (12.26)의 y 대신에 왼쪽 표면까지의 거리 $-C_2$를 대입하면 최소응력을 다음과 같이 구할 수 있다.

$$\sigma_{\min} = -\frac{W}{A}\left(1 - \frac{ec_2}{k^2}\right) \tag{12.28}$$

보통의 경우에는 식 (12.27)로 주어지는 최대 압축응력만을 고려하면 된다. 그러나 식 (12.28)에서 괄호 안의 $\dfrac{ec_2}{k^2}$값이 1보다 커지는 경우에는 식 (12.28)은 양의 값을 가지게 되므로 단면의 왼쪽에는 인장응력이 작용하게 된다. 그러므로 기둥의 왼쪽 표면의 응력이 0이 되기 위한 중심축의 위치를 중심선에서 y라 하면 식 (12.28)에서 $\sigma_{\min}=0$, $c_2=-y$라 놓으면 다음과 같은 식을 구할 수 있다.

$$y=-\frac{k^2}{e}$$

$$e=-\frac{k^2}{y} \tag{12.29}$$

한 예로, 폭 b와 높이 h인 직4각형 단면에서 생각하면 $c_1=c_2=\frac{h}{2}$, $k^2=\frac{I}{A}=\frac{h^2}{12}$이므로 식 (12.29)에 의하면 기둥이 편심압축을 받는 경우 인장응력이 발생하지 않도록 하는 e의 범위는

$$-\frac{h}{6}<e<\frac{h}{6} \text{ 또는 } -\frac{b}{6}<e<\frac{b}{6}$$

임을 알 수 있다. 또 지름이 d인 원형단면의 경우 e의 범위는 역시 식 (12.29)에 의해서 다음과 같다.

$$-\frac{d}{8}<e<\frac{d}{8}$$

이와 같은 범위 내에서의 어떤 점에 하중이 작용하여도 영응력선은 단면의 가장자리 외에 존재하게 되며, 단면에서는 압축응력만이 일어나고 인장응력은 일어나지 않는다. 이러한 범위를 **단면의 핵심**(core of section)이라고 한다.

인장에 약하고 압축에 강한 콘크리트, 벽돌, 주철 등에는 단면의 핵심 내에 하중이 작용되도록 함이 중요하다.

그림 12.15(a)와 같은 직4각형 단면에서 하중 W의 작용점이 도심에서 e만큼 편심되어 작용하면 모서리의 점에서 인장응력이 일어나므로 모서리에서 인장응력이 일어나지 않는 범위, 즉 인장응력이 0이 되는 하중작용점의 범위를 구하면 단면의 핵이 구해진다. 여기서는 빗금으로 표시되는 마름모꼴이 단면의 핵이 된다.

그림 12.15(b)와 같은 원형단면에서는 모든 방향에서 대칭축을 가지므로 $\frac{d}{8}$, 즉 $\frac{r}{4}$의 원으로 단면의 핵이 표시된다.

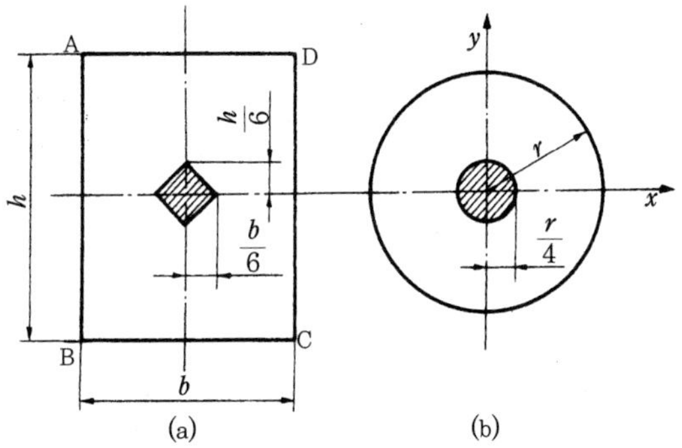

그림 12.15

예제 12.6 그림 12.6과 같은 구형단면의 기둥에 $e=2$(mm)의 편심거리 $W=100$(kN)의 압축하중이 작용할 때 발생하는 최대응력을 구하라.

‖ **풀이** ‖ 식 (12.26)에서

$$\sigma_{\max}=\frac{W}{A}+\frac{M}{Z}=\frac{10^5}{0.05\times0.025}+\frac{10^5\times2\times10^{-3}}{0.05\times0.025^2/6}$$

$$=118.4(\text{MPa})$$

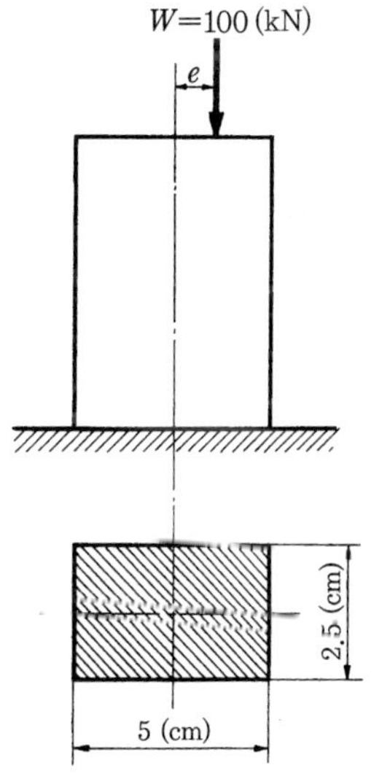

그림 12.16

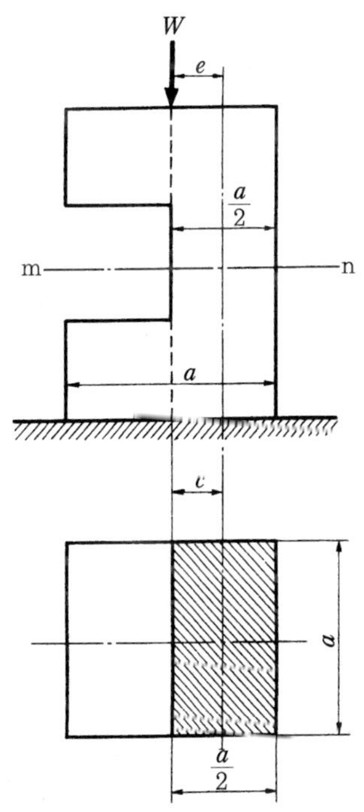

그림 12.17

예제 12.7 그림 12.17과 같은 정4각형 단면을 갖는 짧은 기둥의 측면에 홈이 파여 있을 때, 도심에 작용하는 하중 W로 인하여 단면 mn에 발생하는 최대압축응력은 홈이 없을 때 응력의 몇 배인가?

‖ **풀이** ‖ mn단면의 면적은 $A=\dfrac{a^2}{2}$이며, mn단면의 도심으로부터 하중점까지의 거리 e는 $e=\dfrac{a}{4}$, $c=y=\dfrac{a}{4}$이다. 따라서 식 (12.26)으로부터

$$\sigma_{\max}=\frac{W}{A}+\frac{M}{Z}=\frac{W}{A}+\frac{Wey}{I}$$

$$=\frac{W}{\dfrac{a^2}{2}}+\frac{W\cdot\dfrac{a}{4}\cdot\dfrac{a}{4}}{\dfrac{a(a/2)^3}{12}}=8\cdot\frac{W}{a^2}$$

즉, 홈이 없을 때보다 8배의 응력을 받는다.

연 습 문 제

1. 오일러의 좌굴하중식에 대한 다음 설명 중 잘못된 것은?

(a) 기둥 길이의 제곱에 비례한다.
(b) 탄성계수에 비례한다.
(c) 단면 2차모멘트에 비례한다.
(d) 굽힘강성계수에 비례한다.

2. 오일러의 좌굴응력식에 대한 다음 설명 중 잘못된 것은?

(a) 세장비에 반비례한다.
(b) 최소 회전반지름에 반비례한다.
(c) 굽힘강성계수에 비례한다.
(d) 기둥 길이의 제곱에 반비례한다.

3. 장주에서 길이가 같고 단면적이 같은 기둥들 중에서 가장 큰 하중을 받을 수 있는 기둥은 어느 것인가?

(a) 일단고정 타단자유　　(b) 양단회전
(c) 일단회전 타단고정　　(d) 양단고정

4. 원형단면의 지름 $d=20$(cm), 길이 $l=500$(cm)인 장주의 세장비(λ)는 얼마이겠는가?

(a) $\lambda=100$　　(b) $\lambda=120$
(c) $\lambda=140$　　(d) $\lambda=160$

5. 한 변의 길이가 6(cm)인 정방형 단면을 가진 기둥이 양단회전단으로 지지되어 있다. 이 기둥의 좌굴하중을 구하기 위하여 오일러 공식을 적용할 수 있으려면 기둥의 길이는 얼마이면 되겠는가? 단, 세장비 $\lambda=100$이라고 한다.

(a) $l=132.3$(cm)　　(b) $l=151.7$(cm)
(c) $l=173.2$(cm)　　(d) $l=185.6$(cm)

6. 단면이 6(cm)×8(cm), 길이 $l=4$(m)인 연강 구형단면의 기둥에서 좌굴응력을 구하라. 단, 양단고정이고, $E=200$(GPa)이다.

(a) $\sigma_w=103$(MPa) (b) $\sigma_w=112$(MPa)
(c) $\sigma_w=148$(MPa) (d) $\sigma_w=162$(MPa)

7. 지름 $d=24$(cm)인 원형단면의 기둥의 길이를 l_1, 16(cm)×24(cm)인 구형단면의 기둥의 길이를 l_2라 하고, 세장비가 같다고 하면 두 기둥의 길이의 비 l_1/l_2은 얼마인가?

(a) 1.2 (b) 1.3
(c) 1.4 (d) 1.5

8. 안지름 $d=4$(cm), 바깥지름 $D=6$(cm), 길이 $l=2$(m)인 연강제 원형기둥에 대한 세장비를 구하라.

(a) $\lambda=111$ (b) $\lambda=125$
(c) $\lambda=145$ (d) $\lambda=155$

9. 한 변이 12(cm)인 정4각형 단면에서 길이 $l=2.4$(m)인 경강제 기둥을 양단고정으로 사용할 때의 안정하중(W_S)을 구하라. 단, 안전율 $S=6$, 탄성계수 $E=200$(GPa)이다.

(a) $W_S=653$(kN) (b) $W_S=752$(kN)
(c) $W_S=865$(kN) (d) $W_S=948$(kN)

10. 정4각형 단면의 길이 $l=3$(m)인 장주가 양단으로 지지되어 $W_S=50$(kN)의 압축하중을 받을 때 좌굴에 대한 안전계수를 $S=8$이라고 하면 단면의 한 변의 길이는 얼마이겠는가? 단, $E=10$(GPa)이고, 오일러 공식의 적용이 가능하다.

(a) $a=14.5$(cm) (b) $a=16.5$(cm)
(c) $a=18.5$(cm) (d) $a=20.5$(cm)

11. 안지름 $d=6$(cm), 바깥지름 $D=10$(cm)인 주철재 중공원형 기둥에 $W=500$(kN)의 하중이 작용한다. 이 기둥의 양단이 핀(pin)이음으로 되어 있을 때 좌굴 상당길이는 얼마이겠는가? 단, 오일러 공식을 이용하고, 탄성계수 $E=100$(GPa)이다.

(a) 160(cm) (b) 290(cm)
(c) 320(cm) (d) 450(cm)

12. 편심하중을 받는 단주에서 핵심(core of section) 밖에 하중이 걸리는 응력분포는 다음 그림 중 어떻게 되겠는가?

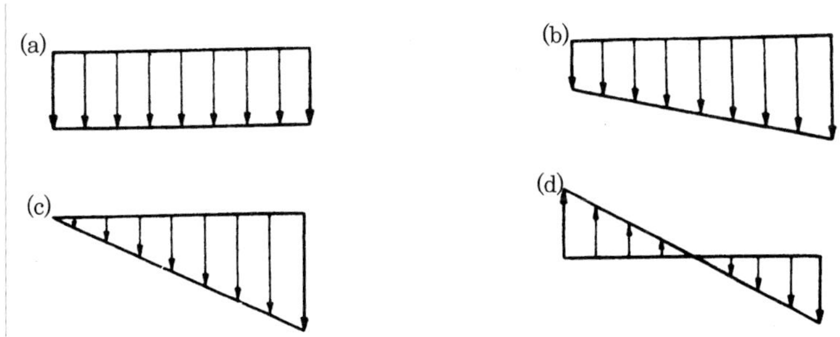

그림 12.18

13. 핵반지름(core radius)에 대한 다음 설명 중 잘못된 것은?

(a) 핵반지름은 회전반지름을 의미한다.
(b) 핵반지름은 $\sigma_{min}=0$으로 하는 편심위치이다.
(c) 핵반지름을 벗어나면 하중 W가 압축이라도 인장응력이 발생한다.
(d) 원형단면주에서의 핵반지름은 $\frac{d}{8}$이다.

14. 하중 $W=2$(kN)과 모멘트 $M=100$(Nm)가 작용하는 단주에서의 편심거리 e는 얼마이겠는가?

(a) $e=3$(cm) (b) $e=3.7$(cm)
(c) $e=4.3$(cm) (d) $e=5$(cm)

15. 그림 12.19와 같은 3각형 단면의 단주에서 A점에 압축하중 W가 작용한다면 최대압축응력은 얼마이겠는가?

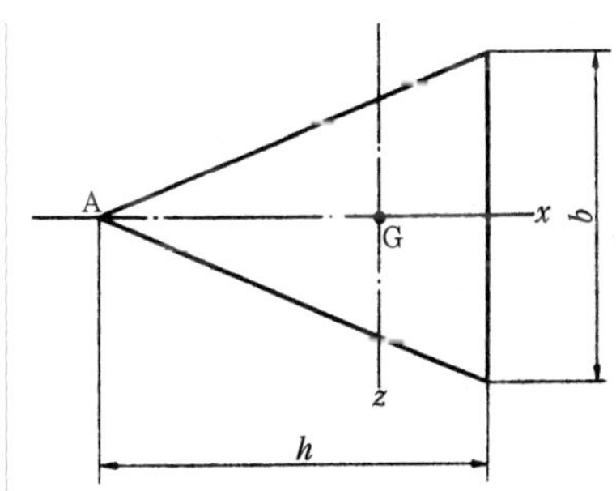

(a) $\sigma_{max}=\frac{8W}{bh}$ (b) $\sigma_{max}=\frac{12W}{bh}$
(c) $\sigma_{max}=\frac{18W}{bh}$ (d) $\sigma_{max}=\frac{24W}{bh}$

그림 12.19

응 용 문 제

1. 그림 12.20과 같은 양단이 힌지(hinge)로 된 연강제 원형기둥이 있다. 기둥의 길이 $l=6$(m), $E=200$(GPa)이라 할 때 좌굴하중 및 좌굴응력을 구하면 얼마인가? 단, 단면의 지름은 60(mm)이며, 오일러 공식을 적용한다.

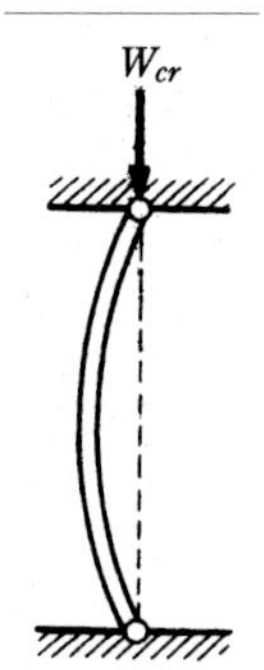

그림 12.20

2. 하단고정 상단자유의 주철제 기둥이 있다. 이 기둥의 길이 $l=5$(m)이고, 지름 $d=16$(cm)인 원형단면이다. 이 하중의 임계하중을 구하면 얼마이겠는가? 단, $E=100$(GPa)이다.

3. 기둥 양단의 길이가 같고 동일한 재질, 동일한 좌굴하중을 작용시킬 경우에 그림 12.21과 같은 모양의 단면에서 각 단면적의 비를 구하라. 단, 오일러의 좌굴하중식을 이용한다.

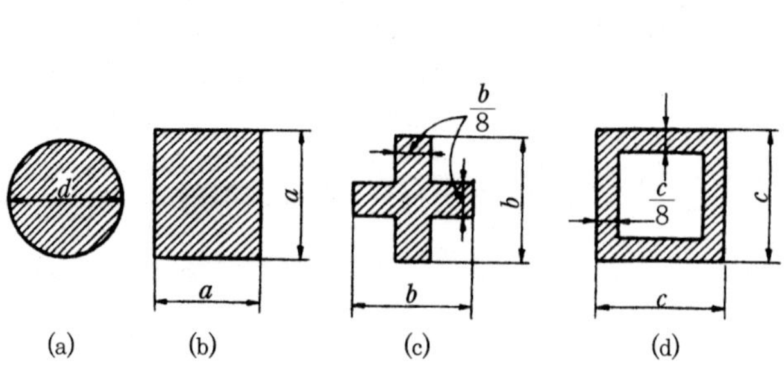

그림 12.21

4. 그림 12.22와 같은 구형단면의 일단고정 타단자유인 목재 기둥이 있다. 안전율 $S=10$으로 자유단에 가할 수 있는 안전하중을 구하면 얼마인가? 단, $E=9$(GPa)이다.

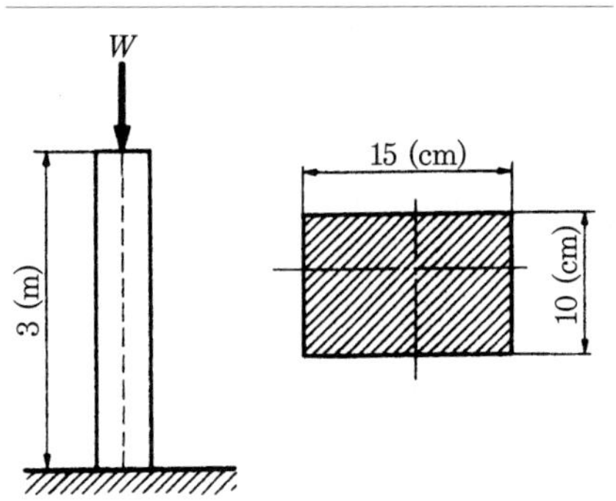

그림 12.22

5. 그림 12.23과 같은 연강 장주에서 허용할 수 있는 안전하중의 크기를 구하면 얼마인가? 단, 안전계수 $S=6$, $E=200$(GPa)이다.

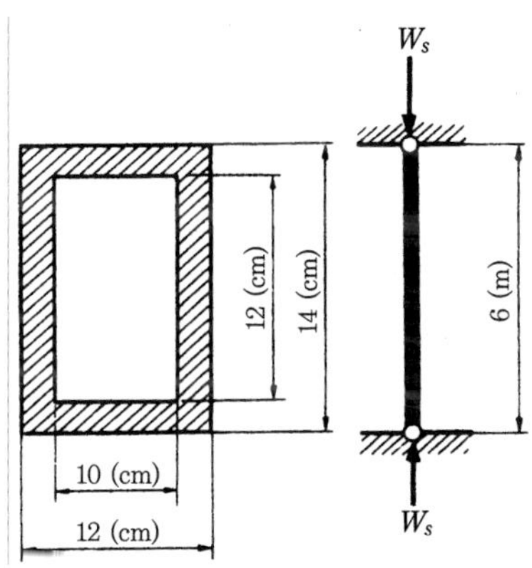

그림 12.23

6. 실린더(cylinder)의 최고압력이 500(MPa)이다. 길이가 2(m)인 연강제의 연결봉(connecting rod)의 지름을 구하라. 단, 안전계수 $S=20$, $E=215$(GPa)이다.

7. 양단회전단으로 된 길이가 지름의 12배인 주철제 원주가 있다. 이 기둥의 임계압력을 오일러, 랭킨, 테트마이어의 식으로 비교하라. 단, $E=100$(GPa)이다.

8. 그림 12.24와 같은 단주의 A 및 B점에 생기는 응력을 구하라.

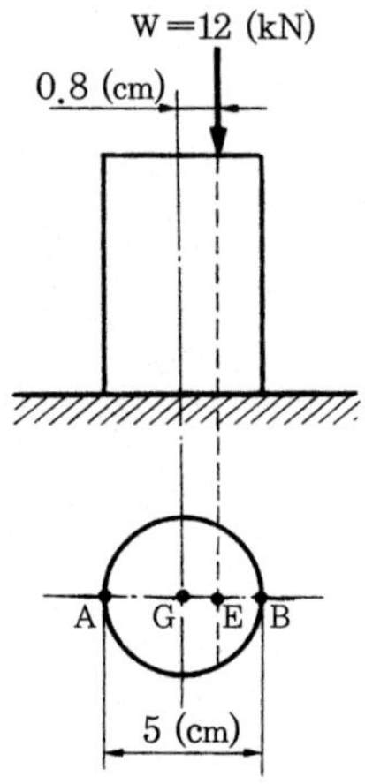

그림 12.24

9. 지름 $d=10$(cm)인 원형단면의 기둥이 양단에 힌지로 되어 있다. 기둥의 길이는 $l=4$(m)이고, $W=20.4$(kN)의 축하중에 $e=3$(cm)로 편심되게 작용한다. 기둥이 받는 최대압축응력은 얼마인가? 단, 재료의 탄성계수는 $E=204$(GPa)이다.

10. 한 변의 길이가 12(cm)인 정방형 단면봉이 그림 12.25와 같이 하중을 받고 있다. 이때 발생되는 최대인장응력은 얼마이겠는가?

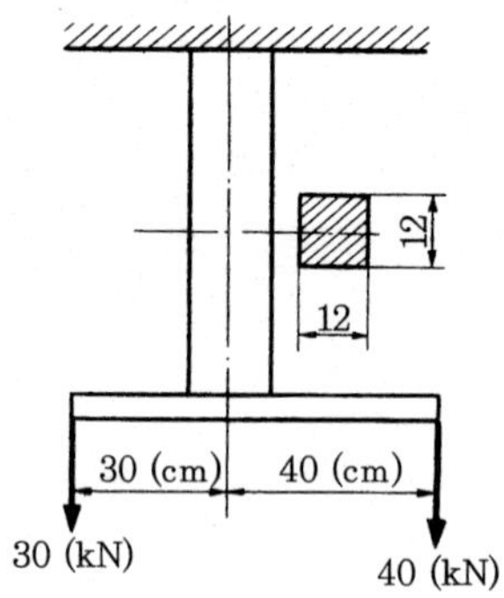

그림 12.25

영어연습문제

1. A short, hollow, cast-iron cylinder with a wall thickness of 25(kN) is to carry in compressive load $W = 700\,(\mathrm{kN})$, Compute the required outside diameter d_0 if the working stress in compression is $\sigma_w = 80\,(\mathrm{MPa})$.

Ans. $d_0 = 13.6\,(\mathrm{cm})$

2. Solve the preceding problem if the wall thickness is to be one-tenth of the outside diameter d_0.

Ans. $d_0 = 17.6\,(\mathrm{cm})$

3. Three pieces of wood having 4(cm)×4(cm) square cross-section are glued together and to the foundation as shown in Fig. A. If the horizontal force $W = 24\,(\mathrm{kN})$, What is the average shearing stress in each of the glued joints?

Ans. $\tau_{av} = 3\,(\mathrm{MPa})$

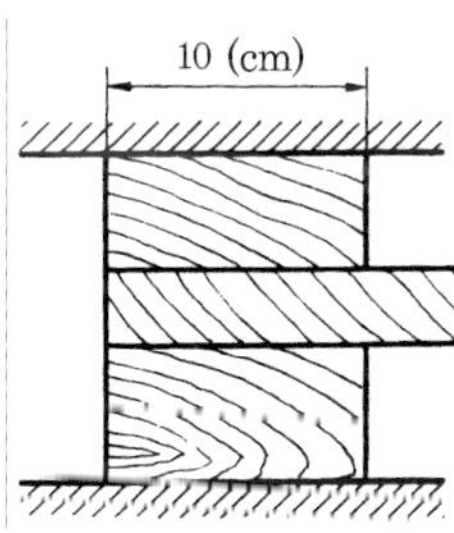

Fig. A.

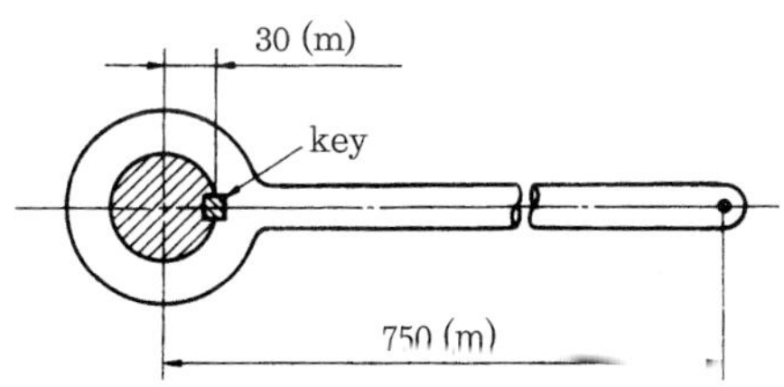

Fig. B.

4. In Fig. B. a lever is attached to a spindle by means of a square key 6(mm)×6(mm) by 25(mm) long. If the average shear stress in the key is not to exceed 0.6(MPa), what is the safe value of the load W applied to the end of the lever?

Ans. $W = 360\,(\mathrm{N})$

5. A steel wire 0.6(cm) in diameter is used for hoisting purposes in building construction. If 150(m) of the wire is hanging vertically, and a load of 1.3(kN) is being lifted at the lower end of the wire, determine the total elongation of the wire. The specific weight of the steel is 7.85(g/cm^3) and $E = 210$(GPa).

Ans. $\delta = 3.7$(cm)

6. A straight aluminum wire 30(m) long is subjected to a tensile stress of 70(MPa). Determine the total elongation of the wire. What temperature change would produce this same elongation? Take $E = 70$(GPa) and α(the coefficient of linear expansion) $= 22 \times 10^{-6}$(m/℃ m).

Ans. $\delta = 3$(cm), $\Delta t = 45.45$(℃)

7. Two prismatic bars are rigidly fastened together and support a vertical load of 45(kN) as shown. The upper bar is steel having specific weight 7.85(g/cm^3), length 10(m), and cross-sectional area 10(cm^2). The lower bar is brass having specific weight 8.7(g/cm^3), length 6(m) and cross-sectional area 8(cm^2). For steel $E = 200$(GPa), for brass $E = 100$(GPa). Determine the maximum stress in each material.

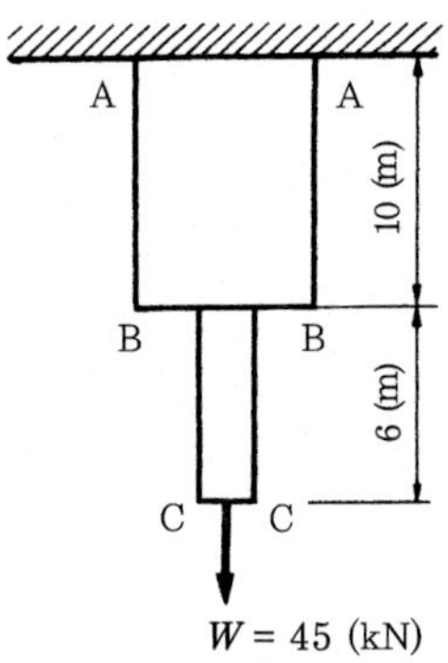

Ans. $\sigma_{max} = 46.2$(MPa)

8. A prismatic steel bar having cross-sectional area $A = 3(\text{cm}^2)$ is subjected to axial loading as shown in Fig. Neglecting localized irregularities in stress distribution near the points of application of the loads, find the net increase δ in the length of the bar. Assume $E = 206(\text{GPa})$.

Ans. $\delta = -0.0159(\text{cm})$

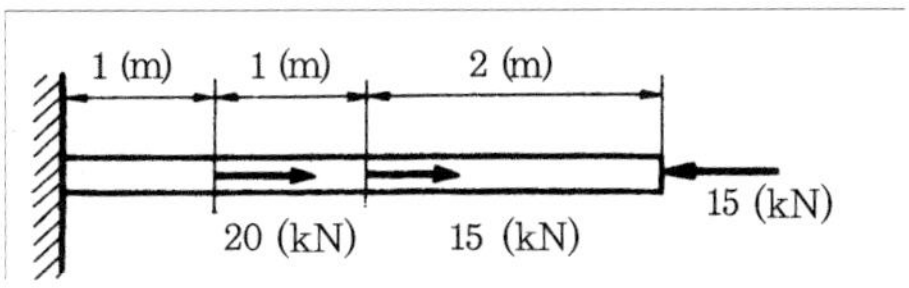

9. A rigid bar AB, 3(m) long, is suspended by two vertical rods at its ends and hangs in a horizontal position under its own weight as shown in Fig. The rod at A is brass; length 2(m), cross-sectional area, 10(cm^2), modulus of elasticity, 105(GPa). The rod at B is steel; length, 3(m), cross-sectional area, 5(cm^2), modulus of elasticity, 206(GPa). At what distance x from A may a vertical load W be applied if the bar is to remain horizontal after the load is applied?

Ans. $\chi = 1.2(\text{m})$

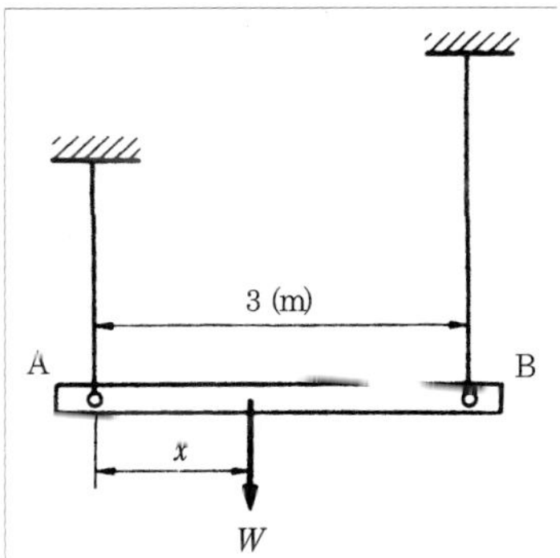

10. A square steel bar 5(cm) on a side and 120(cm) long is subjected to an axial tensile force of 290(kN). Determine the decrease in the lateral dimension due to this load. Consider $E = 205(\text{GPa})$ and $\nu = 0.3$.

Ans. $\lambda = 0.00083(\text{cm})$

11. A rigid steel plate is supported by three concrete posts each having 10(cm)×10(cm) square cross-section as shown in Fig. By accident, the middle post is 0.5(mm) shorter than the other two before load W is applied. Find the safe value of load W if the working stress for the concretes in compression is 20(MPa) and the modulus of elasticity $E_c = 14$(GPa).

Ans. $W = 483.3$(kN)

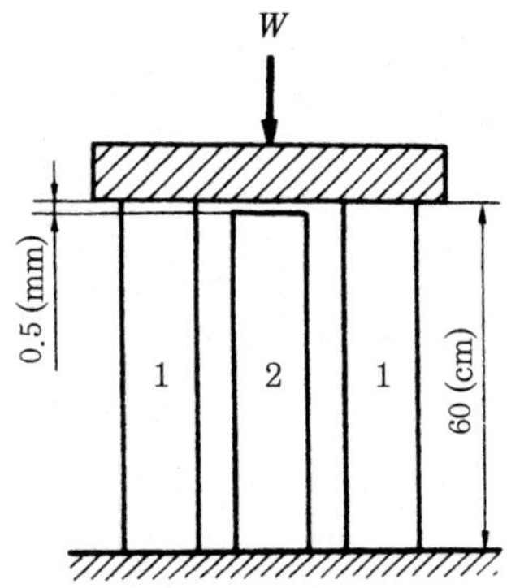

12. A prismatic steel bar, 21(cm) long, is subjected to axial compressive forces $W = 20$(kN). compute the amount of strain energy;

(a) if the cross-sectional area $A = 20(\text{cm}^2)$

(b) if $A = 10(\text{cm}^2)$; $E = 200$(GPa)

Ans. (a) $U = 0.1$(Nm), (b) $U = 0.2$(Nm)

13. A prismatic steel rod of length l and cross-sectional area A hangs vertically under its own weight. How much strain energy is stored in the bar if its weight per unit volume is?

Ans. $U = r^2 A l^3 / 6E$

14. The two steel bars AB and BC are pinned at each end support the load of 270(kN shown in Fig. The metal is annealed cast iron, having a yield point of 420(MPa). Safety factors of 2 for tensile member and 3.5 for compressive members and adequate. Determine the required cross-sectional areas of these bars. Take $E = 200(\text{GPa})$.

Ans. $A_{AB} = 22.27(\text{cm}^2)$, $A_{BC} = 45(\text{cm}^2)$

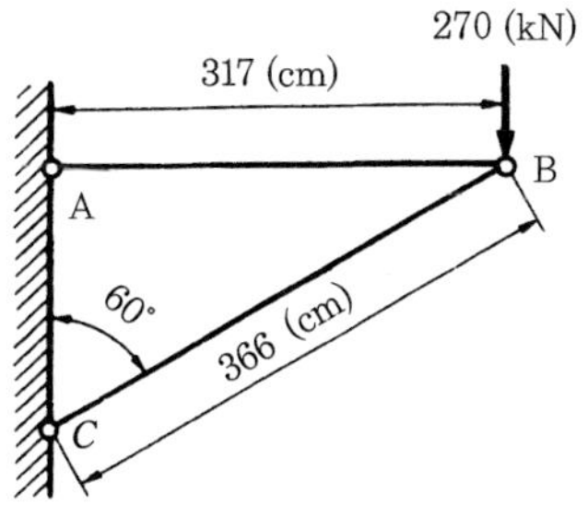

15. A hollow steel cylinder surrounds a solid copper cylinder and the assembly is subjected to an axial loading of 226(kN) as shown in Fig. The cross-sectional area of the steel is $20(\text{cm}^2)$, while that of the copper is $65(\text{cm}^2)$. Both cylinders are the samc length before the load is applied. Determine the temperature rise of the entire system required to place all of the load on the copper cylinder. The cover plate at the top of the assembly is rigid.

For copper $E = 120(\text{GPa})$, $\alpha = 16 \times 10^{-6}(\text{m/℃ m})$

While for steel $E = 210(\text{GPa})$, $\alpha = 12.2 \times 10^{-6}(\text{m/℃ m})$

Ans. $\Delta t = 76.25(℃)$

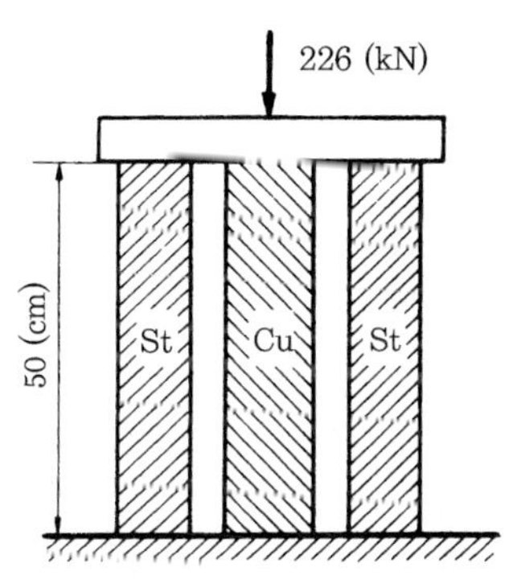

16. The copper bar of Fig. is of uniform cross-section and is rigidly attached to the walls as shown. The rod is 150(cm) long and has a cross-sectional area of 16(cm^2). At a temperature of 27(℃) the rod is stress-free in the configuration shown. Determine the stress in the rod when the temperature has dropped to 10(℃). Assume that supports do not yield. For copper, $E = 120$(GPa) and $\alpha = 16 \times 10^{-6}$(m/℃ m).

Ans. $\sigma = 32.64$(MPa)

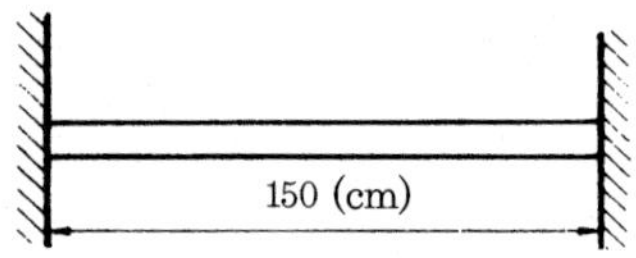

17. The composite bar shown in Fig. is rigidly attached to the two supports. The left portion of the bar is copper, of uniform cross-sectional area 80(cm^2) and length 30(cm). The right portion is aluminum, of uniform cross-sectional area 20(cm^2) and length 20(cm). At a temperature of 30(℃) the entire assembly is stress free. The temperature of the structure drops and during this process the right support yields 0.003(cm) in the direction of the contracting metal. Determine the minimum temperature to which the assembly may be subjected in order that the stress in the aluminum does not exceed 170(MPa). For copper $E = 120$(GPa), $\alpha = 16 \times 10^{-6}$(m/℃ m) and for a aluminum $E = 70$(GPa), $\alpha = 22.2 \times 10^{-6}$(m/℃ m).

Ans. −38(℃)

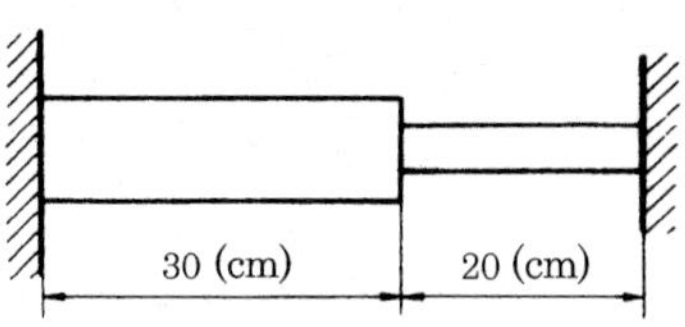

18. The bar AB is considered to be absolutely rigid and is horizontal before the load of 180(kN) is applied as shown in Fig. The connection at A is a pin, and AB is supported by the steel rod EB and the copper rod CD. The length of CD is 90(cm), the length of EB is 150(cm).

The cross-sectional area of CD is 5(cm^2), the are of EB is 3(cm^2). Determine the stress in each of the vertical rods and the elongation of the steel rod. Neglect the weight of AB. For copper $E = 120$(GPa), for steel $E = 210$(GPa).

Ans. $\sigma_{cu} = 852$(MPa), $\sigma_{st} = 1.79$(MPa), $\delta = 0.0013$(cm)

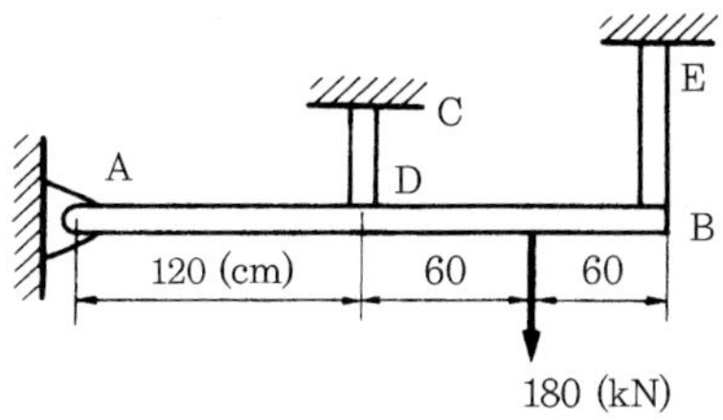

19. A mild steel tensile-test specimen having a circular cross-section of diameter $d = 14$(mm) shows an elongation reading of 0.05(mm) over a gauge length of 50(mm). Calculate the maximum shear stress in the material assuming that $E = 200$(GPa).

Ans. $\tau_{max} = 105$(MPa)

20. A brass wire of diameter $d = 1.6$(mm) and length $l = 60$(cm) is tightly stretched between fixed points A and B at its ends so that it is under a tension of 150(N). If the temperature of the wire subsequently drops 30(℃), what is the maximum shear stress in the material? The coefficient of thermal expansion for brass is $\alpha_b = 2.0 \times 10^{-5}$(m/℃ m) and the modulus of elasticity is $E_b = 98$(GPa).

Ans. $\tau_{max} = 66.7$(MPa)

21. A prismatic bar carrying an axial tensile stress σ_x is cut by an oblique section pq as shown in Fig. If the normal and shear stresses, respectively, on this section are $\sigma_n = 84$(MPa) and $\tau = 28$(MPa), find the value of σ_x and the angle ϕ defining the aspect of the section pq.

Ans. $\sigma_x = 93.3$(MPa), $\phi = 18°\,26'$

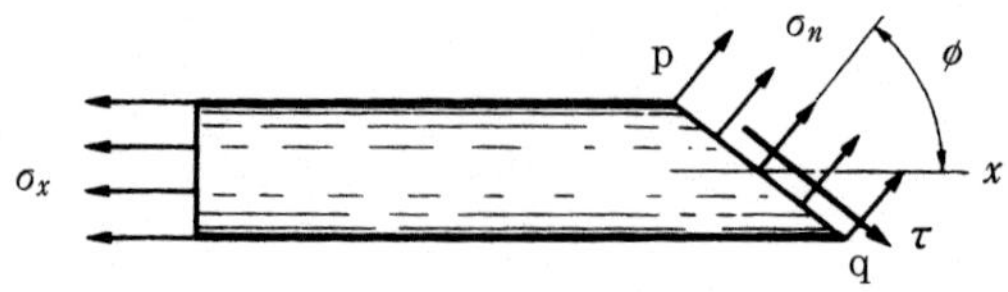

22. A steel rod of circular cross-section is to carry a tensile load $W = 150$(kN). The allowable working stress in shear for the rod is $\tau_w = 60$(MPa). Find the required diameter d for the rod.

Ans. $d = 3.99$(cm)

23. A prismatic bar is subjected to axial tension. Find the aspect angle ϕ which defines and oblique section on which the normal and shearing stresses are equal.

Ans. $\phi = 45°$

24. Referring to Fig problem 21, assume that the angle $\phi = 30(°)$ and that $\sigma_n = 100$(MPa). In such case, what is the shear stress τ?

Ans. $\tau = 57.7$(MPa)

25. A concrete test cylinder having length $l = 30$(cm) and diameter $d = 15$(cm) is subjected to axial compressive forces W in a testing machine. If the maximum shear stress in the concrete is not to exceed 14(MPa), what is the safe value for the axial load W?

Ans. $W = 49.5$(kN)

26. Calculate the centroidal moment of inertia I_x of the 8(cm)×8(cm)×2(cm) T-section shown in Fig. A.

Ans. $I_x = 290.7(\text{cm}^4)$

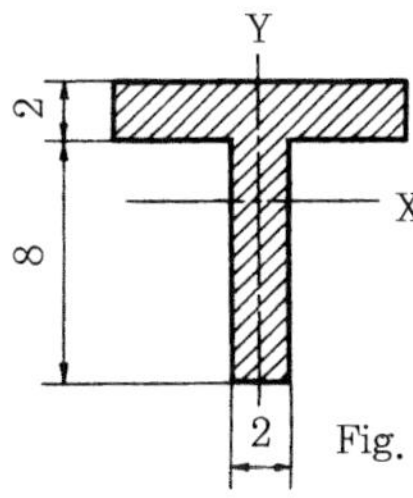

Fig. A.

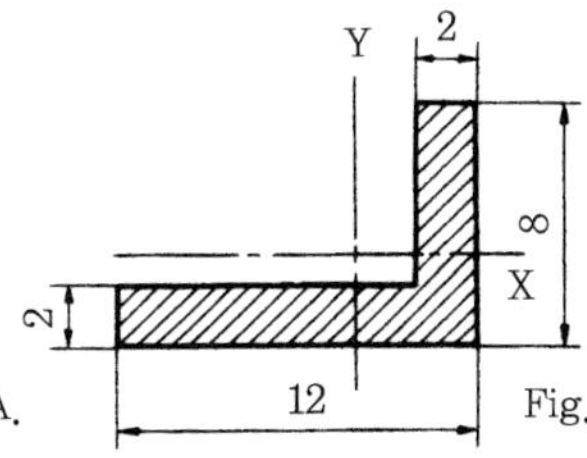

Fig. B.

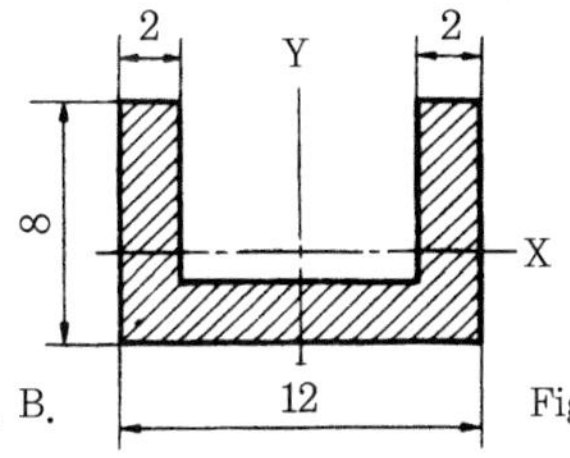

Fig. C.

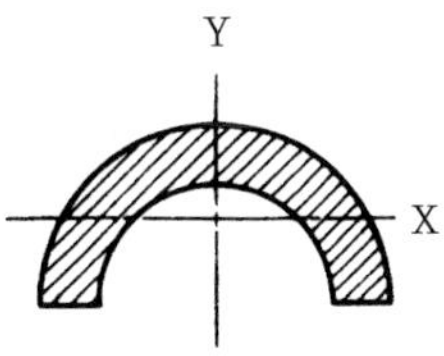

Fig. D.

27. Using the same dimensions as given in the preceding problem, calculate the moment of inertia I_y for the T-section shown in Fig. A.

Ans. $I_y = 106.67(\text{cm}^4)$

28. Calculate the centroidal moment of inertia I_x of the 12(cm)×8(cm)×2(cm) angle section shown in Fig. B.

Ans. $I_x = 172(\text{cm}^4)$

29. Calculate the centroidal moment of inertia I_x of the 12(cm)×8(cm)×2(cm) channel section shown in Fig. C.

Ans. $I-x = 272(\text{cm}^4)$

30. Calculate the centroidal moment of inertia I_x of the semicircular section shown in Fig. D. if the outside diameter is 12(cm) and the inside diameter is 8(cm).

Ans. $I-x = 81.4(\text{cm}^4)$

31. Calculate the moment of inertia of a trapezoid having bases a and $b(a > b)$ and altitude h with respect to a centroidal axis X parallel to the bases.

Ans. $I_x = \dfrac{h^3}{36}\left[\dfrac{a^2+4ab+b^2}{a+b}\right]$

32. Consider a solid circular shaft and also a hollow circular shaft whose inside diameter is 3/4 of the outside. Compare the weights of equal lengths of these two shafts required to transmit a given torsional load if the maximum shear stresses developed in the two shafts are equal. Assume entirely elastic action.

Ans. $H/S = 0.563$

33. A hollow steel shaft 3(m) long must transmit a torque of 28(kNm) the total angle of twist in this length is not to exceed 2.5(°) and the allowable shearing stress is 84(MPa). Determine the inside and outside diameters of the shaft if $G = 84$(GPa). The action is elastic.

Ans. $d_0 = 13.75$(cm), $d_i = 10.55$(cm)

34. Determine the reactive torques at the fixed ends of the circular shaft loaded by the couples shown in Fig. The cross-section of the bar is constant along the length. Assume elastic action.

Ans. $T_L = T_1 \dfrac{l_2 + l_3}{l} - T_2 \dfrac{l_3}{l}$

$$T_R = T_1 \frac{l_1}{l} + T_2 \frac{L_1 + l_2}{l}$$

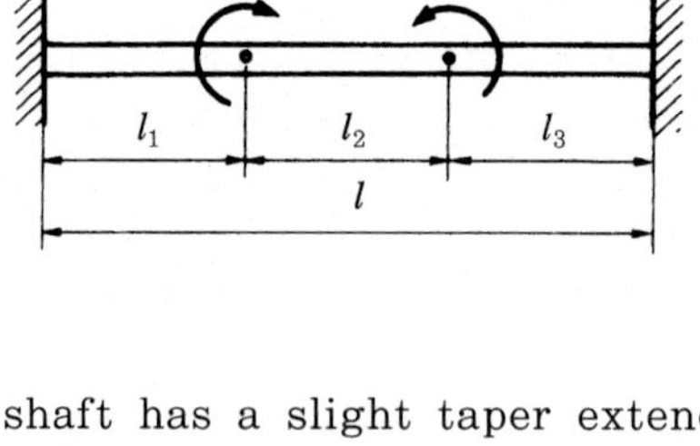

35. A solid circular shaft has a slight taper extending uniformly form one end to the other. Denote the radius small and by a, that at the large and by b. Determine the error committed if the angle of twist for this shaft. The radius at the larger end is 1.2 times that at the smaller end.

Ans. error = 2.73(%)

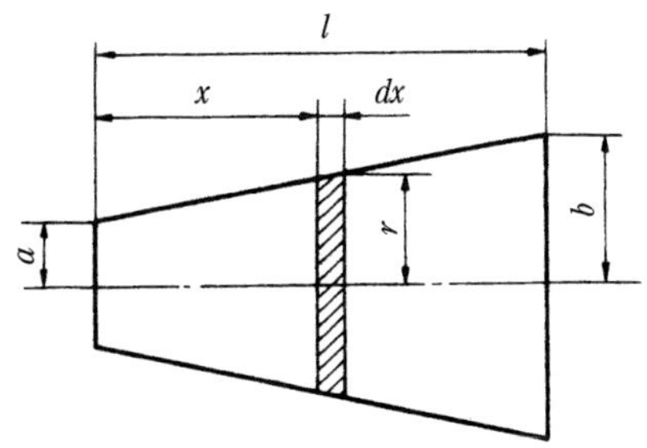

36. Consider a cantilever beam loaded only by the couple of 2(kNm) applied as shown in Fig. Write equations for the shearing force and bending moment at any position in the beam and plot the shear and moment diagram.

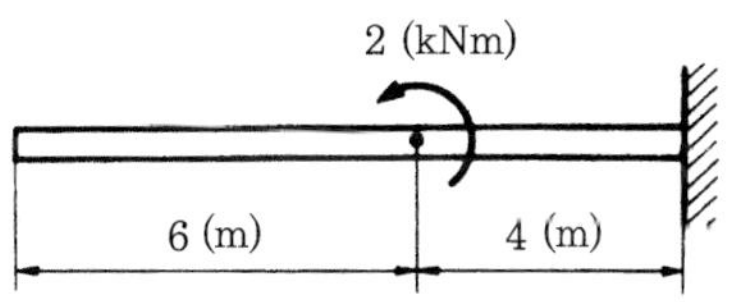

37. Consider a simply supported beam subject to a single concentrated load of 40(kN) as shown in Fig. Write equations for the shearing force and bending moment at any position in the beam and plot the shear and moment diagram.

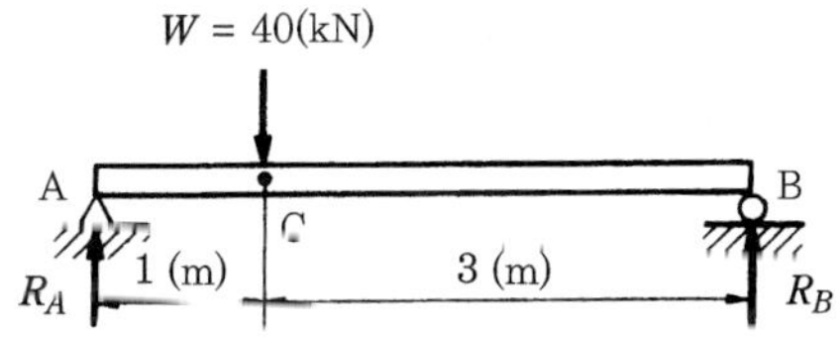

38. The simply supported beam shown in Fig. carries a vertical load that increases uniformly from zero at the left end to a maximum value of 9(kN/m) length at the right end. Draw the shearing and bending moment diagram.

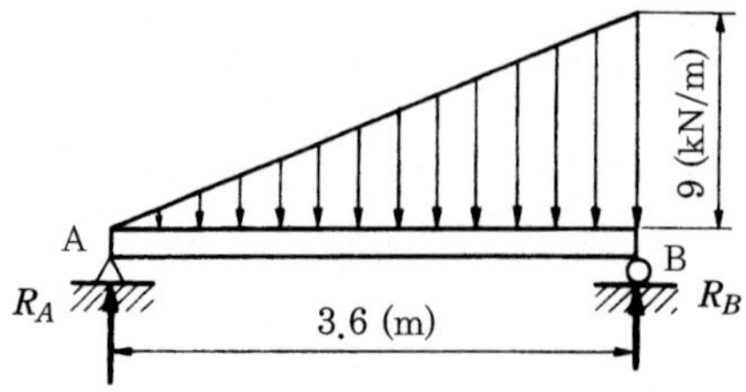

39. The horizontal AD is loaded by a uniformly distributed load of 6(kN) per(m) of length and is also subject to the concentrated force of 13.6(kN) applied as shown. Draw the shearing force diagram and also draw the bending moment diagram in parts.

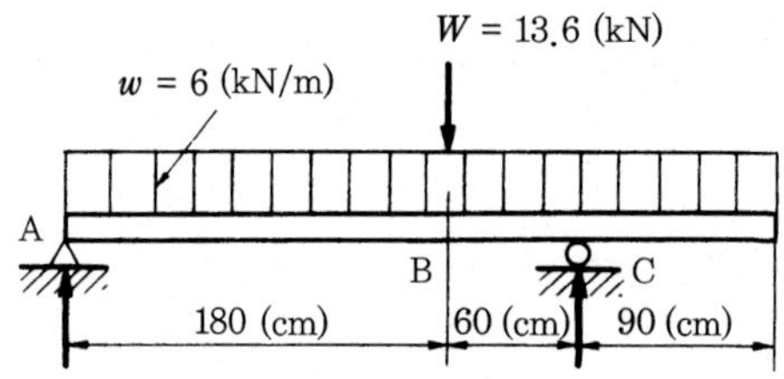

40. The beam AE is simply supported at B and D and overhanings both ends. It is subject to a uniformly distributed load of 10(kN) per(m) of length as well as a couple of magnitude 1.5(kNm) applied at C. Draw both the shearing force diagram and the bending moment diagram in parts.

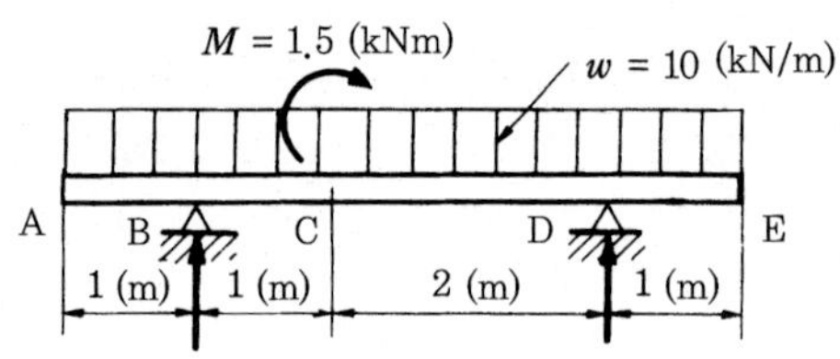

41. A simply supported beam is subject to a concentrated force of 18(kN) together with a distributed load of 25(kN) per (m) of length applied as indicated in Fig. Write equations for the shearing force and bending moment at any point in the beam and plot the shear and moment diagrams.

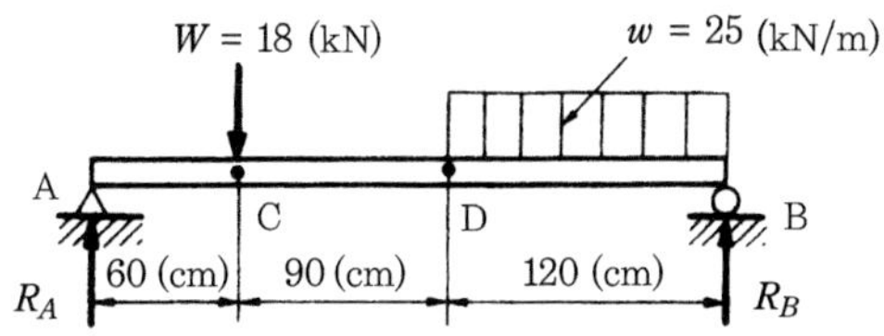

42. If a steel wire 0.4(mm) in diameter is coiled around a pulley 38(cm) in diameter, determine the maximum bending stress set up in the wire.

Take $E = 210$(GPa)

Ans. $\sigma = 221$(MPa)

43. A beam 250(cm) in length in simply supported at end and bars a uniformly distributed load of 6(kN) per (m) of length. The cross-section of the bar is rectangular, 8×12(cm). Determine the magnitude and location of the maximum bending stress in the beam. Also, determine the bending stress at a point 2(cm), below the upper surface of the beam at a section midway between supports.

Ans. $\sigma_{max} = 24.4$(MPa), $\sigma_{x=2} = 16.3$(MPa)

44. A simply supported beam is located by the couple of 1(kNm) as shown in Fig. The beam has a channel-type cross-section as illustrated. Determine the maximum tensile and compressive stresses in the beam.

Ans. i) A 〈 x 〈 B $\sigma_a = 50.48$(MPa), $\sigma_b = -21.63$(MPa)
ii) B 〈 x 〈 C $\sigma_a{}' = -33.65$(MPa), $\sigma_b{}' = 14.42$(MPa)

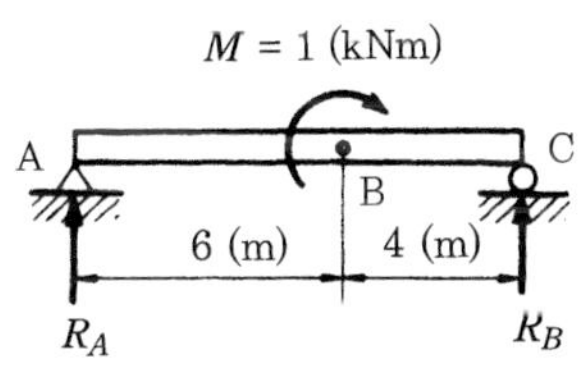

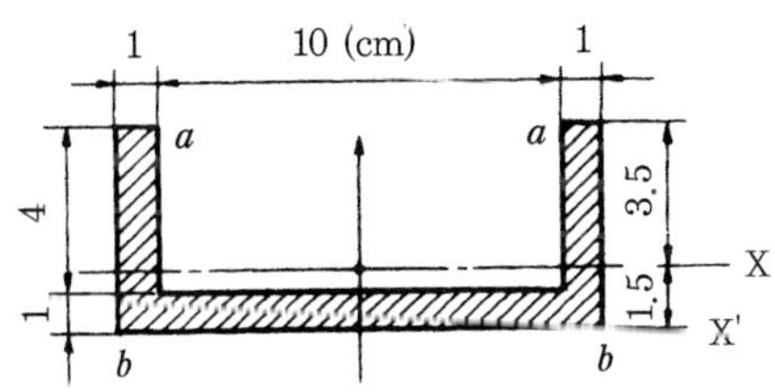

45. Consider the cantilever beam subject to the concentrated load shown in Fig. The cross-section of the beam is of T-shape. Determine the maximum shearing stress in the beam and also determine the shearing stress 1(cm) from the top surface of the beam at a section adjacement to the supporting wall.

Ans. $\tau_{max} = 129(MPa)$, $\tau_{x=1} = 49.5(MPa)$

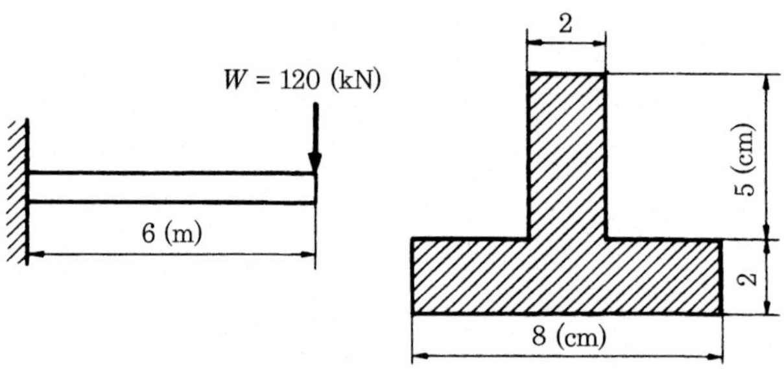

46. Consider a beam having an I-type cross-section as shown in Fig. A shearing foce V of 320(kN) acts over the section. Determine the maximum and minimum values of the shearing stress in the vertical web of the section.

Ans. $\tau_{max} = 454(MPa)$, $\tau_{min} = 380(MPa)$

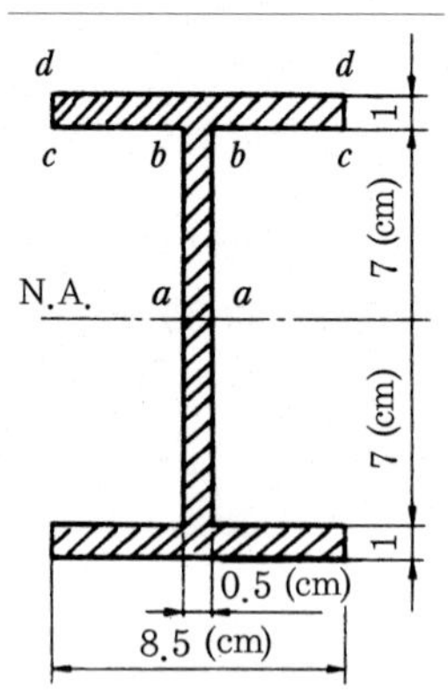

47. A simply supported beam of length 3(m) and rectangular cross-section 2.5×7.6(cm) carries a uniform load of 3(kN/m). The beam is titanium having a yield strength of 800(MPa) and $E = 112(GPa)$. Determine the maximum deflection and slope of the beam.

Ans. $\phi = 0.03$(rad) $\delta = 3.1$(cm)

48. A cantilever beam 360(cm) long is subject to the single concentrated load $W = 23$(kN) at the free end. The moment of inertia of the cross-section is 4.5×10^3(cm^4) and $E = 200$(GPa). Determine the deflection and slope at the free end of the beam.

Ans. $\phi = 0.005$(rad), $\delta = 1.42$(cm)

49. A simply supported beam 120(cm) long and of circular cross-section 10(cm) in diameter. The beam is subject to the concentrated load W applied at the center of the beam is 5(cm). Determine the maximum value of the load W. the material is steel for which $E = 200$(GPa). Find also the maximum bending stress σ_{max} for this load W.

Ans. $W_{max} = 143.17$(kN), $\sigma_{max} = 437.5$(MPa)

50. In Fig. a cantilever beam is loaded by the moment M_B as well as the uniformly distributed load extending over half of its length. Determine the deflection of the free end of the beam.

Ans. $\delta = -\dfrac{l^2}{384EI}(192M_B + 7wl^2)$

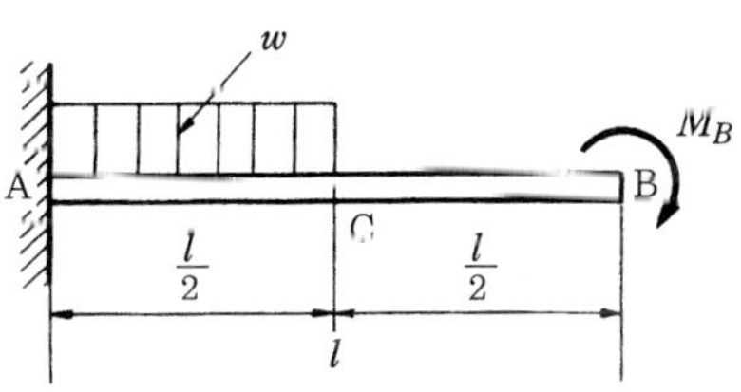

51. The simply supported beam of Fig. is loaded by the two symmetrically placed forces shown. Find the maximum deflection of the beam.

Ans. $\delta_{max} = \dfrac{wl^3}{24EI}\left(\dfrac{3a}{l} - \dfrac{4a^3}{l^3}\right)$

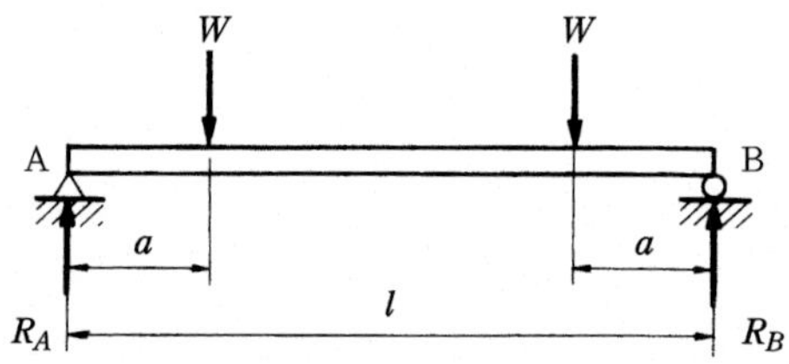

52. Determine the slenderness ratio for a timber column 8×10(cm) in cross-section and 3(m) long.

Ans. $\lambda = 130$

53. A steel bar of rectangular cross-section 2(cm) by 3(cm) and pinned at each end is subject to axial compression. If the proportional limit of the material is 30(MPa), may be used to determine the buckling load. Determine the length of column.

Ans. $l = 151$(cm)

54. determine the slenderness ratio for a steel column of solid circular cross-section 4(cm) in diameter and 120(cm) long.

Ans. $\lambda = 120$

55. Consider a rectangular steel bar 3(cm) by 4(cm) in cross-section, pinned at each end and subject to axial compression.

The bar is 90(cm) long and $E = 200$(GPa). Determine the critical stress using Euler's formula.

Ans. $\sigma_{cr} = 191.9$(MPa)

56. A steel bar of solid circular cross-section is 5(cm) in diameter. The bar is pinned at each end and subject to axial compression. If the proportional limit of the material is 360(MPa) and $E = 200(\text{GPa})$, determine the minimum length for which Euler's formula is valid. Also, determine the value of the Euler buckling load if the column has this minimum length.

Ans. $l_{\min} = 95(\text{cm})$, $W_{cr} = 704(\text{kN})$

Appendix 부록

Ⅰ. 그리스 문자
Ⅱ. 재료역학에 이용되는 수학공식
Ⅲ. 평면의 면적과 중심의 위치
Ⅳ. 각종 평면도형의 성질
Ⅴ. 보의 공식집
Ⅵ. 형강의 규격(KS)
Ⅶ. 형강의 규격(SI)
Ⅷ. 단위환산표
Ⅸ. 단위제도

Ⅰ. 그리스 문자

희랍문자			발　음	희랍문자			발　음
A		α	Alpha	N		ν	Nu
B		β	Beta	Ξ		ξ	Xi
Γ		γ	Gamma	O		o	Omicron
Δ	δ	∂	Delta	Π		π	Pi
E		ε	Epsilon	P		ρ	Rho
Z		ζ	Zeta	Σ	σ	ς	Sigma
H		η	Eta	T		τ	Tau
Θ	θ	ϑ	Theta	Y		υ	Upsilon
I		ι	Iota	Φ	φ	ϕ	Phi
K		κ	Kappa	X		χ	Chi
Λ		λ	Lambda	Ψ		ψ	Psi
M		μ	Mu	Ω		ω	Omega

Ⅱ. 재료역학에 이용되는 수학공식

(1) 2차 방정식의 근과 계수와의 관계

① $ax^2+bx+c=0$ $\qquad$ $ax^2+2b'x+c=0$

$$x=\frac{-b\pm\sqrt{b^2-4ac}}{2a} \quad \text{또는} \quad x=\frac{-b'\pm\sqrt{b'^2-ac}}{a}$$

② $\alpha+\beta=-\dfrac{b}{a}$, $\alpha\beta=\dfrac{c}{a}$

(2) 인수분해

① $(a\pm b)^2=a^2\pm 2ab+b^2$

② $(a+b)(a-b)=a^2-b^2$

③ $(x+a)(x+b)=x^2+(a+b)x+ab$

④ $(ax+b)(cx+d)=acx^2+(bc+ad)x+bd$

⑤ $(a+b+c)^2=a^2+b^2+c^2-2ab+2bc+2ca$

⑥ $(a\pm b)^3=a^3\pm 3a^2b+3ab^2\pm b^3$

⑦ $(a\pm b)(a^2\mp ab+b^2)=a^3\pm b^3$

⑧ $(a+b+c)(a^2+b^2+c^2-ab-bc-ca)=a^3+b^3+c^3-3abc$

(3) 지수

① $a^m\times a^n=a^{m+n}$

② $a^m\div a^n=a^{m-n}$

③ $(a^m)^n=a^{mn}$

④ $(a\cdot b)^m=a^m b^m$

⑤ $\left(\dfrac{b}{a}\right)^m=\dfrac{b^m}{a^m}\ (a\neq 0)$

⑥ $a^0=1\ (a\neq 0)$

⑦ $a^{-n}=\dfrac{1}{a^n}$

⑧ $a^{\frac{1}{n}}=\sqrt[n]{a}$

(4) 대수

① $y = \log_a x \,(x = a^y)$

② $y = \log_e x \,(x = e^y)$

③ $\log_e x = 2 \cdot 3\log_{10} x$

④ $\log_{10} x = 0.4343\log_e x$

⑤ $(1+x)^{x}_{x \to \infty} = e$

⑥ $\log_a 1 = 0$

⑦ $\log_a a = 1$

⑧ $\log_a xy = \log_a x + \log_a y$

⑨ $\log_a \dfrac{x}{y} = \log_a x - \log_a y$

⑩ $\log_a x^n = n\log_a x$

⑪ $\log_a x = \dfrac{\log_b x}{\log_b a}$

(5) 삼각함수

① 호도(radian)

1 rad = 57° 17′ 45″

π rad = 180° $\quad y\,(\text{rad}) = \dfrac{\pi}{180} x\,(°)$

② 부채꼴의 길이(l)와 면적(S)

$l = r\phi$

$S = \dfrac{1}{2} r^2 \phi = \dfrac{l}{2} rl$ (단, ϕ의 단위는 rad)

③ 삼각비

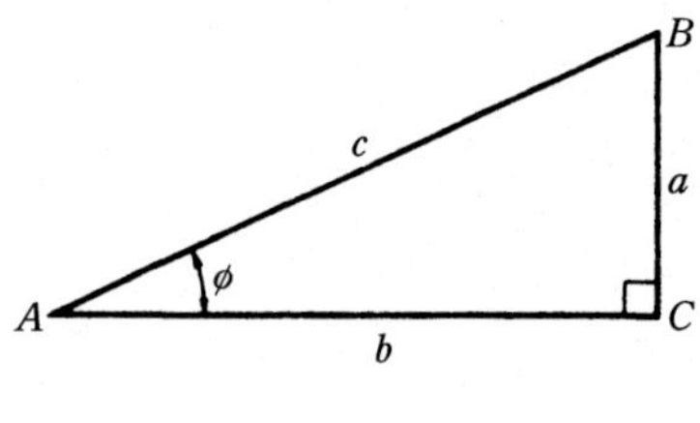

$\sin\phi = \dfrac{a}{c}$, $\cos\phi = \dfrac{b}{c}$, $\tan\phi = \dfrac{a}{b}$

$\mathrm{cosec}\,\phi = \dfrac{c}{a}$, $\sec\phi = \dfrac{c}{b}$, $\cot = \dfrac{b}{a}$

④ 삼각함수의 상호관계

$\sin\phi = \dfrac{1}{\mathrm{cosec}\,\phi}$, $\cos\phi = \dfrac{1}{\sec\phi}$, $\tan\phi = \dfrac{1}{\cot\phi}$

$\dfrac{\sin\phi}{\cos\phi} = \tan\phi$, $\dfrac{\cos\phi}{\sin\phi} = \cot\phi$

$\sin^2\phi + \cos^2\phi = 1$

$$1+\tan^2\phi=\sec^2\phi$$

$$1+\cot^2\phi=\operatorname{cosec}^2\phi$$

⑤ sin 및 cosine의 법칙

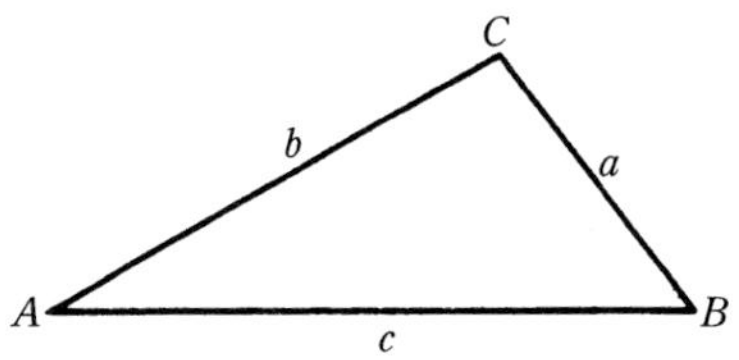

$$\frac{a}{\sin A}=\frac{b}{\sin B}=\frac{c}{\sin C}=2R$$

(단, R는 외접원의 반지름)

$$a=b\cos C+c\cos B \qquad a^2=b^2-c^2-2bc\cos A$$

$$b=c\cos A+a\cos C \qquad b^2=a^2+c^2-2ac\cos B$$

$$c=a\cos B+b\cos A \qquad c^2=a^2+b^2-2ab\cos C$$

⑥ 삼각형의 면적

$$S=\frac{1}{a}b\sin C=\frac{1}{2}bc\sin A=\frac{1}{2}ca\sin B$$

⑦ 삼각함수의 가감

$$\sin(\alpha\pm\beta)=\sin\alpha\cos\beta\pm\cos\alpha\sin\beta$$

$$\cos(\alpha\pm\beta)=\cos\alpha\cos\beta\mp\sin\alpha\sin\beta$$

$$\tan(\alpha\pm\beta)=\frac{\tan\alpha\pm\tan\beta}{1\mp\tan\alpha\tan\beta}$$

⑧ 배각 및 반각

$$\sin 2\phi=2\sin\phi\cos\phi \qquad \sin 3\phi=3\sin\phi-4\sin^3\phi$$

$$\cos 2\phi=\cos^2\phi-\sin^2\phi \qquad \cos^3\phi=4\cos^3\phi-3\cos\phi$$

$$=2\cos^2\phi-1$$

$$-1-2\sin^2\phi$$

$$\tan 2\phi=\frac{2\tan\phi}{1-\tan^2\phi}$$

$$\sin^2\frac{\phi}{2}=\frac{1-\cos\phi}{2}$$

$$\cos^2\frac{\phi}{2}=\frac{1+\cos\phi}{2}$$

$$\tan^2\frac{\phi}{2}=\frac{1-\cos\phi}{1+\cos\phi}$$

(6) 삼각함수의 그래프

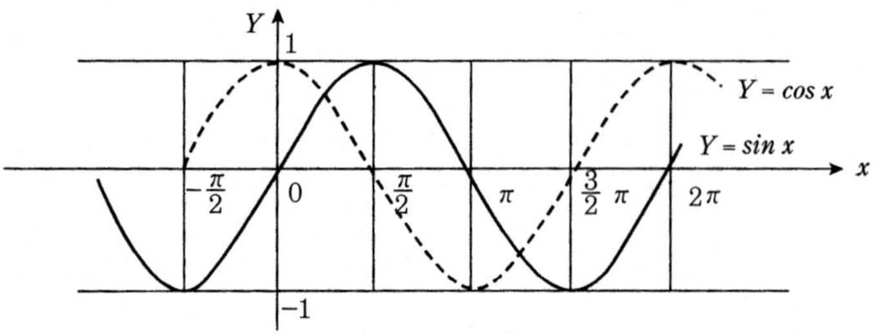

(7) 미분

$y = x^n \qquad y' = nx^{n-1}$

$y = u + v \qquad y' = u' + v'$

$y = uv \qquad y' = uv' + u'v$

$y = \frac{u}{v} \qquad y' = \frac{u'v - uv'}{v^2}$

$y = \sin x \qquad y' = \cos x$

$y = \cos x \qquad y' = -\sin x$

$y = \tan x \qquad y' = \sec^2 x$

(8) 적분

$$\int x^m\,dx = \frac{x^{m+1}}{m+1}$$

$$\int \frac{dx}{x} = \log x$$

$$\int \sin x\,dx = -\cos x$$

$$\int \cos x\,dx = \sin x$$

(9) 미분방정식

$$\frac{dy}{dx}=a \qquad y=\int a\,dx+c=ax+c$$

$$\frac{dy}{dx}=ax \qquad y=\int ax\,dx+c=\frac{a}{2}x^2+c$$

$$\frac{d^2y}{dx^2}=a \qquad y=\frac{1}{2}ax^2+c_1x+c_2$$

$$\frac{dy}{dx}=ay \qquad y=ke^{ax}$$

$$\frac{d^2y}{dx^2}=-n^2y \qquad y=A\sin nx+B\cos nx$$

Ⅲ. 평면의 면적과 중심의 위치

명 칭	치 수	면 적	중심의 위치
삼각형	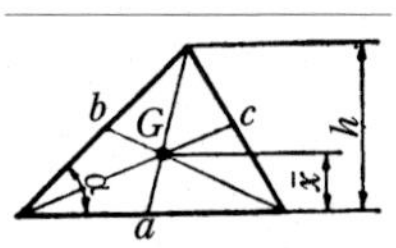	$A=\frac{ah}{2}=\frac{ab\sin\alpha}{2}$ $=\sqrt{S(S-a)(S-b)(S-c)}$ $S=\frac{a+b+c}{2}$	$\bar{x}=\frac{h}{3}$
직각삼각형	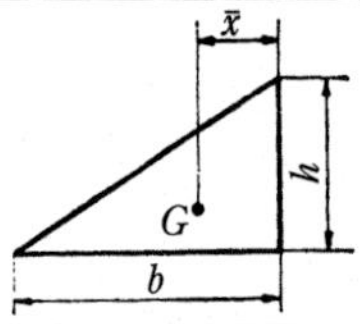	$A=\frac{bh}{2}$	$\bar{x}=\frac{b}{3}$
직사각형	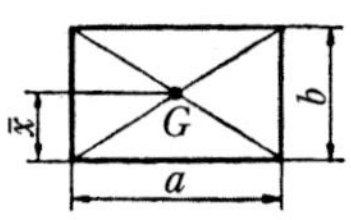	$A=ab$	$\bar{x}=\frac{b}{2}$
평행사변형	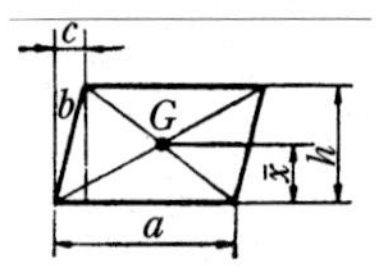	$A=ah$ $h=\sqrt{b^2-c^2}$	$\bar{x}=\frac{h}{2}$
사다리꼴	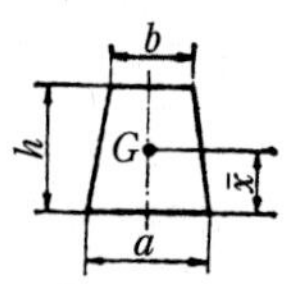	$A=\frac{(a+b)}{2}h$	$\bar{x}=\frac{h}{3}\times\left(\frac{a+2b}{a+b}\right)$
원	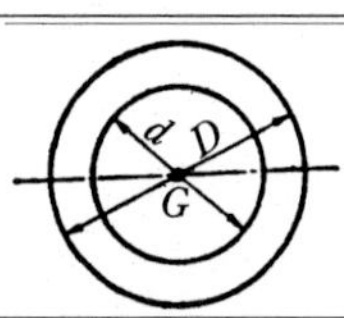	$A_1=\frac{\pi d^2}{4}$ $A_2=\frac{\pi}{4}(d^2-d^2)$	$\bar{x}_1=\frac{d}{2}$ $\bar{x}_2=\frac{D}{2}$
반원, 반원호	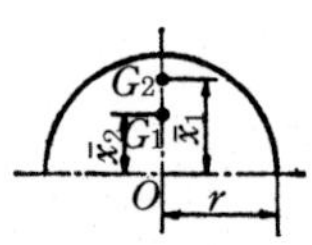	$A=\frac{\pi}{2^3}d^2$ $S=\frac{\pi}{2}d$ (호의 길이)	$\bar{x}_1=\frac{4r}{3\pi}$ $\bar{x}_2=\frac{2r}{\pi}$
원분	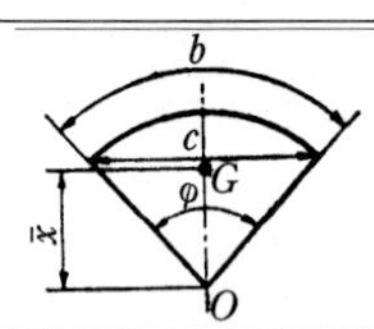	$A=\frac{br}{2}=\frac{\varphi^\circ}{360}\pi r^2$	$\bar{x}=\frac{2}{3}\cdot\frac{c}{b}\cdot r=\frac{r^2c}{3A}$ $b=r\cdot\frac{\pi}{180}\cdot\varphi^\circ$
부채꼴	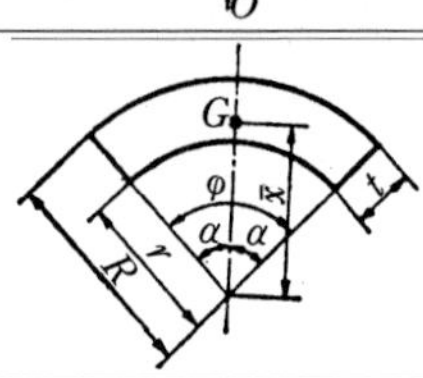	$A=\frac{\varphi^\circ\pi}{360}(R^2-r^2)$	$\bar{x}=\frac{2}{3}\times\frac{R^3-r^3}{R^2-r^2}sin\,\alpha\frac{180}{\alpha^\circ\varphi}$

Ⅳ. 각종 평면도형의 성질

각종 단면형의 면적, 관성모멘트, 단면계수, 관성반지름
A = 면적(cm^2) I = 관성모멘트(cm^4) Z = 단면계수(cm^3)
k = 관성반지름(cm) e, e_1, e_2 = 중심거리(cm)

번호	단면형	$A(cm^2)$	$I(cm^4)$	$Z(cm^3)$	k^2
1	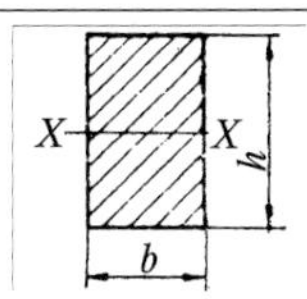	bh	$\frac{1}{12}bh^3$	$\frac{1}{b}h^2$	$\frac{1}{12}h^2$
2	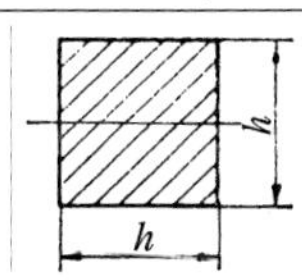	h^2	$\frac{1}{12}h^4$	$\frac{1}{6}h^3$	$\frac{1}{12}h^2$
3	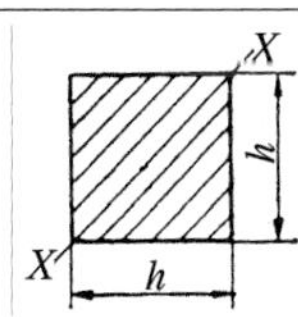	h^2	$\frac{1}{12}h^4$	$\frac{\sqrt{2}}{12}h^3$	$\frac{1}{12}h^2$
4	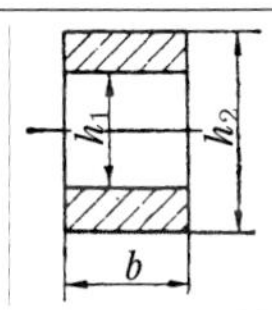	$b(h_2-h_1)$	$\frac{1}{12}b\cdot(h_2^3-h_1^3)$	$\frac{1}{6}\frac{b(h_2^3-h_1^3)}{h_2}$	$\frac{1}{12}\frac{h_2^3-h_1^3}{h_2-h_1}$
5	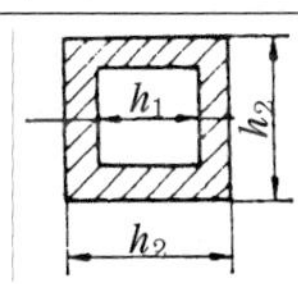	$h_2^2-h_1^2$	$\frac{1}{12}\cdot(h_2^4-h_1^4)$	$\frac{1}{6}\frac{h_2^4-h_1^4}{h_2}$	$\frac{1}{12}(h_2^2-h_1^2)$
6	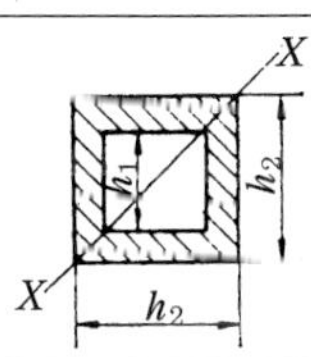	$h_2^2-h_1^2$	$\frac{1}{12}\cdot(h_2^4-h_1^4)$	$\frac{\sqrt{2}}{12}\frac{h_2^4-h_1^4}{h_2}$	$\frac{1}{12}(h_2^2-h_1^2)$
7	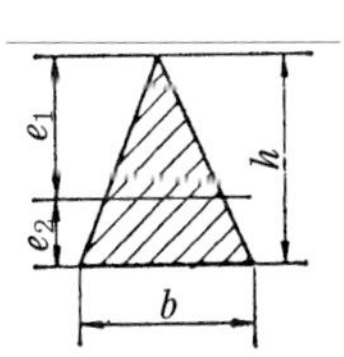	$\frac{1}{2}bh$	$\frac{1}{36}bh^3$	$Z_1=\frac{1}{24}bh^2$ $Z_2=\frac{1}{12}bh^2$ $e_1=\frac{2}{3}h$ $e_2=\frac{1}{3}h$	$\frac{1}{18}h^2$

8	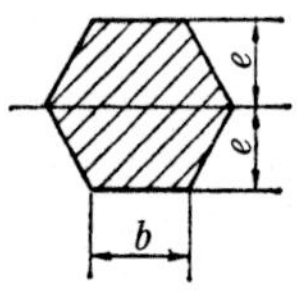	$\frac{3\sqrt{3}}{2}b^2$ $=2.60b^2$	$\frac{5\sqrt{3}}{16}b^4$ $=0.5413b^4$	$Z=\frac{5}{8}b^3$ $=0.6256b^3$ $e=\frac{\sqrt{3}}{2}b$ $=0.866b$	$\frac{5}{24}b^2$
9	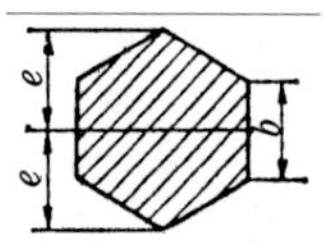	$\frac{3\sqrt{3}}{2}b^2$ $=2.60b^2$	$\frac{5\sqrt{3}}{16}b^4$ $=0.5413b^4$	$\frac{5\sqrt{3}}{16}b^3$ $=0.5413b^3$ $e=b$	$\frac{5}{24}b^2$
10	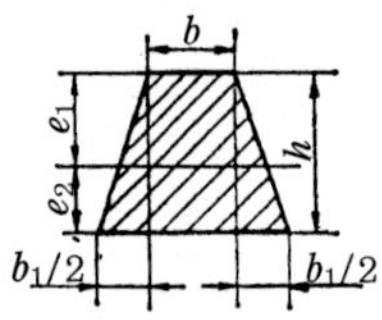	$h\left(b+\frac{b_1}{2}\right)$	$\frac{6b^2+6bb_1+b_1^{\,2}}{36(2b+b_1)}$ h^3	$e_1=$ $\frac{1}{3}\frac{2b+2b_1}{2b+b_1}h$ $Z=$ $\frac{6b_1+6bb_1+b_1^{\,2}}{12(3b+2b_1)}h_2$	$\frac{6b^2+6bb_1+b_1^{\,2}}{18(2b+b_1)^2}h^2$
11	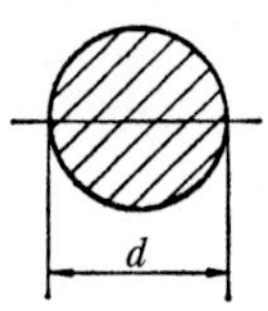	$\frac{\pi}{4}d^2$	$\frac{\pi}{64}d^4$	$\frac{\pi}{32}d^3$	$\frac{1}{16}d^2$
12	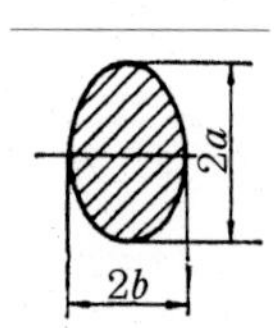	πab	$\frac{\pi}{4}a^3b$	$\frac{\pi}{4}a^2b$	$\frac{1}{4}a^2$
13	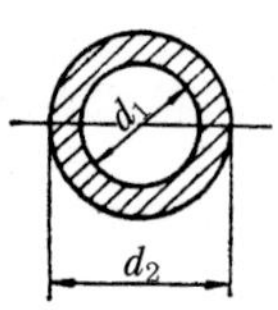	$\frac{\pi}{4}\cdot$ $(d_2^{\,2}-d_1^{\,2})$	$\frac{\pi}{64}\cdot$ $(d_2^{\,4}-d_1^{\,4})$	$\frac{\pi}{32}\frac{d_2^{\,4}-d_1^{\,4}}{d_2}$	$\frac{1}{16}(d_2^{\,2}+d_1^{\,2})$

14	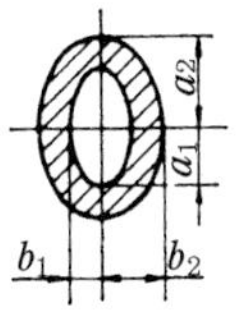	$\pi(a_2b_2 - a_1b_1)$	$\frac{\pi}{4}\cdot(a_2^3b_2 - a_1^3b_1)$	$\frac{\frac{\pi}{4}(a_2^3 - b_2 - a_1^3b_1}{a_2}$	$\frac{1}{4}\cdot\frac{a_2^3b_2 - a_1^3b_1}{a_2b_2 - a_1b_1}$
15	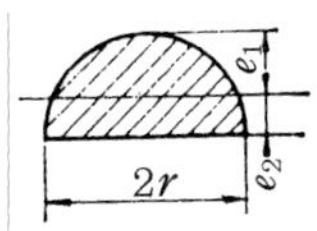	$\frac{\pi}{2}r^2$	$\left(\frac{\pi}{8} - \frac{8}{9\pi}\right)r^4$	$e_1 = 0.5756r$ $e_2 = 0.4244r$ $Z_1 = 0.1908r^3$ $Z_2 = 0.2587r^3$	$\frac{9\pi^2 - 64}{36\pi}r^2 = 0.0697r^2$
16	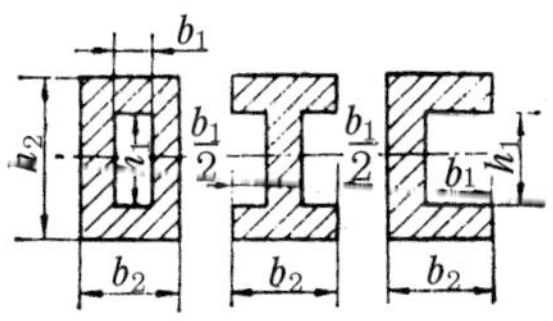 $b_2h_2 - b_1h_1$		$\frac{1}{12}\cdot(b_2h_2^3 - b_1h_1^3)$	$\frac{1}{6}\frac{b_2h_2^3 - b_1h_1^3}{h_2}$	$\frac{1}{12}\cdot\frac{b_2h_2^3 - b_1h_1^3}{b_2h_2 - b_1h_1}$
17	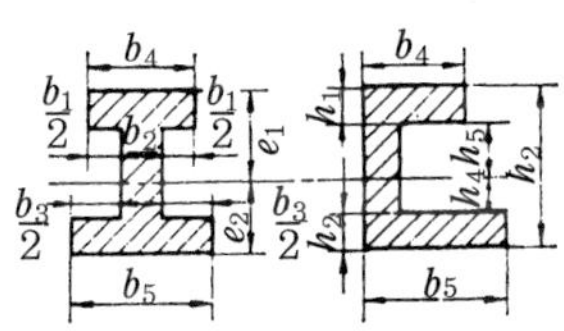 $A = b_1h_1 + b_2h_2 + b_3h_3$		$\frac{1}{3}(b_4e_1^3 - b_1h_5^4 + b_5e_2^3 - b_3h_4^3)$	$e_4 = \frac{b_2h_2^2 + b_3h_3^2 + b_1h_1(2h_2 - h_1)}{2(b_1h_1 + b_2h_2 + b_3h_3)}$	
18	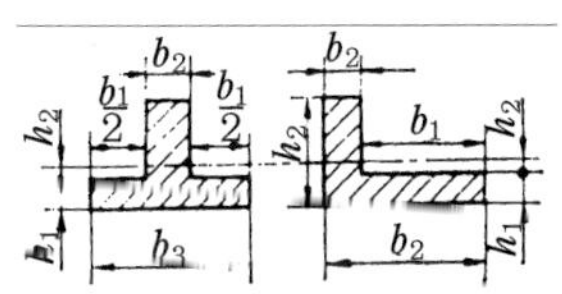 $A = b_1h_1 + b_2h_2$		$\frac{1}{3}\cdot(b_3e_2^3 - b_1h_3^2 + b_2e_1^3)$	$e_2 = h_1 + h_3$ $e_2 = \frac{b_1h_1^2 + b_2h_2^2}{2(b_1h_1 + b_2h_2)}$ $e_2 = h_2 - e_2$	$\frac{1}{3}\cdot\frac{b_3e_2^3 - b_1h_3^3 + b_2e_1^3}{b_1h_1 + b_2h_2}$
19	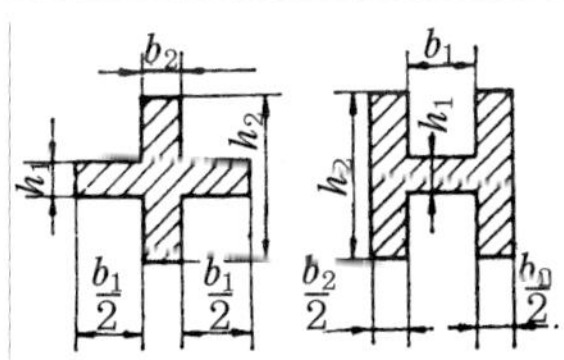 $A = b_1h_1 + b_2h_2$		$\frac{1}{12}\cdot(b_1h_1^3 + h_2b_2^3)$	$\frac{1}{6}\frac{b_1h_1^3 + b_2h_2^3}{h_2}$	$\frac{1}{14}\cdot\frac{b_1h_1^3 + h_2h_2^3}{b_1h_1 + b_2h_2}$

V. 보의 공식집

번호	하중, 전단력선도, 굽힘모멘트선도, 처짐곡선도	반력 R 및 전단력 V	굽힘모멘트 M	처짐 y	처짐각 $\phi=\dfrac{dy}{dx}$
1	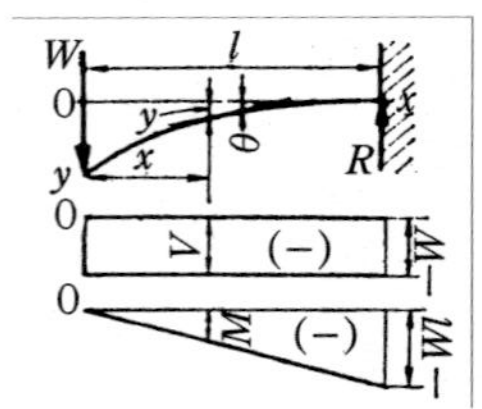	$R=W$ $V=-W$ $V_{\max}=-W$	$M=-Wx$ $x=l$; $M_{\max}=-Wl$	$y=\dfrac{Wl^3}{3EI}\cdot$ $\left(1-\dfrac{3x}{2l}+\dfrac{x^3}{2l^3}\right)$ $x=0$; $y_{\max}=\dfrac{Wl^3}{3EI}$	$\phi=-\dfrac{Wl^2}{2EI}\left(1-\dfrac{x^2}{l^2}\right)$ $x=0$; $\phi_{\max}=-\dfrac{Wl^2}{2EI}$ $=-\dfrac{3}{2l}y_{\max}$
2	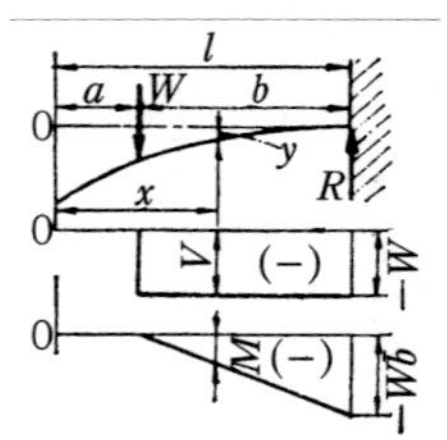	$R=W$ $0\leqq x<a$; $V=0$ $a<x<l$; $V=-W$ $V_{\max}=-W$	$0\leqq x\leqq a$; $M=0$ $a\leqq x\leqq l$; $M=-W(x-a)$ $x=l$ $M_{\max}=-Wb$	$a\leqq x\leqq l$; $y=\dfrac{Wb^3}{3EI}\left\{1-\dfrac{3(x-a)}{2b}\right.$ $\left.+\dfrac{(x-a)^3}{2b^3}\right\}$ $x=0$; $y_{\max}=\dfrac{Wb^3}{3EI}\left(1+\dfrac{3a}{2b}\right)$ $y_{x=a}=\dfrac{Wb^3}{3EI}$	$a\leqq x\leqq l$; $\phi=-\dfrac{Wb^2}{2EI}\cdot$ $\left\{1-\dfrac{(x-a)^2}{b^2}\right\}$ $0\leqq x\leqq a$; $\phi_{\max}=-\dfrac{Wb^2}{2EI}$
3	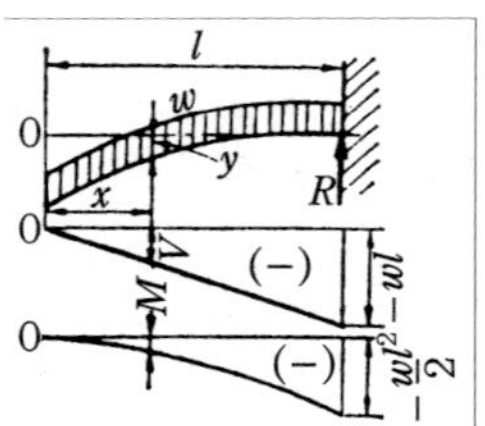	$R=wl$ $V=-wx$ $x=l$; $V_{\max}=-wl$	$M=-\dfrac{wx^2}{2}$ $x=l$; $M_{\max}=-\dfrac{wl^2}{2}$	$y=\dfrac{w}{24EI}$ $(x^4-4l^3x+3l^4)$ $x=0$; $y_{\max}=\dfrac{wl^4}{8EI}$	$\phi=-\dfrac{wl^3}{6EI}\left(1-\dfrac{x^3}{l^3}\right)$ $x=0$; $\phi_{\max}=-\dfrac{wl^3}{6EI}$ $=-\dfrac{4}{3l}y_{\max}$

4	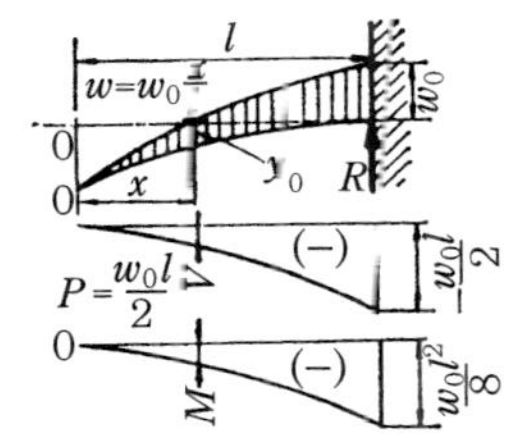	$R=\frac{w_0 l}{2}=W$ $V=-\frac{w_0 x^2}{2l}$ $=-\frac{Wx^2}{l^2}$ $x=l$; $V_{\max}=-\frac{w_0 l}{2}=-W$	$M=-\frac{w_0 x^3}{6l}$ $=\frac{-Wx^2}{3l^2}$ $x=l$; $M_{\max}=-\frac{w_0 l^2}{6}$ $=-\frac{Wl}{3}$	$y=\frac{Wl^3}{25EI}\cdot$ $\left(1-\frac{5x}{4l}+\frac{x^5}{45l^5}\right)$ $x=0$; $y_{\max}=\frac{Wl^3}{15EI}$	$\phi=-\frac{Wl^2}{12EI}\left(1-\frac{x^4}{l^4}\right)$ $x=0$; $\phi_{\max}=-\frac{Wl^2}{12EI}$ $=-\frac{5}{4l}y_{\max}$
5	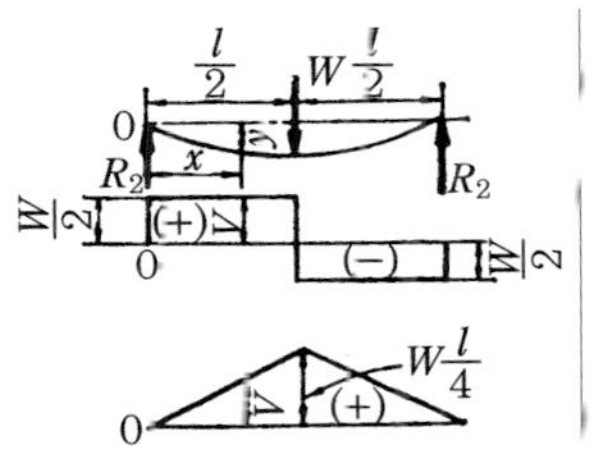	$R_1=R_2=\frac{W}{2}$ $0<x<\frac{l}{2}$; $V=\frac{W}{2}$ $\frac{l}{2}<x<l$; $V=-\frac{W}{2}$	$0\leqq x\leqq\frac{l}{2}$; $M=\frac{W}{2}x$ $\frac{l}{2}\leqq x\leqq l$; $M=\frac{W(l-x)}{2}$ $x=\frac{l}{2}$; $M_{\max}=\frac{Wl}{4}$	$0\leqq x\leqq\frac{l}{2}$; $y=\frac{Wl^3}{48EI}\left(\frac{3x}{l}-\frac{4x^3}{l^3}\right)$ $x=\frac{l}{2}$; $y_{mx}=\frac{Wl^3}{48EI}$	$0\leqq x\leqq\frac{l}{2}$; $\phi=\frac{Wl^2}{16EI}\left(1-\frac{4x^2}{l^2}\right)$ $x=0$ $x=l$ $\phi_{\max}=\pm\frac{Wl^2}{16EI}$ $=\pm\frac{3}{l}y_{\max}$
6	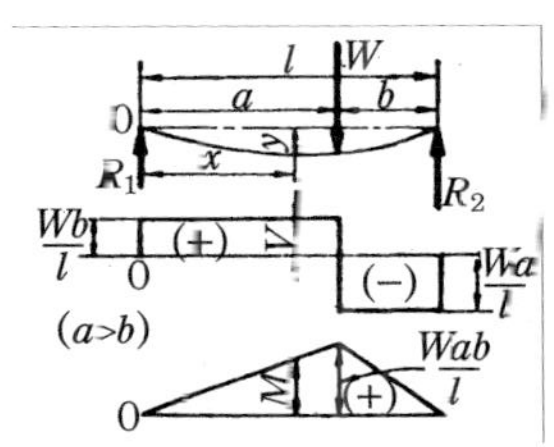	$R_1=\frac{Wb}{l}$ $R_2=\frac{Wa}{l}$ $0<x<l_1$; $V=\frac{Wb}{l}$ $a<x<l$; $V=-\frac{Wa}{l}$	$0\leqq x\leqq a$; $M=\frac{Wbx}{l}$ $a\leqq x\leqq l$; $M=\frac{Wa(l-x)}{l}$ $x=a$; $M_{\max}=\frac{Wab}{l}$	$0\leqq x\leqq a$; $y=\frac{Wbx}{6l\,EI}(l^2-b^2-x^2)$ $x=\frac{\sqrt{l^2-b^2}}{\sqrt{3}}$; (단, $a>b$) $y_{\max}=\frac{Wb(l^2-b^2)^{\frac{3}{2}}}{9\sqrt{3}\,l\,EI}$ $y_{x=\frac{l}{2}}=\frac{Wb}{48EI}(3l^2-4b^2)$ $y_{x=a}=\frac{Wa^2b^2}{3l\,EI}$	$0\leqq x\leqq a$; $\phi=\frac{Wb}{6l\,EI}(l^2-b^2-3x^2)$ $\phi_1=\frac{Wb(l^2-b^2)}{6l\,EI}$ $\phi_2=\frac{-Wa(l^2-a^2)}{6l\,EI}$ $\phi_{x=a}=\frac{-Wab(a-b)}{3l\,EI}$

7	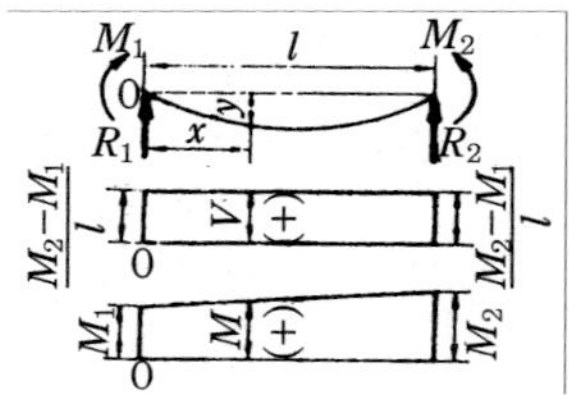	$R_1=\dfrac{M_2-M_1}{l}$ $R_2=\dfrac{M_2-M_1}{l}$ $V=\dfrac{M_2-M_1}{l}$	$M=\dfrac{M_2}{l}x$ $+\dfrac{M_1}{l}(l-x)$	$y=\dfrac{M_1 l^2}{6l\,EI}\dfrac{x}{l}\cdot$ $\left\{\left(2+\dfrac{M_2}{M_1}\right)-\dfrac{3x}{l}\right.$ $\left.-\left(\dfrac{M_2}{M_1}-1\right)\dfrac{x^2}{l^2}\right\}$	$\phi=\dfrac{M_1 l}{6EI}\left\{2+\dfrac{M_2}{M_1}-\dfrac{6x}{l}\right.$ $\left.-3\left(\dfrac{M_2}{M_1}-1\right)\dfrac{x^2}{l^2}\right\}$ $\phi_1=\dfrac{(2M_1+M_2)\,l}{6EI}$ $\phi_2=-\dfrac{(M_1+2M_2)\,l}{6EI}$
8	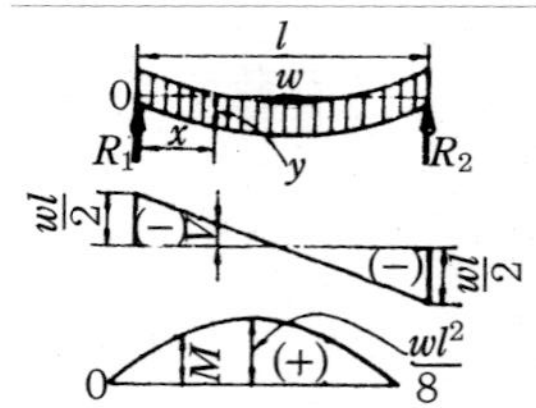	$R_1=R_2=\dfrac{wl}{2}$ $V=\dfrac{wl}{2}-wx$ $V_{\max}=\pm\dfrac{wl}{2}$	$M=\dfrac{wl}{2}x-\dfrac{w}{2}x^2$ $x=\dfrac{l}{2}$; $M_{\max}=\dfrac{wl^2}{8}$	$y=\dfrac{wx}{24EI}(l^3-2lx^2+x^3)$ $x=\dfrac{l}{2}$; $y_{\max}=\dfrac{5wl^4}{384EI}$	$\phi=\dfrac{wl^3}{24EI}$ $\left(1-\dfrac{6x^2}{l^2}+\dfrac{4x^3}{l^3}\right)$ $x=0\ \ x=l$ $\phi_{\max}=\pm\dfrac{wl^3}{24EI}$ $=\pm\dfrac{16}{5l}y_{\max}$
9	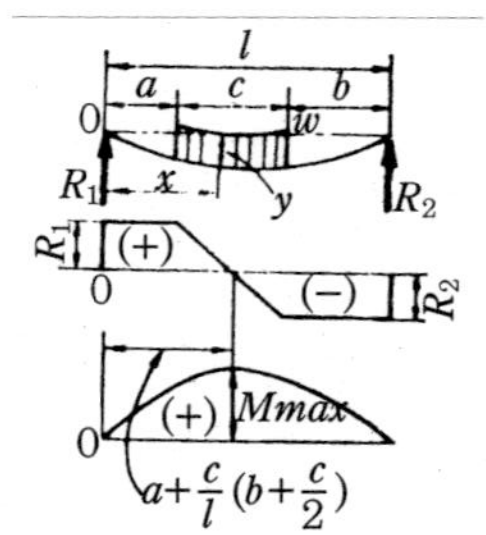	$R_1=\dfrac{wc}{l}\left(b+\dfrac{c}{2}\right)$ $R_2=\dfrac{wc}{l}\left(a+\dfrac{c}{2}\right)$ $0<x<a$; $V=\dfrac{wc}{l}\left(b+\dfrac{c}{2}\right)$ $a<x<(a+c)$; $V=\dfrac{wc}{l}\left(b+\dfrac{c}{2}\right)$ $-w(x-a)$ $(a+c)<x<l$; $V=-\dfrac{wc}{l}\left(a+\dfrac{c}{2}\right)$	$0\leqq x\leqq a$; $M=\dfrac{wc}{l}\left(b+\dfrac{c}{2}\right)x$ $a\leqq x\leqq(a+c)$; $M=w\left\{\dfrac{c}{b}\left(b+\dfrac{c}{2}\right)x\right.$ $\left.-\dfrac{(x-a)}{2}\right\}$ $x=a+\dfrac{c}{l}\left(b+\dfrac{c}{2}\right)$; $M_{\max}=\dfrac{wc}{l}\left(b+\dfrac{c}{2}\right)$ $\times\left(a+\dfrac{2bc+c^2}{4l}\right)$	$0\leqq x\leqq a$; $y=\dfrac{w}{24EI}$ $\left[2\left\{b^2-(l-a)^2\dfrac{x^3}{l}\right\}\right.$ $+\{(l-a)^2(l^2+2al-a^2)$ $\left.-b^2(2l^2-b^2)\}\dfrac{x}{l}\right]$ $a\leqq x\leqq(a+c)$; $y=\dfrac{w}{6EI}\left[\dfrac{cx}{l}\left(b+\dfrac{c}{2}\right)\right.$ $\times\left\{\left(a+\dfrac{c}{2}\right)\left(l+b+\dfrac{c}{2}\right)\right.$ $\left.\left.-\dfrac{c^2}{4}-x^2\right\}+\dfrac{(x-a)^4}{4}\right]$	$0\leqq x\leqq a$; $\phi=\dfrac{w}{24l\,EI}\cdot$ $[6\{b^2-(l-a)^2\}x^2+$ $\{(l-a)^2(l^2+2al-a)^2$ $-b^2(2l^2-b^2)\}]$ $a\leqq x\leqq(a+c)$; $\phi=\dfrac{w}{6EI}\left[\dfrac{c}{l}\left(b+\dfrac{c}{l}\right)\right.$ $\times\left\{\left(a+\dfrac{c}{2}\right)\left(l+b+\dfrac{c}{2}\right)\right.$ $\left.\left.-\dfrac{c^2}{4}-3x^2\right\}+(x-a)^3\right]$

<table>
<tr>
<td>10</td>
<td>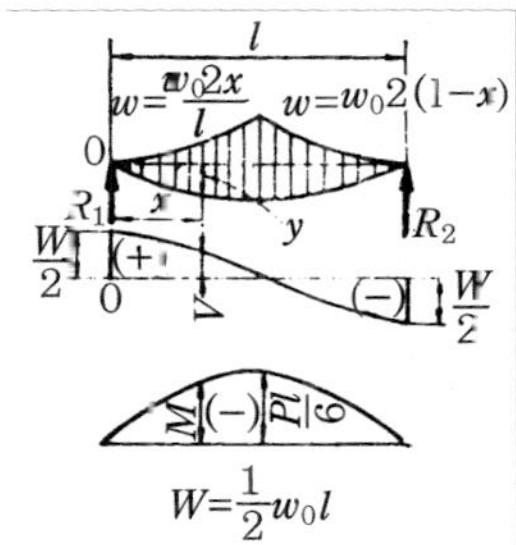</td>
<td>$R_1 = \dfrac{w_0 l}{6} - \dfrac{W}{3}$
$R_2 = \dfrac{w_0 l}{3} = \dfrac{2W}{3}$
$V = \dfrac{w_0}{6l}(l^2 - 3x^2)$
$= \dfrac{W}{3}\left(1 - \dfrac{3x^2}{l^2}\right)$
$x = l$;
$V_{\max} = \dfrac{2}{3}W$</td>
<td>$M = \dfrac{w_0}{6l}(l^2 - x^2)\,x$
$= \dfrac{Wx}{3}\left(1 - \dfrac{x^2}{l^2}\right)$
$x = \dfrac{l}{\sqrt{3}}$;
$M_{\max} = \dfrac{w_0 l^2}{9\sqrt{3}}$
$= 0.1283\,Wl$</td>
<td>$y = \dfrac{Wl^3}{180EI}\dfrac{x}{l}$ ·
$\left(7 - 10\dfrac{x^2}{l^2} + 3\dfrac{x^4}{l^4}\right)$
$x = l\sqrt{1 - \sqrt{8/15}}$
$= 0.51931l$;
$y_{\max} = 0.01305\dfrac{Wl^3}{EI}$
$y_{x=\frac{l}{2}} = 0.01302\dfrac{Wl^3}{EI}$</td>
<td>$\phi = \dfrac{Wl^2}{180EI}$ ·
$\left(7 - 30\dfrac{x^2}{l^2} + 15\dfrac{x^4}{l^4}\right)$
$\phi_1 = 0.0389\dfrac{Wl^2}{EI}$
$\phi_2 = -0.0445\dfrac{Wl^2}{EI}$</td>
</tr>
<tr>
<td>11</td>
<td>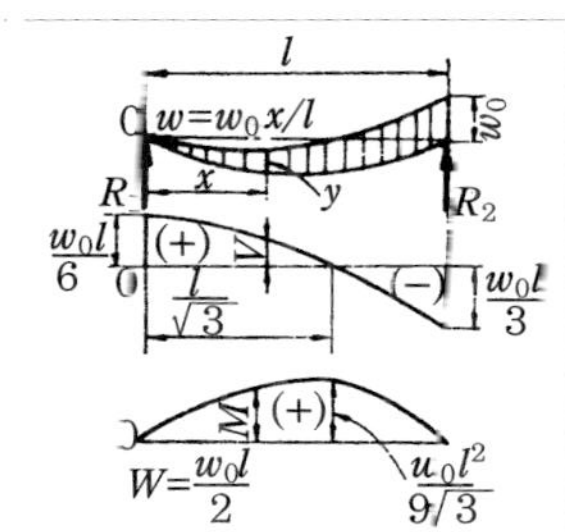</td>
<td>$R_1 = R_2 = \dfrac{w_0 l}{4} = \dfrac{W}{2}$
$0 < x \leqq \dfrac{l}{2}$;
$V = \dfrac{W}{2}\left(1 - \dfrac{4x^2}{l^2}\right)$
$\dfrac{1}{2} \leqq x < l$;
$V = \dfrac{W}{2}$
$\left\{\dfrac{4(l-x)^2}{l^2} - 1\right\}$</td>
<td>$0 \leqq x \leqq \dfrac{l}{2}$;
$M = \dfrac{Wx}{2} \cdot \left(1 - \dfrac{4x^2}{3l^2}\right)$
$x = \dfrac{l}{2}$;
$M_{\max} = \dfrac{Wl}{6}$</td>
<td>$0 \leqq x \leqq \dfrac{l}{2}$;
$y = \dfrac{Wl^3}{12EI}$ ·
$\left(\dfrac{5x}{8l} - \dfrac{x^2}{l^3} + \dfrac{2x^5}{5l^5}\right)$
$x = \dfrac{l}{2}$;
$y_{\max} = \dfrac{Wl^3}{60EI}$</td>
<td>$0 \leqq x \leqq \dfrac{l}{2}$;
$\phi = \dfrac{Wl^2}{12EI}$ ·
$\left(\dfrac{5}{8} - \dfrac{3x^2}{l^2} + \dfrac{2x^4}{l^4}\right)$
$x = 0$
$x = l$
$\phi_{\max} = \pm\dfrac{5Wl^2}{96EI}$</td>
</tr>
</table>

12	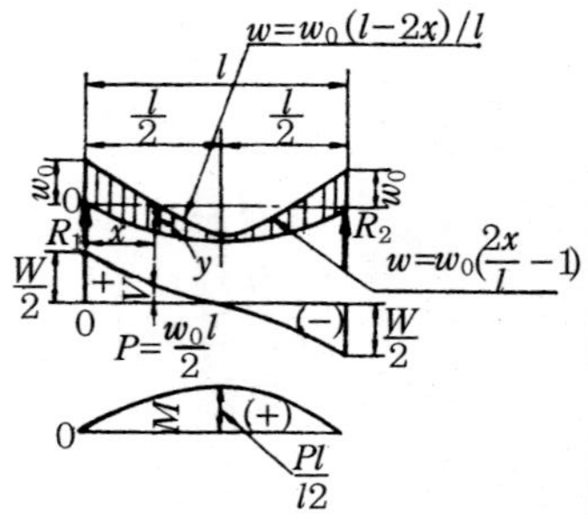	$R_1 = R_2 = \frac{w_0 l}{4} = \frac{W}{2}$ $0 \leqq x \leqq \frac{l}{2}$; $V = \frac{W}{2}\left(1-\frac{2x}{l}\right)^2$ $\frac{1}{2} \leqq x \leqq l$; $V = -\frac{W}{2}\left(\frac{2x}{l}-1\right)^2$	$0 \leqq x \leqq \frac{l}{2}$; $M = \frac{Wx}{2} \cdot$ $\left(1-\frac{2x}{l}+\frac{4x^2}{3l^2}\right)$ $\frac{1}{2} \leqq x \leqq l$; $M = \frac{Wl}{12} \cdot$ $\left\{1-\frac{8}{l^3}\left(\frac{l}{2}-x\right)^3\right\}$ $x = \frac{l}{2}$; $M_{\max} = \frac{Wl}{12}$	$0 \leqq x \leqq \frac{l}{2}$; $y = \frac{Wl^3}{12EI} \cdot$ $\left(\frac{3x}{8l} - \frac{x^3}{l^3} + \frac{x^4}{l^4}\right.$ $\left. - \frac{2x^5}{5l^5}\right)$ $x = \frac{l}{2}$; $y_{\max} = \frac{3Wl^3}{320EI}$	$0 \leqq x \leqq \frac{l}{2}$; $\phi = \frac{Wl^2}{12EI} \cdot$ $\left(\frac{3}{8} - \frac{3x^2}{l^2} + \frac{4x^3}{l^3}\right.$ $\left. - \frac{2x^4}{l^4}\right)$ $x=0 \quad x=l$ $\phi_{\max} = \pm \frac{Wl^2}{32EI}$
13	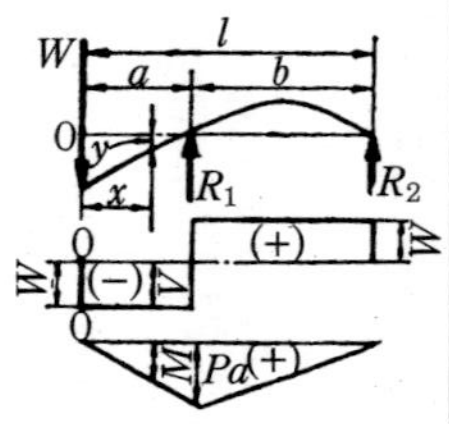	$R_1 = \frac{l}{b} W$ $R_2 = -\frac{a}{b} W$ $0 < x < a$; $V = -W$ $a < x < l$; $V = \frac{a}{b} W$	$0 \leqq x \leqq a$; $M = -Wx$ $a \leqq x \leqq l$; $M = -\frac{Wa(l-x)}{l}$ $x = a$; $M_{\max} = -Wa$	$0 \leqq x \leqq a$; $y = \frac{P}{3EI} \cdot$ $\left\{\frac{l}{a} - \left(\frac{3}{2}+\frac{b}{a}\right) \cdot \right.$ $\left. \frac{x}{a} + \frac{x^3}{2a^3}\right\}$ $x = 0$; $y_{\max} = \frac{Wa^2 l}{3EI}$ $y_{x=a} = 0$ $y_{x=l-\frac{b}{2}} = \frac{Wab^2}{16EI}$	$0 \leqq x \leqq a$; $\phi = -\frac{Wa^2}{2EI} \cdot$ $\left(1+\frac{2}{3}\frac{b}{a}-\frac{x^2}{a^2}\right)$ $x = 0$; $\phi_{\max} = -\frac{Wa^2}{2EI} \cdot$ $\left(1+\frac{2}{3}\frac{b}{a}\right)$ $\phi_{x=a} = -\frac{Wab}{3EI}$

14	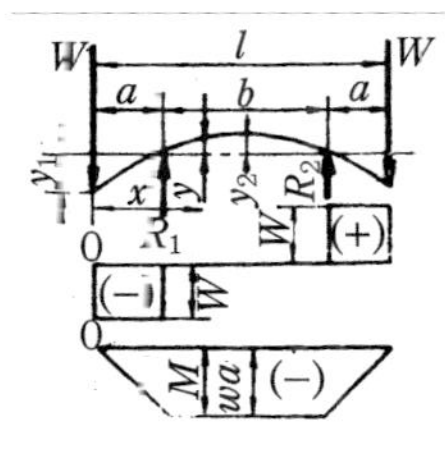	$R_1=R_2=W$ $0<x<a$; $V=-W$ $a<x<(a+b)$ $V=0$ $(a+b)<x<l$; $V=W$	$0\leqq x\leqq a$; $M=-Wx$ $a\leqq x\leqq (a+b)$: $M=-Wa$ $(a+b)\leqq x\leqq l$: $M=-W(l-x)$ $x=a\sim(a+b)$; $M_{\max}=-Wa$	$0\leqq x\leqq a$; $y=\frac{Wa^3}{6EI}\left\{2+\frac{3b}{a}-\frac{3(a+b)}{a^2}x+\frac{x^3}{a^3}\right\}$ $a\leqq x\leqq (a+b)$; $y=\frac{Wa^3}{6EI}\left\{2+\frac{3b}{a}-\frac{3(a+b)}{a^2}x+\frac{x^3}{a^3}\right\}-\frac{W(x-a)^3}{6EI}$ $y_1=\frac{Wa^3}{3EI}\left(1+\frac{3}{2}+\frac{b}{a}\right)$ $y_2=-\frac{Wab^2}{8EI}$	$0\leqq x\leqq a$: $\phi=-\frac{Wa^2}{2EI}\left(1+\frac{b}{a}-\frac{x^2}{a^2}\right)$ $a\leqq x\leqq (a+b)$; $\phi=-\frac{Wa^2}{2EI}\left(1+\frac{b}{a}-\frac{x^2}{a^2}\right)-\frac{W(x-a)^2}{2EI}$ $\phi_{x=0}=\frac{Wa(a+b)}{2EI}$ $\phi_{x=a}=\frac{Wab}{2EI}$
15	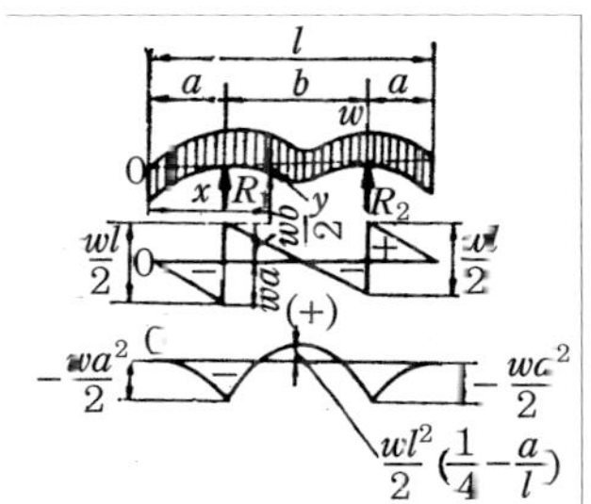	$R_1=R_2=\frac{wl}{2}$ $0<x<a$; $V=-wx$ $a<x<(a+b)$; $V=w\left(\frac{l}{2}-x\right)$	$0\leqq x\leqq a$; $M=-\frac{wx^2}{2}$ $a\leqq x\leqq (a+b)$; $M=-\frac{w}{2}\{x(x-l)+la\}$ $M_1=M_{x=a}=\frac{wa^2}{2}$ $M_2=M_{x=\frac{l}{2}}=\frac{wl^2}{2}\cdot\left(\frac{1}{4}-\frac{a}{l}\right)$ $a>\left(\frac{1}{\sqrt{2}}-\frac{1}{2}\right)l$; $M-1$이 최대, 반대이면 M_2가 최대	$0\leqq x\leqq a$; $y=\frac{wl^4}{24EI}\left\{\frac{x^4}{l^4}+\left(\frac{6a^2}{l^3}-\frac{6l}{l^2}+\frac{1}{l}\right)x-\left(\frac{a^4}{l^4}+\frac{6a^3}{l^3}-\frac{6a^2}{l^2}+\frac{a}{l}\right)\right\}$ $a\leqq x\leqq (a+b)$; $y=\frac{wl^4}{24EI}\left\{\frac{x^4}{l^4}-\frac{2x^3}{l^3}+\frac{6ax^2}{l^3}+\left(1-\frac{6a}{l}\right)\frac{x}{l}-\left(\frac{a^4}{l^4}+\frac{4a^3}{l^3}-\frac{6a^3}{l^2}+\frac{a}{l}\right)\right\}$ $x=0$; $y_1=\frac{wa}{24EI}(3a^2+6a^2b-b^3)$, $x=\frac{l}{2}$ $y_2=\frac{wb^2}{384EI}(5b^2-24a^2)$	$0\leqq x\leqq a$; $\phi=\frac{wl^3}{4EI}\left\{\frac{2x^3}{3l^2}+\left(\frac{a^2}{l^2}-\frac{a}{l}+\frac{1}{6}\right)\right\}$ $a\leqq x\leqq (a+b)$; $\phi=\frac{wl^3}{4EI}\left\{\frac{2}{3}\frac{x^3}{l^3}-\frac{x^2}{l^2}+\frac{2ax}{l^2}+\left(\frac{1}{6}-\frac{a}{l}\right)\right\}$ $\phi_{x=0}=\frac{wl^3}{4EI}\cdot\left(\frac{a^2}{b}-\frac{a}{l}+\frac{1}{6}\right)$ $\phi_{x=a}=\frac{wl^3}{4EI}\left(\frac{2}{3}\frac{a^3}{l^3}+\frac{a^2}{l^2}-\frac{a}{l}+\frac{1}{6}\right)$

16	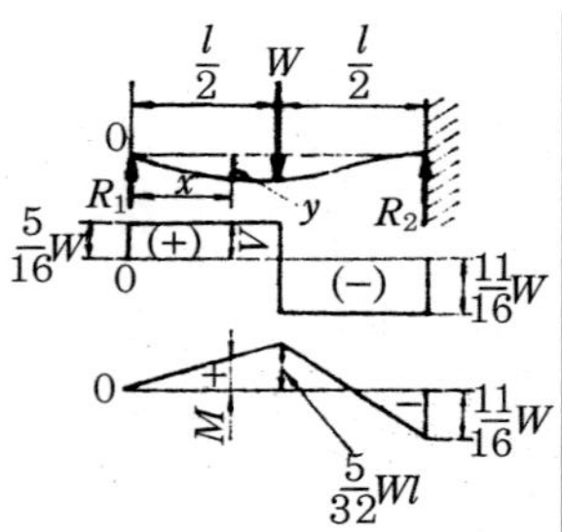	$R_1 = \frac{5}{16R}$ $R_2 = \frac{11}{16}W$ $0 < x < \frac{l}{2}$; $V = \frac{5}{16}W$ $\frac{l}{2} < x < l$; $V = \frac{11}{16}W$	$0 \leqq x \leqq \frac{l}{2}$; $M = \frac{5}{16}Wx$ $\frac{l}{2} \leqq x \leqq l$; $M = Wl\left(\frac{1}{2} - \frac{11}{16}\frac{x}{l}\right)$ $M_{x=\frac{l}{2}} = \frac{5}{32}Wl$ $x = l$; $M_{\max} = -\frac{3}{16}Wl$	$0 \leqq x \leqq \frac{l}{2}$; $y = \frac{Wl^3}{32EI}\left(\frac{x}{l} - \frac{5x^3}{3l^3}\right)$ $\frac{l}{2} \leqq x \leqq l$; $y = \frac{Wl^3}{32EI}\left(-\frac{2}{3} + \frac{5x}{l}\right.$ $\left.-\frac{8x^2}{l^2} + \frac{11x^3}{3l^3}\right)$ $y_{x=\frac{l}{2}} = \frac{7Wl^3}{768EI}$ $x = l\sqrt{5} = 0.4475l$; $y_{\max} = \frac{Wl^3}{48\sqrt{5}EI}$	$0 \leqq x \leqq \frac{l}{2}$; $\phi = \frac{Wl^2}{32EI}\left(1 - \frac{5x^2}{l^2}\right)$ $\frac{l}{2} \leqq x \leqq l$; $\phi = \frac{Wl^2}{32EI}\cdot$ $\left(5 - \frac{16x}{l} + \frac{11x^2}{l^2}\right)$ $x = 0$; $\phi_{\max} = \frac{Wl^2}{32EI}$
17	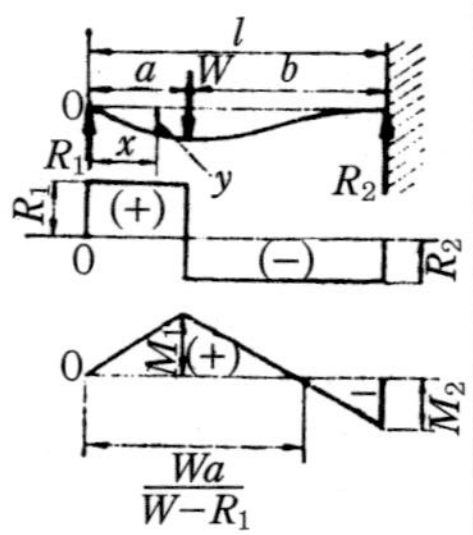	$R_1 = \frac{Wb^2(3l-b)}{2l^3}$ $R_2 = \frac{Wa(3l^2-a^2)}{2l^3}$ $0 < x < a$; $V = R_1$ $a < x < l$; $V = -R_2$	$0 \leqq x \leqq a$; $M = \frac{Wb^2(2l+a)}{2l^3}x$ $a \leqq x \leqq l$; $M = \frac{Wb^2(2l+a)}{2l^3}x$ $-W(x-a)$ $M_2 = -\frac{Wa(l^2-a^2)}{2l^2}$ $M_1 = \frac{Wal^2(2l+a)}{2l^3}$	$0 \leqq x \leqq a$; $y = \frac{Wb^2}{12EI}\left\{\frac{3ax}{l}\right.$ $\left.-\frac{(2l+a)x^3}{l^3}\right\}$ $a \leqq x \leqq l$; $y = \frac{Wb^2}{12EI}\left\{\frac{3ax}{l}\right.$ $\left.-\frac{(2l+a)x^3}{l^3}\right\}$ $+\frac{W(x-a)^3}{6EI}$ $y_{x=a} = \frac{Wa^2b^2(3l+a)}{12EIl^3}$	$0 \leqq x \leqq a$; $\phi = \frac{Wb^2}{4EI}\left\{\frac{a}{l}\right.$ $\left.-\frac{(2l+a)}{l^3}x^2\right\}$ $a \leqq x \leqq l$; $\phi = \frac{Wb^2}{4EI}\left\{\frac{a}{l}\right.$ $\left.-\frac{(2l+a)x^2}{l^3}\right\}$ $+\frac{W(x-a)^2}{2EI}$ $x = 0$; $\phi_{\max} = \frac{Wab^2}{4lEI}$

18	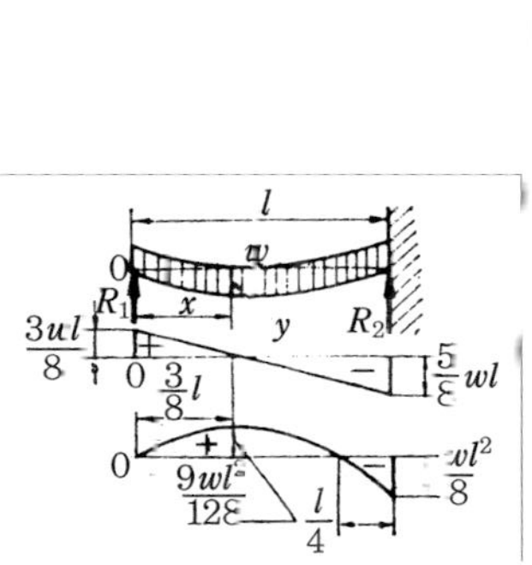	$R_1=\frac{3}{8}wl$ $R_2=\frac{5}{8}wl$ $V=w\left(\frac{3}{8}l-x\right)$ $x=l$; $V_{max}=-\frac{5}{8}wl$	$M=\frac{wlx}{2}\cdot\left(\frac{3}{4}-\frac{x}{l}\right)$ $x=l$; $M_{max}=-\frac{wl^2}{8}$ $M_{x=\frac{3}{8}l}=\frac{9}{128}wl^2$	$y=\frac{wl^4}{48EI}\left(\frac{x}{l}-\frac{3x^3}{l^4}+\frac{2x^4}{l^4}\right)$ $y_{x=\frac{l}{2}}=\frac{wl^4}{192EI}$ $y_{x=\frac{3}{8}l}=\frac{wl^4}{187.25EI}$ $x=\frac{1+\sqrt{33}}{16}l$ $=0.4215l$; $y_{max}=\frac{wl^4}{184.6EI}$	$\phi=\frac{wl^3}{48EI}\cdot\left(1-\frac{9x^2}{l^2}+\frac{8x^3}{l^3}\right)$ $x=0$; $\phi_{max}=\frac{wl^3}{48EI}$
19	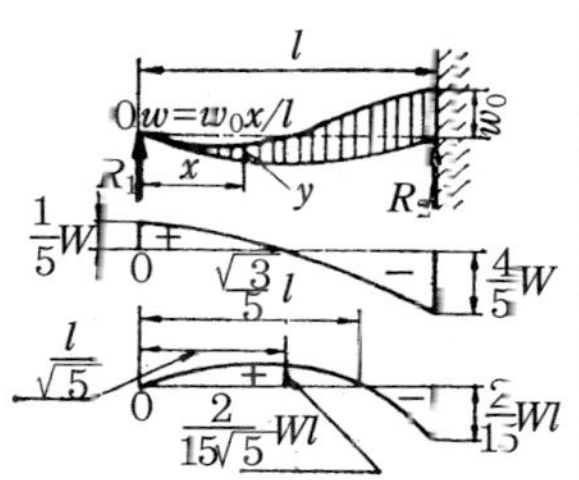	$R_1=\frac{w_0l}{10}=\frac{1}{5}W$ $R_2=\frac{2w_0l}{5}=\frac{4}{5}W$ $V=W\left(\frac{1}{5}-\frac{x^2}{l^2}\right)$ $x=l$; $V_{max}=-\frac{4}{5}W$	$M=Wx\left(\frac{1}{5}-\frac{x^2}{3l^2}\right)$ $x=l$; $M_{max}=-\frac{2}{15}Wl$ $M_{x=\frac{l}{\sqrt{5}}}=\frac{2Wl}{15\sqrt{5}}$	$y=\frac{Wl^3}{60}\left(\frac{x}{l}-\frac{2x^3}{l^3}+\frac{x^3}{l^5}\right)$ $x=\frac{l}{\sqrt{5}}$; $y_{max}=\frac{4Wl^3}{375\sqrt{5}EI}$ $=\frac{Wl^3}{209.6EI}$	$\phi=\frac{Wl^2}{60EI}\cdot\left(1-\frac{6x^2}{l^2}+\frac{5x^4}{l^4}\right)$ $x=0$; $\phi_{max}=\frac{Wl^2}{60EI}$

	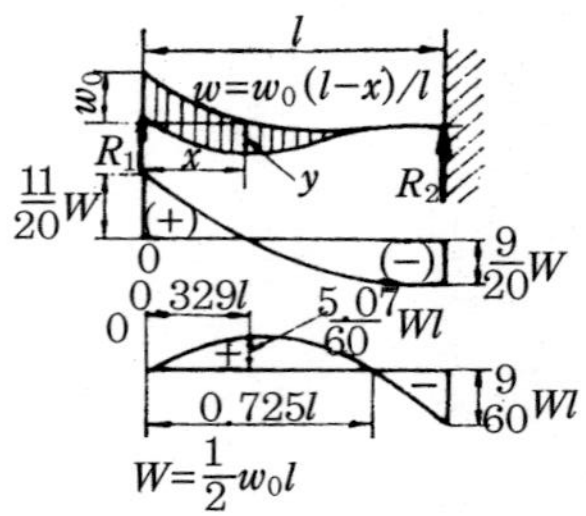	$R_1=\frac{11w_0l}{40}=\frac{11}{20}W$ $R_2=\frac{9w_0l}{40}=\frac{9}{20}W$ $V=\frac{W}{20}\left(11-\frac{40}{l}\cdot x+\frac{20x^2}{l^2}\right)$ $x=0$; $V_{mx}=\frac{11}{20}W$	$M=\frac{Wx}{60}\left(33-\frac{60}{l}x+\frac{20x^2}{l^2}\right)$ $x=l$; $M_{\max}=-\frac{7Wl}{60}$ $M_{x=0.329l}=\frac{5.07}{60}Wl$	$y=\frac{Wl^2x}{120EI}\left(-3+\frac{11x^2}{l^2}-\frac{10x^3}{l}+\frac{2x^4}{l^4}\right)$ $x=0.403l$; $y_{\max}=\frac{Wl^3}{164.4EI}$	$\phi=\frac{Wl^2}{120EI}\left(-3+\frac{33x^2}{l^2}-\frac{40x^3}{l^3}+\frac{10x^4}{l^4}\right)$ $x=0$; $\phi_{\max}=\frac{Wl^2}{40EI}$
21	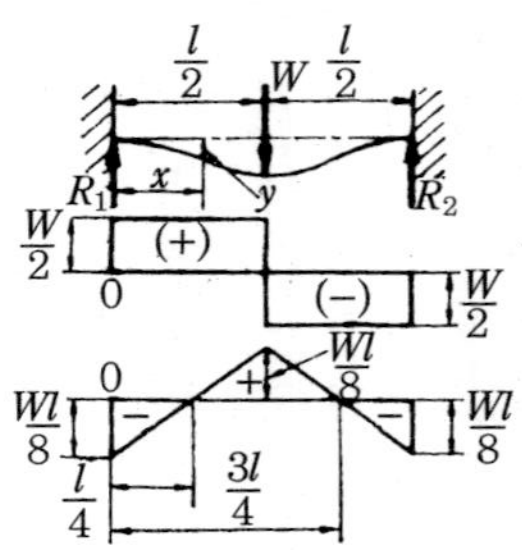	$R_1=R_2=\frac{W}{2}$ $0<x<\frac{l}{2}$; $V=-\frac{W}{2}$ $\frac{l}{2}<x<l$; $V=\frac{W}{2}$	$0\leqq x\leqq\frac{l}{2}$; $M=\frac{Wl}{3}\left(\frac{x}{l}-\frac{1}{4}\right)$ $\frac{l}{2}\leqq x\leqq l$; $M=\frac{Wl}{2}\left(\frac{3}{4}-\frac{x}{l}\right)$ $x=0,\ x=\frac{l}{2}$; $M_{\max}=\pm\frac{Wl}{8}$	$0\leqq x\leqq\frac{l}{2}$; $y=\frac{Wl^3}{16EI}\cdot\left(\frac{x^2}{l^2}-\frac{4x^3}{3l^3}\right)$ $x=\frac{l}{2}$; $y_{\max}=\frac{Wl^3}{192EI}$	$0\leqq x\leqq\frac{l}{2}$; $\phi=\frac{Wl^2}{8EI}\left(\frac{x}{l}-\frac{2x^2}{l^2}\right)$ $x=\frac{l}{4}$; $\phi_{\max}=\frac{Wl^2}{64EI}$

22	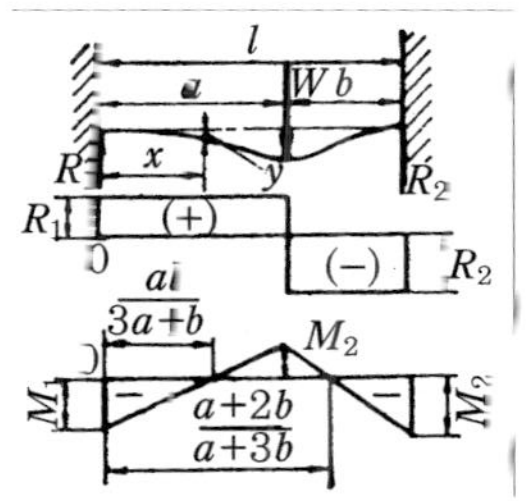	$R_1=\dfrac{Wb^2(3a+b)}{l^3}$ $R_2=\dfrac{Wa^2(a+3b)}{l^3}$ $0<x<a$; $V=\dfrac{Wb^2(3a+b)}{l^3}$ $a<x<l$; $V=\dfrac{-Wa^2(a+3b)}{l^3}$	$0\leqq x\leqq a$; $M=\dfrac{Wb^2}{l^2}\cdot$ $\left\{\dfrac{(3a+b)x}{l}-a\right\}$ $a\leqq x\leqq l$; $M=\dfrac{Wa^2}{l^2}\cdot$ $\left\{(a+2b)-\dfrac{(a+3b)}{l}x\right\}$ $x=0$; $M_1=-\dfrac{Wab^2}{l^2}$ $x=l$; $M_2=-\dfrac{Wa^2b}{l^2}$ $x=a$; $M_3=\dfrac{2Wa^2b^2}{l^3}$	$0\leqq x\leqq a$; $y=\dfrac{Wb^2x^2}{6lEI}\cdot$ $\left\{\dfrac{3a}{l}-\dfrac{(3a+b)}{l^2}x\right\}$ $a\leqq x\leqq l$; $y=\dfrac{Wb^2x^2}{6lEI}\left\{\dfrac{3a}{l}\right.$ $\left.-\dfrac{(3a+b)}{l^2}x\right\}+\dfrac{W(x+a)^3}{6EI}$ $x=a$; $y_1=\dfrac{Wa^3b^3}{3l^3EI}$, $a>b$일 때 $x=\dfrac{2al}{3a+b}$; $y_{\max}=\dfrac{2Wa^3b^2}{3EI(3a+b)^2}$ $y_{x=\frac{l}{2}}=\dfrac{Wb^2(3a-b)}{48EI}$	$0\leqq x\leqq a$; $\phi=\dfrac{Wb^2x}{2lEI}\cdot$ $\left\{\dfrac{2a}{l}-\dfrac{(3a+b)}{l^2}x\right\}$ $a\leqq x\leqq l$; $\phi=\dfrac{Wb^2x}{2lEI}\left\{\dfrac{2a}{l}\right.$ $\left.-\dfrac{(3a+b)}{l^2}x\right\}$ $+\dfrac{W(x-a)^2}{2EI}$ $\phi_{x=a}=\dfrac{Wa^2b^2(a-b)}{2l^3EI}$
23	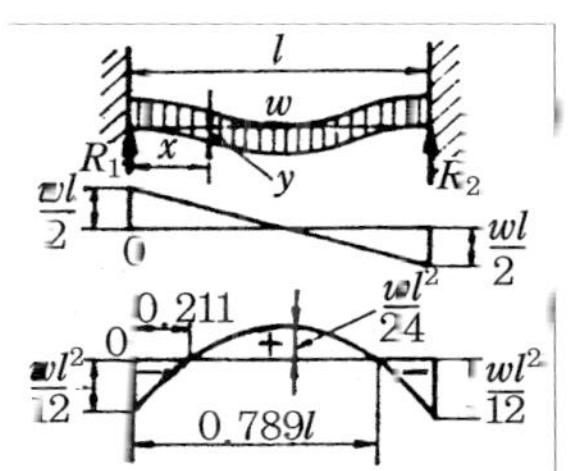	$R_1=R_2=\dfrac{wl}{2}$ $V=w\left(\dfrac{l}{2}-x\right)$ $x=0$ $x=l$ $V_{\max}=\pm\dfrac{wl}{24}$	$M=\dfrac{wl^2}{12}\cdot$ $\left(1-6\dfrac{x}{l}+6\dfrac{x^2}{l^2}\right)$ $x=0$ $x=l$ $M_{\max}=-\dfrac{wl^2}{12}$ $M_{x=\frac{l}{2}}=\dfrac{wl^2}{24}$	$y=\dfrac{wl^2x^2}{24EI}\left(1-\dfrac{x}{l}\right)^2$ $x=\dfrac{l}{2}$; $y_{\max}=\dfrac{wl^4}{384EI}$	$\phi=\dfrac{wl^2x}{12EI}\left(1-\dfrac{x}{l}\right)\cdot$ $\left(1-\dfrac{2x}{l}\right)$

Ⅵ. 형강의 규격(KS)

1. 한국표준 등변 L-단면의 치수표

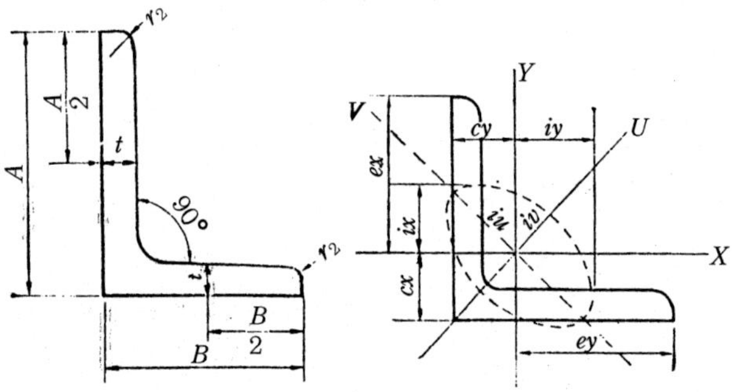

2차모멘트 $I = ai^2$

2차반경 $i = \sqrt{I/a}$

단면계수 $Z = I/e$

(a =단면적)

표준단면치수 (mm)				단면적 a (cm²)	단위 중량 (kg/m)	참고											
						도심위치 (cm)		2차모멘트(cm⁴)				2차반경(cm)				단면계수 (cm³)	
$A\times B$	t	$r1$	$r2$			C_x	C_y	I_x	I_y	I_u	I_v	i_x	i_y	i_u	i_v	Z_x	Z_y
40×40	3	4.5	2	2.336	1.83	1.09	1.09	3.53	3.53	5.60	1.45	1.23	1.23	1.55	0.79	1.21	1.21
40×40	5	4.5	3	3.755	2.95	1.17	1.17	5.42	5.42	8.59	2.25	1.20	1.20	1.51	0.77	1.91	1.91
45×45	4	6.5	3	3.492	2.74	1.24	1.24	6.50	6.50	10.3	2.69	1.36	1.36	1.72	0.88	2.00	2.00
50×50	4	6.5	3	3.892	3.06	1.37	1.37	9.06	9.06	14.4	3.74	1.53	1.53	1.92	0.98	2.49	2.49
〃	6	6.5	4.5	5.644	4.43	1.44	1.44	12.6	12.6	20.0	5.24	1.50	1.50	1.88	0.96	3.55	3.55
60×60	4	6.5	3	4.692	3.68	1.61	1.61	16.0	16.0	25.4	6.62	1.85	1.85	2.33	1.19	3.66	3.66
〃	5	6.5	3	5.802	4.55	1.66	1.66	19.6	19.6	31.2	8.66	1.84	1.84	2.32	1.18	4.52	4.52
65×65	6	8.5	4	7.527	5.91	1.81	1.81	29.4	29.4	46.6	12.1	1.98	1.98	2.49	1.27	6.27	6.27
〃	8	8.5	6	9.761	7.66	1.88	1.88	36.8	36.8	58.3	15.3	1.94	1.94	2.44	1.25	7.97	7.97
70×70	6	8.5	4	8.127	6.38	1.94	1.94	37.1	37.1	58.9	153	2.14	2.14	2.69	1.37	7.33	7.33
75×75	6	8.5	4	8.727	6.85	2.06	2.06	46.1	46.1	73.2	19.0	2.30	2.30	2.90	1.47	8.47	8.47
〃	9	8.5	6	12.69	9.96	2.17	2.17	64.4	64.4	102	26.7	2.25	2.25	2.84	1.45	12.1	12.1
〃	12	8.5	6	16.56	13.0	2.29	2.29	81.9	81.9	129	34.5	2.22	2.22	2.79	1.44	15.7	15.7
80×80	6	8.5	4	9.327	7.32	2.19	2.19	56.4	56.4	89.6	23.2	2.46	2.46	3.10	1.58	9.70	9.70
90×90	6	10	5	10.55	8.28	2.42	2.42	80.7	80.7	129	32.3	2.77	2.77	3.50	1.75	12.3	12.3
〃	7	10	5	12.22	9.59	2.46	2.46	93.0	93.0	148	38.3	2.76	2.76	3.48	1.77	14.2	14.2
〃	10	10	7	17.00	13.3	2.58	2.58	125	125	199	51.6	2.71	2.71	3.42	1.74	19.5	19.5
〃	13	10	7	21.71	17.0	2.69	2.69	156	156	248	65.3	2.68	2.68	3.38	1.73	24.8	24.8
100×100	7	10	5	13.62	10.7	2.71	2.71	129	129	205	53.1	3.08	3.08	3.88	1.97	17.7	17.7
〃	10	10	7	19.00	14.9	2.83	2.83	175	175	278	71.9	3.03	3.03	3.83	1.95	24.4	24.4
〃	13	10	7	24.31	19.1	2.94	2.94	220	220	348	91.0	3.00	3.00	3.78	1.93	31.1	31.1
120×120	8	12	5	18.76	14.7	3.24	3.24	258	258	410	106	3.71	3.71	4.68	2.38	29.5	29.5
130×130	9	12	6	22.74	17.9	3.53	3.53	366	366	583	150	4.01	4.01	5.06	2.57	38.7	38.7
〃	12	12	8.5	29.76	23.4	3.64	3.64	467	467	743	192	3.96	3.96	5.00	2.54	49.9	49.9
〃	15	12	8.5	36.75	28.8	3.76	3.76	568	568	902	234	3.93	3.93	4.95	2.53	61.5	61.5
150×150	12	14	7	34.77	27.3	4.14	4.14	740	740	1,176	304	4.61	4.61	5.82	2.96	68.2	68.2
〃	15	14	10	42.74	33.6	4.24	4.24	888	888	1,410	365	4.56	4.56	5.75	2.92	82.6	82.6
〃	19	14	10	53.38	41.9	4.40	4.40	1,090	1,090	1,730	451	4.52	4.52	5.69	2.91	10.3	10.3
175×175	12	15	11	40.52	31.8	4.73	4.73	1,170	1,170	1,860	479	5.37	5.37	6.78	3.44	91.6	91.6
〃	15	15	11	50.21	39.4	4.85	4.85	1,440	1,440	2,290	588	5.35	5.35	6.75	3.42	114	114
200×200	15	17	12	57.75	45.3	5.47	5.47	2,180	2,180	3,470	891	6.14	6.14	7.75	3.93	150	150
〃	20	17	12	76.00	59.7	5.67	5.67	2,820	2,820	4,490	1,160	6.09	6.09	7.68	3.90	197	197
〃	25	17	12	93.75	73.6	5.87	5.87	3,420	3,420	5,420	1,410	6.04	6.04	7.61	3.88	242	242
250×250	25	24	12	119.4	93.7	7.10	7.10	6,950	6,950	11,000	2,860	7.63	7.63	9.62	4.89	388	388
〃	35	24	18	162.6	128	7.45	7.45	9,110	9,110	14,400	3,790	7.48	7.48	9.42	4.83	519	519

2. 한국표준 부등변 L－단면의 치수

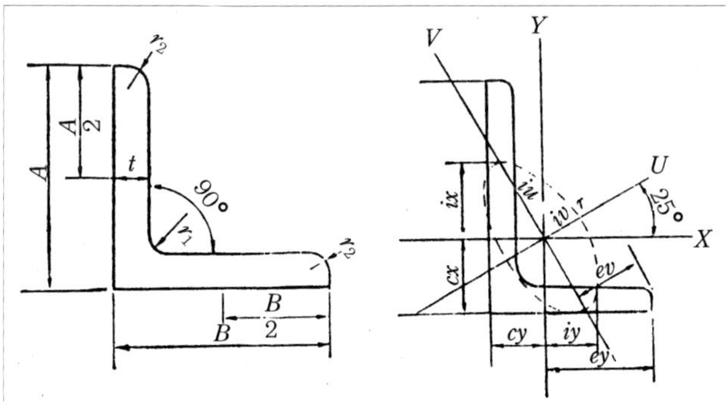

2차모멘트 $I = ai^2$

2차반경 $i = \sqrt{I/a}$

단면계수 $Z = I/e$

(a＝단면적)

표준단면치수 (mm)				단면적 a (cm²)	단위중량 (kg/m)	참고												
						원심위치 (cm)		2차모멘트(cm⁴)				2차반경(cm)					단면계수 (cm³)	
$A \times B$	t	$r1$	$r2$			C_x	C_y	I_x	I_y	I_u	I_v	i_x	i_y	i_u	i_v	$\tan\alpha$	Z_x	Z_y
90×75	9	8.5	6	14.04	11.0	2.75	2.01	109	68.1	143	34.1	2.78	2.20	3.19	1.56	0.676	17.4	12.4
100×75	7	10	5	11.87	9.32	3.06	1.84	118	57.0	144	30.7	3.15	2.19	3.49	1.61	0.548	17.0	10.1
100×75	10	10	7	16.50	13.0	3.18	1.94	159	76.1	194	41.3	3.11	2.15	3.43	1.58	0.543	23.3	13.7
125×75	7	10	5	13.62	10.7	4.10	1.64	219	60.4	243	36.4	4.01	2.11	4.23	1.63	0.362	26.1	10.3
″	10	10	7	19.00	14.9	4.23	1.75	290	80.9	330	49.0	3.96	2.06	4.17	1.61	0.357	36.1	14.1
″	10	10	7	24.31	19.1	4.35	1.87	376	101	414	61.9	3.93	2.04	4.13	1.60	0.352	46.1	17.9
125×90	10	10	7	20.50	16.1	3.95	2.22	313	138	380	76.1	3.94	2.59	4.30	1.93	0.506	37.2	20.4
″	13	10	7	26.26	20.6	4.08	2.34	401	165	479	87.2	3.91	2.51	4.27	1.82	0.499	47.5	24.8
150×90	9	12	6	20.94	16.4	4.96	2.00	484	133	537	80.2	4.81	2.52	5.06	1.96	0.362	48.2	19.0
″	12	12	8.5	27.36	21.5	5.07	2.10	619	163	684	102	4.75	2.47	5.00	1.93	0.357	62.3	24.3
150×100	9	12	6	21.84	17.1	4.77	2.32	502	179	580	101	4.79	2.86	5.15	2.15	0.441	49.0	23.3
″	12	12	8.5	28.56	22.4	4.88	2.41	642	229	738	133	4.74	2.83	5.08	2.15	0.435	63.4	30.2
″	15	12	8.5	35.25	27.7	5.01	2.53	781	276	897	161	4.71	2.80	5.04	2.14	0.432	78.2	37.0

3. 한국표준 I–단면의 치수표

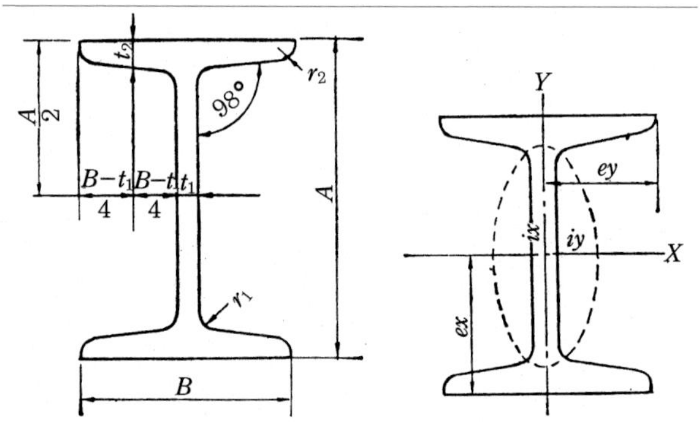

2차모멘트 $I = a i^2$

2차반경 $i = \sqrt{I/a}$

단면계수 $Z = I/e$

(a = 단면적)

표준단면치수 (mm)					단면적 a (cm²)	단위 중량 (kg/m)	참 고							
							원심위치 (cm)		2차모멘트 (cm⁴)		2차반경 (cm)		단면계수 (cm³)	
$A \times B$	$t1$	$t2$	$r1$	$r2$			C_x	C_y	I_x	I_y	i_x	i_y	Z_x	Z_y
100×75	5	8	7	3.5	16.43	12.9	0	0	283	48.3	4.15	1.72	56.5	12.9
125×75	5.5	9.5	9	4.5	20.45	16.1	0	0	540	59.0	5.14	1.70	86.4	15.7
150×75	5.5	9.5	9	4.5	21.83	17.1	0	0	820	59.1	6.13	1.65	109	15.8
150×125	85	14	13	6.5	46.15	36.2	0	0	1,780	395	6.21	2.92	237	63.1
180×100	6	10	10	5	30.06	23.6	0	0	1,670	141	7.46	2.17	186	28.2
200×100	7	10	10	5	33.06	26.0	0	0	2,180	142	8.11	2.07	218	28.4
200×150	9	16	15	7.5	64.16	50.4	0	0	4,490	771	8.37	3.47	449	103
250×125	7.5	12.5	12	6	48.79	38.3	0	0	5,190	345	10.3	2.66	415	55.2
???×125	10	19	21	10.5	70.73	55.5	0	0	7,340	560	10.2	2.81	587	89.6
300×150	8	13	12	6	61.58	48.3	0	0	9,500	600	12.4	3.12	633	80.0
〃	10	18.5	19	9.5	83.47	65.5	0	0	12,700	886	12.4	3.26	849	118
〃	11.5	22	23	11.5	97.88	76.8	0	0	14,700	1,120	12.3	3.38	981	149
350×150	9	15	13	6.5	74.58	58.5	0	0	15,200	715	14.3	3.10	871	985.4
〃	12	24	25	12.5	111.1	87.2	0	0	22,500	1,230	14.2	3.33	1,280	164
400×150	10	18	17	8.5	91.73	72.0	0	0	24,000	887	16.2	3.11	1,200	118
〃	12.5	25	27	13.5	122.1	95.8	0	0	31,700	1,290	16.1	3.25	1,580	172
450×175	11	20	19	9.5	116.8	91.7	0	0	39,200	1,550	18.3	3.64	1,740	177
〃	13	26	27	13.5	146.1	115	0	0	48,800	2,100	18.3	3.79	2,170	240
600×160	13	25	25	12.5	169.4	133	0	0	98,200	2,540	24.1	3.87	3,270	267
〃	16	35	38	19	224.5	176	0	0	130,000	3,700	24.0	4.06	4,330	390

4. 한국표준 U-단면의 치수표

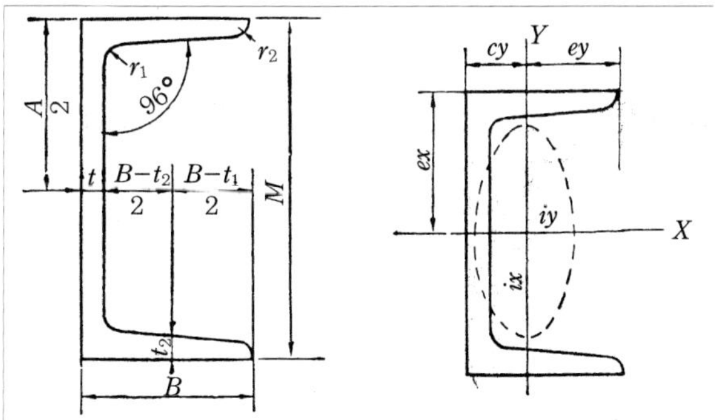

2차모멘트 $I = ai^2$

2차반경 $i = \sqrt{I/a}$

단면계수 $Z = I/e$

(a = 단면적)

표준단면치수 (mm)					단면적 a (cm²)	단위중량 (kg/m)	참고: 원심위치 (cm)		2차모멘트 (cm⁴)		2차반경 (cm)		단면계수 (cm³)	
$A \times B$	$t1$	$t2$	$r1$	$r2$			C_x	C_y	I_x	I_y	i_x	i_y	Z_x	Z_y
75×40	5	7	8	4	8.818	6.02	0	1.27	75.9	12.4	2.93	1.19	20.2	4.54
100×50	5	7.5	8	4	11.92	9.36	0	1.55	189	26.9	3.98	1.50	37.8	7.82
125×65	6	8	8	4	17.11	13.4	0	1.94	425	65.5	4.99	1.96	68.0	14.4
150×75	6.5	10	10	5	23.71	18.6	0	2.31	864	122	6.04	2.27	115	23.6
〃	9	12.5	15	7.5	30.59	24.0	0	2.31	1,050	147	5.86	2.19	140	28.3
180×75	7	10.5	11	5.5	27.20	21.4	0	2.15	1,380	137	7.13	2.24	154	25.5
200×70	7	10	11	5.5	26.92	21.1	0	1.85	1,620	113	7.77	2.04	162	21.8
200×80	7.5	11	12	6	31.33	24.6	0	2.24	1,950	177	7.89	2.38	195	30.8
200×90	8	13.5	14	7	38.65	30.3	0	2.77	2,490	286	8.03	2.72	249	45.9
250×90	9	13	14	7	44.07	34.6	0	2.42	4,180	306	9.74	2.64	335	46.5
〃	11	14.5	17	8.5	51.17	40.2	0	2.39	4,690	342	9.57	2.58	375	51.7
300×90	9	13	14	7	48.57	38.1	0	2.23	6,440	325	11.5	2.59	429	48.0
〃	10	15.5	19	9.5	55.74	43.8	0	2.33	7,400	373	11.5	2.59	494	56.0
〃	12	16	19	9.5	61.90	48.6	0	2.25	7,870	391	11.3	2.51	525	57.9
380×100	10.5	16	18	9	69.39	54.5	0	2.41	14,500	557	14.5	2.83	732	73.3
〃	13	16.5	18	9	78.96	62.0	0	2.29	15,900	584	14.1	2.72	822	75.8
〃	13	20	24	12	85.71	67.3	0	2.50	17,600	671	14.3	2.80	924	89.5

Ⅶ. 형강의 규격(SI단위)

1. 압연단면의 성질(SI국제단위)

W형 단면

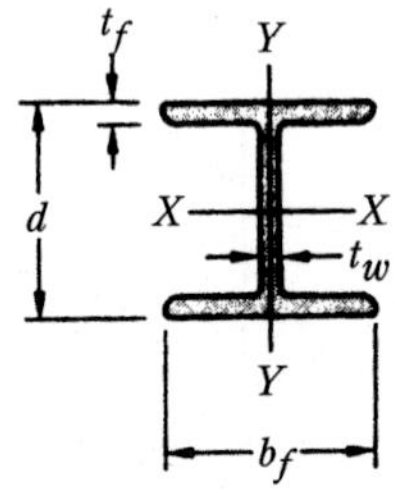

명칭	단면적	깊이	플랜지		두께	X-X 축			Y-Y 축		
			폭	두께	복부						
	A, mm^2	d, mm	b_f mm	t_f mm	t_w mm	I_x 10^{6}mm^4	S_x 10^{3}mm^3	r_x mm	I_y 10^{6}mm^4	S_y 10^{3}mm^3	r_y mm
W920×446	57,000	933	423	42.7	24.0	8,450	18,110	386	541	2,560	97.3
201	25,600	903	304	20.1	15.2	3,250	7,200	356	93.7	616	60.5
W840×299	38,100	855	400	292.2	18.2	4,790	11,200	356	312	1,560	90.4
176	22,400	835	292	18.8	14.0	2,460	5,890	330	77.8	533	58.9
W760×257	32,800	773	381	27.1	16.6	3,410	8,820	323	249	1,307	87.1
147	18,800	753	265	17.0	13.2	1,660	4,410	297	53.3	402	53.3
W690×217	27,700	695	355	24.8	15.4	2,340	6,730	290	184.4	1,039	81.5
125	16,000	678	253	16.3	11.7	1,186	3,500	272	44.1	349	52.6
W610×155	19,700	611	324	19.0	12.7	1,290	4,220	256	107.8	665	73.9
101	13,000	603	228	14.9	10.5	762	2,530	243	29.3	257	47.5
W530×150	19,200	543	312	20.3	12.7	1,007	3,710	229	103.2	662	73.4
92	11,800	533	209	15.6	10.2	554	2,080	217	23.9	229	45.0
66	8,390	525	165	11.4	8.9	351	1,337	205	8.62	104.5	32.0
W460×158	20,100	476	284	23.9	15.0	795	3,340	199.1	91.6	645	67.6
113	14,400	463	280	17.3	10.8	554	2,390	196.3	63.3	452	66.3
74	9,480	457	190	14.5	9.0	333	1,457	187.5	16.69	175.7	41.9
52	6,650	450	152	10.8	7.6	212	942	178.8	6.37	83.8	31.0
W410×114	14,600	420	261	19.3	11.6	462	2,200	177.8	57.4	440	62.7
85	10,800	417	181	18.2	10.9	316	1,516	170.7	17.94	198.2	40.6
60	7,610	407	178	12.8	7.7	216	1,061	168.4	12.03	135.2	39.9
46.1	5,880	403	140	11.2	7.0	156.1	775	162.8	5.16	73.7	29.7
38.8	4,950	399	140	8.8	6.4	125.3	628	159.0	3.99	57.0	28.4
W360×551	70,300	455	418	67.6	42.0	2,260	9,930	179.6	828	3960	108.5
216	27,500	375	394	27.7	17.3	712	3,800	160.8	282	1431	101.1
122	15,500	363	257	21.7	13.0	367	2,020	153.7	61.6	479	63.0
101	12,900	357	255	18.3	10.5	301	1,686	152.7	50.4	395	62.5
79	10,100	354	205	16.8	9.4	225	1,271	149.6	24.0	234	48.8
64	8,130	347	203	13.5	7.7	178.1	1,027	147.8	18.81	185.3	48.0
57	7,230	358	172	13.1	7.9	160.2	895	149.4	11.11	129.2	39.4
44.8	5,710	352	171	9.8	6.9	121.1	688	145.5	8.16	95.4	37.8
39.0	4,960	353	128	10.7	6.5	102.0	578	143.5	3.71	58.0	27.4
32.9	4,190	349	127	8.5	5.8	82.8	474	140.7	2.91	45.8	26.4

W형 단면은 문자 W 다음에 mm단위의 공칭깊이와 kg/m단위의 질량으로 표기된다.(계속)

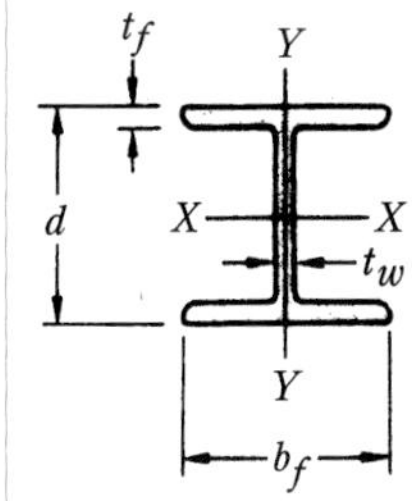

명칭	단면적 A, mm^2	깊이 d, mm	플랜지 폭 b_f mm	플랜지 두께 t_f mm	두께 복부 t_w mm	X–X 축 I_x 10^6mm^4	X–X 축 S_x 10^3mm^3	X–X 축 r_x mm	Y–Y 축 I_y 10^6mm^4	Y–Y 축 S_y 10^3mm^3	Y–Y 축 r_y mm
W310×143	18,200	323	309	22.9	14.0	347	2,150	138.2	112.4	728	78.5
107	13,600	311	306	17.0	10.9	248	1,595	134.9	81.2	531	77.2
74	9,480	310	205	16.3	9.4	164.0	1,058	131.6	23.4	2298	49.8
60	7,610	303	203	13.1	7.5	129.0	851	130.3	18.36	180.9	49.0
52	6,650	317	167	13.2	7.6	118.6	748	133.4	10.20	122.2	39.1
44.5	5,670	313	166	11.2	6.6	99.1	633	132.3	8.45	101.8	38.6
38.7	4,940	310	165	9.7	5.8	84.9	548	131.3	7.20	87.3	38.4
32.7	4,180	313	102	10.8	6.6	64.9	415	124.7	1.940	38.0	21.5
23.8	3,040	305	101	6.7	5.6	42.9	281	118.6	1.174	23.2	19.63
W250×167	21,200	289	265	31.8	19.2	298.0	2,060	118.4	89.2	741	68.1
101	12,900	264	257	19.6	11.9	164.0	1,242	112.8	55.8	434	65.8
80	10,200	256	255	15.6	9.4	126.1	085	111.0	42.8	336	65.0
67	8,580	257	204	15.7	8.9	103.2	803	110.0	22.2	218	51.1
58	7,420	252	203	13.5	8.0	87.0	690	108.5	18.73	184.5	50.3
49.1	6,260	247	202	11.0	7.4	70.8	573	106.4	15.23	150.8	49.3
44.8	5,700	266	148	13.0	7.6	70.8	532	111.3	6.95	93.9	64.8
32.7	4,190	258	146	9.1	6.1	49.1	381	108.5	4.75	65.1	33.8
28.4	3,630	260	102	10.0	6.4	40.1	308	105.2	1.796	35.2	22.2
22.3	2,850	254	102	6.9	5.8	28.7	226	100.3	1.203	23.6	20.6
W200×86	11,000	222	209	20.6	13.0	94.9	855	92.7	31.3	300	53.3
71	9,100	216	206	17.4	10.2	76.6+	709	91.7	25.3	246	52.8
59	7,550	210	205	14.2	9.1	60.8	579	89.7	20.4	199.0	51.8
52	6,650	206	204	12.6	7.9	52.9	514	89.2	17.73	173.8	51.6
46.1	5,890	203	203	11.0	7.2	45.8	451	88.1	15.44	152.1	51.3
41.7	5,320	205	166	11.8	7.2	40.8	398	87.6	9.03	108.8	41.1
35.9	4,570	201	165	10.2	6.2	34.5	343	86.9	7.62	92.4	40.9
31.3	3,970	210	134	10.2	6.4	31.3	298	88.6	4.07	60.7	32.0
26.6	3,390	207	133	8.4	5.8	25.8	249	87.1	3.32	49.9	31.2
22.5	2,860	206	102	8.0	6.2	20.0	194.2	83.6	1.419	27.8	22.3
19.3	,2480	203	102	6.5	5.8	16.48	162.4	81.5	1.136	22.3	21.4
W150×37.1	4,740	162	154	11.6	8.1	22.2	274	68.6	7.12	92.5	38.6
29.8	3,790	157	153	9.3	6.6	17.23	219	67.6	5.54	72.4	30.1
24.0	3,060	160	102	10.3	6.6	13.36	167.0	66.0	1.844	36.2	24.6
18.0	2,290	153	102	7.1	5.89	9.20	120.3	63.2	1.245	24.4	23.3
13.5	1,730	150	100	5.5	4.3	6.83	91.1	62.7	0.916	18.32	23.0
W130×28.1	3,590	131	128	10.9	6.9	10.91	166.6	55.1	3.80	529.4	32.5
23.8	3,040	127	128	9.1	6.1	8.87	139.7	54.1	3.13	49.3	32.3
W100×19.3	2,470	106	103	8.8	7.1	4.70	88.7	43.7	1.607	31.2	25.4

2. 압연단면의 성질(SI국제단위)

S형 단면(미국표준형 단면)

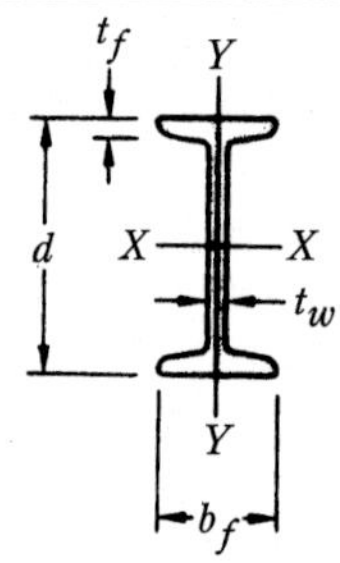

명칭	단면적 A, mm^2	깊이 d, mm	플랜지 폭 b_f mm	플랜지 두께 t_f mm	두께 복부 t_w mm	X–X 축 I_x 10^{6}mm^4	X–X 축 S_x 10^{3}mm^3	X–X 축 r_x mm	Y–Y 축 I_y 10^{6}mm^4	Y–Y 축 S_y 10^{3}mm^3	Y–Y 축 r_y mm
S610×149	18,970	610	184	22.1	19.0	995	3,260	229	19.90	216	32.3
134	17,100	610	181	22.1	15.8	937	3,070	234	18.69	207	33.0
118.9	15,160	610	178	22.1	12.7	878	2,880	241	17.61	197.9	34.0
S510×141	18,000	508	183	23.3	20.3	670	2,640	193.0	20.69	226	33.8
127	16,130	508	179	23.3	16.6	633	2,490	197.9	19.23	215	34.5
112	14,260	508	162	20.1	16.3	533	2,100	193.0	12.32	152.1	29.5
97.3	12,390	5085	159	20.1	127.7	491	1,933	199.1	11.40	143.4	30.2
S460×104	13,290	457	159	17.6	18.1	385	1,685	170.4	10.03	126.2	27.4
81.4	10,390	457	152	17.6	11.7	335	1,466	179.6	8.66	113.9	29.0
S380×74	9,480	381	143	15.8	14.0	202	1,060	146.1	6.53	91.3	26.2
64	8,130	381	140	15.8	10.4	186.1	977	151.1	5.99	85.6	27.2
S310×74	9,480	305	139	16.8	17.4	127.0	833	115.6	6.53	94.0	26.2
60.7	7,740	305	133	16.8	11.7	113.2	742	121.2	5.66	85.1	26.9
52	6,640	305	129	13.8	10.9	95.3	625	119.9	4.11	63.7	24.9
47.3	6,032	305	127	13.8	8.9	90.7	595	122.7	3.90	61.4	25.4
S250×52	6,640	254	126	12.5	15.1	61.2	482	96.0	3.48	55.2	22.9
37.8	4,806	254	118	12.5	7.9	51.6	406	103.4	2.83	48.0	24.2
S200×34	4,368	203	106	10.8	11.2	27.0	266	78.7	1.794	33.8	20.3
27.4	3,484	203	102	10.8	6.9	24.0	236	82.8	1.553	30.4	21.1
S180×30	3,794	178	97	10.0	11.4	17.65	198.3	68.3	1.319	272	18.64
22.8	2,890	178	92	10.0	6.4	15.28	171.7	72.6	1.099	23.9	19.45
S150×25.7	3,271	152	90	9.1	11.8	10.95	144.1	57.9	0.961	21.4	17.15
18.6	2,362	152	84	9.1	5.8	9.20	121.1	62.2	0.758	18.05	17.91
S130×22.0	2,800	127	83	8.3	12.5	6.33	99.7	47.5	0.695	16.75	15.75
15	1,884	127	76	8.3	5.3	5.12	80.6	52.1	0.508	13.37	16.33
S100×14.1	1,800	102	70	7.4	8.3	2.83	55.5	39.6	0.376	10.74	14.45
11.5	1,452	102	67	7.4	4.8	2.53	49.6	41.6	0.318	9.49	14.75
S75×11.2	1,426	76	63	6.6	8.9	1.22	32.1	29.2	0.244	7.75	13.11
8.5	1,077	76	59	6.6	4.3	105	27.6	31.3	0.189	6.41	13.26

미국표준 보는 문자 S 다음에 mm단위의 공칭깊이와 kg/m단위의 질량으로 표기된다.

3. 압연단면의 성질(SI 국제단위)

C형 단면(미국표준 채널)

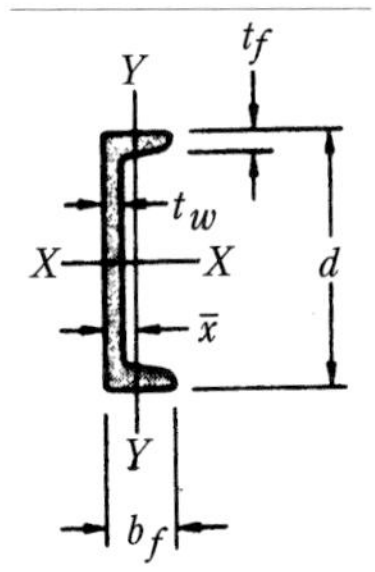

명칭	단면적 A, mm^2	깊이 d, mm	플랜지 폭 b_f mm	플랜지 두께 t_f mm	두께 복부 t_w mm	X-X 축 I_x 10^6mm^4	X-X 축 S_x 10^3mm^3	X-X 축 r_x mm	Y-Y 축 I_y 10^6mm^4	Y-Y 축 S_y 10^3mm^3	Y-Y 축 r_y mm
C380×74	9,480	381	94	16.5	18.2	168.2	883	133.1	4.58	62.1	22.0
60	7,610	381	89	16.5	13.2	145.3	763	138.2	3.84	55.5	22.5
50.4	6,426	381	86	16.5	10.2	131.1	688	142.7	3.38	51.2	23.0
C310×45	5,690	305	80	12.7	13.0	67.4	442	109.0	2.14	34.0	19.38
37	4,742	305	77	12.7	9.8	59.9	393	112.5	1.861	31.1	19.81
30.8	3,929	305	74	12.7	7.2	53.7	352	117.1	1.615	28.7	20.29
C250×45	5,690	254	76	11.1	17.1	42.9	338	86.9	1.640	27.6	16.99
37	4,742	254	73	11.1	13.4	38.0	299	89.4	1.399	24.4	17.17
30	3,794	254	69	11.1	9.6	32.8	258	93.0	1.170	21.8	17.55
22.8	2,897	254	65	11.1	6.1	28.1	221	98.3	0.949	18.29	18.11
C230×30	3,794	229	67	10.5	11.4	25.4	222	81.8	1.007	19.29	16.31
22	2,845	229	63	10.5	7.2	21.2	185.2	86.4	0.803	16.69	16.79
19.9	2,542	229	61	10.5	5.9	19.94	174.2	88.4	0.733	16.03	16.97
C200×27.9	3,555	203	64	9.9	12.4	18.31	180.4	71.6	0.824	16.60	15.21
20.5	2,606	203	59	9.9	7.7	15.03	148.1	75.9	0.637	14.17	15.62
17.1	2,181	203	57	9.9	5.6	13.57	133.7	79.0	0.549	12.92	15.88
C180×22.0	2,794	178	58	9.3	10.6	11.32	127.2	63.8	0.574	12.90	14.33
18.2	2,323	178	55	9.3	8.0	10.07	113.2	66.0	0.487	11.69+	14.50
14.6	1,852	178	53	9.3	5.63	8.86	99.6	69.1	0.403	10.26	14.76
C150×19.3	2,471	152	54	8.7	11.1	7.24	95.3	54.1	0.437	10.67	13.34
15.6	1,994	152	51	8.7	8.0	6.33	83.3	56.4	0.360	9.40	13.44
12.2	1,548	152	48	8.7	5.1	5.45	71.7	59.4	0.288	8.23	13.04
C130×13.4	1,703	127	47	8.1	8.3	3.70	58.3	46.5	0.263	7.54	12.42
10.0	1,271	127	44	8.1	4.8	3.12	49.1	49.5	0.199	6.28	12.52
C100×10.8	1,374	102	43	7.5	8.2	1.911	37.5	37.3	0.180	5.74	11.43
8.0	1,026	102	40	7.5	4.7	1.602	31.4	39.6	0.133	4.69	11.40
C75×8.9	1,135	76	40	6.9	9.0	0.862	22.7	27.4	0.127	4.47	10.57
7.4	948	76	37	6.9	6.6	0.770	20.3	28.4	0.103	3.98	10.41
6.1	781	76	35	6.9	4.3	0.691	18.18	29.7	0.082	3.43	10.26

미국표준채널은 문자 C 다음에 mm단위의 공칭깊이와 kg/m단위의 질량으로 표기된다.

4. 압연단면의 성질(SI국제단위)

L형 단면(부등변)

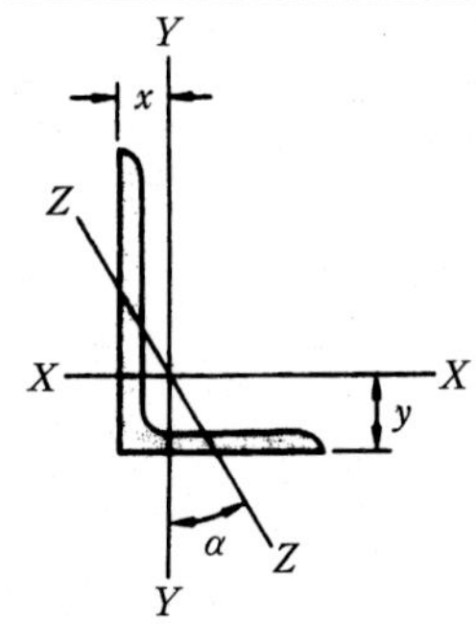

크기와 두께 mm	단위길이 당 질량 kg/m	단면적 mm^2	X–X 축				Y–Y 축				Z–Z 축	
			I_x 10^6mm^4	S_x 10^3mm^3	r_x mm	y mm	I_y 10^6mm^4	S_y 10^3mm^3	r_y mm	x mm	rz	$\tan\alpha$
L203×152×25.4	65.5	8,390	33.6	247	63.3	67.3	16.15	146.2	43.9	41.9	32.5	0.543
19.0	50.1	6,410	26.4	192	64.2	65.0	12.78	113.4	44.7	39.6	32.8	0.551
12.7	34.1	4,350	18.44	131	65.1	62.7	9.03	78.5	45.6	37.3	33.0	0.558
L152×102×19.0	35.0	4,480	10.20	102.4	47.7	52.8	3.61	48.7	28.4	27.4	21.8	0.428
12.7	24.0	3,060	7.24	71.0	48.6	50.5	2.61	34.1	29.2	25.1	22.1	0.440
9.5	18.2	2,330	5.62	54.4	49.1	49.3	2.04	26.2	29.6	23.9	22.3	0.446
L127×76×12.7	19.0	2,420	3.93	47.7	40.3	44.5	1.074	18.85	21.1	19.05	16.46	0.357
9.5	14.5	1,845	3.07	36.7	40.8	43.2	0.849	14.55	21.5	17.88	16.61	0.364
6.4	9.8	1,252	2.13	25.1	41.2	42.2	0.599	10.06	21.9	16.69	16.84	0.371
L102×76×12.7	16.4	2,100	2.10	31.0	31.6	33.8	1.007	18.35	21.9	21.0	16.23	0.543
9.5	12.6	1,600	1.648	23.9	32.1	32.5	0.799	14.19	22.3	19.86	16.36	0.551
6.4	8.6	1,090	1.153	16.39	32.5	31.5	0.566	9.82	22.8	18.69	16.54	0.558
L89×64×12.7	13.9	1,774	1.349	23.1	27.6	30.5	0.566	12.45	17.88	17.91	13.56	0.486
9.5	10.7	1,361	1.066	17.86	28.0	29.5	0.454	9.70	18.26	16.76	13.64	0.496
6.4	7.3	929	0.749	12.37	28.4	28.2	0.232	6.75	18.65	15.60	13.82	0.506
L76×51×12.7	11.5	1,452	0.799	16.39	23.5	27.4	0.280	7.77	13.89	14.81	10.87	0.414
9.5	8.8	1,116	0.637	12.80	23.9	26.4	0.226	6.08	14.20	13.69	10.92	0.428
6.4	6.1	768	0.454	8.858	24.3	25.2	0.1632	4.26	14.58	12.52	11.05	0.440
L64×51×9.5	7.9	1,000	0.380	8.96	19.51	21.1	0214	5.95	14.66	14.76	10.67	0.614
6.4	5.4	684	0.272	6.24	19.94	20.0	0.1548	4.16	15.04	13.64	10.77	0.626

5. 압연단면의 성질(SI 국제단위)

L형 단면(등변)

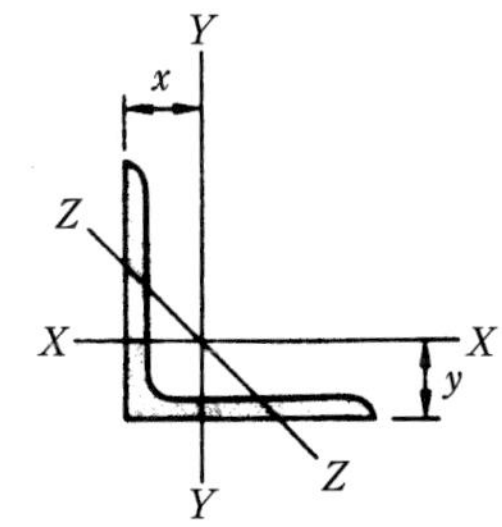

크기와 두께 mm	m 당질량 kg/m	단면적 mm^2	X-X 축과 Y-Y 축 I 10^6mm^4	S 10^3mm^3	r mm	x 또는 y mm	Z-Z 축 r mm
L203×203×25.4	75.9	9,680	37.0	259	61.8	60.2	39.6
19.0	57.9	7,360	29.0	200	62.8	57.9	40.1
12.7	39.3	5,000	20.2	137.0	63.6	55.6	40.4
L152×152×25.4	55.7	7,100	14.78	140.4	45.6	47.2	29.7
19.0	42.7	5,445	11.74	109.1	46.4	45.2	29.7
15.9	36.0	4,590	10.07	92.8	46.8	43.9	30.0
12.7	29.2	3,710	8.28	75.5	47.2	42.7	30.0
9.5	22.2	2,800	6.41	57.8	47.85	41.7	30.2
L127×127×19.0	35.1	4,480	6.53	74.2	38.2	38.6	24.8
15.9	29.85	3,780	5.66	63.3	38.7	37.6	24.8
12.7	24.1	3,070	4.70	51.8	39.2	36.3	25.0
9.5	18.3	2,330	3.64	39.7	39.5	35.3	25.1
L102×102×19.0	27.5	3,510	3.19	46.0	30.1	32.3	19.76
15.9	23.4	2,970	2.77	39.3	30.5	31.2	19.79
12.7	19.0	2,420	2.31	32.3	30.9	30.0	19.86
9.5	14.6	1,845	1.815	24.9	31.4	29.0	20.0
6.4	9.8	1,252	1.265	17.21	31.8	27.7	20.2
L89×76×12.7	16.5	2,100	1.515	24.4	26.9	26.9	17.35
9.5	12.6	1,600	1.195	18.85	27.3	25.7	17.45
6.4	8.6	1,090	0.837	13.01	27.7	24.6	17.63
L76×76×12.7	14.0	1,774	0.924	17.53	22.8	23.7	14.83
9.5	10.7	1,361	0.733	13.65	23.2	22.6	143.91
6.4	7.3	929	0.516	9.46	23.0	21.4	15.04
L64×64×12.7	11.4	1,452	0.512	11.86	18.78	20.5	12.37
9.5	8.7	1,116	0.410	9.20	19.17	19.35	12.37
6.4	6.1	768	0.293	6.46	19.53	18.21	12.47
4.8	4.6	581	0.228	4.97	19.81	17.63	12.57
L51×51×9.5	7.0	877	0.1994	5.75	15.08	16.15	9.88
6.4	4.7	605	0.1448	4.05	15.47	15.04	9.93
3.2	2.4	312	0.0791	2.15	15.92	13.87	10.11

Ⅷ. 단위환산표

1. 길이

미터법			푸트 · 파운드법				척관법			
센티미터 (cm)	미터 (m)	킬로미터 (km)	인치 (in)	피트 (ft)	야드 (yd)	마일 (mi)	척 (chock)	간 (kan)	정 (chong)	리 (ri)
1	0.01	0.000 01	0.393 7	0.032 81	0.010 94	0.000 006	0.033	0.005 5	0.000 092	0.000 002 5
100	1	0.001	39.37	3.280 8	1.093 6	0.000 62	3.3	0.55	0.009 166	0.000 25
100,000	1,000	1	39,370.7	3,280.8	1,093.6	0.621 37	3,300	550	9.166 6	0.254 63
2.54	0.025 4	0.000 025	1	0.083 33	0.027 77	0.000 015	0.083 82	0.013 97	0.000 232	0.000 006 5
30.48	0.304 8	0.000 304	12	1	0.333 3	0.000 189	1.005 8	0.167 63	0.002 793	0.000 078
91.44	0.914 4	0.000 914	36	3	1	0.000 568	3.017 5	0.502 92	0.008 381	0.000 232
160.930	1,609 3	1.609 3	63,360	5,280	1,760	1	5,310.8	85.12	14.752	0.409 78
30.303	0.303 03	0.000 303	11.93	0.994 19	0.331 39	0.000 188	1	0.166 66	0.002 777	0.000 077
181.818	1.818 18	0.001 818	71.582	5.965 16	1.988 38	0.001 129	6	1	0.016 66	0.000 46
10,909.08	109.091	0.109 09	4,294.94	357.912	119.304	0.067 79	360	60	1	0.027 77
392,727	3,927.27	3.927 27	154,620	12,885	4,295	2.440 3	12,960	2,160	36	1

2. 면적

미터법			푸트 · 파운드법				척관법			
평방미터 (m^2)	아르 (a)	핵타르 (ha)	평방킬로미터 (km^2)	평방피트 (ft^2)	평방야드 (yd^2)	에이커 (ac)	평방척 ($chock^2$)	평 (pyong)	단(반)보 (tanbo)	정보 (chongo)
1	0.01	0.000 1	0.000 001	10.764	1.196 8	0.000 247	10.89	0.302 5	0.001 008	0.000 1
100	1	0.01	0.000 1	1,076.4	119.68	0.024 711	1,089	30.25	0.100 83	0.010 08
10,000	100	1	0.01	107,640	11,968	2.471 1	108,900	3,025	10.083	1.008 3
1,000,000	10,000	100	1	10,764,000	1,196,800	247.11	10,890,000	302,500	1,008.3	100.83
0.092 903	0.000 929	0.000 009	0.000 000 09	1	0.111 1	0.000 022	1.011 7	0.028 1	0.000 093	0.000 009
0.836 13	0.008 361	0.000 084	0.000 000 84	9	1	0.000 207	9.105 5	0.252 93	0.000 843	0.000 084
4,046.8	40.468	0.404 68	0.004 047	43,560	4,840	1	44,071.2	1,224.2	4.080 6	0.408 06
0.091 827	0.000 918	0.000 009	0.000 000 09	0.988 41	0.109 82	0.000 023	1	0.027 78	0.000 092	0.000 009
3.305 8	0.033 058	0.000 331	0.000 003	35.583	3.953 7	0.000 817	36	1	0.003 333	0.000 333
991.74	9.917 4	0.099 174	0.000 992	10,674.9	1,186.3	0.245 06	10,800	300	1	0.1
9,917.4	99.174	0.991 74	0.009 92	106,749	11,861	2.4506	108,000	3,000	10	1

3. 체적, 단면계수

미터법			푸트 · 파운드법				척관법			
밀리리터 (ml)(cm^3)	리터 (l)	킬로리터 (kl)	입방인치 (in^3)	입방피트 (ft^3)	입방야드 (yd^3)	(미)액 갤런(gal)	합 (hop)	승 (sung)	두 (tu)	석 (suk)
1	0.001	0.000 001	0.061 024	0.000 035	0.000 001	0.000 264	0.005 543	0.000 54	0.000 055	0.000 005
1,000	1	0.001	61.024	0.035 315	0.001 308	0.264 177	5.543 5	0.554 35	0.055 435	0.005 543
1,000,000	1,000	1	61,024	35.315	1.307 96	264.177	5,543.5	554.35	55.435	5.543 5
16.386	0.0163 8	0.000 016	1	0.000 578	0.000 021	0.004 329	0.090 8	0.009 08	0.000 908	0.0000908
28,316.8	28.317	0.028 31	1,728	1	0.037 04	7.480 51	156.98	15.698	1.569 8	0.156 98
764,529.8	764.53	0.764 53	46,656	27	1	201.97	4,238.09	423.809	42.380	4.238 0
35,238.32	35.238 3	0.035 238	2,150.42	1.244 4	0.046 08	9.309 6	195.349	19.534 6	1.953 4	0.195 34
473.18	0.473 18	0.000 473	28.875	0.016 71	0.000 619	0.125	2.623	0.2062 3	0.026 2	0.0025 62
3,785.4	3.785 4	0.003 78	231	0.133 68	0.004 951	1	20.984	2.098 4	0.209 84	0.020 98
180.39	0.180 39	0.000 180	11.08	0.006 37	0.000 235	0.017 65	1	0.1	0.01	0.001
1,803.9	1.803 9	0.001 80	110.08	0.036 7	0.002 359	0.476 5	10	1	0.1	0.01
18,039	18.039	0.018 03	1,100.8	0.637 037	0.023 594	4.765 4	100	10	1	0.1
180,390	180.39	0.180 39	11,008	6.370 37	0.23 594	47.654	1,000	100	10	1

4. 단면2차모멘트

미터법			푸트 · 파운드법		
cm^4	mm^2-m^2	m^4	in^4	in^2-ft^2	ft^4
1	0.01	0.000 000 01	0.024 025	0.000 166 84	0.000 001 158 6
100	1	0.000 001	2.402 5	0.016 684	0.000 115 86
100,000,00,	1,000,000	1	2,402,510	16,684	115.86
41,623	0.416 23	0.000 000 416 23	1	0.006 944 4	0.000 048 225
59,937	599.37	0.000 599 37	144	1	0.006 944 4
863,100	8,631.0	0.008 631 0	20,736	144	1

5. 중량

미터법			푸트 · 파운드법				척관법		
그램 (g)	킬로그램 (kg)	톤(t)	온스 (oz)	파운드 (lb)	미톤 (t)	영톤 (l)	돈 (don)	근 (kun)	관 (kwan)
1	0.001	0.000 001	0.035 271	0.002 2	0.000 001	0.000 00 9	0.266 66	0.001 66	0.000 266
1,000	1	0.001	35.273	2.204 59	0.001 1	0.000 98	266.666	1.666 66	0.266 66
1,000,000	1,000	1	35,273	2,204.59	1.102 3	0.984 21	266,666.6	1,666.6	266.666
0.064 798	0.000 064	0.000 000 06	0.002 285	0.000 143	0.000 000 07	0.000 000 05	0.017 28	0.000 108	0.000 017
28.349 5	0.028 35	0.000 028	1	0.062 5	0.000 031	0.000 027	7.56	0.047 25	0.007 56
453.592	0.453 59	0.000 454	16	1	0.000 504	0.000 45	120.96	0.756	0.120 96
907,180	907.18	0.907 18	32,000	2,000	1	0.892 9	241,915	1,511.968	241.915
1,016,050	1,016.05	1.016 05	35,840	2,240	1.12	1	270,944	1,693.4	270.05
3.75	0.003 785	0.000 004	0.132 3	0.008 27	0.000 004	0.000 003 7	1	0.006 25	0.001
600	0.6	0.000 6	21.164 7	1.322 79	0.000 661	0.000 59	160	1	0.16
3,750	3.75	0.003 75	132.28	8.267 2	0.004 13	0.003 69	1,000 0	6.25	1

6. 힘의 모멘트, 에너지, 일

미터법			푸트·파운드법	
kg-cm	kg-m	t-m	lb-in	lb-ft
10.197 2	0.101 97	0.000 102 0	8.850 627	0.737 552
1	0.01	0.000 01	0.867 95	0.072 329
100	1	0.001	86.795	7.232 9
100,000	1,000	1	86,795	7,232.9
1.152 14	0.011 521	0.000 011 5	1	0.083 33
13.825 7	0.138 26	0.000 138	12	1

7. 분포하중의 세기

미터법		푸트·파운드법		
kg/m	t/m	lb/in	lb/ft	lb/yd
0.101 97	0.000 102	0.005 710 1	0.068 522	0.205 565
1	0.001	0.056 0	0.617 95	2.015 9
1,000	1	55.9996	671.95	2,015.9
17.858	0.017 86	1	12	36
1.488 2	0.001 488	0.083 33	1	3
0.496 06	0.000 496	0.027 78	0.333 3	1

8. 동력

마력		kW	kg-m/sec	ft-lb/sec	kcal/sec	BTU/sec
PS(m법)	HP(영국)					
1	0.986 32	0.735 50	75	542.48	0.175 70	0.697 23
1.013 9	1	0.745 70	76.040	550	0.178 14	0.706 90
1.359 6	1.341 0	1*	101.97	737.56	0.238 89	0.947 97
0.013 333	0.013 151	0.009 806 65	1	7.233 0	0.023 427	0.009 296 4
0.001 843 4	0.001 818 2	0.001 355 8	0.138 25	1	0.003 238 9	0.001 283 5
5.691 4	5.613 6	4.186 05	426.86	3,087.5	1	3.968 3
1.434 2	1.414 6	1.054 9	107.57	778.04	0.252	1

* 1kW=1,000W=1,000J/sec=1kJ/sec

Ⅸ. 단위제도

1. 단위(unit)

각 차원의 양을 측정하는 기준

2. 차원(dimension)

길이(L), 시간(T), 면적(L^2), 속도(L/T)와 같이 측정할 수 있는 양을 말한다. 수학의 양은 차원이 없으나 공학의 물리적 양은 반드시 차원을 갖는다.

한편 물리적 양은 서로 같은 차원을 갖는 양만을 서로 비교할 수 있다. 따라서 차원이 다른 두개의 물리적 양은 서로 가감할 수 없으며, 물리적 방정식의 양변은 서로 같은 차원을 가져야 한다.

① 1차 차원(primary dimension) OR 기본차원(basic dimension)
ex. 시간(T), 길이(L)

② 2차 차원(secondary dimension) OR 유도차원(derived dimension)
1차 차원의 조합에 의하여 유도되는 차원
ex. V(=L/T), a(=V/T =L/T^2)

3. 단위계

- 미터제(metric system)
  - 절대단위계
  - 공학단위계
- 영국단위제(British system)
  - 절대단위계
  - 공학단위계

① **절대단위계**(absolute unit system)
OR **국제단위계**(international unit system : **SI 단위계**)
길이(m), 질량(kg_m), 시간(sec)을 기본단위로 하며, 힘의 단위로 **N(Newton)**을 사용한다.
1N은 질량 1kg의 물체에 $1m/sec^2$의 생기게 하는 힘의 크기를 말하며, Newton의 운동법칙 f=ma에서
$1N=(1kg_m)(1m/sec^2)=1kg_m \cdot m/sec^2$

② **공학단위계**(technical unit system)
OR **중력단위계**(gravitational unit system)
길이(m), 중력(kg_f), 시간(sec)를 기본단위로 하며, 힘의 단위로 질량 1kg의 물질에 중력가속도 9.8 m/sec^{2}가 작용할 때의 크기인 **1kg중(kg_f)**을 사용한다. 즉 $1kg_f=(1\ kg_m)(9.8m/s^2)=9.8\ kg_m \cdot m/s^2=9.8N$

4. SI단위계

(1) 기본단위(7)

길이(m), 질량(kg), 시간(sec), 전류(ampere ; A), 온도(kelvin ; K), 광도(candela ; cd), 물질의 양(mole ; mol)

(2) 보조단위(2)

평면각(plane angle) : 라디안(radian ; rad)
(원의 반지름과 같은 길이의 호에 대한 중심각의 크기)
입체각(solid angle) : 스테라디안(steradian ; sr)
(구의 중심각을 꼭지점으로 하여 반지름의 제곱과 같은 넓이의 구면에서 잘라낸 것과 같은 크기의 입체각의 크기)

(3) 유도단위

양	단위 명칭	공학단위와의 관계
힘(force)	뉴턴(Newton)	$1N = 1\ kg_m m/s^2$
압력(pressure) 응력(stress)	파스칼(Pascal)	$1Pa = 1N/m^2$
에너지(energy) 일(work) 열량(quantity of heat)	줄(Joule)	$1J = 1N \cdot m$

(4) 단위 관련 용어

① **중력**(gravity) : 지상에서 물체를 지구로 끌어 당기는 힘
② **질량**(mass)
ⓐ 물체가 갖고 있는 고유의 양, 즉 **중량(무게)**

ⓑ 밀도(ρ)와 체적(v)의 곱($m=\rho \cdot v$)

ⓒ 물체에 작용하는 힘(f)과 그에 의해 생기는 가속도와의 비인 **관성질량**($m=f/a$)

ⓓ 물체에 작용하는 중력(kg_f)과 그에 의해 생기는 중력가속도와의 비인 **중력질량**($m=w/g$)

즉, 질량 1 kg인 물체의 무게는

$w(kg_f)=(1kg_m)(9.8m/s^2)=9.8N$

③ **밀도**(density)=**비질량**(specific mass)

질량입자의 농도로서 단위체적에 대한 질량으로 표시한다.

즉, $\rho=m/v$

④ **비중량**(specific weight ; γ)

단위체적에 대한 중량, 즉 $\gamma=w/v=mg/v=\rho \cdot g$

⑤ **비중**(specific gravity ; S)

어떤 물질의 밀도(ρ)와 같은 상태(압력, 온도)의 물의 밀도(ρ_w)와의 비, 즉 , $S=\rho/\rho_w=\gamma/\gamma_w$

일반적으로 상온에서 물의 비중량은 γ_w**=1000 kg_f/m^3**이므로 어떤 물체의 비중량 γ는

$\gamma=\gamma_w \cdot S=1000S(kg_f/m^3)$

ex. S=7.8인 경우의 비중량(γ)은?

$\gamma=\gamma_w \cdot S=7.8\times1000\ kg_f/m^3=7.8\times1000\times9.8N/m^3$

OR $\gamma=7.8g_f/cm^3=7.8\times10^{-3}kg_f/(10^{-2}m)^3=7.8\times10^3\times9.8N/m^3$

⑥ 단위기호

ⓐ 항상 로마체(roman type)

ⓑ 항상 소문자(단, 단위 명칭이 고유명사(인명)에서 온 경우에는 첫 자를 대문자로 쓴다.)

⑦ 응력의 공학단위와 SI단위의 관계

$1kg_f/cm^2=9.8N/(10^{-2}m)^2=9.8\times10^4\ N/m^2=98kPa=0.098MPa$

($K(kilo)=10^3$, $M(mega)=10^6$, $G(giga)=10^9$)

ex. $2.1\times10^6\ kg_f/cm^2=2.1\times10^6\times9.8N/10^{-4}m^2$

$=2.1\times10^{10}\times9.8N/m^2=206GPa$

연습 및 응용문제의 해답

■ 제 2 장

〈연습문제〉

1. (a) 2. (d) 3. (b) 4. (b) 5. (d) 6. (d) 7. (b) 8. (b) 9. (d) 10. (c)
11. (a) 12. (d) 13. (a) 14. (b) 15. (d) 16. (c) 17. (a) 18. (b) 19. (d) 20. (c)

〈응용문제〉

1. $E=207$(GPa)
2. 신장량 $\delta=5.33\times10^{-4}$(m)$=0.533$(mm) 수축량 $\lambda=8.88\times10^{-6}$(m) $=0.0088$(mm)
3. $d_0=33.83$(cm)
4. $d=2.9$(cm), $h=1.1$(cm)
5. $\delta=0.04368$(cm) 수축
6. $d'=4.9996$(cm)
7. $\Delta V=7.62\times10^{-4}$(cm^3), $\lambda=3.708\times10^{-6}$(m), $\Delta V/l=7.76\times10^{-8}$(m^3/m)
8. $W_S=1{,}060$(kg$_f$)
9. $\sigma_{max}=50.5$(MPa)
10. $F_{AC}=28.25$(N) 압축

■ 제 3 장

〈연습문제〉

1. (d) 2. (b) 3. (b) 4. (d) 5. (a) 6. (b) 7. (c) 8. (c) 9. (b) 10. (b)
11. (c) 12. (a) 13. (a) 14. (b) 15. (c) 16. (d) 17. (d) 18. (a) 19. (d) 20. (c)

〈응용문제〉

1. $\lambda=0.467$(cm)
2. $\sigma=133.3$(MPa)
3. $A=8.012$(cm^2)
4. $h=3{,}571.4$(cm)
5. $t=0.408$(cm)

6. $d = 500(\text{cm})$
7. $\sigma = 12(\text{GPa})$, $\Delta d = 4.8(\text{cm})$
8. $\Delta t = -20.9(℃) \sim 60.9(℃)$
9. $\sigma = 34.4(\text{MPa})$ 압축, $W = 389.054(\text{kN})$
10. $\sigma = 17.2(\text{MPa})$
11. $\sigma = 51.52(\text{MPa})$
12. $\sigma = 74.83(\text{MPa})$
13. $\delta = \dfrac{\gamma l^2}{6E}$
14. $W = 2{,}634(\text{MN})$
15. $F_S = 4.039(\text{kN})$
16. $\delta = 4.042 \times 10^{-5}(\text{m})$
17. 전체적 $V_1 = 15{,}443(\text{cm}^3)$, 균일단면봉의 체적 $V_2 = 15{,}600(\text{cm}^3)$
   ∴ 균일단면봉보다 균일강도봉이 체적이 작게 소요된다.
18. $A = 8.74(\text{cm}^2)$
19. $\sigma_{\max} = 194.91(\text{MPa})$
20. $W_b = 7{,}851(\text{N})$

■ 제 4 장

〈연습문제〉

1. (a)　2. (b)　3. (d)　4. (a)　5. (b)　6. (c)　7. (d)　8. (b)　9. (a)　10. (b)
11. (c)　12. (d)　13. (a)　14 (b)　15. (c)

〈응용문제〉

1. $W_S = 9.6(\text{kN})$
2. $\phi = 17.8°$　$\sigma_1 = 128(\text{MPa})$
3. $\phi = 54.7°$　$\tau = 49.5(\text{MPa})$
4. $\sigma_n = -41.25(\text{MPa})$, $\tau = -58.45(\text{MPa})$
5. $\sigma_n = 3.75(\text{GPa})$, $\tau = 1.299(\text{GPa})$
6. $\sigma_1 = 660.5(\text{MPa})$, $\sigma_2 = -60.5(\text{MPa})$, $\phi = 16.8(°)$
7. $\sigma_{\max} = 151.48(\text{MPa})$, $\phi = -39.34(°)$
8. $\tau = 20\sigma_n$

9. $\sigma_n = 80.95$(MPa), $\tau = 58.28$(MPa), $P = 99.75$(MPa)

10. $\sigma_n = \tau = 716.8$(MPa)

■ 제 5 장

〈연습문제〉

1. (d) 2. (a) 3. (c) 4. (b) 5. (c) 6. (a) 7. (b) 8. (c) 9. (d) 10. (b)
11. (b) 12. (c) 13. (d) 14. (b) 15. (a)

〈응용문제〉

1. $I_X = 188.5(\text{cm}^4)$, $I_Y = 942.5(\text{cm}^4)$

2. $\bar{y} = -3.04$(cm)

3. $Z_1 = 1{,}870(\text{cm}^3)$, $Z_2 = 2{,}691(\text{cm}^3)$

4. $\bar{y} = 12.9$(cm)

5. $G(\bar{x}, \bar{y}) = (4, 5, 9, 4)$

6. $I_X = 5{,}170.4(\text{cm}^4)$

7. $Z_{X_1} = 908(\text{cm}^3)$, $Z_{X_2} = 1{,}179(\text{cm}^2)$

8. $\mu = \dfrac{1}{\sqrt{2}}$

9. $x = \dfrac{2B}{3}$, $y = \dfrac{H}{3}$, $\therefore Z_Y = \dfrac{2B^2H}{81}$

10. $Z_{X_1} = 780.43(\text{cm}^3)$, $Z_{X_2} = 667.79(\text{cm}^3)$

■ 제 6 장

〈연습문제〉

1. (a) 2. (c) 3. (d) 4. (b) 5. (d) 6. (b) 7. (a) 8. (a) 9. (b) 10. (c)
11. (d) 12. (b) 13. (a) 14. (c) 15. (a)

〈응용문제〉

1. 6.25%

2. $\phi = 0.266(°)$

3. $d_1 = 9.23$(cm), $d_0 = 13.86$(cm)

4. $T = 75.45$(MPa), $\phi = 1.06(°) = 0.0185$(rad)
5. $T = 972.14$(Nm)
6. $l = 266.07$(m)
7. $d_1 = 19.24$(cm), $d_2 = 16.8$(cm), $d_3 = 13.34$(cm)
   $\phi_1 = 0.0049$(rad), $\phi_2 = 0.0032$(rad), $\phi_3 = 0.0016$(rad)
8. $T_A = 170$(Nm), $T_B = T_C = 190$(Nm)
9. $d = 3.68$(cm), $n = 14.6$
10. $x = 22.15$(m)

■ 제 7 장

〈연습문제〉

1. (a) 2. (b) 3. (c) 4. (b) 5. (d) 6. (c) 7. (b) 8. (a) 9. (a) 10. (b)
11. (c) 12. (c) 13. (b) 14. (c) 15. (d) 16. (a) 17. (b) 18. (c) 19. (b) 20. (a)

〈응용문제〉

1. $H_A = 100$(N), $R_A = 173.2$(N), $M_A = 866$(Nm)
2. $R_A = 1,500$(N), $R_B = 2,250$(N)
3. $V_x = 0$, $M_x = 6$(kNm)
4. $M_{x=1} = 300$(Nm)
5. $x = 3.46$(m)
6.

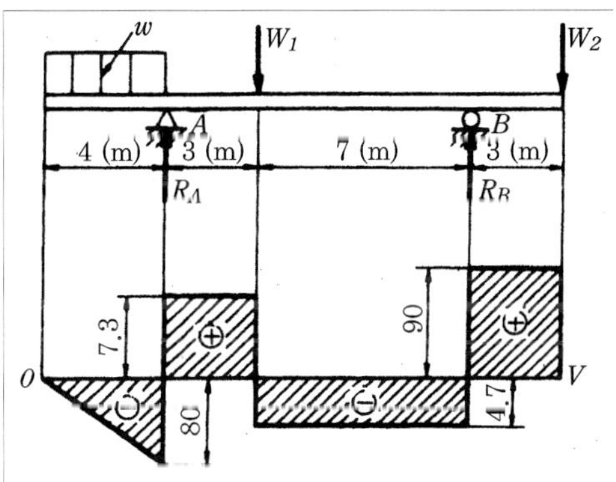

$R_A = 153$(N)
$R_B - 137$(N)
$W_1 = 120$(N)
$W_2 = 90$(N)
$w = 20$(N/m)

7.

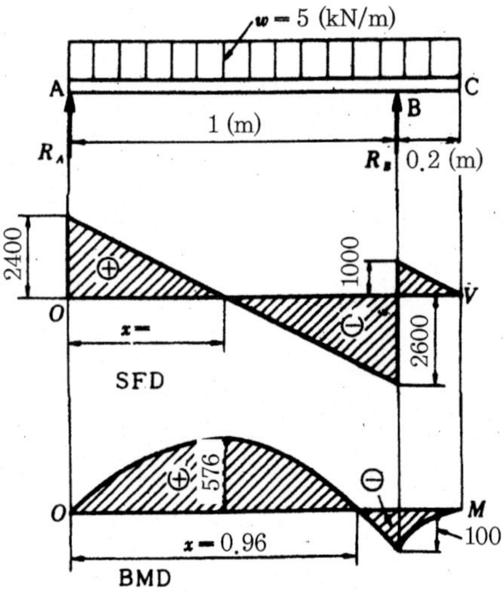

$R_A = 2,400\,(\text{N})$ $\quad M_x = 0$

$R_B = 3,600\,(\text{N})$ $\quad 2,400x - 2,500x^2 = 0$

$V_x = 0 \qquad \therefore\ x = 96$

$2,400 - 5,000x = 0$

$\therefore\ x = 0.48$

8.

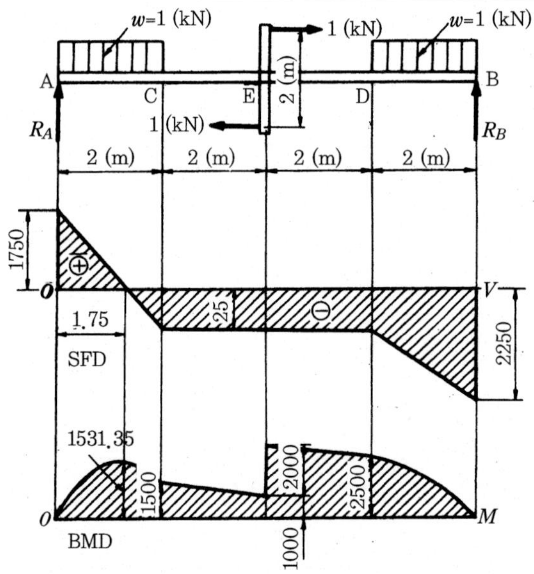

$R_A = 1,750\,(\text{N})$

$R_B = 2,250\,(\text{N})$

$V_x = 0$

$1,750 - 1,000x = 0$

$\therefore\ x = 1.75$

9.

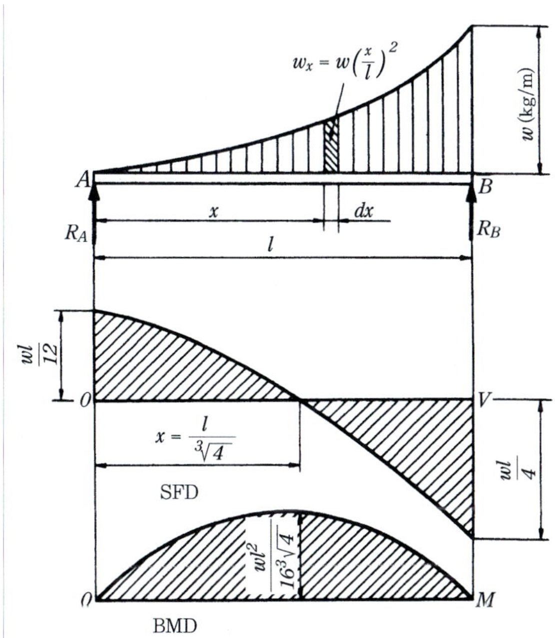

$$R_A = \frac{wl}{12}$$

$$R_B = \frac{wl}{4}$$

$$V_x = 0$$

$$l^3 - 4x^3 = 0$$

$$\therefore x = \frac{l}{\sqrt[3]{4}}$$

Fig. A.

10.

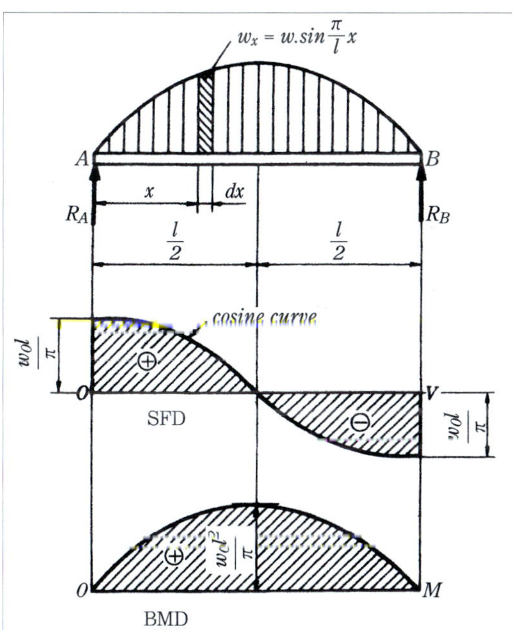

$$A = \int_0^{\frac{l}{2}} w_0 \sin\frac{\pi}{l}x\, dx$$

$$= \frac{w_0 l}{\pi} = R_A = R_B$$

$$V_x = R_A - \int_0^x w_x\, dx$$

$$= \frac{w_0 l}{\pi} - \int_0^x w_0 \sin\frac{\pi}{l}x\, dx$$

$$V_x = 0$$

$$\therefore x - \frac{l}{2}$$

$$M_x = \int_0^x \frac{w_0 l}{\pi} cos\frac{\pi}{l}x\, dx$$

■ 제 8 장

〈연습문제〉

1. (b) 2. (c) 3. (d) 4. (a) 5. (c) 6. (d) 7. (c) 8. (b) 9. (a) 10. (b)
11. (c) 12. (a) 13. (a) 14. (c) 15. (b) 16. (c) 17. (b) 18. (a) 19. (c) 20. (a)

〈응용문제〉

1. $M_R = 27$(kNm)
2. $\sigma_c = 200$(MPa)
3. $\sigma_b = 3.14$(MPa)
4. $l = 10$(m)
5. $b = 6.67$(cm)
6. $w = 6{,}916.5$(N/m)
7. $W = 14.92$(kN)
8. $M_c = 10$(kNm), $\sigma = \pm 6.944$(MPa)
9. $\tau_{max} = 1$(MPa)
10. $\tau = 30$(MPa)
11. $\sigma = 5.76$(MPa) $< \sigma_a$
    $\tau = 72$(kPa) $< \tau_a$ $\therefore$ 안전하다.
12. $\sigma_a = 18.642$(MPa), $\tau_a = 10.642$(MPa)
13. $\tau_{max} = 21.3$(MPa), $\sigma_{max} = 39.5$(MPa)
14. $\tau_{max} = 786.7$(kPa)
15. $\tau_{max} = 3.92$(MPa)
16. $\tau_{max} = 1.05$(MPa)
17. $\tau_N = 1.125$(MPa), $\tau_0 = 843.8$(kPa), $\tau_S = 0$
18. $\tau_{A1} = 22.5$(MPa), $\tau_{A2} = 21.09$(MPa)
    $\tau_{C1} = 11.25$(MPa), $\tau_{C2} = 10.54$(MPa)
19. $\tau_1 = 32.2$(kPa), $\tau_2 = 41.8$(kPa)
20. $\tau_{max} = 18.545$(MPa), $\sigma_1 = 36.83$(MPa)

■ 제 9 장

〈연습문제〉

1. (d) 2. (b) 3. (c) 4. (c) 5. (b) 6. (d) 7. (c) 8. (b) 9. (b) 10. (c)
11. (a) 12. (b) 13. (d) 14. (c) 15. (a) 16. (b) 17. (c) 18. (d) 19. (b) 20. (c)

〈응용문제〉

1. $W = 10{,}857.3(\text{N})$
2. $\theta_A = -\theta_B = 0.013(\text{rad})$, $\delta_{\max} = 1.64(\text{cm})$
3. $h = 16(\text{cm})$
4. $\theta_A = -\theta_B = 0.074(\text{rad})$, $\delta_{\max} = 23.25(\text{cm})$
5. $\theta_C = 0.004(\text{rad})$, $\delta_C = 1.07(\text{cm})$
6. $\theta_A = 0.00593(\text{rad})$, $\theta_B = 0.01185(\text{rad})$
7. $\theta_B = 0.0156(\text{rad})$, $\delta_B = 11.54(\text{cm})$
8. $\theta_A = 0.01(\text{rad})$, $\delta_C = 4.5(\text{cm})$
9. $\theta_C = 0.0167(\text{rad})$, $\delta_C = 6.67(\text{cm})$
10. $\theta_C = 0.00308(\text{rad})$, $\delta_C = 0.138(\text{cm})$

■ 제 10 장

〈연습문제〉

1. (a) 2. (b) 3. (c) 4. (c) 5. (a) 6. (a) 7. (c) 8. (d) 9. (c) 10. (b)
11. (a) 12. (d) 13. (b) 14. (c) 15. (d) 16. (a) 17. (d) 18. (d) 19. (c) 20. (b)

〈응용문제〉

1. $R_A = 5(\text{kN})$, $R_B = 3(\text{kN})$, $M_A = 4(\text{kNm})$
2. $M_B = 264.3(\text{Nm})$, $R_A = 309.37(\text{N})$, $R_B = 4.03(\text{kN})$, $R_C = 1.96(\text{kN})$
3. $V_A = -71{,}250(\text{N})$, $V_B = 8{,}750(\text{N})$
   $x = 4.4375$에서 $V = 0$
   $M_A = -151{,}250(\text{Nm})$, $M_D = 0$
   $x = 4.4375(\text{m})$에서 $M = 6.8(\text{kNm})$
   $x = 6.35(\text{m})$에서 $M = 0$
4. $V_A = -51.1(\text{kN})$, $V_B = 8.9(\text{kN})$

$x = 6(\mathrm{m})$에서 $V = 0$

$M_B = 0$, $x = 6(\mathrm{m})$에서 $M = 53.3(\mathrm{kNm})$

$M_A = -99.9(\mathrm{kNm})$

$x = 7.04(\mathrm{m})$에서 $M = 0$

5. $\delta = 0.165(\mathrm{cm})$
6. $\delta = \dfrac{\pi W R^3}{4EI}$
7. $M_A / M_B = 2$
8. $M_A = \dfrac{6EI\delta}{l^2}$
9. $R_A = \dfrac{14}{27}W$, $R_B = \dfrac{13}{27}W$
10. $R_B = \dfrac{69}{56}Wl$

■ 제 11 장

〈연습문제〉

1. (d) 2. (c) 3. (a) 4. (b) 5. (d) 6. (a) 7. (c) 8. (b) 9. (d) 10. (c)
11. (a) 12. (b) 13 (c) 14. (d) 15. (a)

〈응용문제〉

1. $h_c = 10(\mathrm{cm})$
2. $W = 51.2(\mathrm{kN})$, $\delta = 5.45(\mathrm{cm})$, $\rho = 229.16(\mathrm{cm})$
3. $\sigma_{\max} = 90(\mathrm{MPa})$, $\delta_{\max} = 2.88(\mathrm{cm})$
4. $n = 9$(장), $\delta = 46.2(\mathrm{mm})$
5. $b = 11.85(\mathrm{cm})$, $\delta = 12.2(\mathrm{cm})$

■ 제 12 장

〈연습문제〉

1. (a) 2. (b) 3. (d) 4. (a) 5. (c) 6. (c) 7. (b) 8. (a) 9. (d) 10. (a)
11. (b) 12. (d) 13. (a) 14. (d) 15. (c)

〈응용문제〉

N $W_{cr} = 34,872.6(\text{kg}_f)$, $\sigma_{cr} = 12.33(\text{MPa})$

2. $W_{cr} = 317.5(\text{kN})$

3. $A_a : A_b : A_c : A_d = 1 : 0.98 : 0.64 : 0.52$

4. $W_S = 3,084.25(\text{N})$

5. $W_S = 92,847.3(\text{N})$

6. $d = 7.87(\text{cm})$

7. Euler : $\sigma_{cr} = 428.37(\text{MPa})$

   Rankin : $\sigma_{cr} = 229.5(\text{MPa})$

   Tetmajer : $\sigma_{cr} = 74.9(\text{MPa})$

8. $\sigma_A = -1.709(\text{MPa})$, $\sigma_B = 13.93(\text{MPa})$

9. $\sigma_{\max} = 8.831(\text{MPa})$

10. $\sigma_{\max} = 29.16(\text{MPa})$

찾아보기

(ㄱ)
가로變形率(橫變形率) 11
가로彈性係數(橫彈性係數) 16
加速度 60
角速度 60
强度(strengh) 1, 256
剛性係數 16
剛性度(stiffness) 1, 256
剛體(rigid body) 9, 51
境界條件 181
固定端(fixed end) 362
固定보 175
固定支持보 175
固定支點 154
曲線보 171
曲率(curvature) 220
曲律半徑 220
共軛보(conjugate beam) 276
共軛剪斷應力 85, 229
公稱應力 25, 30
過剩拘束 62, 297
慣性모멘트 122
慣性半徑 123
慣性相乘모멘트 129
光彈性試驗 32
交番荷重 4
構造用鋼 25
矩形斷面 204
局部收縮 26
局部應力 30
굽힘剛性係數 222, 270
굽힘公式 222
굽힘모멘트線圖 181
굽힘應力 8, 219
굽힘應力分布의 法則 221
굽힘抵抗모멘트 222
굽힘荷重 5
龜裂(crack) 30
均一强度 43
均一强度의 보 342
均一斷面棒 45
均一斷面의 보 343
均一分布荷重 3
極慣性모멘트 128
極限應力 26
幾何모멘트 120

(ㄴ)
내다지보(突出보) 174
內力(internal force) 2
濃度 61

(ㄷ)
端末條件係數 369
斷面係數 123
斷面相乘모멘트 129
斷面一次모멘트 119
斷面二次모멘트 122
斷面二次半徑 123
斷面二次中心 122
斷面의 核心(core of section) 382
單純보(simple beam) 174
單純應力(simple stress) 8
單位(unit) 120
單位體積 61
單位體積變化率 18

短柱(short post) 362
圖心(centroid) 120
圖心主軸 135
突出보 174
動荷重 2
等方性(isotropic) 2
等分布荷重 3
等質(homogeneous) 2

(ㅁ)
膜應力 56
膜理論 57
面積모멘트 120
面積모멘트法 270
모어의 應力圓 96
密度(density) 61

(ㅂ)
反力 171
反力의 荷重 176
反復荷重 4, 31
法線應力 6, 83
變曲點(inflection point) 184
變形(deformation) 3
變形硬化 26
變形에너지(strain energy) 67
變形率(strain) 3, 9
不動힌지 支點 172
不等分布荷重 3
部材 1, 361
不靜定 構造物 62
不靜定 보 171, 297
分布荷重 3
不均一斷面보 343
不均一分布荷重 3
不完全彈性體 3
比例常數 14
比例限界點 25
比重(specific gravity) 61
比重量(specific weight) 41, 61
비틀림 强度 151
비틀림 應力 8, 149
비틀림 抵抗모멘트 151
비틀림 荷重 5

(ㅅ)
使用應力(working stress) 27
死荷重(dead load) 3
上降伏點 26
相當굽힘모멘트 241
相當 길이 369
相當 비틀림모멘트 242
常溫 59
狀態 59
上降伏點 26
線膨脹係數 48
세로變形率(縱變形率) 10
세로彈性係數(縱彈性係數) 15
細長比(slenderness ratio) 362
塑性(plasticity) 2
塑性變形 26
修正係數 161
垂直應力 6
垂直荷重 4
收縮끼워맞춤(shrinkage fit) 60
收縮度 10
純粹굽힘(pure bending) 219
純粹剪斷(pure shear) 21
스프링 常數(spring constant) 162
스프링 指數(spring index) 160

試片(test piece) 24
伸張度 10
伸縮이음 48
實際應力 25

(ㅇ)
安全係數 28
壓力(pressure) 59
壓縮變形率 10
壓軸荷重 4
兩端固定보 175
兩端單純支持보 174
에너지保存의 法則 69
延性材料 27,31
連續(continuous) 2
連續보 175, 319
延伸率 26
熱應力(thermal stress) 47
영의 係數(Young's modulus) 15
永久變形 25, 27
零應力線(line of zero stress) 381
오일러의 曲線 366
오일러의 公式 365
오일러의 荷重 365
外力(external force) 2
偶力(couple of force) 5, 149
運動에너지(kinematic energy) 71
遠心力(centrifugal force) 59
元應力(initial force) 9
圓周速度 61
圓周應力 59
位置에너지(potential energy) 67
危險斷面(dangerous section) 184, 222
有限要素法 63
應力(stress) 3, 6
應力集中 30
應力集中係數 31
應力變形率線圖 25
移動荷重(travelling load) 4
二軸應力 86
引張變形率 10
引張試驗線圖 24
引張荷重(tensile load) 4
一端固定他端支持보 175
臨界應力(critical stress) 362
臨界荷重 4
立體方程式 173

(ㅈ)
自由端(free end) 362
自由物體圖 176
自重 3
殘留變形 26, 53
殘留應力(residual stress) 9, 53
長柱(long column) 361
굽힘抵抗모멘트 222
剪斷力(shearing force) 176
剪斷力線圖 181
剪斷變形率 12, 150
剪斷應力 8, 83
剪斷彈性係數 16
剪斷荷重 5
傳動軸(transmission shaft) 154
漸加荷重 4
漸變分布荷重 175
接線應力(tangential stress) 8
接線荷重 5
正比例 法則(Hook's law) 14
靜定보 171, 297
靜荷重(static load) 3

第一面積모멘트法 271
第二面積모멘트法 272
組合應力(combined stress) 8, 83
縱變形率 10
挫屈(buckling) 225, 362
挫屈應力 362
挫屈荷重 362
主慣性모멘트 136
主斷面2次모멘트 136
主面(principal plane) 92
主應力 92, 240
主應力線 240
主軸(principal axis) 130
中間柱(medium column) 362
中空軸(hollow shaft) 152
重力(gravity) 3
重量(weight) 61
中立面(neutral surface) 220
中立軸 220
中實軸(solid shaft) 152
重疊(superposition) 187
重疊法 281
支點(support) 172
直線보 171
質量(mass) 61
質量粒子 61
集中荷重 3

(ㅊ)
次元(dimension) 120
體積變形率 13
體積彈性係數 16
初期應力(initial stress) 53
初應力(primary stress) 9
最大應力 26, 130
最大剪斷應力說 242
最大主應力說 241
最小일의 定理 327
軸方向應力 58
軸荷重 4
衝擊荷重 4
脆性材料 27, 31

(ㅋ)
카스틸리아노의 定理 327
클라이페이론의 方程式 323

(ㅌ)
彈力係數 69
彈性(elasticity) 2
彈性係數 14
彈性曲線 220, 256
彈性曲線의 微分方程式 258
彈性變形 26
彈性變形에너지 67, 157
彈性에너지 157
彈性에너지 係數 69
彈性限界點 25

(ㅍ)
破斷(fracture) 26
偏心(eccentricity) 361
偏心距離 380
偏心荷重(eccentric load) 380
平均應力 30
平面應力 90, 99
平行軸定理 126
平衡方程式 172
抛物線式 375
疲勞破壞 28, 31

(ㅎ)
下降伏點 26
荷重(load, weight) 3
荷重變形線圖 24
降伏(yield) 26
恒等式 14
行列(matrix) 62
許容應力 27
形狀係數(form factor) 31
活荷重(active load) 4
回轉端(roller end) 362
回轉半徑 123
橫變形率 11
橫彈性係數 16